João Carlos de Campos

ELEMENTOS de FUNDAÇÕES em CONCRETO

2ª edição | atualizada

Copyright © 2015 Oficina de Textos
2ª edição | 2022

Grafia atualizada conforme o Acordo Ortográfico da Língua Portuguesa de 1990,
em vigor no Brasil desde 2009.

Conselho editorial   Aluízo Borém; Arthur Pinto Chaves; Cylon Gonçalves da Silva;
Doris C. C. K. Kowaltowski; José Galizia Tundisi; Luis Enrique Sánchez;
Paulo Helene; Rozely Ferreira dos Santos; Teresa Gallotti Florenzano

Capa e projeto gráfico **Malu Vallim**
Diagramação **Luciana Di Iorio**
Preparação de figuras **Victor Azevedo**
Preparação de textos **Natália Pinheiro Soares**
Revisão de textos **Anna Beatriz Fernandes**
Impressão e acabamento **Mundial gráfica**

Dados internacionais de Catalogação na Publicação (CIP)
(Câmara Brasileira do Livro, SP, Brasil)

Campos, João Carlos de
Elementos de fundações em concreto / João Carlos
de Campos. -- 2. ed. -- São Paulo : Oficina de
Textos, 2022.

Bibliografia.
ISBN 978-65-86235-60-9

1. Construção de concreto armado 2. Engenharia
civil (Estruturas) 3. Engenharia de estruturas e
fundações 4. Fundações (Engenharia) I. Título.

22-110267   CDD-624.15

Índices para catálogo sistemático:
1. Fundações em concreto : Engenharia 624.15
Eliete Marques da Silva - Bibliotecária - CRB-8/9380

Todos os direitos reservados à **Editora Oficina de Textos**
Rua Cubatão, 798
CEP 04013-003 São Paulo SP
tel. (11) 3085 7933
www.ofitexto.com.br   atend@ofitexto.com.br

PREFÁCIO

A ideia deste livro nasceu com os cursos de pós-graduação em Estruturas do Centro Universitário de Lins (Unilins), os quais se estenderam em parcerias com outras instituições do país, como a Sociedade Educacional de Santa Catarina (Sociesc) e o Sindicato dos Engenheiros no Estado de São Paulo (Seesp).

De início como apostila, esta obra me permitiu resgatar grande parte do material tanto das aulas de graduação que desenvolvi como daquelas elaboradas pelo Prof. Luciano Borges, meu grande mestre, a quem presto homenagens e dedico este livro. O Prof. Luciano Borges, que retornou da Alemanha no final de 1972, ministrou aulas de Concreto Estrutural para minha turma logo no ano seguinte. Como diziam os colegas, "babava" concreto armado e queria transferir para nós tudo o que havia absorvido nos dois anos em que esteve no escritório do engenheiro Fritz Leonhardt, um dos maiores escritórios de cálculo estrutural do mundo. Deixou para a nossa geração da Escola de Engenharia de Lins um legado dos conhecimentos sobre concreto estrutural, o qual usufruí e repassei neste livro.

O foco principal deste trabalho são os elementos de fundação em concreto, os quais foram abordados em quatro partes: "Considerações preliminares", "Fundações rasas", "Fundações profundas" e "Elementos de transição". A cada capítulo ou a cada tema que desenvolvi, deparei-me com a exigência de conhecimentos preliminares tanto da área de Solos quanto da área de Concreto. Assim, os primeiros cinco capítulos, que constituem a primeira parte deste livro, versam sobre temas como: estruturação; ações e segurança nas estruturas; concreto e aço para fins estruturais; peças de concreto armado (verificações, dimensionamento e controle de fissuração); e fundações (comportamento e interação solo *versus* elemento estrutural). As demais partes compõem, ao todo, mais oito capítulos, com foco mais específico nos elementos de fundações em concreto.

Um livro, pelo que notei ao longo desses quatro anos em que neste trabalhei, é na verdade uma compilação de temas desenvolvidos por diversos autores e profissionais que, de certa forma, se dispuseram a colocar publicamente suas ideias e pesquisas sobre esses determinados temas. Aqui não foi diferente. Procurei, no alinhamento daquilo que me dispunha a transferir aos meus alunos e aos profissionais da área, seguindo a lógica organizada pelo Prof. Luciano Borges em suas aulas, adequar os temas às normas atuais, bem como aos conceitos novos que porventura surgiram nesse ínterim de mais de 40 anos. Este livro já atende às especificações da NBR 6118 (ABNT, 2014).

Ao longo dos meus 40 anos como profissional de engenharia e professor universitário na área de Projetos, Planejamento ou Construção, vi-me compelido a compartilhar minhas experiências, parte delas concretizadas por meio deste livro. Como diz Robert Green Ingersoll (1833-1899), "na vida não existem prêmios nem castigos, mas sim consequências". Acredito que este livro seja consequência desse trabalho.

Tanto na vida profissional quanto na acadêmica, tive a oportunidade de conviver com grandes profissionais, que contribuíram direta ou indiretamente para a minha formação na área de Estruturas, dentre os quais destaco: Prof. Mauricio Gertsenchtein (Maubertec); Prof. Lobo Carneiro (Coppe-UFRJ); Prof. Humberto Lima Soriano (Coppe-UFRJ), meu orientador de mestrado; Prof. Péricles Brasiliense Fusco (USP), um dos meus professores de pós-graduação; Prof. John Ulic Burk (Maubertec), Prof. José Carlos de Figueiredo Ferraz (USP), paraninfo de minha turma de graduação e também professor de pós-graduação; Nelson Covas (Maubertec); Kalil José Skaf (Maubertec); e, por último, com destaque especial, Prof. Jairo Porto, a quem manifesto meu eterno agradecimento pela grande contribuição que com certeza teve não só em minha vida profissional, mas também em minha vida pessoal.

SUMÁRIO

PARTE I | CONSIDERAÇÕES PRELIMINARES, 7

1 Estruturação, 9

    1.1 Conceitos, 9

    1.2 Análise estrutural, 10

2 Ações e seguranças nas estruturas, 27

    2.1 Estados-limites, 27

    2.2 Ações, 28

    2.3 Valores das ações e solicitações, 36

    2.4 Combinações de ações, 38

    2.5 Segurança das estruturas, 43

3 Concreto e aço para fins estruturais, 45

    3.1 Concreto, 45

    3.2 Aço para fins estruturais, 48

4 Peças de concreto armado: verificações, 52

    4.1 Dimensionamento de peças de concreto armado à flexão simples e composta, 52

    4.2 Verificação das peças de concreto armado solicitadas ao cisalhamento, 61

    4.3 Controle da fissuração nas peças de concreto armado, 74

5 Fundações: solo e elemento estrutural, 76

    5.1 Características dos solos, 76

    5.2 Tensão admissível do solo: capacidade de carga do solo, 78

    5.3 Número mínimo de sondagem em um terreno de edifícios, 83

    5.4 Interação solo-estrutura, 85

PARTE II | FUNDAÇÕES RASAS (DIRETAS OU SUPERFICIAIS), 113

6 Fundações em sapatas submetidas a cargas concentradas, 115

    6.1 Classificação das sapatas, 115

    6.2 Dimensionamento e detalhamento de sapatas, 120

    6.3 Sapatas retangulares para pilares com seções não retangulares, 164

    6.4 Sapatas circulares submetidas a cargas centradas, 164

7 Fundações em sapatas submetidas a cargas excêntricas (N, M), 169

    7.1 Sapata isolada submetida à aplicação de momento (carga excêntrica), 169

    7.2 Existência de força horizontal, 173

    7.3 Sapata corrida submetida à aplicação de momento e carga uniformemente distribuída, 175

    7.4 Sapatas retangulares submetidas à flexão composta oblíqua, 183

    7.5 Sapatas circulares e anelares submetidas à flexão composta oblíqua, 196

    7.6 Considerações complementares, 198

8 Sapatas especiais, 203

    8.1 Sapatas associadas, 203

    8.2 Sapatas associadas para pilares de divisa, 219

    8.3 Sapatas vazadas ou aliviadas, 221

8.4 Sapatas alavancadas, 228

8.5 Fundações rasas em blocos de concreto, 234

PARTE III | FUNDAÇÕES PROFUNDAS, 237

9 Fundações em tubulão, 239

9.1 Classificação dos tubulões, 239

9.2 Dimensionamento e detalhamento dos vários elementos que compõem o tubulão, 243

10 Fundações em estacas, 281

10.1 Tipos de estacas, 281

10.2 Escolha do tipo de estaca, 291

10.3 Capacidade de carga da estaca e solo submetidos à compressão, 291

10.4 Capacidade de carga da estaca e solo submetidos a esforços de tração, 297

10.5 Efeito de grupo de estacas, 300

11 Fundações em estacas: cargas e dimensionamento, 305

11.1 Carga nas estacas: estaqueamento, 305

11.2 Determinação das cargas nas estacas para um estaqueamento genérico em decorrência das ações verticais, horizontais e momentos, 311

11.3 Dimensionamento e detalhamento das estacas, 325

PARTE IV | ELEMENTOS DE TRANSIÇÃO, 337

12 Blocos sobre estacas ou tubulões com carga centrada, 339

12.1 Modelo estrutural: hipóteses básicas, 339

12.2 Dimensionamento: método das bielas, 340

12.3 Ensaios realizados por Blévot e Frémy (1976), 342

12.4 Recomendações para o detalhamento, 353

12.5 Bloco sob pilar alongado e estreito, 368

13 Blocos sobre estacas ou tubulões: carga excêntrica (N,M), 371

13.1 Dimensionamento de bloco com pilar solicitado à flexão, 371

13.2 Estacas (ou tubulões) solicitadas à flexão em decorrência de transferência dos esforços do pilar aos elementos de fundação, 372

13.3 Blocos alongados submetidos à torção pela aplicação de momentos nas duas direções do pilar, 375

13.4 Bloco com carga centrada e/ou momento aplicado: método da flexão, 378

13.5 Blocos sob pilar vazado ou pilar de parede dupla (Fig. 13.23), 389

14 Lajes apoiadas sobre estacas ou diretamente sobre o solo (radier)

Esse material está disponível em <https://www.ofitexto.com.br/livro/elementos-fundacoes-concreto/>

Referências bibliográficas, 395

Anexos

Esse material está disponível em <https://www.ofitexto.com.br/livro/elementos-fundacoes-concreto/>

Parte I
CONSIDERAÇÕES PRELIMINARES

Projetar e executar elementos de fundações requer do profissional conhecimento de Cálculo Estrutural e Geotecnia. Segundo Velloso e Lopes (2010), no campo do Cálculo Estrutural são necessários conhecimentos de análise estrutural e dimensionamento de estruturas de concreto armado, protendido, em aço e em madeira, ao passo que no campo da Geotecnia são importantes os conhecimentos de Geologias de Engenharia e Mecânica dos Solos e das Rochas.

Neste trabalho, serão abordados os elementos de fundações em concreto armado. Portanto, analisar elementos de fundação em concreto exige o entendimento prévio do comportamento das estruturas, do caminhamento das cargas até as fundações, dos esforços que os solicitam, das cargas (ações) atuantes, das combinações dessas cargas e seus respectivos valores de cálculo e ainda da interação solo-estrutura.

Diante disso, serão abordados nesta parte tópicos e considerações preliminares necessários para um melhor entendimento dos demais capítulos desenvolvidos.

1.1 Conceitos

1.1.1 Projeto

Projetar uma construção significa prever uma associação de seus diferentes elementos de modo a atingir os seguintes objetivos:

a] *de ordem funcional*, para que tenha as formas e dependências de acordo com o fim a que se destina;

b] *de ordem estrutural*, a fim de formar um conjunto perfeitamente estável.

O problema de ordem estrutural compete à Mecânica das Estruturas, que estuda o efeito produzido pelos esforços solicitantes em uma construção e determina as condições que devem satisfazer os seus diferentes elementos para suportar tais esforços.

1.1.2 Projeto estrutural

Chama-se de *estrutura* um conjunto de elementos resistentes de uma construção. Esse conjunto deve ser estável e capaz de receber as solicitações externas e transmiti-las aos apoios (caminhamento das cargas), mantendo o seu equilíbrio estático.

Esse conjunto de partes ou componentes, organizado de forma ordenada, deve cumprir funções como vencer vãos (conforme acontece com pontes e viadutos), preencher espaços (em edifícios, por exemplo) ou conter empuxos (como nos muros de arrimo, tanques ou silos).

A estrutura deve cumprir a função a que está destinada com um grau razoável de segurança, de maneira que tenha um comportamento adequado nas condições normais de serviço. Além disso, deve satisfazer outros requisitos, tais como: manter o custo dentro de limites econômicos e satisfazer determinadas exigências estéticas.

Duas etapas importantes devem ser observadas ao desenvolver um projeto estrutural:

a] A definição do sistema estrutural:
  - identificação do tipo de estrutura ou do elemento estrutural;
  - separação de cada elemento estrutural identificado;
  - definição de dimensões de vão e seções (pré-dimensões);
  - substituição dos contornos pelos vínculos;
  - indicação dos diversos carregamentos atuantes.

b] Verificações nos estados-limites, dimensionamento e detalhamento:
  - cálculo das reações;
  - cálculo dos esforços solicitantes (máximos e mínimos quando necessário);
  - elaboração dos diagramas;

- comparação das tensões atuantes com as tensões resistentes;
- cálculo das armaduras para os esforços máximos;
- detalhamento das armaduras;
- verificação das deformações e das aberturas de fissuras.

Examinando a sequência citada anteriormente, fica evidente a complexidade de um projeto estrutural. Essa complexidade exige do projetista estrutural uma série de questionamentos, entre eles: o que se pode considerar como segurança razoável ou como resistência adequada? Que requisitos devem satisfazer uma estrutura para que seu comportamento seja considerado satisfatório em condições de serviço? O que é custo aceitável? Que vida útil deve ser prevista? A estrutura é esteticamente aceitável?

1.2 Análise estrutural

A *análise estrutural* consiste em analisar a resposta da estrutura diante das ações que lhe foram impostas (Fig. 1.1A). Logo, é o cálculo dos esforços solicitantes (Fig. 1.1B) e da deformação (deslocamentos) do conjunto estrutural (Fig. 1.1C) ou de cada elemento da estrutura, como, no caso de um edifício, pilares, vigas e lajes. A análise estrutural é, portanto, a etapa mais importante na elaboração do projeto estrutural.

A análise estrutural moderna, segundo Martha (2010), trabalha com quatro níveis de abstração para uma estrutura em análise (Quadro 1.1), ou seja, elabora um modelo de conhecimento para separação de fundamentos a cada etapa dessa totalidade complexa, buscando concepções cada vez mais próximas da estrutura real em todos os seus comportamentos.

As construções, de modo geral, são constituídas de sistemas estruturais complexos. Diversos fatores tornam o processo de análise mais complicado, como as características dos materiais, a forma e a geometria dos elementos estruturais, os tipos de carregamento e os vínculos etc.

A menos que sejam estabelecidas hipóteses e esquemas de cálculo simplificadores, as análises das estruturas tornam-se, em alguns casos, impraticáveis. A validade de tais hipóteses simplificadoras deve ser

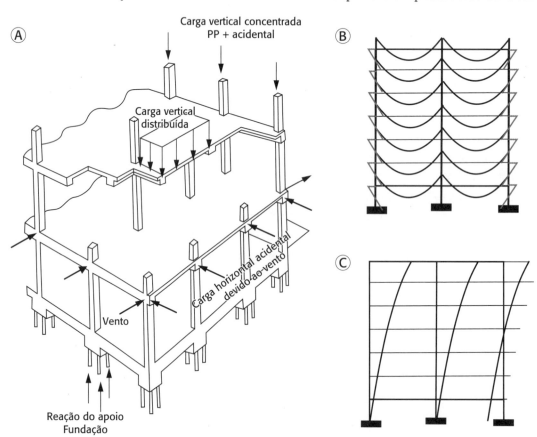

Fig. 1.1 *(A) Ações atuantes, (B) esforços solicitantes e (C) deformação*

constatada experimentalmente. Diante dessas considerações, é importante que o projetista tenha conhecimentos básicos quanto à classificação dos elementos estruturais no que se refere aos aspectos de material, de geometria e de estaticidade.

Materiais
- *Contínuos* (ausência de imperfeições, bolhas etc.).
- *Homogêneos* (iguais propriedades em todos os seus pontos).
- *Isótropos* ou *isotrópicos* (iguais propriedades em todas as direções).

Geometria
As estruturas, quanto à sua geometria ou forma, podem ser classificadas basicamente em três casos: lineares, laminares ou de superfície, e volumétricas.

Estruturas lineares

Estruturas lineares, às vezes definidas como estruturas reticuladas, são compostas por barras que possuem dois comprimentos característicos de mesma ordem de grandeza, menores que o terceiro: $L1 \cong L2 \ll L3$ (Fig. 1.2A).

Segundo Fusco (1976), o estudo das barras pertence ao âmbito da resistência dos materiais, enquanto o

Quadro 1.1 Nível de abstração para análise de uma estrutura

Estrutura real	Modelo estrutural	Modelo discreto	Modelo computacional
O primeiro nível corresponde à representação real da estrutura (como ela é constituída).	O segundo nível corresponde ao modelo analítico que é utilizado para representar matematicamente a estrutura que está sendo analisada e/ou seus elementos.	No terceiro nível, o comportamento analítico do modelo estrutural é substituído por um comportamento discreto, no qual soluções analíticas contínuas são representadas pelos valores discretos dos parâmetros adotados.[1] A passagem do modelo matemático para o modelo discreto é denominada *discretização*.	A análise de estruturas pode ser vista, atualmente, como uma simulação computacional do comportamento de estruturas.

[1] Os tipos de parâmetro adotados no modelo discreto dependem do método utilizado. No método das forças, os parâmetros adotados são forças ou momentos, enquanto no método dos deslocamentos os parâmetros são deslocamentos ou rotações.

Fonte: Martha (2010).

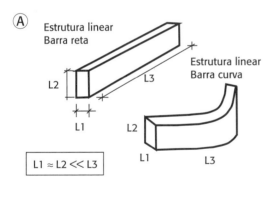

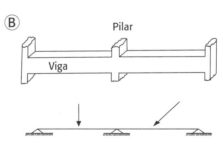

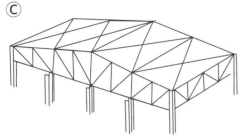

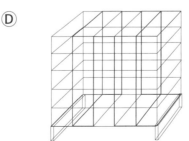

Fig. 1.2 *Estruturas lineares compostas por barras: (A) genérica, (B) viga, (C) treliça e (D) pórtico*

estudo das estruturas lineares é objeto da estática das construções e o cálculo dos esforços solicitantes dessas estruturas é feito no estudo da resistência dos materiais.

O estudo das tensões e deformações dessas estruturas leva em conta as características geométricas dos respectivos materiais, dando lugar à teoria do concreto estrutural no caso específico de peças de concreto (Fusco, 1976).

Estruturas laminares ou de superfície

As *estruturas laminares* ou *de superfície* são as que possuem dois comprimentos de mesma ordem de

ou de superfície são classificadas em placas, chapas e cascas (Fig. 1.4).

Enquanto as duas primeiras possuem sua superfície média plana, a casca tem sua superfície média não plana.

A distinção entre placas e chapas é feita lançando-se mão do critério de *ações dos esforços externos*, no qual, nas placas, o carregamento é perpendicular ao plano de sua superfície média (Fig. 1.5), e, nas chapas, o carregamento atua no mesmo plano de sua superfície média (Fig. 1.6).

As placas são elementos de superfície plana, sujeitos principalmente a ações normais ao seu plano. Se feitas de concreto, são usualmente denominadas lajes.

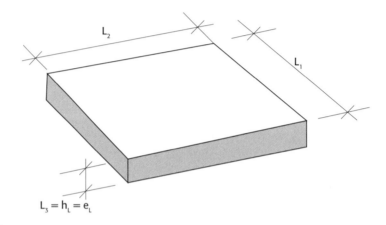

Fig. 1.3 *Estrutura laminar*

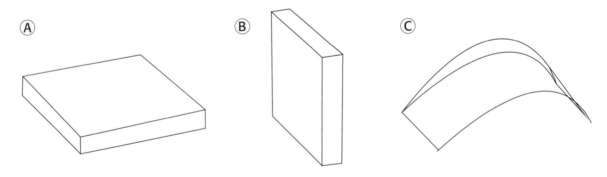

Fig. 1.4 *Estruturas laminares: (A) placas, (B) chapas e (C) cascas*

grandeza, e maior que a ordem de grandeza do terceiro comprimento característico ($L1 \cong L2 \ggg L3$). Tais estruturas podem ser consideradas produto de uma superfície média, admitindo-se uma distribuição de espessura ao longo dela (Fig. 1.3).

Conforme a morfologia da superfície média e o carregamento que nela atua, as estruturas laminares

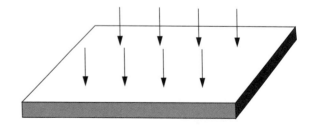

Fig. 1.5 *Carregamento perpendicular ao plano da superfície média da placa*

O estudo das estruturas laminares ou de superfície, em geral, tem como base a teoria da elasticidade, que, por meio de algumas hipóteses simplificadoras, define teorias próprias, como a teoria das placas, a teoria das chapas e a teoria das cascas (função da teoria das membranas). Para as lajes de concreto armado, desenvolveu-se também a teoria das lajes no regime de ruptura (Fusco, 1976).

Nas caixas-d'água, as paredes funcionam tanto como chapa quanto como placa (empuxo d'água). No caso das estruturas de concreto armado, as chapas são denominadas *vigas paredes*.

Estruturas volumétricas

Nas *estruturas volumétricas* (Fig. 1.7), nenhuma das três dimensões pode ser desprezada, e todas têm a mesma ordem de grandeza, ou seja, $L1 \cong L2 \cong L3$ (característica de elementos de fundação). As peças estruturais dessa categoria são chamadas de *elementos de transição*.

Apoios

A função dos apoios é a de restringir graus de liberdade das estruturas, despertando, com isso, reações nas direções dos movimentos impedidos.

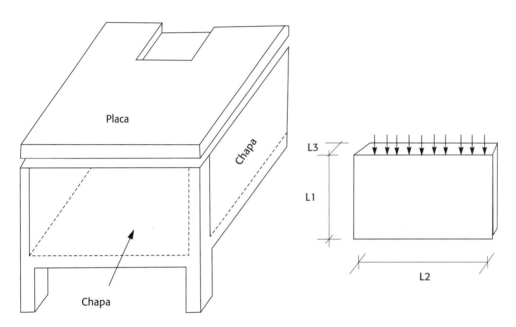

Fig. 1.6 *Reservatório elevado: placas e chapas*

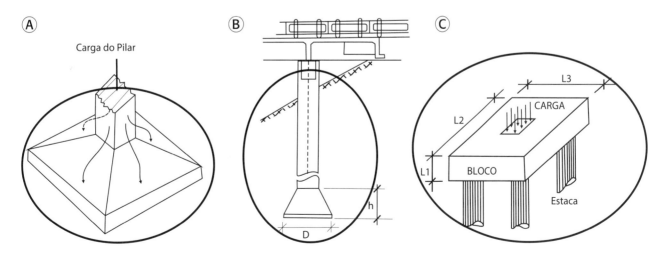

Fig. 1.7 *Estrutura volumétrica: (A) sapata, (B) tubulão e base do tubulão (sino) e (C) bloco de transição*

Os apoios são dispositivos mecânicos ou não que impedem certos tipos de movimento da estrutura por meio de esforços reativos, cujos tipos são estudados nos cursos de Mecânica dos Corpos Rígidos. Tais dispositivos são classificados pelo número de graus de liberdade permitidos ou pelo número de movimentos impedidos.

Existem vínculos, utilizados pelos projetistas, que simulam parcialmente a situação dos contornos dos elementos estruturais (apoios). No Quadro 1.2 são apresentados alguns desses modelos de apoios, ilustrados na Fig. 1.8.

1.2.1 Sistemas estruturais

Pode-se definir o *sistema estrutural* como um arranjo dos diversos elementos que compõem a estrutura (pórticos, barras, placas etc.) de tal forma que ela possa atender às demandas arquitetônicas e de segurança do projeto.

O *arranjo estrutural* é praticamente o esqueleto resistente que permite a criação do espaço para o qual foi projetado. Inicia-se pelo seu delineamento, ou seja, a delimitação da estrutura, o qual dá a forma tridimensional do projeto (Fig. 1.9).

O caráter tridimensional acarreta ao cálculo estrutural condições quase impraticáveis, a menos que se façam algumas simplificações. A seguir, são indicados os procedimentos mais comuns.

a] *Decomposição (ou discretização) das partes estruturais*

Sabe-se, de antemão, que essas decomposições dependem do tamanho da estrutura. Quanto maior

Quadro 1.2 Modelos básicos de apoios no plano

Apoio simples ou móvel	Articulação fixa ou rótula	Engaste	Engaste parcial
Impede apenas o deslocamento na direção Y, permitindo livre rotação, assim como o deslocamento na direção X (no plano). Símbolo:	Impede deslocamento nas direções X e Y, permitindo livre rotação. Símbolo:	Impede deslocamentos nas direções X e Y, além de não permitir a livre rotação. Símbolo:	Impede parcialmente deslocamentos nas direções X e Y, assim como a rotação. Símbolo:

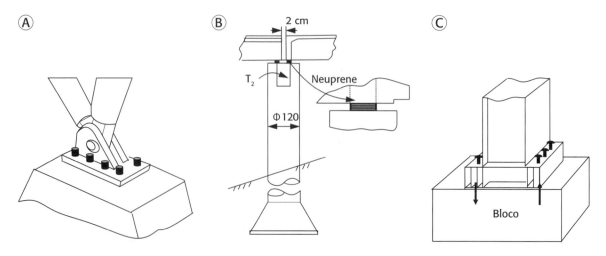

Fig. 1.8 *Articulações (A) fixa e (B) móvel e (C) engaste*

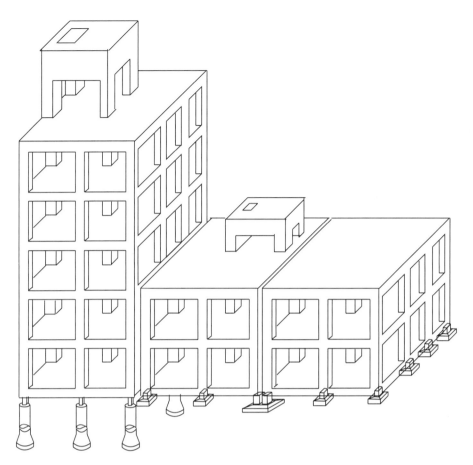

Fig. 1.9 *Esqueleto de uma estrutura*

ela for, maior será o grau de dificuldade tanto na definição do sistema estrutural quanto na obtenção dos esforços. Inicialmente, visualiza-se a estrutura como um todo, identificando-se planos para uma separação virtual e/ou separação real.

Separação virtual é aquela na qual as partes da estrutura decomposta apoiam-se sobre outras (Figs. 1.10 e 1.11), sendo a de maior interesse neste livro.

Essa divisão, empregada com frequência, somente é usada quando se sabe com clareza que certas partes podem ser tratadas isoladamente de outras, como a caixa-d'água e a fundação.

Quando se configura a possibilidade de separação virtual, as partes podem ser caracterizadas como:
- *superestrutura*: apoia-se sobre a mesoestrutura ou infraestrutura;
- *mesoestrutura*: apoia-se sobre a infraestrutura e dá apoio à superestrutura;
- *infraestrutura*: dá apoio à superestrutura e à mesoestrutura.

As estruturas de pontes (Fig. 1.12), caracterizadas pelas três partes citadas, são bem conhecidas e definidas. No caso de edifícios, também se identificam com clareza a superestrutura e a infraestrutura (Fig. 1.9).

A *separação real*, em que a decomposição é obtida por meio de juntas de separação (Fig. 1.13):
- simplifica o problema estrutural;
- diminui a intensidade dos esforços decorrentes de deformações impostas;
- atenua os efeitos decorrentes de variação de temperatura.

Conforme o caso em análise, é possível empregar, simultaneamente, separações virtuais e reais. Um exemplo é a subdivisão da superestrutura (plano β da Fig. 1.13), embora a infraestrutura permaneça ligada (plano α das Figs. 1.10 e 1.11).

b] *Idealização da estrutura por meio de elementos unidimensionais (barras) considerando pórticos*

1 Estruturação

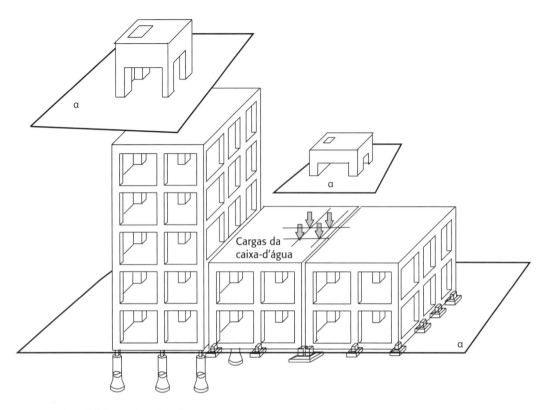

Fig. 1.10 *Separação virtual (plano α): caixa-d'água*

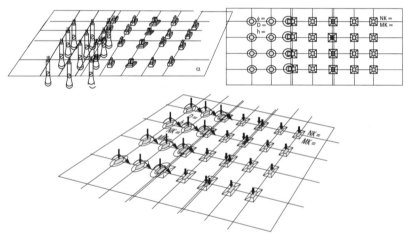

Fig. 1.11 *Separação virtual: fundação*

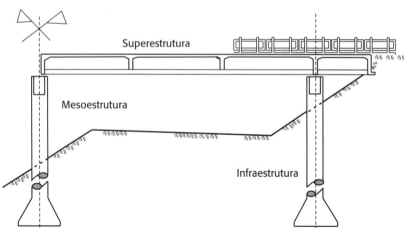

Fig. 1.12 *Separação virtual: estrutura de pontes*

espaciais e grelhas como malhas de vigas contínuas (Fig. 1.14)

A análise que considera o edifício como um pórtico espacial ou ainda como pórticos planos pode ser executada somente com ajuda de *softwares* adequados (recursos computacionais).

É importante destacar que, se os sistemas computacionais fizessem projetos estruturais, não seriam necessários engenheiros. Logo, os *softwares* funcionam como ferramentas de trabalho a serviço do engenheiro, ajudando-o na produção de projetos (TQS, 2011).

c] *Análise de pórticos espaciais como pórticos planos ligados por elementos de grande rigidez (elementos de conexão)*

Tal análise consiste em idealizar a estrutura tridimensional em pórticos planos equivalentes, nas duas direções, constituídos por vigas e pilares equivalentes (Fig. 1.15). As vigas equivalentes são constituídas pelas vigas do pórtico original acrescidas das contribuições das lajes adjacentes a cada viga (Campos, 1982).

d] *Análise de pórticos planos discretizados em vigas e pilares (as lajes são analisadas independentemente das vigas) (Figs. 1.16)*

Essa decomposição deve ser feita através de separações virtuais, procurando manter o máximo possível o comportamento real da estrutura e obedecendo as limitações a essas simplificações.

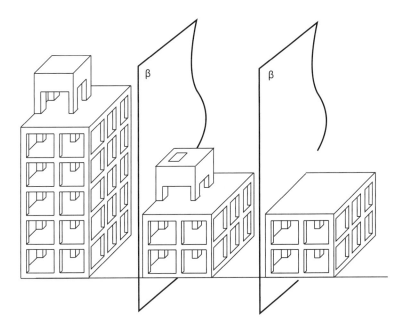

Fig. 1.13 *Separação real (plano β)*

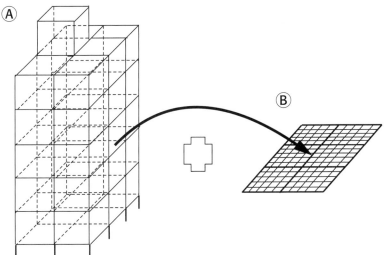

Fig. 1.14 *Discretização em elementos lineares: (A) pórtico espacial e (B) grelha*

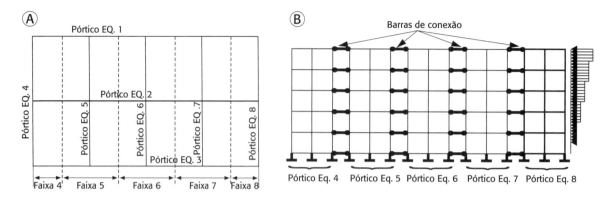

Fig. 1.15 *Conjunto de pórticos equivalentes ligados por elementos de conexão: (A) planta e (B) pórticos*

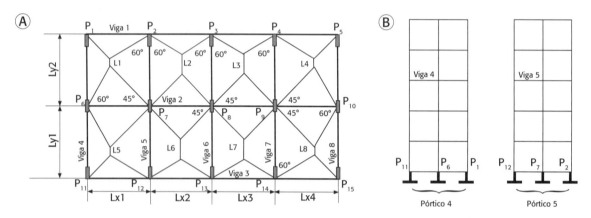

Fig. 1.16 *Pórticos e lajes independentes: (A) planta tipo e (B) pórticos isolados*

Na estrutura de um edifício não se pode admitir todas as barras articuladas nos nós, pois dessa forma ela se tornaria hipostática sob a ação do vento.

A *decomposição virtual* é baseada em condições bem definidas de apoios, como *articulação perfeita* ou *engastamento perfeito* (Fig. 1.17).

A articulação perfeita é admitida quando existe uma diferença acentuada de rigidez entre as partes interligadas ou quando existem dispositivos de ligação (Fig. 1.8A,B) que permitem a rotação relativa dessas partes.

Essas articulações podem ser utilizadas em pilares ou vigas com o objetivo de produzir uma secção sem rigidez à flexão capaz de resistir tão somente aos esforços normais e cortantes, tornando-se, portanto, um ponto de passagem obrigatório das forças resultantes.

Por sua vez, a condição de engastamento perfeito depende da indeslocabilidade do nó que se pretende admitir como engastado. Nas estruturas de concreto armado, em sua maioria, o engastamento é realizado por meio de uma ligação monolítica. A condição de engastamento perfeito não depende da resistência das partes interligadas, mas sim da rigidez relativa delas. A Fig. 1.18 apresenta uma situação de engaste perfeito (viga baldrame engastada no bloco).

Para que se considere uma estrutura engastada em outra, é necessário que a rigidez de uma delas seja bem maior que a da outra, pois só assim a estrutura de grande rigidez poderá impedir os deslocamentos da peça em análise.

Como na maioria das estruturas de edifícios em concreto armado os nós são monolíticos e não se tem essa perfeita caracterização de apoio (articulação) ou engaste perfeito, convém que se faça, *a priori*, uma análise do grau de engastamento das barras nos nós por meio da rigidez (rijezas) das peças, tentando, com isso, aproximá-las ao máximo da vinculação real.

Quando for o caso, na hipótese de cálculo, o engastamento perfeito da viga deve ser substituído por uma articulação parcial ou engaste parcial (Quadro 1.2).

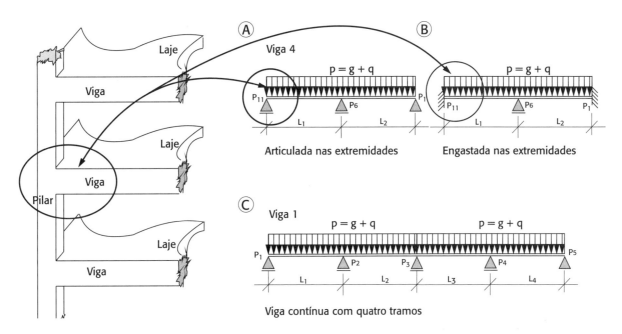

Fig. 1.17 *Ligação viga-pilar*

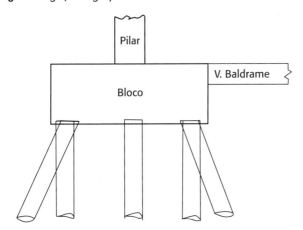

Fig. 1.18 *Situação de engaste (viga no bloco)*

Simplificadamente, é possível considerar um elemento engastado ou apoiado em outro elemento em função da rigidez relativa entre ambos.

As seguintes simplificações também podem ser consideradas:

a] suposição de cargas verticais decorrentes de mobiliário e pessoas como uniformemente distribuídas;
b] suposição dos materiais de comportamento elástico linear;
c] desprezo da interação entre forças normais e momentos fletores;
d] desprezo da deformação por cisalhamento;
e] desprezo das deformações axiais;
f] suposição do carregamento aplicado de forma monotônica (aplicado de forma uniaxial, contínua e crescente até a ruptura);
g] análise das estruturas como se todos os carregamentos atuassem apenas após a construção.

É sempre importante destacar que todas essas simplificações, quando utilizadas, devem ter comprovações experimentais.

1.2.2 Caminhamento de carga: princípio básico da estruturação

Um dos princípios básicos da estruturação é o entendimento do *caminhamento da carga* na estrutura. As cargas procuram sempre o caminho mais curto e/ou de maior rigidez. Assim, conhecendo a rigidez (rijeza) das várias peças de um sistema estrutural, o projetista pode determinar o caminhamento das cargas da sua origem ao seu destino.

O caminhamento de cargas nas estruturas também é conhecido como *fluxo das cargas* e corresponde ao caminhamento natural que estas percorrem ao longo de toda estrutura.

De modo a facilitar o processo de concepção estrutural, podem-se enunciar alguns princípios que, como o próprio nome diz, não são gerais, mas têm um campo de validade suficientemente grande para justificá-los (Stucchi, 2006). A seguir, são destacados os princípios mais importantes:

Visualização do caminhamento das cargas

A visualização do caminhamento das cargas do seu ponto de aplicação até a fundação é de vital importância para a concepção estrutural.

É visível que o sistema com a viga de transição apresentado na Fig. 1.19B acarreta um sistema estrutural mais caro, visto que a carga caminha mais na estrutura do que no caso da Fig. 1.19A, no qual a carga desce diretamente para a fundação.

Caminho mais curto

O caminho mais curto propicia um arranjo estrutural mais eficiente. De maneira geral, uma estrutura é tanto mais econômica quanto menor for o caminho percorrido nela.

De forma análoga à discussão apresentada anteriormente, a carga caminha diretamente para o apoio no sistema da Fig. 1.20A, enquanto na estrutura da Fig. 1.20B a demanda da transição aumenta o caminhamento da carga na estrutura. O mesmo entendimento pode ser observado nas estruturas da Fig. 1.20C (caminho mais curto) e Fig. 1.20D (caminho mais longo).

Caminhamento das cargas

O caminhamento das cargas é influenciado pela rigidez dos elementos de contorno. Entre dois caminhos alternativos, a carga caminha predominantemente pelo mais rígido (Stucchi, 2006).

Caminhamento de cargas nas lajes

O item 14.7.6.1 da NBR 6118 (ABNT, 2014) permite que a distribuição das cargas das lajes para seus respectivos apoios seja feita de forma aproximada, considerando:

1] que as cargas atuantes nos triângulos ou trapézios delimitadas pelas charneiras plásticas caminhem para seus respectivos apoios, considerando-as uniformemente distribuídas;
2] que as charneiras que delimitam as áreas podem ser obtidas por retas inclinadas a partir dos vértices com os seguintes ângulos:
   - 45° entre dois apoios do mesmo tipo;
   - 60° começando do apoio considerado engastado, se o outro for considerado simplesmente apoiado;
   - 90° começando do apoio, quando a borda vizinha for livre.

A teoria das charneiras plásticas (método plástico) admite linhas de fissuração e de ruptura para a determinação dos esforços solicitantes correspondentes a essas configurações. Sua finalidade é a determinação dos momentos de plastificação que devem ser atribuídos à laje para que sua ruína não se dê sob ação de cargas inferiores às impostas pelo projetista (Langendonck, 1970, p. 5).

Para ilustrar a distribuição uniforme das cargas das lajes para os apoios, destacam-se os três tipos da Fig. 1.21.

Pode-se observar que cada quinhão de carga distribuído das lajes para os seus apoios é proporcional à área delimitada pelas linhas de ruptura,

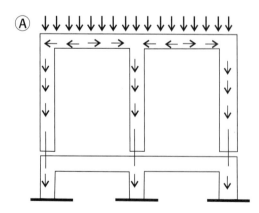
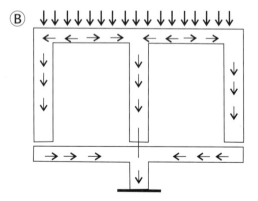

Fig. 1.19 *Caminhamento de carga: visualização*

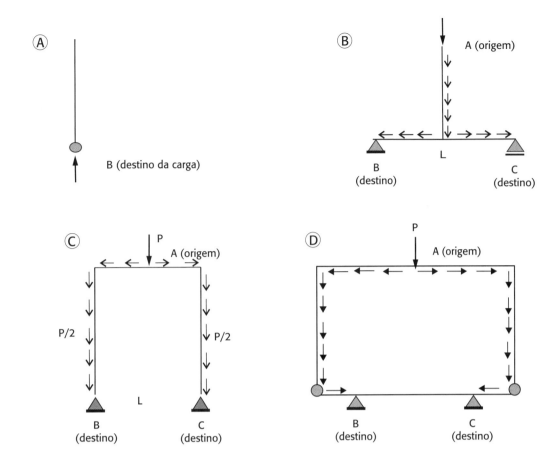

Fig. 1.20 *Caminhamento de carga: caminho mais curto*

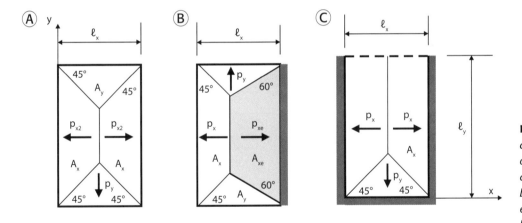

Fig. 1.21 *Caminhamento de carga das lajes para os apoios: (A) bordas apoiadas, (B) três bordas apoiadas e uma engastada, e (C) três bordas engastadas e uma borda livre*

de acordo com as condições de contorno da laje, dividida pelo respectivo comprimento do apoio. Para a laje da Fig. 1.21A, com as quatro bordas apoiadas, as cargas caminham para os apoios, conforme as expressões:

$$p_x = p \cdot \frac{A_x}{l_x} \qquad 1.1$$

$$p_y = p \cdot \frac{A_y}{l_y} \qquad 1.2$$

1 Estruturação

em que:
p é a carga uniformemente distribuída na laje;
ℓ_x e ℓ_y são as dimensões da laje;
A_x e A_y são as respectivas áreas dos quinhões.

Caminhamento de cargas nas vigas

Analisando-se a Fig. 1.22, é possível observar o quanto de carga se movimenta para um apoio que tem maior ou menor rigidez segundo três condições de apoio.

O apoio A, igual nas três situações, é onde a viga se apoia em outra. Considerando que a viga receptora não impede a rotação da viga em análise, tal apoio é articulado. Por outro lado, no apoio B da viga em análise foi considerado, inicialmente, o articulado em um pilar (Fig. 1.22A), em seguida um engaste parcial (Fig. 1.22B) e, por último, um engaste perfeito (Fig. 1.22C).

Esforços internos solicitantes

Ao caminhar a carga pela estrutura, esta desenvolve esforços internos solicitantes. Sabe-se que a eficiência da estrutura depende de como e quanto elas estão solicitadas.

Normalmente, o caminhamento interno possibilita o desenvolvimento de até quatro tipos de esforços internos solicitantes (simultâneos ou não), conforme atuação das ações e configuração da estrutura. Esses esforços são: força normal, força cortante, momento fletor e momento de torção (ou *torsor*).

No caso de barras (elementos que constituem vigas, pórticos, grelhas etc.), é possível calcular os esforços internos seccionando-as (Fig. 1.23).

Ao ser seccionadas em qualquer ponto ao longo de seu comprimento, as partes resultantes se mantêm em equilíbrio, com os esforços internos na seção seccionada equilibrando os esforços externos (ações e reações).

Transferência de uma carga uniformemente distribuída para o solo

Ao projetar uma fundação, é conveniente fazer coincidir o centro de gravidade das cargas com o centro

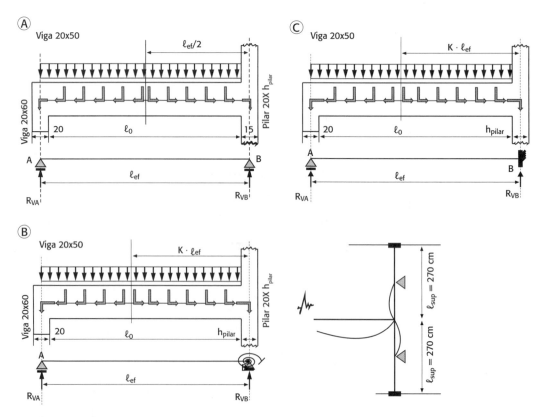

Fig. 1.22 *Caminhamento de cargas da viga para os apoios: (A) viga biapoiada (biarticulada), (B) viga articulada e parcialmente engastada e (C) viga articulada e engastada*

de gravidade de fundação (Stucchi, 2006), conforme apresentado na Fig. 1.24. O objetivo desse procedimento é transferir uma carga uniformemente distribuída para o solo (Fig. 1.24B).

Funções singulares

A utilização das *funções singulares* facilita o processo do cálculo dos esforços solicitantes em peças discretizadas, principalmente as estruturas lineares.

O método da integração é utilizado para determinar a flecha (deformada) e a declividade em qualquer ponto de um elemento prismático, desde que o momento fletor possa ser representado por uma única função $M(x)$. No caso da existência de mais de uma função para representar o momento fletor ao longo de um determinado vão, será necessário determinar quatro constantes de integração, sendo necessárias mais duas constantes para cada nova equação no mesmo trecho e assim por diante.

A vantagem que se tem em utilizar os conceitos das funções singulares (Beer; Johnston Jr., 1982) é a possibilidade de representação das equações de cortante, momento fletor e normal (que deveriam ser desenvolvidas separadamente, para cada trecho, em uma barra

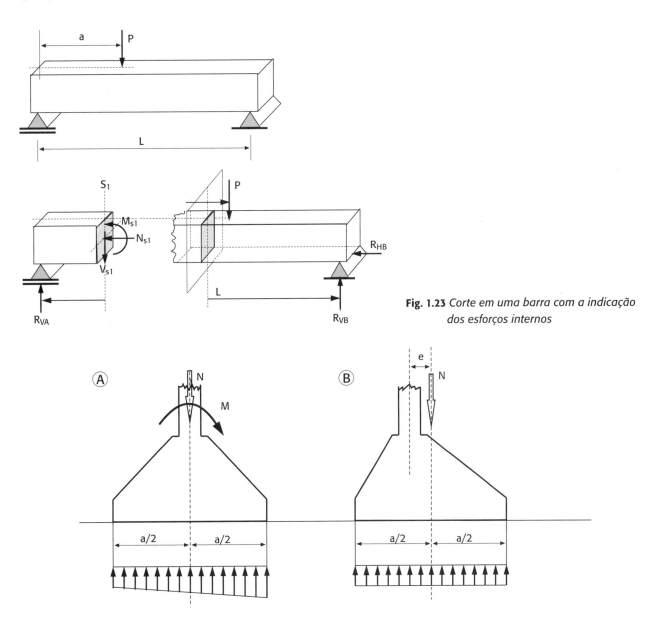

Fig. 1.23 *Corte em uma barra com a indicação dos esforços internos*

Fig. 1.24 *Fundação: (A) centrada na carga vertical aplicada e (B) centrada na resultante das ações (N, M)*

com carregamentos diversos) por meio de uma única equação para cada esforço, bem como as equações das deformadas e declividades. Tendo uma única equação, é necessário obter apenas duas constantes de integração. Por exemplo, ao tomar a barra biapoiada

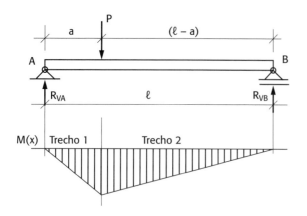

Fig. 1.25 *Momento em viga biapoiada, considerando a = 1 e ℓ = 4*

e o carregamento indicado na Fig. 1.25, a equação do momento fletor será escrita como se segue.

As equações do momento para cada um dos trechos são:

$$M(x)_{(trecho\,1)} = R_{VA} \times x = \frac{3P}{4}x \quad (para\ 0 \le x \le a) \quad 1.3$$

$$M(x)_{(trecho\,2)} = R_{VA} \times x - P(x-a)$$
$$= \frac{3P}{4}x - P(x-a)\,(a \le x \le \ell) \quad 1.4$$

As duas equações acima podem ser escritas de uma única vez com o conceito da função singular (para o exemplo da Fig. 1.25, o valor de *a* será igual a 1):

$$M(x) = \frac{3P}{4}x - P\langle x-1\rangle^0 \quad 1.5$$

Deve-se observar que a segunda parcela da equação somente será incluída nos cálculos quando $x \ge a$, e retirada da equação quando $x < a$. Os colchetes <...> devem ser substituídos por parênteses (...) quando $x \ge a$, mas substituídos por zero quando $x < a$.

Algumas definições fazem-se necessárias:

$$\langle x-a\rangle^n = \begin{cases} (x-a)^n \to \text{quando } x \ge a \\ 0 \to \text{quando } x < a \end{cases} \quad 1.6$$

Para o caso de:

$$\langle x-a\rangle^0 = \begin{cases} 1 \to \text{quando } x \ge a \\ 0 \to \text{quando } x < a \end{cases} \quad 1.7$$

Integração de funções singulares:

$$\int \langle x-a\rangle^n \cdot dx = \frac{1}{n+1}\langle x-a\rangle^{n+1} \to \text{para } n \ge 0 \quad 1.8$$

Derivada de funções singulares:

$$\frac{d\langle x-a\rangle^n}{dx} = n\langle x-a\rangle^{n-1} \to \text{para } n \ge 1 \quad 1.9$$

Continuando o exemplo apresentado na Fig. 1.25, pode-se escrever:

$$EI\frac{d^2y}{dx^2} = M_{(x)} = M(x) = \frac{3P}{4}x - P\langle x-a\rangle^1 \quad 1.10$$

em que:
E é o módulo de elasticidade longitudinal;
I é o momento de inércia da seção transversal da peça.

Fazendo a primeira integração, obtém-se a equação de declividade:

$$E \cdot I \frac{dy}{dx}\theta_{(x)} = \frac{R_{VA} \cdot x^2}{2} - \frac{P}{2}\langle x-a\rangle^2 + C_1 \quad 1.11$$

A segunda integração é a equação da deformada:

$$E \cdot I \cdot y(x) = \frac{R_{VA} \cdot x^3}{2\cdot 3} - \frac{P}{2\cdot 3}\langle x-a\rangle^3 + C_1 \cdot x + C_2 \quad 1.12$$

Como se têm somente duas constantes de integração, elas podem facilmente ser obtidas utilizando-se das condições de contorno.

Exemplo 1.1

Separe os elementos da estrutura da Fig. 1.26 o máximo possível, de tal forma que se consiga:
⊕ identificar cada elemento;
⊕ esquematizar seus vínculos e o caminhamento das cargas;
⊕ esboçar os diagramas de esforços internos e suas reações até que cheguem à fundação.

Lajes

Inicialmente, discretizam-se as lajes visando calcular os esforços solicitantes que nelas atuam, bem como as parcelas de cargas que elas distribuem para as vigas (Fig. 1.27).

Vigas

Conhecendo as parcelas de cargas das lajes para as vigas, são elaborados os sistemas de cálculos para cada viga (Fig. 1.28).

Consolo, pilar e fundação

As vigas, por sua vez, carregam o consolo (ou viga de seção variável), que transfere as ações para os pilares, e estes, para a fundação (Fig. 1.29).

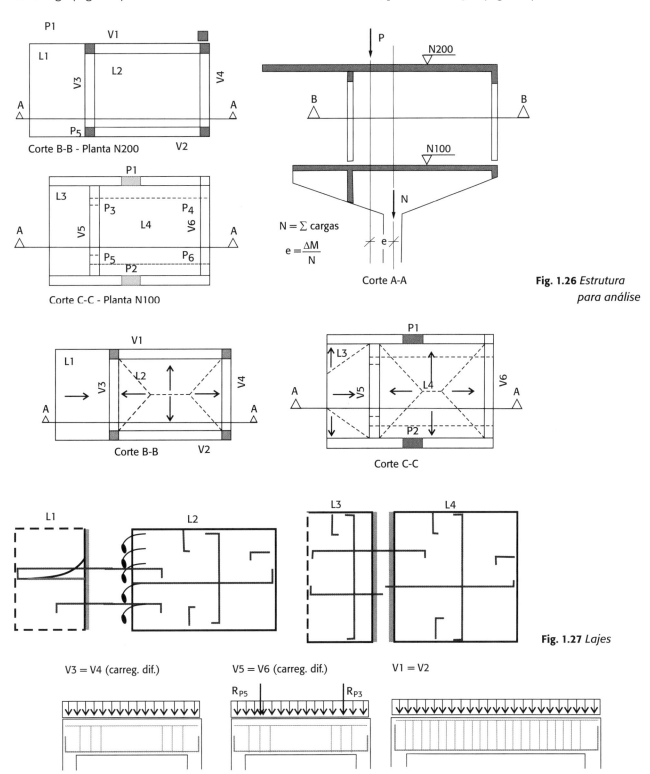

Fig. 1.26 *Estrutura para análise*

Fig. 1.27 *Lajes*

Fig. 1.28 *Vigas*

1 Estruturação

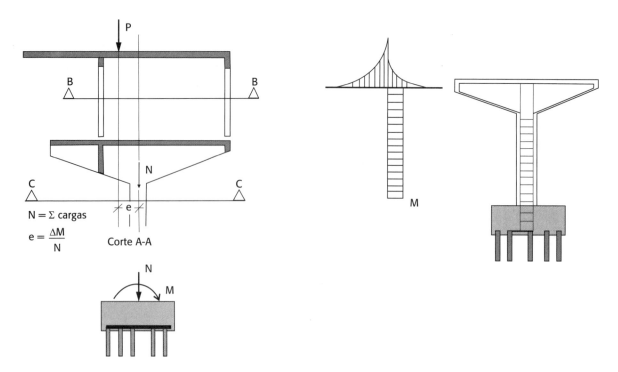

Fig. 1.29 *Consolo, pilar e fundação*

De modo geral, as ações não atuam isoladamente em uma estrutura. Na maioria das vezes, a estrutura está submetida a um conjunto de ações simultâneas, de tal forma que as combinações dessas ações tornam-se necessárias para que se possa determinar os efeitos (solicitações, deformações) mais desfavoráveis.

A verificação da segurança de uma estrutura deve ser feita na averiguação da ruptura dos materiais, do colapso da estrutura (estado-limite último – ELU) e da perda da funcionalidade da estrutura (estado-limite de serviço – ELS).

2.1 Estados-limites

Diz-se que uma estrutura ou parte dela atinge um *estado-limite* quando, de modo efetivo ou convencional, se torna inutilizável ou quando deixa de satisfazer as condições previstas para sua utilização (Alves, 2011). O item 3.1 da NBR 8681 (ABNT, 2003c) define o estado-limite de uma estrutura como o estado a partir do qual ela apresenta um desempenho inadequado às finalidades da construção.

Os estados-limites são classificados em: últimos (ELU) e de serviço (ELS).

2.1.1 Estados-limites últimos (ELU)

Os *estados-limites últimos* (*ultimate limit states*) ou de ruptura correspondem aos valores máximos da capacidade resistente da estrutura e estão relacionados ao colapso de parte ou de toda a estrutura. Esse colapso pode ser considerado qualquer forma de ruína estrutural que venha a paralisar a utilização da estrutura ao longo de sua vida útil. Em decorrência dessa concepção, serão utilizados coeficientes de segurança, majorando as ações e solicitações e minorando as capacidades resistentes dos materiais, para que em nenhum momento suas capacidades-limites sejam atingidas.

O item 3.2 da NBR 8681 (ABNT, 2003c) define o ELU como o estado que, pela simples ocorrência, determina a paralisação, no todo ou em parte, do uso da construção. Os estados-limites últimos são caracterizados por:
- perda de equilíbrio global ou parcial;
- ruptura ou deformação plástica excessiva dos materiais;
- transformação da estrutura, no todo ou em parte, em sistema hipostático;
- instabilidade por deformação;
- instabilidade dinâmica.

Os estados-limites são de diversas naturezas; todavia, o que desperta maior interesse é o estado de *colapso* (do latim *collabi*, "cair, escorregar junto" – *com*, "junto", mais *labi*, escorregar, deslizar).

O item 3.2.1 da NBR 6118 (ABNT, 2014) relaciona o ELU ao colapso ou a qualquer outra forma de ruína estrutural que determina a paralisação do uso da estrutura. Assim, o item 10.3 da norma citada admite a redistribuição dos esforços internos se respeitada a capacidade de adaptação plástica da estrutura.

2.1.2 Estados-limites de serviço (ELS)

Os *estados-limites de serviço* (*serviceability limit states*) ou de utilização decorrem de critérios de uso e durabilidade. Tais estados correspondem à impossibilidade do uso normal da estrutura e estão relacionados à durabilidade das estruturas, à sua aparência, ao conforto do usuário e à sua boa utilização funcional, seja em relação aos usuários, seja em relação às máquinas e aos equipamentos empregados (Camacho, 2005).

Em seu item 4.1.2.1, a NBR 8681 (ABNT, 2003c) considera ELS no período da vida útil da estrutura quando:

a] danos ligeiros ou localizados comprometem o aspecto estético da construção ou a durabilidade da estrutura;

b] deformações excessivas afetam a utilização normal da construção ou seu aspecto estético;

c] vibrações EXCESSIVAS trazem desconforto ao usuário.

Por sua vez, os itens 3.2.2 a 3.2.8 da NBR 6118 (ABNT, 2014) preconizam que a segurança das estruturas de concreto deve ser verificada quanto ao:

⊕ estado-limite de formação de fissuras (ELS-F);

⊕ estado-limite de abertura das fissuras (ELS-W);

⊕ estado-limite de deformações excessivas (ELS-DEF);

⊕ estado-limite de descompressão (ELS-D);

⊕ estado-limite de descompressão parcial (ELS-DP);

⊕ estado-limite de compressão excessiva (ELS-CE);

⊕ estado-limite de vibrações excessivas (ELS-VE).

2.2 Ações

Ao analisar uma estrutura, considera-se a influência de todas as ações que possam levá-la a atingir os estados-limites, tanto últimos como de serviço. As ações são definidas como parâmetros que, ao atuarem nas estruturas, desenvolvem esforços externos reativos, esforços internos solicitantes e deformações.

As ações a serem consideradas atuantes nas estruturas são classificadas por sua variação no tempo e no espaço e quanto à sua origem em três categorias: permanentes, variáveis e excepcionais.

2.2.1 Ações permanentes (G, g)

Ações permanentes diretas

As *ações permanentes diretas* são aquelas que, relativamente ao tempo, atuam sem interrupções e continuam com seus valores praticamente constantes durante toda a vida útil da estrutura, conforme explica o item 11.3 da NBR 6118 (ABNT, 2014). Exemplos: peso próprio da estrutura (Fig. 2.1), todos os elementos construtivos permanentes (paredes divisórias, revestimentos, acabamentos etc.), empuxos causados pelo peso próprio de terras não removíveis, pesos de equipamentos fixos etc.

Para calcular o peso próprio das peças de concreto, será considerada a massa específica normal (ρ_c), compreendida entre 2.000 kg/m³ e 2.800 kg/m³. Não conhecendo o valor da massa específica depois de seca em estufa, poderá ser adotado o valor de 2.400 kg/m³ (24 kN/m³) para o concreto simples. Para o concreto armado, esse valor será acrescido de 100 kg/m³ a 150 kg/m³, sendo, usualmente, utilizados 2.500 kg/m³ (25 kN/m³), conforme o item 8.2.2 da NBR 6118 (ABNT, 2014).

Os pesos das instalações permanentes serão considerados com valores nominais indicados pelos respectivos fornecedores, ao passo que os pesos dos elementos construtivos fixos serão utilizados com as massas específicas indicadas na NBR 6120 (ABNT, 2019a).

Na falta de determinação experimental, as massas específicas dos materiais de construção normalmente utilizados estão apresentadas na Tab. 2.1. Outros valores podem ser encontrados na Tabela 1 da NBR 6120 (ABNT, 2019a).

Nas Tabs. 2.2 e 2.3 são apresentados valores mais utilizados de ações permanentes diretas para alvenaria estrutural e de vedação, *drywall*, impermeabilização, revestimento de piso, telhas e telhado. Para demais recomendações de cargas, utilizar a NBR 6120 (ABNT, 2019a).

Ações permanentes indiretas

As *ações permanentes indiretas*, também denominadas *ações de sujeição* ou *de dependência*, são aquelas que, conforme suas origens, dependem das deformações impostas pela retração e fluência (propriedades dos materiais empregados), dos deslocamentos de apoios, das imperfeições geométricas (globais e locais) e dos efeitos da protensão (item 11.3.3 da NBR 6118 – ABNT, 2014).

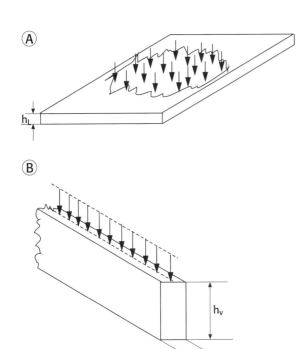

Peso próprio da laje

$$g_1 = \rho_c \cdot h_L \quad (kN/m^2 - \text{carga por área}) \quad \text{2.1}$$

em que:

ρ_c é a massa específica do concreto;

h_L é a espessura da laje.

Peso próprio da viga (barra)

$$g_1 = \rho_c \cdot b_v \cdot h_v \quad (kN/m - \text{carga linear}) \quad \text{2.2}$$

em que:

ρ_c é a massa específica do concreto;

b_v é a largura da viga;

h_v é a altura da viga.

Fig. 2.1 *Peso próprio nos elementos laminares e lineares: (A) laje e (B) viga*

Tab. 2.1 Massa específica de alguns materiais de edificações

	Materiais	Massa específica aparente (kN/m³)
Blocos artificiais	Blocos de concreto vazados (função estrutural – classe A e B)	14
	Blocos cerâmicos vazados com paredes vazadas (função estrutural)	12
	Blocos cerâmicos vazados com paredes maciças (função estrutural)	14
Argamassas e concretos	Argamassa de cal, cimento e areia	19
	Argamassa de cal	12 a 18 (15)
	Argamassa de cimento e areia	19 a 23 (21)
	Argamassa de gesso	12 a 18 (15)
	Concreto simples	24
	Concreto armado	25

Fonte: Tabela 1 da NBR 6120 (ABNT, 2019a).

Tab. 2.2 Ações permanentes diretas: alvenaria, *drywall*, impermeabilização e revestimento

Material	Espessura nominal do elemento (cm)	Peso (kN/m²)
Drywall (composição: montantes metálicos, quatro chapas com 12,5 mm de espessura cada e isolamento acústico com lã de rocha ou lã de vidro com 50 mm de espessura)	7 a 30	0,5
Impermeabilização com manta asfáltica simples (apenas manta com 15% de sobreposição e pintura asfáltica, sem camada de regularização nem proteção mecânica)	0,3 (3 mm)	0,08
	0,4 (4 mm)	0,10
	0,5 (5 mm)	0,11
Revestimento de piso de edifícios residenciais e comerciais (massa específica de 20 kN/m³)	5	1,0
	7	1,4

Fonte: Tabelas 2, 3 e 4 da NBR 6120 (ABNT, 2019a).

Tab. 2.3 Ações permanentes: telhas e telhados

Material	Espessura do elemento	Peso (kN/m²)
Telhado com telhas cerâmicas (exceto germânicas e coloniais) e estrutura de madeira, com inclinação ≤ 40%	–	0,7
Telhado com telhas cerâmicas germânicas e coloniais e estrutura de madeira, com inclinação ≤ 40%	–	0,85
Telhado com telhas de fibrocimento onduladas e estrutura de madeira	5 mm	0,4

As telhas são consideradas por metro quadrado, na superfície inclinada, incluindo superposição, elementos de fixação e absorção de água.

O telhado será considerado por metro quadrado, na superfície horizontal, incluindo a estrutura de suporte (tesoura, terças, caibros e ripas).

Fonte: Tabelas 5 e 6 da NBR 6120 (ABNT, 2019a).

De acordo com item 11.3 da NBR 6118 (ABNT, 2014), as ações permanentes devem ser consideradas com seus valores representativos mais desfavoráveis para a segurança.

2.2.2 Ações variáveis (Q, q)

As *ações variáveis*, também conhecidas como *acidentais* (cargas móveis), não atuam permanentemente na estrutura. Exemplos: sobrecarga de veículos, pessoas, ação do vento (obrigatório, de acordo com o item 11.4.1.2 da NBR 6118 – ABNT, 2014) e da água, variação de temperatura, força centrífuga, frenagem (frenação), choques de veículos na estrutura (esforços horizontais), atrito nos aparelhos de apoios e, em geral, as pressões hidrostáticas e hidrodinâmicas etc.

Em função de sua probabilidade de ocorrência durante a vida da construção, as ações variáveis são classificadas em normais ou especiais, conforme item 4.2.1.2 da NBR 8681 (ABNT, 2003c):

⊕ *ações variáveis normais* ou *diretas* são aquelas cuja probabilidade de ocorrência é suficientemente grande para que sejam consideradas obrigatórias;

⊕ *ações variáveis especiais* ou *indiretas* são aquelas que devem ser consideradas em condições especiais, como ocorrência de sismos, por exemplo.

Ações variáveis diretas

As *ações variáveis diretas* são constituídas pelas *cargas acidentais* (Fig. 2.2) previstas para o uso da construção e pela ação do vento (NBR 6123 – ABNT, 1988), da chuva e da água. De acordo com o item 11.4.1.3 da NBR 6118

(ABNT, 2014), o nível de água adotado para cálculo de reservatórios, tanques, decantadores e outros deve ser igual ao máximo possível compatível com o sistema de extravasão. A mesma norma afirma, ainda, que as ações *variáveis* durante a construção devem estar dispostas nas posições e combinações mais desfavoráveis possíveis, levando-se em conta também o processo construtivo.

As cargas previstas para uso da construção são as *cargas verticais* de uso da construção e as *cargas móveis*, considerando o impacto vertical, o impacto lateral, a força longitudinal de frenagem (frenação) ou aceleração e a força centrífuga.

As ações verticais mais comuns que se consideram atuando nos pisos de edificações, além das que se aplicam em caráter especial, referem-se a carregamentos por conta de pessoas, móveis, utensílios e veículos, e são supostamente distribuídas de modo uniforme, com os valores mínimos indicados na Tab. 2.4. Para as pontes, viadutos e passarelas, seguem-se as recomendações da NBR 7188 (ABNT, 2013a).

Os esforços longitudinais de frenagem ou aceleração (Fig. 2.3) obedecem à Eq. 2.3.

$$F_f = F_a = m \cdot a = P \cdot \frac{a}{g} \qquad \text{2.3}$$

em que:

m é a massa do corpo móvel (veículo);

a é a aceleração do veículo;

P é o peso do veículo;

g é a aceleração da gravidade.

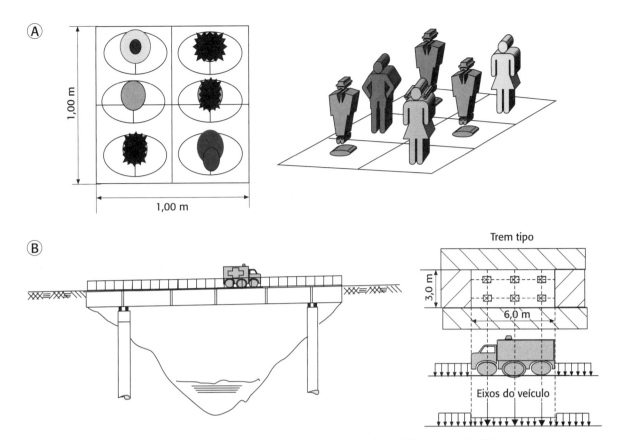

Fig. 2.2 *Cargas variáveis (acidentais): (A) seis pessoas em 1 m² ≅ 500 kg/m² e (B) ponte rodoviária*

Tab. 2.4 Valores característicos das ações variáveis em edifícios

	Local	Ação – carga (kN/m²)
Edifícios residenciais	Dormitório, sala, copa, cozinha, sanitários	1,5
	Despensa, área de serviço e lavanderia	2,0
	Salão de festas, salão de jogos	3,0[a]
	Áreas de uso comum	3,0[a]
	Academia	3,0[a]
	Forros acessíveis apenas para manutenção e sem estoque de materiais	0,1[a,b]
	Corredores de uso comum	3,0
	Depósitos	3,0
Edifícios comerciais, corporativos e de escritórios	Salas de uso geral e banheiro	2,5
	Regiões de arquivos deslizantes	5,0
	Call center	3,0
	Corredores dentro de unidades autônomas	2,5
	Corredores de uso comum	3,0
Escadas e passarelas	Residenciais, hotéis (dentro das unidades autônomas)	2,5
	Residenciais, hotéis (uso comum)	3,0
	Edifícios comerciais, clubes, escritórios, bibliotecas	3,0
Balcões, sacadas, varandas e terraços[c]	Residencial	2,5
	Comercial, corporativo e escritórios	3,0

2 Ações e seguranças nas estruturas

Tab. 2.4 (continuação)

Áreas técnicas	Barrilete	1,5[d]
	Áreas técnicas em geral (fora da projeção dos equipamentos), exceto barrilete	3,0
	Casa de máquinas de elevador de passageiros ($v \leq 1,0$ m/s)	30,0[e,f,g]
	Casa de máquinas de elevador de passageiros ($v \geq 1,0$ m/s)	50,0[g]

[a] Redução de cargas variáveis não permitidas.
[b] Para forros inacessíveis e sem possibilidade de estoque de materiais, não é necessário considerar cargas variáveis.
[c] Nas bordas de balcões, varandas, sacadas e terraços com guarda-corpo deve-se prever carga variável de 2,0 kN/m, além do peso próprio.
[d] Prever cargas devidas a tanques, reservatórios, bombas etc. (com suas respectivas bases), distribuídas na área de projeção desses itens.
[e] Carga na projeção do poço do elevador.
[f] As forças impostas pelo motor, guias, para-choques, polias etc., a serem fornecidas pelo fabricante do elevador de passageiros, devem ser calculadas conforme a NBR NM 207 (ABNT, 1999).
[g] Para o teto da casa de máquinas de elevadores, verificar a necessidade de prever cargas concentradas variáveis para os ganchos de suspensão dos equipamentos (mínimo de 40 kN por gancho).

Fonte: Tabela 10 da NBR 6120 (ABNT, 2019a).

Verifica-se que o esforço longitudinal Ff representa uma fração igual à relação a/g do peso P do veículo.

No caso de pontes rodoviárias, de acordo com o item 7.2.1.5.2 da NBR 7187 (ABNT, 2003b), adota-se, para o cálculo dos esforços horizontais, o maior dos seguintes valores:

- aceleração: 5% da carga móvel distribuída aplicada sobre o tabuleiro (exceto passeio);
- frenagem: 30% do peso do veículo tipo.

Ações variáveis durante a construção

As estruturas em todas as fases da construção estão sujeitas a diversas cargas variáveis e precisam ter sua segurança garantida (Fig. 2.4). A verificação da estrutura em cada uma dessas fases deve ser feita considerando a parte da estrutura já executada e as cargas decorrentes das estruturas provisórias auxiliares. Além disso, de acordo com o item 11.4.1.4 da NBR 6118 (ABNT, 2014), devem ser consideradas as cargas acidentais de execução.

Ações variáveis indiretas

As *ações variáveis indiretas* englobam aquelas decorrentes de variação de temperatura (uniformes ou não) e ações dinâmicas (choques ou vibrações que podem levar a estrutura à ressonância e à fadiga dos materiais).

De acordo com o item 11.4.2.1 da NBR 6118 (ABNT, 2014) podem ser adotados os seguintes valores para variação de temperatura:

- para elementos estruturais cuja menor dimensão não seja superior a 50 cm, a oscilação de temperatura deve ser em torno da média de 10 °C a 15 °C;
- para elementos estruturais maciços ou ocos com os espaços vazios inteiramente fechados, cuja menor

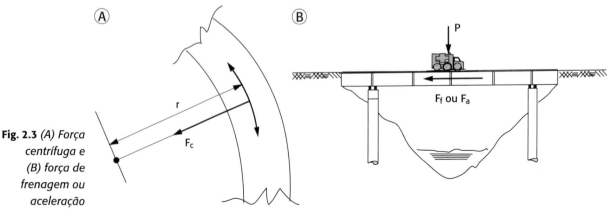

Fig. 2.3 *(A) Força centrífuga e (B) força de frenagem ou aceleração*

dimensão seja superior a 70 cm, admite-se que a oscilação seja reduzida respectivamente para 5 °C a 10 °C;
- para elementos estruturais cuja menor dimensão esteja entre 50 cm e 70 cm admite-se que seja feita uma interpolação linear entre os valores anteriormente indicados.

A escolha de um valor entre esses dois limites pode ser feita considerando 50% da diferença entre as temperaturas médias de verão e inverno no local da obra.

Na existência de ações dinâmicas na estrutura (choques ou vibrações), levam-se em conta possíveis efeitos de fadiga e ressonância no dimensionamento da estrutura (Fig. 2.5).

A frequência própria de vibração pode ser calculada pela expressão:

$$f_{pv} = \frac{300}{\sqrt{\delta}} > 240 \text{ rpm} \qquad 2.4$$

Sendo δ calculado por:

$$\delta = \frac{P \cdot h^3}{3E \cdot I} \qquad 2.5$$

em que:
P é a carga do reservatório (peso próprio + água);
h é a altura do reservatório;
E é o módulo de elasticidade linear do concreto;
I é a inércia do pilar.

Valores de frequência calculada inferiores a 240 rpm podem causar oscilações sensíveis à estrutura, levando-a à ressonância.

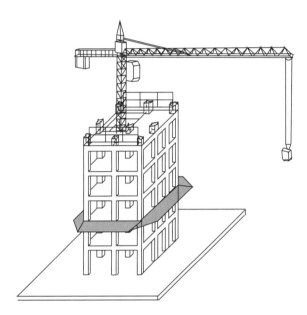

Fig. 2.4 *Cargas variáveis durante a construção*

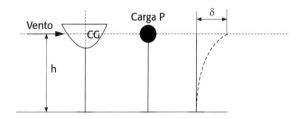

Fig. 2.5 *Reservatório elevado apoiado em pilar único*

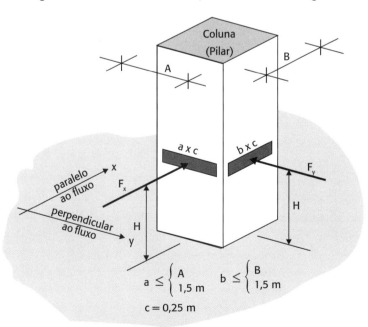

Fig. 2.6 *Impacto horizontal em colunas*

2 Ações e seguranças nas estruturas   33

2.2.3 Ações excepcionais

De acordo com o item 4.2.1.3 da NBR 8681 (ABNT, 2003c), as *ações excepcionais* são ações decorrentes de causas como choques de veículos, incêndios, enchentes ou sismos excepcionais. Os incêndios, em vez de serem tratados como causa de ações excepcionais, também podem ser tratados reduzindo a capacidade resistente dos materiais construtivos da estrutura.

Segundo Alves (2011) as ações excepcionais são aquelas que têm duração extremamente curta e uma probabilidade muito baixa de ocorrência durante a vida da construção, mas que devem ser consideradas em algumas situações.

Impactos horizontais em colunas de garagem de edifícios e postos de gasolina devem ser considerados conforme as especificações da Tab. 2.5.

As forças horizontais da Fig. 2.6 são aplicadas em áreas $a \times c$ e $b \times c$, distando H do piso.

Em pilares próximos a rampas de descidas de garagem, as forças horizontais a serem consideradas serão o dobro dos valores apresentados na Tab. 2.5 (item 6.6.1 da NBR 6120 – ABNT, 2019a).

No caso de pontes, o item 7.3.1 da NBR 7188 (ABNT, 2013a) recomenda, para os pilares junto à circulação de veículos, sua verificação para uma força de colisão de 100 kN na direção do tráfego e 50 kN perpendicular ao tráfego, não concomitantes e aplicadas a uma altura de 1,0 m do piso.

As ações (cargas) ainda podem ser consideradas (Fig. 2.7):

- *concentradas*, quando atuam em um único ponto;
- *distribuídas*, quando atuam em certo comprimento ou área;
- *verticais*, *oblíquas* e *horizontais*.

Uma correta avaliação das cargas que irão atuar na estrutura traz ao projeto segurança, conforto e economia.

2.2.4 Carga por área de influencia

As cargas nos pilares e nas fundações podem ser obtidas, a título de pré-dimensionamento, por meio do processo de *áreas de influência* de cada pilar, que podem ser delimitadas pelas medianas entre os pilares adjacentes ao pilar em análise.

Tab. 2.5 Ações em garagens e demais áreas de circulação de veículos

Categoria	PTB (kN)	Força horizontal F_x (kN)	Força horizontal F_y (kN)	Altura H de aplicação das forças horizontais (m)
I	≤ 30	100	50	0,5
II	≤ 90	180	90	0,5
III	≤ 160	240	120	1,0
IV	≤ 160	320	160	1,0
V	≤ 230	320	160	1,0

Nota: PTB é o peso bruto total do veículo carregado, inclusive combustível e os demais acessórios.
Fonte: Tabela 12 da NBR 6120 (ABNT, 2019a).

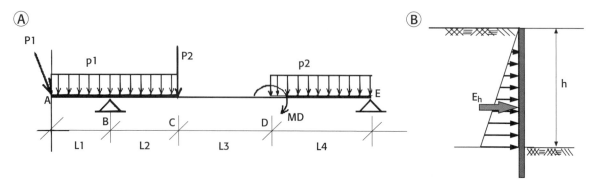

Fig. 2.7 *Cargas concentradas e distribuídas: (A) barra horizontal e (B) anteparo vertical*

Essas áreas deverão ser multiplicadas pelos coeficientes indicados na Tab. 2.6 para se levar em conta a influência do aumento de carga, por causa das possíveis continuidades de vigas que cruzam os respectivos pilares e das possíveis excentricidades de cargas ao serem descarregadas nos pilares.

As áreas serão multiplicadas pela carga atuante no pavimento e pelo número de pavimentos correspondente.

Em estruturas convencionais, ou seja, com laje, vigas e pilares, as cargas atuantes nas respectivas áreas de influência podem ser obtidas levando-se em conta:

$$p = \rho_c \left(e_{Laje} + e_{m,vigas} + e_{m,pilares} \right) + g_{rev} + g_{alv} + q \quad 2.6$$

em que:

$e_{Laje} = h_{lajes}$: pode-se trabalhar com uma espessura média de laje da ordem de 8 a 12 cm;

$e_{m,vigas}$ é a espessura média de vigas. É comum, para esse tipo de empreendimento, que tanto as lajes quanto as vigas tenham pequenos vãos da ordem de 2,5 m a 5,0 m, para que se obtenha uma espessura média para as vigas, por pavimento tipo, da ordem de 4 cm a 5 cm;

$e_{m,pilares}$ é a espessura média de pilares. Pode-se adotar, também, uma espessura média para os pilares da ordem de 4 cm a 6 cm;

ρ_c é a massa específica do concreto e corresponde a 25 kN/m³;

g_{rev} é a carga permanente correspondente ao revestimento e equivale a 1,0 kN/m² a 2,0 kN/m²;

g_{alv} é a carga permanente por causa das paredes, devidamente revestidas, e corresponde a 3,0 kN/m² a 5,0 kN/m²;

q é a carga acidental e corresponde a 2,0 kN/m²;

p é a carga total por unidade de área e corresponde a 10 kN/m² a 15 kN/m².

É importante destacar que o dimensionamento final deve ser feito com as combinações de ações reais e calculadas.

Exemplo 2.1

A planta de forma apresentada na Fig. 2.8 refere-se ao N500 de um edifício residencial cuja distância de nível a nível é de 2,8 m. O edifício tem 15 pavimentos, um térreo e um ático que serve de cobertura para o 15° pavimento. Há também uma caixa-d'água elevada, apoiada sobre os pilares P_8, P_9, P_{11} e P_{12}, com capacidade de 40 m³. Calcule as cargas na fundação para os pilares P_4, P_5, P_9 e P_{15}.

As áreas são delimitadas pelas linhas medianas entre os pilares, formando as áreas conforme indicado na Fig. 2.9.

O cálculo das cargas atuantes é feito da seguinte forma:

$$p = \rho_c \left(e_{Laje} + e_{m,vigas} + e_{m,pilares} \right) + g_{rev} + g_{alv} + q$$

$$p = 25(0{,}10 + 0{,}04 + 0{,}04) + 1{,}5 + 3{,}5 + 2{,}0 = 11{,}5 \text{ kN/m}^2$$

Normalmente se adota, para o peso de concreto da caixa-d'água, o mesmo peso da água. Assim, para 40 m³, têm-se 400 kN de água e mais 400 kN de concreto, totalizando 800 kN.

Na verificação do volume de concreto da caixa-d'água da Fig. 2.8, têm-se:

Tab. 2.6 Coeficiente para áreas de influência

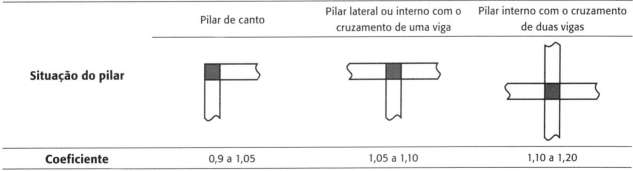

Situação do pilar	Pilar de canto	Pilar lateral ou interno com o cruzamento de uma viga	Pilar interno com o cruzamento de duas vigas
Coeficiente	0,9 a 1,05	1,05 a 1,10	1,10 a 1,20

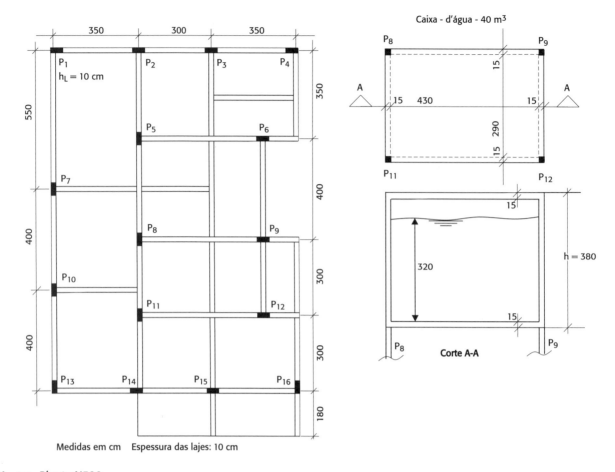

Fig. 2.8 *Planta N500*

$V_{con} = (4,6 \times 3,2) \times 0,15 \times 2 + 4,6 \times 2 \times 0,15 \times (3,8 - 0,3) +$
$3,2 \times 2 \times 0,15 \times 3,5 = 12,606 \text{ m}^3$

$P_{con} = \rho_c \cdot 12,606 = 25 \times 12,606 = 315,15 \text{ kN}$

$P_{Cx} = P_{con} + P_{água} = 315,15 + 400 = 715,15 \text{ kN} < 800 \text{ kN}$
(adotado)

A Tab. 2.7 apresenta as cargas totais na fundação dos pilares P_4, P_5, P_9 e P_{15}.

2.3 Valores das ações e solicitações
2.3.1 Valores característicos

As ações são quantificadas por seus valores característicos F_k, que são definidos por suas variações e intensidades, de acordo com o item 11.6.1 da NBR 6118 (ABNT, 2014).

Segundo Camacho (2005), para as ações permanentes, o *valor característico* corresponde ao quantil de 95% da respectiva distribuição de probabilidade (valor característico superior, $F_{Gk,sup}$) quando essas ações produzirem efeitos desfavoráveis na estrutura (caso dos edifícios).

Quando a ação permanente for favorável, o valor característico corresponde ao quantil de 5% de sua distribuição de probabilidade (valor característico inferior, $F_{Gk,inf}$).

De acordo com o item 4.2.2.1.1 da NBR 8681 (ABNT, 2003c), o valor característico das ações permanentes (F_{Gk}) é o valor médio, correspondente ao quantil de 50%, sejam os efeitos desfavoráveis ou favoráveis. Já de acordo com o item 11.6.1.1 da NBR 6118 (ABNT, 2014), os valores característicos estão definidos na NBR 6120 (ABNT, 2019a).

Os valores característicos das ações variáveis (F_{Qk}), de acordo com o item 11.6.1.2 ainda da NBR 6118 (ABNT, 2014), são estabelecidos por consenso e correspondem a valores que têm de 25% a 35% de probabilidade de ser ultrapassados no sentido desfavorável

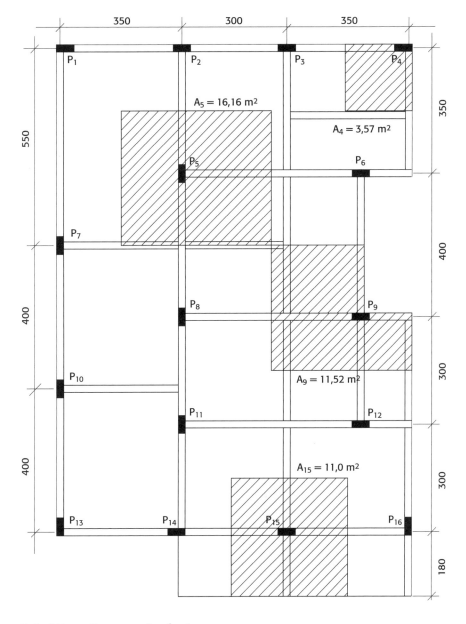

Fig. 2.9 *Áreas de influência*

Tab. 2.7 Cargas na fundação

Pilar	Área de influência (m²)	Carga p (kN/m²)	Subtotal 1 (kN)	Coef.	Subtotal 2 × n° pavimentos (17)	Caixa-d'água (kN)	Total
P_4	3,57	11,5	41,06	1,00	697,94		697,94
P_5	16,16	11,5	185,84	1,10	3.475,21		3.475,21
P_9	11,52	11,5	132,48	1,15	2.589,98	200	2.789,98
P_{15}	11,00	11,5	126,50	1,15	2.473,08		2.473,08

Observação: a carga utilizada para ático + cobertura, embora inferior ($\cong$ 0,7 da carga do pavimento tipo), neste exemplo será a mesma utilizada para as cargas dos pavimentos tipos, compensando assim a carga do térreo, que é maior.

em um período de 50 anos, o que significa um valor com período médio de retorno de 174 anos a 117 anos, respectivamente. Esses valores estão definidos na NBR 6120 (ABNT, 2019a).

No caso de ações cuja variação não seja expressa por meio de distribuições probabilísticas, seus valores característicos F_k são substituídos por valores nominais convenientemente escolhidos.

Valores de cálculo

Os *valores de cálculo* F_d das ações são obtidos a partir dos valores representativos, multiplicando-os pelos respectivos coeficientes de ponderação $\gamma_f = \gamma_{f1} \cdot \gamma_{f2} \cdot \gamma_{f3}$, conforme o item 11.7 da NBR 6118 (ABNT, 2014), sendo que:

⊕ γ_{f1} leva em consideração a variação das ações;

⊕ γ_{f2} leva em conta a simultaneidade das ações;

⊕ γ_{f3} leva em conta os desvios ocasionados durante as construções e as aproximações feitas em projeto, no que tange às ações.

Os valores representativos podem ser:

⊕ os próprios valores característicos (F_k);

⊕ valores convencionais excepcionais (F_{Ex});

⊕ valores reduzidos (F_R), em função da combinação de ações:

No caso de baixa probabilidade de ocorrência, o valor reduzido F_R será igual a $\psi_0 \cdot F_k$ (verificações no ELU). No ELS, os valores reduzidos (F_R) podem ser calculados pelas expressões $\psi_1 \cdot F_k$ (para valores frequentes) e $\psi_2 \cdot F_k$ (para valores quase permanentes), de uma ação que acompanha a ação principal.

Portanto,

$$F_d = \gamma_f \cdot F_R = \gamma_f \cdot \psi_i \cdot F_k \qquad \textbf{2.7}$$

Os valores de $\gamma_{f1} \cdot \gamma_{f3}$ estão indicados nas Tabs. 2.8 e 2.9.

Os valores de γ_{f2} são iguais a ψ_o, ψ_1 ou ψ_2, conforme a combinação das ações e do estado-limite em análise, e estão representados na Tab. 2.10, na qual:

⊕ ψ_0 é o fator de redução pela combinação de ações no ELU;

⊕ ψ_1 é o fator de redução pela combinação frequente de ações no ELS;

⊕ ψ_2 é o fator de redução pela combinação quase permanente de ações no ELS.

Para verificações no ELS, o coeficiente de ponderação é $\gamma_f = \gamma_{f2}$, sendo:

⊕ $\gamma_{f2} = 1$ para combinações raras;

⊕ $\gamma_{f2} = \psi_1$ para combinações frequentes;

⊕ $\gamma_{f2} = \psi_2$ para combinações quase permanentes.

2.4 Combinações de ações

As combinações de carregamento devem ser feitas de modo a determinar os efeitos mais desfavoráveis para o elemento estrutural em análise. Assim, a verificação quanto à segurança da estrutura deve ser realizada por meio de *combinações últimas* e *combinações de serviço*.

2.4.1 Combinações últimas das ações

Segundo o item 5.1.3 da NBR 8681 (ABNT, 2003c) e o item 11.8.2 da NBR 6118 (ABNT, 2014), as combinações últimas das ações podem ser classificadas em *normais*, *especiais* (ou de construção) e *excepcionais*.

$$F_d = \sum_{i=1}^{m} \gamma_{gi} \cdot F_{Gi,k} + \gamma_q \left[F_{Q1,k} + \sum_{j=2}^{n} \psi_{0j} \cdot F_{Qj,k} \right] \qquad \textbf{2.8}$$

Tab. 2.8 Valores de $\gamma_{f1} \cdot \gamma_{f3}$

Combinações de ações	Ações							
	Permanentes (*g*)		Variáveis (*q*)		Protensão (*P*)		Recalques de apoio e retração	
	D	F	G	T	D	F	D	F
Normais	1,4[1]	1,0	1,4	1,2	1,2	0,9	1,2	0
Especiais ou de construção	1,3	1,0	1,2	1,0	1,2	0,9	1,2	0
Excepcionais	1,2	1,0	1,0	0	1,2	0,9	0	0

Sendo: D para desfavorável, F para favorável, G para as cargas variáveis em geral e T para a temperatura.

[1] Para as cargas permanentes de pequena variabilidade, como o peso próprio das estruturas, especialmente as pré-moldadas, esse coeficiente pode ser reduzido para 1,3.

Fonte: item 11.7.1 da NBR 6118 (ABNT, 2014).

Tab. 2.9 Valores de $\gamma_{f_1} \cdot \gamma_{f_3}$ para ações permanentes desfavoráveis

	Normal	Especial ou de construção	Excepcional
Grandes pontes	1,30	1,20	1,10
Edificações tipo 1 e pontes em geral	1,35	1,25	1,15
Edificações tipo 2	1,40	1,30	1,20

Grandes pontes: são estruturas cujo peso próprio supera 75% da carga permanente atuante.
Edificações tipo 1: são aquelas em que as cargas variáveis (acidentais) superam 5 kN/m².
Edificações tipo 2: são aquelas em que as cargas variáveis (acidentais) não ultrapassam 5 kN/m².

Fonte: item 5.1.4.1 da NBR 8681 (ABNT, 2003c).

Tab. 2.10 Valores do coeficiente γ_{f_2}

Ações		γ_{f_2}		
		ψ_0	$\psi_1{}^{(1)}$	ψ_2
Cargas acidentais de edifícios	Locais em que não há predominância de pesos de equipamentos que permanecem fixos por longos períodos nem de elevadas concentrações de pessoas.[2]	0,5	0,4	0,3
	Locais em que há predominância de pesos e equipamentos fixos por longos períodos, ou de elevada concentração de pessoas.[3]	0,7	0,6	0,4
	Biblioteca, arquivos, oficinas e garagens.	0,8	0,7	0,6
Vento	Pressão dinâmica do vento nas estruturas em geral.	0,6	0,3	0,0
	Variações uniformes de temperatura em relação à média anual local.	0,6	0,5	0,3

[1] Para os valores de ψ_1 relativos às pontes e principalmente aos problemas de fadiga, ver seção 23 da NBR 6118 (ABNT, 2014).
[2] Edifícios residenciais.
[3] Edifícios comerciais, de escritórios, estações e edifícios públicos.

Fonte: item 11.7.1 da NBR 6118 (ABNT, 2014).

$$F_d = \sum_{i=1}^{m} \gamma_{gi} \cdot F_{Gi,k} + \underbrace{\gamma_q F_{Q1,k}}_{\text{Variável principal}} + \underbrace{\gamma_q \sum_{j=2}^{n} \psi_{0j} \cdot F_{Qj,k}}_{\text{Variáveis secundárias reduzidas}} \qquad 2.9$$

$\underbrace{\phantom{F_d = \sum_{i=1}^{m} \gamma_{gi} \cdot F_{Gi,k}}}_{\text{Permanentes}}$ $\underbrace{\phantom{+ \gamma_q F_{Q1,k} + \gamma_q \sum \psi}}_{\text{Variáveis}}$

em que:

$F_{Gi,k}$ é o valor característico das ações permanentes;

$F_{Q1,k}$ é o valor característico da ação variável considerada como ação principal para a combinação;

$F_{Qj,k}$ é o valor das demais ações variáveis;

ψ_{0j} é o valor do coeficiente de redução considerando a baixa probabilidade de ocorrência simultânea com a variável principal;

$\psi_{0j} F_{Qj,k}$ é o valor reduzido de combinação de cada uma das demais ações variáveis.

Em casos especiais, devem ser consideradas duas combinações: em uma delas, admite-se que as ações permanentes sejam desfavoráveis para a segurança, e, na outra, que sejam favoráveis.

Em cada combinação devem estar inclusas as ações permanentes e a ação variável principal, com seus valores característicos, bem como as ações secundárias com seus respectivos valores reduzidos (NBR 6118 – ABNT, 2014).

Ainda de acordo com o item 14.6.6.3 da NBR 6118 (ABNT, 2014), quando carga variável em edifícios não ultrapassar 50% da carga total, ou 5 kN/m², a análise estrutural pode ser realizada sem a consideração de alternância de cargas.

2.4.2 Combinações de serviços das ações

Segundo o item 5.1.5 da NBR 8681 (ABNT, 2003c) e o item 11.8.3 da NBR 6118 (ABNT, 2014), as combinações de serviços das ações podem ser classificadas como *quase permanentes*, *frequentes* ou *raras*.

2 Ações e seguranças nas estruturas

Quase permanentes

São aquelas que atuam ao longo de grande parte da vida útil da estrutura, sendo normalmente utilizadas na verificação do estado-limite de deformações excessivas (ELS-DEF) (Campos Filho, 2011). Segundo Camacho (2005), são aquelas que atuam durante pelo menos metade da vida útil da estrutura. De acordo com o item 11.8.3.2 da NBR 6118 (ABNT, 2014), as ações são tomadas com seus valores quase permanentes.

$$F_{d,ser} = \sum F_{Gi,k} + \sum \psi_{2j} \cdot F_{Qj,k} \qquad \textbf{2.10}$$

Frequentes

São aquelas que se repetem inúmeras vezes ao longo da vida útil da estrutura. Camacho (2005) entende que são aquelas que atuam por mais de 5% da vida útil da estrutura. Segundo Campos Filho (2011), as combinações frequentes são consideradas para a verificação dos estados-limites de formação de fissuras (ELS-F), vibrações excessivas (ELS-VE) e deformações excessivas (ELS-DEF) decorrentes de vento ou temperatura. Nesses casos, a ação variável principal F_{Q1} é tomada com seu valor frequente, ao passo que as demais ações variáveis têm seus valores quase permanentes de $\Psi_2 \cdot F_{Qk}$ (NBR 6118 – ABNT, 2014).

$$F_{d,ser} = \sum F_{Gi,k} + \psi_1 \cdot F_{Q1,k} + \sum \psi_{2j} \cdot F_{Qj,k} \qquad \textbf{2.11}$$

Raras

São aquelas que atuam poucas vezes ao longo da vida útil da estrutura. Essas combinações são consideradas na verificação do estado-limite de formação de fissuras e descompressão, segundo Camacho (2005). Toma-se para a ação principal seu valor característico, enquanto, para as demais ações, tomam-se seus valores frequentes de $\psi_1 \cdot F_{Qk}$ (NBR 6118 – ABNT, 2014).

$$F_{d,ser} = \sum F_{Gi,k} + F_{Q1,k} + \sum \psi_{1j} \cdot F_{Qj,k} \qquad \textbf{2.12}$$

em que:

$F_{d,ser}$ é o valor de cálculo das ações para combinações de serviço;

$F_{Q1,k}$ é o valor característico das ações combinadas das variáveis principais diretas;

ψ_1 é o fator de redução de combinações frequentes para ELS;

ψ_2 é o fator de reução de combinação quase permanente para ELS.

2.4.3 Emprego de coeficientes de ajustamento

O item 5.3.3 da NBR 8681 (ABNT, 2003c) recomenda a utilização de um coeficiente de ajustamento γ_n, que multiplicará os coeficientes de ponderações quando $\gamma_f > 1,0$ em estruturas consideradas especiais. Já o item 22.1 da NBR 6118 (ABNT, 2014), por sua vez, considera elementos estruturais especiais aqueles que se caracterizam por um comportamento que não respeita a hipótese de seções planas. Entre essas estruturas encontram-se os elementos de fundações, sapatas e blocos, além vigas-parede, consolos e dentes Gerber.

$$\gamma_n = \gamma_{n1} \cdot \gamma_{n2} \qquad \textbf{2.13}$$

em que:

$\gamma_{n1} \leq 1,2$ em função da ductilidade de uma eventual ruína;

$\gamma_{n2} \leq 1,2$ em função da gravidade das consequências de uma eventual ruína.

Pode-se entender ruína em uma estrutura como sua deterioração ao longo do tempo, com a possibilidade de colapso.

Algumas razões, naturais ou, não podem levar uma estrutura à ruína, como um ambiente onde a estrutura está em construção, um erro de projeto, uma execução inadequada (ou com vícios de construção), o uso de material inadequado, a falta de manutenção, um incêndio na estrutura, um terremoto etc.

Exemplo 2.2 Combinações de ações

Determinar os esforços de cálculo (de projeto F_d) para os pilares P_1 e P_2 do edifício residencial de concreto armado, para as combinações do ELU e ELS (combinações: frequente, quase permanente e rara). O modelo é uma edificação tipo 2, ou seja, as cargas variáveis não ultrapassam 5 kN/m^2 (Fig. 2.10 e Tab. 2.11).

Tab. 2.11 Dados

Ação	Esforços normais (kN)	
	Pilar P_1	Pilar P_2
V: Vento	−80	80
Q: Carga variável	−300	−300
G: Carga permanente (PP)	−700	−700
E: Empuxo	120	−120

Combinação de ações (cargas) no ELU

$$F_d = \sum_{i=1}^{m} \gamma_{gi} \cdot F_{Gi,k} + \gamma_q \left[F_{Q1,k} + \sum_{j=2}^{n} \psi_{0j} \cdot F_{Qj,k} \right]$$

$$F_{d,1} = \gamma_{g1} \cdot G_{PP} + \gamma_{g2} \cdot G_E + \gamma_{q1} \cdot Q + \gamma_{q2} \cdot \psi_{o,v} \cdot V$$

$$F_{d,1} = 1{,}4(-700) + 1{,}0 \times 120 + 1{,}4(-300)$$
$$+ 1{,}4 \times 0{,}6 \times (-80) = -1.347{,}20 \text{ kN}$$

Os demais valores estão apresentados nas Tabs. 2.12 e 2.13.

Combinações de ações (cargas) no ELS
Combinações quase permanentes (CQP)

$$F_{d,ser} = \sum F_{Qi,k} + \sum \psi_{2j} \cdot F_{Qj,k}$$

$$F_{d,ser} = G_{PP} + G_E + \sum \psi_{2j} \cdot F_{Qj,k}$$

$$F_{d,1} = (-700) + 120 + 1{,}0 \times 0{,}3 \times (-300)$$
$$+ 1{,}0 \times 0 \times (-80) = -670{,}00 \text{ kN}$$

Combinações frequentes (CF)

$$F_{d,ser} = \sum F_{Gi,k} + \psi_1 \cdot F_{Qj,k} + \sum \psi_{2j} \cdot F_{Qj,k}$$

$$F_{d,ser} = G_{PP} + G_E + \psi_1 \cdot F_{Q1,k} + \sum \psi_{2j} \cdot F_{Qj,k}$$

$$F_{d,2.1} = (-700) + 120 + 0{,}4(-300) + 0{,}0(-80)$$
$$= -700{,}00 \text{ (kN)}$$

Combinações raras (CR)

$$F_{d,ser} = \sum F_{Gi,k} + F_{Q1,k} + \sum \psi_{1j} \cdot F_{Qj,k}$$

$$F_{d,ser} = G_{PP} + G_E + F_{Q1,k} + \sum \psi_{1j} \cdot F_{Qj,k}$$

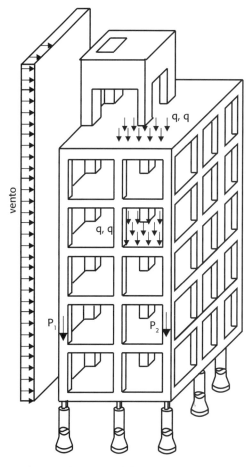

Fig. 2.10 *Esboço tridimensional da estrutura de um edifício*

$$F_{d,3.1} = (-700) + 120 + (-300) + 0{,}3(-80)$$
$$= -904{,}00 \text{ (KN)}$$

Os demais valores de todas as combinações encontram-se nas Tabs. 2.14 e 2.15.

2.5 Segurança das estruturas
2.5.1 Verificação da segurança

Uma estrutura é considerada segura quando atende as condições construtivas e analíticas de segurança, de tal forma que suporte todas as ações possíveis no decorrer de sua vida útil (Alves, 2011). Para que isso aconteça, é imprescindível para todos os estados-limites que:

$$R_d \geq R_s \qquad \text{2.14}$$

Ou seja, a resistência de cálculo (Rd) deve ser maior ou no mínimo igual à resistência solicitante (Rs).

Tab. 2.12 Valores dos esforços combinados para o P_1 (ELU)

Pilar 1		Ações (valores em kN)				
		G_1:PP	G_2:E	Q	V	Total (kN)
		−700	120	−300	−80	
Combinação 1	Coef. $= \gamma_{f1} \cdot \gamma_{f3}$	1,4	1,0	1,4	1,4	
	$\psi_0 = \gamma_{f2}$				0,6	(máximo)
		−980	120	−420	−67,2	−1.347,20
Combinação 2	Coef. $= \gamma_{f1} \cdot \gamma_{f3}$	1,4	1,0	1,4	1,4	
	$\psi_0 = \gamma_{f2}$				0,5	
		−980	120	−210	−112	−1.182,00
Combinação 3 sem vento	Coef. $= \gamma_{f1} \cdot \gamma_{f3}$	1,0	1,0	1,4	1,4	
	$\psi_0 = \gamma_{f3}$				0,5	(mínimo)
		−700	120	−210		−790,00

Tab. 2.13 Valores dos esforços combinados para o P_2 (ELU)

Pilar 2		Esforços de cálculo – F_d (valores em kN)				
		G_1:PP	G_2:E	Q	V	Total (kN)
		−700	−120	−300	80	
Combinação 1	Coef. $= \gamma_{f1} \cdot \gamma_{f3}$	1,4	1,4	1,4	1,4	
	$\psi_0 = \gamma_{f2}$				0,6	
		−980	−168	−420	67,2	−1.500,80
Combinação 2	Coef. $= \gamma_{f1} \cdot \gamma_{f3}$	1,0	1,0	1,4	1,4	
	$\psi_0 = \gamma_{f2}$				0,5	(mínimo)
		−700	−120	−210	112	−918,00
Combinação 3 sem vento	Coef. $= \gamma_{f1} \cdot \gamma_{f3}$	1,4	1,4	1,4	0,0	
	$\psi_0 = \gamma_{f3}$					(máximo)
		−980	−168	−420	0	−1.568,00

Tab. 2.14 Valores dos esforços combinados para P_1 (ELS)

Pilar 1		Ações (valores em kN)				
		G_1:PP	G_2:E	Q	V	Total (kN)
		−700	120	−300	−80	
Combinação 1 (sem vento) (CQP)	Coef. $= \gamma_{f1} \cdot \gamma_{f3}$	1,0	1,0	1,0	1,0	
	$\psi_2 = \gamma_{f2}$			0,3	0,0	
		−700	120	−90	0,0	−670,00
Combinação 2.1 (sem vento) (CF)	Coef. $= \gamma_{f1} \cdot \gamma_{f3}$	1,0	1,0	1,0	1,0	
	$\psi_1 = \gamma_{f2}; \psi_2 = \gamma_{f2}$			$\psi_1 = 0,4$	$\psi_2 = 0,0$	
		−700	120	−120	0,0	−700,00
Combinação 2.2 (CF)	Coef. $= \gamma_{f1} \cdot \gamma_{f3}$	1,0	1,0	1,0	1,0	
	$\psi_1 = \gamma_{f2}; \psi_2 = \gamma_{f2}$			$\psi_2 = 0,3$	$\psi_1 = 0,3$	(mínimo)
		−700	120	−90	−24	−694,00
Combinação 3.1 (CR)	Coef. $= \gamma_{f1} \cdot \gamma_{f3}$	1,0	1,0	1,0	1,0	
	$\psi_1 = \gamma_{f2}$			1,0	0,3	(máximo)
		−700	120	−300	−24	−904,00
Combinação 3.2 (CR)	Coef. $= \gamma_{f1} \cdot \gamma_{f3}$	1,0	1,0	1,0	1,0	
	$\psi_1 = \gamma_{f2}$			0,4	1,0	
		−700	120	−120	−80	−780,00

Tab. 2.15 Valores dos esforços combinados para o P_2 (ELS)

Pilar 2		Ações (valores em kN)				
		G_1:PP	G_2:E	Q	V	Total (kN)
		−700	−120	−300	80	
Combinação 1 (sem vento) (CQP)	Coef. $= \gamma_{f1} \cdot \gamma_{f3}$	1,0	1,0	1,0	1,0	
	$\psi_2 = \gamma_{f2}$			0,3	0,0	
		−700	−120	−90	0,0	−910,00
Combinação 2.1 (sem vento) (CF)	Coef. $= \gamma_{f1} \cdot \gamma_{f3}$	1,0	1,0	1,0	1,0	
	$\psi_1 = \gamma_{f2}; \psi_2 = \gamma_{f2}$			$\psi_1 = 0,4$	$\psi_2 = 0,0$	
		−700	−120	−120	0,0	−940,00
Combinação 2.2 (CF)	Coef. $= \gamma_{f1} \cdot \gamma_{f3}$	1,0	1,0	1,0	1,0	
	$\psi_1 = \gamma_{f2}; \psi_2 = \gamma_{f2}$			$\psi_2 = 0,3$	$\psi_1 = 0,3$	
		−700	−120	−90	24	−886,00
Combinação 3.1 (CR)	Coef. $= \gamma_{f1} \cdot \gamma_{f3}$	1,0	1,0	1,0	1,0	
	$\psi_1 = \gamma_{f2}$			1,0	0,3	(máximo)
		−700	−120	−300	24	−1.096,00
Combinação 3.2 (CR)	Coef. $= \gamma_{f1} \cdot \gamma_{f3}$	1,0	1,0	1,0	1,0	
	$\psi_1 = \gamma_{f2}$			0,4	1,0	(mínimo)
		−700	−120	−120	80	−860,00

2.5.2 Resistência de cálculo do concreto

A resistência de cálculo à compressão é a resistência característica f_{ck} dividida pelo coeficiente de ponderação (minoração) γ_c. Assim:

$$f_{cd} = \frac{f_{ck}}{\gamma_c} \qquad \textbf{2.15}$$

2.5.3 Resistência característica

De acordo com o item 12.2 da NBR 6118 (ABNT, 2014), a resistência característica inferior $f_{ck,inf}$ é admitida como o valor em que apenas 5% dos corpos de prova de um lote de material têm a probabilidade de não serem atingidos. Ele pode ser representado como na curva de Gauss da Fig. 2.11.

$$f_{cm} - f_{ck,inf} = t \cdot s \qquad \textbf{2.16}$$

A transferência de curva é calculada por:

$$t = \frac{\left(f_{ck,inf} - f_{cm} \right)}{s} \qquad \textbf{2.17}$$

$$f_{ck,inf} = f_{cm} - 1,645 \cdot s \qquad \textbf{2.18}$$

em que:

s é o desvio padrão;

t é a área correspondente a 5% na curva padrão.

Para calcular a probabilidade em dado intervalo, deve-se calcular a área de uma função que é determinada por ele. O cálculo da área utilizando a integração da função de Gauss torna-se bastante trabalhoso. Para simplificar a integração, utiliza-se o artifício de substituição da variável da curva normal de Gauss por outra variável denominada *variável padronizada* ou *unidade padrão* (*transferência de curva*). A Tab. 2.16 indica os valores da nova variável para os 5% indicados na curva de Gauss.

Para o percentual de 45%, o valor de t é de 1,645 (valor intermediário entre 4 e 5).

2 Ações e seguranças nas estruturas

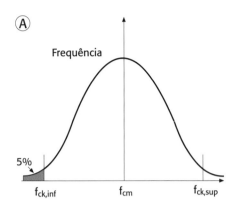 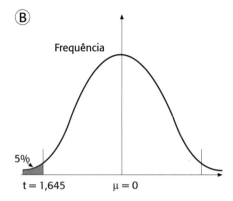

Fig. 2.11 *Curva normal: (A) Gauss e (B) padrão*

Tab. 2.16 Áreas da curva normal padrão

t	0	1	2	3	4	5	6	7	8	9
1,4	0,4192	0,4207	0,4222	0,4236	0,4251	0,4265	0,4279	0,4292	0,4306	0,4319
1,5	0,4332	0,4345	0,4357	0,4370	0,4382	0,4394	0,4406	0,4418	0,4429	0,4441
1,6	0,4452	0,4463	0,4474	0,4484	**0,4495**	**0,4505**	0,4515	0,4525	0,4535	0,4545
1,7	0,4554	0,4564	0,4573	0,4582	0,4591	0,4599	0,4608	0,4616	0,4625	0,4633
1,8	0,4641	0,4649	0,4656	0,4671	0,4671	0,4678	0,4686	0,4693	0,4699	0,4706

3.1 Concreto

Basicamente, o *concreto* é o resultado da mistura de cimento, água, areia e pedra. Quando hidratado, o cimento torna-se uma pasta resistente que adere aos agregados (miúdos e graúdos), formando um bloco monolítico.

A proporção entre todos os materiais que compõem o concreto é conhecida como dosagem ou traço, sendo possível obter concretos com características especiais ao acrescentar à mistura aditivos, isopor, pigmentos, fibras ou outros tipos de adição.

A obtenção com qualidade requer uma série de cuidados que englobam: a escolha dos materiais que o compõem; um traço que garanta a resistência e a durabilidade desejada; a homogeneização da mistura; a aplicação correta e seu adensamento até a *cura* adequada.

3.1.1 Concreto e agressividade ambiental

Atualmente, nos projetos estruturais, a agressividade ambiental é um fator importante na especificação do concreto. O item 6.4 da NBR 6118 (ABNT, 2014) define as classes de agressividade a que está exposta a estrutura ou parte dela de acordo com o Quadro 3.1.

Permite-se reduzir a agressividade de moderada para fraca em áreas urbanas, no caso de estruturas ou parte delas, tais como salas, dormitórios, banheiros, cozinhas e áreas de serviço de apartamentos residenciais e conjuntos comerciais ou ambientes com concreto revestido com argamassa e pintura, quando o ambiente interno é mais seco. As mesmas considerações de diminuir a agressividade são permitidas para obras urbanas e industriais, nas quais a umidade média do ar é menor ou igual a 65%. Outras considerações a respeito do assunto se encontram no item 6.4.2 da NBR 6118 (ABNT, 2014).

3.1.2 Qualidade do concreto e sua relação com a agressividade do ambiente

É grande a preocupação das normatizações com o preparo e controle do concreto (NBR 12655 – ABNT, 2015c), com o desenvolvimento de projetos e sua segurança (NBR 6118 – ABNT, 2014) e com a vida útil da estrutura, sua durabilidade e seu

Quadro 3.1 Classes de agressividade ambiental (CAA)

Classe de agressividade ambiental	Agressividade	Classificação geral do tipo de ambiente para efeito de projeto	Risco de deterioração da estrutura
I	Fraca	Rural/submersa	Insignificante
II	Moderada	Urbana	Pequeno
III	Forte	Marinha/industrial	Grande
IV	Muito forte	Industrial/respingos de maré	Elevado

Fonte: Tabela 6.1 da NBR 6118 (ABNT, 2014).

desempenho (NBR 15575 – ABNT, 2013b). Portanto, é fundamental, para garantir aspectos de qualidade e durabilidade das estruturas de concreto, fazer uma correspondência entre a classe do concreto e a agressividade do ambiente, garantindo assim os requisitos mínimos, expressos na Tab. 3.1 conforme especificação do item 7.4.2 da NBR 6118 (ABNT, 2014).

O concreto com armadura passiva (*concreto armado*, CA) utiliza-se de concretos da classe C20 ou superior, mas o concreto com armadura ativa (*concreto protendido*, CP) utiliza-se da classe C25 e acima.

Para estacas de concreto moldadas *in loco*, como estacas escavadas sem fluido e Strauss, Franki, raiz, microestacas e estacas com trado segmentadas, o item 8.6.3 (Tabela 4) da NBR 6122 (ABNT, 2019b) especifica o concreto C20 e, para as demais estacas, concreto acima do C20.

Para os tubulões a céu aberto, não encamisado, o anexo B.9.1 da NBR 6122 (ABNT, 2019b) especifica concreto com $f_{ck} \geq 25$ MPa (C25), e o mesmo se aplica para tubulões a ar comprimido (item C.10.1 da mesma norma).

3.1.3 Classificação dos concretos

O item 4 da NBR 8953 (ABNT, 2015a) classifica os concretos em grupos de resistência (I e II) conforme a resistência característica à compressão (f_{ck}).

Ainda de acordo com essa norma, os concretos normais com massa específica seca, compreendida entre 2.000 kg/m³ e 2.800 kg/m³, são designados pela letra C seguida do valor da resistência característica à compressão (f_{ck}), expresso em MPa, conforme apresentado na Tab. 3.2.

O item 8.2.1 da NBR 6118 (ABNT, 2014) define sua aplicação a concretos compreendidos nas classes de resistência do grupo I, ou seja, até C50, ao passo que, para o grupo II, a resistência é de até C90.

3.1.4 Distribuição de tensões

A distribuição de tensões no concreto se faz de acordo com o diagrama parábola-retângulo, com tensão de pico igual a $0,85f_{cd}$, conforme indicado na Fig. 3.1. Para tensões inferiores a $0,5f_c$, pode-se admitir uma relação linear entre tensão e defor-

Tab. 3.1 Correspondência entre a classe de agressividade e a qualidade do concreto

Concreto	Tipo	Classe de agressividade			
		I (fraca)	II (moderada)	III (forte)	IV (muito forte)
Relação água/cimento em massa	CA	≤ 0,65	≤ 0,60	≤ 0,55	≤ 0,45
	CP	≤ 0,60	≤ 0,55	≤ 0,50	≤ 0,45
Classe de concreto (Tab. 3.1)	CA	≥ C20	≥ C25	≥ C30	≥ C40
	CP	≥ C25	≥ C30	≥ C35	≥ C40

Fonte: Tabela 7.1 da NBR 6118 (ABNT, 2014).

Tab. 3.2 Classes e grupos de resistência do concreto

Grupo I de resistência	Resistência característica à compressão (MPa)	Grupo II de resistência	Resistência característica à compressão (MPa)
C20	20	C55	55
C25	25	C60	60
C30	30	C70	70
C35	35	C80	80
C40	40	C90	90
C45	45	C100	100
C50	50		

Nota: Concreto de classes inferiores a C20 (20 MPa) não serão utilizados para concreto estrutural.

Fonte: Tabela 1 da NBR 8953 (ABNT, 2015a).

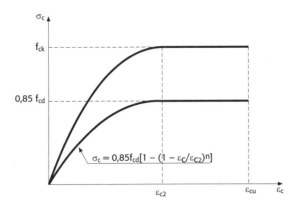

Fig. 3.1 *Diagrama tensão-deformação adotado para o concreto*

mação, de acordo com o item 8.2.10.1 da NBR 6118 (ABNT, 2014).

Na Fig. 3.1, considerar:

Para $f_{ck} \leq 50$ MPa (até C50):

$n = 2$;

$\varepsilon_{c2} = 2{,}0\text{‰}$;

$\varepsilon_{cu} = 3{,}5\text{‰}$.

Para $f_{ck} > 50$ MPa (C55 até C90):

$n = 1{,}4 + 23{,}4\left[(90 - f_{ck})/100\right]^4$;

$\varepsilon_{c2} = 2{,}0\text{‰} + 0{,}085\text{‰}\left(f_{ck} - 50\right)^{0{,}53}$;

$\varepsilon_{cu} = 2{,}6\text{‰} + 35\text{‰}\left[(90 - f_{ck})/100\right]^4$.

em que:

σ_c é a tensão de compressão do concreto no trecho parabólico;

ε_{c2} é a deformação específica de encurtamento do concreto no início do patamar plástico;

ε_{cu} é a deformação específica de encurtamento do concreto na ruptura;

f_{ck} é a resistência característica do concreto (MPa).

Adotando o valor secante (NBR 6118 – ABNT, 2014) para o módulo de elasticidade em concretos de até C50, tem-se:

$$E_{cs} = \alpha_i \cdot E_{ci} = \alpha_i \cdot \alpha_E \cdot 5.600 \cdot f_{ck}^{1/2} \quad \text{3.1}$$

em que:

E_{cs} é o módulo de deformação secante do concreto;

E_{ci} é o módulo de elasticidade (MPa);

$$\alpha_i = 0{,}8 + 0{,}2\frac{f_{ck}}{80} \leq 1{,}0;$$

α_E é o parâmetro (em função da natureza) que influencia o módulo de elasticidade (valores na Tab. 3.3).

Tab. 3.3 Valores de α_E – parâmetro correspondente ao tipo de agregado utilizado no concreto

	Basalto/diabásio	Granito/gnaisse	Calcário	Arenito
α_E	1,2	1,0	0,9	0,7

O coeficiente 0,85 tem a finalidade de cobrir incertezas quanto aos efeitos de cargas de longa duração e as eventuais consequências de adversidades da concretagem, como a exsudação da água de amassamento (Fusco, 1975).

3.1.5 Qualidade do concreto de cobrimento

O *cobrimento* é a camada de concreto entre a armadura e a face externa da peça que ajuda a proteger a armadura.

Umas das medidas da NBR 6118 (ABNT, 2014), ao indicar cobrimentos mínimos para as armaduras utilizadas nas peças de concreto armado, visa aumentar a durabilidade das estruturas de concreto. Além do aumento da vida útil, a resistência ao fogo também passa a ser visada com essas exigências.

De acordo com o item 7.4.7.2 dessa norma, para garantir o cobrimento mínimo ($C_{mín}$), exige-se que o cobrimento nominal (C_{nom}), que é o cobrimento mínimo acrescido da tolerância de execução (Δc), não seja inferior aos valores apresentados na Tab. 3.4.

Quando houver um adequado controle de qualidade da peça de concreto durante a execução, pode-se adotar $\Delta c = 5$ cm, reduzindo o cobrimento nominal especificado na Tab. 3.4.

O cobrimento nominal de uma determinada armadura, nunca inferior aos valores especificados na Tab. 3.4, deve ser:

$$C_{nom} \text{ maior entre } \begin{cases} \phi \text{ barras} \\ \phi \text{ feixe} = \phi_n = \phi\sqrt{n} \\ 0{,}5\,\phi_{bainha} \end{cases}$$

Tab. 3.4   Cobrimento nominal (C_{nom}) mínimo para $\Delta^c = 10$ mm

Tipo de estrutura	Componentes ou elemento	Classe de agressividade ambiental			
		I (fraca)	II (moderada)	III (forte)	IV (muito forte)[2]
		Cobrimento nominal – C_{nom} (mm)			
Concreto armado	Laje[1]	20	25	35	45
	Viga/pilar	25	30	40	50
	Estruturas em contato com solo	30		40	50
Concreto protendido	Laje	25	30	40	50
	Viga/pilar	30	35	45	55

[1] Para a face superior de lajes e vigas que serão revestidas com argamassa de contrapiso, com revestimentos finais secos tipo carpete e madeira, com argamassa de revestimento e acabamento, tais como pisos de elevado desempenho, pisos cerâmicos, pisos asfálticos e outros tantos, as exigências desta tabela podem ser substituídas pelas informações do item 7.4.7.5 da NBR 6118 (ABNT, 2014), respeitado um cobrimento nominal ≥ 15 mm.

[2] Nas faces inferiores de lajes e vigas de reservatórios, estações de tratamento de água e esgoto, condutos de esgoto, canaletas de efluentes e outras obras em ambientes intensamente agressivos quimicamente, a armadura deve ter cobrimento nominal ≥ 45 mm.

Fonte: Tabela 7.2 da NBR 6118 (ABNT, 2014).

O item 7.4.7.6 da NBR 6118 (ABNT, 2014) especifica que a dimensão máxima do agregado graúdo utilizado não deve ultrapassar em 20% o C_{nom}.

3.2 Aço para fins estruturais

O aço é uma liga metálica constituída basicamente de calcário, minério de ferro e coque de carvão mineral, o qual funciona como combustível, como redutor do óxido do minério de ferro e como incorporador do teor de carbono. O teor de carbono varia entre 0,8% e 2,11%, o que distingue o aço do ferro fundido, que também é liga de ferro e carbono, mas possui um teor de carbono que varia entre 2,11% e 6,67%. Outra diferença importante é que o aço, por causa de sua ductilidade, é deformável por meio de forja, laminação, trefilação e extrusão, ao passo que o ferro é fabricado pelo processo de fundição.

Os aços obtidos nas aciarias apresentam granulação grosseira e são quebradiços e de baixa resistência. Para serem aplicados em estruturas, precisam sofrer modificações por processos de conformação dos aços.

3.2.1 Processos de conformação dos aços

São processos mecânicos que modificam as características dos metais utilizando-se da deformação plástica da matéria-prima, que, no caso dos aços para estruturas de concreto, são os tarugos.

Basicamente esses processos de tratamento mecânico são feitos a quente (dureza natural) e/ou a frio. Os mais comuns são:

- *Forjamento*: dá-se pelos esforços compressivos, fazendo com que o material assuma a forma da matriz ou estampo.

- *Laminação*: dá-se pela passagem do material entre cilindros giratórios, mudando sua seção transversal e resultando em placas, chapas, barras de diferentes seções, trilhos, perfis diversos, anéis e tubos.

- *Trefilação*: dá-se pela redução da seção transversal de uma barra, fio ou tubo, puxando-se a peça por entre uma ferramenta (fieira ou trefila) com forma de canal convergente.

- *Extrusão*: dá-se pelo processo em que a peça é empurrada contra a matriz conformadora, com redução da sua seção transversal.

Tratamento mecânico a quente

Esse tratamento consiste na laminação, forjamento ou estiramento do aço, realizado em temperaturas acima de 720 °C (zona crítica).

Nessas temperaturas, há uma modificação da estrutura interna do aço, ocorrendo homogeneização e recristalização com redução do tamanho dos grãos, o que melhora as características mecânicas do material.

O aço obtido nessa situação apresenta melhor trabalhabilidade, aceita solda comum, possui diagrama tensão-deformação com patamar de escoamento e resiste a incêndios moderados, perdendo resistência apenas com temperaturas acima de 1.150 °C (Fig. 3.2).

Tratamento a frio ou encruamento

Nesse processo, ocorre uma deformação dos grãos por meio de tração, compressão ou torção, o que resulta no aumento da resistência mecânica e da dureza e na diminuição da resistência à corrosão e da ductilidade, ou seja, no decréscimo do alongamento e da estricção.

O processo é realizado abaixo da zona de temperatura crítica (recristalização a 720 °C). Os grãos permanecem deformados e diz-se que o aço está encruado.

Nessa situação, o diagrama de tensão-deformação dos aços não apresenta patamar de escoamento, e o valor da tensão de escoamento convencional corresponde à deformação permanente de 2‰. (Fig. 3.3). Para esses aços, torna-se mais difícil a solda e, à temperatura da ordem de 600 °C, o encruamento é perdido. O *encruamento* é a deformação plástica do aço realizada abaixo da temperatura de recristalização e causa endurecimento e aumento da resistência.

3.2.2 Classificação dos aços para concreto armado

De acordo com o item 8.3 da NBR 6118 (ABNT, 2014), nos projetos estruturais de concreto armado devem-se utilizar aços classificados conforme a NBR 7480 (ABNT, 2007), ou seja, de acordo com o valor característico de suas resistências de escoamento: CA-25 e CA-50 em barras e CA-60 em fios. Na Tab. 3.5 estão especificadas a massa nominal, a área da seção transversal e o perímetro para as barras e fios.

Segundo o item 4.1.1 da NBR 7480 (ABNT, 2007), as barras com diâmetro nominal igual ou superior a 6,3 mm são obtidas por laminação a quente, sem processo posterior de deformação a frio, ao passo que os fios possuem diâmetro nominal igual ou inferior a 10 mm e são obtidos por trefilação ou laminação a frio.

As barras dos aços da categoria CA-25 têm sua superfície lisa, desprovida de qualquer tipo de nervura ou entalhe, conforme o item 4.2.3 da NBR 7480 (ABNT, 2007), ao passo que o item 4.2.1.1 da mesma norma especifica que as barras dos aços CA-50 serão obrigatoriamente providas de nervuras transversais oblíquas (Quadro 3.2).

Os fios da categoria CA-60 podem ser entalhados ou nervurados, segundo o item 4.2.2.1 da NBR 7480 (ABNT, 2007). Todavia, o item 4.2.2.2 da mesma

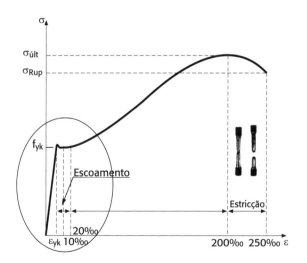

Fig. 3.2 *Aço laminado a quente com patamar de escoamento*

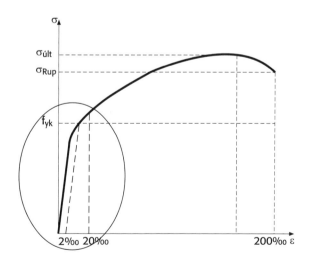

Fig. 3.3 *Aço sem patamar de escoamento; a tensão de escoamento é convencional e correspondente à deformação permanente de 2‰*

norma diz que as barras de diâmetro nominal igual a 10 mm devem ter, obrigatoriamente, nervuras ou entalhe. O aço CA-60 é usado para estribos, treliças, telas e armaduras de lajes e pisos (Quadro 3.2).

Tab. 3.5 Especificações das barras e fios

Barras (ϕ – mm)	Massa nominal (kg/m)[1]	Área da seção (mm²)	Perímetro (mm)	Fios (ϕ – mm)	Massa nominal (kg/m)	Área da seção (mm²)	Perímetro (mm)
				2,4	0,036	4,5	7,5
				3,4	0,071	9,1	10,7
				3,8	0,089	11,3	11,9
				4,2	0,109	13,9	13,2
				4,6	0,130	16,6	14,5
				5,0	0,154	19,6	15,7
				5,5	0,187	23,8	17,3
				6,0	0,222	28,3	18,8
6,3	0,245	31,2	19,8				
				6,4	0,253	32,2	20,1
				7,0	0,302	38,5	22,0
8,0	0,395	50,3	25,1	8,0	0,395	50,3	25,1
				9,5	0,558	70,9	29,8
10,0	0,617	78,5	31,4	10,0	0,617	78,5	31,4
12,5	0,963	122,7	39,3				
16,0	1,578	201,1	50,3				
20,0	2,466	314,2	62,8				
22,0	2,984	380,1	69,1				
25,0	3,853	490,9	78,5				
32,0	6,313	804,2	100,5				
40,0	9,865	1256,6	125,7				

[1] Massa específica do aço adotada igual a 7.850 kg/m³.

Fonte: NBR 7840 (ABNT, 2007).

Quadro 3.2 Aços para CA encontrados no mercado

CA-25:
Possuem superfície lisa e são comercializados em barras retas e/ou dobradas com comprimento de 12 m, em feixes amarrados de 1.000 kg ou 2.000 kg e em rolo nas bitolas até 12,5 mm.

CA-50:
Possuem superfície nervurada e são comercializadas em barras retas e/ou dobradas com comprimento de 12 m e em feixes amarrados de 1.000 kg ou 2.000 kg.

CA-60:
Obtidos por trefilação. Caracterizam-se pela alta resistência que proporcionam às estruturas de concreto armado. São mais leves e, quando entalhados, aumentam a aderência do aço ao concreto. São encontrados em rolos com peso aproximado de 170 kg, em barras de 12 m de comprimento, retas ou dobradas, e em feixes amarrados de 1.000 kg.

Fonte: Gerdau (s. d.).

3.2.3 Tensões nas armaduras

A tensão nas armaduras deve ser obtida com base no diagrama simplificado de tensão-deformação para aços com ou sem patamar de escoamento, e para estes últimos a resistência característica de escoamento do aço (f_{yk}) é o valor correspondente à deformação permanente de 2‰ (Fig. 3.4). Esses diagramas podem ser utilizados tanto para tração quanto para compressão, conforme o item 8.3.6 da NBR 6118 (ABNT, 2014).

Cabe destacar que, para armaduras de aços sem patamar de escoamento, em peças solicitadas à compressão, é recomendável a sugestão do item 7.2 da NB-1 (ABNT, 1978) no sentido de considerar o trecho curvo do diagrama (Fig. 3.5) e a equação seguinte para determinar a tensão na armadura:

$$\varepsilon_{scd} = \frac{|\sigma_{scd}|}{E_s} + \frac{1}{45}\left(\left|\frac{\sigma_{scd}}{f_{ycd}}\right| - 0{,}7\right)^2 \quad \text{3.2}$$

$$f_{ycd} = \frac{f_{yck}}{\gamma_s} = 522 \text{ MPa} \quad (\text{aço CA-60}) \quad \text{3.3}$$

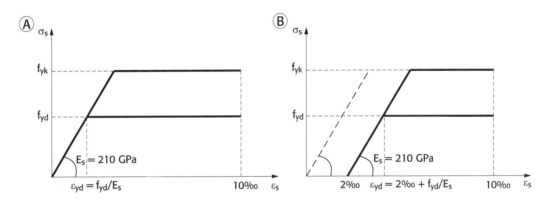

Fig. 3.4 *Diagrama simplificado de tensão-deformação para armaduras passivas em aço (A) com patamar de escoamento e (B) com patamar de escoamento definido convencionalmente para uma deformação permanente de 2‰*

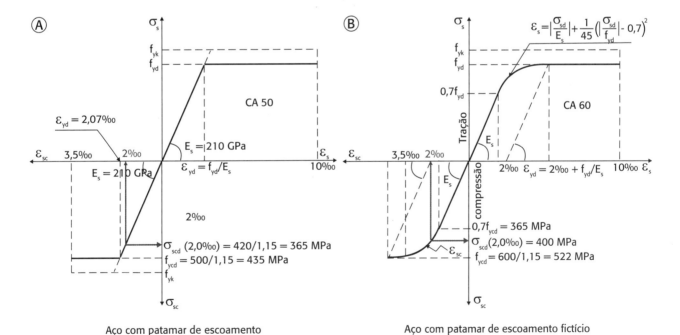

Fig. 3.5 *Diagrama de tensão-deformação para armaduras passivas (A) com patamar de escoamento e (B) com patamar de escoamento definido convencionalmente para uma deformação permanente de 2‰*
Fonte: NB-1 (ABNT, 1978).

4.1 Dimensionamento de peças de concreto armado à flexão simples e composta

4.1.1 Fases da peça fletida

A Fig. 4.1 representa a evolução das tensões em uma viga de concreto. Na região com baixa solicitação da viga, as tensões têm comportamento linear (Ia) e passam para o início de plastificação na região tracionada até a seção de solicitação máxima (III), quando se despreza qualquer resistência à tração e o diagrama de tensões à compressão é uma parábola-retângulo.

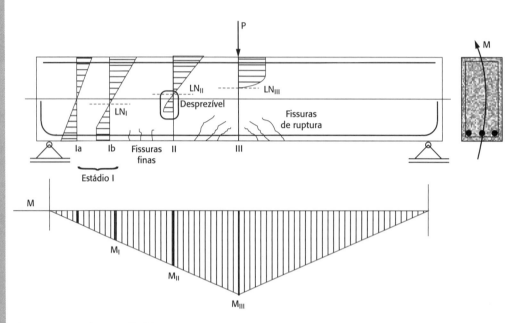

Fig. 4.1 *Fases da peça fletida*

O estádio Ia (Fig. 4.2), com concreto intacto e sem fissuras, corresponde ao início do carregamento. As tensões normais que surgem são de baixa magnitude e, por isso, o concreto consegue resistir às tensões de tração. O comportamento das peças de concreto armado é elástico linear (AB) e obedece à lei de Hooke, ao passo que as tensões podem ser calculadas por meio das equações da resistência dos materiais.

É no limite do estádio I com o estádio II que se calcula o momento de fissuração, que permite, então, o cálculo da armadura mínima necessária para manter a segurança da peça quanto à fissuração.

Apesar de no estádio II o concreto encontrar-se fissurado na região tracionada, a região comprimida ainda se mantém no trecho elástico e a lei de Hooke permanece. Nesse estágio, termina a região elástica, iniciam-se a plastificação do concreto comprimido e a ruptura da compressão e despreza-se toda a zona de tração do concreto.

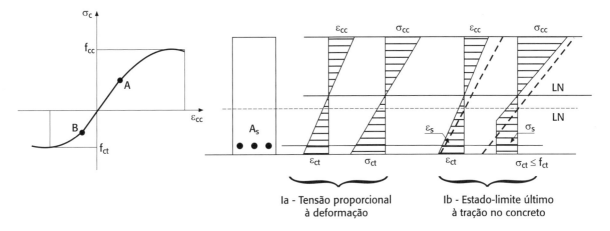

Fig. 4.2 *Estádio Ia e estádio Ib*

Por fim, no estádio III, o aumento da carga e, consequentemente, do momento faz com que as tensões nas fibras mais afastadas da linha neutra (LN) deixem de ser proporcionais às deformações (trecho parabólico), atingindo a ruptura do concreto por compressão. Daqui para frente não se consegue aumentar a carga. Aumentam-se as deformações e a LN sobe.

Para o dimensionamento de peças de concreto armado à flexão serão analisadas algumas hipóteses básicas, consideradas pelo item 17.2.2 da NBR 6118 (ABNT, 2014) e listadas a seguir:

- as seções transversais se mantêm planas após deformação;
- a deformação das barras passivas aderentes ou o acréscimo de deformação das barras ativas aderentes em tração ou compressão deve ser a mesma do concreto em seu entorno;
- as tensões de tração no concreto, normais à seção transversal, podem ser desprezadas obrigatoriamente no ELU;
- a distribuição de tensões no concreto é feita de acordo com o diagrama parábola-retângulo, com tensão de pico igual a $0{,}85 f_{cd}$, conforme apresentado na seção 3.1.4 do Cap. 3.

O diagrama parábola-retângulo pode ser substituído pelo diagrama retangular de altura $0{,}8X$ (para $f_{ck} \leq 50$ MPa, sendo X a profundidade da linha neutra), com tensão de $0{,}85 f_{cd}$ (Fig. 4.3). Quando a seção diminuir na região comprimida, a partir da linha neutra a tensão pode ser reduzida para $0{,}9\alpha_c \cdot f_{cd}$ (sendo $\alpha_c = 0{,}85$ para concreto de classe até C50).

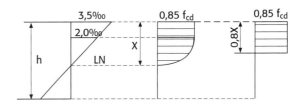

Fig. 4.3 *Diagrama retangular*

Nota-se que:

- A tensão nas armaduras deve ser obtida a partir do diagrama simplificado de tensão-deformação, para aços com ou sem patamar de escoamento, e para estes últimos f_{yk} é o valor correspondente à deformação permanente de 2‰. Esse diagrama pode ser utilizado tanto para tração quanto para compressão, conforme descrito no item 8.3.6 da NBR 6118 (ABNT, 2014).
- O estado-limite último é caracterizado quando a distribuição das deformações na seção transversal pertencer a um dos domínios da Fig. 4.4.
- Qualquer que seja a resistência do concreto (classe até C50), o encurtamento específico de ruptura ε_{cu} vale 3,5‰ na flexão pura e $\varepsilon_{c2} = 2$‰ na compressão axial, definidos no item 8.2.10 da NBR 6118 (ABNT, 2014).
- O alongamento máximo permitido na armadura é de 10‰, a fim de prevenir deformações plásticas excessivas.

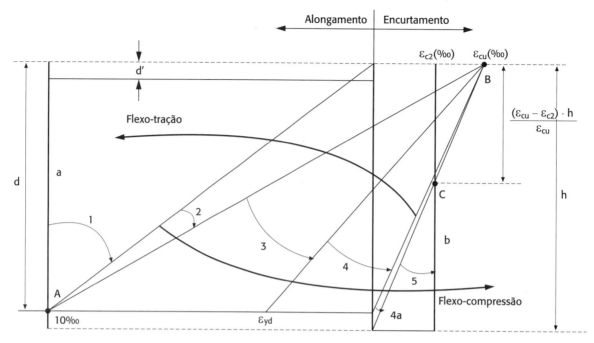

Fig. 4.4 *Distribuição das deformações na seção transversal*

4.1.2 Estudo de peças solicitadas à flexão simples ($N_s = 0$)

As equações desenvolvidas nessa seção para os diversos domínios dizem respeito aos concretos de classe até C50.

Há, portanto, flexão simples nos três domínios indicados na Fig. 4.5, ou seja, nos domínios 2 (2a e 2b), 3 e 4.

Dimensionamento de seção retangular com armadura simples

Utilizando-se o diagrama retangular de tensões (Fig. 4.6), têm-se as seguintes equações de equilíbrio:

$$\sum F_{hor} = 0 \therefore R_{cd} = R_{std} \quad \text{4.1}$$

$$\sum M = 0 \therefore M_d = R_{cd} \cdot z = R_{std} \cdot z \quad \text{4.2}$$

em que:

$$R_{cd} = 0{,}85 \cdot f_{cd} \cdot 0{,}8 \cdot x \cdot b_w \quad \text{4.3}$$
(força resistente do concreto)

$z = d - 0{,}4 \cdot x$ (braço de alavanca)   **4.4**

Cálculo da posição da linha neutra (LN)
Utilizando a Eq. 4.1, têm-se:

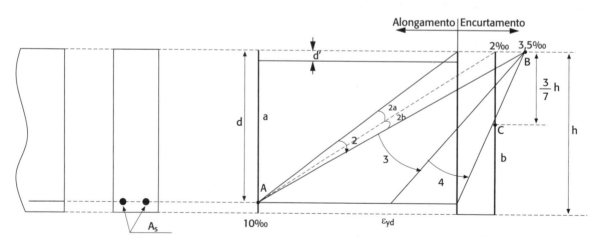

Fig. 4.5 *Deformadas possíveis na flexão simples (domínios 2, 3 e 4)*

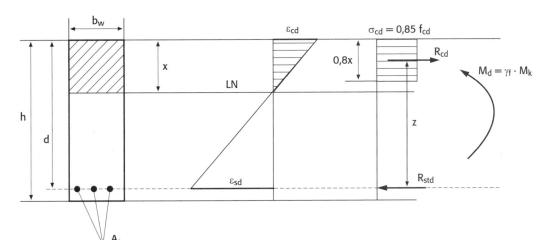

Fig. 4.6 *Sistema de equilíbrio, seção retangular e flexão simples*

$$0,85 f_{cd} \cdot 0,8 b_w \cdot x(d - 0,4x) - M_d = 0 \quad \textbf{4.5}$$

$$(0,272 f_{cd} \cdot b_w) x^2 - (0,68 f_{cd} \cdot b_w \cdot d) x + M_d = 0 \quad \textbf{4.6}$$

Portanto,

$$x = \frac{-b \pm \sqrt{b^2 - 4ac}}{2a} \quad \textbf{4.7}$$

Da Eq. 4.6 se obtém x, que é a posição da linha neutra. De posse desse número, calcula-se R_{cd}.

Cálculo da armadura

Da Eq. 4.2, calculam-se R_{std} e, consequentemente, a área de armadura.

$$A_s = \frac{R_{std}}{\sigma_{std}} = \frac{M_d/z}{\sigma_{std}} \quad \textbf{4.8}$$

$$\sigma_{std} = f_{yd} = \frac{f_{yk}}{\gamma_s} \quad \textbf{4.9}$$

Dimensionamento à flexão simples com o uso de tabela

Visando a elaboração da tabela para o cálculo da posição da linha neutra e da área de armadura, faz-se necessário definir alguns parâmetros, tais como: K_x, K_z, K_c e K_s.

$$K_x = \frac{x}{d} \quad \textbf{4.10}$$

$$K_z = \frac{z}{d} = \frac{(d - 0,4x)}{d} = (1 - 0,4x/d) = (1 - 0,4 K_x) \quad \textbf{4.11}$$

Da Eq. 4.5, obtém-se:

$$0,85 f_{cd} \cdot 0,8 b_w \cdot K_x \cdot d \cdot d \cdot K_z = M_d \quad \textbf{4.12}$$

$$K_c = \frac{b_w \cdot d^2}{M_d} = \frac{1}{0,85 f_{cd} \cdot 0,8 K_x \cdot K_z} \quad \textbf{4.13}$$

$$R_{std} \cdot z = \sigma_{std} \cdot A_s \cdot d \cdot K_z = M_d \quad \textbf{4.14}$$

$$A_s = \frac{M_d}{d} \cdot \frac{1}{\sigma_{std} \cdot K_z} = K_s \cdot \frac{M_d}{d} \quad \textbf{4.15}$$

$$K_s = \frac{1}{\sigma_{std} \cdot K_z} \quad \textbf{4.16}$$

Para a montagem da tabela, impõem-se valores de K_x, e calculam-se K_z, K_c e K_s (Tab. 4.1).

Para o dimensionamento com o uso da tabela, calculam-se:

$$K_c = \frac{b \cdot d^2}{M_d} \left(\frac{cm \cdot cm^2}{kN \cdot cm} \right) \rightarrow \text{tabela e se obtém } K_s \quad \textbf{4.17}$$

$$A_s = K_s \cdot \frac{M_d}{d} \left(\frac{cm^2}{kN} \cdot \frac{kN \cdot cm}{cm} \right) \quad \textbf{4.18}$$

Para proporcionar um comportamento dúctil em vigas e lajes, o item 14.6.4.3 da NBR 6118 (ABNT, 2014) recomenda que a posição da linha neutra no ELU seja igual ou inferior a 0,45 ($K_x = x/d$) para concretos com $f_{ck} \leq 50$ MPa (ver posição-limite na Tab. 4.1).

Dimensionamento de seção retangular com armadura dupla

Quando se fixam previamente a largura e a altura da viga, por questões de pré-dimensionamento ou

Tab. 4.1 Tabela resumida para dimensionamento à flexão simples [1]

Diagrama retangular			$K_c = b \cdot d^2/M_d$ (b e d em cm; M_d em kN·cm)								K_s (aço CA)	
			f_{ck} (MPa)								f_{yk} (MPa)	
Limite	$K_x = x/d$	$K_z = z/d$	15	20	25	30	35	40	45	50	25	50
	0,020	0,992	69,18	51,89	41,51	34,59	29,65	25,94	23,06	20,75	0,0464	0,0232
	0,050	0,9800	28,01	21,01	16,82	14,01	12,00	10,50	9,34	8,40	0,0469	0,0235
	0,100	0,9600	14,30	10,72	8,58	7,15	6,13	5,36	4,77	4,29	0,0479	0,0240
	0,150	0,9400	9,73	7,30	5,84	4,87	4,17	3,65	3,24	2,92	0,0489	0,0245
2a	0,167	0,9332	8,81	6,61	5,28	4,40	3,77	3,30	2,94	2,64	0,0493	0,0246
	0,200	0,9200	7,46	5,59	4,48	3,73	3,20	2,80	2,49	2,24	0,0500	0,0250
	0,240	0,9040	6,33	4,74	3,80	3,16	2,71	2,37	2,11	1,90	0,0513	0,0257
2b	0,259	0,8964	5,91	4,43	3,55	2,96	2,53	2,22	1,97	1,77	0,0513	0,0257
	0,260	0,8960	5,89	4,42	3,54	2,95	2,53	2,21	1,96	1,77	0,0513	0,0257
	0,300	0,8800	5,20	3,90	3,12	2,60	2,23	1,95	1,73	1,56	0,0523	0,0261
	0,340	0,8640	4,67	3,5	2,80	2,34	2,0	1,75	1,56	1,40	0,0532	0,0266
	0,380	0,8480	4,26	3,19	2,56	2,13	1,83	1,60	1,42	1,28	0,0542	0,0271
	0,420	0,8320	3,93	2,95	2,36	1,96	1,68	1,47	1,37	1,18	0,0553	0,0276
	0,440	0,8240	3,79	2,84	2,27	1,89	1,62	1,42	1,26	1,14	0,0558	0,0279
	0,450	0,8200	3,72	2,79	2,23	1,86	1,59	1,39	1,24	1,12	0,0561	0,0280
	0,480	0,8080	3,54	2,65	2,12	1,77	1,52	1,33	1,18	1,06	0,0569	0,0285
	0,520	0,7920	3,33	2,50	2,00	1,67	1,43	1,25	1,11	1,00	0,0581	0,0290
	0,540	0,7840	3,24	2,43	1,95	1,62	1,39	1,22	1,08	0,97	0,0587	0,0293
	0,560	0,7760	3,16	2,37	1,90	1,58	1,35	1,18	1,05	0,95	0,0593	0,0296
CA-50 3	0,600	0,7600	3,01	2,26	1,81	1,50	1,29	1,13	1,00	0,90	0,0605	0,0303
	0,628	0,7487	2,92	2,19	1,75	1,46	1,25	1,09	0,97	0,88	0,0614	0,0307
	0,640	0,7440	2,88	2,16	1,73	1,44	1,24	1,08	0,96	0,86	0,0618	
	0,680	0,7280	2,77	2,08	1,66	1,39	1,19	1,04	0,92	0,83	0,0632	
	0,720	0,7120	2,68	2,01	1,61	1,34	1,15	1,00	0,89	0,80	0,0646	
CA-25 3	0,760	0,6960	2,59	1,95	1,56	1,30	1,11	0,97	0,86	0,78	0,0661	
	0,771	0,6913	2,57	1,93	1,54	1,29	1,10	0,96	0,86	0,77	0,0665	

[1] Tabela completa no Anexo A1.

por razões construtivas, um momento fletor elevado pode levar a linha neutra para o domínio 4 (Fig. 4.4). Isso gera peças superarmadas e antieconômicas, pois indica que o aço não está escoando com tensões baixas. Nesses casos, convém utilizar armadura na região comprimida (*armadura dupla*), objetivando a subida da linha neutra. Limita-se, portanto, o valor de K_x igual ou inferior a 0,45 (Fig. 4.7).

A posição de linha neutra é imposta e, na tabela, de acordo com a classe de concreto, obtêm-se os parâmetros já definidos anteriormente (K_c, K_s) e os novos parâmetros (que também podem ser tabelados, conforme a Tab. 4.2).

$$K_{s2} = \frac{1}{\sigma_{sd}} \text{ e } K'_s = \frac{1}{\sigma'_{sd}} \qquad \textbf{4.19}$$

No limite do domínio 3, $\sigma_{sd} = f_{yd}$.

Em seguida calculam-se:

⊕ A parcela do momento que o concreto absorve, com a nova posição da linha neutra (LN):

$$M_{1d} = \frac{b \cdot d^2}{K_c} \qquad \textbf{4.20}$$

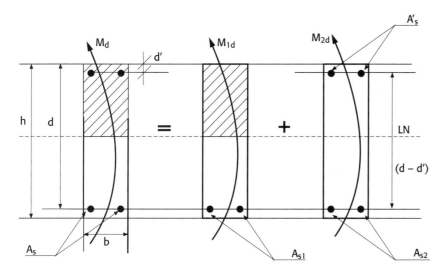

Fig. 4.7 Armadura dupla

Tab. 4.2 Valores de K_{s2} e K'_s [(1)]

	K'_s (CA-25) f_{yk} = 250 MPa			K'_s (CA-50) f_{yk} = 500 MPa			K_{s2} – Aço CA	
	Valores de d'/d			Valores de d'/d			f_{yk} (MPa)	
$K_x = x/d$	0,05	0,10	0,15	0,05	0,10	0,15	250	500
0,6283				0,0230	0,230	0,230		0,0230
0,7717	0,0460	0,0460	0,0460				0,0460	

[(1)] Tabela completa no Anexo A2.

- A parcela restante do momento a ser absorvida pelas armaduras tracionada e comprimida:

$$M_{2d} = M_d - M_{1d} \quad \text{4.21}$$

Cálculo das armaduras

- Armadura comprimida:

$$A'_s = K'_s \frac{M_{2d}}{(d-d')} \quad \text{4.22}$$

- Armadura tracionada:

$$A_s = K_s \frac{M_{1d}}{d} + K_{s2} \frac{M_{2d}}{(d-d')} \quad \text{4.23}$$

4.1.3 Estudo de peças solicitadas à flexão composta

Flexão composta com grande excentricidade (armadura lateral nula)

Para esses casos, o dimensionamento pode ser feito como se a peça estivesse solicitada à flexão simples, transferindo a força normal para a posição da armadura tracionada (Fig. 4.8). Tal transferência resulta no aumento do momento fletor ($M_{fc,d}$) e na redução da taxa de armadura devido a N_d.

$$M_{fc,d} = M_d + N_d\left(\frac{h}{2} - d'\right) \quad \text{4.24}$$

$$A_s = K_s \frac{M_{fc,d}}{d} - \frac{N_d}{\sigma_{sd}} = K_s \frac{M_{fc,d}}{d} - K_{s2} \cdot N_d \quad \text{4.25}$$

em que:

$M_{fc,d}$ é o momento devido à flexão composta;

$K_{s2} = \dfrac{1}{\sigma_{sd}}$ (variando com a posição da LN na tabela completa no Anexo A2).

Pode-se dimensionar também com armadura dupla (Fig. 4.8), buscando a condição mais econômica. Nesse caso, escolhe-se uma posição de linha neutra e obtêm-se na tabela (de acordo com a classe de concreto) os parâmetros já definidos anteriormente:

$$K_c, K_s, K_{s2} \text{ e } K'_s = \frac{1}{\sigma'_{sd}} \quad \text{4.26}$$

Em seguida calculam-se:

- A parcela do momento que o concreto absorve, com a nova posição da LN:

$$M_{1d} = \frac{bd^2}{K_c} \quad \text{4.27}$$

- A parcela restante do momento a ser absorvida pelas armaduras tracionada e comprimida:

$$M_{2d} = M_d - M_{1d} \quad \text{4.28}$$

Cálculo das armaduras

- Armadura comprimida:

$$A'_s = K'_s \frac{M_{2d}}{(d-d')} \quad \text{4.29}$$

- Armadura tracionada:

$$A_s = K_s \frac{M_{1d}}{d} + K_{s2} \frac{M_{2d}}{(d-d')} - K_{s2} \cdot N_d \geq 0 \quad \text{4.30}$$

Para valores usuais de d' (0,05, 0,10 até 0,15), $A_s \geq 0$, desde que

$$e = \frac{M_d}{N_d} > \frac{(d-d')}{2} \quad \text{4.31}$$

Caso contrário, com $A_s < 0$, o problema é de excentricidade intermediária ou de pequena excentricidade e, nesses casos, o dimensionamento é feito utilizando-se as curvas de interação.

Curvas de interação

As *curvas de interação* são construídas com base em uma configuração de armadura em uma determinada seção transversal. Diante dessa configuração, variar a posição da LN ao longo da seção resulta na obtenção dos pares resistentes M_R e N_R no estado-limite último (Fig. 4.9).

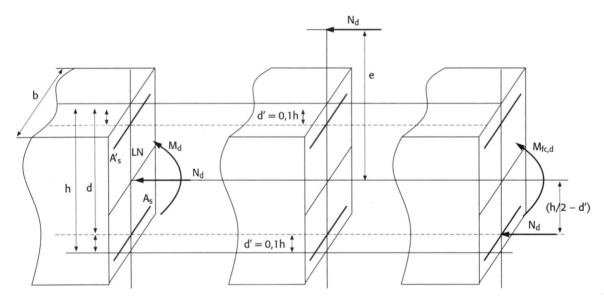

Fig. 4.8 *Seção transversal solicitada à flexão composta*

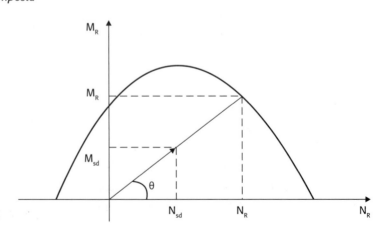

Fig. 4.9 *Curva de interação: pares N_R e M_R*

Verifica-se o fator de segurança global (FS_G) pela expressão:

$$FS_G = \frac{M_R}{M_{sd}} = \frac{N_R}{N_{sd}} \qquad 4.32$$

As curvas de interação para flexão composta serão aqui desenvolvidas pela variação da posição da linha neutra, passando pelos vários domínios do estado-limite, da reta a até a reta b (Fig. 4.10), e obtendo-se pares de M_R e N_R.

Inicialmente, deve-se definir a seção, a configuração da armadura (Fig. 4.11), a resistência do concreto, a resistência do aço. Então, faz-se o cálculo dos pares N_R e M_R.

Reta α

A Fig. 4.12 apresenta a reta a, que é a posição da seção após a deformação devida à tração centrada. Representa a posição da linha neutra em $-\infty$.

As equações de equilíbrio são:

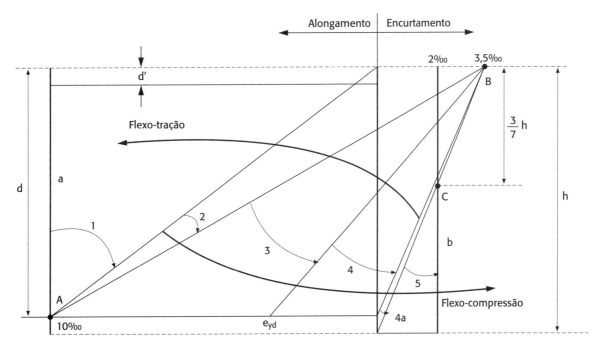

Fig. 4.10 *Deformadas na flexão composta (concreto de classe até C50)*

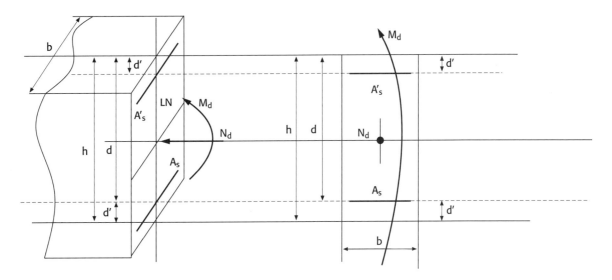

Fig. 4.11 *Configuração da seção*

4 Peças de concreto armado: verificações

$$\sum Fh = 0 \therefore R'_{sd} + R_{sd} + N_{Rd} = 0 \therefore N_{Rd} = -\left(R'_{sd} + R_{sd}\right)$$ 4.33

$$\sum M_{LN} = 0 \therefore R'_{sd}\left(\frac{h}{2} - d'\right) - R_{sd}\left(\frac{h}{2} - d'\right) + M_{Rd} = 0$$ 4.34

Como as armaduras são simétricas e iguais (A'$_{sd}$ = A$_{sd}$) e como toda a seção está tracionada com deformação máxima de 10‰, as tensões nas armaduras são $\sigma'_{sd} = \sigma_{sd} = f_{yd}$.

Logo:

$$N_{Rd} = -2R_{sd} = -2A_s \cdot \sigma_{sd} = A_{s,tot} \cdot f_{yd}$$ 4.35

$$R'_{sd}\left(\frac{h}{2} - d'\right) - R_{sd}\left(\frac{h}{2} - d'\right) + M_{Rd} = 0 \therefore M_{Rd} = 0$$ 4.36

Para as demais posições de linha neutra, adotam-se os mesmos procedimentos. No Anexo A3 é apresentado um quadro-resumo com as deformadas e equações para a obtenção dos pares N_{Rd} e M_{Rd}.

Curvas de interação adimensionais

As *curvas de interação adimensionais* (ábacos) são práticas e podem ser elaboradas considerando os pares resistentes adimensionais (μ_d, ν_d), normalmente para distribuição de armaduras simétricas, conforme Montoya, Meseguer e Cabré (1973). Veja uma representação na Fig. 4.13.

Utilizando as equações desenvolvidas no Anexo A3 e definindo alguns parâmetros adimensionais, como:

$$\nu_d = \frac{N_{Rd}}{A_c \cdot f_{cd}}, \mu_d = \frac{M_{Rd}}{A_c \cdot f_{cd} \cdot h} \text{ e } \omega = \frac{A_{s,tot} \cdot f_{yd}}{A_c \cdot f_{cd}}$$ 4.37

Podem-se reescrever tais equações da seguinte forma, considerando x variando no domínio 1 ($-\infty < x < 0$):

$$N_{Rd} = -A_s \cdot f_{yd}\left(\frac{\varepsilon'_{sd}}{\varepsilon_{yd}} + 1\right) \therefore \text{ quando } \varepsilon'_{sd} \geq \varepsilon_{yd}, \varepsilon'_{sd}/\varepsilon_{yd} = 1$$ 4.38

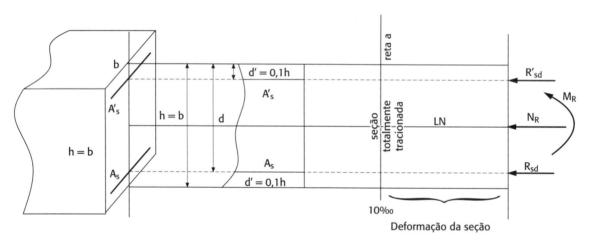

Fig. 4.12 *Situação da seção deformada: reta a*

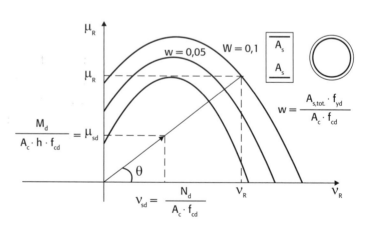

Fig. 4.13 *Curvas de interação adimensionais*

Dividindo os dois membros da equação por $A_c \cdot f_{cd}$, obtém-se:

$$\frac{N_{Rd}}{A_c \cdot f_{cd}} = -\frac{A_s \cdot f_{yd}}{A_c \cdot f_{cd}}\left(\frac{\varepsilon'_{sd}}{\varepsilon_{yd}}+1\right) \quad \textbf{4.39}$$

$$A_{s,tot} = 2A_s \therefore A_s = \frac{A_{s,tot}}{2} \quad \textbf{4.40}$$

$$\frac{N_{Rd}}{A_c \cdot f_{cd}} = \nu_R = -\frac{\omega}{2}\left(\frac{\varepsilon'_{sd}}{\varepsilon_{yd}}+1\right) \quad \textbf{4.41}$$

Da mesma forma, para M_{Rd} dividem-se os dois membros da equação por $(A_c \cdot f_{cd} \cdot h)$ e obtém-se:

$$M_{Rd} = -f_{yd} \cdot A_s \cdot h(0,5-\delta)\left(\frac{\varepsilon'_{sd}}{\varepsilon_{yd}}-1\right) \quad \textbf{4.42}$$

$$\frac{M_{Rd}}{A_c \cdot f_{cd} \cdot h} = -\frac{A_s \cdot f_{yd}}{A_c \cdot f_{cd} \cdot h}h(0,5-\delta)\left(\frac{\varepsilon'_{sd}}{\varepsilon_{yd}}-1\right) \quad \textbf{4.43}$$

$$\mu_R = -\frac{\omega}{2}(0,5-\delta)\left(\frac{\varepsilon'_{sd}}{\varepsilon_{yd}}-1\right) \quad \textbf{4.44}$$

De forma semelhante se faz para todos os domínios, resultando na tabela-resumo colocada no Anexo A4. Sendo assim, foi possível elaborar o gráfico da Fig. 4.14 definindo uma determinada configuração para a armadura e a posição dessa armadura (d'). Ver outras configurações na Fig. 9.36 e nos Anexos A5 a A8.

4.2 Verificação das peças de concreto armado solicitadas ao cisalhamento

4.2.1 Comportamento da estrutura não fissurada

Segundo Fusco (1975), para determinar a capacidade resistente das peças estruturais é necessário o conhecimento da capacidade resistente do concreto sob

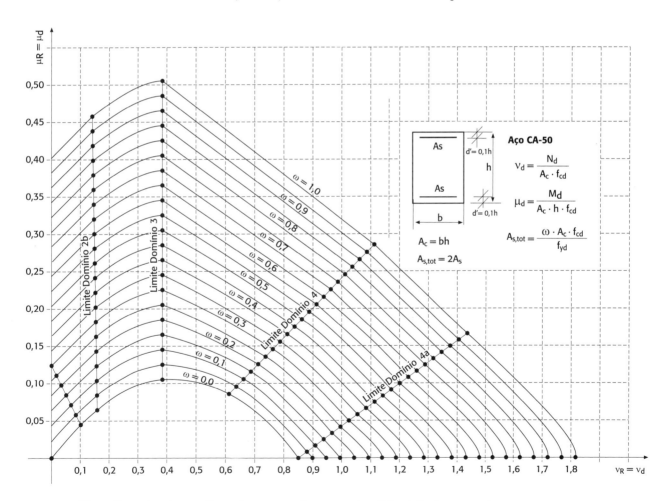

Fig. 4.14 *Gráfico adimensional para dimensionamento de peças submetidas à flexão composta*

4 Peças de concreto armado: verificações

ação de estados múltiplos de tensão. Ainda segundo esse autor, a ruptura do concreto sob ação de estado múltiplo de tensão pode ser de dois tipos:

- *Ruptura por separação*: ruptura por tração que apresenta uma superfície de fratura bastante nítida no plano tangente em que age a maior tensão principal (Fig. 4.15). Ela ocorrerá sempre que as três tensões principais forem de tração ou quando pelo menos uma delas for de compressão (σ_3) e não superior, em módulo, a três a cinco vezes a maior tensão de tração (σ_1). O item 8.2.6 da NBR 6118 (ABNT, 2014) define que $\sigma_3 \geq \sigma_2 \geq \sigma_1$, no estado multiaxial de tensões.

- *Ruptura por deslizamento*: quando o material sofre desagregação, esboroamento, ao longo da faixa que acompanha a superfície média de deslizamento (Fig. 4.16). Esse tipo de ruptura ocorre quando as tensões principais são de compressão ou quando uma delas é de tensão de tração muito baixa, bem inferior que a resistência à tração simples do concreto.

Para qualquer um dos tipos de ruptura, as tensões principais extremas σ_1 e σ_3 definem os estados de ruptura, conforme se observa por meio dos diversos círculos de Mohr originando uma envoltória que pode representar esses diversos círculos, correspondendo aos estados de ruptura (Fig. 4.17).

É possível traçar uma envoltória simplificada que represente os dois critérios de ruptura: um trecho curvo que represente a ruptura por separação (tração) e os trechos retos, que decorrem da teoria de Coulomb, representam a ruptura por deslizamento (compressão) e ocorrem no plano que satisfaz a condição:

$$\tau + \sigma \cdot \text{tg}\, \varphi = c \qquad 4.45$$

em que:

c é o ângulo de coesão do material;
φ é o ângulo de atrito interno.

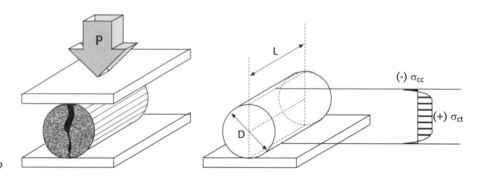

Fig. 4.15 *Ruptura por separação*

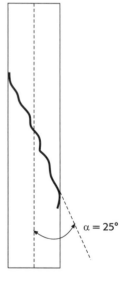

Fig. 4.16 *Ruptura por deslizamento*

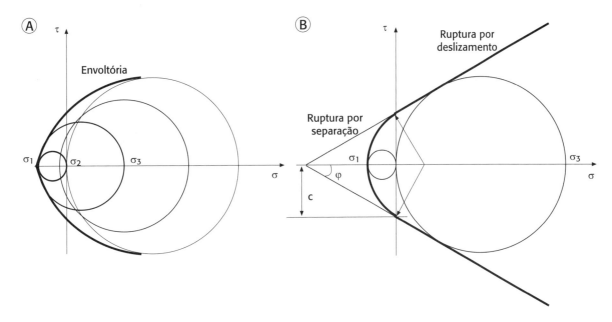

Fig. 4.17 *(A) Círculos de Mohr e (B) envoltória simplificada*

O item 8.2.6 da NBR 6118 (ABNT, 2014) estabelece, ainda, as seguintes condições para o estado múltiplo de tensões (Fig. 4.18):

- ruptura por deslizamento: $\sigma_1 \geq -f_{ctk}$;
- ruptura por separação: $\sigma_3 \leq f_{ck} + 4\sigma_1$.

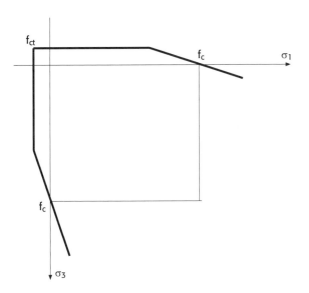

Fig. 4.18 *Resistência no estado multiaxial de tensões*

A condição definida pela NBR 6118 (ABNT, 2014) pode ser representada utilizando a envoltória simplificada de Coulomb-Mohr, na qual se admite a validade do critério de Coulomb também para a região de ruptura por separação, ou seja, a região tracionada, como apresentam as Figs. 4.19 e 4.20.

Da Fig. 4.20B, pode-se obter:

$$\frac{0,125 f_{ck}}{0,5 f_{ck}} = \frac{\sigma_1}{K} \therefore K = \frac{0,5}{0,125} = 4\sigma_1 \therefore$$
$$\text{logo, } \sigma_3 = f_{ck} - K = f_{ck} - 4\sigma_1$$

Sendo as tensões de compressão consideradas positivas e as de tração, negativas, tem-se:

$$\sigma_3 = f_{ck} + 4\sigma_1 \qquad \textbf{4.46}$$

Cabe observar que a envoltória de Coulomb-Mohr para a condição acima e σ_3 entre $0,5 f_{ck}$ e f_{ck} somente será válida admitindo-se que:

$$\sigma_1 = \sigma_I = 0,125 f_{ck} \qquad \textbf{4.47}$$

$$\sigma_3 = \sigma_{II} = f_{ck} - 4 \cdot 0,125 f_{ck} = 0,5 f_{ck} \qquad \textbf{4.48}$$

O item 8.2.5 da NBR 6118 (ABNT, 2014) especifica o seguinte para a tensão de tração máxima, para concreto de classe até C50:

$$\sigma_1 = f_{ctk} = 0,9 \cdot f_{ctk,sup} = 0,9 \cdot 1,3 \cdot f_{ct,m}$$
$$= 0,9 \cdot 1,3 \cdot 0,3 \cdot f_{ck}^{2/3} = 0,351 f_{ck}^{2/3}$$

Diante disso, pode-se escrever:

$$\sigma_1 = f_{ctk} = 0,351 f_{ck}^{2/3} = f_{ck} \qquad \textbf{4.49}$$

em que κ está representado na Tab. 4.3.

4 Peças de concreto armado: verificações

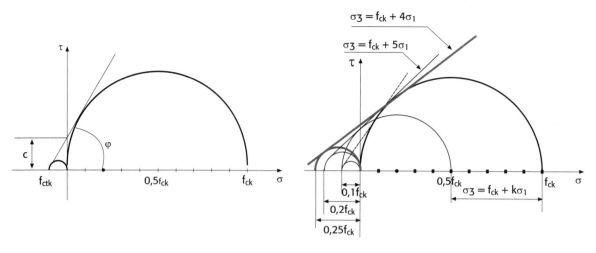

Fig. 4.19 *Envoltórias correspondentes a diversas situações*

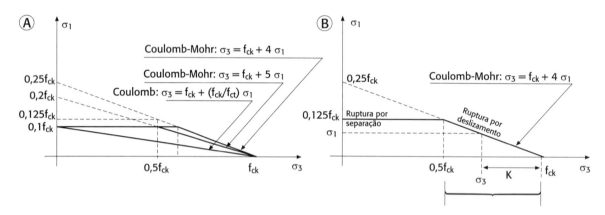

Fig. 4.20 *Critério simplificado Coulomb-Mohr*

Tab. 4.3 Fator Kappa (κ) para a resistência à tração

f_{ck} (MPa)	15	18	20	25	30
κ	0,142	0,134	0,129	0,12	0,113

Com os valores indicados nessa tabela, observa-se que a NBR 6118 (ABNT, 2014) reduz a resistência do concreto à tração em relação à resistência do concreto à compressão à medida que esta aumenta.

Quando as peças de concreto armado são submetidas a ações crescentes, com base em certos níveis de solicitação, inicia-se o processo de fissuração na região tracionada. Até então, o concreto se mantém íntegro, permanecendo no estádio I.

Desse modo, as tensões que agem nos elementos submetidos a esforços combinados de flexão e cisalhamento podem ser estudadas considerando-se os estados planos de tensões. Assim, a maior tensão principal de tração será representada por σ_I, e a maior tensão principal de compressão, por σ_{II} (Fig. 4.21).

Nessa situação, as tensões que agem na peça podem ser calculadas pelas teorias da resistência dos materiais (Fig. 4.22).

Numa dada seção transversal, as tensões de cisalhamento variam proporcionalmente a S_y/b, sendo S_y o momento estático e b a largura da seção. Nos trechos em que a largura é constante, a variação depende exclusivamente de S_y (Fig. 4.23).

Como regra geral, a máxima tensão de cisalhamento ocorre na fibra que contém a linha neutra, na qual S_y/b assume o valor máximo (exceto em seção triangular).

A distribuição de tensões internas ao longo da altura da peça não é uniforme, sua variação é parabólica e pode ser determinada pela expressão:

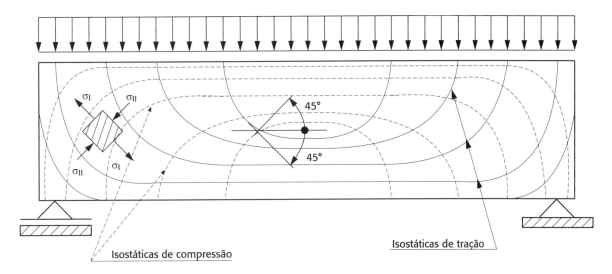

Fig. 4.21 *Isostáticas: trajetórias das tensões*

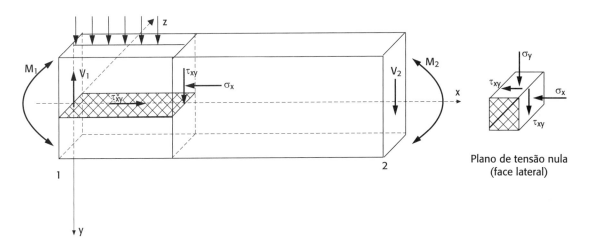

Fig. 4.22 *Tensões em um elemento de viga*

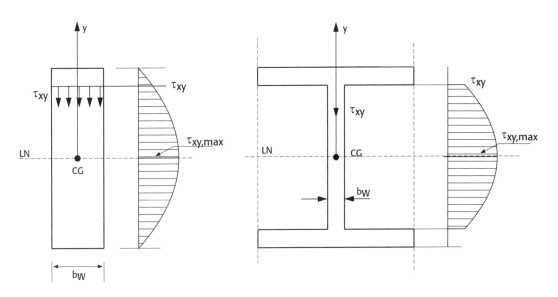

Fig. 4.23 *Diagrama de tensão de cisalhamento em uma seção*

4 Peças de concreto armado: verificações

$$\tau_{xy} = \frac{V \cdot S_y}{b \cdot I} = \frac{V}{b \cdot z} \quad \text{4.50}$$

em que:
τ_{xy} é tensão tangencial;
V é a força cortante;
I é o momento de inércia da seção transversal em relação à linha neutra;
S_y é o momento estático em relação à linha neutra e varia com a distância em relação à linha neutra;
z é o braço de alavanca dos esforços interno = I/S_y.

No caso da não existência de momento fletor aplicado na seção, a distribuição das tensões internas é uniforme, sendo possível escrever:

$$\tau_{xy} = \frac{V}{A} \quad \text{4.51}$$

sendo A a área da seção transversal.

Do círculo de Mohr da Fig. 4.24, obtêm-se as seguintes equações:

$$\sigma_I = \sigma_t = \frac{(\sigma_x + \sigma_y)}{2} - \sqrt{\left(\frac{\sigma_x - \sigma_y}{2}\right)^2 + \tau_{xy}^2} \quad \text{4.52}$$

$$\sigma_{II} = \sigma_c = \frac{(\sigma_x + \sigma_y)}{2} + \sqrt{\left(\frac{\sigma_x - \sigma_y}{2}\right)^2 + \tau_{xy}^2} \quad \text{4.53}$$

$$\text{tg}2\theta = \frac{2\tau}{\sigma_x - \sigma_y} \quad \text{4.54}$$

$$\text{tg}\theta = \frac{\tau}{\sigma_{II} - \sigma_y} = \frac{\tau}{-\sigma_I + \sigma_x} \quad \text{4.55}$$

Geralmente, as tensões verticais σ_y são desprezadas, visto que apenas próximas à introdução do carregamento da viga elas são significativas. Dessa forma, as Eqs. 4.52 a 4.55 podem ser reescritas:

$$\sigma_I = \sigma_t = \frac{\sigma_x}{2} - \sqrt{\left(\frac{\sigma_x}{2}\right)^2 + \tau_{xy}^2} \quad \text{4.56}$$

$$\sigma_{II} = \sigma_c = \frac{\sigma_x}{2} + \sqrt{\left(\frac{\sigma_x}{2}\right)^2 + \tau_{xy}^2} \quad \text{4.57}$$

$$\text{tg}2\theta = \frac{2\tau}{\sigma_x} \quad \text{4.58}$$

$$\text{tg}\theta = \frac{\tau}{\sigma_x - \sigma_I} = \frac{\tau}{\sigma_{II}} \quad \text{4.59}$$

Considerando $\theta = 45°$, da Eq. 4.57, obtém-se:

$$\sigma_{II} = \tau_{xy} \quad \text{4.60}$$

4.2.2 Comportamento da estrutura fissurada: analogia da treliça clássica

Enquanto a peça de concreto armado puder ser assimilada a uma peça ideal que satisfaça as hipóteses da teoria da elasticidade, as isostáticas determinadas no regime elástico (Fig. 4.21) delineiam as direções dos planos potenciais de fissuração (Fig. 4.25). Esses planos

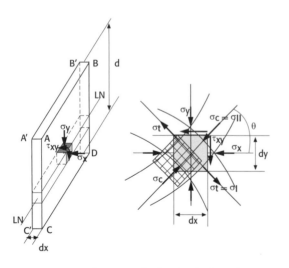
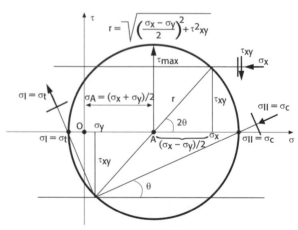

Fig. 4.24 *Tensões no elemento dx-dy: círculo de Mohr*

de fissuração, em cada ponto, têm a direção da tangente à isostática de compressão, e ortogonalmente a eles estão os planos de tensão principal de tração.

A partir do carregamento correspondente ao início da fissuração, altera-se esse modelo de tensões do regime elástico. Isso ocorre em virtude da descontinuidade geométrica das fissuras. Nessas condições, não se pode esperar que a fissuração da peça evolua de acordo com as isostáticas determinadas em regime elástico.

Na presença de solicitações tangenciais diferentes do modelo do regime elástico, Ritter (1899) e Mörsch (1909, 1920, 1922), apoiando-se no modelo de fissuração, propuseram para as peças lineares de concreto armado o modelo de treliça, com banzos paralelos comprimidos a 45° e montantes verticais ou inclinados para levantamento da carga, configurando com essa proposta o modelo da treliça clássica de Ritter-Mörsch ou ainda da treliça clássica de Mörsch.

Utilizando a viga biapoiada com carregamento p da Fig. 4.26, simula-se internamente um arranjo de treliça com montantes inclinados e verticais.

A treliça da Fig. 4.27, portanto, será utilizada para calcular os esforços nos montantes comprimidos (bielas comprimidas), bem como nos montantes tracionados (armaduras verticais ou inclinadas), nos pontos indicados da barra em análise.

Na Fig. 4.26, têm-se:

- R_c para a força de compressão (banzo comprimido);
- R_{st} para a força de tração (banzo tracionado);
- R_{cw} para a força de compressão nas bielas;
- R_{stw} para a força de tração nos montantes verticais.

Resulta-se nos esforços nas barras da treliça, conforme indicado na Fig. 4.28.

O diagrama de M/z representado na Fig. 4.29 corresponde aos momentos nos pontos indicados na barra em análise, calculado como viga.

Observa-se que as forças nos banzos tracionados R_{st}, em geral, diferem da força M/z calculada pela teoria da viga (resistência dos materiais). A envoltória das forças R_{st} é obtida por um deslocamento

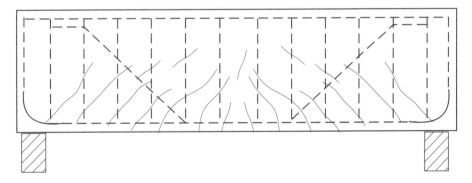

Fig. 4.25 *Viga fissurada*

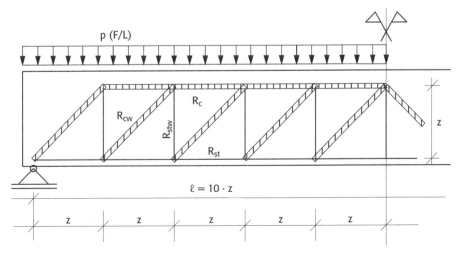

Fig. 4.26 *Treliça clássica de Mörsch*

a_ℓ (decalagem) da linha M/z no sentido da seção de momento nulo, sendo esse o motivo do deslocamento do diagrama de momento paralelo ao eixo da peça. No exemplo da Fig. 4.29, $a_\ell = z$.

Tensão na biela comprimida

Calculando os esforços nas barras da treliça (Fig. 4.31), obtêm-se:

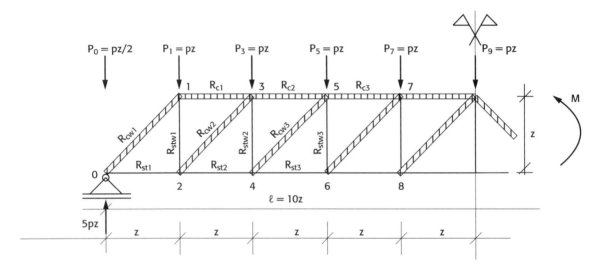

Fig. 4.27 *Esforços indicados nos montantes e banzos da treliça*

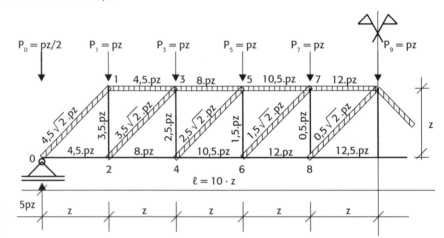

Fig. 4.28 *Esforços nas barras: calculadas como treliça*

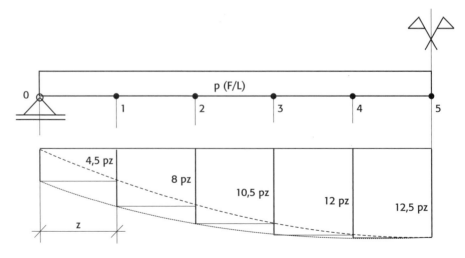

Fig. 4.29 *Desenvolvimento do momento fletor*

$$r_{cw} = \frac{R_{cw}}{z/\sqrt{2}} = \frac{R_{cw} \cdot \sqrt{2}}{z} \qquad 4.61$$

$$R_{cw} = V\sqrt{2} \qquad 4.62$$

$$\sigma_c^{45°} = \frac{R_{cw}}{b_w \cdot \frac{z}{\sqrt{2}}} = \frac{R_{cw} \cdot \sqrt{2}}{b_w \cdot z} \qquad 4.63$$

$$\sigma_c^{45°} = \frac{V \cdot \sqrt{2} \cdot \sqrt{2}}{b_w \cdot z} = 2\frac{V}{b_w \cdot z} = 2\tau_0 \qquad 4.64$$

em que r_{cw} é a compressão na biela por unidade de comprimento.

Tensão na armadura: estribos

Na realidade, o espaçamento s entre montantes é inferior a z, e a analogia pode ser montada sobrepondo n treliças de passo z, mas deslocadas de z/n = s, conforme indicado nas Figs. 4.31 e 4.32, colaborando na resistência às cargas.

Esse caso demonstra que o deslocamento da linha M/z para se obter R_{st} vale:

$$a_\ell = \frac{z}{2} + \frac{s}{2} \therefore \text{no limite } s = 0; a_\ell = \frac{z}{2} \qquad 4.65$$

$$r_{stw} = \frac{V}{z} - \frac{p}{2} \qquad 4.66$$

Se a carga estiver pendurada à viga, o termo p/2 desaparecerá da suspensão da carga. A favor da segurança despreza-se o termo p/2. Assim:

$$r_{stw} = \frac{V}{z} = \frac{R_{stw}}{z} \qquad 4.67$$

$$\sigma_s = \frac{r_{stw}}{A_{sw}} = \frac{V \cdot s}{z \cdot A_s} = \frac{V}{b_w \cdot z} \cdot \frac{b_w \cdot s}{A_s} = \tau_0 \cdot \frac{1}{\rho_w} \qquad 4.68$$

em que:

$$A_{sw} = A_s / s\ ;$$

As é a área da seção transversal das camadas de estribos, utilizando:

$$\frac{A_s}{s} = \frac{V}{z \cdot \sigma_s} \qquad 4.69$$

Utilizando o mesmo procedimento adotado para a treliça clássica com armadura de levantamento a 90°, pode-se calcular as tensões nas bielas e as tensões nas armaduras, tanto para a inclinação das armaduras a 45° quanto para uma inclinação qualquer α (Fig. 4.33), resultando nos valores apresentados na Tab. 4.4.

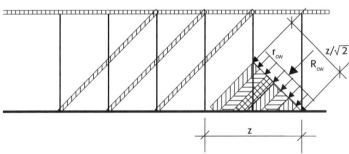

Fig. 4.30 *Tensão na biela comprimida*

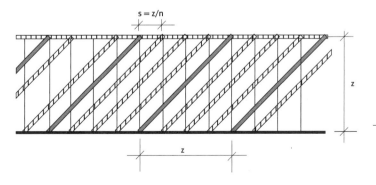

Fig. 4.31 *Treliças paralelas*

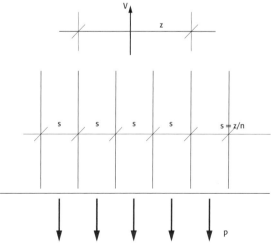

Fig. 4.32 *Espaçamento de estribos*

Pesquisas desenvolvidas por Leonhardt e Mönnig (1977) mostram que as tensões nas armaduras de levantamento são sempre inferiores àquelas obtidas pela treliça clássica de Ritter-Mörsch, conforme se observa na Fig. 4.34.

Da mesma forma, constatou-se que as tensões de compressão nas bielas inclinadas a 45° em relação ao eixo horizontal são maiores do que as obtidas pela treliça clássica. No caso das peças armadas com barras inclinadas de 45° para levantamento

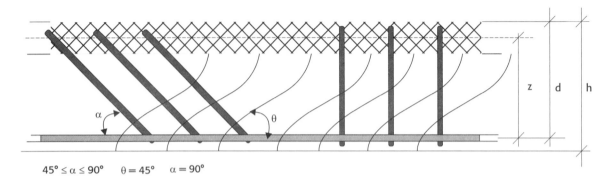

$45° \leq \alpha \leq 90°$ $\theta = 45°$ $\alpha = 90°$

Fig. 4.33 *Comportamento de treliça*

Tab. 4.4 Resumo das tensões obtidas pela treliça clássica com $\theta = 45°$

	$\alpha = 90°$	$\alpha = 45°$	$\alpha =$ qualquer
Tensão na diagonal comprimida (σ_c)	$\dfrac{2V}{b_w \cdot z}$	$\dfrac{V}{b_w \cdot z}$	$\dfrac{2V}{b_w \cdot z(1+\cotg \alpha)}$
Tensão no montante tracionado (σ_t)	$\dfrac{V}{z} \cdot \dfrac{s}{A_{sw,90°}}$	$\dfrac{V}{z} \cdot \dfrac{s}{A_{sw,45°} \cdot \sqrt{2}}$	$\dfrac{V}{z(\operatorname{sen} \alpha + \cos \alpha)} \cdot \dfrac{s}{A_{sw,\alpha}}$

Sendo α a inclinação da armadura, podendo-se tomar valores entre 45° e 90°, e θ a inclinação das fissuras ou o ângulo das diagonais comprimidas.

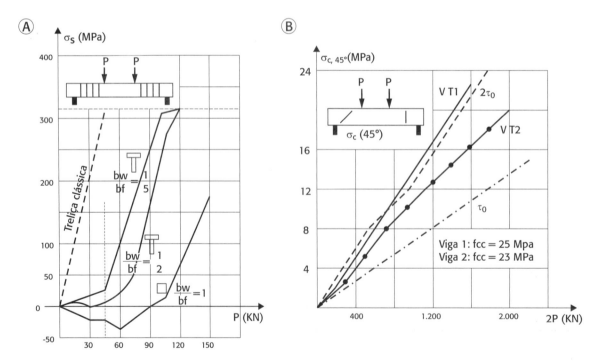

Fig. 4.34 *Ensaios realizados: tensões de (A) tração nas armaduras de levantamento de carga e (B) de compressão nas bielas*

ELEMENTOS DE FUNDAÇÕES EM CONCRETO

das cargas, as tensões nas bielas comprimidas assumiram valores 10% maiores do que aqueles encontrados quando calculados pela treliça clássica ($2\tau_0$), enquanto as tensões nas bielas com armaduras para levantamento de carga verticais resultaram 70% superiores àquelas calculadas pela treliça clássica (τ_0), ou seja, $2,2\tau_0$ e $1,7\tau_0$, respectivamente.

A NBR 6118 (ABNT, 2014) promove modificações em relação à NB-1 (ABNT, 1978) e NBR 6118 (ABNT, 1980), baseando-se no código MC-90 do CEB-FIP (1991), que leva em conta a possibilidade bielas comprimidas com ângulos inferiores a 45° (Fig. 4.35).

Como o ângulo da biela equivalente não coincide com o ângulo da fissura em razão da existência da tração dos estribos, a resistência à compressão do concreto da biela inclinada diminui. Portanto, em vez de considerar como limite, para a biela de compressão, o valor de:

$$\sigma_{II,d} = f_{cd} - 4\sigma_{I,d} = f_{cd} - 4 \cdot 0,125 f_{cd} = 0,5 f_{cd} \quad \textbf{4.70}$$

No caso de a armadura de levantamento ser vertical, a tensão de compressão na biela será:

$$\sigma_c^{45^0} = \frac{V\sqrt{2}\cdot\sqrt{2}}{b_w \cdot z} = 2\frac{V}{b_w \cdot z} = 2\tau_0 \quad \textbf{4.71}$$

Logo:

$$\sigma_{cd}^{45^0} \leq \sigma_{II,d} = 0,5 f_{cd} \quad \textbf{4.72}$$

O item 4.1.4.1 da NB-1 (ABNT, 1978) e a NBR 6118 (ABNT, 1980) consideraram, portanto, que:

$$2 \cdot \frac{V_d}{b_w \cdot d} \leq 0,5 f_{cd} \therefore V_d \leq 0,25 f_{cd} \cdot b_w \cdot d \quad \textbf{4.73}$$

A NBR 6118 (ABNT, 2014) dividiu o cálculo segundo dois modelos: o Modelo de Cálculo I, que admite o modelo da treliça clássica com as bielas inclinadas a 45°, e o Modelo de Cálculo II, que leva em conta a variação da inclinação das bielas (30° a 45°) e é chamado de método de treliça clássica generalizada.

Verificação de compressão na biela

A NBR 6118 (ABNT, 2014) adota o mesmo procedimento do código MC-90 do CEB-FIP (1991) e, portanto, utiliza o valor-limite de:

$$\sigma_{II,d} = 0,6\left(1 - \frac{f_{ck}}{250}\right) f_{cd} \quad \textbf{4.74}$$

O Quadro 4.1 apresenta os modelos de cálculo para a verificação da tensão de compressão na biela.

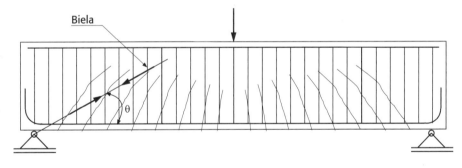

Fig. 4.35 *Bielas com inclinações θ inferiores a 45°*

Quadro 4.1 Modelos de cálculo para verificação da tensão de compressão na biela

Modelo de cálculo I:	Modelo de cálculo II:
Admitem-se diagonais de compressão inclinadas de $\theta = 45°$ em relação ao eixo longitudinal do elemento estrutural, considerando que a parcela complementar V_c tenha valor constante, independente de V_{sd}.	Admitem-se, nas bielas de concreto para a treliça, diagonais comprimidas com inclinações variando entre 30° e 45° em relação ao eixo horizontal. Dessa forma, a expressão:

$$\sigma_c^{\theta°} = \frac{V}{b_w \cdot z \cdot sen_\theta^2 \left(cotg\,\theta + cotg\,\alpha\right)} = \frac{V}{b_w \cdot z \cdot sen_\theta^2 \left(cotg\,\theta + cotg\,\alpha\right)}$$

$$\sigma_c^{\theta°} \frac{\tau_0}{sen_\theta^2 \left(cotg\,\theta + cotg\,\alpha\right)}$$

Quadro 4.1 Modelos de cálculo para verificação da tensão de compressão na biela

$$\sigma_c^{\theta°} \frac{V}{b_w \cdot z \cdot sen_\theta^2 (\cotg\theta + \cotg\alpha)} \qquad\qquad \textbf{4.75}$$

$$V_{Rd2} = 0,54\alpha_{v2} \cdot f_{cd} \cdot b_w \cdot d \cdot sen^2\theta(\cotg\alpha + \cotg\theta) \qquad\qquad \textbf{4.76}$$

Sendo α o ângulo de inclinação da armadura transversal em relação ao eixo longitudinal do elemento estrutural, podendo-se tomar valores entre 45° e 90°, e θ o ângulo que as bielas formam com eixo horizontal, podendo variar de 30° a 45°.

Da Eq. 4.75, com armadura com inclinação α qualquer e $\theta = 45°$:	Da Eq. 4.75, com armadura com inclinação α qualquer e $\theta = 30°$:

Da Eq. 4.75, com armadura com inclinação α qualquer e $\theta = 45°$:

$$\sigma_c^{45°} = 2\frac{V}{b_w \cdot z(1+\cotg\alpha)} = 2\tau_0/(1+\cotg\alpha)$$

Fazendo $\alpha = 90°$ e $z = 0,9d$:

$$\sigma_{cd}^{45°} = 2\frac{V_d}{b_w \cdot 0,9d} \le 0,6 \cdot \alpha_v \cdot f_{cd}$$

Resultando em:

$$V_d \le \left(\frac{0,6}{2} \cdot 0,9 \cdot \alpha_v \cdot f_{cd}\right)b_w \cdot d$$

$$V_d \le 0,27 \cdot \alpha_v \cdot f_{cd} \cdot b_w \cdot d$$

Fazendo $\alpha = 45°$ e $z = 0,9d$:

$$\sigma_c^{45°} = \frac{V \cdot \sqrt{2 \cdot \sqrt{2}}}{b_w \cdot z(1+\cotg\alpha)} = 2\frac{V}{b_w \cdot z(1+1)} = \tau_0$$

$$\sigma_{cd}^{45°} = \frac{V_d}{b_w \cdot 0,9d} \le 0,6 \cdot \alpha_v \cdot f_{cd}$$

Resultando em:

$$V_{sd} \le (0,6 \cdot 0,9 \cdot \alpha_v \cdot f_{cd})b_w \cdot d$$

$$V_{sd} \le 0,54 \cdot \alpha_v \cdot f_{cd} \cdot b_w \cdot d$$

O item 17.4.2.2 da NBR 6118 (ABNT, 2014) define:

$$V_{sd} \le V_{Rd2} = 0,27 \cdot \alpha_{v2} \cdot f_{cd} \cdot b_w \cdot d \qquad \textbf{4.77}$$

Da Eq. 4.75, com armadura com inclinação α qualquer e $\theta = 30°$:

$$\sigma_c^{30°} = \frac{V}{b_w \cdot z \cdot 0,25(1,732 + \cotg\alpha)}$$

$$\sigma_c^{30°} = \frac{\tau_0}{0,25(1,732 + \cotg\alpha)}$$

Resultando em:

$$V_{Rd2} = 0,54 \cdot \alpha_{v2} \cdot f_{cd} \cdot b_w \cdot d \cdot 0,25(\cotg\alpha + 1,732)$$

Fazendo $\alpha = 90°$:

$$V_{Rd2} = 0,54 \cdot \alpha_{v2} \cdot f_{cd} \cdot b_w \cdot d \cdot 0,25 \cdot 1,732$$

$$V_{Rd2} = 0,234 \cdot \alpha_{v2} \cdot f_{cd} \cdot b_w \cdot d$$

em que:

$\alpha_{v2} = \left(1 - \dfrac{f_{ck}}{250}\right)$ é um fator redutor da resistência à compressão do concreto quando há tração transversal por efeito de armadura e existência de fissuras transversais às tensões de compressão, com f_{ck} em megapascal, de acordo com a Tab. 4.5.

Tab. 4.5 Valores de $0,27\alpha_{v2}$ para vários tipos de concreto

Valores de f_{ck}	18	20	25	30	35
$0,27\left(1 - \dfrac{f_{ck}}{250}\right)$	0,25	0,2484	0,243	0,2376	0,2322

Observa-se que, à medida que se melhora a resistência característica do concreto, a capacidade resistente à compressão na biela ($tRd_2 = 0,27\alpha_{v2} \cdot f_{cd}$) diminui.

Cálculo da armadura transversal

O item 17.4.1 da NBR 6118 (ABNT, 2014) admite, para o dimensionamento de elementos lineares (vigas) sujeitos à força cortante, para os dois modelos de cálculo baseados na analogia de treliça de banzos paralelos, mecanismos resistentes complementares desenvolvidos no interior do elemento estrutural (Vc).

Destacando um trecho elementar entre duas fissuras da viga da Fig. 4.36, pode-se representar na Fig. 4.37 o mecanismo resistente interno ao cisalhamento.

Na Fig. 4.37:
V_{cc} é a resistência ao cisalhamento do banzo comprimido pela força de compressão no concreto (R_c);
V_s é a resistência ao cisalhamento pela força de tração (R_s) na armadura longitudinal;
V_{cr} é a engrenagem do agregado ao longo da fissura;
σ_t e σ_c são as tensões decorrentes da resistência à flexão da seção do engastamento do consolo.

Modelo de cálculo

$$V_{sd} \leq V_{Rd3} = V_c + V_{sw} \quad \text{4.78}$$

em que:

V_c é a parcela de força cortante absorvida por mecanismos complementares ao de treliça e igual a V_{c0} na flexão simples, com a linha neutra cortando a seção;
V_{Sd} é a força cortante solicitante de cálculo na seção;
$V_{Rd3} = V_c + V_{sw}$ é a força cortante resistente de cálculo relativa à ruína por tração diagonal.

$$V_c = V_{c0} = 0{,}6 \cdot f_{ctd} \cdot b_w \cdot d \quad \text{4.79}$$

$$f_{ctd} = f_{ctk,inf}\big/\gamma_c = \frac{0{,}7 \cdot f_{ct,m}}{\gamma_c} = \frac{0{,}21 f_{ck}^{2/3}}{\gamma_c} \quad \text{4.80}$$

V_{sw} é a parcela resistida pela armadura transversal, conforme o item 17.4.2.2 da NBR 6118 (ABNT, 2014):

$$V_{sw} = \left(A_{sw}\big/s\right) \cdot 0{,}9 \cdot d \cdot f_{ywd} \cdot (\operatorname{sen}\alpha + \cos\alpha) \quad \text{4.81}$$

em que α é o ângulo de inclinação da armadura transversal em relação ao eixo longitudinal do ele-

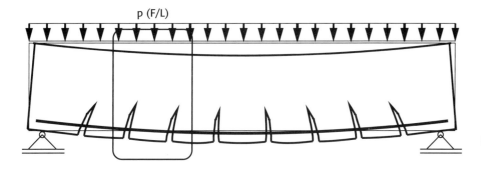

Fig. 4.36 *Viga fissurada com armadura longitudinal*

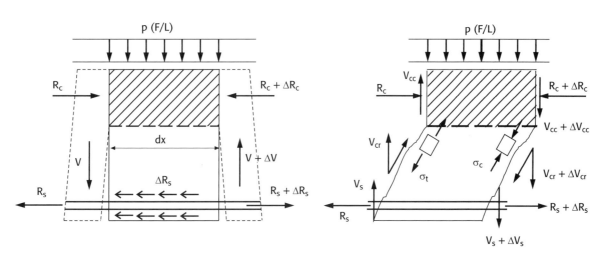

Fig. 4.37 *Mecanismos internos resistentes à cortante*

mento estrutural, podendo-se tomar valores entre 45° e 90°.

O Quadro 4.2 resume os cálculos das taxas de armadura transversais para os modelos de cálculo I e II.

Para elementos com largura maior ou igual a cinco vezes a altura útil, ou seja, $b_w \geq 5d$, a peça deverá ser tratada como laje, conforme o item 19.4 da NBR 6118 (ABNT, 2014).

A tensão resistente dos estribos (f_{ywd}), para as lajes com armadura para força cortante, pode ser considerada com os seguintes valores máximos, sendo permitida interpolação linear:

⊕ 250 MPa para lajes com espessura de até 15 cm;

⊕ 435 MPa para lajes com espessura maior que 35 cm.

4.3 Controle da fissuração nas peças de concreto armado

A fissuração em elementos estruturais de concreto armado é considerada inevitável, principalmente por causa da baixa capacidade resistente à tração do concreto, e é provocada normalmente por ações diretas de flexão ou cisalhamento (Camacho, 2005). Por isso,

faz-se necessário dispor de armaduras nas regiões tracionadas das peças, embebidas na massa de concreto para absorver esses esforços. No entanto, como consequência, o concreto que envolve as armaduras pode fissurar-se, possibilitando a corrosão das armaduras, que é uma das patologias mais significativas.

As fissuras podem ainda decorrer de uma série de outros fatores, tais como: aderência entre a armadura e o concreto (comprimentos de ancoragens inadequados, rugosidade da superfície das barras); tensão de trabalho nas armaduras; retração plástica do concreto nas primeiras idades (traço do concreto, umidade do ambiente); deformações impostas; variações de temperatura; e recalques diferenciais.

As fissuras muito finas, imperceptíveis ao olho nu, praticamente não prejudicam a durabilidade da peça, embora o item 13.4.1 da NBR 6118 (ABNT, 2014) recomende que, mesmo sob ações de serviço, valores críticos de tensões de tração sejam alcançados. Portanto, visando obter o bom desempenho e a proteção das armaduras, busca-se o controle da abertura das fissuras.

Segundo o item 7.6.1 da NBR 6118 (ABNT, 2014), o risco e a evolução da corrosão do aço na região das

Quadro 4.2 Resumo dos cálculos das taxas de armaduras transversais

Modelo de cálculo I	Modelo de cálculo II
O item 17.4.2.2 da NBR 6118 (ABNT, 2014) admite diagonais de compressão inclinadas de $\theta = 45°$ em relação ao eixo longitudinal do elemento estrutural e que a parcela complementar V_c tenha valor constante, independente de V_{sd}. Considerado $\alpha = 90°$ e $\theta = 45°$, em que α é o ângulo de inclinação da armadura transversal em relação ao eixo longitudinal do elemento estrutural, podendo-se tomar $45° \leq \alpha \leq 90°$.	O item 17.4.2.3 da NBR 6118 (ABNT, 2014) admite diagonais de compressão inclinadas de θ em relação ao eixo longitudinal do elemento estrutural, com θ variável livremente entre 30° e 45°. Admite, ainda, que a parcela complementar V_c sofra redução com o aumento de V_{sd}. Considerado $\alpha = 90°$ e $\theta = 30°$, em que α é o ângulo de inclinação da armadura transversal em relação ao eixo longitudinal do elemento estrutural, podendo-se tomar $45° \leq \alpha \leq 90°$, e θ é o ângulo da diagonal de compressão inclinada em relação ao eixo longitudinal do elemento estrutural, variando livremente entre 30° e 45°.

$$V_{sw} = \left(\frac{A_{sw}}{s}\right) \cdot 0,9 \cdot d \cdot f_{ywd} \cdot (\text{sen}\,\alpha + \cos\alpha)$$

$$V_{sw} = \left(\frac{A_{sw}}{s}\right) \cdot 0,9 \cdot d \cdot f_{ywd}$$

$$\frac{A_{sw}}{s} \geq \frac{V_{sd} - 0,6 \cdot f_{ctd} \cdot b_w \cdot d}{0,9 \cdot d \cdot f_{ywd}}$$

$$\frac{A_{sw}}{s} \geq \left[\frac{\left(\frac{V_{sd}}{b_w \cdot d}\right) - 0,6 \cdot f_{ctd}}{0,9 \cdot f_{ywd}}\right] \cdot b_w$$

$$V_{sw} = \left(\frac{A_{sw}}{s}\right) \cdot 0,9 \cdot d \cdot f_{ywd} \cdot (\text{cotg}\,\alpha + \text{cotg}\,\theta) \cdot \text{sen}\,\alpha$$

$$V_{sw} = 1,732 \left(\frac{A_{sw}}{s}\right) \cdot 0,9 \cdot d \cdot f_{ywd}$$

$$\frac{A_{sw}}{s} \geq \left(\frac{\left(\frac{V_{sd}}{b_w \cdot d}\right) - 0,6 \cdot f_{ctd}}{0,9 \cdot f_{ywd} \cdot 1,732}\right) \cdot b_w$$

ELEMENTOS DE FUNDAÇÕES EM CONCRETO

fissuras de flexão transversais à armadura principal dependem, essencialmente, da qualidade e da espessura do concreto de cobrimento da armadura.

4.3.1 Limites de formação de fissuras

Quando se fala em limites para fissuras, deve-se observar os estados-limites de formação de fissuras (ELS-F) e de abertura de fissuras (ELS-W). De acordo com os itens 3.2.2 e 3.2.3 da NBR 6118 (ABNT, 2014), o estado-limite de formação de fissuras ocorre quando a tensão de tração máxima na seção transversal é igual à resistência à tração do concreto na flexão ($f_{ct,f}$). Por outro lado, o estado-limite de abertura de fissuras é aquele no qual as aberturas de fissuras são limitadas a valores que variam de 0,2 mm a 0,4 mm (Tab. 4.6) sob as condições frequentes, não tendo, dessa forma, importância significativa na corrosão das armaduras passivas (NBR 6118 – ABNT, 2014).

O item 17.3.3.2 da NBR 6118 (ABNT, 2014) prescreve ainda que, para as vigas com altura menor que 1,2 m, serão atendidas as condições de abertura de fissuras em toda a lateral tracionada, caso a abertura de fissuras calculada na região das barras mais tracionadas seja verificada e caso exista uma armadura lateral mínima maior ou igual a 0,10% $A_{c,alma}$ em cada face da alma da viga, composta por barras de alta aderência ($\eta_1 \geq 2{,}25$) e com espaçamento não maior que 20 cm. Em vigas com altura igual ou inferior a 60 cm, pode ser dispensada a utilização da armadura de pele.

O item 17.3.3.3 da NBR 6118 (ABNT, 2014) permite dispensar o cálculo da abertura de fissuras desde que o elemento estrutural respeite os limites indicados na Tab. 4.7, tanto para o diâmetro máximo quanto para o espaçamento máximo das armaduras.

Embora se recomendem bitolas cada vez menores com o aumento da tensão na armadura, deve-se atentar que as barras de menores diâmetros são mais vulneráveis à corrosão. É possível também diminuir a abertura das fissuras aumentando a superfície de aderência da armadura.

Tab. 4.6 Limites de abertura de fissuras em função da classe de agressividade do ambiente

Tipo de concreto estrutural	Classe de agressividade ambiental (CAA)	Limites de abertura de fissuras (W_k)	Combinação de ações
Concreto simples	CAA I a CAA IV	Não há fissuração	–
Concreto armado	CAA I	$\leq$ 0,4 mm	Frequente
	CAA II a CAA III	$\leq$ 0,3 mm	
	CAA IV	$\leq$ 0,2 mm	

Fonte: Tabela 13.4 da NBR 6118 (ABNT, 2014).

Tab. 4.7 Diâmetro e espaçamento máximo de armaduras de alta aderência, utilizados em peças de concreto armado somente com armaduras passivas

Tensão na barra	Valores máximos	
σ_s (MPa)	$\phi_{máx.}$ (mm)	$s_{máx.}$ (cm)
160	32	30
200	25	25
240	20	20
280	16	15
320	12,5	10
360	10	5
400	8	–

Fonte: Tabela 17.2 da NBR 6118 (ABNT, 2014).

Segundo Velloso e Lopes (2010), os requisitos básicos que um projeto de fundações deve atender são:

⊕ as deformações aceitáveis sob condições de trabalho (verificação ao estado-limite de utilização ou de serviço – ELS);
⊕ a segurança adequada ao colapso do solo (verificação ao estado limite-último (ELU) do solo);
⊕ a segurança adequada ao colapso dos elementos estruturais (verificação ao ELU do solo).

O objetivo básico desse trabalho é o dimensionamento e o detalhamento das estruturas de concreto armado, que envolvem verificações específicas como estabilidade externa (tombamento, deslizamento), flambagem (deformação lateral) e níveis de vibração (no caso de ações dinâmicas).

Neste capítulo de considerações preliminares, serão abordados os conhecimentos de segurança e determinação da capacidade resistente do solo que é o elemento que recebe as cargas das estruturas. Destaca-se, todavia, que o especialista em solos deve acompanhar e/ou determinar parâmetros de capacidade resistente e estabilidade do solo, para o dimensionamento e os detalhamentos da estrutura de concreto armado.

5.1 Características dos solos

A Mecânica dos Solos classifica os materiais que cobrem a terra (solo) em alguns grupos, como:

⊕ rocha;
⊕ solo arenosos;
⊕ solo siltoso;
⊕ solo argiloso.

Essa divisão não é muito rígida e nem sempre se encontram solos que se enquadram em apenas um dos tipos. Por exemplo, quando se diz que um solo é arenoso, está na verdade querendo-se dizer que a sua maior parte é areia, e não que tudo é areia. Da mesma forma, um solo argiloso é aquele cuja maior proporção é composta por argila.

Um dos principais critérios para fazer a classificação do solo é o tamanho dos seus grãos. A NBR 6502 (ABNT, 1995) classifica os solos segundo a Tab. 5.1.

Tab. 5.1   Classificação dos solos de acordo com sua granulometria

Tipo de solo	Argila	Silte	Areia fina	Areia média	Areia grossa	Pedregulho
Diâmetro dos grãos (mm)	< 0,002	0,002 a 0,06	0,06 a 0,2	0,2 a 0,6	0,6 a 2,0	> 2,0

É importante destacar que a granulometria apresentada na tabela difere daquela dos agregados para argamassa e concreto, claramente definidos na NBR 7211 (ABNT, 2009).

5.1.1 Solos coesivos

Argilosos

Individualmente, os grãos dos solos argilosos são muito finos, quase farináceos, e se aderem firmemente um ao outro, não podendo ser reconhecidos a olho nu (Fig. 5.1). Os espaços vazios entre as partículas são muito pequenos, e, por causa de sua estrutura, esses solos apresentam resistência à penetração de água, absorvendo-a muito lentamente. Entretanto, uma vez que a água tenha conseguido penetrar no solo, ela também encontra dificuldade para ser extraída de seu interior.

Ao receber água, os solos argilosos tendem a tornar-se plásticos (surge a *lama*), por isso apresentam maior grau de estabilidade quando secos.

Em razão das forças adesivas naturais (coesão) existentes entre as pequenas partículas que compõem esses tipos de solo, a compactação por vibração não é a ideal nessa situação. Essas partículas tendem a agrupar-se, dificultando uma redistribuição natural entre elas individualmente.

Solos siltosos

O silte está entre a areia e a argila. É um pó como a argila, mas não tem coesão apreciável e plasticidade digna de nota quando molhado.

5.1.2 Solos não coesivos (granulares arenosos)

Os solos não coesivos compreendem os solos compostos de pedras, pedregulhos, cascalhos e areias, ou seja, de partículas grandes e grossas (Fig. 5.2).

Essas misturas, compostas por muitas partículas individualmente soltas que, no estado seco, não se aderem umas às outras (somente se apoiam entre si), são altamente permeáveis. Isso se deve ao fato de existirem, entre as partículas, espaços vazios relativamente grandes e intercomunicados entre si.

Em um solo não coesivo em estado seco é fácil reconhecer os tamanhos dos diferentes grãos por simples observação.

A capacidade dos solos não coesivos para suportar cargas depende da resistência ao deslocamento, ou seja, da movimentação entre as partículas individualmente. Ao se aumentar a superfície de contato entre os grãos individualmente por meio da quantidade de grãos por unidade de volume (*compactação*), aumenta-se a resistência ao deslocamento entre as

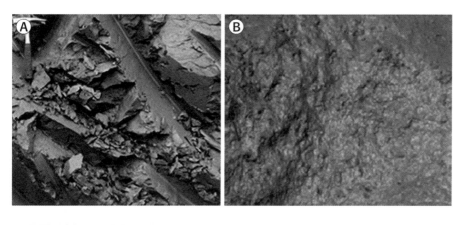

Fig. 5.1 *(A) Argila acinzentada e (B) argila avermelhada (barro)*

Fig. 5.2 *Elementos granulares que compõem os solos não coesivos: (A) areia, (B) brita e (C) pedregulho*

partículas e, simultaneamente, melhora-se a transmissão de força entre elas.

5.2 Tensão admissível do solo: capacidade de carga do solo

As tensões admissíveis do solo podem ser fixadas com base na utilização e interpretação de um ou mais dos seguintes procedimentos:

⊕ métodos teóricos (ou analíticos);

⊕ métodos semiempíricos;

⊕ métodos empíricos;

⊕ resultados de provas de carga.

O item 3.45 da NBR 6122 (ABNT, 2019b) destaca que a tensão admissível é a máxima tensão adotada em projeto e, quando aplicada ao terreno pela fundação rasa ou pela base do tubulão, atende, com fatores de segurança predeterminados, aos estados-limites últimos (ruptura) e de serviço (recalques, vibrações etc.). Essa grandeza é utilizada quando se trabalha com ações em valores característicos.

A norma destaca, ainda, que a determinação da tensão admissível ou tensão resistente de cálculo é obtida com base na utilização e interpretação de um ou mais dos seguintes procedimentos:

⊕ prova de carga sobre placa;

⊕ métodos empíricos;

⊕ métodos semiempíricos (item 7.3 da NBR 6122 – ABNT, 2019b).

Valores admissíveis

A NBR 6122 (ABNT, 2019b) define que o método de valores admissíveis é aquele em que as forças ou tensões de ruptura são divididas por um fator de segurança global.

Assim:

$$P_{adm} \leq \frac{R_k}{FS_g} \text{ e } P_{adm} \geq S_k \text{ ou } \sigma_{adm} = \frac{\sigma_{últ}}{FS_g} \qquad \textbf{5.1}$$

$$\text{e } \sigma_{atu} \leq \sigma_{adm}$$

em que:

P_{adm} é a tensão admissível de sapatas e tubulões e a carga admissível de estacas;

R_k representa as forças ou tensões características de ruptura (últimas);

S_k representa as solicitações características;

F_{Sg} é o fator de segurança global, no mínimo igual a 3,0 para processos semiempíricos e teóricos (analíticos); ou 2,0 para processos semiempíricos ou analíticos acrescidos de duas ou mais provas de carga, executadas na fase de projeto, de acordo com o item 6.2.1.1 da NBR 6122 (ABNT, 2019b).

Valores de cálculo

Em seu item 3.3.1, a mesma norma estabelece que, no método de valores de cálculo, as forças ou tensões características de ruptura sejam divididas por coeficientes de ponderação de minoração (γ_m), as solicitações características sejam multiplicadas por coeficientes de ponderação de majoração (γ_f), e a condição de verificação de segurança seja dada por:

$$R_d = \frac{R_k}{\gamma_m} \text{ , } S_d = S_k \cdot \gamma_f \text{ e } R_d \geq S_d \qquad \textbf{5.2}$$

em que:

R_d é a tensão resistente de cálculo para sapatas e tubulões ou a força resistente de cálculo para as estacas;

R_k é a tensão última característica do solo;

S_d representa as solicitações de cálculo.

Os fatores de segurança e coeficientes de minoração devem atender aos valores especificados na Tab. 5.2.

Tab. 5.2 Coeficientes de minoração (γ_m) para solicitação de compressão em elementos de fundação rasa ou base de tubulão

Método de determinação da resistência	Coeficiente de ponderação (minoração)
Analítico (teórico)	2,15
Semiempírico	2,15[a]
Analítico e semiempírico com duas ou mais provas de carga	1,4[b]

[a] Adotar o valor encontrado no método, porém nunca inferior a 2,15.

[b] Esses valores podem ser reduzidos conforme o número de perfis de ensaios efetuados.

Fonte: Tabela 1 da NBR 6122 (ABNT, 2019b).

Fazendo uma análise comparativa entre o coeficiente de segurança global (método dos valores admissíveis) e os coeficientes de ponderação (método dos valores de cálculo), pode-se observar que, multiplicando os coeficientes de ponderação de majoração das ações pelo de minoração da capacidade resistente do material, obtém-se o coeficiente global da segurança:

$$FS_g = \gamma_f \cdot \gamma_m = 1,4 \times 2,15 = 3,0 \qquad \textbf{5.3}$$

Para a verificação de tração, deslizamento e tombamento, os coeficientes de minoração a serem considerados são: $\gamma_m = 1,2$ para as parcelas de peso e $\gamma_m = 1,4$ para a parcela de resistência do solo.

5.2.1 Métodos teóricos (analíticos)

Inúmeros métodos e processos para determinar a capacidade última do solo já foram desenvolvidos e, na maioria deles, destaca-se o pioneirismo de Terzaghi (1943 apud Velloso; Lopes, 2010), que criou a seguinte fórmula:

$$R_{últ} = c \cdot N_c \cdot S_c + \rho_{solo} \cdot D \cdot N_q \cdot S_q +$$
$$\rho_{solo} \cdot \frac{B}{2} \cdot N_\rho \cdot S_\rho \qquad \textbf{5.4}$$

em que:

c é a coesão do solo;

φ é o ângulo de atrito interno (coeficiente de atrito interno).

Quando não se dispõe de ensaios de laboratório, pode-se utilizar, para c e φ, os valores estimados conforme Alonso (1983), apresentados na Tab. 5.3.

N_c, N_q e N_ρ são fatores de capacidade de carga (funções do ângulo de atrito interno do solo – φ) cujas expressões, desenvolvidas por Prandtl (1920 apud Velloso; Lopes, 2010) e Reissner (1924 apud Velloso; Lopes, 2010), são representadas a seguir:

$$N_c = \cotg \varphi \left[\frac{a_\theta^2}{2\cos^2\left(45 + \dfrac{\varphi}{2}\right)} - 1 \right] \qquad \textbf{5.5}$$

$$N_q = \frac{a_\theta^2}{2\cos^2\left(45 + \dfrac{\varphi}{2}\right)} \qquad \textbf{5.6}$$

$$a_\theta = e^{\left(\frac{3\pi}{2} - \frac{\varphi}{2}\right)\tg\varphi} \qquad \textbf{5.7}$$

$$N_\rho = \frac{1}{2}\tg\,\varphi\left(\frac{K_{p\rho}}{\cos^2\varphi} - 1\right) \qquad \textbf{5.8}$$

em que $K_{p\rho}$ é o coeficiente de empuxo passivo e possui os valores mostrados na Tab. 5.4. Portanto, N_ρ somente existe se tiver um anteparo que possibilite o aparecimento do empuxo passivo.

Tab. 5.3 Parâmetros estimados para coesão (c) e atrito interno do solo (φ)

Solo	SPT (nº de golpes para os últimos 30 cm)	Coesão c (kN/m²)	Coeficiente de atrito interno φ (em graus)
Argiloso			
Muito mole	< 2	< 10	
Mole	2 a 4	10 a 25	
Mediano	4 a 8	25 a 50	
Rijo	8 a 15	50 a 100	
Muito rijo	15 a 30	100 a 200	
Duro	> 30	> 200	
Arenoso			
Fofo	< 4		< 30
Pouco compacto	4 a 10		30 a 35
Medianamente compacto	10 a 30		35 a 40
Compacto	30 a 50		40 a 45
Muito compacto	> 50		> 45

5 Fundações: solo e elemento estrutural

Tab. 5.4   Valores de $K_{p\rho}$

φ (°)	0	5	10	15	20	25	30	35	40
$K_{p\rho}$	10,8	12,2	14,7	18,6	25,0	35,0	52,0	82,0	141,0

Fonte: Dias (2012).

Para o caso de $\varphi \to 0$, considerar:

$$N_c = \frac{3}{2}\pi + 1 = 5,7;\ N_q = 1,0;\ e\ N_\rho = 0 \qquad \textbf{5.9}$$

Segundo Terzaghi (1943 apud Velloso; Lopes, 2010), esse formulário (Eqs. 5.4 a 5.8) refere-se a um processo de ruptura generalizado. No caso de ruptura localizada, a sugestão de Terzaghi é que se substituam os parâmetros tg φ e c pelos parâmetros tg φ^* e c*, em que:

$$\text{tg } \varphi^* = \frac{2}{3}\text{tg } \varphi \text{, logo: } \varphi^* = \text{arctg}\left(\frac{2}{3}\text{tg } \varphi\right) \qquad \textbf{5.10}$$
$$e\ c^* = \frac{2}{3}c$$

Dessa forma, a Eq. 5. passa a ser escrita como:

$$R_{cat} = \frac{2}{3}c \cdot N'_c \cdot S_c + \rho_{solo} \cdot D \cdot N'_q \cdot S_q +$$
$$\rho_{solo} \cdot \frac{B}{2} \cdot N'_\rho \cdot S_\rho \qquad \textbf{5.11}$$

$$N'_c = \frac{1}{\text{tg } \varphi^*}\left[\frac{a_\theta^2}{2\cos^2\left(45 + \frac{\varphi^*}{2}\right)} - 1\right] \qquad \textbf{5.12}$$

$$a_\theta = e^{\left(\frac{3\pi}{2} - \frac{\varphi^*}{2}\right)\frac{2}{3}\text{tg } \varphi^*} \qquad \textbf{5.13}$$

$$N'_q = \frac{a_\theta^2}{2\cos^2\left(45 + \frac{\varphi^*}{2}\right)} \qquad \textbf{5.14}$$

$$N'_\rho = \frac{1}{2}\text{tg } \varphi^*\left(\frac{K'_{p\rho}}{\cos^2\varphi^*} - 1\right) \qquad \textbf{5.15}$$

Nesse caso, $K'_{p\rho}$ terá os valores da Tab. 5.5.

Tab. 5.5   Valores de $K'_{p\rho}$

φ (°)	0	5	10	15	20	25	30	35	40
$K'_{p\rho}$	6,0	7,0	8,8	11,0	14,5	19,5	26,5	36,5	52,0

Fonte: Dias (2012).

Para o caso de $\varphi \to 0$, considerar:

$$N'_c = \frac{3}{2}(\pi + 1) = 6,2,\ N'_q = 1,0,\ e\ N'_\rho = 0 \qquad \textbf{5.16}$$

Os valores de S_c, S_q e S_ρ são fatores de forma do elemento estrutural para o cálculo da capacidade de carga em decorrência da coesão, da sobrecarga e da carga permanente, respectivamente, que se apoiam no solo e podem ser representados pelos valores apresentados na Tab. 5.6.

Exemplo 5.1 Tensão última no solo

Determinar a tensão última para uma argila compressível (ruptura local) que recebe carga de uma sapata (elemento estrutural) quadrada de 1,5 m × 1,5 m assentada a uma profundidade de 1,50 m. Considerar que:
⊕ coeficiente de atrito interno do solo $\varphi = 15°$;
⊕ coesão c = 30 kN/m²;

Tab. 5.6   Fatores de forma

Forma da fundação	S_c (1 + 0,3B/L)	S_q (1 + 0,2B/L)	S_ρ (1 – 0,3B/L)
Corrida $L > 3B$	1,0	1,0	1,0
Quadrada $L = B$	1,3	1,2[1]	0,7[2]
Retangular $L \leq 3B$	< 1,1	< 1,1[1]	< 0,9
Circular $L = B$	1,3	1,2[1]	0,7[3]

[1] Terzaghi sugere 1,0; [2] 0,8 para sapata quadrada; e [3] 0,6 para sapata circular.

B é a largura e L é o comprimento da base do elemento estrutural que se apoia no solo, enquanto D é a altura do elemento estrutural dentro da camada de solo (Fig. 5.3).

ELEMENTOS DE FUNDAÇÕES EM CONCRETO

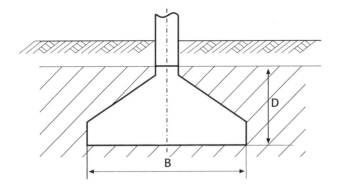

Fig. 5.3 *Elemento estrutural embutido na camada de solo*

- massa específica do solo ρ_{solo} = 16 kN/m³ (1.600 kg/m³).

$$R_{últ} = \frac{2}{3} c \cdot N'_c \cdot S_c + \rho_{solo} \cdot D \cdot N'_q \cdot S_q + \rho_{solo} \cdot \frac{B}{2} \cdot N'_\rho \cdot S_\rho$$

$$\varphi^* = \text{arctg}\left(\frac{2}{3} \text{tg } \varphi\right) = 10{,}128^0$$

$$a_\theta = e^{\left(\frac{3\pi}{2} - \frac{\varphi^*}{2}\right)\frac{2}{3}\text{tg}\varphi^0} = e^{\left(\frac{3\pi}{2} - \frac{\pi \cdot 10{,}128^\circ/180}{2}\right)\frac{2}{3}\text{tg }10{,}128^\circ}$$
$$= e^{0{,}5507} = 1{,}734$$

$$N'_c = \frac{1}{\text{tg }\varphi^*} \left[\frac{a_\theta^2}{2\cos^2\left(45 + \frac{\varphi}{2}\right)} - 1\right]$$

$$= \frac{1}{\text{tg }10{,}128^\circ} \left(\frac{1{,}734^2}{2\cos^2\left(45 + \frac{10{,}128}{2}\right)} - 1\right) = 14{,}823$$

$$N'_q = \frac{a_\theta^2}{2\cos^2\left(45 + \frac{\varphi^*}{2}\right)} = \frac{1{,}734^2}{2\cos^2\left(45 + \frac{10{,}128}{2}\right)} = 3{,}07$$

$$N'_\rho = \frac{1}{2}\text{tg }\varphi\left(\frac{K_{p\rho}}{\cos^2\varphi} - 1\right) = 0, \text{ pois } K_{p\rho} = 0$$

$$R_{últ} = \frac{2}{3} 30 \times 14{,}823 \times 1{,}3 + 16 \times 1{,}5 \times 3{,}07 \times 1{,}2$$
$$+ 16\frac{1{,}5}{2} 0 \cdot S_\rho = 390{,}88 \text{ kN/m}^2$$

$$R_{últ} = 0{,}391 \text{ MPa } (3{,}91 \text{ kg/cm}^2)$$

De acordo com a NBR 6122 (ABNT, 2019b), $\gamma_f = \gamma_{mín}$ = 2,15 e FS_g = 3,0. Assim:

$$R_d = R_{últ}/\gamma_f = 0{,}391/2{,}15 = 0{,}181 \text{ MPa}\left(1{,}81 \frac{\text{kg}}{\text{cm}^2}\right) > S_d$$

$$\sigma_{adm} = \sigma_{últ}/FS_g = 0{,}391/3{,}0 = 0{,}130 \text{ MPa}$$

Pode-se observar que inúmeros estudos foram posteriormente desenvolvidos, mas, de forma geral, quase todos baseados no trabalho de Terzaghi, destacando-se a teoria de Meyerhof, Hansen, Vesic, entre outros (Velloso; Lopes, 2010).

5.2.2 Métodos semiempíricos

Métodos semiempíricos são aqueles utilizados para calcular recalques nos locais em que se observa o comportamento do solo em relação à tesão-deformação.

Método de Terzaghi e Peck apresentado por Velloso e Lopes (2010)

Esse método indica a seguinte expressão para calcular a tensão admissível para sapata e um recalque de 1 polegada:

Solo arenoso

$$R_{adm} = 4{,}4\left(\frac{N_{SPT} - 3}{10}\right)\left(\frac{B + 1'}{2B}\right)^2 \left(\text{kg}/\text{cm}^2\right); \text{ B em pés} \quad \textbf{5.17}$$

$$R_{adm} \cong \left(\frac{N_{SPT} - 3}{22}\right)\left(\frac{B + 0{,}305}{2B}\right)^2 (\text{MPa}); \text{ B em metros} \quad \textbf{5.18}$$

em que:

R_{adm} é a tensão admissível em kg/cm² ou MPa;
N_{SPT} é o número de golpes para penetrar os últimos 30 cm, no ensaio SPT (NBR 6484 – ABNT, 2020);
1 pé = 1' = 0,3048 m;
1 polegada = 1 in = 1" = 0,0254 m;
B é a menor dimensão da base em pés e em metros, respectivamente (B ≥ 4 pés ou 1,22 m).

Existindo um nível d'água superficial, Terzaghi recomenda reduzir a tensão para metade.

Por exemplo, para B = 1,22 m, tem-se:

$$R_{adm} \cong \left(\frac{N_{SPT} - 3}{22}\right)\left(\frac{1{,}22 + 0{,}305}{2 \times 1{,}22}\right)^2$$
$$= \frac{N_{SPT} - 3}{56} \cong \frac{N_{SPT} - 3}{60}(\text{MPa}) \quad \textbf{5.19}$$

No caso de o N_{SPT} ser superior a 15 em areias finas ou siltosas submersas, deve-se fazer a correção do valor:

$$N_{SPT,corr} = 15 + 0,5\left(N_{SPT} - 15\right) \qquad \textbf{5.20}$$

Esse método é considerado bastante conservador.

Método de Meyerhof (1956) citado por Dias (2012)

Esse método baseia-se nas equações desenvolvidas por Terzaghi, chegando às seguintes expressões para calcular as tensões admissíveis:

Solo arenoso

$$R_{últ} = 32\,\overline{N}\left(B+D\right)\left(\dfrac{kg}{m^2}\right) \cong \dfrac{\overline{N}}{30}\left(B+D\right)\left(MPa\right) \qquad \textbf{5.21}$$

$$R_{adm} = \dfrac{R_{últ}}{FS_g} \cong \dfrac{\overline{N}}{30\times 3}\left(B+D\right) \cong \dfrac{\overline{N}}{90}\left(B+D\right) \qquad \textbf{5.22}$$

em que:

B é a largura do elemento estrutural (m);

D é a altura do elemento estrutural dentro da camada do solo (m);

$\overline{N}$ é a média dos valores de N_{SPT} em uma espessura a 1,5B metros abaixo do nível de assentamento do elemento estrutural.

Solo argiloso

$$R_{últ} = 16\,\overline{N}\left(\dfrac{kg}{m^2}\right) \cong \dfrac{\overline{N}}{60}\left(MPa\right) \qquad \textbf{5.23}$$

$$R_{adm} = \dfrac{R_{últ}}{FS_g} \cong \dfrac{\overline{N}}{60\times 3} \cong \dfrac{\overline{N}}{180} \qquad \textbf{5.24}$$

Método de Meyerhof (1965) citado por Velloso e Lopes (2010)

Solo arenoso

$$R_{adm} = \dfrac{N_{SPT}}{8}\left(\dfrac{kg}{cm^2}\right) = \dfrac{N_{SPT}}{80}\left(MPa\right) \qquad \textbf{5.25}$$
$$\text{para } B \leq 1,22\ m$$

$$R_{adm} = \dfrac{N_{SPT}}{12}\left(\dfrac{B+0,305}{B}\right)^2\left(\dfrac{kg}{cm^2}\right)$$
$$= \dfrac{N_{SPT}}{120}\left(\dfrac{B+0,305}{B}\right)^2 \text{ para } B > 1,22\ m \qquad \textbf{5.26}$$

em que:

R_{adm} é a tensão admissível, em kg/cm² ou em MPa, para uma deformação $w = 1$" (1 polegada);

B é a menor dimensão do elemento estrutural que se apoia no solo (em metros);

N_{SPT} é o número de golpes no ensaio SPT.

Os dois métodos desenvolvidos por Meyerhof são considerados conservadores.

Recomendação de Alonso (1983) para fundações rasas e $N_{SPT} \leq 20$

$$R_{adm} \cong \left(\dfrac{N_{SPT,médio}}{50}\right)\left(MPa\right) \qquad \textbf{5.27}$$

em que $N_{SPT,médio}$ é o valor médio calculado com os valores de N_{SPT} na profundidade de 2B abaixo da cota de assentamento do elemento estrutural.

Para fundações profundas (tubulão) e $N_{SPT} \leq 20$

$$R_{adm} \cong \left(\dfrac{N_{SPT,médio}}{30}\right)\left(MPa\right) \qquad \textbf{5.28}$$

Diante de tantos métodos apresentados, recomenda-se, para pré-dimensionamento, as expressões mais simplistas:

$$R_{adm} \cong \dfrac{\overline{N}_{SPT}}{\left(50\ a\ 55\right)}\left(MPa\right) \qquad \textbf{5.29}$$

$$R_{últ,k} \cong \dfrac{\overline{N}_{SPT}}{\left(17\ a\ 20\right)}\left(MPa\right) \qquad \textbf{5.30}$$

em que:

R_{adm} é a tensão admissível do solo, em MPa;

$R_{últ,k}$ é a tensão última do solo, no ELU;

$\overline{N}_{SPT}$ é o valor na base da sapata, o valor médio ou, ainda, o valor estatístico, o menor deles, calculados no ponto do bulbo de tensões (duas vezes a largura da sapata), em que se estima uma largura de sapata de 1 m e que deve ir de 1 m a 3 m de profundidade, conforme indicado na Fig. 5.4.

Sondagem a percussão (NBR 6484 – ABNT, 2020)

O ensaio de sondagem a percursão (*Standard Penetration Test* – SPT) consiste na cravação vertical, no solo, de um cilindro amostrador padrão por meio de golpes de um martelo com massa padronizada de 65 kg, solto em queda livre de uma altura de 75 cm. São anotados os números de golpes necessários para

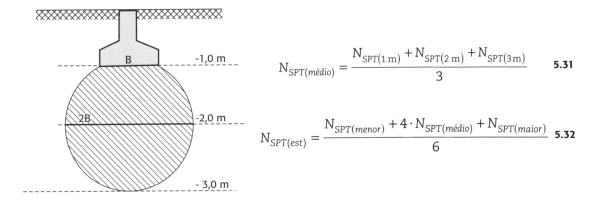

$$N_{SPT(médio)} = \frac{N_{SPT(1\,m)} + N_{SPT(2\,m)} + N_{SPT(3\,m)}}{3} \quad \text{5.31}$$

$$N_{SPT(est)} = \frac{N_{SPT(menor)} + 4 \cdot N_{SPT(médio)} + N_{SPT(maior)}}{6} \quad \text{5.32}$$

Fig. 5.4 *Bulbo de tensões*

a cravação do amostrador em três trechos consecutivos de 15 cm, levando em conta que o valor da resistência à penetração (N_{SPT}) consiste no número de golpes aplicados na cravação dos 30 cm finais. Após a realização de cada ensaio, o amostrador é retirado do furo e a amostra é coletada para posterior classificação do material, que geralmente é feita pelo método tátil-visual.

Exemplo 5.2 Determinação da tensão admissível

Para a sondagem da Fig. 5.5, calcular a tensão admissível do solo, onde a base da sapata está assentada a uma profundidade de 1,0 m do nível do terreno.

5.2.3 Métodos empíricos

São considerados métodos empíricos aqueles pelos quais se chega a uma tensão admissível com base na descrição do terreno (classificação e determinação da compacidade ou consistência por meio de investigações de campo e/ou laboratoriais).

Na Tab. 5.7 são apresentados valores de tensões básicas válidos para cargas verticais até 1.000 kN (100 tf).

5.3 Número mínimo de sondagem em um terreno de edifícios

O item 4.1 da NBR 8036 (ABNT, 1983) especifica que o número de sondagem e sua localização na obra dependem do tipo da estrutura, de suas características especiais e das condições geotécnicas do solo. É importante que esse número mínimo de furos seja suficiente para o reconhecimento do solo, destinado à elaboração de projetos geotécnicos. Esse item da norma abrange o número, a localização e a profundidade das sondagens.

5.3.1 Número de sondagens

Em qualquer circunstância, o número mínimo de sondagens deve ser:

- para área de projeção em planta do edifício de até 200 m², dois furos;
- para área entre 200 m² e 400 m², três furos;
- para área de 400 m² a 1.200 m², um furo a cada 200 m²;
- para área entre 1.200 m² e 2.400 m², um furo por 400 m²;
- para área acima de 2.400 m², o número de sondagens fica a critério do engenheiro responsável pelo projeto de fundações.

Recomenda-se ainda que, havendo disposição em planta da edificação, o número mínimo de sondagens deve ser tal que a distância máxima entre elas seja de 100 m, com um mínimo de três furos.

5.3.2 Profundidade das sondagens

A profundidade de uma sondagem deve ser explorada até o ponto em que o solo não seja mais significativamente solicitado pelas cargas da estrutura, fixando-se como critério aquela profundidade em que o acréscimo de pressão no solo, devido às cargas estruturais aplicadas, seja menor do que 10% da pressão geostática efetiva (NBR 8036 – ABNT, 1983, item 4.1.2.2).

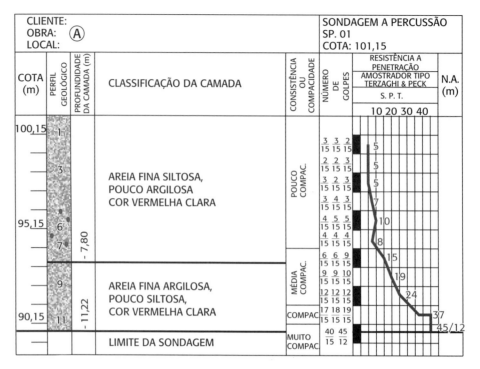

Fig. 5.5 *Sondagem a percussão*

Sondagem da Fig. 5.5A:

$$N_{SPT\,(base)} = 5$$
$$N_{SPT\,(médio)} = 5$$
$$N_{SPT\,(estatístico)} = 5$$

$$\overline{N}_{SPT} = 5$$

$$\sigma_{adm} = \frac{\overline{N}_{SPT}}{50} = \frac{5}{50} = 0{,}10 \text{ MPa}$$

Sondagem da Fig. 5.5B:

$$N_{SPT\,(base)} = 9$$
$$N_{SPT\,(médio)} = \frac{9+5+8}{3} = 7{,}33$$
$$N_{SPT\,(estatístico)} = \frac{5+4\times 7{,}33+9}{6} = 7{,}22$$

$$\overline{N}_{SPT} \text{ (o menor)}$$

$$\sigma_{adm} = \frac{\overline{N}_{SPT}}{50} = \frac{7{,}22}{50} = 0{,}144 \text{ MPa}$$

Tab. 5.7   Tensões básicas admissíveis (σ_{adm})

Classe	Descrição	Valores (MPa)
1	Rocha sã, maciça, sem laminação ou sinal de decomposição	3,0
2	Rocha laminada, com pequenas fissuras, estratificada	1,5
3	Rocha alterada ou em decomposição	(ver nota *e*)
4	Solo granular concrecionado (conglomerado)	1,0
5	Solo pedregulhoso compacto ou muito compacto	0,6
6	Solo pedregulhoso fofo	0,3
7	Areia muito compacta ($N_{SPT} > 30$)	0,5
8	Areia compacta ($20 < N_{SPT} < 30$)	0,4
9	Areia medianamente compacta ($10 < N_{SPT} < 20$)	0,2
10	Argila dura ($20 < N_{SPT} < 30$)	0,3
11	Argila rija ($10 < N_{SPT} < 20$)	0,2
12	Argila média ($6 < N_{SPT} < 10$)	0,1
13	Solo siltoso muito compacto ou duro ($N_{SPT} > 30$)	0,3
14	Solo siltoso compacto ou rijo ($20 < N_{SPT} < 30$)	0,2
15	Solo siltoso medianamente compacto ou médio ($10 < N_{SPT} < 20$)	0,1

Notas:

a) Em geral, as areias e argilas são solos sedimentares, ao passo que os solos siltosos são residuais.

b) Para a aplicação da tabela, admite-se que as características do maciço não piorem com o aumento de profundidade.

c) Os valores da tabela já atendem aos estados-limites último e de serviço.

d) No caso de calcário ou qualquer outra rocha cáustica, devem ser feitos estudos especiais.

e) Para rochas alteradas ou em decomposição, devem ser levados em conta a natureza da rocha matriz e o grau de decomposição ou alteração.

f) Os valores apresentados na tabela são válidos para largura de fundação de 2,0 m. Devem ser corrigidos proporcionalmente à largura, limitando-se a pressão admissível a 2,5 vezes os valores da tabela para uma largura maior ou igual a 10 m.

g) Para solos das classes 10 a 15, os valores da tabela aplicam-se a elementos de fundação não maiores do que 10 m². Para áreas maiores, a tensão admissível deve ser reduzida: $\sigma_{adm} = \sigma_{tabela}\sqrt{10/A_{sap}}$.

Fonte: adaptado da Tabela 4 da NBR 6122 (ABNT, 1996).

De acordo com o item 5.2.4.2 da NBR 6484 (ABNT, 2020), na ausência do fornecimento do critério de paralisação, as sondagens devem avançar até que seja atingido um dos seguintes critérios:

a] avanço da sondagem até a profundidade na qual tenham sido obtidos 10 m de resultados consecutivos, indicando N iguais ou superiores a 25 golpes;

b] avanço da sondagem até a profundidade na qual tenham sido obtidos 8 m de resultados consecutivos, indicando N iguais ou superiores a 30 golpes;

c] avanço da sondagem até a profundidade na qual tenham sido obtidos 6 m de resultados consecutivos, indicando N iguais ou superiores a 35 golpes.

Observação: ao se atingir o nível d'água, interrompe-se a operação de perfuração, anota-se a profundidade e passa-se a observar a elevação do nível d'água no furo, efetuando leituras a cada 5 mm durante 30 minutos (NBR 9603 – ABNT, 2015b, item 5.3.2).

O critério de paralisação das sondagens é de responsabilidade técnica da contratante ou de seu preposto, e deve ser definido de acordo com as necessidades específicas do projeto (NBR 6484 – ABNT, 2020, item 5.2.4.1).

5.4 Interação solo-estrutura

Os elementos estruturais que interagem com o solo, transferindo-lhe as cargas das superestruturas, geralmente estão submetidos a cargas e tensões altas, enquanto o solo, por sua vez, possui baixa capacidade resistente.

Os elementos de fundação a serem abordados neste livro seguirão a estrutura apresentada no Quadro 5.1 e na Fig. 5.6.

Por muito tempo, consideraram-se os elementos de fundações indeslocáveis, sendo as superestruturas rotuladas ou engastadas nesses elementos.

De acordo com Souza e Reis (2008), a popularização do computador fez com que os métodos numéricos passassem a fazer parte dos cálculos estruturais. Assim, os processos simplistas de considerar o solo como elemento rígido (indeslocável) deram lugar a processos mais sofisticados por meio de cálculos por diferenças finitas, elementos finitos, entre outros.

Winkler (1867 apud Santos, 2008) propôs que a interação solo-estrutura (fundação) fosse constituída por uma série de molas independentes com comportamento elástico e linear, na qual a rigidez dessas molas caracterizaria uma constante de proporcionalidade entre a pressão aplicada (p) e o deslocamento do solo (δ_s), designada por coeficiente de reação, coeficiente elástico, entre outros.

As lajes ou vigas sobre apoios elásticos constituem, no limite, elementos contínuos sobre molas, sendo as distâncias entre elas são infinitamente pequenas.

Scarlat (1993 apud Souza; Reis, 2008) mostra que o modelo simplificado considerando o solo como uma série de molas discretas é uma alternativa eficiente na consideração da deformabilidade do solo.

Para muitos autores, o modelo de Winkler satisfaz as condições práticas e tem resultados satisfatórios em termos de recalques e esforços solicitantes para a análise de edifícios. Diante disso, não há necessidade de calcular utilizando o método dos elementos finitos ou o método dos elementos de contorno.

5.4.1 Equação da deformada do elemento estrutural em meio elástico baseada no modelo de Winkler

Hahn (1972) desenvolveu, para lajes e vigas sobre apoios elásticos, estudos para calcular os esforços

Quadro 5.1 Elementos de fundação

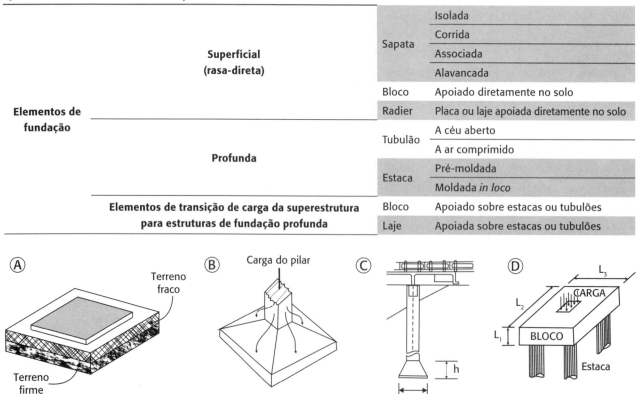

Fig. 5.6 *Elementos de fundação em concreto: (A) radier, (B) sapata isolada, (C) tubulão, (D) bloco apoiado em estacas*

internos e os deslocamentos nos elementos estruturais nos meios elásticos (Figs. 5.7 e 5.8).

Para o cálculo dos esforços nos elementos de fundações nesse contexto, supôs-se que as deformações que ocorrem na estrutura são iguais às deformações que se desenvolvem no solo em que está inserida (Fig. 5.9).

Existindo uma relação linear entre a deformação e a pressão do solo para qualquer ponto da viga, pode-se escrever a seguinte equação:

$$p_i = K_s \cdot y_i \qquad 5.33$$

em que K_s é a medida de rigidez elástica do solo.

Essa constante do solo recebeu o nome de *coeficiente elástico* e tem as dimensões de $[F]/[L]^3$, ou seja, unidade de força por unidade de comprimento ao cubo.

De um trecho elementar dx apresentado na Fig. 5.10, pode-se escrever as equações:

$$V - (V + dV) + p_{(i)} \cdot dx - p_{s(i)} \cdot dx = 0 \qquad 5.34$$

$$dV = \left(p_{s(i)} - p_{(i)}\right) dx \qquad 5.35$$

em que:

V é a cortante na seção elementar;
M é o momento fletor na seção elementar.

Sabendo-se que:

$$\frac{dV}{dx} = p_{s(x)} - p_{(x)} = K_s \cdot y_{(x)} - p_{(x)} \text{ e } \frac{dM}{dx} = V \qquad 5.36$$

$$\frac{d^2M}{d_x^2} = K_s \cdot y_{(x)} - p_{(x)} \qquad 5.37$$

em que:

$p_{(x)}$ é a equação da carga aplicada variável ao longo de x;
$p_{s(x)}$ é a equação da pressão ou reação do solo ao longo de x;
$y_{(x)}$ é a equação da deformação do solo ao longo de x.

Considerando válida a hipótese de pequenos deslocamentos, tem-se:

$$\frac{d^2y}{dx^2} = -\frac{M}{E \cdot I} \qquad 5.38$$

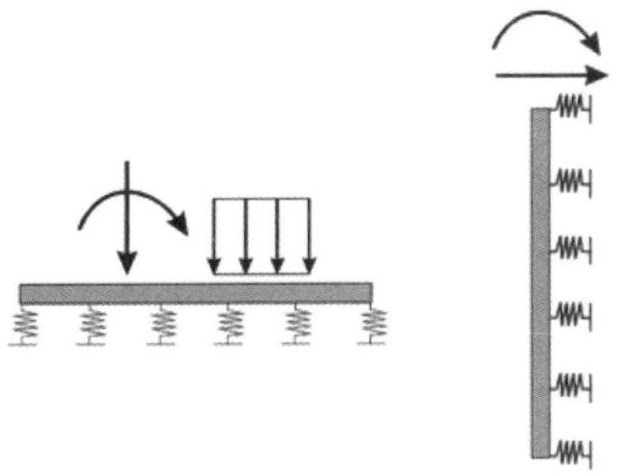

Fig. 5.7 *Meio elástico*

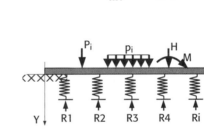

Fig. 5.8 *Efeito de molas*

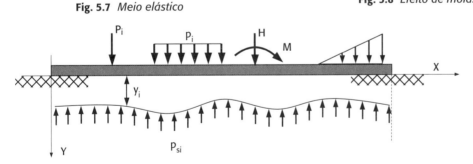

Fig. 5.9 *Deformação do solo*

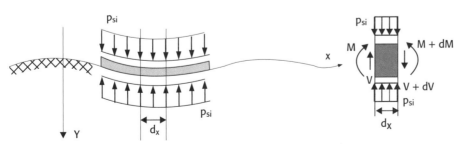

Fig. 5.10 *Elemento diferencial*

Logo:

$$\frac{d^4y}{dx^4} E \cdot I + K_s \cdot y = p_{(x)} \qquad \textbf{5.39}$$

A determinação do coeficiente elástico (K_s) do solo é uma questão de mecânica dos solos, mas também deve ser do conhecimento dos profissionais que trabalham com elementos estruturais de fundação em concreto.

Os ensaios efetuados têm demonstrado que o coeficiente K_s depende da rigidez do solo (módulo de elasticidade – E_s) e da forma da superfície de contato.

Considerando a largura da peça de concreto em contato com o solo igual a b, pode-se escrever que:

$$b(p_s - p_i) = b(p_s - K_s \cdot y) \qquad \textbf{5.40}$$

Dessa forma, a equação diferencial pode ser reescrita como:

$$\frac{d^4y}{dx^4} E \cdot I + b \cdot K_s \cdot y = b \cdot p_{(x)} \qquad \textbf{5.41}$$

Para vigas com cargas isoladas e tramos entre molas, em que $p_{(x)} = 0$, a Eq. 5.41 se simplifica, podendo ser reescrita como:

$$\frac{d^4y}{dx^4} E \cdot I + b \cdot K_s \cdot y = 0 \qquad \textbf{5.42}$$

Supondo que as vigas com $E \cdot I$ = constante e utilizando:

$$\frac{K_s \cdot b}{E \cdot I} = 4\left(\frac{L}{L_E}\right)^4 \therefore L_E = \sqrt[4]{\frac{4E \cdot I}{(b \cdot K_s)}} \therefore \lambda = \frac{L}{L_E} \quad \textbf{5.43}$$

em que:

L_E é o comprimento elástico ou comprimento característico;

λ é a rigidez relativa solo-elemento estrutural ou comprimento relativo equivalente;

L é o comprimento do elemento estrutural.

A equação diferencial toma a seguinte forma:

$$\frac{d^4y}{dx^4} + 4\lambda^4 \cdot y = 0 \qquad \textbf{5.44}$$

Resulta dessa integração a seguinte equação para a deformada da viga sobre apoio elástico:

$$\begin{aligned} y = C_1 \cdot e^x \cdot \cos\lambda x + C_2 \cdot e^{\lambda x} \cdot \mathrm{sen}\lambda x \\ + C_3 \cdot e^{-\lambda x} \cdot \cos\lambda x + C_4 \cdot e^{-\lambda x} \cdot \mathrm{sen}\lambda x \end{aligned} \qquad \textbf{5.45}$$

As constantes de integração C_1, C_2, C_3 e C_4 devem ser determinadas para cada caso particular de condições de contorno.

O problema está matematicamente resolvido, todavia, o que dificulta o processo para obter as respectivas constantes de integração são os diversos valores encontrados para os coeficientes elásticos dos solos, bem como a definição das condições de contorno.

Coeficiente elástico do solo

O coeficiente elástico vertical do solo foi por muito tempo tomado como um valor empírico. Hahn (1972) destaca esses valores apresentados na 4ª edição de seu *Manual das construções de concreto armado* (*Handbuch für Eisenbetonbau*, 1908), que se encontram na Tab. 5.8.

Posteriormente, com base em cálculos mais refinados desenvolvidos por Beer (1965 apud Hann, 1972), observou-se que o valor de K_s sofre influência de modo acentuado do módulo de rigidez do solo (E_{solo}), bem como da forma da superfície concretada. Assim, estabeleceram-se as seguintes equações válidas para solos em que E_{solo} permaneça constante ao variar a profundidade:

⊕ Elemento estrutural circular:

$$K_s = 1{,}39 \frac{E_{solo}}{A_c} \qquad \textbf{5.46}$$

⊕ Elemento estrutural circular com rigidez infinitamente grande:

Tab. 5.8 Coeficiente elástico do solo (K_s)

Tipo de solo	K_s (kg/cm³)	K_s (kN/m³)
Argila arenosa úmida	2 a 3	20.000 a 30.000
Argila arenosa seca	6 a 8	60.000 a 80.000
Cascalho arenoso fino	8 a 10	80.000 a 100.000
Cascalho arenoso grosso	15 a 20	150.000 a 200.000

$$K_s = 1,50 \frac{E_{solo}}{A_c} \qquad \textbf{5.47}$$

⊕ Elemento estrutural retangular ($L > b$) com rigidez suficiente para determinar uma distribuição uniforme de pressão:

$$K_s = 1,33 \frac{E_{solo}}{\sqrt[3]{b^2 \cdot L}} \qquad \textbf{5.48}$$

⊕ Dimitrov (1955 apud Hahn, 1972) recomenda a equação a seguir:

$$K_s = \frac{\kappa \cdot E_{solo}}{\left(1 - v^2\right) b} \qquad \textbf{5.49}$$

em que:

v é o coeficiente de Poisson (coeficiente de dilatação transversal), igual a 0,125 a 0,5 para solos arenosos e 0,20 a 0,40 para solos argilosos;

κ é um coeficiente de forma e depende da relação L/b (comprimento e largura do elemento), conforme apresentado na Tab. 5.9.

Tab. 5.9 Coeficiente de forma para cálculo do coeficiente elástico

L/b	1,0	1,5	2,0	3,0	5,0	10	20	30	50
κ	1,05	0,87	0,78	0,66	0,54	0,45	0,39	0,33	0,30

Dimitrov (1974) sugere a utilização de um coeficiente elástico médio constante ao longo de todo contato entre o elemento estrutural e o solo, mas recomenda que, quando a carga estiver aplicada na extremidade do elemento estrutural, se tome para o coeficiente elástico o dobro do valor médio.

Para o módulo de elasticidade do solo, Kögler (1938 apud Hahn, 1972) recomenda os valores da Tab. 5.10.

Tab. 5.10 Módulo de elasticidade do solo em kg/cm²

Solo arenoso muito compacto	1.000 a 2.000
Areia compacta	500 a 800
Areia solta	100 a 200
Argila semidura	80 a 150
Argila plástica	30 a 40
Argila média	15 a 40
Lodo argiloso	5 a 30
Turfa	1 a 5

Fonte: Kögler (1938 apud Hahn, 1972).

Para o cálculo das estruturas (estacas, estacas pranchas ou tubulões) cravadas ou fixadas em meios elásticos (solos), o conhecimento do coeficiente de reação do solo para deslocamentos horizontais se faz necessário.

Segundo Sherif (1974), o coeficiente de reação do solo (ou coeficiente elástico do solo) na direção vertical não pode ser usado na direção horizontal, visto que as condições de deformações do solo nos dois casos não são idênticas.

Nas Tabs. 5.11 e 5.12, são apresentados valores para o coeficiente de proporcionalidade fornecidos por Tietz (1976). A Tab. 5.13 mostra valores para o coeficiente elástico do solo fornecidos por Sturzenegger (apud Klöckner; Schmidt, 1974).

5.4.2 Interação solo-elemento estrutural vertical

Os elementos estruturais verticais em meio elástico, no caso, o solo, submetidos a esforços horizontais e momentos têm comportamentos mais complexos do que as estacas ou tubulões submetidos a cargas axiais.

Tab. 5.11 Coeficiente de proporcionalidade para solos arenosos

Solos	Compacidade	Amostrador		Coeficiente de proporcionalidade
		SPT	Mohr	
		Número de golpes	Número de golpes	$m = \dfrac{K_{sL}}{L}$ (kN/m⁴)
Siltes (muito fina e fina)	Fofa	0-4	0-2	1.000-2.000
	Pouco compacta	5-10	3-5	2.000-4.000
Areia (média e grossa)	Compacidade média	10-30	6-12	4.000-6.000
	Compacta	30-50	12-24	6.000-10.000
Areias com pedregulho e arenosas	Muito compacta	> 50	> 24	10.000-20.000

Tab. 5.12 Coeficiente de proporcionalidade para solos argilosos

Solos	Consistência	SPT (número de golpes)	Mohr (número de golpes)	Coeficiente de proporcionalidade $m = \dfrac{K_{sL}}{L}$ (kN/m⁴)
Lodo, turfa etc.	Meio líquida	0	0	0-500
Argila	Muito mole	< 2	< 1	500-1.000
	Mole	2-4	2-3	1.000-2.000
	Média	4-8	3-6	2.000-4.000
	Rija	8-15	6-10	4.000-6.000
	Muito rija	15-30	10-12	6.000-8.000
	Dura	> 30	> 12	8.000-10.000

Tab. 5.13 Coeficiente elástico do solo (K_s)

Tipo de solo	(kg/cm³)	· 10³ (kN/m³)
Humus	1,0-2,0	1,0-2,0
Turfa leve (muito mole)	0,5-1,0	0,5-1,0
Turfa (mole)	1,0-1,5	1,0-1,5
Solo argiloso	2,0-3,0	2,0-3,0
Solo argiloso (úmido)	4,0-5,0	4,0-5,0
Solo argiloso (seco)	6,0-8,0	6,0-8,0
Solo argiloso (seco e duro)	10,0	10,0
Solo arenoso	1,0-1,5	1,0-1,5
Solo fortemente arenosos	8,0-10,0	8,0-10,0
Solo arenoso (grosso)	12,0-15,0	12,0-15,0
Solo arenoso (médio)	20,0-25,0	20,0-25,0

Fonte: Sturzenegger (apud Klöckner; Schmidt, 1974).

Dois parâmetros básicos são analisados nesse contexto: a deformação do elemento e a reação do solo. Quanto à deformação do elemento estrutural vertical, podem-se considerar duas hipóteses:

+ *Elemento estrutural rígido*: quando a rigidez do elemento estrutural predomina em relação à rigidez do conjunto estrutura-solo. Caso de estacas de grande diâmetro e curtas ou tubulões curtos.

+ *Elemento estrutural deformável*: quando a influência das deformações e as reações do solo são significativas. Caso de estacas de diâmetros usuais, bem como de tubulões de maior profundidade.

De acordo com Vesic (1961 apud Santos, 1993), o elemento estrutural é rígido quando $\lambda L \leq 0,8$ ($\cong 1,0$), semiflexível quando $0,8$ ($\cong 1,0$) $< \lambda L < 3,0$, e flexível quando $\geq 3,0$, sendo λ igual a L/LE, L o comprimento total do elemento estrutural (tubulão ou estaca) e LE o comprimento elástico.

As grandes dificuldades ao calcular os esforços no elemento estrutural vertical ao longo do seu comprimento são o cálculo da reação do solo no elemento estrutural e a interação adequada solo-elemento estrutural.

Esses elementos sobre trecho elástico podem ser analisados como o caso limite de uma viga contínua sobre apoios elásticos, quando a distância entre os apoios é infinitamente pequena (Hahn, 1972), segundo modelo proposto por Winkler (1867 apud Santos, 2008).

Paramento vertical em meios elásticos submetidos a esforços horizontais e momentos

Adaptando o conceito apresentado no item 5.4.1 para um paramento vertical, conforme a Fig. 5.11, as equações são as mesmas desenvolvidas anteriormente, somente com a modificação das direções dos eixos:

$$\frac{d^4y}{dx^4} + 4\lambda^4 \cdot y = 0 \qquad 5.50$$

$$\begin{aligned}y &= C_1 \cdot e^{\lambda x} \cdot \cos\lambda x + C_2 \cdot e^{\lambda x} \cdot \operatorname{sen}\lambda x \\ &+ C_3 \cdot e^{-\lambda x} \cdot \cos\lambda x + C_4 \cdot e^{-\lambda x} \cdot \operatorname{sen}\lambda x\end{aligned} \qquad 5.51$$

$$\begin{aligned}y &= e^{\lambda x}\left(C_1 \cdot \cos\lambda x + C_2 \cdot \operatorname{sen}\lambda x\right) \\ &+ e^{-\lambda x}\left(C_3 \cdot \cos\lambda x + C_4 \cdot \operatorname{sen}\lambda x\right)\end{aligned} \qquad 5.52$$

Quando o elemento estrutural desloca-se horizontalmente dentro do solo, exerce sobre a superfície do fuste uma pressão variável com a profundidade e o solo reage na mesma proporção. Essa reação do solo, também denominada *coeficiente de reação* ou ainda *coeficiente elástico do solo*, pode ser calculada ao longo do paramento (Fig. 5.12).

$$K_{s(x)} = K_{sL}\frac{x}{L} = mx; \text{ sendo } m = \frac{K_{sL}}{L}\left(\text{kN}/\text{m}^4\right) \qquad 5.53$$

em que:
m (kN/m⁴) é o coeficiente de proporcionalidade que caracteriza a variação do coeficiente $K_{s(x)}$ em relação à qualidade do solo nas diferentes camadas (Tabs. 5.11 e 5.12);
x é a profundidade das respectivas camadas do solo consideradas com base na superfície do solo ou no nível da base do bloco sobre o topo dos tubulões.

Segundo Tietz (1976), na prática não é exigida grande exatidão na escolha do coeficiente m (Fig. 5.13), visto que ele tem pouca influência sobre os esforços internos sob ação das reações dos solos e seus erros não ultrapassam 15%.

Comumente, para o cálculo da reação do solo, tem-se adotado um solo homogêneo ao longo de toda profundidade, o que nem sempre acontece. No caso da existência de camadas diferentes, o coeficiente m pode ser transformado em um valor constante utilizando o critério que segue, desenvolvido por Tietz (1976). Existindo duas ou mais camadas diferentes na profundidade h_m, o coeficiente reduzido, visto que m diminui linearmente com a profundidade, pode ser homogeneizado e calculado da seguinte maneira:

$$m = \frac{\sum m_i \cdot A_i}{\sum A_i} \qquad 5.54$$

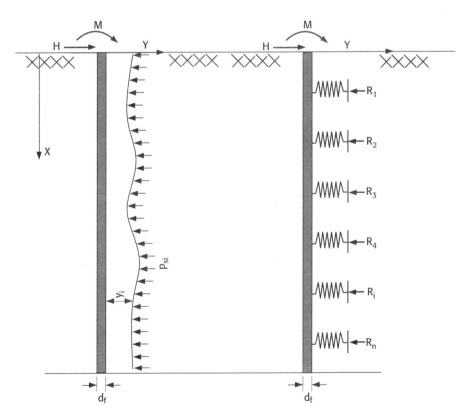

Fig. 5.11 *Elemento estrutural (tubulão/estaca) em meio elástico*

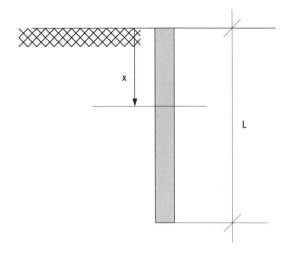

Fig. 5.12 *Variação de x ao longo do elemento estrutural (L)*

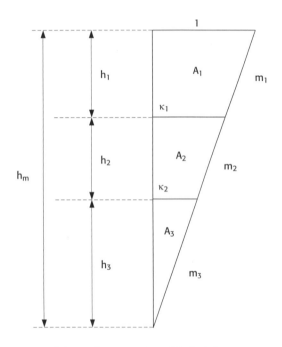

Fig. 5.13 *Coeficiente de proporcionalidade (m)*

Ainda segundo Tietz (1976), as camadas abaixo do nível da superfície do solo exercem maior influência no comportamento do elemento estrutural vertical submetido a forças horizontais. Recomenda-se, ao calcular o coeficiente *m* reduzido, considerar somente os valores correspondentes às camadas localizadas em uma espessura de profundidade limitada, calculada pela expressão empírica:

$$h_m = 2(d_f + 1) \qquad 5.55$$

em que d_f é o diâmetro do fuste do tubulão ou estaca, em metros.

Se, ao longo da espessura h_m do solo, existirem três camadas com coeficientes de proporcionalidade diferentes e correspondentes a m_1, m_2 e m_3, com espessuras h_1, h_2 e h_3, respectivamente, e h_m for $h_1 + h_2 + h_3$, as respectivas áreas podem ser calculadas da seguinte forma:

$$\kappa_1 = \frac{h_2 + h_3}{h_m}; \kappa_2 = \frac{h_3}{h_m} \qquad 5.56$$

$$A_1 = \frac{h_1}{2}(1 + \kappa_1) = \frac{h_1}{2h_m}(h_1 + 2h_2 + 2h_3) \qquad 5.57$$

$$A_2 = \frac{h_2}{2}(\kappa_1 + \kappa_2) = \frac{h_2}{2h_m}(h_2 + 2h_3) \qquad 5.58$$

$$A_3 = \frac{h_3}{2}\kappa_2 = \frac{h_3^2}{2h_m} \qquad 5.59$$

$$A = A_1 + A_2 + A_3 = \frac{h_m}{2} \qquad 5.60$$

Consequentemente, para as três camadas, o valor do coeficiente será único e homogeneizado:

$$m = \frac{m_1 \cdot h_1 \left[h_1 + 2(h_2 + h_3) + m_2 \cdot h_2(h_2 + 2h_3) + m_3 \cdot h_3^2 \right]}{h_m^2} \qquad 5.61$$

Para o caso de existirem somente duas camadas contidas na espessura h_m, h_3 será igual a zero e *m* será calculado por:

$$m = \frac{m_1 \cdot h_1(h_1 + 2h_2) + m_2 \cdot h_2^2}{h_m^2} \qquad 5.62$$

Esforços solicitantes no elemento estrutural, ao longo de seu comprimento, em meio elástico

Considerações sobre a hipótese de viga sobre apoio elástico aplicada para estacas ou tubulões imersos em solo:

- dentro dos limites de utilização, é razoável admitir para o solo um comportamento elástico ($\sigma \propto \varepsilon$);
- os esforços nos elementos estruturais são pouco sensíveis a uma variação da característica do solo, uma vez que o coeficiente do solo é função de uma raiz quarta;
- é importante lembrar que a deformação do elemento estrutural é sensível aos parâmetros do solo.

Modelo desenvolvido por Titze (1970)

Embora as variações da deformada, da pressão lateral, da cortante e do momento fletor ao longo do comprimento do elemento estrutural, representados na Fig. 5.14, decorram de um coeficiente elástico genérico ($K_{s(x)}$), Titze (1970) desenvolveu seu trabalho basicamente para três tipos de coeficiente de reação do solo ou coeficiente elástico do solo (K_s) e para dois casos de elementos estruturais, os rígidos e os flexíveis.

Pode-se considerar o coeficiente elástico do solo ($K_{s(x)}$) constante ao longo da profundidade, no caso de argilas; parabólico, para solos argilosos (ou arenosos); e linear ao longo da profundidade, no caso de areias (Fig. 5.15).

Elemento estrutural vertical rígido

Primeiramente, Titze (1970) estudou as equações para o cálculo dos esforços internos, considerando uma estaca rígida e o coeficiente de reação do solo como uma parábola (Fig. 5.16). Esse estudo serviu de base para a análise de estacas elástico-flexíveis.

Coeficiente de reação do solo parabólico:

$$K_{s(x)} = K_{sL}\sqrt{x/L} = K_{sL}\left(x/L\right)^{1/2} \quad \text{5.63}$$

Partindo da equação dada, para pressão do solo tem-se:

$$p(x) = K_{s(x)} \cdot y = K_{sL}\sqrt{x/L} \cdot y \quad \text{5.64}$$

E utilizando:

$$r = \frac{t_0}{L}; t_0 = r \cdot L; t_L = L - t_0 = L(1-r);$$
$$e\ y = \frac{\delta_0}{t_0}(t_0 - x) \quad \text{5.65}$$

Considerando que t_0 é o ponto no qual a pressão é nula, tem-se:

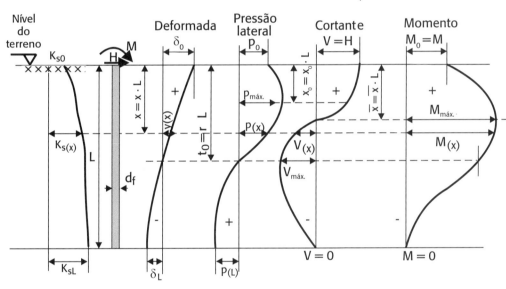

Fig. 5.14 Deformada, pressão lateral e esforços internos (V, M) em razão do coeficiente elástico genérico

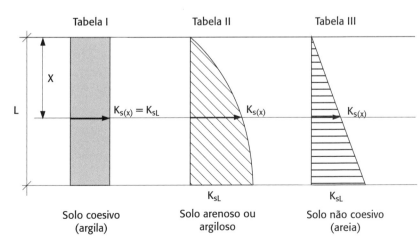

Fig. 5.15 Variação do coeficiente elástico do solo. K_{sL} é o coeficiente de reação do solo (coeficiente elástico do solo) na base do elemento estrutural

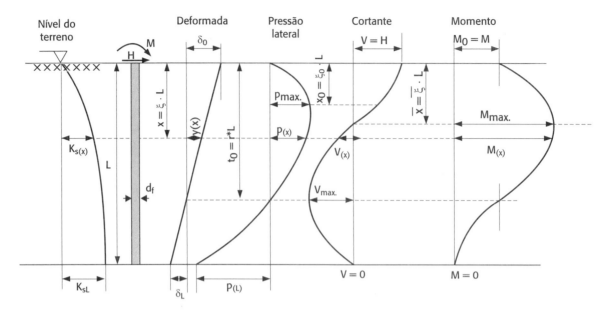

Fig. 5.16 *Comportamento da estaca rígida e coeficiente de reação do solo parabólico*

$$p(x) = K_{s(x)} \cdot y = K_{sL}\sqrt{x/L} \cdot \frac{S_0}{t_0}(t_0 - x)$$
$$= K_{sL}\frac{S_0}{\sqrt[2]{r^2 L^3}}\left(t_0 x^{1/2} - x^{3/2}\right) \quad 5.66$$

em que D_0 e D_L são a soma das pressões laterais ao longo de 0 até t_0 e de t_0 até L, respectivamente. Assim:

$$D_0 = \int_0^{t_0} d_f \cdot p(x) \cdot dx = \int_0^{t_0} d_f \cdot K_{sL}\frac{S_0}{r \cdot L^{3/2}}\left(t_0 x^{1/2} - x^{3/2}\right)dx \quad 5.67$$

$$D_0 = -\frac{1}{15}d_f \cdot K_{sL} \cdot L \cdot S_0 \cdot 4r^{3/2} \quad 5.68$$

$$D_L = \int_0^L d_f \cdot p(x) \cdot dx$$
$$= \int_{t_0}^L d_f \cdot K_{sL}\frac{S_0}{r \cdot L^{3/2}}\left(t_0 x^{1/2} - x^{3/2}\right)dx \quad 5.69$$

$$D_0 = +\frac{1}{15}d_f \cdot K_{sL} \cdot L \cdot S_0 \frac{4r^{5/2} - 10r + 6}{r} \quad 5.70$$

em que S_0 é o momento estático da pressão lateral em relação ao eixo do elemento estrutural. Logo:

$$S_0 = \int_0^{t_0} d_f \cdot p(x) \cdot x \cdot dx$$
$$= \int_0^{t_0} d_f \cdot K_{sL}\frac{S_0}{r \cdot L^{3/2}}\left(t_0 x^{1/2} - x^{3/2}\right)dx \quad 5.71$$

$$S_0 = -\frac{1}{15}d_f \cdot K_{sL} \cdot L^2 \cdot S_0 \cdot 4r^{5/2} \quad 5.72$$

$$S_L = \int_{t_0}^L d_f \cdot K_{sL}\frac{S_0}{r \cdot L^{3/2}}\left(t_0 x^{1/2} - x^{3/2}\right)dx$$
$$= \frac{1}{35} \cdot d_f \cdot K_{sL} \cdot L^2 \cdot S_0 \frac{4r^{7/2} - 14r + 10}{r} \quad 5.73$$

Para a condição de equilíbrio estático, tem-se que $S_0 + S_L = 0$. Assim:

$$-\frac{1}{35}d_f \cdot K_{sL} \cdot L^2 \cdot S_0\left(4r^{5/2} - \frac{4r^{7/2} - 14r + 10}{r}\right) = 0 \quad 5.74$$

A conclusão é de que:

$$r = \frac{5}{7} \text{ e } t_0 = \frac{5}{7}L \quad 5.75$$

Sabendo que:

$$\sum F_h = 0 \text{ e } H + D_0 + D_L = 0 \quad 5.76$$

Pode-se escrever:

$$H - \frac{1}{15}d_f \cdot K_{sL} \cdot L \cdot S_0\left(4r^{3/2} - \frac{4r^{5/2} - 10r + 6}{r}\right) = 0 \quad 5.77$$

Fazendo:

$$r = \frac{5}{7} \text{ e } t_0 = \frac{5}{7}L$$

Substituindo os valores acima em $p(x)$, a equação fica com a seguinte forma:

$$p(x) = K_{s(x)} \cdot y = K_{sL} \sqrt{x/L} \cdot \frac{S_0}{t_0}(t_0 - x)$$

$$= K_{sL} \frac{x^{1/2}}{L^{1/2}} \cdot \frac{75}{8} \cdot \frac{H}{d_f \cdot K_{sL} \cdot L} \cdot \frac{7}{5L}\left(\frac{5}{7}L - x\right) \qquad \textbf{5.78}$$

$$p(x) = \frac{15}{8} \frac{H}{d_f \cdot L}\left(\frac{x}{L}\right)^{1/2}\left(5 - 7\frac{x}{L}\right) \qquad \textbf{5.79}$$

Adotando: $\xi = \dfrac{x}{L}$ e $p(x) = \beta \dfrac{H}{d_f \cdot L}$, tem-se:

$$\beta = -3,75\xi^{1/2}(2,5 - 3,5\xi) \qquad \textbf{5.80}$$

De forma semelhante, foram desenvolvidas as equações para obter os valores de $V_{(x)}$ e $M_{(x)}$ considerando o coeficiente de reação do solo parabólico. Tais valores estão apresentados nas Tabs. 5.14 e 5.15, e nas tabelas de equações gerais para os três casos de coeficiente elástico do solo disponíveis no Anexo A11. Os valores de deslocamentos, pressão lateral e

Tab. 5.14 Valores das deformações, pressões e esforços solicitantes em elementos estruturais rígidos, pela aplicação de força horizontal no topo para K_s parabólico

$\xi = X/L$	Deformação $\delta_{(x)}$	Pressão lateral $P_{(x)} = \beta \cdot H/(d_f \cdot L)$ $\beta = -3,75\xi^{1/2}(2,5 - 3,5\xi)$	Cortante $V_{(x)} = \gamma \cdot H$ $\gamma = 1 - \xi^{3/2}(6,25 - 5,25\xi)$	Momento $M_{(x)} = \alpha \cdot H \cdot L$ $\alpha = \xi[1 - \xi^{3/2}(2,5 - 1,5\xi)]$
0,0	75/8 = 9,375	0,000	1,000	0,000
0,1		−2,550	0,819	0,093
0,2		−3,019	0,535	0,161
0,2381		$\beta_{máx} = -3,050$	0,419	0,179
0,3	Variação linear	−2,978	0,232	0,199
0,3812		−2,699	0,000	$\alpha_{máx} = 0,208$
0,4		−2,609	−0,050	0,208
0,5		−1,989	−0,282	0,191
0,6		−1,162	−0,441	0,154
0,7		−0,157	−0,508	0,106
0,8		1,006	−0,467	0,056
0,9		2,312	−0,302	0,016
1,0	30/8 = 3,75	3,750	0,000	0,000

Tab. 5.15 Valores das deformações, pressões e esforços solicitantes em elementos estruturais rígidos, pela aplicação do momento no topo para K_s parabólico

$\xi = X/L$	Deformação $\delta_{(x)}$	Pressão lateral: $P_{(x)} = \beta \cdot H/(d_f \cdot L^2)$ $\beta = -8,75\xi^{1/2}(1,5 - 2,5\xi)$	Cortante: $V_{(x)} = \gamma \cdot M/L$ $\gamma = -8,75\xi^{3/2}(1 - \xi)$	Momento: $M_{(x)} = \alpha \cdot H \cdot M$ $\alpha = 1 - \xi^{5/2}(3,5 - 2,5\xi)$
0,0	105/8 = 13,12	0,000	0,000	$\alpha_{máx} = 1,000$
0,1		−3,459	−0,249	0,990
0,2		$\beta_{máx} = -3,913$	−0,626	0,946
0,3		−3,594	−1,006	0,864
0,4	Variação linear	−2,767	−1,328	0,747
0,5		−1,547	−1,547	0,602
0,6		0,000	−1,627	0,442
0,7		1,830	−1,537	0,283
0,8		3,913	−1,252	0,141
0,9		6,226	−0,747	0,039
1,0	70/8 = 8,75	8,750	0,000	0,000

5 Fundações: solo e elemento estrutural

momentos fletores estão representados nos gráficos das Figs. 5.17 e 5.18.

Nos gráficos da Fig. 5.18 são apresentados os valores máximos para a pressão de contato e momento levando em conta os três casos de variação do coeficiente elástico do solo (K_s): constante, parabólico e linear. Ver valores nos Anexos A12 e A13.

As equações para $p_{(x)}$, $V_{(x)}$ e $M_{(x)}$ considerando os demais casos de coeficiente de reação do solo (constante e linear) são apresentadas no Anexo A11.

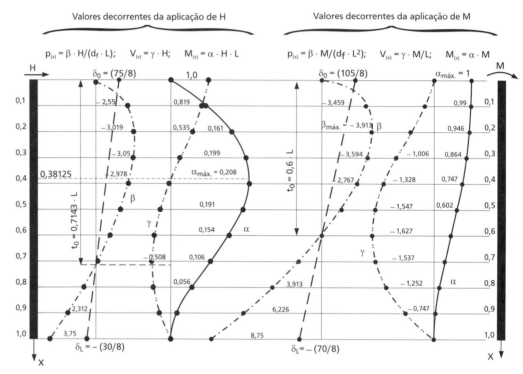

Fig. 5.17 *Valores de δ, β, γ e α para K_s parabólico correspondentes às Tabs. 5.14 e 5.15*

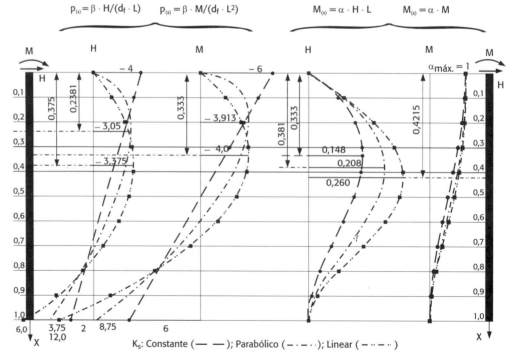

Fig. 5.18 *Pressão de contato e momento, ao longo do elemento estrutural, para os três casos de coeficiente elástico*

Elemento estrutural elástico (flexível)

Por conta dos efeitos da pressão de contato e da resistência do solo, os esforços pontuais (força horizontal) e a rotação (pela aplicação de momento) desenvolvem, como consequência, um movimento lateral no elemento estrutural.

A solução da equação diferencial com o coeficiente de reação do solo já é conhecida amplamente, principalmente para o coeficiente elástico do solo com variação linear, tendo sido essa equação desenvolvida por Hayashi (1925 apud Titze, 1970). Hetenyi (1946) desenvolveu as soluções analíticas para várias hipóteses de carregamento e de condições de contorno, mas somente para o caso particular de coeficiente elástico do solo constante.

Titze (1970) propôs o estudo de casos considerando o coeficiente elástico constante e linear como também uma derivação do parabólico.

⊕ Considerando o coeficiente de reação do solo como parabólico

Partindo das mesmas equações desenvolvidas para elementos rígidos, tem-se:

$$p_{(x)} = K_{s(x)} \cdot y = K_{sL}\sqrt{\frac{x}{L}}\,y = \frac{K_{sL}}{L^{\frac{1}{2}}}\,x^{\frac{1}{2}} \cdot y \qquad \textbf{5.81}$$

$$V_{(x)} = H - \int_0^x d_f \cdot p_{(x)} \cdot dx = H - d_f\frac{K_{sL}}{L^{\frac{1}{2}}}\int_0^x x^{\frac{1}{2}} \cdot y \cdot dx \qquad \textbf{5.82}$$

Derivando a cortante em relação a x, tem-se:

$$dV_{(x)} = -d_f\frac{K_{sL}}{L^{\frac{1}{2}}}\,x^{\frac{1}{2}} \cdot y \cdot dx \therefore \frac{dV_{(x)}}{dx} = -d_f\frac{K_{sL}}{L^{\frac{1}{2}}} \cdot x^{\frac{1}{2}} \cdot y \quad \textbf{5.83}$$

Sabendo que:

$$V_{(x)} = \frac{dM_{(x)}}{dx} \therefore \frac{dV_{(x)}}{dx} = \frac{dM_{(x)}}{dx^2} \therefore \frac{d^2y}{dx^2} = \frac{M_{(x)}}{E \cdot I} \qquad \textbf{5.84}$$

Então:

$$\frac{dV_{(x)}}{dx} = \frac{dM_{(x)}}{dx^2} = E \cdot I\frac{d^4y}{dx^4} \qquad \textbf{5.85}$$

Consequentemente, a equação diferencial de 4ª ordem pode ser escrita como:

$$\frac{d^4y}{dx^4} + \frac{d_f \cdot K_{sL}}{E \cdot I \cdot L^{\frac{1}{2}}} \cdot x^{\frac{1}{2}} \cdot y = 0 \qquad \textbf{5.86}$$

O comprimento elástico ou comprimento característico do elemento estrutural (L_E) será definido em função das seguintes características desse elemento: módulo de elasticidade (E), momento de inércia (I), diâmetro (d), comprimento (L) e constante elástica do solo (K_{sL}), sendo escrito conforme o Quadro 5.2.

Define-se a variável ξ, como:

$$\xi = \frac{x^{\frac{1}{2}}}{L_{E2}^{\frac{1}{2}}} = \sqrt{\frac{x}{L_{E2}}}\,;\, K_{sx} = K_{sL}\frac{x^{\frac{1}{2}}}{L_{E2}^{\frac{1}{2}}}\left(\text{caso parabólico}\right) \quad \textbf{5.90}$$

Substituindo essa variável na equação da linha elástica, Titze (1970) desenvolveu a seguinte equação:

$$\xi^4\frac{d^4y}{d\xi^4} - 6\xi^3\frac{d^3y}{d\xi^3} + 15\xi^2\frac{d^2y}{d\xi^2}$$
$$-15\xi\frac{dy}{d\xi} + \xi^2 y = 0 \qquad \textbf{5.91}$$

A equação da deformada toma, então, a subsequente forma:

$$y = Y(\xi) = A_1 \cdot X_1 + A_2 \cdot X_2 + A_3 \cdot X_3 + A_4 \cdot X_4$$
$$= \sum_{i=1}^{i=4} A_i \cdot X_i \qquad \textbf{5.92}$$

Titze (1970) propôs as seguintes raízes para a equação:

Podendo escrever as derivadas de $Y(\xi)$:

Quadro 5.2 Comprimento elástico em função do coeficiente elástico do solo

K_{sL} = constante	K_{sL} = parabólico	K_{sL} = linear
$L_{E1} = \sqrt[4]{\dfrac{4E \cdot I}{d_f \cdot K_{sL}}}$	$L_{E2} = \sqrt[4,5]{\dfrac{E \cdot I \cdot L^{\frac{1}{2}}}{16 d_f \cdot K_{sL}}}$	$L_{E3} = \sqrt[5]{\dfrac{E \cdot I \cdot L}{d_f \cdot K_{sL}}}$
Eq. 5.87	**Eq. 5.88**	**Eq. 5.89**

Fonte: Titze (1970).

$$X_1 = \xi^0 \left(1 - \frac{\xi^9}{9 \times 7 \times 5 \times 3} + \frac{\xi^{18}}{18 \times 16 \times 14 \times 12 \times 9 \times 7 \times 5 \times 3} - \frac{\xi^{27}}{27..21 \times 18..12 \times 9..3} + ...\right)$$

$$X_2 = \xi^2 \left(1 - \frac{\xi^9}{11..5} + \frac{\xi^{18}}{20 \times 18 \times 16 \times 14 \times 11 \times 9 \times 7 \times 5} - \frac{\xi^{27}}{29..23 \times 20..14 \times 11..5} + ...\right)$$

$$X_3 = \xi^4 \left(1 - \frac{\xi^9}{13..7} + \frac{\xi^{18}}{22 \times 20 \times 18 \times 16 \times 13 \times 11 \times 9 \times 7} - \frac{\xi^{27}}{31..25 \times 22..16 \times 13..7} + ...\right)$$

$$X_4 = \xi^6 \left(1 - \frac{\xi^9}{15..9} + \frac{\xi^{18}}{24 \times 22 \times 20 \times 18 \times 15 \times 13 \times 11 \times 9} - \frac{\xi^{27}}{33..27 \times 24..18 \times 15..9} + ...\right)$$

5.93

$$\frac{dY(\xi)}{dX} = A_1 \cdot X_1^{(1)} + A_2 \cdot X_2^{(1)} + A_3 \cdot X_3^{(1)} + A_4 \cdot X_4^{(1)}$$

$$\frac{d^2Y(\xi)}{dX^2} = A_1 \cdot X_1^{(2)} + A_2 \cdot X_2^{(2)} + A_3 \cdot X_3^{(2)} + A_4 \cdot X_4^{(2)}$$

$$\frac{d^3Y(\xi)}{dX^3} = A_1 \cdot X_1^{(3)} + A_2 \cdot X_2^{(3)} + A_3 \cdot X_3^{(3)} + A_4 \cdot X_4^{(3)}$$

$$\frac{d^4Y(\xi)}{dX^4} = A_1 \cdot X_1^{(4)} + A_2 \cdot X_2^{(4)} + A_3 \cdot X_3^{(4)} + A_4 \cdot X_4^{(4)}$$

5.94

em que:

$$\frac{dX_1}{d\xi} = X_1^{(1)} = \left(0 - \frac{\xi^7}{7 \times 5 \times 3} + \frac{\xi^{16}}{16 \times 14 \times 12 \times 9 \times 7 \times 5 \times 3} + ...\right)$$

$$\frac{d^2X_1}{d\xi^2} = X_1^{(2)} = \left(0 - \frac{\xi^5}{5 \times 3} + \frac{\xi^{14}}{14 \times 12 \times 9 \times 7 \times 5 \times 3} + ...\right)$$

5.95

$$\frac{d^3X_1}{d\xi^3} = X_1^{(3)} = \left(0 - \frac{\xi^3}{3} + \frac{\xi^{12}}{12 \times 9 \times 7 \times 5 \times 3} + ...\right)$$

O mesmo procedimento foi adotado para as outras raízes, X_2, X_3 e X_4.

Diante disso, escrevem-se as equações de $y_{(x)}$, $\text{tg } \varphi_{(x)}$; $V_{(x)}$; $M_{(x)}$; e $p_{(x)}$.

$$y(x) = Y(\xi) = \sum_{i=1}^{i=4} A_i \cdot X_i$$

$$\text{tg } \varphi = \frac{1}{2L_E} Y_1(\xi) = \frac{1}{2L_E} \sum_{i=1}^{i=4} A_i \cdot X_i^{(1)}$$

$$M(x) = \frac{E \cdot I}{4L_E^2} Y_2(\xi) = \frac{E \cdot I}{4L_E^2} \sum_{i=1}^{i=4} A_i \cdot X_i^{(2)}$$

$$V(x) = \frac{E \cdot I}{8L_E^3} Y_3(\xi) = \frac{E \cdot I}{8L_E^3} \sum_{i=1}^{i=4} A_i \cdot X_i^{(3)}$$

$$p(x) = \frac{E \cdot I}{16\varnothing L_E^4} Y_4(\xi) = \frac{E \cdot I}{16\varnothing L_E^4} \sum_{i=1}^{i=4} A_i \cdot X_i^{(4)}$$

$$= -\frac{E \cdot I}{16\varnothing L_E^4} \sum_{i=1}^{i=4} A_i \cdot X_i = (-)K_{s(x)}y$$

5.96

Resultando, para as constantes de integração:

$$A_1 = \frac{L_E^2}{E \cdot I} \left(4M \frac{Z_{2,3}}{N} + 8H \cdot L_E \frac{Z_{2,4}}{N}\right)$$

$$A_2 = \frac{L_E^2}{E \cdot I} \left(4M \frac{Z_{3,1}}{N} + 8H \cdot L_E \frac{Z_{4,1}}{N}\right)$$

5.97

$$A_3 = \frac{L_E^2}{E \cdot I} 4M \ e \ A_4 = \frac{L_E^2}{E \cdot I} \cdot 8H \cdot L_E$$

Tomando para:

$$Z_{2,3} = \left(X_2^{(2)} \cdot X_3^{(3)} - X_3^{(2)} \cdot X_2^{(3)}\right) = -Z_{4,1}$$

$$Z_{2,4} = \left(X_2^{(2)} \cdot X_4^{(3)} - X_4^{(2)} \cdot X_2^{(3)}\right)$$

$$Z_{3,1} = \left(X_3^{(2)} \cdot X_1^{(3)} - X_1^{(2)} \cdot X_3^{(3)}\right)$$

$$Z_{4,1} = \left(X_4^{(2)} \cdot X_1^{(3)} - X_1^{(2)} \cdot X_4^{(3)}\right) = -Z_{2,3}$$

$$N = \left(X_1^{(2)} \cdot X_2^{(3)} - X_2^{(2)} \cdot X_1^{(3)}\right)$$

5.98

Considerando a dificuldade em trabalhar com os valores decorrentes da aplicação da ação horizontal

(H) e do momento fletor (M) simultaneamente, Titze (1970) desenvolveu o cálculo dos esforços para as ações H e M aplicados no topo de forma independente, superpondo seus efeitos com os valores finais.

⊕ Aplicação da força horizontal (H) e do momento fletor (M), no topo, separadamente

Com a aplicação separada da força horizontal (H) e do momento fletor (M) no topo do elemento estrutural, as equações para as constantes de integração, para a deformada ($y_{(x)}$), para a declividade ($tg\, \varphi_{(x)}$), para o momento ($M_{(x)}$), para a cortante ($V_{(x)}$) e para a pressão ($p_{(x)}$) podem ser escritas, considerando as variáveis de integração simplificadas, conforme o Quadro 5.3. O resumo das equações pode ser encontrado no Quadro 5.4.

Titze (1970) dividiu o elemento estrutural em 100 ou 10 (i) partes iguais e calculou os parâmetros da deformada (y_i), da declividade (tg φ_i), do momento (M_i), da cortante (V_i) e da pressão (p_i) da seguinte forma (Fig. 5.19):

Quadro 5.3 Resumo das constantes de integração

	Aplicação da força horizontal (*H*) no topo	Aplicação do momento (*M*) no topo	Eq.
Constantes de integração para $\xi = \lambda$	$\begin{cases} A_1 = \dfrac{8H \cdot L_E^3}{E \cdot I} \cdot \dfrac{Z_{2,4}}{N} \\ A_2 = \dfrac{L_E^2}{E \cdot I} \cdot 8H \cdot L_E \dfrac{Z_{4,1}}{N} \\ A_3 = 0 \text{ e } A_4 = \dfrac{L_E^2}{E \cdot I} \cdot 8H \cdot L_E \end{cases}$	$\begin{cases} A_1 = \dfrac{L_E^2}{E \cdot I} \cdot 4M \dfrac{Z_{2,3}}{N} \\ A_2 = \dfrac{L_E^2}{E \cdot I} \cdot 4M \dfrac{Z_{3,1}}{N} \\ A_3 = \dfrac{L_E^2}{E \cdot I} \cdot 4M \text{ e } A_4 = 0 \end{cases}$	5.99

Quadro 5.4 Resumo das equações

	Aplicação da força horizontal (*H*) no topo	Aplicação do momento (*M*) no topo	Eq.
y(x)	$\dfrac{8H \cdot L_E^3}{E \cdot I}\left(\dfrac{Z_{2,4}}{N}X_1^{(0)} + \dfrac{Z_{4,1}}{N}X_2^{(0)} + X_4^{(0)}\right)$	$\dfrac{4M \cdot L_E^2}{E \cdot I}\left(\dfrac{Z_{2,3}}{N}X_1^{(0)} + \dfrac{Z_{3,1}}{N}X_2^{(0)} + X_3^{(0)}\right)$	
tg φ(x)	$\dfrac{4H \cdot L_E^2}{E \cdot I}\left(\dfrac{Z_{2,4}}{N}X_1^{(1)} + \dfrac{Z_{4,1}}{N}X_2^{(1)} + X_4^{(1)}\right)$	$\dfrac{2M \cdot L_E}{E \cdot I}\left(\dfrac{Z_{2,3}}{N}X_1^{(1)} + \dfrac{Z_{3,1}}{N}X_2^{(1)} + X_3^{(1)}\right)$	
M(x)	$2H \cdot L_E\left(\dfrac{Z_{2,4}}{N}X_1^{(2)} + \dfrac{Z_{4,1}}{N}X_2^{(2)} + X_4^{(2)}\right)$	$M\left(\dfrac{Z_{2,3}}{N}X_1^{(2)} + \dfrac{Z_{3,1}}{N}X_2^{(2)} + X_3^{(2)}\right)$	5.100
V(x)	$H\left(\dfrac{Z_{2,4}}{N}X_1^{(3)} + \dfrac{Z_{4,1}}{N}X_2^{(3)} + X_4^{(3)}\right)$	$\dfrac{M}{2L_E}\left(\dfrac{Z_{2,3}}{N}X_1^{(3)} + \dfrac{Z_{3,1}}{N}X_2^{(3)} + X_3^{(3)}\right)$	
p(x)	$\dfrac{8H}{2d_f \cdot L_E}\left(\dfrac{Z_{2,4}}{N}X_1^{(4)} + \dfrac{Z_{4,1}}{N}X_2^{(4)} + X_4^{(4)}\right)$	$\dfrac{M}{4d_f \cdot L_E^2}\left(\dfrac{Z_{2,3}}{N}X_1^{(3)} + \dfrac{Z_{3,1}}{N}X_2^{(3)} + X_3^{(3)}\right)$	

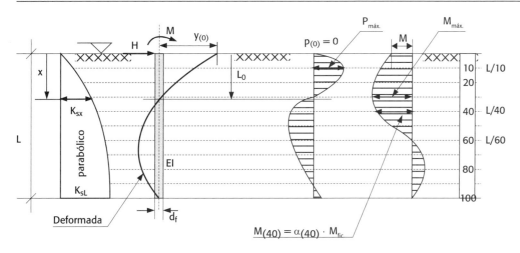

Fig. 5.19 *Parâmetros y(i), p(i) e M(i) a cada centésimo do vão*

$$\text{Momento}: M_i = \alpha_i \cdot M_{fic}$$

$$\text{Cortante}: V_i = \gamma_i \cdot V_{fic}$$

$$\text{Pressão no solo}: p_i = \beta_i \cdot p_{fic}$$

$$\text{Deformada}: \gamma_i = \delta_i \cdot \left(\frac{p_{fic}}{K_{sL}} \right)$$

$$\text{Deslocamento da cabeça do tubulão}: \gamma_0 = \delta_0 \cdot \left(\frac{p_{fic}}{(K_{sL} \cdot L)} \right) \qquad \text{5.101}$$

$$\text{Rotação na cabeça do tubulão}: \text{tg}\,\varphi_0 = \varphi \left(\frac{p_{fic}}{(K_{sL} \cdot L)} \right)$$

$$\text{Ângulo da tangente à curva de pressão em } x = 0: \text{tg}\,\psi_0 = \psi \cdot \left(\frac{p_{fic}}{L} \right)$$

em que α, β e γ são percentuais de M_{fic}, p_{fic} e V_{fic}, respectivamente, em cada parte do comprimento do elemento estrutural. Os valores fictícios são apresentados no Quadro 5.5.

Quadro 5.5 Solicitantes fictícios decorrentes da aplicação da força horizontal e do momento fletor no topo do elemento estrutural

	Atuando "H"	Atuando "M"	Eq.
M_{fic} (momento fictício)	$H \cdot L$	M	
p_{fic} (pressão fictícia)	$H/(d_f \cdot L)$	$M/(d_f \cdot L^2)$	5.102
V_{fic} (cortante fictícia)	H	M/L	

em que:
d_f é diâmetro do elemento estrutural (fuste do tubulão ou da estaca);
L é a profundidade do elemento estrutural;
H é a força horizontal aplicada no elemento estrutural;
M é o momento fletor aplicado no elemento estrutural.

Com esses parâmetros se pode montar as equações para α_i, β_i e γ_i (Quadro 5.6).

De forma semelhante a Titze (1970), com essas equações e os parâmetros apresentados anteriormente e em função de λ, desenvolveu-se a Tab. 5.16 (λ_2 e H no topo), elaborando-se em seguida o gráfico de α_i. De forma semelhante, fez-se o mesmo para os valores de β_i, tanto para H quanto para M aplicados no topo do elemento estrutural (Fig. 5.20).

Para utilizar os gráficos na determinação dos esforços solicitantes ao longo da profundidade, inicialmente se determina o coeficiente λ, no caso dos gráficos, λ_2.

$$\lambda_2 = \sqrt{\frac{L}{L_{E2}}} \text{ adimensional} \qquad \text{5.103}$$

Em seguida, determinam-se os percentuais de α_i e β_i em cada centésimo ou décimo do vão da profundidade, conforme o gráfico apresentado anteriormente. Exemplo: α_{64} corresponde ao percentual

Quadro 5.6 Equações de α_i, β_i e γ_i

	Aplicação da força horizontal "H" no topo	Aplicação do momento "M" no topo	Equação
α_i	$2\left(\dfrac{Z_{2,4}}{N} X_1^{(2)} + \dfrac{Z_{4,1}}{N} X_2^{(2)} + X_4^{(2)} \right)$	$\left(\dfrac{Z_{2,3}}{N} X_1^{(2)} + \dfrac{Z_{3,1}}{N} X_2^{(2)} + X_3^{(2)} \right)$	
β_i	$\dfrac{8}{2}\left(\dfrac{Z_{2,4}}{N} X_1^{(4)} + \dfrac{Z_{4,1}}{N} X_2^{(4)} + X_4^{(4)} \right)$	$\dfrac{1}{4}\left(\dfrac{Z_{2,3}}{N} X_1^{(3)} + \dfrac{Z_{3,1}}{N} X_2^{(3)} + X_3^{(3)} \right)$	5.104
γ_i	$\left(\dfrac{Z_{2,4}}{N} X_1^{(3)} + \dfrac{Z_{4,1}}{N} X_2^{(3)} + X_4^{(3)} \right)$	$\dfrac{1}{2}\left(\dfrac{Z_{2,3}}{N} X_1^{(3)} + \dfrac{Z_{3,1}}{N} X_2^{(3)} + X_3^{(3)} \right)$	

Tab. 5.16 Valores de α_i em percentagem de M_{fic} para aplicação de H no topo do elemento estrutural

	λ_2					
	0	1	2	3	4	5
α_1	1,00	1,00	1,00	0,90	0,76	0,76
α_4	3,92	3,92	3,84	3,93	3,38	3,03
α_9	8,42	8,42	8,42	7,68	6,29	4,57
α_{16}	13,68	13,68	13,68	11,52	7,03	3,03
α_{25}	18,36	18,36	18,17	13,03	5,06	0,62
α_{49}	19,45	19,45	18,71	8,03	-0,10	-0,22
α_{64}	13,66	13,66	13,05	3,53	-0,53	-0,22
$\alpha_{máx}$	20,99	20,99	20,43	12,99	7,03	4,59

do momento fictício na 64ª parte do comprimento L do elemento, portanto, $M_{64} = \alpha_{64}\% \cdot M_{fic}$.

Para a determinação dos esforços e deslocamentos totais no elemento estrutural pelos esforços H e M aplicados no topo do elemento estrutural, faz-se necessário superpor os efeitos decorrentes de cada solicitante, $H_{(x)}$ e $M_{(x)}$, encontrados separadamente (Fig. 5.21).

⊕ Considerando o coeficiente de reação do solo constante

Para o desenvolvimento das equações da deformada ($y_{(x)}$), da declividade ($\operatorname{tg}\varphi_{(x)}$), do momento ($M_{(x)}$), da cortante ($V_{(x)}$) e da pressão ($p_{(x)}$) foi utilizado o desenvolvimento matemático elaborado por Hayashi (apud Titze, 1970) e apresentado a seguir.

Partindo da mesma equação diferencial de 4ª ordem, tem-se:

$$\frac{d^4y}{dx^4} + \frac{d_f \cdot K_{sL}}{EI} y = 0 \qquad 5.105$$

Considerando, para o caso:

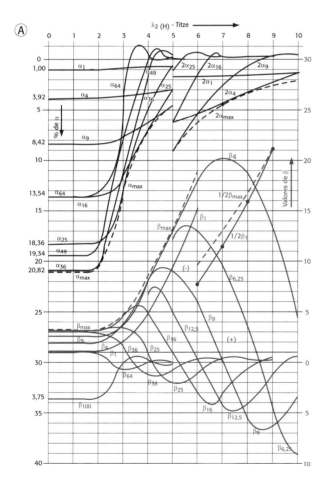
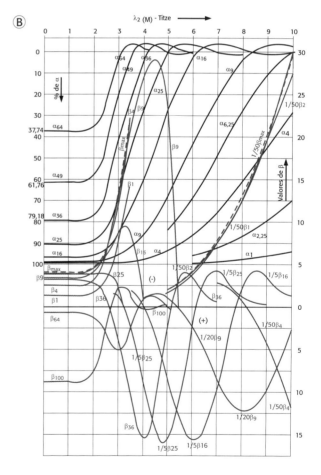

Fig. 5.20 Gráficos de α_i e β_i, em função de λ_2 (Titze), para aplicação de H (A) e M (B) no topo do elemento estrutural: coeficiente do solo parabólico

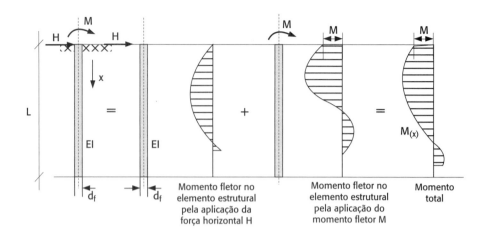

Fig. 5.21 *Superposição de efeitos*

$$\xi = \frac{x}{L_1} \quad \text{5.106}$$

$$L_{E1} = \sqrt[4]{\frac{4E \cdot I}{d_f \cdot K_{sL}}} \quad \text{5.107}$$

$$\lambda_1 = \frac{L}{L_1} \therefore L_{E1} = \frac{L}{\lambda_1}$$

Diante disso, a Eq. 5.105 pode ser reescrita da seguinte forma:

$$\frac{d^4 \cdot y}{d \cdot \xi^4} + 4y = 0 \quad \text{5.108}$$

Toma-se, para a equação da deformada do elemento estrutural, a equação geral hiperbólica desenvolvida por Hayashi (1925 apud Titze, 1970):

$$y_{(x)} = A_1 \cosh \xi \cos \xi + A_2 \operatorname{senh} \xi \cos \xi \\ + A_3 \cosh \xi \operatorname{sen} \xi + A_4 \operatorname{senh} \xi \operatorname{sen} \xi \quad \text{5.109}$$

As equações da deformada pela aplicação de H e M tomam as seguintes formas, ao passo que as demais equações são apresentadas no Quadro 5.7.

$$y_{(x)} = \frac{H \cdot L^3}{2E \cdot I} \cdot \begin{pmatrix} \frac{Z_1}{N} \cosh \xi \cdot \cos \xi + \frac{Z_2}{N} \cosh \xi \\ \cdot \operatorname{sen} \xi + \frac{Z_3}{N} \operatorname{senh} \xi \cdot \cos \xi \end{pmatrix} \quad \text{5.110}$$

$$y_{(x)} = \frac{ML_{E1}^2}{2E \cdot I} \cdot \begin{pmatrix} \frac{Z_1}{N} \cosh \xi \cdot \cos \xi + \frac{Z_{2,3}}{N} \\ (\cosh \xi \cdot \operatorname{sen} \xi + \operatorname{senh} \xi \cdot \cos \xi) \\ + \frac{Z_4}{N} \operatorname{senh} \xi \cdot \operatorname{sen} \xi \end{pmatrix} \quad \text{5.111}$$

Sabendo que:

Quadro 5.7 Equações dos esforços solicitantes pela aplicação de *H* e *M* no topo – coeficiente elástico constante

	Aplicação de H – coeficiente do solo constante	Aplicação de M – coeficiente do solo constante	Eq.
$\dfrac{dy}{d\xi} = \operatorname{tg}\varphi$	$\dfrac{HL_{E1}^2}{2E \cdot I}\left[\dfrac{Z_1}{N}(\operatorname{senh}\xi \cdot \cos\xi + \cosh\xi \cdot \operatorname{sen}\xi)\right.$ $+ \dfrac{Z_2}{N}(\cosh\xi \cdot \cos\xi + \operatorname{senh}\xi \cdot \operatorname{sen}\xi)$ $\left. + \dfrac{Z_3}{N}(\cosh\xi \cdot \cos\xi - \operatorname{senh}\xi \cdot \operatorname{sen}\xi)\right]$	$\dfrac{ML_{E1}}{2E \cdot I}\left[\dfrac{Z_1}{N}(\operatorname{senh}\xi \cdot \cos\xi + \cosh\xi \cdot \operatorname{sen}\xi)\right.$ $+ \dfrac{Z_{2,3}}{N} 2\cosh\xi \cdot \cos\xi$ $\left. + \dfrac{Z_4}{N}(\operatorname{senh}\xi \cdot \cos\xi - \cosh\xi \cdot \operatorname{sen}\xi)\right]$	5.112
$\dfrac{d^2y}{d\xi^2} = M(x)$	$-HL_{E1}\left(\dfrac{Z_1}{N}\operatorname{senh}\xi \cdot \operatorname{sen}\xi - \dfrac{Z_2}{N}\operatorname{senh}\xi \cdot \cos\xi\right.$ $\left. + \dfrac{Z_3}{N}\cosh\xi \cdot \operatorname{sen}\xi\right)$	$-M\left[\dfrac{Z_1}{N}\operatorname{senh}\xi \cdot \operatorname{sen}\xi\right.$ $- \dfrac{Z_{2,3}}{N}(\operatorname{senh}\xi \cdot \cos\xi - \cosh\xi \cdot \operatorname{sen}\xi)$ $\left. - \dfrac{Z_4}{N}\cosh\xi \cdot \cos\xi\right]$	

Quadro 5.7 (continuação)

	Aplicação de H – coeficiente do solo constante	Aplicação de M – coeficiente do solo constante	Eq.
$\dfrac{d^3 y}{d\xi^3} = \dfrac{dM}{d\xi} = V(x)$	$-H\left[\dfrac{Z_1}{N}\left(\cosh\xi\cdot\operatorname{sen}\xi + \operatorname{senh}\xi\cdot\cos\xi\right)\right.$ $+\dfrac{Z_2}{N}\left(\operatorname{senh}\xi\cdot\operatorname{sen}\xi - \cosh\xi\cdot\cos\xi\right)$ $\left.+\dfrac{Z_3}{N}\left(\operatorname{senh}\xi\cdot\operatorname{sen}\xi + \cosh\xi\cdot\cos\xi\right)\right]$	$-\dfrac{M}{L_{E1}}\left[\dfrac{Z_1}{N}\left(\cosh\xi\cdot\operatorname{sen}\xi + \operatorname{senh}\xi\cdot\cos\xi\right)\right.$ $+\dfrac{Z_{2.3}}{N}2\operatorname{senh}\xi\cdot\operatorname{sen}\xi$ $\left.+\dfrac{Z_4}{N}\left(\cosh\xi\cdot\operatorname{sen}\xi - \operatorname{senh}\xi\cdot\cos\xi\right)\right]$	**5.112**
$p_{(x)}$	$-2\dfrac{H}{d_f\cdot L_{E1}}\left(\dfrac{Z_1}{N}\cosh\xi\cdot\cos\xi + \dfrac{Z_2}{N}\cosh\xi\cdot\operatorname{sen}\xi\right.$ $\left.+\dfrac{Z_3}{N}\operatorname{senh}\xi\cdot\cos\xi\right)$	$-\dfrac{2M}{d_f\cdot L_{E1}^2}\left[\dfrac{Z_1}{N}\cos\xi\cdot\cos\xi\right.$ $\left.+\dfrac{Z_{2.3}}{N}\left(\cosh\xi\cdot\operatorname{sen}\xi + \operatorname{senh}\xi\cdot\operatorname{sen}\xi\right) + \dfrac{Z_4}{N}\operatorname{senh}\xi\cdot\operatorname{sen}\xi\right]$	

$$L_{E1} = L\Big/\lambda_1 \;;\; \xi = \frac{x}{L_{E1}} \;;\; \xi = \frac{x}{L}\cdot\lambda_1$$

$$M_i = \alpha_i\cdot H\cdot L = \alpha_i\cdot M_{fict} \;\therefore\; \frac{M_i}{H\cdot L} = \alpha_i$$

De forma semelhante, e utilizando as equações apresentadas em 5.101 e 5.102, é possível escrever as equações de α_i, β_i e γ_i (Quadro 5.8).

Os gráficos para obtenção de γ_i, α_i e β_i ao longo da profundidade e em função de λ_1 estão nos Anexos A14 ao A20 (Titze).

⊕ Considerando o coeficiente de reação do solo linear

O comprimento elástico do solo, função do coeficiente elástico, variando linearmente será:

Quadro 5.8 Equações dos parâmetros α_i, β_i e γ_i

	Aplicação de *H* – coeficiente do solo constante	Aplicação de *M* – coeficiente do solo constante	Eq.
α_i	$-\dfrac{1}{\lambda_1}\left(\dfrac{Z_1}{N}\operatorname{senh}\xi\cdot\operatorname{sen}\xi - \dfrac{Z_2}{N}\operatorname{sen}\xi\cdot\cos\xi\right.$ $\left.+\dfrac{Z_3}{N}\cosh\xi\cdot\operatorname{sen}\xi\right)$	$-\left[\dfrac{Z_1}{N}\operatorname{senh}\xi\cdot\operatorname{sen}\xi - \dfrac{Z_{2.3}}{N}\left(\operatorname{senh}\xi\cdot\cos\xi - \cosh\xi\cdot\operatorname{sen}\xi\right)\right.$ $\left.-\dfrac{Z_4}{N}\cosh\xi\cdot\cos\xi\right]$	
β_i	$-2\lambda_1\left(\dfrac{Z_1}{N}\cosh\xi\cdot\cos\xi + \dfrac{Z_2}{N}\cosh\xi\cdot\operatorname{sen}\xi\right.$ $\left.+\dfrac{Z_3}{N}\operatorname{senh}\xi\cdot\cos\xi\right)$	$\lambda_1^2\left[\dfrac{Z_1}{N}\cosh\xi\cdot\cos\xi + \dfrac{Z_{2.3}}{N}\left(\cosh\xi\cdot\operatorname{sen}\xi + \operatorname{senh}\xi\cdot\operatorname{sen}\xi\right)\right.$ $\left.+\dfrac{Z_4}{N}\operatorname{senh}\xi\cdot\operatorname{sen}\xi\right]$	**5.113**
γ_i	$-\left[\dfrac{Z_1}{N}\left(\cosh\xi\cdot\operatorname{sen}\xi + \operatorname{senh}\xi\cdot\cos\xi\right)\right.$ $+\dfrac{Z_2}{N}\left(\operatorname{senh}\xi\cdot\operatorname{sen}\xi - \cosh\xi\cdot\cos\xi\right)$ $\left.+\dfrac{Z_3}{N}\left(\operatorname{senh}\xi\cdot\operatorname{sen}\xi + \cosh\xi\cdot\cos\xi\right)\right]$	$-\lambda_1\left[\dfrac{Z_1}{N}\left(\cosh\xi\cdot\operatorname{sen}\xi + \operatorname{senh}\xi\cdot\cos\xi\right)\right.$ $\left.+\dfrac{Z_{2.3}}{N}2\operatorname{senh}\xi\cdot\operatorname{sen}\xi + \dfrac{Z_4}{N}\left(\cosh\xi\cdot\operatorname{sen}\xi - \operatorname{senh}\xi\cdot\cos\xi\right)\right]$	

em que:

$$Z_1 = \left(\operatorname{senh}2\lambda - \operatorname{sen}2\lambda\right)$$
$$Z_2 = \left(\cos 2\lambda - 1\right)$$
$$Z_3 = \left(1 - \cosh 2\lambda\right)$$
$$N = \left(\cosh 2\lambda + \cos 2\lambda - 2\right)$$

em que:

$$Z_1 = \left(\cosh 2\lambda - \cos 2\lambda\right)$$
$$Z_{2.3} = -\left(\operatorname{senh}2\lambda + \operatorname{sen}2\lambda\right)$$
$$Z_4 = N = \left(\cosh 2\lambda + \cos 2\lambda - 2\right)$$

5 Fundações: solo e elemento estrutural

$$L_{E3} = \sqrt[5]{\frac{EI \cdot L}{d_f \cdot K_{sL}}} \,; \, \xi = \frac{x}{L_{E3}} \,; \, K_{sx} = K_{sL} \frac{x}{L} \qquad \textbf{5.114}$$

Da equação geral da deformada tem-se:

$$\frac{d^4y}{dx^4} + \frac{d_f \cdot K_{sL}}{E \cdot I} y = 0 \rightarrow \frac{d^4y}{dx^4} + \frac{d_f \cdot K_{sL}}{E \cdot I \cdot L} xy = 0 \qquad \textbf{5.115}$$

Que poderá ser escrita como:

$$\frac{d^4y}{d\xi^4} + \xi \cdot y = 0 \qquad \textbf{5.116}$$

A equação diferencial, já desenvolvida anteriormente, resulta em quatro parcelas:

$$y = A_1 \cdot X_1 + A_2 \cdot X_2 + A_3 \cdot X_3 + A_4 \cdot X_4$$
$$= \sum_{i=1}^{i=4} A_i \cdot X_i = Y(\xi) \qquad \textbf{5.117}$$

em que as varáveis A_1 até A_4 são as constantes de integração, obtidas pelas condições de contorno. Em seguida, podem-se escrever as demais equações genéricas para os esforços solicitantes, a pressão, a declividade e a equação da deformada:

$$y_{(x)} = \sum_{i=1}^{i=4} A_i \cdot X_i$$

$$\frac{dy}{dx} = \frac{1}{L_{E3}} \sum_{i=1}^{i=4} A_i \cdot X_i'$$

$$\frac{d^2y}{dx^2} = M_{(x)} = \frac{E \cdot I}{L_{E3}^2} \sum_{i=1}^{i=4} A_i \cdot X_i''$$

$$\frac{d^3y}{dx^3} = V_{(x)} = \frac{E \cdot I}{L_{E3}^3} \sum_{i=1}^{i=4} A_i \cdot X_i'''$$

$$\frac{d^4y}{dx^4} = p_{(x)} = \frac{E \cdot I}{L_{E3}^4} \sum_{i=1}^{i=4} A_i \cdot X_i''' =$$
$$-\frac{E \cdot I}{d_f \cdot L_{E3}^4} \xi \cdot \sum_{1}^{4} A_i \cdot X_i = -\frac{K_{sL}}{L} x \cdot y = -K_{sx} \cdot y$$

$$\textbf{5.118}$$

Para H e M aplicados no topo, as equações são as apresentadas no Quadro 5.9. Os gráficos de α_i e β_i em função de λ_3 para aplicação de H e M no topo do elemento estrutural encontram-se nos Anexos A14 a A20 (Titze).

Modelo desenvolvido por Sherif (1974)

Segundo Titze (1976 apud Sherif, 1974), o coeficiente de reação do solo pode ser tomado de diferentes

Quadro 5.9 Equações dos esforços solicitantes pela aplicação de *H* e *M* no topo: coeficiente elástico variando linearmente

	Aplicação de H – coeficiente do solo linear	Aplicação de M – coeficiente do solo linear	Eq.
$y_{(x)}$	$\dfrac{H \cdot L_{E3}^3}{E \cdot I}\left(\dfrac{Z_{2,4}}{N} X_1 + \dfrac{Z_{4,1}}{N} X_2 + X_4\right)$	$\dfrac{M \cdot L_{E3}^2}{E \cdot I}\left(\dfrac{Z_{2,3}}{N} X_1 + \dfrac{Z_{3,1}}{N} X_2 + X_3\right)$	
$\mathrm{tg}\,\varphi$	$\dfrac{H \cdot L_{E3}^2}{E \cdot I}\left(\dfrac{Z_{2,4}}{N} X_1' + \dfrac{Z_{4,1}}{N} X_2' + X_4'\right)$	$\dfrac{M \cdot L_{E3}}{E \cdot I}\left(\dfrac{Z_{2,3}}{N} X_1' + \dfrac{Z_{3,1}}{N} X_2' + X_3'\right)$	
$M_{(x)}$	$H \cdot L\left(\dfrac{Z_{2,4}}{N} X_1'' + \dfrac{Z_{4,1}}{N} X_2'' + X_4''\right)$	$M\left(\dfrac{Z_{2,3}}{N} X_1'' + \dfrac{Z_{3,1}}{N} X_2'' + X_3''\right)$	**5.119**
$V_{(x)}$	$H\left(\dfrac{Z_{2,4}}{N} X_1''' + \dfrac{Z_{4,1}}{N} X_2''' + X_4'''\right)$	$\dfrac{M}{L_{E3}}\left(\dfrac{Z_{2,3}}{N} X_1''' + \dfrac{Z_{3,1}}{N} X_2''' + X_3'''\right)$	
$p_{(x)}$	$\dfrac{H}{d_f \cdot L_{E3}}\left(\dfrac{Z_{2,4}}{N} X_1''' + \dfrac{Z_{4,1}}{N} X_2''' + X_4'''\right)$	$\dfrac{M}{d_f \cdot L_{E3}^2}\left(\dfrac{Z_{2,3}}{N} X_1^{IV} + \dfrac{Z_{3,1}}{N} X_2^{IV} + X_3^{IV}\right)$	

Para $\xi = \lambda$:

$$Z_{2,4} = \left(X_2'' \cdot X_4'' - X_4'' \cdot X_2''\right) \qquad\qquad Z_{2,3} = \left(X_2'' \cdot X_3''' - X_3'' \cdot X_2'''\right) = -Z_{4,1}$$

$$Z_{4,1} = \left(X_4'' \cdot X_1'' - X_1'' \cdot X_4''\right) \qquad\qquad Z_{3,1} = \left(X_3'' \cdot X_1''' - X_1'' \cdot X_3'''\right)$$

$$N = \left(X_1'' \cdot X_2'' - X_2'' \cdot X_1''\right) \qquad\qquad N = \left(X_1'' \cdot X_2''' - X_2'' \cdot X_1'''\right)$$

Os valores das raízes de *X* e suas derivadas estão indicados nas Eq. 5.94.

formas dependendo das propriedades e das várias leis de comportamento do solo, especialmente no caso de solo estratificado (disposição por camadas).

Em vez de soluções rigorosas para a equação diferencial utilizada no método do módulo do coeficiente elástico do solo, foi adotado um processo numérico de cálculo, conforme pesquisa desenvolvida por Grabhoff (1966 apud Sherif, 1974). O desenvolvimento é feito para a viga *ab* com carregamento qualquer, como apresentado na Fig. 5.22.

O elemento estrutural é dividido em m partes iguais. Haverá, portanto, $(m + 1)$ ordenadas desconhecidas da distribuição da pressão de contato. As $(m + 1)$ equações para a solução do problema são obtidas pela condição de equilíbrio e compatibilidade. Tais condições de equilíbrio preveem duas equações, permanecendo $(m - 1)$ condições, e são obtidas do equilíbrio abaixo da viga, como segue:

$$y_i = \frac{p_i}{K_{si}} = y_{ia} + y_{ib} + y_{ic} \quad \text{5.120}$$

em que:

$$y_{ia} = \frac{L - X_i}{L} y_1 \quad \text{5.121}$$

$$y_{ib} = \frac{X_i}{L} y_{(m+1)} \quad \text{5.122}$$

A porção y_{ic}, segundo Sherif (1974), nada mais é do que a deformação da viga *ab* no ponto i submetida ao carregamento externo $P_1, P_2, ..., P_n$, como também pela pressão desconhecida de contato $p_1, p_2, ..., p_{(m+1)}$, aplicada de baixo para cima. Da resistência dos materiais, pode-se escrever:

$$y_{ic} = \frac{1}{E}\left(\frac{L}{d}\right)^3 \left[\sum_{j=1}^{j=n} P_j \cdot \xi_{ij} - L \cdot \sum_{k=1}^{k=m+1} p_k \cdot \eta_{ik}\right] \quad \text{5.123}$$

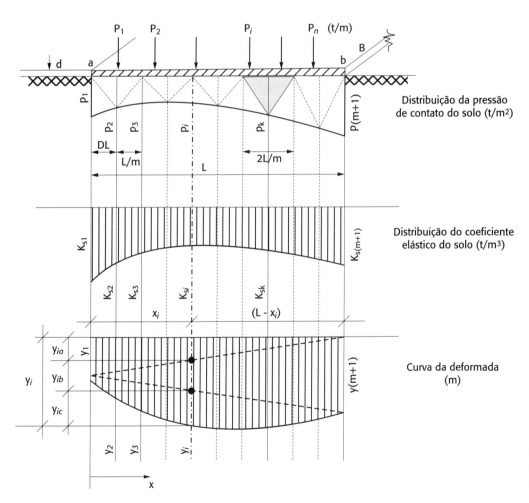

Fig. 5.22 *Sistema estrutural para o cálculo numérico*

Substituindo as Eqs. 5.121, 5.122 e 5.123 na Eq. 5.120, a condição geral de compressibilidade é formulada da seguinte forma:

$$\frac{p_i}{K_{si}} = \frac{L - X_i}{L} \cdot \frac{p_1}{K_{s1}} + \frac{X_i}{L} \cdot \frac{p_{(m+1)}}{K_{s(m+1)}} + \frac{1}{E}\left(\frac{L}{d}\right)^3$$

$$\left[\sum_{j=1}^{j=n} P_j \cdot \xi_{ij} - L \cdot \sum_{k=1}^{k=m+1} p_k \cdot \eta_{ik}\right]$$

5.124

Introduzindo o coeficiente adimensional da rigidez do sistema (do conjunto) (K_C):

$$K_C = \frac{E}{K_{s(m+1)} \cdot L}\left(\frac{d}{L}\right)^3 = \frac{E}{K_{sL} \cdot L}\left(\frac{d}{L}\right)^3 \qquad \textbf{5.125}$$

em que:

E é o módulo de elasticidade do elemento estrutural (t/m²);

K_{sL} é o coeficiente de reação do solo na extremidade inferior do elemento estrutural (Quadro 5.10) (t/m³);

L é o comprimento do elemento enterrado (ver Fig. 5.22) (m);

d é a menor dimensão da seção transversal no caso de seção retangular (m).

Para elementos com outras seções transversais, considerar:

$$d = \sqrt[3]{12\frac{I}{B}} \qquad \textbf{5.126}$$

em que:

$$K_C = \frac{E}{K_{sL} \cdot L}\left(\frac{d}{L}\right)^3 = \frac{E}{K_{sL} \cdot L}\frac{12I}{B \cdot L^3} = \frac{12EI}{K_{sL} \cdot B \cdot L^4} \qquad \textbf{5.127}$$

I é o momento de inércia da seção transversal (m⁴);

B é a largura do elemento estrutural (m).

Já para seção circular (estacas e tubulões), considerar:

$$I = \pi \cdot d^4/64$$

$$B = d_f$$

$$K_C = \frac{12E \cdot I}{K_{sL} \cdot B \cdot L^4} = \frac{12E \cdot \pi \cdot d_f^4}{64 \cdot K_{sL} \cdot d_f \cdot L^4} = \frac{0,589E \cdot d_f^3}{K_{sL} \cdot L^4} \qquad \textbf{5.128}$$

Partindo, portanto, da Eq. 5.124 e substituindo K_C, pode-se escrever a equação com sua forma final:

$$K_C\left[\frac{K_{s(m+1)}}{K_{si}}p_i - \frac{K_{s(m+1)}}{K_{s1}} \cdot \frac{L - X_i}{L}p_1 - \frac{X_i}{L}p_{(m+1)}\right]$$

5.129

$$+ \sum_{k=1}^{k=m+1} p_k \cdot \eta_{ik} = \frac{1}{L} \cdot \sum_{j=1}^{j=n} p_j \cdot \xi_{ij}$$

em que:

η_{ik} é o fator de influência da deformação da viga biapoiada ab no ponto i por causa da carga triangular formada pela ordenada unitária e de largura $2L/m$ (Fig. 5.22) no ponto k;

ξ_{ij} é o fator de influência da deformação da viga biapoiada ab no ponto i por causa da carga concentrada $P = 1$, aplicada no ponto j.

Esses fatores de influência podem ser encontrados em Faerber (1949 apud Sherif, 1974).

Observa-se, na Eq. 5.129, que a distribuição de pressão de contato ou os esforços internos estão à parte da carga e que a distribuição do coeficiente de reação depende somente do coeficiente adimensional da rigidez do sistema (K_C).

A Eq. 5.129 é avaliada nos pontos $i = 2$ até $i = m$. Por isso, são obtidas ($m - 1$) equações para calcular a distribuição de pressão de contato que é desconhecida. Após a determinação da distribuição da pressão de contato, pode-se descobrir os esforços solicitantes, a deformada e a rotação no elemento estrutural de acordo com a teoria das estruturas.

Sherif (1974) desenvolveu 234 tabelas por meio das quais é possível calcular, de modo simples, os esforços solicitantes, as rotações e as deformações em uma determinada seção do elemento estrutural, ao longo de sua profundidade, para diferentes distribuições do coeficiente elástico do solo.

A escala do coeficiente da rigidez do conjunto varia de zero, para elemento flexível (na proporção solo), até infinito, para elemento estrutural completamente rígido. Tabelas numéricas foram desenvolvidas para 18 valores de rigidez do conjunto.

O menor valor do coeficiente de rigidez do conjunto (K_C) é 0,00001 e é utilizado para elementos praticamente flexíveis. Por outro lado, o maior valor é 100, para elementos praticamente rígidos. Os valores intermediários são obtidos por meio de uma interpolação logarítmica, resultando em uma boa precisão.

Para elaboração das diversas tabelas práticas, Sherif (1974) utilizou 13 curvas de distribuição do coeficiente elástico de reação do solo. Cinco dos 13 casos consideram o coeficiente de reação uma distribuição linear com a profundidade, ao passo que quatro casos variam por meio de uma função da raiz quadrada e nos quatro casos restantes a variação é uma função de 2ª ordem.

Inicialmente, Sherif (1974) analisou dois casos de cargas, o de força horizontal e o de momento fletor, aplicados na extremidade superior do elemento estrutural (cabeça da estaca ou tubulão).

Posteriormente, outros quatro diferentes casos de carregamentos foram analisados para considerar as várias condições de contorno possíveis, especialmente o caso do elemento estrutural fixado na parte inferior, conforme apresentado nos casos 3 e 4 do Quadro 5.10. Essas cargas atuam de forma independente do elemento elasticamente enterrado, sem nenhuma condição especial de contorno, seja na parte superior, seja na inferior do elemento estrutural. Na Fig. 5.23 está exemplificado um dos casos.

Utilizando as equações listadas no Quadro 5.11, Sherif (1974) montou as tabelas já mencionadas, das quais uma será mostrada a seguir (Tab. 5.17).

Quadro 5.10 Coeficientes de reação do solo e casos de carregamentos

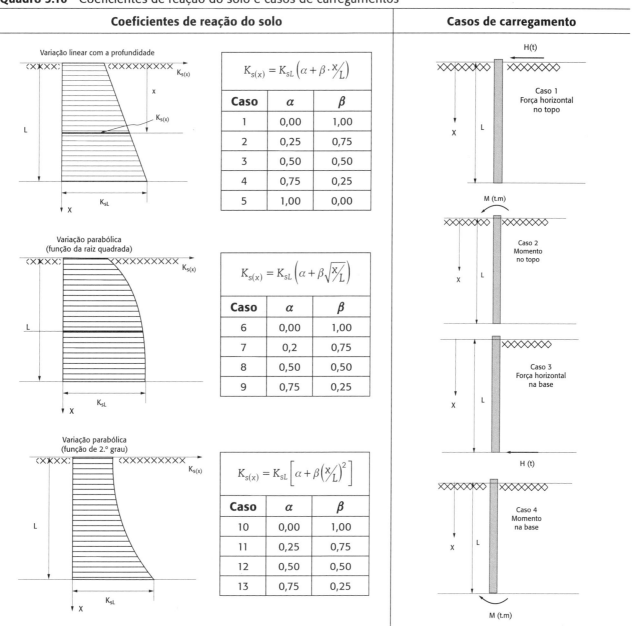

5 Fundações: solo e elemento estrutural 107

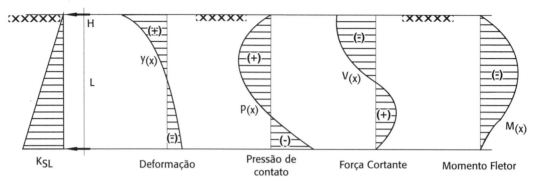

Fig. 5.23 *Esboço da deformada, da pressão de contato, da cortante e do momento fletor em casos de carregamentos 1 e 3 e distribuição do coeficiente elástico linear (caso 1)*

Quadro 5.11 Equações para o cálculo da deformada, da rotação, da pressão de contato e dos esforços solicitantes $V_{(x)}$ e $M_{(x)}$

	Texto	Aplicação de *H*	Aplicação de *M*	Eq.
Deformada $y_{(x)} = \delta_i \cdot p_{fic}/K_{sL}$	O coeficiente de influência δ_i tabelado para calcular o deslocamento horizontal.	$\delta_i \dfrac{H}{K_{sL} \cdot L \cdot B}$	$\delta_i \dfrac{M}{K_{sL} \cdot L^2 \cdot B}$	
Pressão de contato $P_{(x)} = \beta_i \cdot P_{fic}$	O coeficiente de influência β_i tabelado para calcular a distribuição da pressão de contato.	$\beta_i \dfrac{H}{L \cdot B}$ $p_{fic} = \dfrac{H}{L \cdot B}$	$\beta_i \dfrac{M}{L^2 \cdot B}$ $p_{fic} = \dfrac{M}{L^2 \cdot B}$	
Força cortante $V_{(x)} = \gamma_i \cdot V_{fic}$	O coeficiente de influência γ_i tabelado para calcular as forças cortantes.	$\gamma_i \cdot H$ $V_{fic} = H$	$\gamma_i \cdot \dfrac{M}{L}$ $V_{fic} = M/L$	5.130
Momento fletor $M_{(x)} = \alpha_i \cdot M_{fic}$	O coeficiente de influência α_i tabelado para calcular os momentos fletores.	$\alpha_i \cdot H \cdot L$ $M_{fic} = H \cdot L$	$\alpha_i \cdot M$ $M_{fic} = M$	
Rotação $tg\, \varphi_{(x)} = \varphi_i \cdot p_{fic}/(K_{sL} \cdot L)$	O coeficiente de influência φ_i tabelado para calcular a rotação a cada ponto *i*.	$\varphi_i \cdot \dfrac{H}{K_{sL} \cdot L^2 \cdot B}$	$\varphi_i \cdot \dfrac{M}{K_{sL} \cdot L^3 \cdot B}$	

em que: $i = x/L$ e, para o caso de estacas e tubulões: $B = d_f$.

De forma semelhante ao apresentado para o caso das equações desenvolvidas por Titze (1970), foram montados gráficos (ver Anexos A21 a A29) que facilitam os cálculos para os dois casos mais significativos de carregamento, bem como para os três casos de variação do coeficiente elástico do solo – constante (solo não coesivo – argila), parabólico (solos arenosos e argilosos) e linear (solo coesivo – areia).

$$L_{E1} = \sqrt[4]{\dfrac{4E \cdot I}{d_f \cdot K_{sL}}} \quad \text{5.131}$$

$$\lambda_1 = \dfrac{L}{L_{E1}} = \dfrac{L}{\sqrt[4]{\dfrac{4E \cdot I}{d_f \cdot K_{sL}}}} \therefore \lambda_1^4 = \dfrac{L^4}{\dfrac{4E \cdot I}{d_f \cdot K_{sL}}}$$

$$\therefore L^4 = \lambda_1^4 \dfrac{4E \cdot I}{d_f \cdot K_{sL}} \quad \text{5.132}$$

Para coeficiente elástico constante (caso 5) e carregamentos (casos 1 e 2)

Caso 5: $\alpha = 1$ e $\beta = 0$.

$$K_C = \dfrac{12E \cdot I}{K_{sL} \cdot B \cdot L^4} = \dfrac{3 \cdot 4E \cdot I}{K_{sL} \cdot B \dfrac{\lambda_1^4 \cdot 4E \cdot I}{d_f \cdot K_{sL}}} = \dfrac{3}{\lambda_1^4} \cdot \dfrac{d_f}{B} \quad \text{5.133}$$

Tab. 5.17 Coeficiente elástico: variação linear (caso 1) e $K_C = 0,00001$ (estrutura flexível)

	Para caso de carregamento 1			
$i = X/L$	$\delta_i\ (p/V_r)$	$\beta_i\ (p/P_r)$	$\gamma_i\ (p/V_r)$	$\alpha_i\ (p/M_r)$
0,00	738,4581	0,0000	−1,0000	0,0000
0,05	367,0879	18,3544	−0,5411	−0,04235
0,10	111,3032	11,1303	0,1960	−0,04948
0,15	−3,0089	−0,4513	0,4630	−0,03059
0,20	−25,2681	−5,0536	0,3253	−0,00992
0,25	−14,5955	−3,6489	0,1078	0,00061
0,30	−3,4733	−1,0420	−0,0095	0,00252
0,35	0,7290	0,2552	−0,0292	0,00129
0,40	0,9127	0,3651	−0,0137	0,00019
0,45	0,2911	0,1310	−0,0013	−0,00013
0,50	−0,0152	−0,0076	0,0018	−0,00009
0,55	−0,0474	−0,0261	0,0010	−0,00002
0,60	−0,0151	−0,0091	0,0001	0,00001
0,65	0,0011	0,0007	−0,0001	0,0000
0,70	0,0023	0,0016	−0,0001	0,0000
0,75	0,0005	0,0004	0,0000	0,0000
0,80	−0,0001	−0,0001	0,0000	0,0000
0,85	−0,0001	−0,0001	0,0000	0,0000
0,90	0,0000	0,0000	0,0000	0,0000
0,95	0,0000	0,0000	0,0000	0,0000
1,00	0,0000	0,0000	0,0000	0,0000

$\varphi_0 = 8177,4040$ e $\varphi_1 = -0,0002$.

Fonte: Tabela 1 (Sherif, 1974).

Para o caso de estacas e tubulões circulares, $d_f = B$, logo:

$$K_C = \frac{3}{\lambda_1^4} \therefore \lambda_1^4 = \frac{3}{K_C} \therefore \lambda_1 = \sqrt[4]{\frac{3}{K_C}} \qquad \textbf{5.134}$$

Como se pode observar nas Figs. 5.24A (Titze) e 5.24B (Sherif), os gráficos obtidos são de fato quase idênticos, embora tenham sido construídos a partir de equações diferentes.

Para coeficiente elástico parabólico (caso 1) e carregamentos (casos 1 e 2)

Caso 6: $\alpha = 0$ e $\beta = 1$.

$$L_{E2} = \sqrt[4,5]{\frac{E \cdot I \cdot L^{1/2}}{16 d_f \cdot K_{sL}}} \qquad \textbf{5.135}$$

$$\lambda_2 = \sqrt{\frac{L}{L_{E2}}} = \sqrt{\frac{L}{\sqrt[4,5]{\frac{E \cdot I \cdot L^{1/2}}{16 d_f \cdot K_{sL}}}}} \therefore \lambda_2^2 = \frac{L}{\sqrt[4,5]{\frac{E \cdot I \cdot L^{1/2}}{16 d_f \cdot K_{sL}}}} \qquad \textbf{5.136}$$

$$\left(\lambda_2^2\right)^{4,5} \frac{L^{1/2}}{16 d_f} \cdot \frac{E \cdot I}{K_{sL}} = L^{4,5} \therefore \frac{E \cdot I}{K_{sL}} = \frac{L^{9/2} \cdot 16 d_f}{\lambda_2^9 \cdot L^{1/2}} \qquad \textbf{5.137}$$

$$K_C = \frac{12 E \cdot I}{K_{sL} \cdot B \cdot L^4} = \frac{12}{B \cdot L^4} \cdot \frac{E \cdot I}{K_{sL}}$$

$$= \frac{12}{B \cdot L^4} \frac{16 d_f \cdot L^{8/2}}{\lambda_3^9} = 192 \left(\frac{d_f}{B}\right) \cdot \frac{1}{\lambda_3^9} \qquad \textbf{5.138}$$

Para o caso de estacas e tubulões circulares, $d_f = B$, logo:

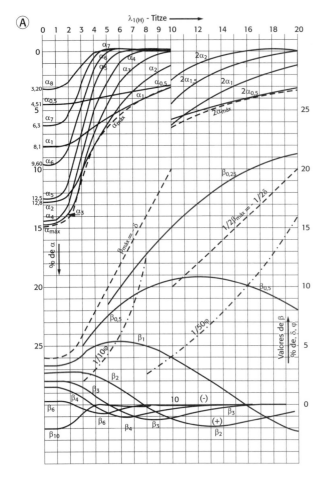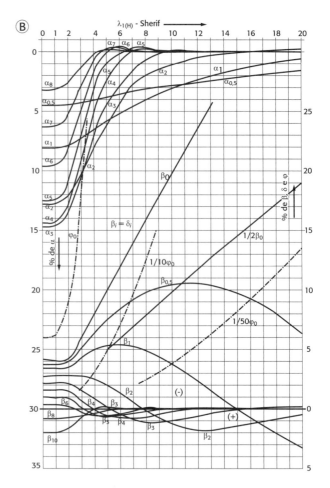

Fig. 5.24 *Gráficos de α_i e β_r em função de λ_r para aplicação de H (A) por Titze e (B) por Sherif no topo do elemento estrutural: coeficiente elástico do solo constante. Conferir os demais gráficos nos Anexos A14 a A20 (Titze) e A21 a A29 (Sherif).*

$$K_C = \frac{192}{\lambda_3^9} \therefore \lambda_3^9 = \frac{192}{K_C} \therefore \lambda_3 = \sqrt[9]{\frac{192}{K_C}} \qquad 5.139$$

Os gráficos correspondentes estão nos Anexos A21 e A29.

Para coeficiente elástico linear (caso 1) e carregamentos (casos 1 e 2)

Caso 5: $\alpha = 0$ e $\beta = 1$.

$$L_{E3} = \sqrt[5]{\frac{E \cdot I \cdot L}{d_f \cdot K_{sL}}} \qquad 5.140$$

$$\lambda_3 = \frac{L}{L_{E3}} = \frac{L}{\sqrt[5]{\frac{E \cdot I \cdot L}{d_f \cdot K_{sL}}}} \therefore \lambda_3^5 = \frac{L^5}{\frac{E \cdot I \cdot L}{d_f \cdot K_{sL}}} \therefore \frac{d_f \cdot L^5}{L \cdot \lambda_3^5} = \frac{E \cdot I}{K_{sL}} \qquad 5.141$$

$$K_C = \frac{12 E \cdot I}{K_{sL} \cdot B \cdot L^4} = \frac{12}{B \cdot L^4} \cdot \frac{E \cdot I}{K_{sL}} = \frac{12}{B \cdot L^4} \cdot \frac{d_f \cdot L^5}{L \cdot \lambda_3^5}$$

$$= 12 \left(\frac{d_f}{B}\right) \frac{1}{\lambda_3^5} \qquad 5.142$$

Para o caso de estacas e tubulões circulares, $d_f = B$, logo:

$$K_C = \frac{12}{\lambda_3^5} \therefore \lambda_3^5 = \frac{12}{K_C} \therefore \lambda_3 = \sqrt[5]{\frac{12}{K_C}} \qquad 5.143$$

Os gráficos correspondentes estão nos Anexos A21 a A29 (Sherif).

Solução desenvolvida por Hetenyi (K_s constante)

Hetenyi (1946) define o elemento estrutural como uma viga de comprimento semi-infinito em que $\lambda_L > 4$.

Considera a rigidez relativa solo-elemento estrutural como:

$$\lambda = \sqrt[4]{\frac{K_{sL} \cdot d_f}{4E \cdot I}}; \text{para } K_{sL} \text{ (coeficiente elástico do solo) constante} \qquad 5.144$$

Os valores da expressão já foram definidos anteriormente.

O cálculo do deslocamento horizontal no topo do elemento estrutural, junto à superfície do terreno, é feito por:

$$y_0 = \frac{2H \cdot \lambda}{K_{sL}} + \frac{2M \cdot \lambda^2}{K_{sL}} \qquad 5.145$$

O momento fletor máximo a uma profundidade de $0,7/\lambda$ pode ser obtido pela expressão:

$$M_{máx} = 0,32\frac{H}{\lambda} + 0,7M \qquad 5.146$$

Solução desenvolvida por Miche (K_s variável linearmente)

Segundo Velloso e Lopes (2010), Miche, em 1930, foi o primeiro autor a considerar o coeficiente elástico do solo variando linearmente com a profundidade. Com a equação diferencial:

$$E \cdot I \frac{d^4 y}{dx^4} + K_{s(x)} \cdot B \cdot y = 0 \qquad 5.147$$

Foram obtidos alguns parâmetros importantes, como:

Deslocamento horizontal no topo da estaca

$$y_0 = 2,40 \frac{L_E^3 \cdot H}{E \cdot I} \qquad 5.148$$

Com:

$$L_E = \sqrt[5]{\frac{E \cdot I \cdot L}{B \cdot K_{sL}}} \qquad 5.149$$

em que LE é a rigidez relativa estaca-solo, o comprimento característico ou ainda o comprimento elástico.

Tangente ao diagrama de reação do solo

$$\text{tg } \beta = 2,4 \frac{H}{B \cdot L_E^2} \qquad 5.150$$

Momento fletor máximo (a uma profundidade $1,32L_E$)

$$M_{máx} = 0,79H \cdot L_E \qquad 5.151$$

Considerações de Miche (1930 apud Velloso; Lopes, 2010):

1] Os momentos fletores e cortantes podem ser desprezados para uma profundidade da ordem de 4LE por serem muito pequenos.

2] Para elementos (estacas ou tubulões) com λ = L/LE < 1,5, o momento máximo pode ser calculado como estaca rígida, sendo:

$$M_{máx} = 0,25H \cdot L_E \qquad 5.152$$

3] Em elementos estruturais com $1,5 < \lambda < 4$, o momento fletor máximo pode ser obtido pelo gráfico da Fig. 5.25 com uma aproximação razoável. Logo, no método de Miche têm-se:

Trecho linear : $0 < \lambda < 2 \therefore M_{máx} = 0,25\lambda \cdot H \cdot L_E$;
Trecho parabólico : $2 < \lambda < 4 \therefore M_{máx}$
$= H \cdot L_E \left(0,3025\lambda - 0,02625\lambda^2\right)$;
Trecho constante : $\lambda > 4 \therefore M_{máx} = 0,79H \cdot L_E$.

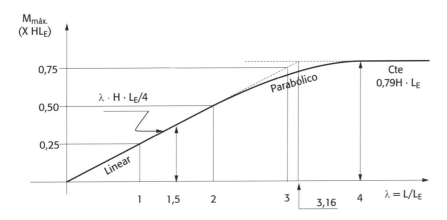

Fig. 5.25 *Cálculo do momento fletor máximo*

Parte II
FUNDAÇÕES RASAS (DIRETAS OU SUPERFICIAIS)

Fundações rasas são estruturas que se situam logo abaixo da superestrutura (ou mesoestrutura) e se caracterizam pela transmissão da carga ao solo através de pressões distribuídas em sua base (Quadro II.1). O item 3.28 da NBR 6122 (ABNT, 2019b) define o elemento de fundação rasa como a estrutura cuja base está assentada em profundidade inferior a duas vezes a menor dimensão da fundação, recebendo então as tensões distribuídas que equilibram a carga aplicada. Para essa definição, adota-se a menor profundidade, caso esta não seja constante em todo o perímetro da fundação.

Quadro II.1 Fundações rasas

Elementos de fundação	Superficial (rasa-direta)		
		Sapata	Isolada
			Corrida
			Associada
			Alavancada
		Bloco	Apoiado diretamente no solo
		Radier	Apoiado diretamente no solo

Constituem fundações rasas, tratadas nesta parte, os elementos denominados sapatas e blocos apoiados diretamente no solo (Fig. II.1).

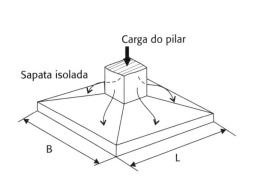
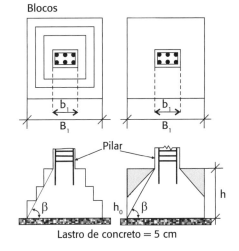

Fig. II.1 *Sapata e blocos em concreto*

O item 3.38 da NBR 6122 (ABNT, 2019b) define sapata como um elemento de fundação rasa, de concreto armado, dimensionado de modo que as tensões de tração nele resultantes sejam resistidas pelo emprego de armadura, especialmente disposta para esse fim. Por outro lado, o bloco (ABNT, 2019b, item 3.3) é definido como um elemento de fundação rasa de concreto ou outros materiais como alvenaria ou pedras, dimensionado de modo que as tensões de tração nele resultantes sejam resistidas pelo material sem necessidade de armadura.

Uma análise simplista da economia desse tipo de fundação é feita comparando a somatória das áreas encontradas para a fundação rasa com a área do terreno. Caso a somatória das áreas fique entre 50% a 70% da área do terreno (projeção da construção), essa economia pode ser constatada.

Nos capítulos desta parte serão apresentados diversos exercícios com os respectivos cálculos relacionados ao dimensionamento e detalhamento das fundações em sapatas.

O item 22.6.1 da NBR 6118 (ABNT, 2014) conceitua sapata como estruturas de volume usadas para transmitir ao terreno as cargas de fundação, no caso de fundação direta.

6.1 Classificação das sapatas

6.1.1 Classificação das sapatas quanto ao tipo de carga que transferem ao solo

As sapatas podem ser classificadas quanto ao tipo de carga que transferem ao solo, como apresentado no Quadro 6.1 (ver também Fig. 6.1).

Quadro 6.1 Classificação das sapatas

Tipo	Carga que transfere
Isolada	Carga concentrada de um único pilar. Distribui a carga nas duas direções.
Corrida	Carga linear (parede). Distribui a carga em apenas uma direção.
Associada	Cargas concentradas de mais de um pilar transferidas através de uma viga que as associa. Utilizada quando há interferência entre duas sapatas isoladas.
Alavancada	Carga concentrada transferida através de viga-alavanca. É utilizada em pilar de divisa com o objetivo de centrar a carga do pilar com a área da sapata.

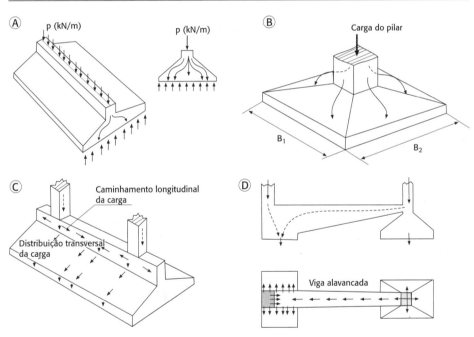

Fig. 6.1 *Tipos de sapata para transporte de carga: (A) corrida, (B) isolada, (C) associada e (D) alavancada*

6.1.2 Classificação das sapatas isoladas/corridas quanto à forma

As sapatas isoladas e corridas podem ter várias formas, sendo a mais comum a cônica retangular, em virtude do menor consumo de concreto. O Quadro 6.2

apresenta a classificação das sapatas isoladas e corridas quanto à forma, ao passo que as Figs. 6.2 e 6.3 exibem formas geométricas de sapatas isoladas.

Quadro 6.2 Classificação das sapatas isoladas/corridas quanto à forma

Forma	Dimensões
Quadrada	$L = B$
Retangular	$(L > B)$ e $(L \leq 3B)$
Corrida	$L \geq 3B$
Circular	$B = \phi$
Trapezoidal	
Outras formas	

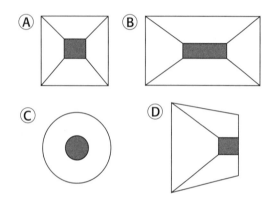

Fig. 6.2 *Formas geométricas de sapatas isoladas: (A) quadrada, (B) retangular, (C) circular e (D) trapezoidal*

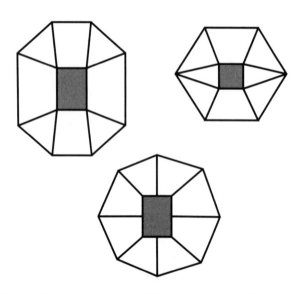

Fig. 6.3 *Outras formas geométricas de sapatas isoladas*

6.1.3 Comportamento estrutural

As sapatas podem ser classificadas também, quanto ao comportamento estrutural, como rígidas (comportamento de bielas) e flexíveis, conforme o item 22.6.2 da NBR 6118 (ABNT, 2014).

Sapata rígida

O item 22.6.1 da NBR 6118 (ABNT, 2014) considera como sapata rígida quando (Fig. 6.4):

$$h \leq \frac{(B-b)}{3} \qquad 6.1$$

em que:

h é a altura da sapata;

B é a dimensão da sapata em uma determinada direção;

b é a dimensão do pilar na mesma direção de B.

$$h \geq \mathrm{tg}\,\alpha (B-b)/2 \qquad 6.2$$

em que $\mathrm{tg}\,\alpha = 1/1{,}5$ e $\alpha \geq 33{,}7°$ (NBR 6118 – ABNT, 2014) ou $\mathrm{tg}\,\alpha = \tfrac{1}{2}$ e $56{,}3° \geq \alpha \geq 26{,}56°$ (CEB, 1974):

Cálculo das armaduras

O modelo biela-tirante representado na Fig. 6.5 possibilita o desenvolvimento de expressões para o cálculo da armadura.

$$R_{sd1} = \frac{N_{sd}}{8d}(B_1 - b_1) \qquad 6.3$$

em que N_{sd} é a carga concentrada.

$$A_{s1} = \frac{R_{sd1}}{f_{yd}} \qquad 6.4$$

O desenvolvimento das Eqs. 6.3 e 6.4 está detalhado nas Eqs. 6.10 a 6.15.

Verificação ao cisalhamento

Embora a verificação da punção seja desnecessária na sapata rígida, já que a transferência de carga situa-se inteiramente dentro do cone hipotético de punção e não existe a possibilidade física de ocorrência de tal fenômeno, há a necessidade da verificação da tensão de ruptura na biela comprimida na superfície gerada pelo contorno C de contato pilar-sapata, conforme especifica o item 22.6.2.2 da NBR 6118 (ABNT, 2014).

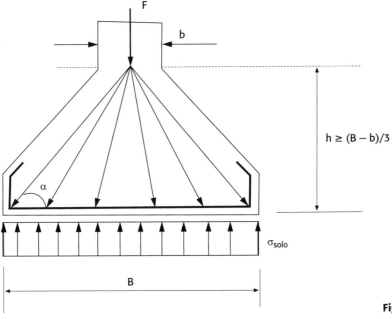

Fig. 6.4 *Sapata rígida*

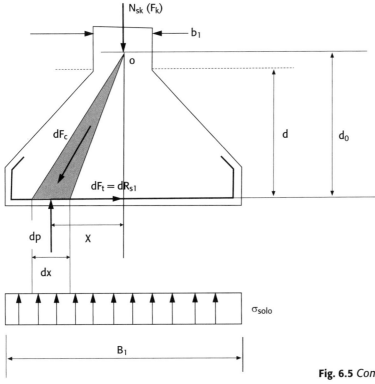

Fig. 6.5 *Comportamento de biela*

Sapata flexível

Quando a relação indicada pela Eq. 6.1 não for atendida, a sapata será flexível (Fig. 6.6).

Embora de uso mais raro, essas sapatas são utilizadas para fundação de cargas pequenas e solos relativamente fracos. Segundo o item 22.6.2.3 da NBR 6118 (ABNT, 2014), seu comportamento se caracteriza por:

- trabalho à flexão nas duas direções;
- trabalho ao cisalhamento, que pode ser analisado utilizando o fenômeno da punção, de acordo com o item 19.5 da NBR 6118 (ABNT, 2014).

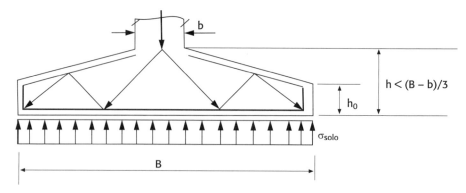

Fig. 6.6 *Sapata flexível*

Cálculo dos esforços solicitantes

Os esforços solicitantes na sapata flexível se desenvolvem como representado na Fig. 6.7.

Cálculo das armaduras em razão da flexão

Para o cálculo à flexão, a seção transversal será correspondente à largura do pilar, indicada na Fig. 6.8.

O sistema de equilíbrio interno da seção solicitada à flexão está representado na Fig. 6.9, cujo diagrama resistente é retangular.

$$A_s = \frac{R_{std}}{\sigma_{std}} = \frac{M_d/z}{\sigma_{std}} \qquad 6.5$$

Dimensionamento à força cortante

$$\frac{A_{sw}}{s} \geq \left(\frac{\left(\frac{V_{sd}}{b_w \cdot d}\right) - 0,6 f_{ctd}}{0,9 f_{ywd}} \right) b_w \qquad 6.6$$

O desenvolvimento das Eqs. 6.5 e 6.6 pode ser conferido no Cap. 4.

6.1.4 Hipótese de distribuição de tensões no solo

De acordo com o item 7.8.1 da NBR 6122 (ABNT, 2019b), as sapatas devem ser calculadas considerando-se os diagramas de tensão na base representativos e compatíveis com as características do terreno de apoio (solo ou rocha).

Segundo Leonhardt e Mönnig (1978b) e Montoya, Meseguer e Cabré (1973), a distribuição de pressões no solo embaixo de fundações rígidas não é uniforme. As Figs. 6.10 e 6.11 representam, de forma qualitativa,

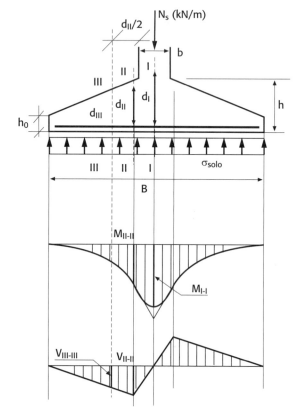

Fig. 6.7 *Esforços solicitantes na sapata flexível*

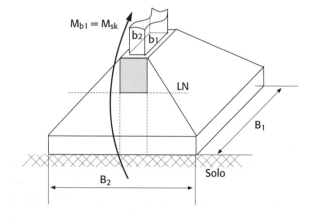

Fig. 6.8 *Comportamento de flexão*

as variações de tensões desenvolvidas pelas sapatas rígidas e flexíveis em solos rígidos e deformáveis.

No caso das sapatas flexíveis, as deformações da fundação fazem com que, em solos rígidos, a pressão no solo aumente sob o pilar e seja menor nas bordas, conforme indicado na Fig. 6.11. Em solos deformáveis, por conseguinte, a pressão apresenta-se praticamente uniforme (Leonhardt; Mönnig, 1978b; Montoya; Meseguer; Cabré, 1973).

Diante dessas considerações, admite-se que a hipótese de uma pressão no solo uniformemente distribuída é suficiente para o dimensionamento das sapatas, dada uma determinada carga de ruptura e com exceção dos casos de sapata (corrida) rígida e flexível em rocha. Nesses casos, admite-se a distribuição em dois triângulos com o vértice no centro da figura, conforme indicado na Fig. 6.12 e no Quadro 6.3, sendo um com vértice para cima (tensão zero) e o outro com vértice para baixo (tensão máxima).

De acordo com item 22.6.1 da NBR 6118 (ABNT, 2014), é possível admitir a distribuição de tensões

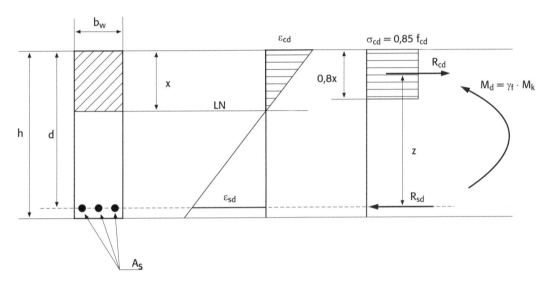

Fig. 6.9 *Sistema de equilíbrio interno*

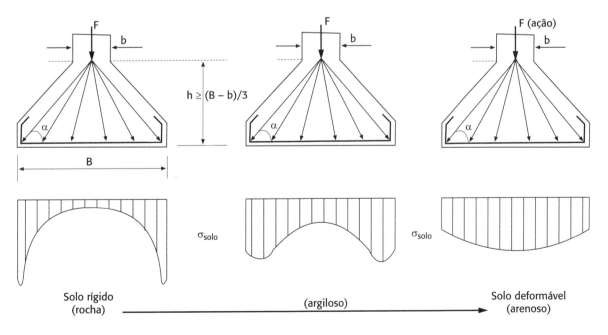

Fig. 6.10 *Distribuição de tensões pelas sapatas rígidas*

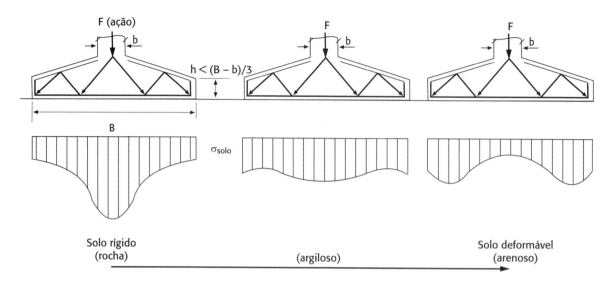

Fig. 6.11 *Distribuição de tensões pelas sapatas flexíveis*

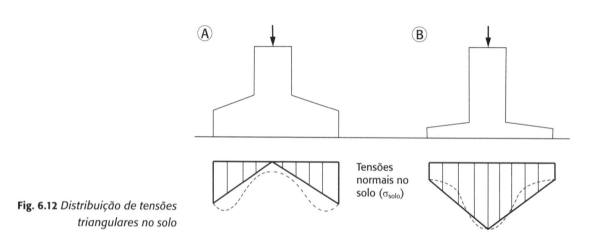

Fig. 6.12 *Distribuição de tensões triangulares no solo*

Quadro 6.3 Resumo das distribuições de tensões na base das sapatas

	Sapata rígida	**Sapata flexível**
Rocha		
Solo coesivo (argilosos)		
Solo não coesivo (granulares – arenosos)		

normais no contato solo-sapata rígida como plana caso não se disponha de informações mais precisas. Por outro lado, para sapatas flexíveis ou casos extremos de fundação em rocha (mesmo com sapata rígida), essa hipótese deve ser revista.

6.2 Dimensionamento e detalhamento de sapatas

Conforme o item 22.6.3 da NBR 6118 (ABNT, 2014), para o cálculo e o dimensionamento de sapatas devem ser utilizados modelos tridimensionais lineares (Fig. 6.13A) ou modelos biela-tirante tridimensionais (Fig. 6.13B), podendo, quando for o caso, ser utilizados

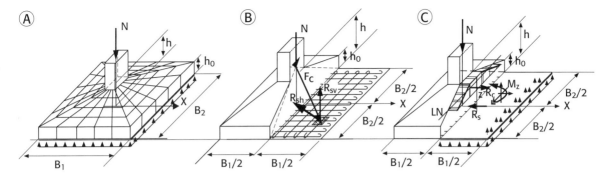

Fig. 6.13 *Modelos tridimensionais: (A) linear, (B) biela-tirante e (C) de flexão*

modelos de flexão (Fig. 6.13C). As sapatas podem ser separadas em rígidas e flexíveis e apenas excepcionalmente os modelos de cálculo precisam considerar a interação solo-estrutura.

As bielas representam campos de tensão de compressão no concreto entre as aberturas de fissuras (Fig. 6.14); os tirantes, por sua vez, são elementos tracionados representados pelas armaduras, utilizadas para absorver os respectivos esforços de tração (Fig. 6.13B).

6.2.1 Ações provenientes da superestrutura

Os esforços nas fundações, segundo o item 5.1 da NBR 6122 (ABNT, 2019b), são determinados a partir das ações e de suas combinações mais desfavoráveis, conforme prescrito pela NBR 6118 (ABNT, 2014) e pela NBR 8681 (ABNT, 2003c).

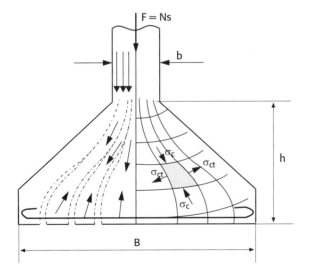

Fig. 6.14 *Comportamento de biela*

É necessário que os esforços sejam fornecidos no nível do topo das fundações, devendo esse nível ficar bem caracterizado. Por exemplo, no caso de edifícios, deve ser o topo dos baldrames; no caso de pontes, o topo dos blocos ou das sapatas.

Para o dimensionamento das sapatas serão consideradas as combinações últimas, mais desfavoráveis, conforme visto no Cap. 2.

6.2.2 Sapata rígida

O comportamento estrutural das sapatas rígidas pode ser discretizado para trabalhar separadamente nas duas direções, tanto à flexão quanto ao cisalhamento, conforme o item 22.6.2.2 da NBR 6118 (ABNT, 2014). Nesses casos, será admitida a tração à flexão uniformemente distribuída ao longo da largura correspondente da sapata.

A teoria de cálculo das sapatas rígidas, com comportamento de bielas, foi desenvolvida pelo engenheiro francês M. Lebelle em 1936. Por meio de inúmeros ensaios, Lebelle observou que sapatas com altura maior ou igual a $(B - b)/4$ apresentavam uma configuração de fissuras específicas, sugerindo um conjunto de bielas simétricas, independentes e atirantadas pela armadura, conforme apresentado nas Figs. 6.13B e 6.14.

Sapata isolada rígida

É elemento de fundação com seção não alongada ($B_2 \leq 3B_1$) que transmite ações de um único pilar centrado diretamente ao solo (Fig. 6.15). É também o tipo de sapata mais utilizada.

Essas sapatas podem apresentar bases quadradas, retangulares, circulares ou em outras formas, conforme visto nas Figs. 6.2 e 6.3, com a altura constante (blocos) ou variando linearmente entre as faces do pilar à extremidade da base.

a] *Cálculo da área da sapata*

$$A = \frac{\left[N_{sk} + (0,05 \text{ a } 0,1)G_k\right]}{\sigma_{adm,solo}} \quad \textbf{6.7}$$

ou

$$A = \frac{\gamma_f \left[N_{sk} + (0,05 \text{ a } 0,1)G_k\right]}{R_{d,solo}} \quad \textbf{6.8}$$

em que:
$N_{sd} = \gamma_f \cdot N_{sk}$ é a força solicitante de cálculo;
$N_{sk} = G_k + Q_k$, em que G_k é a parcela permanente da carga N_{sk} e Q_k, a parcela variável;
$G_{pp,k}$ é a carga pelo peso próprio da sapata;
$G_{solo,k}$ é a carga pelo solo (terra) sobre a sapata.

$$G_{pp,k} + G_{solo,k} = (0,05 \text{ a } 0,10)G_k \quad \textbf{6.9}$$

O fator 0,05 a 0,10 (5% a 10% da carga permanente) será utilizado para considerar o peso próprio da sapata, bem como o peso de terra acima dela, se houver. Recomendam-se 5% para sapatas flexíveis e de 5% a 10% para sapatas rígidas. Quando não se conhece separadamente a parcela permanente (G_k), aplicam-se 5% em toda carga:

$$A = \frac{1,05\, N_{sk}}{\sigma_{adm,solo}} \text{ ou } \frac{\gamma_f (1,05\, N_{sk})}{R_{d,solo}} \quad \textbf{6.10}$$

ou, no caso de edificações habitacionais ou comerciais, onde a carga variável não ultrapassa 5,0 kN/m², considerar $G_k = 70\% N_{sk}$ e $Q_k = 30\% N_{sk}$.

$$\begin{aligned}A &= \frac{N_{sk} + (0,05 \text{ a } 0,10)G_k}{\sigma_{adm,solo}} \\ &= \frac{\gamma_f \left[N_{sk} + (0,05 \text{ a } 0,10)G_k\right]}{R_{d,solo}}\end{aligned} \quad \textbf{6.11}$$

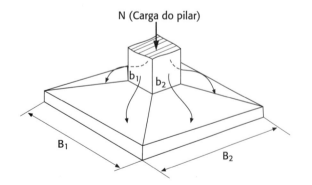

Fig. 6.15 *Sapata isolada rígida*

Segundo o item 5.6 da NBR 6122 (ABNT, 2019b), será considerado para peso próprio dos elementos de fundação um valor mínimo de 5% da carga vertical permanente.

A área da sapata será igual a:

$$A = B_1 \cdot B_2 \quad \textbf{6.12}$$

As dimensões B_1 e B_2, se possível, devem ser escolhidas de maneira que os momentos fletores nas duas direções produzam esforços nas armaduras aproximadamente iguais ($R_{s1} \cong R_{s2}$).

b] *Cálculo das armaduras pela flexão pelo método das bielas-tirantes*

Do sistema estrutural apresentado na Fig. 6.16, pode-se escrever a Eq. 6.13 fazendo momento em relação ao ponto O.

A força infinitesimal que o solo aplica na sapata vale:

$$d_p = \sigma_{solo} \cdot dx \cdot B_2 = \frac{N_s}{(B_1 \cdot B_2)} B_2 \cdot dx \quad \textbf{6.13}$$

O momento fletor em relação ao ponto O pela aplicação da carga d_p será:

$$d_p \cdot X = d_{Rs1} \cdot d_0 \therefore \frac{N_s}{B_1 \cdot B_2} B_2 \cdot X \cdot dx = d_{Rs1} \cdot d_0 \quad \textbf{6.14}$$

em que d_{Rs1} é a força infinitesimal na armadura na direção de B_1.

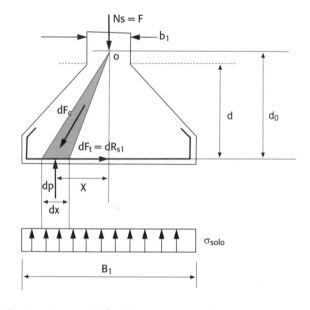

Fig. 6.16 *Sapata rígida: sistema estrutural*

$$R_{s1} = \frac{N_s}{B_1 \cdot d_0} \int_0^{B_1/2} X \cdot dx = \frac{N_s}{B_1 \cdot d_0} \frac{X^2}{2} \bigg|_0^{B_1/2} = \frac{N_s}{B_1 \cdot d_0} \frac{B_1^2}{8} \quad 6.15$$

$$\frac{d_0}{B_1/2} = \frac{d}{(B_1 - b_1)/2} \rightarrow d_0 = \frac{B_1 \cdot d}{(B_1 - b_1)} \quad 6.16$$

em que b_1 é a dimensão do pilar na direção B_1 da sapata e b_2 é a dimensão na direção de B_2 da sapata (Fig. 6.15).

Como o peso próprio da sapata caminha diretamente para o solo (Fig. 6.17), não provoca abertura de carga e, consequentemente, não é considerado no cálculo da força de tração na armadura R_{st}.

$$R_{sd1} = \frac{N_{sd}}{8d}(B_1 - b_1) \quad 6.17$$

em que $N_{sd} = \gamma_f \cdot N_{sk}$ é carga concentrada.

$$A_{s1} = \frac{R_{sd1}}{f_{yd}} \quad 6.18$$

em que f_{yd} a resistência de cálculo ao escoamento do aço de armadura passiva.

Utiliza-se um procedimento idêntico para o cálculo do A_{s2} (tração na direção de B_2).

$$R_{sd2} = \frac{N_{sd}}{8d}(B_2 - b_2) \quad 6.19$$

$$A_{s2} = \frac{R_{sd2}}{f_{yd}} \quad 6.20$$

c] *Cálculo das dimensões B_1 e B_2 da sapata*
Para que $R_{s1} \cong R_{s2} \therefore (B_1 - b_1) \cong (B_2 - b_2)$:

$$B_1 = B_2 + (b_1 - b_2) \therefore B_2 = B_1 - (b_1 - b_2) \quad 6.21$$

em que a área da sapata é calculada por $B_1 \cdot B_2$.

$$B_2 = \frac{A}{B_1} \quad 6.22$$

$$B_1 = \frac{A}{B_1} + (b_1 - b_2) \quad 6.23$$

$$(B_1)^2 = A + B_1(b_1 - b_2)$$
$$\therefore (B_1)^2 - (b_1 - b_2)B_1 - A = 0 \quad 6.24$$

$$B_1 = \frac{(b_1 - b_2) \pm \sqrt{(b_1 - b_2)^2 + 4A}}{2} \quad 6.25$$

$$B_1 = \frac{(b_1 - b_2)}{2} \pm \sqrt{\frac{(b_1 - b_2)^2}{4} + A} \quad 6.26$$

d] *Verificação ao cisalhamento*

Conforme já citado anteriormente, o cone hipotético de punção da Fig. 6.18, gerado a partir do contorno C (indicado na Fig. 6.19), transfere a carga

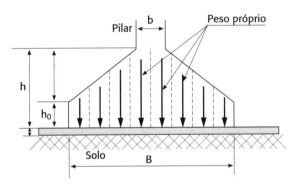

Fig. 6.17 *Peso próprio caminha diretamente para o solo*

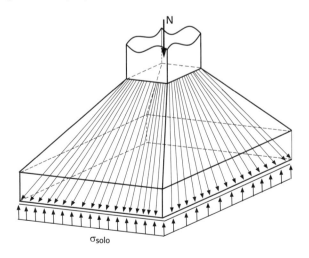

Fig. 6.18 *Cone hipotético de carga*

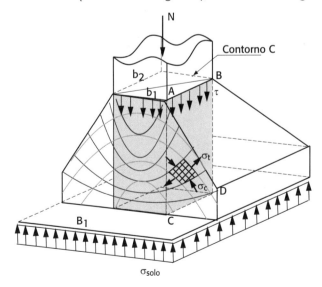

Fig. 6.19 *Tensões no contorno C (pilar-sapata)*

6 Fundações em sapatas submetidas a cargas concentradas

diretamente à fundação, verificando-se praticamente a inexistência de punção. Todavia, há a necessidade da verificação da tensão de ruptura nas bielas comprimidas.

e] *Verificação das tensões nas bielas: ruptura por compressão diagonal*

As tensões de cisalhamento devem, portanto, ser verificadas com atenção à ruptura por compressão diagonal do concreto no contorno C da ligação sapata-pilar (Fig. 6.19), ou seja, na biela comprimida, de acordo com o item 19.5.3.1 da NBR 6118 (ABNT, 2014).

Com relação ao cisalhamento em fundações, Leonhardt e Mönnig (1978b) recomendam que se reduza a força cortante por conta das condições mais favoráveis do que em lajes de piso, visto que a pressão que o solo provoca sob o pilar desenvolve tensões que aumentam a tensão de cisalhamento.

A cortante, bem como a punção e a resistência ao cisalhamento, pode ser calculada na seção a uma distância de $d/2$ da face do pilar, em qualquer direção. A ruptura por cisalhamento ocorre sob a forma de punção com fissuras inclinadas a 45° (Fig. 6.20), mais íngremes que os 30° das lajes de piso carregadas fora do círculo de punção.

Embora Leonhardt e Mönnig (1978b), assim como outros autores, recomendem a verificação na seção a $d/2$ da face do pilar, o item 17.4.1.2.1 da NBR 6118 (ABNT, 2014) preconiza que essas reduções não se aplicam à verificação à compressão diagonal do concreto. Diante disso, o concreto será verificado junto à face do pilar.

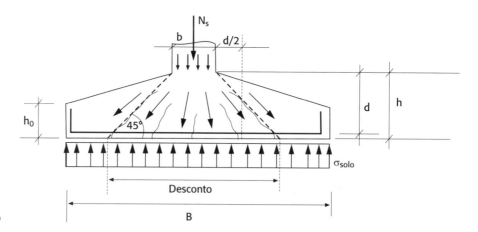

Fig. 6.20 *Verificação à punção*

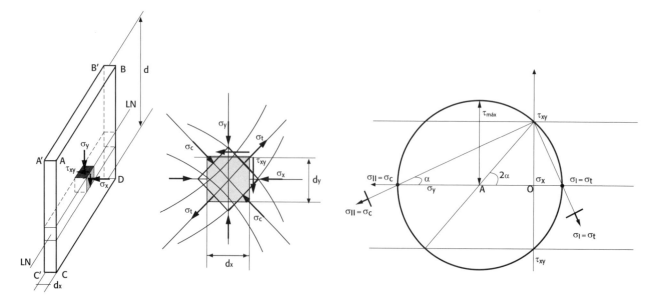

Fig. 6.21 *Tensões no elemento dx-dy (círculo de Mohr)*

Quando se fala em verificação ao cisalhamento, o que se verifica na realidade é a tensão principal de compressão nas bielas comprimidas (Fig. 6.21).

A tensão de cisalhamento atuante no plano ABCD (Figs. 6.19 e 6.21) é igual a:

$$\tau_{xy,d} = \tau_{sd} = \frac{N_{sd}}{(\mu \cdot d)} \qquad 6.27$$

em que:
μ é o perímetro do contorno crítico C = 2(b_1 + b_2) (Fig. 6.19);
d é a altura útil;
F_{sd} é a força de cálculo aplicada (ação);
N_{sd} é a solicitante de cálculo.

Com base no círculo de Mohr, obtêm-se as seguintes equações:

$$\sigma_I = \sigma_t = \frac{(\sigma_x + \sigma_y)}{2} + \sqrt{\left(\frac{\sigma_x - \sigma_y}{2}\right)^2 + \tau_{xy}^2} \qquad 6.28$$

$$\sigma_{II} = \sigma_c = \frac{(\sigma_x + \sigma_y)}{2} - \sqrt{\left(\frac{\sigma_x - \sigma_y}{2}\right)^2 + \tau_{xy}^2} \qquad 6.29$$

$$\text{tg } 2\alpha = \frac{2\tau}{\sigma_y - \sigma_x} \qquad 6.30$$

$$\text{tg } \alpha = \frac{\tau}{\sigma_x - \sigma_{II}} = \frac{\tau}{\sigma_y - \sigma_I} \qquad 6.31$$

Para condições-limites, de acordo com o item 8.2.6 da NBR 6118 (ABNT, 2014), têm-se:

$$\sigma_I \leq f_{ctk} = 0{,}9 \cdot 1{,}3 f_{ct,m} = 0{,}9 \cdot 1{,}3 \cdot 0{,}3 f_{ck}^{2/3}$$
$$= 0{,}351 f_{ck}^{2/3} \qquad 6.32$$

$$\sigma_{II} \leq f_{ck} - 4 f_{ctk} \qquad 6.33$$

Considerando α = 45° e σ_x = 0 na posição da linha neutra, na Eq. 6.29 obtêm-se:

$$\tau = \sigma_{II} \leq f_{ck} - 4 f_{ctk} \cong f_{ck} - 4 \frac{f_{ck}}{8} = 0{,}5 f_{ck} \qquad 6.34$$

$$\tau_{Rd} = \frac{\sigma_{II}}{2} = 0{,}25 f_{ck} \qquad 6.35$$

No entanto, o item 19.5.3.1 da NBR 6118 (ABNT, 2014) limita:

$$\tau_{xy,d} = \tau_{sd} = \frac{N_{sd}}{(\mu \cdot d)} \leq \tau_{Rd2} = 0{,}27 \alpha_v \cdot f_{cd} \qquad 6.36$$

em que $\alpha_v = \left(1 - \frac{f_{ck}}{250}\right)$ é o fator que representa a eficiência do concreto, com f_{ck} em megapascal.

O valor de τ_{Rd2} pode ser ampliado em 20% por efeito de estado múltiplo de tensões junto ao pilar interno quando os vãos que chegam a esse pilar não diferirem mais de 50% e não existirem aberturas junto ao pilar. Para que não haja punção, portanto, usa-se:

$$d \geq \frac{N_{sd}}{0{,}27 \alpha_{v2} \cdot \mu \cdot f_{cd}} \qquad 6.37$$

Sapata corrida rígida

O dimensionamento e o detalhamento para sapata corrida rígida (L ≥ 3B) utilizam os mesmos critérios adotados para as sapatas rígidas isoladas, considerando, nesse caso, as larguras B_2 e b_2, da sapata e do pilar, respectivamente, unitárias (Fig. 6.22).

a] *Cálculo das armaduras devidas à flexão pelo método das bielas-tirantes*

O mesmo sistema estrutural apresentado na Fig. 6.16 se repete na Fig. 6.23, e para se escrever a Eq. 6.38 utiliza-se da Eq. 6.13, mas com B_2 igual à unidade.

Assim, a força infinitesimal que o solo aplica na sapata vale:

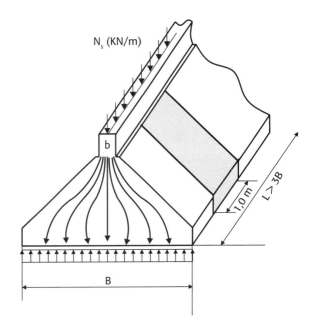

Fig. 6.22 *Sapata corrida rígida*

6 Fundações em sapatas submetidas a cargas concentradas

$$d_p = \sigma_{solo} \cdot dx \cdot 1{,}0 = \frac{N_s}{(B \cdot 1{,}0)} \cdot 1{,}0 dx \qquad 6.38$$

O momento fletor em relação ao ponto O pela aplicação da carga d_p é:

$$d_p \cdot X = d_{Rs} \cdot d_0 \therefore \frac{N_s}{B \cdot 1{,}0} \cdot 1{,}0 X \cdot dx = d_{Rs} \cdot d_0 \qquad 6.39$$

$$R_s = \frac{N_s}{B \cdot d_0} \int_0^{\frac{B}{2}} X \cdot dx = \frac{N_s}{B \cdot d_0} \frac{X^2}{2} \int_0^{\frac{B}{2}}$$
$$= \frac{N_s}{B \cdot d_0} \frac{B^2}{8} \qquad 6.40$$

$$\frac{d_0}{B/2} = \frac{d}{(B-b)/2} \rightarrow d_0 = \frac{B \cdot d}{(B-b)} \qquad 6.41$$

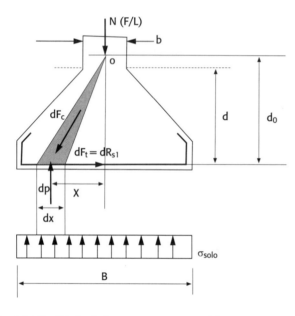

Fig. 6.23 *Equilíbrio de forças na sapata corrida*

$$R_{sd} = \frac{\gamma_f \cdot N_{sk}}{8d}(B-b) \qquad 6.42$$

Sendo, nesse caso, N_s uma carga por unidade de comprimento.

$$A_s = \frac{R_{sd}}{f_{yd}} \begin{pmatrix} \text{área por unidade} \\ \text{de comprimento} \end{pmatrix} \qquad 6.43$$

A armadura de distribuição na direção de L é:

$$A_{s_{dist}} = \frac{A_s}{5} \qquad 6.44$$

b] *Verificação ao cisalhamento*

No caso das sapatas corridas, o conceito de punção é mais difícil de ser identificado, portanto as tensões de cisalhamento serão calculadas por meio da força cortante na seção II-II (Fig. 6.24) e comparadas com a tensão τ_{R2} (normalmente valores maiores do que aqueles calculados pelo efeito da punção), conforme especificado pelo item 17.6.2.2 da NBR 6118 (ABNT, 2014).

$$V_{II} = \sigma_{solo} \frac{(B-b)}{2} = \frac{N_s}{B \cdot 1{,}0} \frac{(B-b)}{2} \qquad 6.45$$

$$\tau_{sd} = \frac{\gamma_f \cdot V_{II}}{1{,}0d} \leq \tau_{R2} \qquad 6.46$$

$$\tau_{Rd2} = 0{,}27 \alpha_v \cdot f_{cd} \qquad 6.47$$

em que: $\alpha_v = \left(1 - \frac{f_{ck}}{250}\right)$, com f_{ck} em megapascal.

c] *Detalhamento das sapatas rígidas*
⊕ Armadura mínima à flexão (sapata)

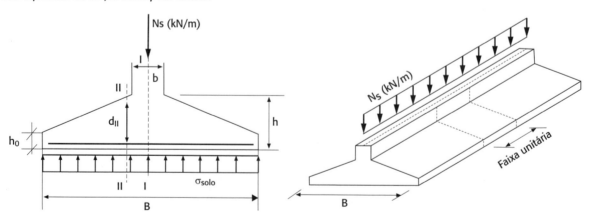

Fig. 6.24 *Cortante na seção II-II*

Os parâmetros para o cálculo das taxas e valores mínimos das armaduras passivas nas peças de concreto armado se encontram nas Tabs. 6.1 e 6.2.

⊕ Espaçamento entre barras

As barras da armadura principal devem apresentar espaçamento no máximo igual a $2h$ ou 20 cm, prevalecendo o menor desses dois valores. A armadura secundária deve ser igual ou superior a 20% da armadura principal, mantendo-se ainda um espaçamento entre as barras de no máximo 33 cm, conforme estipulado pelo item 20.1 da NBR 6118 (ABNT, 2014).

⊕ Ganchos nas extremidades das barras

Quanto ao detalhamento, o item 22.6.4.1.1 da NBR 6118 (ABNT, 2014) recomenda que a armadura de flexão seja uniformemente distribuída ao longo da largura da sapata, estendendo-se integralmente ao longo da outra dimensão e terminando em gancho nas duas extremidades. Os ganchos das armaduras de tração seguem as determinações do item 9.4.2.3 da mesma norma da ABNT (Fig. 6.25).

Para barras com $\phi \geq 20$ mm, devem ser usados ganchos de 135° ou 180°. Para barras com $\phi \geq 25$ mm, deve ser verificado o fendilhamento em plano horizontal, uma vez que pode ocorrer o destacamento de toda a malha da armadura. A Tab. 6.3 recomenda o diâmetro mínimo de dobramento das barras.

⊕ Comprimento de ancoragem necessário

O comprimento de ancoragem necessário pode ser calculado, segundo o item 9.4.2.5 da NBR 6118 (ABNT, 2014), por:

Tab. 6.1 Taxa mínima de armadura

Forma da seção		Valores de $\rho_{min}^{(1)}$ $(A_{s,min}/A_c)\%$ – Concreto (f_{ck}): classe até C50						
		20	**25**	**30**	**35**	**40**	**45**	**50**
Retangular	$\omega_{min} = 0,035$	0,150	0,150	0,150	0,164	0,179	0,194	0,208

(1) Os valores de ρ_{min} estabelecidos nessa tabela pressupõem uso de aço CA-50, $\gamma_c = 1,4$, $\gamma_s = 1,15$ e $b/h = 0,8$. Caso esses valores sejam diferentes, ρ_{min} deve ser calculado com base no valor de $\omega_{min} = 0,035$, ou seja: $\rho_{min} = \omega_{min}(A_c \cdot f_{cd})/f_{yd}$.

Fonte: Tabela 17.3 da NBR 6118 (ABNT, 2014).

Tab. 6.2 Valores mínimos para armaduras passivas

	Armaduras negativas	Armaduras positivas de lajes armadas nas duas direções	Armadura positiva (principal) de lajes armadas em uma direção	Armadura positiva (secundária) de lajes armadas em uma direção
Elementos estruturais sem armaduras ativas (somente armaduras passivas)	$\rho_S \geq \rho_{min}$	$\rho_S \geq 0,67\rho_{min}$	$\rho_S \geq \rho_{min}$	$A_s/s \geq 20\%$ da armadura principal; $A_s/s \geq 0,9$ cm²/m; $\rho_S \geq 0,5\rho_{min}$

em que: $\rho_s = A_s/(b_w \cdot h)$.

Os valores de ρ_{min} constam da Tab. 6.1.

Fonte: Tabela 19.1 da NBR 6118 (ABNT, 2014).

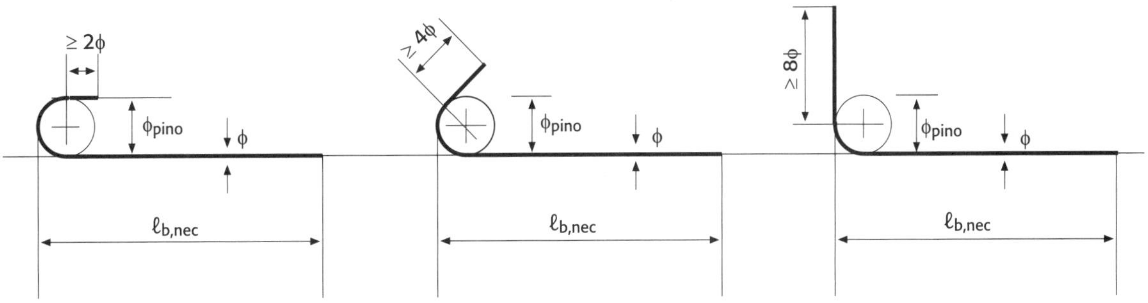

Fig. 6.25 *Ganchos*

6 Fundações em sapatas submetidas a cargas concentradas

Tab. 6.3 Diâmetro de dobramento (ϕ_{pino})

Bitola (mm)	CA-25	CA-50	CA-60
< 20	4ϕ	5ϕ	6ϕ
≥ 20	5ϕ	8ϕ	–

Fonte: Tabela 9.1 da NBR 6118 (ABNT, 2014).

$$\ell_{b,nec} = \alpha \cdot \ell_b \frac{A_{s,cal}}{A_{s,ef}} \ell_{b,mín} (0,3\ell_b, 10 \text{ e } 100 \text{ mm}) \quad 6.48$$

em que:
α = 1,0 para barras sem gancho;
α = 0,7 para barras tracionadas com gancho, com cobrimento no plano normal ao do gancho ≥ 3ϕ;
α = 0,7 quando houver barras transversais soldadas, conforme o item 9.4.2.2 da NBR 6118 (ABNT, 2014);
α = 0,5 quando houver barras transversais soldadas, conforme o item 9.4.2.2 da NBR 6118 (ABNT, 2014), e gancho com cobrimento no plano normal ao do gancho ≥ 3ϕ.

$$\ell_b = \frac{\phi}{4} \frac{f_{yd}}{f_{bd}} \geq 25\phi \text{ (comprimento de ancoragem básico)} \quad 6.49$$

$$f_{bd} = \eta_1 \eta_2 \eta_3 f_{ctd} \quad 6.50$$

em que f_{bd} é a tensão de aderência e η_1 = 2,25, η_2 = 1,0 e η_3 = 1,0, de acordo com o item 9.3.2.1 da NBR 6118 (ABNT, 2014).

$$f_{ctd} = \frac{0,7 f_{ct,m}}{\gamma_c} = \frac{0,21 f_{ck}^{2/3}}{1,4} = 0,15 f_{ck}^{2/3} \quad 6.51$$

Na Tab. 6.4 estão indicados os comprimentos de ancoragem em função do diâmetro das barras e dos valores característicos de concreto.

Tab. 6.4 Comprimento de ancoragem em função da bitola e dos valores característicos do concreto

	Resistência característica do concreto (f_{ck} em MPa)			
Comprimento de ancoragem	20	25	30	40
Sem gancho $\ell_b = \phi \cdot f_{yd}/(4f_{bd})$	44ϕ	38ϕ	34ϕ	28ϕ
Com gancho $\ell_{b,nec} = \alpha \cdot \ell_b = 0,7 \ell_b$	31ϕ	26ϕ	24ϕ	20ϕ

* Armadura de espera (arranque/emenda)

A sapata deve ter altura suficiente para permitir a ancoragem da armadura de arranque. Nessa ancoragem, pode ser considerado o efeito favorável da compressão transversal às barras decorrente da flexão da sapata, conforme o item 22.6.4.1.2 da NBR 6118 (ABNT, 2014).

A armadura de espera decorre da necessidade executiva em face da demanda de uma junta de concretagem no início do pilar (Fig. 6.26). A finalidade dessa armadura é transmitir para a fundação os esforços vindos através da armadura do pilar e que morrem na junta.

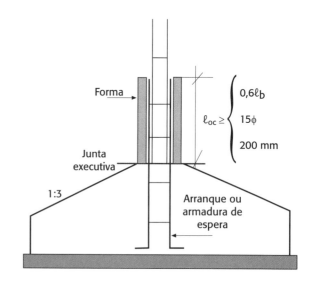

Fig. 6.26 *Arranque: armadura de espera para os pilares*

Portanto, acima do topo da sapata a armadura de espera deve ter um comprimento de emenda à compressão (ou tração, no caso de pilares solicitados à flexão composta) que possibilite a transferência de esforços.

Esse tipo de emenda (traspasse) não é permitido para barras de bitola maiores que 32 mm nem para tirantes e pendurais (elementos estruturais lineares de seção inteiramente tracionada), conforme estipulado pelo item 9.5.2 da NBR 6118 (ABNT, 2014).

Quando se tratar de uma armadura permanentemente comprimida ou de distribuição, todas as barras podem ser emendadas na mesma seção e o comprimento de traspasse pode ser calculado por (item 9.5.2 da NBR 6118 – ABNT, 2014):

$$\ell_{0c} = \ell_{b,nec} \geq \ell_{0c,min} \text{ (ver Eq. 6.48)} \qquad \textbf{6.52}$$

em que $\ell_{0c,min}$ é o maior entre $0{,}6\,\ell_b$, 15φ e 200 mm.

O comprimento da armadura de espera dentro da sapata deve ser o necessário para permitir sua ancoragem à compressão (ℓ_{oc}). No caso de uma sapata com pilar submetido à tração, ver detalhe na seção 7.2.6 do Cap. 7.

Caso a altura da sapata seja insuficiente para possibilitar a ancoragem das barras da armadura de espera ($h < \ell_{bc}$), existem alternativas para solucionar o problema sem alterar a altura da sapata (Fig. 6.27).

⊕ Alternativas para não alterar à altura da sapata

- *Diminuir a tensão na barra, aumentando o A_s da armadura de espera.* Nesse caso, o comprimento de ancoragem da armadura se reduz na proporção direta das tensões. Assim:

$$\ell_{bc} = \frac{A_{s,pilar}}{A_{s,espera}} \varphi \qquad \textbf{6.53}$$

- *Diminuir, se possível, o diâmetro da barra do pilar ou espera.* A redução da bitola (diâmetro da barra) por si só já reduz a ancoragem, visto que é função de φ (Tab. 6.5). É importante, nesses casos, manter a área de armadura necessária (para o concreto $f_{ck} = 20$, o comprimento de ancoragem é de 44φ; ver Tab. 6.4). Reduzindo apenas a bitola da armadura de espera, deve-se estudar a emenda dessas barras com as do pilar, de maneira a se obter uma disposição conveniente. Por exemplo: se substituir $1\varphi 25$ por $2\varphi 20$ (Fig. 6.28), a redução da ancoragem fica:

$$\ell_{bc} \cdot \frac{44 \cdot 16}{44 \cdot 25} = 0{,}64\,\ell_{bc}$$

Tab. 6.5 Bitolas padronizadas pela ABNT

Bitola/diâmetro φ (mm) Barras	Valores nominais de cálculo		
	Diâmetro (polegadas)	Massa (kg/m)	Área da seção (mm²)
16	5/8	1,578	201,1
20	3/4	2,466	314,2
25	1	3,853	490,9

Fonte: NBR 7480 (ABNT, 2007).

Com a redução da bitola, exige-se um aumento de área e, consequentemente, uma nova redução. Utilizando $2\varphi 20$ ou $3\varphi 16$, calculam-se as áreas:

$$A_{2\varphi 20} = 2 \times 3{,}142 \cong 6{,}3 > A_{1\varphi 25} \cong 5 \text{ cm}^2$$

$$\ell_{bc} \cdot \frac{A_{1\varphi 25}}{A_{2\varphi 20}} = \left(\frac{5}{6{,}3}\right) \ell_{bc} = 0{,}8\,\ell_{bc}$$

$$A_{3\varphi 16} = 3 \times 2{,}011 \cong 6{,}033 > A_{1\varphi 25} \cong 5 \text{ cm}^2$$

$$\ell_{bc} \cdot \frac{A_{1\varphi 25}}{A_{3\varphi 16}} = \left(\frac{5}{6{,}033}\right) \ell_{bc} = 0{,}83\,\ell_{bc}$$

- *Fazer pescoço,* ou seja, aumentar a área do pilar junto à sapata de maneira que o início de transferência de carga das barras da armadura de espera ocorra antes de entrar na sapata (Fig. 6.29). Nesse caso, determina-se o acréscimo de área de concreto necessário para absorver a parcela de carga que não pode ser absorvida pela sapata.

$$f_{yd} \cdot A_s \frac{(\ell_{bc} - h)}{\ell_{bc}} = \Delta A_c \cdot f_{cd} \qquad \textbf{6.54}$$

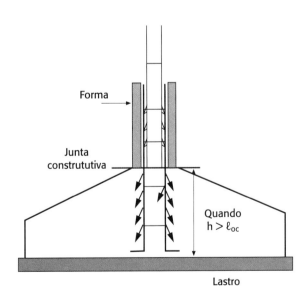

Fig. 6.27 *Comprimento de ancoragem × altura da sapata*

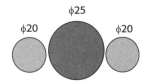

Fig. 6.28 *Redução de bitola × redução do comprimento de ancoragem*

$$\Delta A_c = \frac{f_{yd}}{f_{cd}} \frac{(\ell_{bc} - h)}{\ell_{bc}} A_s \qquad 6.55$$

em que ΔA_c é o acréscimo de área de concreto no pilar no trecho ($\ell_{bc} - h$).

Executivamente, essa solução é algumas vezes considerada inadequada por interromper a forma do pilar e exigir uma nova forma para o pescoço.

⊕ Dimensões e detalhes da sapata

Os parâmetros que definem dimensões, bem como detalhes importantes nas especificações das sapatas, estão comentados a seguir, com as respectivas indicações na Fig. 6.30.

As sapatas isoladas não devem ter dimensões da base inferiores a 60 cm, conforme dita o item 7.7.1 da NBR 6122 (ABNT, 2019b).

Nas divisas com terrenos vizinhos, salvo quando a fundação for assentada em rocha, a profundidade mínima (cota de apoio da fundação) não pode ser inferior a 1,5 m, de acordo com o item 7.7.2 da mesma norma.

A inclinação da parte superior da sapata, para não ser necessário colocar formas (Fig. 6.31), não deve ser superior a 1:3 (ângulo de inclinação tg $\alpha = 0{,}33$; $\alpha = 18{,}3°$) a 1:4 (tg $\alpha = 0{,}25$; $\alpha = 14°$). Montoya, Meseguer e Cabré (1973) recomendam $\alpha \leq 30°$ ($\cong 1{:}2$) e h_0 entre $h/3$ e 20 cm (o maior valor). Leonhardt e Mönnig (1978b), por sua vez, recomendam uma inclinação de até 20°. Dessa consideração, resulta:

$$h_1 \leq \left(B - b - 2b_f\right) \operatorname{tg}\alpha/2 \qquad 6.56$$

A altura h_0 da base da sapata deverá ser o maior valor entre $h/30$, 20 cm e ($h - h_1$). Além disso, deve-se deixar um acabamento maior ou igual a 2,5 cm junto ao pilar, para se apoiar sua forma.

Toda fundação superficial (dita rasa ou direta) em contato com o solo deve ser concretada sobre um lastro de concreto não estrutural (magro) de no mínimo 5 cm de espessura. No caso de assentamento sobre rocha, esse lastro deve servir para a regularização da superfície e pode ter espessura variável,

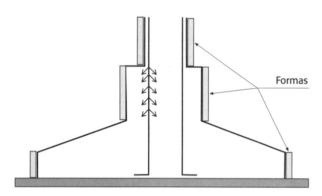

Fig. 6.29 *Aumento da área do pilar com pescoço*

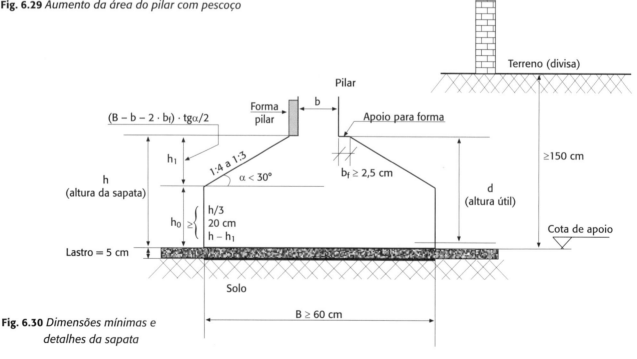

Fig. 6.30 *Dimensões mínimas e detalhes da sapata*

Fig. 6.31 *Fotos de sapatas isoladas*
Fonte: Fundacta/Solo.Net.

observando-se, no entanto, o mínimo de 5 cm, conforme o item 7.7.3 da NBR 6122 (ABNT, 2019b).

6.2.3 Sapatas flexíveis

Embora de uso mais raro, essas sapatas são utilizadas para a fundação de cargas pequenas e de solos relativamente fracos. Segundo o item 22.6.2.3 da NBR 6118 (ABNT, 2014), seu comportamento se caracteriza por:

a] Trabalho à flexão nas duas direções, não sendo possível admitir tração na flexão uniformemente distribuída na largura correspondente da sapata. A concentração de tensão por causa da flexão junto ao pilar deve ser, em princípio, avaliada.

Observa-se que a sapata troco-pirâmide tem a compressão devida à flexão aplicada somente em uma faixa, correspondente à largura do pilar, mais os 5 cm para apoio da forma, ao passo que, no caso de sapata corrida e no caso de bloco, a largura comprimida é a largura total da sapata (bloco), conforme indicado na Fig. 6.32.

b] Trabalho ao cisalhamento, que pode ser analisado utilizando o fenômeno da punção, de acordo com o item 19.5 da NBR 6118 (ABNT, 2014). A distribuição plana de tensões no contato sapata-solo deve ser verificada.

No caso das sapatas flexíveis (Fig. 6.33), o caminhamento das cargas se faz de forma análoga ao esquema da treliça clássica, com diagonais comprimidas e tracionadas (montantes inclinados) e banzos comprimidos (superiores) e tracionados (inferiores).

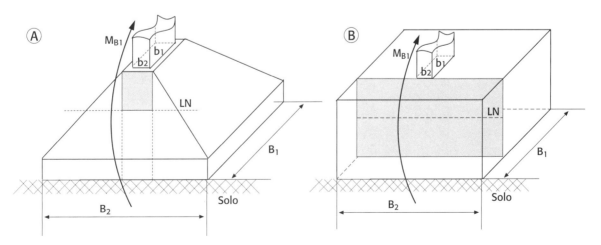

Fig. 6.32 *Concentração de tensão pela flexão: (A) seção tronco-pirâmide (chanfrada) e (B) seção constante (bloco)*

Deve-se verificar o concreto em razão da força cortante e colocar armadura para levantamento de carga devido à cortante, caso V_{sd} seja maior do que V_c.

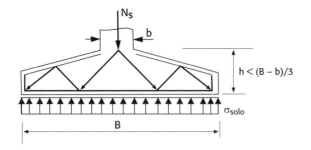

Fig. 6.33 *Sapata flexível: comportamento estrutural*

Sapata flexível isolada

a] *Cálculo da área da sapata*

Será considerado acréscimo de 5% da carga permanente por causa do peso próprio da sapata e da terra que está sobre a aba da sapata (somente para o cálculo da área da sapata).

$$A_{sap} = \frac{N_{sd} + 0,05\,G_k}{\sigma_{adm,solo}} \qquad 6.57$$

em que $N_{sd} = G_k + Q_k$, em que G_k é a carga permanente atuante e Q_k é a carga variável.

Para o cálculo de B_1 e B_2, utilizar os procedimentos idênticos aos realizados para a sapata rígida.

b] *Cálculo dos esforços solicitantes*

O cálculo dos momentos fletores nas seções I-I e II-II, indicados na Fig. 6.34, será feito considerando todas as cargas à esquerda das referidas seções.

É importante destacar que tanto o peso próprio da sapata quanto a terra sobre ela caminham diretamente ao solo, não provocando momento nem cortante na sapata.

⊕ Seção I-I

É interessante considerar a redução dos esforços solicitantes à medida que se entra na seção do pilar. Para tanto, leva-se em conta a parcela de carga do pilar (N_s/b_p) contrária à carga do solo e aplicada na sapata, reduzindo o momento, conforme a Fig. 6.35.

$$M_I = \sigma_{solo} \cdot B_2 \frac{(B_1/2)^2}{2} - \frac{N_{sk} \cdot b_2}{b_1 \cdot b_2} \frac{(b_1/2)^2}{2} \qquad 6.58$$

em que $\sigma_{solo} = \frac{N_{sk}}{B_1 \cdot B_2}$.

$$M_I = \frac{N_{sk} \cdot B_2}{B_1 \cdot B_2} \frac{B_1^2}{8} - \frac{N_{sk}}{b_1} \frac{b_1^2}{8} = \frac{N_{sk}}{8}(B_1 - b_1) \qquad 6.59$$

$$V_I = \frac{N_{sk} \cdot B_2}{B_1 \cdot B_2} \frac{B_1}{2} - \frac{N_{sk}}{b} \frac{b}{2} = 0 \qquad 6.60$$

Para o dimensionamento da seção I-I, pode-se admitir um aumento da altura da sapata na relação de 1:3 até o eixo do pilar. Assim:

$$d_I = d_{II} + \left(\frac{1}{3}\right)\left(\frac{b}{2}\right) = d_{II} + b/6 \qquad 6.61$$

⊕ Seção II-II

$$M_{II} = \sigma_{solo} \cdot B_2 \frac{(B_1 - b_1)}{2} \frac{(B_1 - b_1)}{4}$$
$$= \frac{N_{sk} \cdot B_2}{B_1 \cdot B_2} \frac{(B-b)^2}{8} \; kN \cdot m \qquad 6.62$$

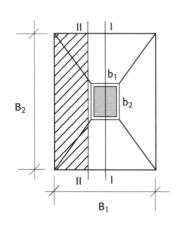

Fig. 6.34 *Sapata flexível isolada*

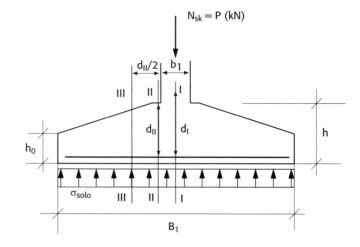

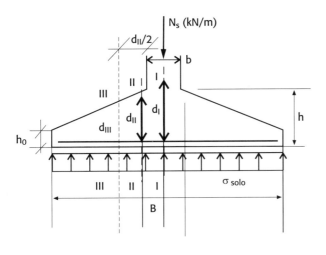
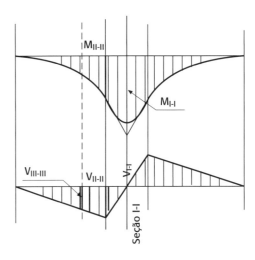

Fig. 6.35 *Esforços solicitantes reduzidos nas seções dentro do pilar*

$$M_{II} = \frac{N_{sk}}{B_1} \frac{(B-b)^2}{8} \; kN \cdot m \qquad 6.63$$

$$V_{II} = \frac{N_{sk} \cdot B_2}{B_1 \cdot B_2} \frac{(B_1 - b_1)}{2} \; kN \qquad 6.64$$

- Seção III-III (somente cortante)

$$V_{III} = \sigma_{solo} \cdot B_2 \frac{(B_1 - b_1)}{2} - \frac{d_{II}}{2} = \frac{N_{sk}}{B_1} \frac{(B_1 - b_1 - d_{II})}{2} \qquad 6.65$$

O cálculo dos momentos nas seções I e II considerando a linearização da carga, ou seja, multiplicando a tensão do solo pelo lado B_2, pode ser adotado com razoável precisão. Todavia, quando se lineariza a carga nas duas direções observa-se uma superposição de cargas e isso resulta em valores muito acima do real. Dessa forma, será considerado para o cálculo da cortante o quinhão de carga correspondente à área delimitada, conforme indicado na Fig. 6.36.

O item 17.4.1.2.1 da NBR 6118 (ABNT, 2014) preconiza que, para a verificação da resitência à compressão diagonal no concreto, nenhuma redução de carga será permitida. Portanto, para verificar o limite de tensão, a cortante a ser utilizada será aquela calculada com o quinhão de carga indicado na Fig. 6.36A

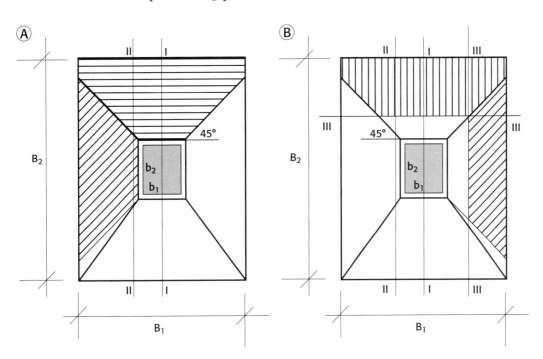

Fig. 6.36 *Quinhão de carga para cálculo da cortante: (A) para verificação de tensões e (B) para verificação da exigência de armadura*

e sua verificação se dará na seção II-II. Por outro lado, para verificar a exigência de se armar ou não à cortante, a verificação será feira com o quinhão de carga, conforme a Fig. 6.36B, na seção III-III.

※ Largura efetiva na seção III-III

A força cortante, nesse caso, é igual à componente normal das forças aplicadas na área de influência do pilar, hachurada nos três casos da Fig. 6.37, ou seja, é a área hachurada multiplicada pela tensão no solo existente naquela respectiva área, que é a somatória de forças naquela área.

A largura efetiva para a verificação da tensão pela cortante é mostrada na Fig. 6.38 e calculada pelas expressões a seguir:

$$\frac{c_2}{c_1} = \frac{c'_2}{d_{II}/2} \therefore c'_2 = \frac{\frac{B_2 - b_2}{2}}{\frac{B_1 - b_1}{2}} \frac{d_{II}}{2} \quad \textbf{6.66}$$

$$b_{w2,III} = b_2 + 2c'_2 \quad \textbf{6.67}$$

$$b_{w2,III} = b_2 + \frac{(B_2 - b_2)}{(B_1 - b_1)} d_{II} \quad \textbf{6.68}$$

$$b_{w1,III} = b_1 + \frac{(B_1 - b_1)}{(B_2 - b_2)} d_{II} \quad \textbf{6.69}$$

Para o cálculo das respectivas áreas de influência:

※ Caso A (Fig. 6.39): $(B_1 - b_1) > (B_2 - b_2)$

$$A_{inf} = B_2 \cdot K + \frac{1}{2}(B_2 + b_2 + d_{II}) \frac{1}{2}\left(\frac{B_2 - b_2 - d_{II}}{2}\right)$$

$$K = \frac{1}{2}(B_1 - b_1)(B_2 - b_2) \quad \textbf{6.70}$$

$$A_{inf} = \frac{1}{2}B_2 \left[(B_1 - b_1)(B_2 - b_2)\right]$$

$$+ \frac{1}{4}(B_2 + b_2 + d_{II})(B_2 - b_2 - d_{II})$$

※ Caso B: $(B_1 - b_1) = (B_2 - b_2)$

$$A_{inf} = \frac{1}{2}(B_2 + b_2 + d_{II}) \frac{1}{2}\left(\frac{B_1 - b_1 - d_{II}}{2}\right)$$

$$A_{inf} = \frac{1}{4}(B_2 + b_2 + d_{II})(B_1 - b_1 - d_{II}) \quad \textbf{6.71}$$

$$A_{inf} = \frac{1}{4}(B_2 + b_2 + d_{II})(B_2 - b_2 - d_{II})$$

※ Caso C (Fig. 6.40): $(B_1 - b_1) < (B_2 - b_2)$

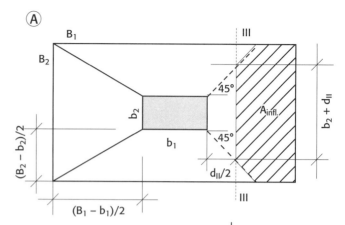

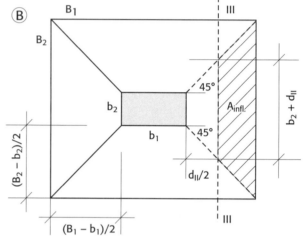

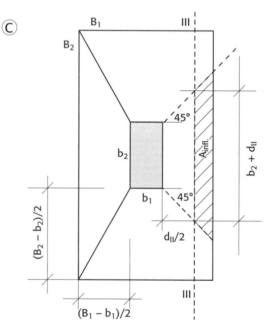

Fig. 6.37 *Área de influência da cortante: (A) $(B_1 - b_1) > (B_2 - b_2)$, (B) $(B_1 - b_1) = (B_2 - b_2)$ e (C) $(B_1 - b_1) < (B_2 - b_2)$*

$$A_{inf} = \left\{ \left[2\left(\frac{B_1-b_1}{2}\right) + b_2 \right] + (b_2+d_{II}) \right\}$$

$$\left[\frac{(B_1-b_1)}{2} - \frac{d_{II}}{2} \right] \frac{1}{2} \qquad 6.72$$

$$A_{inf} = \left[(B_1-b_1+b_2) + (b_2+d_{II}) \right]$$

$$(B_1-b_1-d_{II})$$

Para obter a área de influência para o cálculo da cortante junto ao pilar, ou seja, na seção II-II, considerar $d_{II} = 0$ nos três casos.

Portanto, as cortantes nas seções II-II e III-III serão calculadas multiplicando a tensão no solo pela carga distribuída na área de influência do pilar, em cada direção, conforme as Figs. 6.38, 6.39 e 6.40.

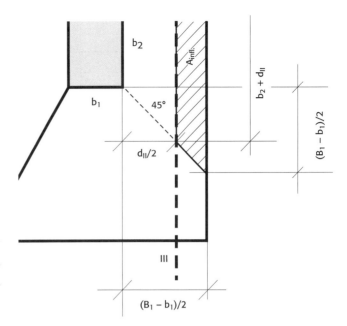

Fig. 6.40 *Detalhe do caso C*

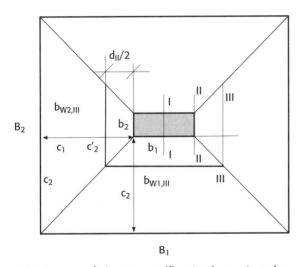

Fig. 6.38 *Largura efetiva para verificação da tensão pela cortante*

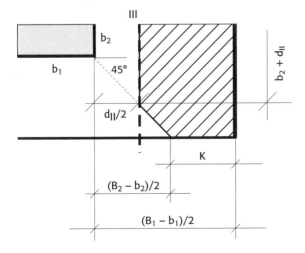

Fig. 6.39 *Detalhe do caso A, destacando a indicação de K*

$$V_{II,k} = \sigma_{solo} \cdot A_{infl,II} \qquad 6.73$$

$$V_{III,k} = \sigma_{solo} \cdot A_{infl,III} \qquad 6.74$$

c] *Dimensionamento à flexão*

Utilizando as equações apresentadas no Cap. 4 e do equilíbrio interno dos esforços indicados na Fig. 6.41, pode-se determinar a posição da linha neutra e, em seguida, a área da armadura necessária ao equilíbrio.

⊕ Dimensionamento de seção retangular com armadura simples

Para as sapatas corridas, considerar $b_w = 1,0$ m = 100 cm. Assim, calcula-se a posição da linha neutra com as Eqs. 4.1 a 4.6, resultando em:

$$x = \frac{-b \pm \sqrt{b^2 - 4a \cdot c}}{2a} \qquad 6.75$$

Para o cálculo da armadura, utiliza-se:

$$A_s = \frac{R_{std}}{\sigma_{std}} = \frac{M_{sd}/z}{\sigma_{std}} \qquad 6.76$$

ou os valores de K_c, K_x e K_s da tabela do Anexo A1, com:

$$K_c = \frac{b_w \cdot d^2}{M_{sd}} \qquad 6.77$$

Em seguida, calcula-se:

$$A_s = K_s \frac{M_{sd}}{d} \qquad 6.78$$

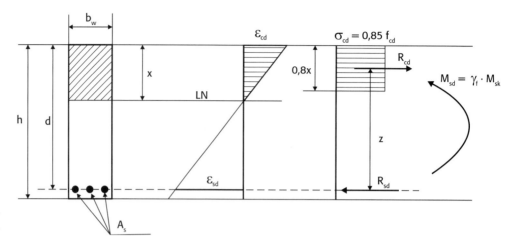

Fig. 6.41 *Sistema de equilíbrio: flexão simples*

Como já observado anteriormente, a sapata troco-pirâmide comprime, por conta da flexão aplicada, somente uma faixa, correspondente à largura do pilar, mais os 5 cm para apoio da forma (Fig. 6.42A). Todavia, pode-se trabalhar com uma largura colaborante se a situação exigir (Fig. 6.42B).

Para considerar a largura colaborante, substitui-se o diagrama parábola-retângulo pelo diagrama retangular de altura 0,8X (em que X é a profundidade da linha neutra) e, no caso de a seção diminuir na região comprimida, a partir da linha neutra para cima, a tensão máxima de compressão deverá ser reduzida de 0,85 para $0,8f_{cd}$, sendo $f_{ck} \leq 50$ MPa. Assim:

- Equações de equilíbrio

A Fig. 6.43 apresenta o equilíbrio com seção colaborante.

$$R_{cd} = A_{comp} \cdot 0,8 f_{cd} \qquad 6.79$$

$$A_{comp} = \left[(b + 2 \cdot 0,8X \cdot \xi) + b \right] \cdot \frac{0,8X}{2}$$
$$= (b + 0,8X \cdot \xi) \cdot 0,8X \qquad 6.80$$

$$R_{cd} \cdot Z = M_{sd} \qquad 6.81$$

$$Z = d - X_{CG} \qquad 6.82$$

$$X_{CG} = \frac{2\left(0,8X \cdot \xi \cdot \dfrac{0,8X}{2}\right)\dfrac{2 \cdot 0,8X}{3} + (b \cdot 0,8X)\dfrac{0,8X}{2}}{\left[(b + 2 \cdot 0,8X \cdot \xi) + b\right] \cdot \dfrac{0,8X}{2}} \qquad 6.83$$

$$X_{CG} = \frac{2(0,8X \cdot \xi)\dfrac{2 \cdot 0,8X}{3} + (b \cdot 0,8X)}{\left[2(b + 0,8X \cdot \xi)\right]} \qquad 6.84$$

Conhecendo ξ, b, d e M_{sd}, calcula-se a posição da LN → X. Em seguida, determina-se o valor de Z e, dessa forma, o valor de A_s.

$$R_{sd} = \frac{M_{sd}}{Z} \qquad 6.85$$

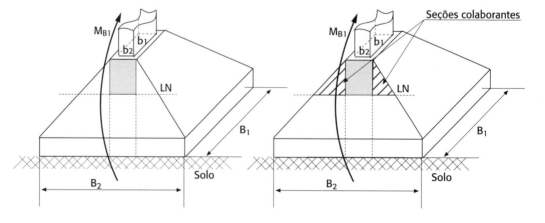

Fig. 6.42 *Seções consideradas no cálculo à flexão: (A) largura do pilar e (B) largura colaborante*

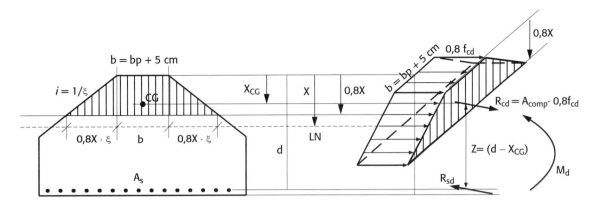

Fig. 6.43 *Equilíbrio com seção colaborante*

$$A_s = \frac{R_{sd}}{f_{yd}} = \frac{M_d}{z \cdot f_{yd}} \qquad 6.86$$

d] Detalhamento à flexão

⊕ Armaduras mínimas (Tabs. 6.1 e 6.2)

A armadura mínima de tração em elementos estruturais armados ou protendidos deve ser determinada pelo dimensionamento da seção a um momento fletor mínimo de cálculo dado pela expressão a seguir, respeitada a taxa mínima absoluta de 0,15% (item 17.3.5.2.1 da NBR 6118 – ABNT, 2014):

$$M_{d,mín} = 0,8 W_0 \cdot f_{ctk,\,sup} \qquad 6.87$$

em que:

W_0 é o módulo de resistência da seção transversal bruta de concreto, relativo à fibra mais tracionada;

$f_{ctk,sup}$ é a resistência característica superior do concreto à tração (f_{ck} até 50 MPa), sendo:

$$f_{ctk,sup} = 1,3 \cdot 0,3 f_{ck}^{2/3} = 0,39 f_{ck}^{2/3}$$

⊕ Detalhamento (Fig. 6.44) semelhante ao utilizado em sapatas rígidas (Fig. 6.30)

As armaduras principais, nas duas direções, podem ser distribuídas conforme indicado na Fig. 6.45, embora a distribuição uniforme seja a mais usual.

A exigência de levar a armadura de flexão da sapata até as extremidades se deve ao efeito de arco que se desenvolve quando a peça está próxima da ruptura. Colocar as armaduras até as extremidades proporciona o aparecimento desse efeito de arco, aumentando a capacidade resistente da peça (Fig. 6.46).

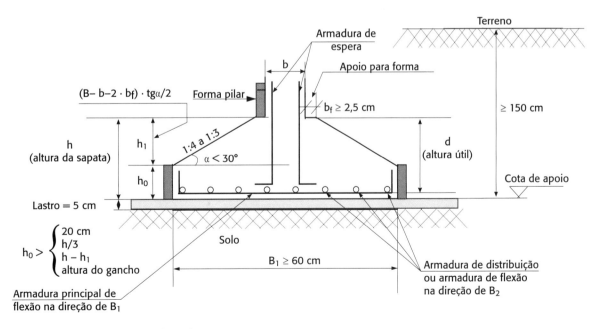

Fig. 6.44 *Detalhamento da sapata flexível*

6 Fundações em sapatas submetidas a cargas concentradas

O item 20.1 da NBR 6118 (ABNT, 2014) recomenda que:
- o diâmetro máximo de qualquer armadura de flexão nas lajes (adotado o mesmo procedimento para as sapatas) seja no máximo igual a $h/8$;
- as barras da armadura principal apresentem espaçamento máximo de $2h$ ou 20 cm, prevalecendo o menor, na região do maior momento fletor;
- a armadura secundária seja no mínimo 20% da armadura principal, e seu espaçamento, de no máximo 33 cm.

e] *Dimensionamento à força cortante*

Na prática, procura-se evitar o uso de armadura de cortante (cisalhamento) em sapatas por conta das limitações das tensões, ou melhor, da capacidade resistente do concreto à força cortante. Em consequência, aumenta-se a seção para não armar à cortante e, na maioria das vezes, recai-se em alturas que estão próximas do modelo de cálculo de sapatas rígidas.

- Verificação da ruptura por compressão diagonal
  - Na superfície C (pilar-sapata): punção

Verifica-se de forma idêntica à da sapata rígida, visto que se consideram as bielas inclinadas de 45°.

$$\tau_{xy,d} = \tau_{sd} = \frac{N_{sd}}{(\mu \cdot d)} \leq \tau_{Rd2} = 0{,}27\alpha_v \cdot f_{cd} \qquad 6.88$$

em que $\alpha_v = \left(1 - \dfrac{f_{ck}}{250}\right)$ é o fator que representa a eficiência do concreto, sendo f_{ck} em megapascal.

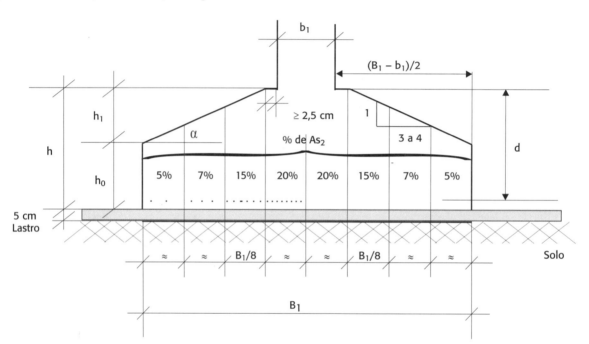

Fig. 6.45 *Distribuição das armaduras principais*

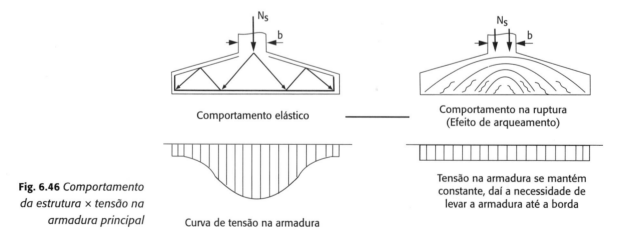

Fig. 6.46 *Comportamento da estrutura × tensão na armadura principal*

- Na seção II-II devido à força cortante

$$V_{sd} \leq V_{Rd2} = 0{,}27\alpha_{v2} \cdot f_{cd} \cdot b_w \cdot d \qquad 6.89$$

em que b_w é a menor largura da seção, compreendida ao longo da altura útil d (NBR 6118 – ABNT, 2014).

⊕ Dispensa de armaduras transversais para força cortante

As sapatas podem prescindir de armadura transversal para resistir aos esforços de tração oriundos da força cortante quando a força cortante de cálculo obedecer à expressão a seguir, conforme recomenda o item 19.4.1 da NBR 6118 (ABNT, 2014):

$$V_{sd} \leq V_{Rd1} \qquad 6.90$$

em que V_{sd} é a força cortante solicitante de cálculo na seção III-III ($V_{sk} \cdot \gamma_f$). É feita essa verificação na seção III-III pelo fato de que a cortante, a partir dessa seção, mantém-se constante, visto que parte dela já está entrando diretamente no pilar.

A resistência de projeto ao cisalhamento é dada por:

$$V_{Rd1} = \left[\tau_{Rd} \cdot K(1{,}2 + 40\rho_1) + 0{,}15\sigma_{cp}\right] b_w \cdot d \qquad 6.91$$

em que:

$\tau_{Rd} = 0{,}25 f_{ctd}$ (tensão resistente de cálculo do concreto ao cisalhamento)

$f_{ctd} = f_{ctk,inf}/\gamma_c = 0{,}21 \dfrac{f_{ck}^{2/3}}{\gamma_c}$;

K é um coeficiente que tem os seguintes valores:

i. para elementos nos quais 50% da armadura inferior não chegam até o apoio: $K = 1{,}0$;

ii. para os demais casos: $K = |1{,}6 - d|$, não menor que 1,0 e com d em metros.

$$\rho_1 = \dfrac{A_{s1}}{(b_w \cdot d)}, \text{ não maior que } 0{,}02(2\%) \qquad 6.92$$

sendo b_w a menor largura da seção, compreendida ao longo da altura útil d (NBR 6118 – ABNT, 2014), no caso, $b_w = b_{wIII}$ (largura na seção III).

$$\sigma_{cp} = \dfrac{R_{sd,p}}{A_c} \text{ ou } \dfrac{R_{cd}}{A_c} \qquad 6.93$$

sendo $R_{sd,p}$ a força longitudinal na seção pela protensão e R_{cd} a compressão por um determinado carregamento, utilizado na Eq. 6.91, com sinal positivo.

A Fig. 6.47 apresenta as áreas de concreto, comprimidas pela força longitudinal de protensão ($R_{sd,p}$). Por sua vez, a Fig. 6.48 apresenta as áreas de compressão no concreto pela força R_{cd} devida à aplicação do momento fletor ($M_{B1,III}$).

Embora o procedimento de cálculo seja mais simples quando se desconsidera a parcela de compressão que o momento provoca na seção, será apresentado o cálculo de V_{Rd1} considerando essa parcela de compressão.

$$\sigma_{cp} = \dfrac{R_{cd}}{A_c} = \dfrac{0{,}85 f_{cd}(b_{w2,III} \cdot 0{,}8X)}{A_c = (b_{2w,III} \cdot 0{,}8X)} = 0{,}85 f_{cd} \qquad 6.94$$

No caso de não se aumentar a altura da peça e se optar por armar ao cisalhamento, essa armadura será calculada conforme especificam os itens 17.6.2.2 ou 17.6.2.3 da NBR 6118 (ABNT, 2014).

Outros autores, entre eles Menegotto e Pilz (2010), sugerem que a verificação também pode ser feita considerando:

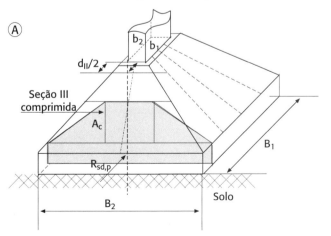

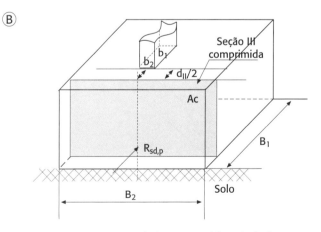

Fig. 6.47 *Área de concreto comprimida (A_c) pela força de protensão ($R_{sd,p}$): (A) na sapata isolada e (B) no bloco isolado*

- somente a parcela de cortante a que o concreto resiste em uma determinada seção (no caso, na seção III – Figs. 6.35 e 6.36)

$$V_{Rd1} \leq V_c \qquad 6.95$$

$$V_c = V_{co} = 0,6 f_{ctd} \cdot b_w \cdot d \qquad 6.96$$

em que $b_w = b_{w2,III}$ ou $b_w = b_{w1,III}$, apresentadas nas Eqs. 6.67 e 6.68.

$$f_{ctd} = \frac{f_{ctk,inf}}{\gamma_c} = \frac{0,7 f_{ct,m}}{\gamma_c} = 0,21 \frac{f_{ck}^{2/3}}{\gamma_c} \qquad 6.97$$

- que a cortante a que o concreto resiste (V_{Rd}) possa ser calculada de acordo com o menor valor encontrado pela Eq. 6.96 (modelos europeus), onde:

$$V_{Rd1} \leq V_{Rd} \qquad 6.98$$

em que V_{Rd} é o menor entre os dois valores:

$$V_{Rd} = \frac{0,47 \, b_{w,III} \cdot d_{III}}{\gamma_c} \sqrt{f_{ck}}$$
$$V_{Rd} = \frac{4,7 \, b_{w,III} \cdot d_{III}}{\gamma_c} \sqrt{\rho} \cdot \sqrt{f_{ck}} \qquad 6.99$$

$$\rho = \frac{A_{s,long}}{b_{w,III} \cdot d_{III}} < 0,02 \qquad 6.100$$

- Cálculo da armadura para levantamento da cortante (procedimento da NBR 6118 – ABNT, 2014)

O item 17.6.2 da NBR 6118 (ABNT, 2014) define as condições de verificação no ELU para os elementos lineares solicitados à força cortante, estabelecendo dois critérios, conforme apresentado no Cap. 4.

O modelo de cálculo I é o que melhor se adéqua às sapatas rígidas, pois, conforme já observado anteriormente, Leonhardt e Mönnig (1978b) admitem que as fissuras tenham inclinações maiores do que 45°, ou seja, superiores àquelas que aparecem em lajes de pisos. Quanto mais esbelta a sapata, as fissuras que aparecem têm inclinações menores do que 45°.

$$V_{sd} \leq V_{Rd3} = V_c + V_{sw} \qquad 6.101$$

em que:

V_{sd} é a força cortante solicitante de cálculo na seção;
$V_{Rd3} = V_c + V_{sw}$ é a força cortante resistente de cálculo relativa à ruína por tração diagonal;

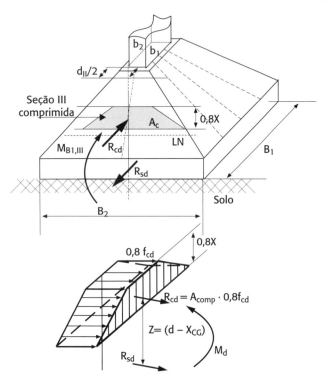
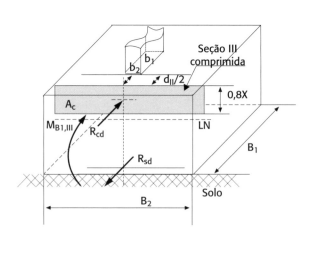

Fig. 6.48 *Área de concreto comprimida (A_c) pela força (R_{cd}) proveniente da aplicação do momento fletor ($M_{B1,III}$): (A) na sapata isolada e (B) no bloco isolado*

V_{sw} é a parcela resistida pela armadura transversal (item 17.6.2.2 da NBR 6118 – ABNT, 2014);

V_c é a parcela de força cortante absorvida por mecanismos complementares ao de treliça e igual a V_{c0} na flexão simples, com a linha neutra cortando a seção, sendo:

$$V_c = V_{co} = 0,6 f_{ctd} \cdot b_w \cdot d \qquad \textbf{6.102}$$

$$f_{ctd} = \frac{f_{ctk,inf}}{\gamma_c} = \frac{0,7 f_{ct,m}}{\gamma_c} = \frac{0,21 f_{ck}^{2/3}}{\gamma_c} \qquad \textbf{6.103}$$

$$V_{sw} = \left(\frac{A_{sw}}{s}\right) 0,9 \cdot d \cdot f_{ywd} \left(\operatorname{sen} \alpha + \cos \alpha\right) \qquad \textbf{6.104}$$

em que α é o ângulo de inclinação da armadura transversal em relação ao eixo longitudinal do elemento estrutural, podendo-se tomar $45° \leq \alpha \leq 90°$.

Dessa forma, conforme detalhado no Cap. 4, escreve-se:

- Armadura vertical (estribo: $\alpha = 90°$) e biela com $\theta = 45°$

$$
\begin{aligned}
\left(\frac{A_{sw}}{s}\right) &= \frac{V_{sd} - 0,09 f_{ck}^{2/3} \cdot b_w \cdot d}{0,9 f_{ywd} \cdot d} \\
&= \frac{\dfrac{V_{sd}}{b_w \cdot d} - 0,09 f_{ck}^{2/3}}{0,9 f_{ywd}} b_w = \rho_w \cdot b_w
\end{aligned} \qquad \textbf{6.105}
$$

em que ρ_w é a taxa de armadura transversal.

$$\rho_w = \frac{\dfrac{V_{sd}}{b_w d} - 0,09 f_{ck}^{2/3}}{0,9 f_{ywd}} \qquad \textbf{6.106}$$

- Armadura mínima

$$\frac{A_{sw}}{s \cdot \operatorname{sen} \alpha} \geq \rho_{sw} \cdot b_w \geq \rho_{sw,mín} \cdot b_w \qquad \textbf{6.107}$$

$$\rho_{sw} \geq \rho_{sw,mín} = 0,2 \frac{f_{ct,m}}{f_{ywk}} = \frac{0,6 f_{ck}^{2/3}}{f_{ywk}} \qquad \textbf{6.108}$$

A resistência dos estribos pode ser considerada com os seguintes valores máximos, sendo permitida interpolação linear, de acordo com o item 19.4.2 da NBR 6118 (ABNT, 2014):

i. 250 MPa para lajes com espessura até 15 cm;

ii. 435 MPa (f_{ywd}), para lajes com espessura maior que 35 cm.

- Elementos estruturais armados com estribos (item 18.3.3.2 da NBR 6118 – ABNT, 2014)

O espaçamento mínimo entre estribos, medido segundo o eixo longitudinal do elemento estrutural, deve ser suficiente para permitir a passagem do vibrador, garantindo um bom adensamento da massa. O espaçamento máximo deve atender às seguintes condições:

i. se $V_d \leq 0,67 V_{Rd2}$, então $s_{máx} = 0,6d \leq 300$ mm;

ii. se $V_d > 0,67 V_{Rd2}$, então $s_{máx} = 0,3d \leq 200$ mm.

O espaçamento transversal entre ramos sucessivos da armadura constituída por estribos não deve exceder os seguintes valores:

i. se $V_d \leq 0,20 V_{Rd2}$, então $s_{t,máx} = d \leq 800$ mm;

ii. se $V_d > 0,20 V_{Rd2}$, então $s_{t,máx} = 0,6d \leq 350$ mm.

⊕ Detalhamento com estribos ou gaiola

O detalhamento em gaiola, indicado na Fig. 6.49, facilita a execução em relação ao estribo vertical escalonado (altura variável).

⊕ Armadura inclinada ($\alpha = 45°$) e bielas a 45°

A colocação de estribos inclinados ou barras dobradas ($\alpha = 45°$) (Fig. 6.50), para inclinação de bielas com $\theta \cong 45°$, conforme apresentado no Cap. 4, facilita a execução. Para o cálculo da armadura a expressão pode ser escrita:

$$\left(\frac{A_{sw}}{s \cdot \operatorname{sen} \alpha}\right) \geq$$

$$\left(\frac{\dfrac{V_{sd}}{(b_w \cdot d)} - 0,6 f_{ctd}}{0,9 f_{ywd} \cdot \operatorname{sen}\alpha \,(\operatorname{sen}\alpha + \cos\alpha)}\right) b_w = \rho_w \cdot b_w \qquad \textbf{6.109}$$

$$A_{sw} \geq \frac{\dfrac{V_{sd}}{(b_w \cdot d)} - 0,6 f_{ctd}}{0,45 f_{ywd}} b_w \cdot s = \rho_w \cdot b_w \qquad \textbf{6.110}$$

Sapata corrida flexível

As sapatas corridas consideradas flexíveis (Fig. 6.51) são aquelas onde os esforços solicitantes, em função da tensão no solo, são obtidos pelas relações fundamentais da estática.

Deve-se, inicialmente, acrescentar 5% da carga permanente atuante, correspondente ao peso próprio

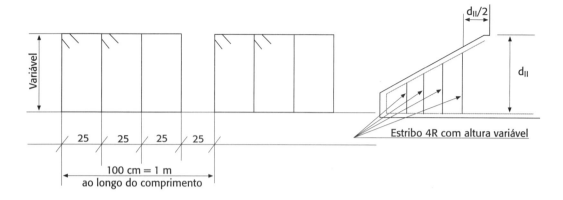

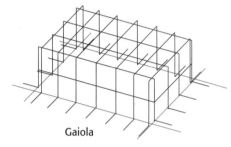
Gaiola

Fig. 6.49 *Detalhamento do estribo ou gaiola*

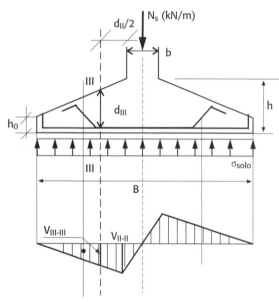

Fig. 6.50 *Barra dobrada*

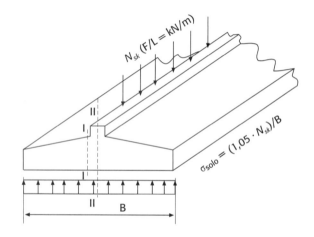

Fig. 6.51 *Sapata flexível corrida*

da sapara, somente para verificação das tensões no solo, ou, para se determinar as dimensões da sapata.

A tensão admissível no solo será especificada por um especialista em solo.

⊕ Determinação de B

O cálculo de B será realizado considerando o estado-limite último, majorando as ações e minorando a capacidade resistente do solo. Utilizando tensões admissíveis não se majoram as ações (Cap. 3).

$$B = \frac{\gamma_f \left(N_{sk} + 0,05\, G_k\right)}{R_{d,solo}} \qquad 6.111$$

⊕ Cálculo dos esforços solicitantes (momento e cortante)

A Fig. 6.52 apresenta os carregamentos na sapata e as seções utilizadas no cálculo dos esforços solicitantes (momento e cortante).

Os esforços solicitantes se calculam de forma idêntica ao desenvolvido para as sapatas isoladas, considerando, porém, $B_2 = 1,0$.

142 ELEMENTOS DE FUNDAÇÕES EM CONCRETO

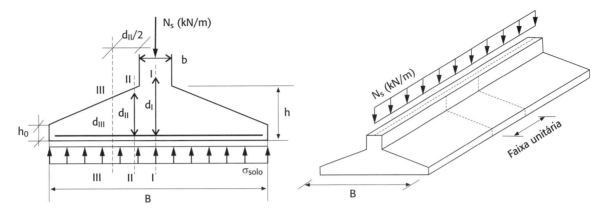

Fig. 6.52 *Seções utilizadas no cálculo dos esforços*

- Seção I-I

$$\sigma_{atu,solo,d} = \frac{\gamma_m \cdot N_{sk}}{B \cdot 1{,}0} = \frac{N_{sd}}{B} \leq R_{d,solo} \qquad 6.112$$

$$R_d = \frac{R_{últ}}{\gamma_m} \qquad 6.113$$

$$M_{(I-I)d} = \sigma_{solo,d} \cdot \frac{B}{2} \cdot \frac{B}{4} - \frac{N_{sd}}{b} \cdot \frac{b}{2} \cdot \frac{b}{4}$$
$$= \frac{N_{sd}}{B} \cdot \frac{B^2}{8} - \frac{N_{sd} \cdot b}{8} \qquad 6.114$$

A tensão no solo não considera o peso próprio pelo fato de que a carga correspondente a ele descarrega diretamente no solo e ele não provoca momento na sapata (Fig. 6.17).

$$M_{(I-I)d} = N_{sd} \cdot \frac{(B-b)}{8} \left[\begin{array}{c}\text{unidade:}\\ \left(F \cdot \frac{L}{L}\right)(kN \cdot m/m)\end{array}\right] \qquad 6.115$$

$$V_{(I-I)d} = \sigma_{solo,d} \cdot \frac{B}{2} - \frac{N_{sd}}{b} \cdot \frac{b}{2}$$
$$= \frac{N_{sd}}{B} \cdot \frac{B}{2} - \frac{N_{sd}}{b} \cdot \frac{b}{2} = 0 \qquad 6.116$$

Para dimensionamento da seção I-I, admite-se um aumento da altura da sapata na relação de 1:3 até o eixo da parede, com:

$$d_I = d_{II} + \left(\frac{1}{3}\right)\left(\frac{b}{2}\right) = d_{II} + b/6 \qquad 6.117$$

- Seção II-II

$$M_{(II-II)d} = \sigma_{solo,d} \frac{(B-b)}{2} \frac{(B-b)}{4}$$
$$= \frac{N_{sd}}{B} \frac{(B-b)^2}{8} \left[\left(kN \cdot \frac{m}{m}\right)\right] \qquad 6.118$$

$$V_{(II-II)d} = \sigma_{solo,d} \frac{(B-b)}{2} \left[\text{unidade:} \left(\frac{F}{L}\right)\left(\frac{kN}{m}\right)\right] \qquad 6.119$$

⊕ Verificação para dispensar armaduras transversais de levantamento de carga por causa da força cortante

- Seção III-III

Raramente se utilizam nas sapatas armaduras transversais para transportar e resistir à força cortante. Deve-se, portanto, dimensionar as sapatas de modo que os esforços cortantes sejam resistidos apenas pelo mecanismo interno do concreto, dispensando-se as armaduras transversais.

⊕ Diagramas

Usualmente, a verificação da força cortante, para não levantar a carga com armadura, é feita numa seção de referência III-III, conforme a Fig. 6.53. O valor dessa força cortante é dado pela expressão:

$$V_{(III-III),d} = \sigma_{solo,d} \frac{(B-b-d_{II})}{2} \left[\text{unidade:} \left(\frac{F}{L}\right)\left(\frac{kN}{m}\right)\right] \qquad 6.120$$

$$M_{(III-III)d} = \sigma_{solo,d} \frac{(B-b-d_{II})}{2} \cdot \frac{(B-b-d_{II})}{4} \qquad 6.121$$

$$M_{(III-III)d} = \frac{N_{sd}}{B} \frac{(B-b-d_{II})^2}{8} \left[\left(kN \cdot \frac{m}{m}\right)\right] \qquad 6.122$$

Sapata isolada com pilar alongado

No caso de sapata isolada com pilar alongado, recomenda-se o cálculo dos esforços solicitantes na seção I-I e $0{,}15b_1$ da face do pilar, sendo b_1 o lado alongado do pilar. Outro critério seria o de calcular o momento considerando o alívio que a carga aplicada ao longo de b_1 proporciona ao momento fletor, ou seja, o arredondamento do diagrama (seção I-I), conforme indicado na Fig. 6.54.

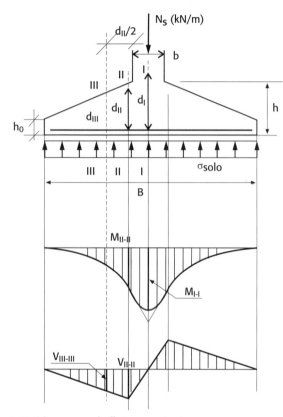

Fig. 6.53 Diagramas de fletor e cortante

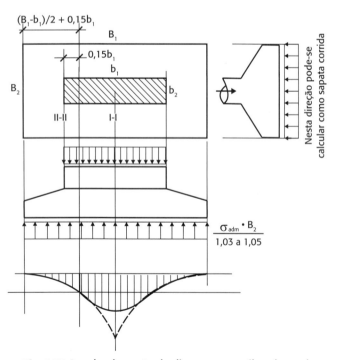

Fig. 6.54 Arredondamento do diagrama em pilar alongado

Exemplo 6.1 Sapata isolada rígida

Dimensionar e detalhar a sapata isolada da Fig. 6.55 como sapata rígida, considerando os dados:

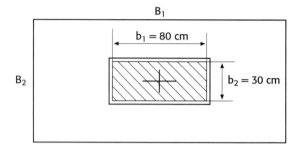

Fig. 6.55 Sapata isolada rígida

- Pilar: 30 cm × 80 cm;
- Concreto: f_{ck} = 20,0 MPa (200 kgf/cm²);
- Aço: CA-50 (f_{yk} = 500 MPa);
- Solo:
  - $R_{d,solo}$ = 0,357 MPa (357 kN/m²);
  - $s_{adm,solo}$ = 0,255 MPa (255 kN/m²);
- Cargas:
  - G_k = 1.320 kN;
  - Q_k = 570 kN.

Cálculo da carga solicitante de cálculo

$$N_{sk} = (G_k + Q_k + 0{,}1 \cdot G_k)$$
$$= (1.320 + 570 + 0{,}1 \times 1.320) = 2.022 \text{ kN}$$

$$N_{sd} = 1{,}4(G_k + Q_k + 0{,}1 \cdot G_k)$$
$$N_{sd} = 1{,}4 \cdot 2.022 = 2.830{,}8 \text{ kN}$$

Área da sapata

$$A = \frac{N_{sd}}{R_{d,solo}} = \frac{2.830{,}8}{357} = 7{,}93 \text{ m}^2$$

$$R_{d,solo} = {R_{últ}}\big/{\gamma_m} = {R_{últ}}\big/{2{,}15}$$

ou

$$A = \frac{N_{sk}}{\sigma_{adm,solo}} = \frac{2.022}{255} = 7{,}93 \text{ m}^2$$

$$\sigma_{adm,solo} = R_{adm} = {R_{últ}}\big/{FS_g} = {R_{últ}}\big/{3{,}0}$$

Detalhamento da sapata (dimensões)

Conhecendo-se:

$$b_1 = 0{,}8 \text{ m}$$
$$b_2 = 0{,}3 \text{ m}$$
$$A = 7{,}94 \text{ m}^2$$

Calculam-se B_1 e B_2:
$$A = B_1 \cdot B_2$$
$$B_1 - b_1 = B_2 - b_2$$
$$B_1 = \frac{(b_1 - b_2)}{2} \pm \sqrt{\frac{(b_1 - b_2)^2}{4} + A}$$
$$= \frac{(0,8 - 0,3)}{2} + \sqrt{\frac{(0,8 - 0,3)^2}{4} + 7,93}$$

$B_1 = 3,08$ m $\cong 3,10$ m (indicado na Fig. 6.56)
$B_2 = A/B_1 = 7,93/3,10 = 2,56$ m $\cong 2,60$ m

Cálculo da altura da sapata, considerando-a como sapata rígida

$$h = \frac{(B_1 - b_1)}{3} = \frac{(3,10 - 0,8)}{3} = 0,76 \cong 0,80 \text{ m}$$
(indicado na Fig. 6.57)

Adota-se $d = 0,75$ m $= 75$ cm.

Quando $(B_1 - b_1) \neq (B_2 - b_2)$, toma-se o maior valor para o cálculo de h.

De acordo com Montoya, Meseguer e Cabré (1973):
$h_1 = (1,175 - 0,025)/2 = 57,5 \cong 55$ cm
$h_1 = 80 - 55 = 25 < (30$ cm e $h/3) \therefore$ será adotado $h_1 = 30$ cm e $h_0 = 50$ cm (indicado na Fig. 6.57)

Verificação do peso da sapata e do solo acima dela

$$G_{sap} = V_{sap} \cdot \rho_c = \left(V_{base} + V_{tronco\ pirâmide}\right)\rho_c$$
$$V_{base} = 0,5 \times 3,1 \times 2,60 = 4,03 \text{ m}^3$$
$$V_{tp} = \frac{h_{tp}}{3}\left(A + \sqrt{A \cdot a} + a\right)$$
$$= \frac{0,30}{3}\left(8,06 + \sqrt{8,06 \cdot 0,2975} + 0,2975\right) = 0,99 \text{ m}^3$$

em que:
A é a área maior $= 3,10 \times 2,60 = 8,06$ m²;
a é a área menor $= 0,35 \times 0,85 = 0,2975$ m²;
h_{tp} é a altura do tronco de pirâmide $= 0,30$ m;
$G_{sap} = (4,03 + 0,99) \times 25 = 125,5$ kN $< 0,1 \times 1.320 = 132$ kN (adotado).

No caso da existência de terra sobre a sapata, o que é comum:

$$G_{solo} = \left(A_{base} \cdot h_{sap} - V_{sap}\right) \cdot \rho_{solo}$$
$$G_{solo} = (3,1 \times 2,6 \times 0,8 - (4,03 + 0,99)) \times 18 = 25,70 \text{ kN}$$
$$G_{sap} + G_{solo} = 125,5 + 25,70 = 151,2 \text{ kN} > 10\% \times 1.320 = 132 \text{ kN}$$

Cálculo de nova área para sapata

$$A = \frac{\gamma_f \left(N_{sk} + G_{k(sap+solo)}\right)}{R_{d,solo}}$$
$$= \frac{1,4(1.320 + 570 + 151,20)}{357} = 8,00 \text{ m}^2$$

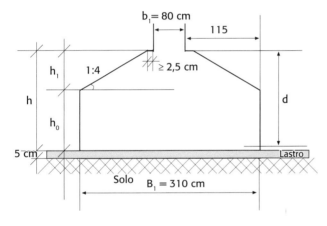

Fig. 6.56 *Dimensões preliminares da sapata*

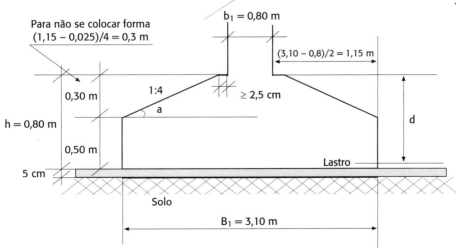

Fig. 6.57 *Dimensões finais da sapata*

ou

$$A = \frac{\left(N_{sk} + G_{k(sap+solo)}\right)}{\sigma_{adm,solo}}$$

$$= \frac{(1.320 + 570) + 151,20}{255} = 8,00 \text{ m}^2$$

Dessa forma, será mantido $B_1 = 3,10$ m e $B_2 = 2,60$ m.

Cálculo da armadura

$$R_{sd1} \cong R_{sd2} = \frac{N_{sd}\left(B_2 - b_2\right)}{8d}$$

$$= \frac{2.646(2,60 - 0,3)}{8 \times 0,75} = 1.014,3 \text{ kN}$$

$$A_{s1} = A_{s2} = \frac{R_{sd1}}{f_{yd}} = \frac{1.014,3}{\left(\dfrac{50}{1,15}\right)} = 23,33 \text{ cm}^2$$

Armadura por metro: $A_{s1} = 23,33/2,60 = 8,97$ cm²/m.

Utilizando a Tab. 6.6, pode-se calcular o espaçamento das armaduras.

Tab. 6.6 Especificações das barras de aço

Barras (ϕ – mm)	Massa nominal (kg/m)	Área da seção (mm²)
10,0	0,617	78,5
12,5	0,963	122,7
16,0	1,578	201,1

Fonte: NBR 7840 (ABNT, 2007).

$$e = \frac{100 A_{1\varphi16}}{A_s} = \frac{201,1}{8,97} = 22 \text{ cm} \Rightarrow \varphi16c/22\left(\varphi5/8" \text{ c}/22 \text{ cm}\right)$$

ou

$$e = \frac{100 A_{s1\varphi12,5}}{A_s} = \frac{122,7}{8,97}$$

$$= 13 \text{ cm} \Rightarrow \phi \ 12,5 \text{ c}/13\left(\varphi \ 1/2" \text{ c}/13 \text{ cm}\right)$$

Fazendo o cálculo da armadura mínima (Tab. 6.2):

$$A_{s,mín/m} = 0,67 \times 0,15 \times 75 = 7,54 \text{ cm}^2\!\Big/\!\text{m}$$

As barras da armadura principal devem apresentar espaçamento no máximo igual a $2h$ ou 20 cm, prevalecendo o menor desses dois valores.

$$A_{s2} = \frac{23,33}{3,10} = 7,53 \text{ cm}^2\!\Big/\!\text{m} \cong A_{s,mín/m}$$

$$e = \frac{100 A_{s1\varphi12,5}}{A_s} = \frac{122,7}{7,53} = 16 \text{ cm } 12,5c/16\left(1/2" \text{ c}/16 \text{ cm}\right)$$

Verificação das tensões nas bielas (ruptura por compressão diagonal)

Na superfície C (pilar-sapata)

$$\tau_{sd} = \frac{N_{sd}}{(\mu \cdot d)} = \frac{1,4(1.320 + 570)}{2(0,3 + 0,8)0,75} = \frac{2.646}{2,2 \times 0,75}$$

$$= 1.603,64 \ \frac{\text{kN}}{\text{m}^2} = 1,604 \text{ MPa}$$

$$\alpha_v = (1 - f_{ck}/250) = (1 - 20/250) = 0,92$$

$$\tau_{Rd2} = 0,27\alpha_v \cdot f_{cd} = 0,27 \times 0,92 \times 20/1,4 = 3,55 \text{ MPa} > \tau_{sd}$$

$$\tau_{sd} \leq \tau_{Rd2}$$

Detalhamento da armadura

A sapata, depois de calculadas as armaduras necessárias, será detalhada em corte e em planta (Fig. 6.58).

Comprimento da armadura em planta

$$C_{total} = C_{reto} + 2\left(\frac{2\pi \cdot r_{dob}}{4} + 8\varphi\right)$$

Volume de concreto da sapata

$$V_{base} = 0,50 \times 3,1 \times 2,6 = 4,03 \text{ m}^3$$

$$V_{tp} = \frac{h_{tp}}{3}\left(A + \sqrt{A \cdot a} + a\right) = \frac{0,30}{3}\left(8,06 + \sqrt{8,06 \times 0,2975}\right.$$

$$\left. + 0,2975\right) = 0,99$$

em que:

A é a área da base (maior) = $3,10 \times 2,60 = 8,06$ m²;

a é a área menor = $0,35 \times 0,85 = 0,2975$ m²;

h_{tp} é a altura do tronco de pirâmide = 0,3 m;

$V_{c,sap} = 4,03 + 0,99 = 5,02$ m³.

De acordo com os detalhamentos apresentados nas figuras anteriores, pode-se elaborar a tabela resumo de material (Tab. 6.7).

Verificação do comprimento de ancoragem (dentro da sapata)

$\ell_{b,nec} = \ell_{b,mín}$ é o maior entre $(0,3\ell_b, 10\phi, 100 \text{ mm})$

$$\ell_{disponível} = 75 \text{ cm}; f_{ck} = 20 \text{ MPa}$$

$$(\phi \text{ armadura do pilar})$$

Boxe 6.1 A título de ilustração: cálculo da armadura do pilar curto

$N_k = 2.640$ kN

Concreto: $f_{ck} = 20$ MPa (2 kN/cm²)

Aço CA-50: $f_{yk} = 500$ MPa (50 kN/cm²)

Peça totalmente comprimida

$$N_d \cdot \gamma_n = R_{cd} + R_{scd} \therefore \gamma_n = 1 + 6/h = 1 + 6/30 = 1,2$$

$R_{cd} = 0{,}85 \cdot f_{cd} \cdot A_c \therefore R_{scd} = A_{sc} \cdot \sigma_{scd} \therefore \sigma_{scd} = 355{,}6$ MPa

$$A_{sc} = \frac{N_d \cdot \gamma_n - 0{,}85 f_{cd} \cdot A_c}{\sigma_{scd}}$$

$$= \frac{2{,}640 \times 1{,}2 - 0{,}85 \times \left(\dfrac{2}{1{,}4}\right) \times 30 \times 80}{36{,}5} = 7{,}15 \text{ cm}^2$$

$\sigma_{scd} = 365$ MPa, conforme item 3.2.3 do Cap. 3

Obtendo 10 ϕ de 10 ou 6 ϕ 12,5.

Utilizando as barras retas, tem-se:

$$\ell_b = \frac{\phi}{4} \frac{f_{yd}}{f_{bd}} = \frac{\phi}{4} \frac{500}{1{,}15 \left(0{,}338 \times 20^{\frac{2}{3}}\right)} = 44\phi \text{ (Tab. 6.4)}$$

$\ell_b = 44\phi = 44 \times 1{,}25 = 55$ cm $> (0{,}3\ell_b;\ 10\phi;\ 100$ mm$)$
< 75 cm (ver detalhe na Fig. 6.59)

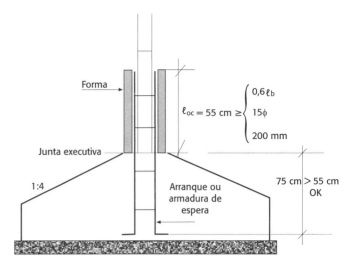

Fig. 6.59 *Ancoragem: espera*

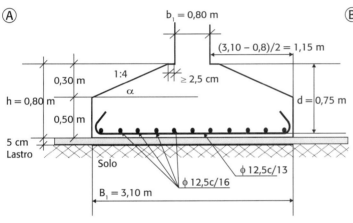

Fig. 6.58 *Detalhamento das armaduras (A) em corte e (B) em planta*

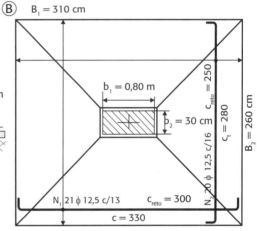

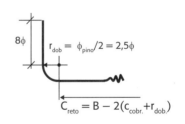

Tab. 6.7 Resumo de aço da sapata

		Tabela de ferragem				Resumo do aço CA-50			
Aço	N	Diâmetro (mm)	Quantidade	Comprimento Unitário (cm)	Comprimento Total (cm)	Diâmetro (mm)	Comprimento (m)	Peso (kg) Unitário[1] (kg/m)	Total
CA-50	1	12,5	21	330	6.930	12,5	130,90	0,963	126,06
	2	12,5	22	280	6.160				
						Peso total (kg)			126,06
						Consumo: aço/concreto = 24,43 kg/m³			

[1] Ver Cap. 3.

Comprimento de arranque ou emenda (acima da sapata):

$$\ell_{0c} = \ell_{b,nec} \geq \ell_{0c,mín}$$

$\ell_{0c} = \ell_{b,nec} = 44\phi = 55$ cm (ver detalhe na Fig. 6.59) em que $\ell_{0c,mín}$ é o maior entre $0,6\ell_b$, 15ϕ e 200 mm.

Exemplo 6.2 Dimensionamento de sapata isolada à flexão

Dimensionar e detalhar a mesma sapata do exercício anterior pelo método da flexão.

Dimensões da sapata

Serão os mesmos valores encontrados para a base, ou seja: A = 7,93 m², B_1 = 3,10 m e B_2 = 2,60 m (valores indicados na Fig. 6.60).

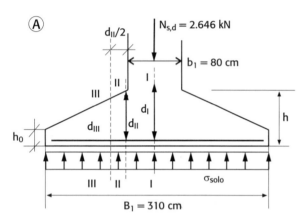

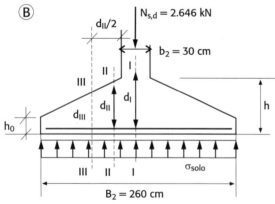

Fig. 6.60 *Seções I, II e III nas direções de (A) B_1 e (B) B_2*

Cálculo dos esforços solicitantes

A seguir são apresentados os cálculos dos esforços solicitantes nas seções I, II e III para os momentos na direção de B_1 e B_2.

Os valores do momento e cortante na seção III serão calculados posteriormente à determinação da altura da sapata.

Cálculo das dimensões da seção transversal da sapata isolada flexível

Impor a posição da linha neutra entre $0,259d$ a $0,628d$ (ver a Tab. 6.8).

O dimensionamento será efetuado nas duas direções, e observa-se na Fig. 6.62 que as regiões compridas a serem utilizadas no cálculo são diferentes e, a favor da segurança, acompanham as dimensões dos pilares nas respectivas direções.

$K_{x,23} = 0,259 \rightarrow K_{c,23} = 4,43$ ($f_{ck} = 20$ MPa)(domínio 2 – 3)
$K_x = 0,45 \rightarrow K_{c,34} = 2,79$ ($f_{ck} = 20$ MPa) (domínio 3)
$K_{x,34} = 0,628 \rightarrow K_{c,34} = 2,19$ ($f_{ck} = 20$ MPa)(domínio 3 – 4)

Importante destacar que na direção de B_1 somente a largura do pilar acrescida de 5 cm corresponderá à largura da borda comprimida ($b = 35$ cm). Por sua vez, na direção de B_2, à largura da borda comprimida será de $b = 85$ cm.

Para a altura da sapata, será adotado d_{II} igual a 60 cm:

$$h = d_{II} + cob = 60 + 5 = 65 \text{ cm}$$

$$h_1 = \frac{(310 - 80 - 5)}{(2 \times 3)} = 37,5 \text{ cm}$$

$(1:3$ para não se colocar forma$)$
$\rightarrow$ adotado 35 cm

Os valores são indicados na Fig. 6.63.

Verificação do peso da sapata

Como a sapata rígida era maior do que a sapata flexível, o peso será menor do que o valor adotado com 10% da carga permanente.

Dimensionamento

A seguir será feito o cálculo das armaduras à flexão nas seções I e II (com o uso da Tab. 6.9).

A Fig. 6.64 apresenta o detalhamento das armaduras de flexão.

Volume de concreto e quantitativo de aço

$$V_{base} = 0,30 \times 3,1 \times 2,6 = 2,418 \text{ m}^2$$

Na direção de B_1	Na direção de B_2
$M_{I,d} = N_{sd}\dfrac{(B_1 - b_1)}{8}$	$M_{I,d} = N_{sd}\dfrac{(B_2 - b_2)}{8}$
$= 2.646\dfrac{(3,10-0,8)}{8} = 760,72 \text{ kN} \cdot \text{m}$	$= 2.646\dfrac{(2,60-0,3)}{8} = 760,72 \text{ kN} \cdot \text{m}$
$V_I = 0$	$V_I = 0$
$M_{II,d} = \dfrac{N_{sd}}{B_1}\dfrac{(B_1 - b_1)^2}{8}$	$M_{II,d} = \dfrac{N_{sd}}{B_2}\dfrac{(B_2 - b_2)^2}{8}$
$= \dfrac{2.646}{3,10}\dfrac{(3,10-0,8)^2}{8} = 564,41 \text{ kN} \cdot \text{m}$	$= \dfrac{2.646}{2,60} \cdot \dfrac{(2,60-0,3)^2}{8} = 672,95 \text{ kN} \cdot \text{m}$
$V_{II,d} = \dfrac{N_{sd}}{B_1} \cdot \dfrac{(B_1 - b_1)}{2}$	$V_{II,d} = \dfrac{N_{sd}}{B_2} \cdot \dfrac{(B_2 - b_2)}{2}$
$= \dfrac{2.646}{3,10} \cdot \dfrac{(3,10-0,8)}{2} = 981,58 \text{ kN}$	$= \dfrac{2.646}{2,60} \cdot \dfrac{(2,60-0,3)}{2} = 1.170,35 \text{ kN}$
A cortante pela área de influência será a indicada na Fig. 6.61A.	A cortante pela área de influência será a indicada na Fig. 6.61B.

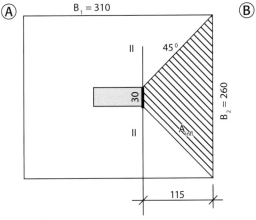 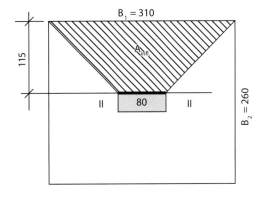

Fig. 6.61 *Área de influência do pilar para cálculo da cortante na direção de (A) B_1 e (B) B_2*

$V_{II,d} = \gamma_f \cdot \sigma_{solo,d} \cdot A_{inf,II} = \dfrac{N_{sd}}{B_1 \cdot B_2} A_{inf,II}$	$V_{II,d} = \gamma_f \cdot \sigma_{solo} \cdot A_{inf,II} = \dfrac{N_{sd}}{B_1 \cdot B_2} A_{inf,II}$
$= \dfrac{2.646}{3,10 \times 2,6} \times \dfrac{(2,6+0,3) \times 1,15}{2}$	$= \dfrac{2.646}{3,10 \times 2,6} \times \dfrac{(3,10+0,8) \times 1,15}{2}$
$= 547,42 \text{ kN}$	$= 736,18 \text{ kN}$

$V_{tp} = \dfrac{h_{tp}}{3}\left(A + \sqrt{A \cdot a} + a\right) = \dfrac{0,35}{3}$

$\left(8,06 + \sqrt{8,06 \times 0,2975} + 0,2975\right) = 1,16 \text{ m}^3$

em que:

A é a área da base = $3,10 \times 2,60 = 8,06 \text{ m}^2$;

a é a área menor do tronco de pirâmide = $0,35 \times 0,85$ = $0,2975 \text{ m}^2$;

h_{tp} é a altura do tronco de pirâmide = $0,35 \text{ m}$;

$V_{c,sap} = 2,42 + 1,16 = 3,58 \text{ m}^3$.

O resumo de aço para o detalhamento da Fig. 6.64 está indicado na Tab. 6.10.

Tab. 6.8 Valores de K_c e K_s

Diagrama retangular			$K_c = b \cdot d^2/M_d$ (b e d em cm; M_d em kN · cm)								K_s (Aço CA)	
			f_{ck} (MPa)								f_{yk} (MPa)	
Limite	$K_x = X/d$	$K_z = Z/d$	15	20	25	30	35	40	45	50	25	50
2b	**0,259**	0,896	5,91	4,43	3,55	2,96	2,53	2,22	1,97	1,77	0,051	0,025
	0,260	0,896	5,89	4,42	3,54	2,95	2,53	2,21	1,96	1,77	0,051	0,025
	0,300	0,880	5,20	3,90	3,12	2,60	2,23	1,95	1,73	1,56	0,052	0,026
	0,450	**0,820**	**3,72**	**2,79**	**2,23**	**1,86**	**1,59**	**1,39**	**1,24**	**1,12**	**0,056**	**0,028**
	0,560	0,776	3,16	2,37	1,90	1,58	1,35	1,18	1,05	0,95	0,059	0,029
	0,600	0,760	3,01	2,26	1,81	1,50	1,29	1,13	1,00	0,90	0,060	0,030
	0,620	0,752	2,94	2,21	1,77	1,47	1,26	1,10	0,98	0,88	0,061	0,030
CA-50	**0,628**	0,748	2,92	2,19	1,75	1,46	1,25	1,09	0,97	0,88	0,061	0,030

A tabela completa encontra-se no Anexo A1.

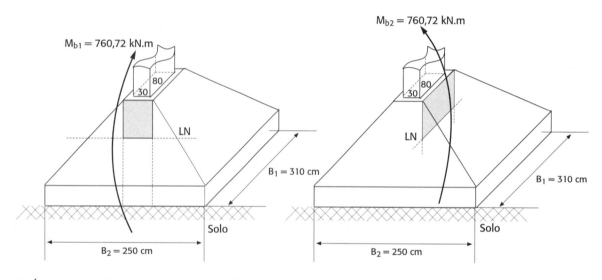

Fig. 6.62 *Áreas comprimidas pelos momentos na direção de B_1 e B_2, respectivamente*

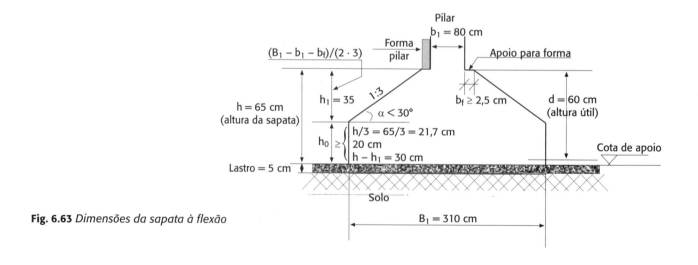

Fig. 6.63 *Dimensões da sapata à flexão*

150 ELEMENTOS DE FUNDAÇÕES EM CONCRETO

Na direção de B_1	**Na direção de B_2**

$$K_{c,23} = \frac{b \cdot d^2}{M_{II,d}} \therefore M_{II,d} = 564,41 \text{ kN} \cdot \text{m}$$

$$K_{c,23} = \frac{b \cdot d^2}{M_{II,d}} \therefore M_{II,d} = 672,95 \text{ kN} \cdot \text{m}$$

$$d_{23} = \sqrt{\frac{K_{c,23} \cdot M_{II,d}}{b}}$$

$$d_{23} = \sqrt{\frac{K_{c,23} \cdot M_{II,d}}{b}}$$

$$= \sqrt{\frac{4,43 \times 564,41 \times 100}{35}} = 84,5 \text{ cm}$$

$$= \sqrt{\frac{4,43 \times 672,95 \times 100}{85}} = 59,22 \text{ cm}$$

$$K_{c,(x=0,45d)} = \frac{b \cdot d^2}{M_{II,d}} \therefore$$

$$K_{c,(x=0,45d)} = \frac{b \cdot d^2}{M_{II,d}} \therefore$$

$$d_{(kx=0,45)} = \sqrt{\frac{K_{c,(kx=0,45)} \cdot M_{II,d}}{b}}$$

$$d_{(kx=0,45)} = \sqrt{\frac{K_{c,(kx=0,45)} \cdot M_{II,d}}{b}}$$

$$= \sqrt{\frac{2,79 \times 564,41 \times 100}{35}} = 67,1 \cong 70 \text{ cm}$$

$$= \sqrt{\frac{2,79 \times 672,95 \times 100}{85}} = 47 \text{ cm}$$

$$K_{c,34} = \frac{b \cdot d^2}{M_{II,d}} \therefore$$

$$K_{c,34} = \frac{b \cdot d^2}{M_{II,d}} \therefore$$

$$d_{34} = \sqrt{\frac{K_{c,34} \cdot M_{II,d}}{b}}$$

$$d_{34} = \sqrt{\frac{K_{c,34} \cdot M_{II,d}}{b}}$$

$$= \sqrt{\frac{2,19 \times 564,41 \times 100}{35}} = 59,4 \text{ cm}$$

$$= \sqrt{\frac{2,19 \times 672,95 \times 100}{85}} = 41,64 \text{ cm}$$

Tab. 6.9   Valores de K_c e K_s

Diagrama retangular			$K_c = b \cdot d^2/M_d$ (b e d em cm; M_d em kN · cm)								K_s (aço CA)	
			f_{ck} (MPa)								f_{yk} (MPa)	
Limite	$K_x = X/d$	$K_z = Z/d$	15	20	25	30	35	40	45	50	25	50
	0,2400	0,9040	6,33	4,74	3,80	3,16	2,71	2,37	2,11	1,90	0,0513	0,0257
2b	**0,259**	0,8964	5,91	4,43	3,55	2,96	2,53	2,22	1,97	1,77	0,0513	0,0257
	0,450	**0,8200**	**3,72**	**2,79**	**2,23**	**1,86**	**1,59**	**1,39**	**1,24**	**1,12**	**0,0561**	**0,0280**
	0,500	0,8000	3,43	2,57	2,06	1,72	1,47	1,29	1,14	1,03	0,0575	0,0288
	0,520	0,7920	3,33	2,50	2,00	1,67	1,43	1,25	1,11	1,00	0,0581	0,0290
	0,540	0,7840	3,24	2,43	1,95	1,62	1,39	1,22	1,08	0,97	0,0587	0,0293
	0,560	0,7760	3,16	2,37	1,90	1,58	1,35	1,18	1,05	0,95	0,0593	0,0296
	0,600	0,7600	3,01	2,26	1,81	1,50	1,29	1,13	1,00	0,90	0,0605	0,0303
CA-50	0,620	0,7520	2,94	2,21	1,77	1,47	1,26	1,10	0,98	0,88	0,0612	0,0306
3	**0,628**	0,7487	2,92	2,19	1,75	1,46	1,25	1,09	0,97	0,88	0,0614	0,0307

A tabela completa encontra-se no Anexo A1.

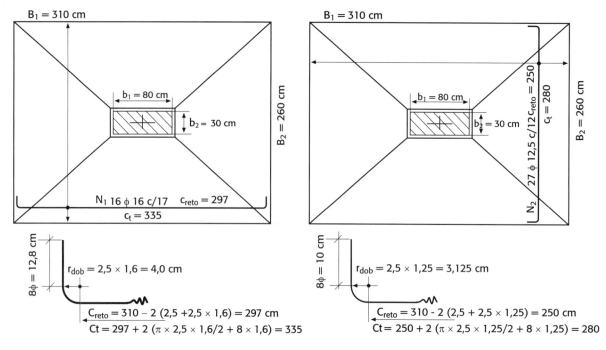

Fig. 6.64 *Detalhamento das armaduras de flexão*

Seção I-I

Na direção de B_1 ($M_{I,d}$ = 760,72 kN · m)	Na direção de B_2 ($M_{I,d}$ = 760,72 kN · m)
$d_I = d_{II} + b_1/6 = 60 + \dfrac{80}{6} = 73,3$ cm	$d_I = d_{II} + b_1/6 = 60 + \dfrac{30}{6} = 65$ cm
$K_{c,I} = \dfrac{b \cdot d_I^2}{M_{I,d}} = \dfrac{35 \times 73,3^2}{760,72 \times 100} = 2,47$	$K_{c,I} = \dfrac{b \cdot d_I^2}{M_{I,d}} = \dfrac{85 \times 65^2}{760,72 \times 100} = 4,72$
→ Tabela: $K_{s,I} = 0,0293$	→ Tabela: $K_{s,I} = 0,0257$
$A_{s,I} = K_{s,I} \dfrac{M_{I,d}}{d_I}$	$A_{s,I} = K_{s,I} \dfrac{M_{I,d}}{d_I}$
$= 0,0293 \dfrac{760,72 \times 100}{73,3} = 30,41$ cm^2	$= 0,0257 \dfrac{760,72 \times 100}{65} = 30,08$ cm^2

Seção II-II

Na direção de B_1 ($M_{II,d}$ = 564,41 kN · m)	Na direção de B_2 ($M_{II,d}$ = 672,95 kN · m)
$K_{c,II} = \dfrac{b \cdot d_{II}^2}{M_{I,d}} = \dfrac{35 \times 60^2}{564,41 \times 100} = 2,23$	$K_{c,II} = \dfrac{b \cdot d_{II}^2}{M_{I,d}} = \dfrac{85 \times 60^2}{672,95 \times 100} = 4,55$
→ Tabela: $K_{s,II} = 0,0306$	→ Tabela: $K_{s,II} = 0,0257$
$A_{s,II} = K_{s,II} \dfrac{M_{II,d}}{d_{II}}$	$A_{s,II} = K_{s,II} \dfrac{M_{II,d}}{d_{II}}$
$= 0,0306 \dfrac{564,41 \times 100}{60} = 28,78$ cm^2	$= 0,0257 \dfrac{672,95 \times 100}{60} = 28,82$ cm^2
$A_{s,mín} = 0,67 \rho_{mín} \cdot B_2 \cdot h$	$A_{s,mín} = 0,67 \rho_{mín} \cdot B_1 \cdot h$
$= 0,67 \times 0,15\% \times 260 \times 65$	$= 0,67 \times 0,15\% \times 310 \times 65$
$= 16,98$ cm^2	$= 20,25$ cm^2

Armadura por unidade de comprimento

Na direção de B_1	**Na direção de B_2**

$$A_{s_1} = \frac{A_{s_I}}{B_2} = \frac{30,41}{2,60} = 11,7 \, \frac{cm^2}{m}$$

$$\Rightarrow \begin{cases} e = \dfrac{A_{s1\emptyset16}}{A_{s_1}} = \dfrac{2,011 \times 100}{11,7} \cong 17 \text{ cm} \\[2mm] e_{máx} = 20 \text{ cm} \end{cases}$$

$$n_b = \frac{(B_2 - C)}{e} + 1 = \frac{(260 - 5)}{17} + 1$$

$$\cong 16 \text{ barras} \quad \Rightarrow \quad 16 \, \emptyset 16 \text{ c/17}$$

$$A_{s_2} = \frac{A_{s_I}}{B_2} = \frac{30,08}{3,10} = 9,70 \text{ cm}^2/\text{m}$$

$$\Rightarrow \begin{cases} e = \dfrac{A_{s1\emptyset12,5}}{A_{s_1}} = \dfrac{1,227 \times 100}{9,70} \cong 12 \text{ cm} \\[2mm] e_{máx} = 20 \text{ cm} \end{cases}$$

$$n_b = \frac{(B_1 - C)}{e} + 1 = \frac{(310 - 5)}{12} + 1$$

$$\cong 27 \text{ barras} \quad \Rightarrow \quad 27 \, \emptyset 12,5 \text{ c/12}$$

Tab. 6.10   Resumo de aço

		Tabela de ferragem				Resumo do aço CA-50			
Aço	N	Diâmetro (mm)	Quantidade	Comprimento		Diâmetro (mm)	Comprimento (m)	Peso (kg)	
				Unitário (cm)	Total (cm)			Unitário[1] (kg/m)	Total
CA-50	1	16	16	335	5.360	12,5	75,60	0,963	72,80
	2	12,5	27	280	7.560	16	53,60	1,578	84,58
							Peso total (kg)		157,38

Consumo: aço/concreto = 157,38 kg/3,58 m³ = 43,96 kg/m³.

[1] Ver Tab. 3.5 do Cap. 3.

Dimensionamento ao cisalhamento

Verificação à punção

⊕ Na superfície C (pilar-sapata)

$$\mu = 2(b_1 + b_2) = 2(0,8 + 0,3) = 2,2 \text{ m} = 220 \text{ cm}$$

$$\tau_{sd} = \frac{F_{Sd}}{\mu \cdot d_{II}} = \frac{P}{\mu \cdot d_{II}} = \frac{2.646}{220 \times 60}$$

$$= 0,200 \text{ kN}/\text{cm}^2 = 2,00 \text{ MPa}$$

$$a_v = 1 - \frac{f_{ck}}{250} = 1 - \frac{20}{250} = 0,92$$

$$f_{cd} = \frac{f_{ck}}{\gamma_c} = \frac{20}{1,4} = 14,28 \text{ MPa}$$

$$\tau_{Rd2} = 0,27 \, a_v \cdot f_{cd} = 0,27 \times 0,92 \times 14,28 = 3,55 \text{ MPa}$$

$$= 0,355 \text{ kN/cm}^2$$

Como $\tau_{sd} \leq \tau_{Rd2}$ ∴ 2,0 MPa < 3,55 MPa,

e não haverá problema com punção.

Verificação da ruptura à compressão pela cortante na seção II-II

Na direção de B_1	**Na direção de B_2**

$$V_{sd} \leq V_{Rd2}$$

$$V_{Rd2} = 0,27 \, \alpha_{v2} \cdot f_{cd} \cdot b_w \cdot d$$

$$= 0,27 \times 0,92 \frac{20 \times 10^3}{1,4} 0,35 \times 0,60$$

$$V_{Rd2} = 745,2 \text{ kN}$$

$$V_{II,d} = 547,42 \text{ kN} < V_{Rd2} = 745,2 \text{ kN}$$

$$V_{II,d} < V_{Rd2} \rightarrow \text{OK}$$

$$V_{sd} \leq V_{Rd2}$$

$$V_{Rd2} = 0,27 \, \alpha_{v2} \cdot f_{cd} \cdot b_w \cdot d$$

$$= 0,27 \times 0,92 \frac{20 \times 10^3}{1,4} 0,85 \times 0,60$$

$$V_{Rd2} = 1.809,77 \text{ kN}$$

$$V_{II,d} = 736,18 \text{ kN}$$

$$V_{II,d} < V_{Rd2} \rightarrow \text{OK}$$

Verificação para dispensar a armadura do esforço cortante (seção III)

A Fig. 6.65 apresenta a área de influência da cortante na seção III-III nas direções de B_1 e B_2, respectivamente.

Cálculo da cortante resistente na seção III-III para não armar

$$V_{Rd1} = \tau_{Rd} \cdot K \cdot (1,2 + 40\,\rho_1) B_2 \cdot d_{III}$$

$\tau_{Rd} = 0,25 f_{ctd} = 0,25 \times 1,10 = 0,275$ MPa $= 0,0275$ kN/cm^2

$$f_{ctd} = \frac{f_{ctk,inf}}{\gamma_c} = \frac{0,7\,f_{ct,m}}{\gamma_c} = \frac{0,7 \times 0,3 \times f_{ck}^{\frac{2}{3}}}{\gamma_c} = 1,10 \text{ MPa}$$

$$d_{III} = \frac{(d_{II} - h_0)(B_1 - b_1 - d_{II} - 5,0)}{(B_1 - b_1 - 5,0)} + h_0$$

$$= \frac{(60-30)(310-80-60-5,0)}{(310-80-5,0)} + 30 = 52 \text{ cm}$$

$$K = |1,6 - d_{III}| = |1,6 - 0,52| = 1,08$$

Na Tab. 6.11 está apresentado um resumo de consumo de aço e concreto ao se dimensionar uma

Na direção de B_1	Na direção de B_2
$V_{III,d} = \gamma_f \cdot \sigma_{solo} \cdot A_{inf,III}$ $= \dfrac{N_{sd}}{B_1 \cdot B_2} A_{inf,III}$ $= \dfrac{2.646}{3,10 \times 2,60} \dfrac{(2,60+0,9)(1,15-0,30)}{2}$ $V_{III,d} = 488,33 \text{ kN}$	$V_{III,d} = \gamma_f \cdot \sigma_{solo} \cdot A_{inf,III}$ $= \dfrac{N_{sd}}{B_1 \cdot B_2} A_{inf,III}$ $= \dfrac{2.646}{3,10 \times 2,60} \dfrac{(3,10+1,40)(1,15-0,30)}{2}$ $V_{III,d} = 627,85 \text{ kN}$

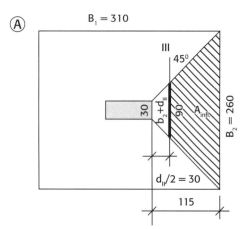 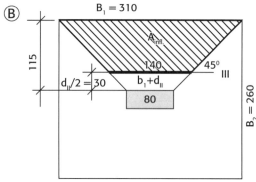

Fig. 6.65 Área de influência da cortante na seção III-III na direção de (A) B_1 e (B) B_2

Na direção de B_1	Na direção de B_2
$A_{s,II} = 0,0306 \dfrac{564,41 \times 100}{60} = 28,78 \text{ cm}^2$ $\rho_1 = \dfrac{A_{s,II}}{B_2 \cdot d_{III}} = \dfrac{28,78}{260 \times 52} = 0,00213$ $V_{Rd1} = \tau_{Rd} \cdot K(1,2 + 40\,\rho_1) B_2 \cdot d_{III}$ $V_{Rd1} = 0,0275 \times 1,08 (1,2 + 40 \times 0,00213) 260 \times 52$ $= 516,06 \text{ kN}$ $V_{III,d} = 488,33 \text{ kN} < V_{Rd1} \rightarrow$ OK Não será necessário armar à força cortante.	$A_{s,II} = 0,0257 \dfrac{672,95 \times 100}{60} = 28,82 \text{ cm}^2$ $\rho_1 = \dfrac{A_{s,II}}{B_1 \cdot d_{III}} = \dfrac{28,82}{310 \times 52} = 0,00179$ $V_{Rd1} = \tau_{Rd} \cdot K(1,2 + 40\,\rho_1) B_2 \cdot d_{III}$ $V_{Rd1} = 0,0275 \times 1,08 (1,2 + 40 \times 0,00179) 310 \times 52$ $= 1154,23 \text{ kN}$ $V_{III,d} = 627,85 \text{ kN} < V_{Rd1} \rightarrow$ OK Não será necessário armar à força cortante.

Tab. 6.11 Resumo comparativo entre o cálculo como sapata rígida e como sapata flexível

	Sapata rígida (SR)	Sapata flexível (SF)	Considerações SR/SF
Consumo de concreto (m³)	5,16	3,58	44% a mais de concreto
Consumo de aço (kg)	126,06	157,38	20% a menos de aço
Aço/concreto (kg/m³)	24,43	43,96	45% a menos na relação aço/concreto

No caso da necessidade de se armar a sapata flexível à cortante, o consumo de aço aumentará.

sapata, para uma mesma carga, como sapata rígida e como sapata flexível.

Exemplo 6.3 Sapata corrida rígida

Dimensionar e detalhar a armadura da sapata corrida apresentada na Fig. 6.66 para suportar g_k = 330 kN/m (carga permanente) e q_k = 120 kN/m (carga variável), sabendo-se que:

- b = largura da parede = 0,2 m;
- aço CA-50: f_{yk} = 500 MPa (5.000 kgf/cm² = 50 kN/cm²);
- concreto: f_{ck} = 20 MPa;
- solo: $R_{d,solo}$ = 0,153 MPa (153 kN/m²);
- a carga $p = N_{sk}$ é uma carga por unidade de comprimento correspondendo a $g_k + q_k$.

Cálculo da ação solicitante de cálculo

- Carga sem peso próprio e sem a terra sobre a sapata:

$$N_{sk} = (g_k + q_k) = 330 + 120 = 450 \, \text{kN}/\text{m}$$

(sem peso próprio + terra)

- Considerando 10% para levar em conta o peso próprio mais a terra

$$N_{sk(pp)} = (g_k + q_k + 0,1 g_k)$$
$$= 330 + 120 + 0,1 \times 330 = 483 \, \text{kN}/\text{m}$$

$N_{sd(pp)} = \gamma_f (g_k + q_k + 0,10 g_k) = 1,4 \times (330 + 120 + 33)$
= 676,2 kN/m (carga por unidade de comprimento)

Dimensão da sapata (geometria)

$$B = \frac{N_{sd(pp)}}{R_{d,solo}} = \frac{676,2}{153} = 4,42 \cong 4,45 \, \text{m}$$

Condições para sapata rígida:

$$h \geq \frac{(B-b)}{3} = \frac{(4,45 - 0,20)}{3} = 1,45 \, \text{m}$$

Para não ser necessário utilizar de formas, a inclinação da parte superior da sapata deve ser menor que 1:3 (ângulo de inclinação α = 0,33) a 1:4 (α = 0,25) conforme a Fig. 6.67.

Cálculo da armadura principal

O peso próprio da sapata (Fig. 6.68) e o solo sobre ela caminham diretamente para o solo, não provocando abertura de cargas e, consequentemente, não sendo considerados no cálculo da força de tração na armadura R_{sd}.

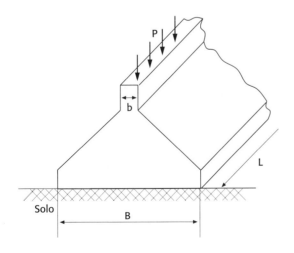

Fig. 6.66 *Sapata corrida rígida*

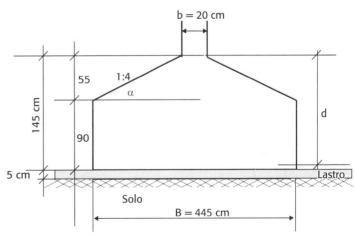

Fig. 6.67 *Dimensões da sapata*

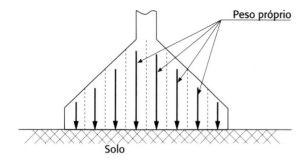

Fig. 6.68 Peso próprio

Logo:

$$N_{sk} = (g_k + q_k) = 330 + 120 = 450 \text{ kN}/\text{m}$$
(sem peso próprio + terra)

$$R_{sd} = \frac{\gamma_f \cdot N_{sk}}{d} \frac{(B-b)}{8} = \frac{1,4 \times 450}{(1,45-0,05)} \frac{(4,45-0,2)}{8}$$
$$= 239,06 \text{ kN/m}$$

$$A_s = \frac{R_{sd}}{f_{yd}} = \frac{239,06 \times 1,15}{50} = 5,50 \frac{\text{cm}^2}{\text{m}}$$

Espaçamento das barras

Número de barras (Nb): $Nb = A_s/A_{s1\phi}$.

Espaçamento: s = 100 cm/Nb = 100$A_{s1\phi}$/A_s.

O espaçamento das barras em planta está representado na Fig. 6.69.

Para bitola de 12,5 mm (ver Tab. 6.6):

$$s = \frac{A_{s1\phi}}{A_s} = \frac{1,227 \times 100}{5,5} = 22 \text{ cm} \therefore \phi 12,5 \text{ c}/22$$

As barras da armadura principal devem apresentar espaçamento no máximo igual a 2h ou 20 cm, prevalecendo o menor desses dois valores, seguindo a recomendação do item 20.1 da NBR 6118 (ABNT, 2014).

Para bitola de 10 mm (ver Tab. 6.6):

$$s = \frac{A_{s1\phi}}{A_s} = \frac{0,785 \times 100}{5,5} = 14 \text{ cm} \therefore \phi 10 \text{ c}/14$$

Logo, a melhor solução será utilizar $\phi 10$ c/14 cm.

Armadura de distribuição

De acordo com o item 20.1 da NBR 6118 (ABNT, 2014):

$$A_{s_{dist}} = \frac{A_{s_{princ}}}{5} = 1,1 \frac{\text{cm}^2}{\text{m}} \rightarrow \phi 8 \text{ c}/33$$

Verificação das tensões nas bielas (ruptura por compressão diagonal)

Verificando a tensão de cisalhamento pela cortante na seção II-II

$$V_{II,d} = \sigma_{solo} \frac{(B-b)}{2} = \frac{N_{sd}}{B \cdot 1} \frac{(B-b)}{2}$$
$$= \frac{1,4(330+120)}{4,45 \times 1} \frac{(4,45-0,20)}{2} =$$
$$V_{II,d} = 300,84 \text{ kN/m}$$

$$\tau_{sd} = \frac{V_{II,d}}{1 \cdot d} = \frac{300,84}{1 \times 0,75} = 401,12 \left(\text{kN}/\text{m}^2\right)/\text{m}$$
$$= 0,401 \text{ MPa/m}$$

$$\alpha_v = (1 - f_{ck}/250) = (1 - 20/250) = 0,92$$
$$\tau_{Rd2} = 0,27 \alpha_v \cdot f_{cd} = 0,27 \times 0,92 \times 20/1,4 = 3,55 \text{ MPa/m}$$
$$\tau_{sd} \leq \tau_{Rd2}$$

Verificando a tensão de cisalhamento na superfície C (pilar-sapata): punção

$$\tau_{sd} = F_{sd}/(u \cdot d) = 630/[2 \times (0,2 + 1,0) \times 1,40]$$
$$= 187,5 \text{ kN/m}^2/\text{m} = 0,187 \text{ MPa/m}$$
$$\tau_{sd} \leq \tau_{Rd2}$$

Detalhamento

O detalhamento das armaduras da sapata é apresentado em corte na Fig. 6.70.

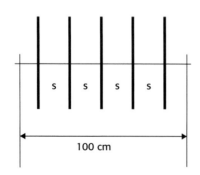

Fig. 6.69 Espaçamento das barras

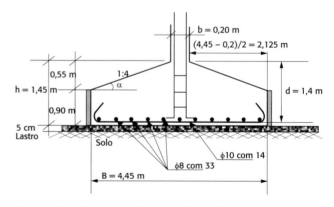

Fig. 6.70 Detalhamento das armaduras da sapata

Exemplo 6.4 Sapata corrida flexível

Dimensionar e detalhar a sapata corrida flexível da Fig. 6.71, com L > 3B, utilizando os seguintes dados:
- carga da parede: $p_k = N_{sk} = 600$ kN/m;
- solo: argila rija;
- $R_{d,solo} = 0{,}28$ MPa (280 kN/m²) (tensão resistente de projeto);
- largura da parede: $b = 20$ cm;
- concreto C20: $f_{ck} = 20$ MPa;
- aço CA-50: $f_{yk} = 500$ MPa.

Cálculo da dimensão B da sapata

$$A_{sapata} = B \cdot 1m \text{ (Área da sapata por metro)}$$

$$B = \frac{\gamma_f \left(p_k + pp_{sap} \right)}{R_{d,solo}}; \gamma_f = 1{,}4$$

Como não se consegue determinar de antemão o peso próprio da sapata, ele será admitido como 5% da carga da parede. Portanto,

$$B = \frac{1{,}4 \left(p_k + 0{,}05\, p_k \right)}{R_{d,solo}} = \frac{1{,}4 \cdot 1{,}05 p_k}{R_{d,solo}}$$

$$= 1{,}4 \times 1{,}05 \frac{600}{280} = 3{,}15 \text{ m}$$

Cálculo dos esforços solicitantes (momento e cortante) nas seções I, II e III

Considerar as seções apresentadas na Fig. 6.72.

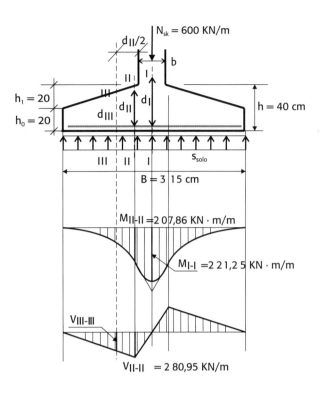

Fig. 6.72 *Seções para o cálculo dos momentos e cortantes*

Seção I-I

$$M_{I,k} = p_k \frac{(B-b)}{8} = 600 \frac{(3{,}15 - 0{,}20)}{8}$$
$$= 221{,}25 \text{ kN} \cdot \text{m/m}$$
$$V_{I,k} = 0$$

Seção II-II

$$M_{II,k} = \frac{p_k}{B} \frac{(B-b)^2}{8} = \frac{600}{3{,}15} \frac{(3{,}15 - 0{,}2)^2}{8}$$
$$= 207{,}86 \text{ kN} \cdot \text{m/m}$$

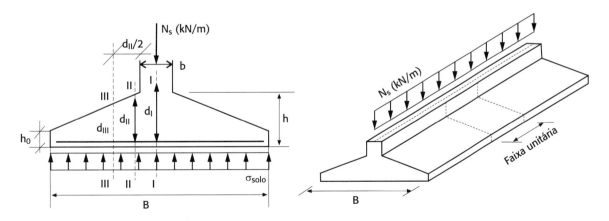

Fig. 6.71 *Sapata corrida flexível*

6 Fundações em sapatas submetidas a cargas concentradas

$$V_{II,k} = \frac{p_k}{B}\frac{(B-b)}{2} = \frac{600}{3,15}\frac{(3,15-0,2)}{2}$$
$$= 280,95 \text{ KN/m}$$

Seção III-III

$$M_{III,k} = \frac{p}{B}\frac{(B-b-d_{II})^2}{8}$$

$$V_{III,k} = \frac{p}{B}\frac{(B-b-d_{II})}{2}$$

Na seção III, os valores serão calculados oportunamente ao se dimensionar à cortante.

Cálculo da altura da sapata
Considerar a utilização do concreto C20 (f_{ck} = 20 MPa) e do aço CA-50 (f_{yk} = 500 MPa).

Seção II-II

$M_{II,k}$ = 207,86 kN · m/m ∴ $M_{II,d}$ = 207,86 × 1,4
= 291,0 kN · m/m

Adota-se um K_c entre o limite do subdomínio 2b e domínio 3, de acordo com a Tab. 6.12.

$$K_c = 4,43 \text{ (cm}^2\text{/kN} \cdot \text{cm)}$$
$$K_c = \frac{100\, d^2}{M_d} \therefore d^2 = \frac{4,43 \times 291,0 \times 100 \text{ (kN} \cdot \text{cm)}}{100}$$
$$d^2 = 1.289,13 \therefore d = 35,9 \cong 36 \text{cm}$$

Detalhamento da seção transversal da sapata

Considerando o cobrimento mínimo nominal C_{nom} = 40 mm ≥ ϕ barra (20 mm a 50 mm), tem-se:

$$h = d + 4 \text{ cm} = 36 + 4 = 40 \text{ cm}$$
$$\text{tg } \alpha = h/[(B-b)/2,0] = 40 \times 2/(315-20) = 0,27$$
$$(\alpha = 15,2° < 33,7° - \text{flexível})$$

Para não ser necessário colocar formas, a inclinação da face superior da sapata deve ficar entre 1:3 (0,33) e 1:4 (0,25) ou menor. No caso, a inclinação ficará entre 0,33 × 145 = 48 cm e 0,25 × 145 = 36 ou menor.

Para o exercício em questão, será utilizado para h_0:

$$\text{o maior entre } \begin{cases} 40/3 = 13,315 \text{ cm} \\ 20 \text{ cm} \\ (40-36) = 4 \text{ cm} \end{cases}$$

Assim, h_0 será adotado como igual a 20 cm, conforme a Fig. 6.73.

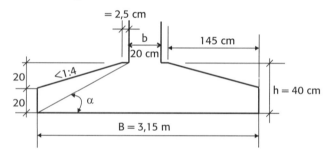

Fig. 6.73 *Dimensões para cálculo do peso próprio*

Tab. 6.12 Valores de $K_c^{(1)}$

Limite	Concreto: Diagrama retangular		$K_c = b \cdot d^2/M_d$ (b e d em cm; M_d em kN · cm)					K_s (aço CA)	
	$K_x = x/d$	$K_z = z/d$	f_{ck} (MPa)					f_{yk} (MPa)	
			20	25	30	35	40	250	500
Subdomínio 2b	0,200	0,9200	5,59	4,48	3,73	3,20	2,80	0,0500	0,0250
	0,220	0,9120	5,13	4,10	3,42	2,97	2,57	0,0504	0,0252
	0,240	0,9040	4,74	3,80	3,16	2,71	2,37	0,0509	0,0254
Limite entre 2b/3	0,259	0,8964	4,43	3,55	2,96	2,53	2,22	0,0513	0,0257
Domínio 3	0,260	0,8960	4,42	3,54	2,95	2,53	2,21	0,0513	0,0257
	0,440	0,8240	2,84	2,27	1,89	1,62	1,42	0,0558	0,0279
	0,450	**0,8200**	**2,79**	**2,23**	**1,86**	**1,59**	**1,39**	**0,0561**	**0,0280**
	0,600	0,7600	2,26	1,81	1,50	1,29	1,13	0,0605	0,0303
	0,620	0,7520	2,21	1,77	1,47	1,26	1,10	0,0612	0,0306
Limite entre 3/4	0,6283	0,7487	2,19	1,75	1,46	1,25	1,09	0,0614	0,0307

(1) Tabela completa no Anexo A1.

Verificação do peso próprio da sapata e do peso de terra sobre ela

$$V_{sap} = (0,20 \times 3,15) + 2\,(0,20 \times 1,45)/2 + (0,2 + 0,05)$$
$$0,20 = 0,97 \text{ m}^3/\text{m}$$

$$G_{sap} = 0,97 \text{ m}^3/\text{m} \times 25 \text{ kN/m}^3 = 24,25 \text{ kN/m}$$

$$G_{solo} = \left(B \cdot 1,0 \cdot h - V_{sap}\right)\rho_{solo}$$
$$= (3,15 \times 1,0 \times 0,4 - 0,97)18 = 5,22$$

$$G_{sap} + G_{solo} = 24,25 + 5,22 = 29,47 < 5\%\, N_{sk}$$
$$= 0,05 \times 600 = 30 \text{ kN/m}$$

Se maior, alguns cálculos devem ser refeitos.

Dimensionamento à flexão: cálculo das armaduras

Seção II-II

$$M_{II,k} = 207,86 \text{ kN} \cdot \text{m/m} \therefore M_{II,d} = 207,86 \times 1,4$$
$$= 291,0 \text{ kN} \cdot \text{m/m}$$

$$K_c = \frac{100 d^2}{M_d} = \frac{100 \times 36^2}{29.100} = 4,45$$
$$\rightarrow \text{Tab. 6.12} \rightarrow K_s = 0,0257$$

$$A_s = K_s \frac{M_d}{d} = 0,0257 \frac{29.100}{36} = 20,77 \,{}^{\text{cm}^2}\!/_{\text{m}} > A_{s,mín}$$

$$= 0,15\%\, b_w \cdot h = 5,4 \,{}^{\text{cm}^2}\!/_{\text{m}}$$

Escolhendo $\phi 16$ mm (Tab. 6.13):

$$s = \frac{100\, A_{s1\phi}}{A_s} = \frac{100 \times 2,0}{20,77} = 9,6 \sim \phi\, 16 \text{ c}/9,5$$

Escolhendo $\phi 20$ mm (Tab. 6.13):

$$s = \frac{100 A_{s1\phi}}{A_s} = \frac{100 \times 3,15}{20,77} = 15,1 \sim \phi 20 \text{ c}/15$$

Logo, o espaçamento máximo é o menor entre 20 cm ou 2h.

Tab. 6.13 Especificações das barras

Barras (ϕ – mm)	Área da seção (mm²)	Perímetro (mm)	Barras (ϕ – mm)	Área da seção (mm²)	Perímetro (mm)
10,0	78,5	31,4	20,0	314,2	62,8
12,5	122,7	39,3	22,0	380,1	69,1
16,0	201,1	50,3	25,0	490,9	78,5

Fonte: NBR 7840 (ABNT, 2007).

Seção I-I

$$M_{I,k} = 221,25 \text{ kN} \cdot \text{m/m} \therefore M_{I,d} = 221,25 \times 1,4$$
$$= 309,75 \text{ kN} \cdot \text{m/m}$$

Para dimensionamento da seção I-I, pode-se admitir um aumento da altura da sapata na relação de 1:3 até o eixo da parede. Assim:

$$d_I = d_{II} + {}^b\!/_6 = 36 + {}^{20}\!/_6 = 39 \text{ cm}$$

$$K_c = \frac{b \cdot d_I^2}{M_{I,d}} = \frac{100 \times 39^2}{30.975} = 4,91$$
$$\rightarrow \text{Tab. 6.12} \rightarrow K_s = 0,0254$$

$$A_{s,I} = K_s \frac{M_d}{d} = 0,0254 \frac{30.975}{39} = 20,17 \,\frac{\text{cm}^2}{\text{m}} < A_{s,II}$$

Dimensionamento ao cisalhamento

Verificação à punção

⊕ Na superfície C (pilar-sapata)

$$\tau_{sd} = \frac{F_{sd}}{(\mu \cdot d)} = \frac{1,4 \times 600}{\left[2(0,2 + 1,0)0,36\right]} = 972,22 \,{}^{\text{kN/m}^2}\!/_{\text{m}}$$

$$\tau_{sd} = 0,972 \text{ MPa/m}$$

$$\alpha_v = \left(1 - \frac{f_{ck}}{250}\right) = \left(1 - {}^{20}\!/_{250}\right) = 0,92$$

$$\tau_{Rd2} = 0,27\, \alpha_V \cdot f_{cd} = 0,27 \times 0,92 \times {}^{20}\!/_{1,4}$$
$$= 3,55 \text{ MPa} > \tau_{sd}$$

$$\tau_{sd} < \tau_{Rd2}$$

Verificação à cortante

⊕ Na seção II-II

$$V_{sd} \leq V_{Rd2} = 0,27\, \alpha_{v2} \cdot f_{cd} \cdot b_w \cdot d$$

$$V_{II,k} = \frac{p}{B}\frac{(B-b)}{2} = \frac{600}{3,15}\frac{(3,15 - 0,2)}{2} = 280,95 \text{ kN/m}$$

$$V_{sd} = V_{II,d} = 1,4 \times 280,95 = 393,33 \text{ kN/m}$$

$$V_{Rd2} = 0,27\, \alpha_V \cdot f_{cd} \cdot b_w \cdot d$$

$$= 0,27 \times 0,92 \frac{20 \times 10^3}{1,4}1,0 \times 0,36$$

$$V_{Rd2} = 1.277 \text{ kN/m} > V_{sd}$$

Verificação para dispensar a armadura à força cortante

⊕ Seção III-III (Fig. 6.75)

Utilizando a semelhança de triângulo (Fig. 6.74), têm-se:

$$\frac{20}{145} = \frac{y_{III}}{(145-15,5)} \rightarrow y_{III} = 17,86 \text{ cm}$$

$$d_{III} = 16 + y_{III} = 16 + 17,86 = 33,86 \text{ cm}$$

$$(d_{II} = 36 \text{ cm}; d_{III} = 33,86 \text{ cm})$$

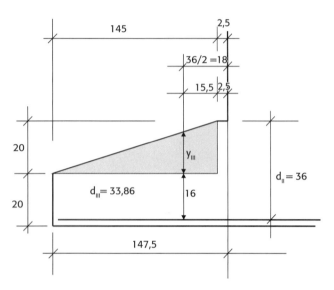

Fig. 6.74 Altura d_{III}

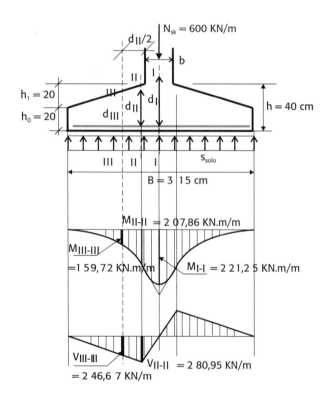

Fig. 6.75 Esforços solicitantes na seção III-III

$$M_{III,k} = \frac{p}{B}\frac{(B-b-d_{II})^2}{8} = \frac{600}{3,15}\frac{(3,15-0,2-0,36)^2}{8}$$
$$= 159,72 \text{ kN} \cdot \text{m/m}$$

$$V_{III,k} = \frac{p}{B}\frac{(B-b-d_{II})}{2} = \frac{600(3,15-0,2-0,36)}{3,15 \times 2}$$
$$= 246,67 \text{ kN/m}$$

$$V_{sd} = \gamma_f \cdot V_{III,k} = 1,4 \times 246,67 = 345,33 \text{ kN/m}$$

Para não armar, V_{sd} deve ser $\leq V_{Rd1}$.

Resistência de projeto ao cisalhamento

A resistência de projeto ao cisalhamento vale:

$$V_{Rd1} = \left[\tau_{Rd} \cdot K \cdot (1,2+40\rho_1) + 0,15\sigma_{cp}\right]b_w \cdot d$$

em que:

$$\tau_{Rd} = 0,25 f_{ctd} \rightarrow f_{ctd} = \frac{f_{ctk,inf}}{\gamma_c}$$

De acordo com o item 8.2.5 da NBR 6118 (ABNT, 2014), a resistência característica inferior à tração será igual a 0,7 da resistência caraterística média à tração:

$$f_{ctk,inf} = 0,7 f_{ct,m} \rightarrow f_{ct,m} = 0,3 f_{ck}^{2/3}$$

$$\tau_{Rd} = 0,25 \cdot 0,21 \frac{f_{ck}^{\frac{2}{3}}}{1,4} = 0,0375 f_{ck}^{\frac{2}{3}}$$

$$= 0,2763 \text{ MPa} = 276,3 \text{ kN/m}^2 \; (f_{ck} = 20 \text{ MPa})$$

$$\rho_1 = \frac{A_{s1}}{(b_w \cdot d)} < 0,02 \therefore \rho_1 = \frac{20,77}{(100 \times 36)} = 0,0058 < 0,02$$

$$\sigma_{cp} = \frac{N_{sd}}{A_c} = 0 \text{ (força longitudinal na seção decorrente}$$

da protensão ou do carregamento de compressão

Como 100% das armaduras chegam até o apoio, os valores de K são:

$K = |1,6-d|$, não menor que 1,0, com d em metros

$$K = |(1,6-0,3386)| = 1,2614 > 1,0$$

$$V_{Rd1} = \left[\tau_{Rd} \cdot K(1,2+40\rho_1) + 0,15\sigma_{cp}\right]b_w \cdot d$$

$$V_{Rd1} = \left[276,3 \times 1,2614(1,2+40 \times 0,0058) + 0,15 \times 0\right]$$
$$1,00 \times 0,3386 = V_{Rd1} = 168,99$$
$$\cong 169,00 \text{kN/m} < V_{sd} = 345,33 \text{kN/m}$$

Cálculo considerando o valor de s_{cd} na seção II

$$\sigma_{cp} = \frac{N_{sd}}{A_c} = \frac{R_{cd}}{A_c} = \frac{0,85 f_{cd}(b_{w2,III} \cdot 0,8X)}{A_c = (b_{2w,III} \cdot 0,8X)}$$
$$= 0,85 f_{cd} = 0,85 \times 20/1,4$$

$\sigma_{cp} = 12,14$ MPa = 1,214 kN/cm² = 12,14 × 10² kN/m²

Dessa forma:

$$V_{Rd1} = \begin{bmatrix} 276,3 \times 1,2614(1,2 + 40 \times 0,0058) \\ +0,15 \times 12,14 \times 10^3 \end{bmatrix} 1,00 \times 0,3386$$

$$V_{Rd1} = 785,58 \text{ kN/m} > V_{sd} = 345,33 \frac{\text{kN}}{\text{m}}$$

No caso de uma seção variável (sapata invertida da Fig. 6.76), pode-se reduzir a cortante a ser levantada de $(M/d)\text{tg } \alpha$ quando a seção e o momento crescem. Quando acontecer o inverso, essa parcela é somada. Isso se explica pela analogia da treliça, na qual parte da cortante desce diretamente pela biela de compressão.

$$V_{III,k,reduzido} = V_{III,k} - \frac{M_{III,K}}{d_{III}} \text{tg } \alpha \text{ (cortante reduzida)}$$

$$V_{III,k,reduzido} = 246,67 - \frac{159,72}{0,3386} \frac{20}{145} = 181,61 \text{ kN/m}$$

Para efeitos didáticos, será considerado:

$$V_{sd} = 1,4 \times 181,61 = 254,25 \frac{\text{kN}}{\text{m}} > V_{Rd1} = 169,00 \text{ kN/m}$$

Diante dos valores calculados, existem três hipóteses:

1ª) aumentar a altura e dimensionar como sapata rígida;

2ª) aumentar a altura e dimensionar como sapata flexível, sem armadura para levantamento de carga;

3ª) não aumentar a altura e calcular a armadura para levantamento da carga (armadura para cortante).

Cálculo da nova altura para dispensar a armadura à cortante (2ª hipótese)

Cálculo do novo valor de d_{III}, impondo V_{Rd1} = 254,25 kN/m.

Para valores de d acima de 0,60, considerar K = 1,0. Assim:

$$254,25 = \begin{bmatrix} 276,3 \times 1,0(1,2 + 40 \times 0,0058) \\ +0,15 \times 0 \end{bmatrix} 1,00 \times d_{III}$$
$$d_{III} = 254,25/395,66 = 0,64$$

Se $d_{III} \geq 0,64$ m $\cong$ 65 cm, consequentemente, d_{II} = 70 e h = 75 cm. Logo, tem-se uma melhora em todas as condições, mas um aumento de peso da sapata, o que exige uma nova verificação da tensão no solo.

Portanto, adotam-se para h_0, em geral, valores maiores que $h/3$, $(h - h_1)$ e 20 cm. Assim:

$h_1 = 145/3 = 48,33 \cong 50$ cm (utilizando a inclinação de 1:3 para não se colocar forma)

Logo, para o exercício em questão, h_0 será o maior entre 75/3 = 25 cm, $h - h_1$ = 75 – 145/3 $\cong$ 25, e 20 cm.

As novas dimensões da sapata são apresentadas na Fig. 6.77.

Verifica-se se ainda é uma sapata flexível:

$\text{tg } \alpha = h/[(B - b)/2,0] = 75 \times 2/(315 - 20) = 0,508$
$(\alpha = 26,95° < 33,7° \rightarrow$ flexível)

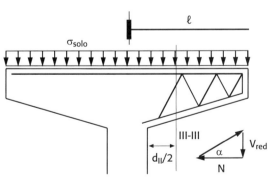

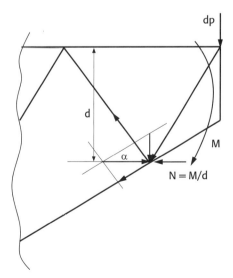

Fig. 6.76 *Força cortante na seção II*

$$h = \frac{(315-20)}{3} = 98 \to 100 \text{ cm}$$

Verificação do peso próprio da sapata

$V_{sap} = (0,25 \times 3,15) + 2 (0,5 \times 1,45)/2 + (0,2 + 0,05) 0,50$
$= 1,64 \text{ m}^3/\text{m}$

$G_{sap} = 1,64 \text{ m}^3/\text{m} \times 25 \text{ kN/m}^3 = 40,94 \text{ kN/m}$
$G_{solo} = (B \cdot 1,0 \cdot h - V_{sap})\rho_{solo} = (3,15 \times 1,0 \times 0,75 - 1,64)18$
$= 13,0 \text{ kN/m}$

$G_{sap} + G_{solo} = 40,94 + 13 = 53,94 \text{ kN/m} > 5\%P$
$= 0,05 \times 600 = 30 \text{ kN/m}$

Portanto, é necessário recalcular alguns parâmetros.

Cálculo de um novo B

$$B = \frac{(p_d + pp)}{R_{d,solo}} = \frac{600 + 53,94}{R_{d,solo}} = \frac{653,94}{200} = 3,25 \text{ m}$$

(3,2% de acréscimo)

Observa-se que, com o aumento da dimensão, será necessário recalcular momentos, cortantes e as armaduras. Todavia, como o acréscimo foi pequeno, próximo de 3,2%, e houve um acréscimo considerável de altura, as armaduras serão inferiores às calculadas anteriormente.

Verificações

À flexão

$$M_{II,k} = \frac{p}{B}\frac{(B-b)^2}{8} = \frac{600}{3,25}\frac{(3,25-0,2)^2}{8}$$
$$= 214,67 \text{ kN}\cdot\text{m/m}$$

$$K_c = \frac{b \cdot d_{II}^2}{M_{II,d}} = \frac{100 \times 70^2}{1,4 \times 21467} = 16$$

$\to$ Tab. 6.14 $\to K_s = 0,0238$

$$A_{s,II} = K_s \frac{M_{II,d}}{d_{II}} = 0,0238 \frac{1,4 \times 21.467}{70} = 10,22 \frac{\text{cm}^2}{\text{m}}$$

$A_{s,mín} = 0,15\% b_w \cdot h = 0,15 \times 70 = 10,5 \text{ cm}^2/\text{m}$

Escolhendo $\phi 12,5$ mm:

$$s = \frac{100 A_{s1\varphi}}{A_s} = \frac{100 \times 1,227}{10,22} = 12,0 \sim \varphi 12,5 \text{ c/11}$$

Escolhendo $\phi 16$ mm:

$$s = \frac{100 A_{s1\varphi}}{A_s} = \frac{100 \times 2,01}{10,22} = 19,7 \sim \varphi 16 \text{ c/19}$$

Observação: espaçamento máximo 20 cm ou $2h$ (o menor).

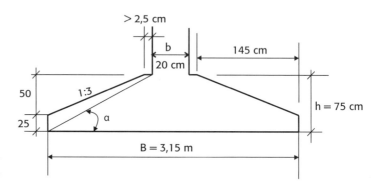

Fig. 6.77 *Novas dimensões para cálculo do peso próprio*

Tab. 6.14 Valores de $K_c^{(1)}$

Limite	Concreto: diagrama retangular		$K_c = b \cdot d^2/M_d$ (b e d em cm; M_d em kN·cm) f_{ck} (MPa)					K_s (aço CA) f_{yk} (MPa)	
	$K_x = x/d$	$K_z = z/d$	20	25	30	35	40	250	500
	0,060	0,9760	17,58	14,06	11,72	10,05	8,79	0,0471	0,2360
	0,080	**0,9680**	**13,29**	**10,63**	**8,86**	**7,60**	**6,65**	**0,0475**	**0,0238**
Domínio 2b	0,200	0,9200	5,59	4,48	3,73	3,20	2,80	0,0500	0,0250
	0,220	0,9120	5,13	4,10	3,42	2,97	2,57	0,0504	0,0252
	0,240	0,9040	4,74	3,80	3,16	2,71	2,37	0,0509	0,0254

(1) Tabela completa no Anexo A1.

Armadura de distribuição (1/5A_s = 2,1 cm²/m – φ8):

$$s = \frac{100 A_{s1\varphi}}{A_s} = \frac{100 \times 0,5027}{2,1} = 24 \sim \varphi 8 \text{ c}/24$$

É importante lembrar que o espaçamento máximo é de 33 cm.

À cortante (seção III)

$$V_{III,k} = \frac{p}{B}\frac{(B-b-d_{II})}{2} = \frac{600}{3,25}\frac{(3,25-0,2-0,7)}{2}$$
$$= 216,92 \text{ kN/m}$$

$$M_{III,k} = \frac{p}{B}\frac{(B-b-d_{II})^2}{8} = \frac{600}{3,25}\frac{(3,25-0,2-0,70)^2}{8}$$
$$= 127,44 \text{ kN}\cdot\text{m/m}$$

$$V_{III,k,reduzido} = V_{III,k} - \frac{M_{III,k}}{d_{III}}\text{tg } \alpha \text{(cortante reduzida)}$$

$$V_{III,k,reduzido} = 216,92 - \frac{127,44}{0,65}\frac{50}{150} = 151,56 \text{ kN/m}$$

$$V_{sd} = 1,4 \cdot 151,56 = 212,18 \text{ kN/m}$$

A resistência de projeto ao cisalhamento vale:

$$V_{Rd1} = \left[\tau_{Rd} \cdot K \cdot (1,2 + 40\rho_1) + 0,15\sigma_{cp}\right] b_w \cdot d$$

em que:

$$\tau_{Rd} = 0,25 \cdot 0,21\frac{f_{ck}^{2/3}}{1,4} = 0,0375\ f_{ck}^{2/3}$$
$$= 0,2763 \text{ MPa } (f_{ck} = 20 \text{ MPa})$$

$$\rho_1 = \frac{A_{s1}}{(b_w \cdot d_{III})} < 0,02 \therefore \rho_1 = \frac{10,5}{(100 \times 65)} = 0,0016 < 0,02$$

$$\sigma_{cp} = \frac{N_{sd}}{A_c} = 0$$

σ_{cp} = 0 (força longitudinal na seção decorrente da protensão ou carregamento)

Como 100% das armaduras chegam até o apoio, os valores de K são:

K = |1,6 – d_{III}|, não menor que 1,0, com d em metros.

$$K = |(1,6 - 0,65)| = 0,95 < 1,0$$

$$V_{Rd1} = \left[\tau_{Rd} \cdot K(1,2 + 40\rho_1) + 0,15\sigma_{cp}\right] b_w \cdot d$$

$$V_{Rd1} = \left[276,3 \times 1,0(1,2 + 40 \times 0,0016) + 0,15 \times 0\right]$$
$$1,00 \times 0,65 =$$

$$V_{Rd1} = 227,01\ \frac{\text{kN}}{\text{m}} > V_{sd} = 212,18\ \frac{\text{kN}}{\text{m}} \text{ (não armar)}$$

Detalhamento

O detalhamento do exercício é apresentado na Fig. 6.78.

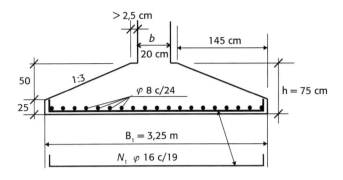

Fig. 6.78 Detalhamento (2ª hipótese)

Verificação com a mesma altura

Mantendo-se a altura anterior de d_{II} = 36 e o cálculo da armadura de levantamento (3ª hipótese), a verificação é a seguinte:

$$\frac{(36-16)}{145} = \frac{(d_{III}-16)}{(145-15,5)}$$

$$d_{III} = 33,86 \text{ cm (Fig. 6.79)}$$

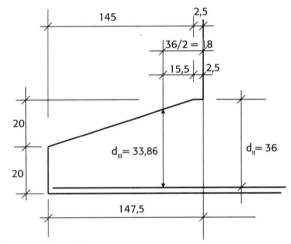

Fig. 6.79 Altura d_{III}

Cálculo da armadura do esforço cortante (seção III)

⊕ Seção III-III (d_{II} = 36 cm, d_{III} = 33,86 cm)

$$M_{III,k} = \frac{p}{B}\frac{(B-b-d_{II})^2}{8} = \frac{600}{3,15}\frac{(3,15-0,2-0,36)^2}{8}$$
$$= 159,72 \text{ kN}\cdot\text{m/m}$$

$$V_{III,k} = \frac{p}{B}\frac{(B-b-d_{II})}{2} = \frac{600(3,15-0,2-0,36)}{3,15 \times 2}$$
$$= 246,67 \text{ kN/m}$$

A cortante ainda pode ser reduzida em função da inclinação da face superior da sapata.

Assim:

$$V_{III,k,reduzido} = V_{III,k} - \frac{M_{III,K}}{d_{III}} \operatorname{tg} \alpha \,(\text{cortante reduzida})$$

$$V_{III,k,reduzido} = 246,67 - \frac{159,72}{0,3386} \frac{20}{145} = 181,61 \text{ kN/m}$$

$$V_{sd} = 1,4 \times 181,61 = 254,25 \text{ kN/m} > V_{Rd1} = 176,62 \text{ kN}$$

$$V_{sd} \leq V_{Rd3} = V_c + V_{sw}$$

em que:

V_{sd} é a força cortante solicitante de cálculo na seção;

$V_{Rd3} = V_c + V_{sw}$ é a força cortante resistente de cálculo relativa à ruína por tração diagonal, sendo V_c a parcela de força cortante absorvida por mecanismos complementares ao de treliça e V_{sw} a parcela resistida pela armadura transversal.

$$V_{sd} \leq V_{Rd3} = V_c + V_{sw}$$

$$V_c = 0,6 \, f_{ctd} \cdot b_w \cdot d$$

$$f_{ctd} = \frac{f_{ctk,inf}}{\gamma_c} = \frac{0,7 f_{ct,m}}{\gamma_c} = \frac{0,7 \cdot 0,3 f_{ck}^{2/3}}{1,4}$$

$$f_{ctd} = 0,15 \sqrt[3]{f_{ck}^2} = 0,15 \sqrt[3]{20^2} = 1,10 \text{ MPa}$$

$$V_c = 0,6 \times 1,1 \times 10^3 \times 1,0 \times 0,33 = 217,8 \text{ kN}$$

A Tab. 6.15 apresenta dois modelos de cálculo para ρ_{sw}.

Observa-se que, ao utilizar a inclinação das bielas em torno de 30°, as armaduras reduzem quase que pela metade. Utiliza-se, portanto, o modelo de cálculo II quando as peças têm pequenas alturas, caso típico de lajes.

$$\rho_{w,min} = \frac{0,06 \, f_{ck}^{\frac{2}{3}}}{f_{ywk}} = \frac{0,06 \sqrt[3]{20^2}}{500}$$

$$\rho_{w,min} = 0,00088 \rightarrow 0,088\% > \rho_{sw}$$

Logo:

$$\frac{A_{sw}}{s} \geq \rho_{w,min} \cdot b_w = 0,088\% b_w = 0,088 \times 100$$

$$\frac{A_{sw}}{s} \geq 8,8 \, \text{cm}^2 \big/ \text{m}$$

Para 4R (quatro ramos ao longo de 1 m):

$$\left(\frac{A_{sw}}{s}\right)_{4R} \geq \frac{8,8}{4} = 2,2 \text{ cm}^2 \big/ \text{m} \quad \rightarrow \quad \varphi 6,3 \, ^c\!/_{14} (4R)$$

Na Fig. 6.80 está representado o detalhamento da armadura transversal de estribo com altura variável.

6.3 Sapatas retangulares para pilares com seções não retangulares

Nesses casos deve-se ter a preocupação, ao utilizar sapatas isoladas, de manter o centro de massa da sapata (ou centro de gravidade da sapata) coincidindo com o centro de aplicação de carga do pilar, que também será o centro de gravidade do pilar. As seções transversais dos pilares não retangulares podem ser, por exemplo: seções em L, em U ou quaisquer (Fig. 6.81).

Recomenda-se criar, para apoio do pilar, uma plataforma de base $b_1 \times b_2$ cujo centro de gravidade também coincida com o centro de gravidade do pilar e da sapata. Além disso, para que se tenham áreas de armaduras iguais nas duas direções, é conveniente, dentro do possível, fazer também:

$$\left(B_1 - b_1\right) = \left(B_2 - b_2\right) \qquad \textbf{6.123}$$

6.4 Sapatas circulares submetidas a cargas centradas

Considerando a geometria circular (Fig. 6.82), para que seja válido o método das bielas e, dessa forma, uma sapata circular possa ser considerada uma sapata rígida, sua altura mínima deve ser:

Tab. 6.15 Modelos de cálculo para ρ_{sw}

Modelo de cálculo I	Modelo de cálculo II
$\rho_{sw} = \left(\dfrac{254,25 \big/ (1 \times 0,3386) - 0,6 \times 1,1 \times 10^3}{0,9 \times 435 \times 10^3 \times 1} \right)$	$\rho_{sw} = \left(\dfrac{254,25 \big/ (1 \times 0,3386) - 0,6 \times 1,1 \times 10^3}{0,9 \times 435 \times 10^3 \times 1,732} \right)$
$\rho_{sw} = 2,32 \times 10^{-4} \rightarrow 0,023\%$	$\rho_{sw} = 1,34 \times 10^{-4} \rightarrow 0,0134\%$

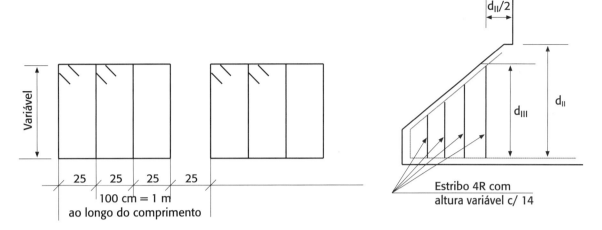

Fig. 6.80 *Detalhe da armadura transversal*

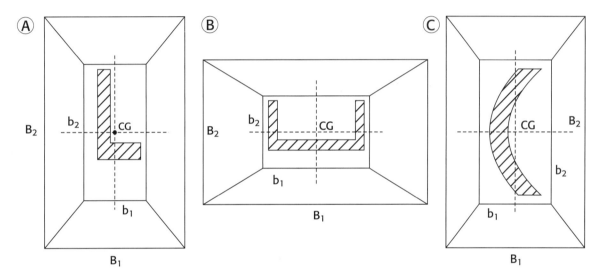

Fig. 6.81 *Pilares com seções (A) em L, (B) em U ou (C) quaisquer*

$$h \geq \left(D_{sapata} - d_{pilar}\right)\!\Big/3 \quad \text{6.124}$$

Sendo o pilar:

- circular: $2a \geq d_{pilar}$;
- retangular: $a \geq \dfrac{1}{2}\sqrt{b_1^2 + b_2^2}$.

Fazendo o somatório do momento em relação ao ponto O, encontram-se:

$$dp \cdot X = dF_t \cdot d_0 \quad \text{6.125}$$

$$dp = \sigma_{adm,s} \cdot dx \cdot 2K \quad \text{6.126}$$

$$K = R \cdot \cos\alpha; \quad X = R \cdot \text{sen}\,\alpha; \quad dx = R \cdot \cos\alpha \cdot d\alpha \quad \text{6.127}$$

$$\sigma_{adm,s} \cdot dx \cdot 2K \cdot X = dF_t \cdot d_0 \quad \text{6.128}$$

$$\sigma_{adm,s} \cdot (R \cdot \cos\alpha \cdot d\alpha) \cdot 2(R \cdot \cos\alpha) \\ \cdot (R \cdot \text{sen}\,\alpha) = dF_t \cdot d_0 \quad \text{6.129}$$

$$\frac{dF_t}{d\alpha} = \frac{2\sigma_{adm,s} \cdot R^3}{d_0} \cdot \text{sen}\,\alpha \cdot \cos^2\alpha \quad \text{6.130}$$

Diante disso, a força de tração radial pode ser escrita como:

$$F_t = \frac{2\sigma_{adm,s} \cdot R^3}{d_0} \int_0^{90°} \operatorname{sen}\alpha \cdot \cos^2 \alpha \cdot d\alpha \quad \text{6.131}$$

$$F_t = \frac{2\sigma_{adm,s} \cdot R^3}{d_0}\left(-\frac{\cos^3}{3}\int_{0°}^{90°}\right) = \frac{2\sigma_{adm,s} \cdot R^3}{3d_0} \quad \text{6.132}$$

Fazendo:

$$\sigma_{adm,s} = \frac{N_{sk}}{\pi \cdot R^2} \quad \text{6.133}$$

$$d_0 = \frac{R \cdot d}{(R-a)} \quad \text{6.134}$$

A força de tração radial e será igual a:

$$F_t = \frac{2N_{sk} \cdot R^3}{3\pi \cdot R^2}\frac{(R-a)}{R \cdot d} = \frac{2N_{sk}(R-a)}{3\pi \cdot d} \quad \text{6.135}$$

Utilizando somente armadura circular (Fig. 6.83), a força na armadura será:

$$R_{s,cir} = \frac{F_t}{2} = \frac{N_{sk}(R-a)}{3\pi \cdot d} \frac{N_{sk}(R-a)}{9,5d} \quad \text{6.136}$$

$$A_{s,cir} = \frac{\gamma_f \cdot R_{s,cir}}{f_{yd}} \left(\text{cm}^2\right)$$

$$\therefore \left(\frac{A_{s,cir}}{s}\right) = \frac{\gamma_f \cdot R_{s,cir}}{f_{yd} \cdot R}\left(\text{cm}^2/\text{m}\right) \quad \text{6.137}$$

Utilizando armadura circular e radial (Fig. 6.84), as forças nas armaduras serão:

$$R_{s,cir} = 0{,}6\frac{F_t}{2} = 0{,}6\frac{N_{sk}(R-a)}{3\pi \cdot d} \cong \frac{N_{sk}(R-a)}{15d} \quad \text{6.138}$$

$$A_{s,cir} = \frac{\gamma_f \cdot R_{s,cir}}{f_{yd}} \left(\text{cm}^2\right)$$

$$\therefore \left(\frac{A_{s,cir}}{s}\right) = \frac{\gamma_f \cdot R_{s,cir}}{f_{yd} \cdot R}\left(\text{cm}^2/\text{m}\right) \quad \text{6.139}$$

$$R_{s,radial} = 0{,}4\,F_t = 0{,}4\frac{2N_{sk}(R-a)}{3\pi \cdot d} \cong \frac{N_{sk}(R-a)}{12d} \quad \text{6.140}$$

$$A_{s,radial} = \frac{\gamma_f \cdot R_{s,radial}}{f_{yd}}\left(\text{cm}^2\right) \quad \text{6.141}$$

Utilizando armadura em malha ortogonal (Fig. 6.85), as forças na armadura serão:

$$R_{s,ort} = \frac{\sqrt{2}}{2}F_t = 0{,}707\frac{2N_{sk}(R-a)}{3\pi \cdot d}$$
$$\cong 0{,}154\frac{N_{sk}(R-a)}{d}\;(\text{nas duas direções}) \quad \text{6.142}$$

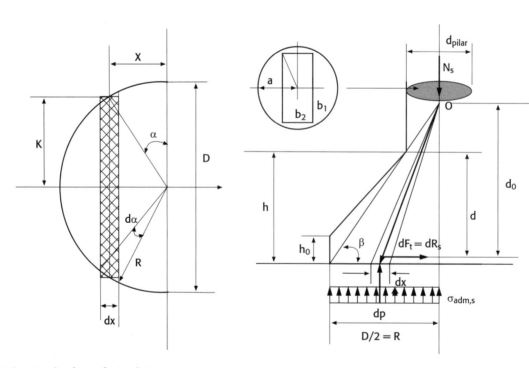

Fig. 6.82 *Sapata circular: esforços internos*

Fazendo um comparativo com a armadura de uma sapata retangular, calculada como rígida, observa-se:

$$R_{s,ort} = 0,15 \frac{N_{sk}(R-a)}{d} > \frac{N_{sk}(B-b)}{8d}$$

$$= 0,125 \frac{N_{sk}(B-b)}{d} \text{ (seção retangular)}$$

6.143

Resultando em um aumento da ordem de 20%.

Logo:

$$A_{s,ort} = \frac{\gamma_f \, R_{s,ort}}{f_{yd}} \left(\text{cm}^2\right)$$

$$\therefore \left(\frac{A_{s,ort}}{s}\right) = \frac{\gamma_f \cdot R_{s,ort}}{f_{yd} \cdot D} \left(\text{cm}^2/\text{m}\right)$$

6.144

Pode-se aplicar para sapatas octogonais toda a formulação apresentada anteriormente.

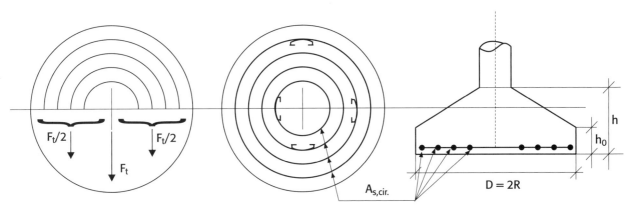

Fig. 6.83 *Armaduras circulares*

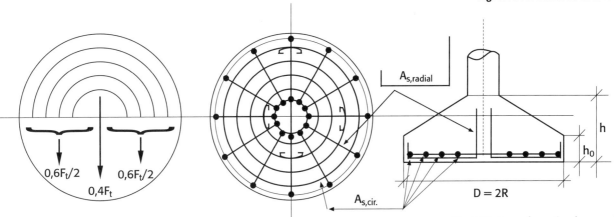

Fig. 6.84 *Armadura circular e radial*

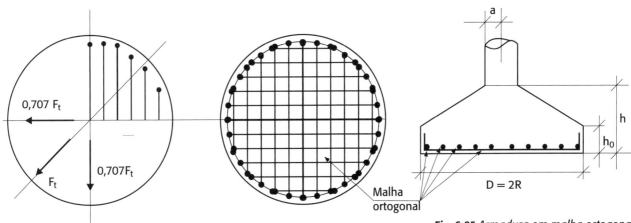

Fig. 6.85 *Armadura em malha ortogonal*

6 Fundações em sapatas submetidas a cargas concentradas

Quando a sapata está submetida por um momento e uma força normal, tem-se o caso de uma sapata solicitada à flexão composta. A Fig. 7.1A exemplifica esse caso e apresenta a distribuição de tensões no solo considerando a carga excêntrica (tensões variáveis) e a carga coincidindo com centro de gravidade da sapata (tensões constantes).

É importante observar que o formulário da Resistência dos Materiais só pode ser aplicado quando σ_1 e σ_2 são tensões de compressão. Caso uma delas seja de tração, não se pode utilizar a expressão de tensões da Resistência dos Materiais, uma vez que o solo não absorve tração. Nesse caso, deve-se analisar o problema como material não resistente à tração ou deslocar a sapata para o centro de aplicação da carga (Fig. 7.1B), evitando o aparecimento de variação de tensão.

Nem sempre é possível fazer coincidir o centro de gravidade (CG) da sapata com o ponto de aplicação da carga, portanto, é necessário o cálculo da sapata submetida à flexão composta.

7.1 Sapata isolada submetida à aplicação de momento (carga excêntrica)
7.1.1 Cálculo das tensões no solo

No caso da excentricidade dentro do núcleo central de inércia (Fig. 7.2), as tensões podem ser calculadas pelas equações da Resistência dos Materiais, logo:

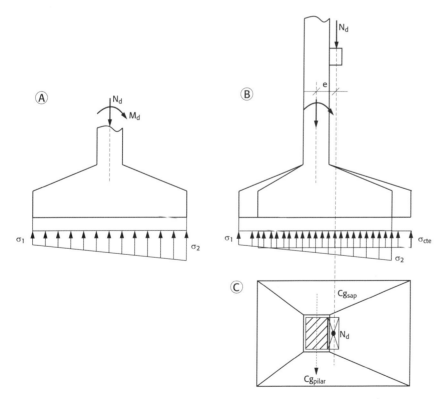

Fig. 7.1 *(A) Distribuição de tensões no solo e (B) deslocamento da sapata para o centro de aplicação de carga*

$$\sigma_{atu,solo} = -\frac{N_k + G_{(sap+solo)}}{A} \pm \frac{M}{W}$$

$$= -\frac{N_k + G_{(sap+solo)}}{B_1 \cdot B_2} \pm \frac{M \cdot 6}{B_2 \cdot B_1^2} \quad \textbf{7.1}$$

$$K_1 = \frac{W_1}{A} = \frac{B_1}{6} \text{ (para sapatas retangulares)} \quad \textbf{7.2}$$

As características geométricas da Fig. 7.2 são:
- A = área de contato da sapata com o solo ($B_1 \cdot B_2$);
- N = carga normal atuante (P = G + Q);
- G_{sap} = peso próprio da sapata;
- G_{solo} = peso do solo (terra) sobre a sapata;
- M = N · e, em que e é a excentricidade decorrente da carga normal (N_k) aplicada em relação ao centro de gravidade da área de contato da sapata com o solo;
- Momento de inércia:

$$I = \frac{b \cdot h^3}{12} = \frac{B_2 \cdot B_1^3}{12} \quad \textbf{7.3}$$

- W_1 é o módulo de resistência da área de contato da sapata com o solo:

$$W_1 = \frac{I}{B_1/2} = \frac{B_2 \cdot B_1^2}{6} \quad \textbf{7.4}$$

Além da condição de estabilidade, deve-se verificar que a tensão máxima de borda não supere os valores indicados nos itens a seguir:

a) Quando o método das tensões admissíveis for utilizado e a solicitação for obtida através de combinações de ações nas quais o vento é a ação variável principal (item 6.3.2 da NBR 6122 – ABNT, 2019b), a tensão admissível na borda das sapatas ou tubulões pode ser majorada em até 15%:

$$\sigma_{atu} = \sigma_{máx,borda} \leq 1{,}15 \, \sigma_{adm} \quad \textbf{7.5}$$

e

$$\sigma_{adm} = \sigma_{últ}/F_{SG} \, ; F_{SG} \leq 1{,}6 \quad \textbf{7.6}$$

em que:

σ_{atu} é a máxima tensão atuante na borda, calculada pela Eq. 7.1;

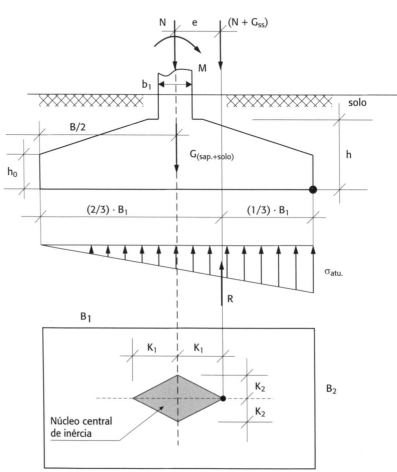

Fig. 7.2 *Núcleo central de inércia*

$\sigma_{últ}$ é a tensão última do solo;
σ_{adm} é a tensão admissível do solo;
F_{SG} é o fator de segurança global.

No caso de galpões industriais, torres de linhas de transmissão, reservatórios elevados, silos graneleiros, torres eólicas, torres de telecomunicações e tanques de produtos químicos, a máxima tensão admissível na borda das sapatas ou tubulão pode ser majorada em até 30%:

$$\sigma_{atu} = \sigma_{máx,borda} \leq 1{,}3\, \sigma_{adm} \qquad 7.7$$

Além da verificação da tensão máxima na borda, a tensão constante decorrente da carga permanente deve obedecer a:

$$\sigma_{máx} = \frac{G}{A_{sapata}} \leq \sigma_{adm} \qquad 7.8$$

b] Quando o método de valores de cálculo for utilizado e a solicitação for obtida através de combinações de ações nas quais o vento é a ação variável principal, os valores de tensão resistente de cálculo (item 6.3.3 da NBR 6122 – ABNT, 2019b) das sapatas ou tubulões podem ser majorados em até 10%:

$$R_d = \frac{1{,}1 \cdot R_k}{\gamma_m},\ S_d = S_k \cdot \gamma_f\ e\ S_d \leq R_d \qquad 7.9$$

em que:
R_d é a tensão resistente de cálculo para sapatas e tubulões ou força resistente de cálculo para as estacas;
R_k é a tensão última característica do solo;
S_d representa as solicitações de cálculo.

Em qualquer situação apresentada, recomenda-se a verificação do elemento estrutural.

7.1.2 Cálculo considerando o solo como material não resistente à tração

Ao se calcularem as tensões no solo, encontrando tensão de tração, é necessário que a resultante R do solo comprimido esteja no mesmo alinhamento de N excêntrico e seja de igual valor para que haja equilíbrio, visto que o solo não resiste à tração e, portanto, haverá descolamento da sapata do solo (Fig. 7.3).

$$R = N_{(g+q)}$$

Fazendo momento em relação ao ponto O:

$$R\frac{X}{3} = N\left(\frac{B_1}{2} - e\right) \qquad 7.10$$

$$X = 3\left(\frac{B_1}{2} - e\right) \qquad 7.11$$

$$e = \left(\frac{B_1}{2} - \frac{x}{3}\right) \qquad 7.12$$

Tensão de borda

$$\sigma_b \frac{X}{2} = R \therefore \sigma_b = \frac{2R}{X} \qquad 7.13$$

$$\sigma_b = \frac{2}{3}\frac{N}{\left(B_1/2 - e\right)} \qquad 7.14$$

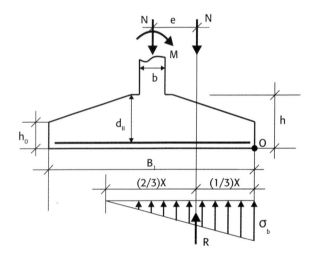

Fig. 7.3 *Tensão somente na região comprimida (B_1 na direção do momento)*

7.1.3 Verificação ao tombamento: condição de estabilidade

De maneira geral, o coeficiente de segurança ao tombamento ($\gamma_{f,t}$) deve ser $\geq 1{,}5$, isto é, o ponto de tensão nula não pode ultrapassar o centro da sapata, conforme indicado na Fig. 7.5.

Como se verá, essa condição equivale ao coeficiente de segurança ao tombamento, de 1,5.

$$M_{res} \geq \gamma_{f,t} \cdot M_{tomb} \qquad 7.15$$

Fazendo momento em relação ao ponto O tem-se:

$$M_{res} = N \cdot \frac{B_1}{2} \qquad 7.16$$

$$\gamma_{f,t} = \frac{M_{res}}{M_{tomb}} \qquad 7.17$$

em que:

$$N = P_{atuante} + G_{(sap+solo)} \qquad 7.18$$

Para a verificação ao tombamento, preferencialmente considerar, no lugar de P_{atu}, somente G_{atu}, visto que:

$$P_{atu} = G_{atu} + Q_{atu} \qquad 7.19$$

Para se garantir a segurança ao tombamento, o cálculo do coeficiente de segurança é feito equilibrando o momento resistente e de tombamento em relação ao ponto O, conforme indicado na Fig. 7.4.

$$M_{tomb} = M = N \cdot e = N\left(2 \cdot \frac{B_1}{6}\right) = N \cdot \frac{B_1}{3} \qquad 7.20$$

$$\gamma_{f,t} = \frac{M_{res}}{M_{tomb}} = \frac{N \cdot B_1}{2} \cdot \frac{1}{N \cdot \frac{B_1}{3}} = 1,5 \text{ c.q.d.} \qquad 7.21$$

O menor valor de X para que seja mantido o coeficiente de segurança maior ou igual a 1,5 será:

$$1,5 \leq \frac{M_{res}}{M_{tomb}} \frac{N \cdot \frac{B_1}{2}}{N \cdot e}$$

$$\therefore 1,5 N \cdot e \leq N \cdot \frac{B_1}{2} \therefore 1,5\left(\frac{B_1}{2} - \frac{X}{3}\right) \leq \frac{B_1}{2} \qquad 7.22$$

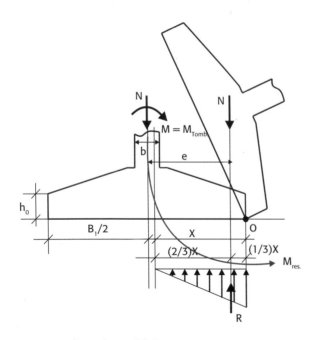

Fig. 7.4 *Condição de equilíbrio*

$$\frac{X}{3} \geq \frac{B_1}{6} \therefore X \geq \frac{B_1}{2} \qquad 7.23$$

Dimensão mínima da sapata (sapata parcialmente comprimida)

A dimensão mínima da sapata para a condição de estabilidade, no caso de a sapata comprimir parcialmente o solo, é calculada de acordo com o item 7.6.2 da NBR 6122 (ABNT, 2019b), o qual recomenda que a área comprimida seja de no mínimo 2/3 da área total, se consideradas as solicitações características, ou de 50% da área total, se consideradas as solicitações de cálculo (Fig. 7.5).

Fazendo $B_1 = B_{mín}$:

$$e = \frac{2}{6} B_{mín} \qquad 7.24$$

$$B_{mín} = 3e \qquad 7.25$$

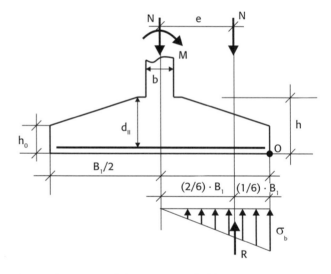

Fig. 7.5 *Sapata parcialmente comprimida*

Cálculo da dimensão mínima da sapata caso ela esteja toda comprimida (Fig. 7.6)

Fazendo $B_1 = B_{mín}$:

$$\frac{2}{3} B_{mín} = e + \frac{1}{2} B_{mín} \qquad 7.26$$

$$B_1 = 6 \cdot e \qquad 7.27$$

O valor de B_1 define a largura mínima para que se possam determinar as tensões no solo pela fórmula da Resistência dos Materiais, conforme a Eq. 7.1.

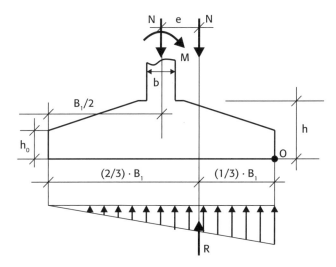

Fig. 7.6 *Sapata comprime totalmente o solo*

7.1.4 Cálculo da armadura

O cálculo da armadura se faz pelo método das bielas ou de flexão.

Utilizando o método de flexão, será considerado o diagrama de tensões trapezoidal, mais próximo do real. Embora mais trabalhoso, não apresenta grandes dificuldades.

Por outro lado, o cálculo dos momentos considerando um diagrama retangular com ordenada igual a $\sigma_{máx,solo}$ pode, conforme o caso, ser bastante antieconômico (diagrama simplificado apresentado na Fig. 7.7). Nesse caso mais simplista, as equações seriam as indicadas no Cap. 6 para sapata flexível.

Recomenda-se, portanto, utilizar o diagrama trapezoidal, representado na Fig. 7.7.

Assim, o momento na seção I-I será:

$$M_I = \left(\sigma_{I-I} \frac{B_1}{2} \frac{B_1}{4} + \Delta\sigma \frac{B_1}{2} \frac{1}{2} \frac{2B_1}{3}\right) B_2$$

$$= \frac{B_2 \cdot B_1^2}{8}\left(\sigma_{I-I} + \frac{2\Delta\sigma}{3}\right)$$

7.28

Detalhamento

A Fig. 7.8 indica o esquema de treliça que se forma, evidenciando a necessidade da emenda da armação do pilar com a armadura da sapata, de maneira a possibilitar a configuração do nó A. Nesse caso, é necessário fazer a emenda da armadura tracionada (quando houver) do pilar com a armadura de flexão da sapata.

Observa-se na Fig. 7.9 a colocação de armadura negativa que, eventualmente, pode ser necessária para absorver os momentos fletores desenvolvidos na parte superior, no lado em que a sapata que se destaca do solo.

Esses momentos são devidos ao peso próprio da sapata mais a terra e, eventualmente, sobrecargas.

Caso o pilar esteja submetido somente à compressão, basta ancorar as barras comprimidas na sapata conforme se indica na Fig. 7.10.

A armadura colocada na face superior da sapata é necessária nos casos em que a sapata pode se destacar do solo. A armadura deverá ser dimensionada para absorver o peso da sapata e do aterro que estiver sobre ela. De uma maneira geral, os momentos fletores que atuam nas fundações são decorrentes de ações variáveis e, caso atuem nos dois sentidos, resultarão no detalhamento da sapata indicado na Fig. 7.11. Caso seja uma sapata isolada e houver momentos atuantes, o detalhamento se repete nas duas direções.

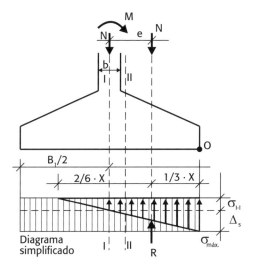

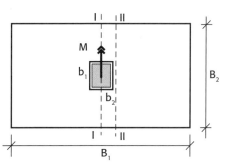

Fig. 7.7 *Diagrama trapezoidal para cálculo dos momentos na sapata*

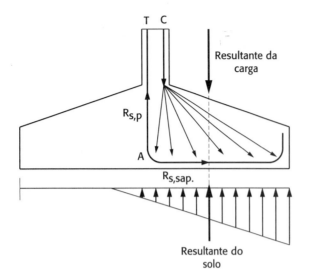

Fig. 7.8 *Detalhe da armadura para absorver tração*

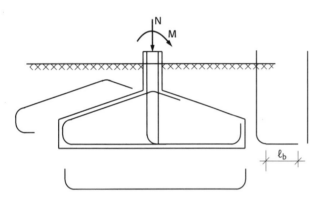

Fig. 7.9 *Detalhe das armaduras positivas e negativas*

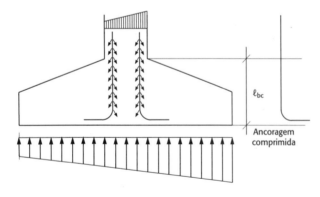

Fig. 7.10 *Ancoragem comprimida*

7.2 Existência de força horizontal

Existindo força horizontal aplicada no elemento de fundação (Fig. 7.12), será necessário considerar esse esforço horizontal na verificação da segurança ao tombamento, bem como a verificação do elemento estrutural quanto ao escorregamento (Fig. 7.13).

7.2.1 Verificação ao tombamento

$$M_{tomb} = M + H \cdot h; \text{ sendo } H = F_h \quad \text{7.29}$$

Condição de equilíbrio

$$(M + H \cdot h)\gamma_{f,t} \leq N\frac{B}{2} \quad \text{7.30}$$

7.2.2 Verificação ao escorregamento

Segundo Vesic (apud Velloso; Lopes, 2010)

$$H \leq N \cdot \text{tg } \varphi + A' \cdot C_a \quad \text{7.31}$$

$A' = B'_1 \cdot B'_2$, em que A' é a área efetivamente em contato com o solo.

Utilizando esse conceito, pode-se escrever:

Força horizontal atuante = $F_{h,atu} = H$

Força horizontal resistente = $\mu \cdot N + A' \cdot C_a$

Condição de equilíbrio

$$\gamma_{f,e} \cdot H \leq \mu \cdot N + A' \cdot C_a \quad \text{7.32}$$

em que:

$$\mu = \text{tg } \varphi_1 \quad \text{7.33}$$

φ_1 é o ângulo de atrito entre a terra e o elemento de concreto ou alvenaria, também conhecido como ângulo de rugosidade do paramento estrutural, e tem seus valores indicados no Quadro 7.1 e na Tab. 7.1;

C_a é aderência entre o solo e a fundação, adotando-se:
- igual a zero, no caso de solos arenosos;
- igual ao coeficiente de forma para carga permanente S_ρ (Tab. 5.6 no Cap. 5), para solos argilosos saturados. S_ρ é igual a 1,0 para sapata corrida, 1−0,3(B_2'/B_1') para sapata retangular (B_1' é o maior lado < 0,9) e 0,6 para sapata quadrada ou circular.

Quadro 7.1 Ângulo de atrito entre o solo e a sapata

j₁ (ângulo de atrito entre a terra e a sapata)	$\varphi_1 = 0 \rightarrow$ paramento liso
	$\varphi_1 = 0,5\varphi \rightarrow$ paramento parcialmente rugoso
	$\varphi_1 = \varphi \rightarrow$ paramento rugoso

Diante dos parâmetros apresentados, tem sido comum adotar, para o valor de μ (coeficiente de atrito alvenaria ou concreto/solo), os seguintes valores:

- Solo seco: $\mu = 0,55$ a $0,5$ (ϕ entre 28° e 26° e paramento rugoso).

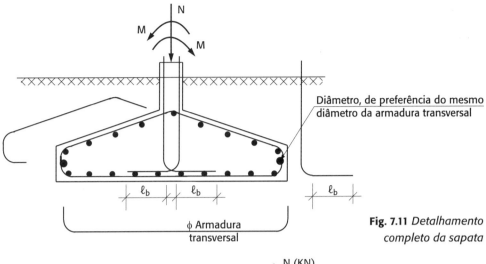

Fig. 7.11 *Detalhamento completo da sapata*

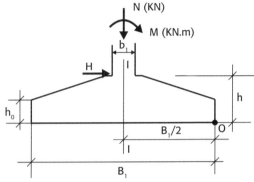

Fig. 7.12 *Sapata solicitada a momento e força horizontal*

⊕ Solo saturado: $\mu = 0{,}3$.

Quando a carga vertical é pequena, é necessário observar se nas proximidades do pilar existe alguma outra estrutura que, com sua carga vertical, auxilie na resistência. A Fig. 7.14 ilustra esse caso.

Nesse exemplo, o esforço horizontal (H) devido ao empuxo de terra é grande e o pilar P_1 tem pouca carga vertical. Dessa forma, o esforço vertical de P_1 é insuficiente para absorver H. Como o pilar P_2 tem muita carga vertical, optou-se por travar P_1 em P_2, conseguindo-se a carga vertical necessária para estabilização.

7.3 Sapata corrida submetida à aplicação de momento e carga uniformemente distribuída

A sapata corrida submetida à flexão composta, conforme apresentada na Fig. 7.15, será calculada de forma semelhante ao cálculo efetuado para a sapata

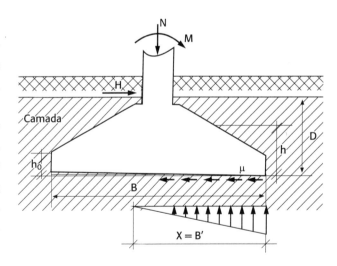

Fig. 7.13 *Escorregamento*

isolada, com carga centrada, considerando B_2 uma faixa de 1 m.

$$\sigma = \frac{N_K + G_{(sap+solo)}}{B} \pm \frac{6M}{B^2} \qquad 7.34$$

Tab. 7.1 Ângulo de atrito interno do solo

Tipo de solo	Massa específica do solo ρ_s (kN/m³)	Coeficiente de atrito interno do solo (φ)
Terra de jardim, naturalmente úmida	17	25°
Areia e saibro com umidade natural	18	30°
Areia e saibro naturais	20	27°
Cascalho e pedra britada	18 a 19	40° a 30°
Barro e argila	21	17° a 30°

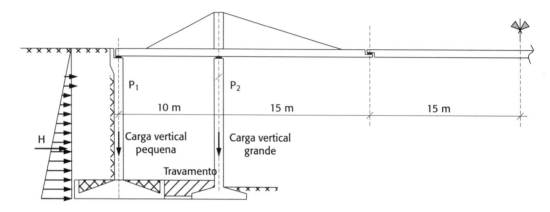

Fig. 7.14 *Ilustração da ação do esforço horizontal*

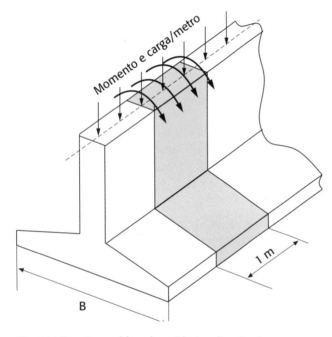

Fig. 7.15 *Sapata corrida submetida à aplicação de momento e carga uniformemente distribuídas*

$$I = \frac{b \cdot h^3}{12} = \frac{1 \cdot B^3}{12} \qquad \text{7.35}$$

$$W = \frac{I}{y/2} = \frac{B^3}{12 \cdot B/2} = \frac{B^2}{6} \qquad \text{7.36}$$

Exemplo 7.1 Sapata isolada com momento aplicado

Dimensionar a sapata isolada que serve de apoio para a estrutura de um galpão industrial, indicada nas plantas e cortes das Figs. 7.16 e 7.17 com os seguintes dados:

- Solo:
  - $\sigma_{adm} = 150$ kN/m²;
  - $R_{d,solo} = 210$ kN/m²;
  - $\sigma_{borda} = 1{,}30\sigma_{adm} = 195$ kN/m² (conforme Eq. 7.7);
  - $R_{d,borda} = 1{,}10 R_{d,solo} = 273$ kN/m² (conforme Eq. 7.9);
- Concreto: $f_{ck} = 20$ MPa;
- Aço: CA-50

Cálculo dos esforços solicitantes na sapata

Para o cálculo dos esforços solicitantes na sapata será considerado o pórtico representado na vista B-B da Fig. 7.17 engastado nas sapatas em A e B do esquema da Fig. 7.18, cujas expressões utilizadas foram desenvolvidas por Ahrens e Duddeck (1975).

$$H = R_{HA} = R_{HB} = \frac{p \cdot \ell^2}{4h(\kappa + 2)}$$

$$\kappa = \frac{I_2}{I_1}\frac{h}{\ell}$$

$$R_{VA} = R_{VB} = \frac{p \cdot \ell}{2}$$

$$M_A = M_B = \frac{p \cdot \ell^2}{12(\kappa+2)} = H\frac{h}{3}$$

$$M_C = M_D = -\frac{p \cdot \ell^2}{6(\kappa+2)} = -H\frac{2h}{3}$$

Relação entre as rijezas das peças

$$I_{pilar} = I_1 = \frac{0,5 \times 0,7^3}{12} = 14,292 \times 10^3 \text{ m}^4$$

$$I_{viga} = I_2 = \frac{0,5 \times 1,2^3}{12} = 72,0 \times 10^3 \text{ m}^4$$

$$\kappa = \frac{72,0}{14,292}\frac{5,6}{12,0} = 2,35$$

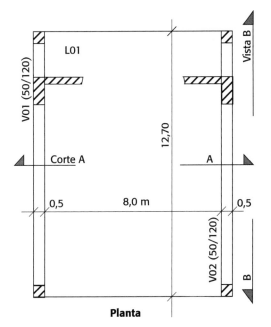

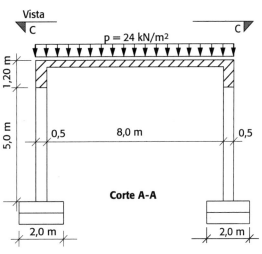

Fig. 7.16 *Planta e corte A-A*

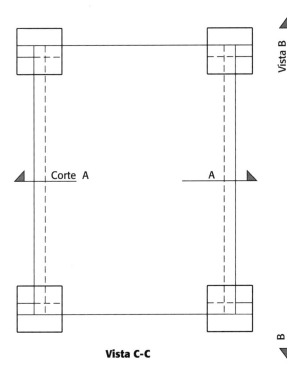

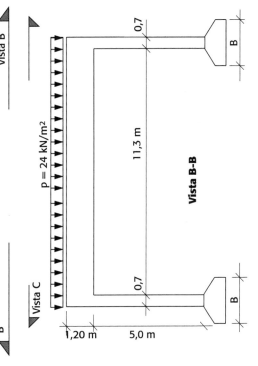

Fig. 7.17 *Vista C-C e vista B-B*

7 Fundações em sapatas submetidas a cargas excêntricas (N, M)

Carregamento do pórtico

Considerando a carga na laje com $p_L = 24$ kN/m², têm-se:

Parcela da laje: $p_L \cdot \ell_L/2 = 24{,}0 \times 8{,}5/2 = 102{,}0$ kN/m;

Peso próprio da viga: $b_v \cdot h_v \cdot \rho_{conc} = 0{,}5 \times 1{,}2 \times 25 = 15{,}0$ kN/m;

Carregamento do pórtico: $p_L \cdot \ell_L/2 + b_v \cdot h_v \cdot \rho_{conc} = 102{,}0 + 15{,}0 = 117$ kN/m;

Peso próprio do pilar: $0{,}5 \times 0{,}7 \times 25 = 8{,}75$ kN/m.

Esforços solicitantes no pórtico

$$H = R_{HA} = R_{HB} = \frac{p \cdot \ell^2}{4h(\kappa+2)}$$
$$= \frac{117 \times 12^2}{4 \times 5{,}6 \times (2{,}35+2)} = 172{,}91 \text{ kN}$$

$$R_{VA} = R_{VB} = \frac{p \cdot \ell}{2} = \frac{117 \times 12}{2} = 702 \text{ kN}$$

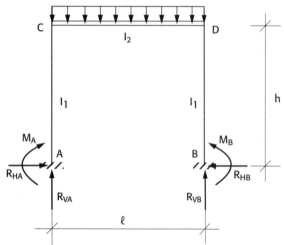

Fig. 7.18 *Pórtico*

$$M_A = M_B = \frac{p \cdot \ell^2}{12(\kappa+2)} = H\frac{h}{3}$$
$$= 172{,}91\frac{5{,}6}{3} = 322{,}76 \text{ kN} \cdot \text{m}$$

$$M_C = M_D = -\frac{p \cdot \ell^2}{6(\kappa+2)} = -H\frac{2h}{3}$$
$$= -645{,}57 \text{ kN} \cdot \text{m}$$

$$M_{v\tilde{a}o,p} = \frac{p \cdot \ell^2}{8} + M_c = \frac{117 \times 12^2}{8} - 645{,}57$$
$$= 1.460{,}43 \text{ kN} \cdot \text{m}$$

$$N_{topo} = R_{VA} = 702 \text{ kN}$$
$$N_{base} = R_{VA} + G_{pilar} = 702 + 8{,}75 \times 5{,}0 = 745{,}75 \text{ kN}$$

Na Fig. 7.19 estão representados os esforços de momento, cortante e normal, calculados anteriormente.

Dimensionamento da sapata representada na Fig. 7.20

Área da sapata

Para o cálculo da área da sapata, a carga vertical será majorada em 30% a 40% para se levar em conta o peso próprio (10%), o peso da terra sobre a sapata e o restante para considerar o efeito do aumento de tensão devido ao momento fletor aplicado. Uma estimativa é fazer $(M \cdot 100/N)\%$. No caso: $(325 \times 100/750 = 43\%)$. Assim, será adotado 40%.

$$A = \frac{750 + 0{,}40 \times 750}{150} = 7{,}0 \text{ m}^2$$

$$B = \frac{7{,}0}{2{,}0} = 3{,}5 \text{ m}$$

Verificação da tensão de borda

a] Excentricidade devido ao carregamento:

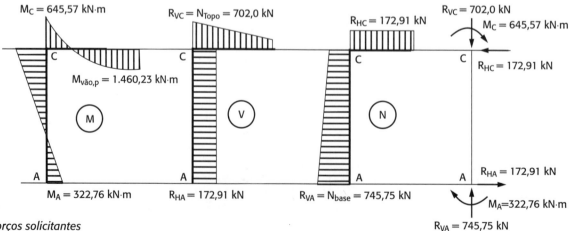

Fig. 7.19 *Esforços solicitantes*

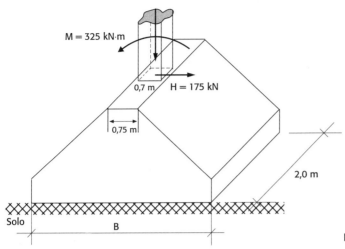

em que:

$\sigma_{adm} = 150$ kN/m²;
$R_{d,solo} = 210$ kN/m²;
$\sigma_{borda} = 1{,}3\sigma_{adm} = 195$ kN/m²;
$R_{d,borda} = 1{,}1R_{d,solo} = 231$ kN/m².

Fig. 7.20 *Esforços na sapata*

$$e = \frac{325}{750} = 0{,}43 \text{ m}$$

b] Núcleo central de inércia da sapata:

$$y = \frac{B}{6} = \frac{3{,}5}{6} = 0{,}58 \text{ m} > 0{,}43$$

Toda a sapata está comprimida, logo:

$$\sigma = -\frac{N}{A} \pm \frac{M}{W} = -\frac{750 \times 1{,}10}{2{,}0 \times 3{,}5} \pm \frac{325}{\frac{2{,}0 \times 3{,}5^2}{6}} = -117{,}86 \pm 79{,}59 =$$

$$\sigma = -197{,}45 \frac{\text{kN}}{\text{m}^2} > \sigma_{borda} = -195 \frac{\text{kN}}{\text{m}^2}$$

A sapata necessita ser aumentada. Portanto, deve-se impor a tensão máxima de compressão igual à tensão de borda, ou seja, igual a 195 kN/m².

$$\sigma_{borda} = -195 = -\frac{750 \times 1{,}10}{2B} - \frac{325 \times 6}{2B^2} =$$

$$-195B^2 = -412{,}5B - 975$$

$$-195B^2 + 412{,}5B + 975 = 0 \rightarrow B^2 - 2{,}12B - 5 = 0$$

$$B = \frac{2{,}12 \pm \sqrt{2{,}12^2 - 4 \times 1 \times (-5)}}{2} = 3{,}54 \cong 3{,}55 \text{ m}$$

Calculando a altura da sapata como rígida

$$h > \frac{B-b}{3} = \frac{3{,}55 - 0{,}70}{3} = 0{,}95 \text{ m}$$

Será adotado, para se trabalhar como sapata à flexão, h = 0,90 m e altura útil de 0,85 m.

Cálculo do peso próprio mais solo sobre a sapata

a] Dimensões da sapata:

$$h_1 = \frac{\left[\frac{(3{,}55 - 0{,}7)}{2} - 0{,}025\right]}{3} = 0{,}467 \text{ (arredondando para baixo)}$$

$$h_0 > \begin{cases} h_1 = 45 \text{ m} \\ \frac{h}{3} = \frac{90}{3} = 30 \text{ cm} \\ 20 \text{ cm} \\ h - h_1 = 90 - 45 = 45 \text{ cm} \end{cases} \rightarrow h_0 = 45 \text{ cm}$$

b] Peso próprio e peso do solo sobre a sapata:

$$V_{sap} = \left(3{,}55 \times 0{,}45 + \frac{(3{,}55 + 0{,}75)}{2} \times 0{,}45\right) 2{,}0 = 5{,}13 \text{ m}^3$$

$$V_{solo} = 3{,}55 \times 2{,}0 \times 0{,}90 - 5{,}13 = 1{,}26 \text{ m}^3$$

$$G = G_{sap} + G_{solo} = V_{sap} \cdot \rho_{conc} + V_{solo} \cdot \rho_{solo}$$

$$= 5{,}13 \times 25 + 1{,}26 \times 18 = 150{,}93$$

$$G_{(sap+solo)} = 150{,}93 > 0{,}1 \times 750$$

Verificação de tensões com B = 3,55 m

$$\sigma = -\frac{750 + 150{,}93}{2 \times 3{,}55} - \frac{325 \times 6}{2 \times 3{,}55^2}$$

$$= -126{,}89 - 77{,}36 = -204{,}25 \frac{\text{kN}}{\text{m}^2}$$

$$\sigma = -204{,}25 > 195 \frac{\text{kN}}{\text{m}^2}$$

Aumentando a base da sapata para 2,0 × 3,70 m, mantendo h = 90 cm:

$$V_{sap} = \left(3{,}70 \times 0{,}45 + \frac{(3{,}70 + 0{,}75)}{2} 0{,}45\right) 2{,}0 = 5{,}33 \text{ m}^3$$

$$V_{solo} = 3{,}70 \times 2 \times 0{,}90 - 5{,}33 = 1{,}33 \text{ m}^3$$

$$G = 5,33 \times 25 + 1,33 \times 18 = 157,19$$

$$\sigma = -\frac{750 + 157,19}{2 \times 3,70} - \frac{325 \times 6}{2 \times 3,70^2}$$

$$= -122,59 - 71,22 = -193,81 \, \text{kN}\big/\text{m}^2$$

$$\sigma = 193,81 < 195 \, \text{kN}\big/\text{m}^2$$

Verificação da estabilidade e segurança ao tombamento da sapata

$$M_{tomb} = M + H \cdot h; \text{ sendo } H = F_h$$

M_{tomb}

$= 325$ kN

$\cdot$ m (situação mais desfavorável, visto que H provoca momento contrário)

$$M_{Res} = \left(N + G_{(sap+solo)}\right) \cdot \frac{B}{2} = (750 + 157,19)\frac{3,70}{2}$$
$$= 1.678,30 \text{ kN} \cdot \text{m}$$

Condição de equilíbrio:

$$M_{tomb} \cdot \gamma_{f,t} \leq M_{Res} \therefore 325 \times 1,5 < 1.678,30$$

Verificação da estabilidade e segurança ao deslizamento da sapata

Força horizontal resistente $= H_{Res} = \mu\left(N + G_{(sap+solo)}\right)$
$$+A' \cdot C_a$$

Força horizontal atuante $= H = 175$ kN

$$A' = B \times 2,0 = 3,7 \times 2 = 7,4 \text{ m}^2$$

(toda sapata em contato com o solo)

em que:

C_a é aderência entre o solo e a fundação, sendo igual a zero no caso de solos arenosos (a favor da segurança); μ é o coeficiente de atrito entre o concreto e o solo, sendo igual a 0,55 para solo seco.

Condição de equilíbrio:

$$\gamma_{f,e} \cdot H \leq \mu\left(N + G_{(sap+solo)}\right) \therefore$$

$$1,5 \times 175 < (750 + 157,19)0,55 \therefore 262,5 < 498,95 \text{ kN}$$

Esforços solicitantes na sapata

Para o cálculo dos esforços solicitantes não serão consideradas as cargas devido ao peso próprio da sapata nem tampouco do solo acima dela, visto que essas cargas não provocam momento, pois caminham direto para o solo, conforme visto anteriormente. Logo:

$$\sigma = -\frac{750}{2 \times 3,70} - \frac{325 \times 6}{2 \times 3,70^2}$$
$$= -101,35 - 71,22 = -172,57 \, \text{kN}\big/\text{m}^2$$

$$\sigma = -\frac{750}{2 \times 3,70} + \frac{325 \times 6}{2 \times 3,70^2}$$
$$= -101,35 + 71,22 = -30,13 \, \text{kN}\big/\text{m}^2$$

Essas tensões estão representadas na Fig. 7.21, possibilitando o cálculo dos solicitantes tanto na seção I-I quanto na seção II-II (Fig. 7.23).

a] Seção I-I

$$M_{Iesq} = 2 \times 101,35\left(\frac{3,70}{2}\right)^2\frac{1}{2} + 2(172,57 - 101,35)$$

$$\left(\frac{3,70}{2}\right)^2\frac{1}{2} \times \frac{2}{3} = 509,37 \text{ kN} \cdot \text{m}$$

$$M_{Idir} = 2 \times 30,13\left(\frac{3,70}{2}\right)^2\frac{1}{2} + 2(101,35 - 30,13)$$

$$\left(\frac{3,70}{2}\right)^2\frac{1}{2} \times \frac{1}{3} = 184,37 \text{ kN} \cdot \text{m}$$

Verificação do equilíbrio do nó (seção I-I – Fig. 7.22):

b] Seção II-II

$$M_{IIesq} = 2,0(114,82 \times 1,5)\frac{1,5}{2}$$
$$+2,0\left(57,75 \times \frac{1,5}{2}\right)\frac{2 \times 1,5}{3} = 344,97 \text{ kN} \cdot \text{m}$$

$$V_{IIesq} = 2,0(114,82 \times 1,5) + 2,0\left(57,75 \times \frac{1,5}{2}\right)$$
$$= 431,08 \text{ kN}$$

$$M_{IIdir} = 2,0(30,13 \times 1,5)\frac{1,5}{2}$$
$$+2,0\left(57,75\frac{1,5}{2}\right)\frac{1 \times 1,5}{3} = 111,10 \text{ kN} \cdot \text{m}$$

$$V_{IIdir} = 2,0(30,13 \times 1,5) + 2,0\left(57,75 \times \frac{1,5}{2}\right)$$
$$= 177,02 \text{ kN}$$

Cálculo da armadura de flexão
(M em kN · cm e dimensões em cm)

a] Seção I-I

$$K_c = \frac{200(85 + 70/6)^2}{50.937 \times 1,4} = 26,21$$

O valor de K_s é obtido na Tab. 7.2.

180 ELEMENTOS DE FUNDAÇÕES EM CONCRETO

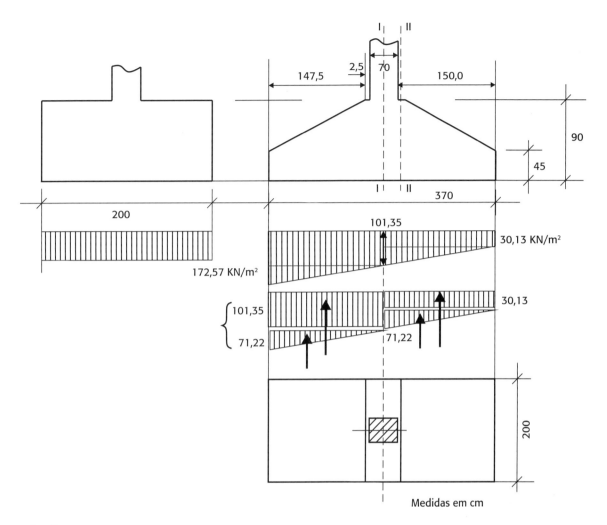

Fig. 7.21 *Tensões na sapata*

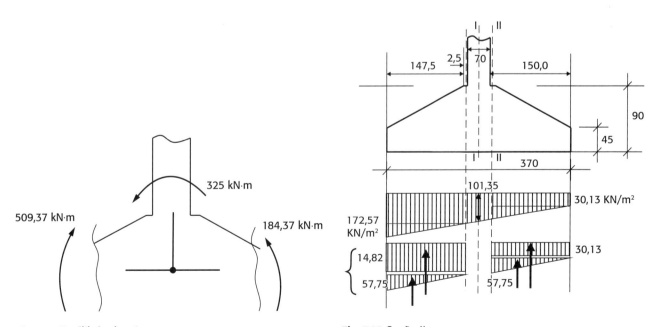

Fig. 7.22 *Equilíbrio do nó*

Fig. 7.23 *Seção II*

7 Fundações em sapatas submetidas a cargas excêntricas (N, M)

Tab. 7.2 Valores parciais de K_c e K_s[1]

Diagrama retangular		$K_c = b \cdot d^2/M_d$ (b e d em cm; M_d em kN · cm)								K_s (aço CA)	
		f_{ck} (MPa)								f_{yk} (MPa)	
Limite	$K_x = x/d$	$K_z = z/d$	15	20	25	30	35	40	45	50	25	50
	0,020	0,992	69,18	51,89	41,51	34,59	29,65	25,94	23,06	20,75	0,0464	0,0232
	0,040	0,9840	34,87	26,15	20,92	17,44	14,95	13,08	11,62	10,46	0,0467	0,0234
	0,060	0,9760	23,44	17,58	14,06	11,72	10,05	8,79	7,81	7,03	0,0471	0,0236
	0,080	0,9680	17,72	13,29	10,63	8,86	7,60	6,65	5,91	5,32	0,0475	0,0238
	0,100	0,9600	14,30	10,72	8,58	7,15	6,13	5,36	4,77	4,29	0,0479	0,0240
2a	**0,167**	0,9332	8,81	6,61	5,28	4,40	3,77	3,30	2,94	2,64	0,0493	0,0246

[1] Tabela completa no Anexo A1.

$$A_{s,I} = 0,0234 \frac{50.937 \times 1,4}{\left(85 + \frac{70}{6}\right)} = 17,26 \text{cm}^2$$

$$\frac{A_{s,I}}{m} = \frac{17,26}{2,0} = 8,65 \text{cm}^2\big/\text{m}$$

Utilizando a Tab. 7.3 com as especificações das barras de aço, indicada completa no Cap. 3, escolhe-se a bitola adequada para atender a área de armadura calculada.

Tab. 7.3 Especificações das barras de aço

Barras (ϕ – mm)	Massa nominal (kg/m)	Área da seção (mm²)	Perímetro (mm)
8,0	0,395	50,3	25,1
10,0	0,617	78,5	31,4
12,5	0,963	122,7	39,3
16,0	1,578	201,1	50,3

Fonte: NBR 7480 (ABNT, 2007).

$$A_{s,mín} = 0,67 \cdot \rho_{mín} \cdot b_w \cdot h$$
$$= 0,67 \times 0,15\% \times 200 \times 90 = 18,09 \text{ cm}^2$$

$$\frac{A_{s,mín}}{2,0} = \frac{18,09}{2,0} = 9,05 \text{cm}^2\big/\text{m} > \frac{A_{s,I}}{m}$$

$$s = \frac{A_{s1\phi} \cdot 100}{A_s} = \frac{201,1}{9,05} = 22,11 \to \varnothing 16 \text{c}/20$$

b] Seção II-II

$$K_c = \frac{200 \times 85^2}{34.497 \times 1,4} = 29,92 \to \text{Tab. 7.2}: K_s = 0,0234$$

$$A_{s,II} = 0,0234 \frac{34.497 \times 1,4}{85} = 13,30 \text{ cm}^2$$

$$\frac{A_{s,II}}{m} = \frac{13,30}{2,0} = 6,65 \text{cm}^2\big/\text{m} < \frac{A_{s,I}}{m}$$

c] No sentido transversal

Considerar:

σ_{borda} = 172,57 kN/m² constante;

Altura útil d= 85 cm e largura de 75 cm (largura do pilar mais 2,5 cm de cada lado);

M = 172,57 × 1,0²/2 = 86,27 kN · m/m (até o meio da dimensão da sapata, que é de 2,0 m – ver Fig. 7.21);

M_{total} = 86,27 – 3,70 = 319,20 kN · m.

$$K_c = \frac{75 \times 85^2}{31.920 \times 1,4} = 12,12 \to \text{Tab. 7.2}: K_s = 0,0240$$

$$A_{s,B2} = 0,0240 \times \frac{31.920 \times 1,4}{85} = 12,62 \text{ cm}^2$$

$$\frac{A_{s,B2}}{m} = \frac{12,62}{3,70} = 3,41 \text{cm}^2\big/\text{m}$$

$$A_{s,mín} = 0,67 \cdot \rho_{mín} \cdot b_w \cdot h$$
$$= 0,67 \times 0,15\% \times 75 \times 85 = 6,41 \text{ cm}^2$$

$$\frac{A_{s,mín}}{3,7} = \frac{6,41}{3,7} = 1,73 \text{cm}^2\big/\text{m} < \frac{A_{s,B2}}{m}$$

$$s = \frac{A_{s1\phi} \cdot 100}{A_{s,B2}} = \frac{78,5}{3,41} = 23 \to \varnothing 10 \text{ c}/20$$

Verificação ao cisalhamento

Verificação de tensões devidas à punção

$$\mu = 2(b_1 + b_2) = 2(0,7 + 0,5) = 2,4 \text{ m} = 240 \text{ cm}$$

$$\tau_{Sd} = \frac{F_{Sd}}{\mu \cdot d_{II}} = \frac{\gamma_f \cdot N}{\mu \cdot d_{\overline{II}}} = \frac{1,4 \times 750}{240 \times 85}$$
$$= 0,0514 \text{ kN}/\text{cm}^2 = 0,514 \text{ MPa}$$

ELEMENTOS DE FUNDAÇÕES EM CONCRETO

$$\alpha_v = 1 - \frac{f_{ck}}{250} = 1 - \frac{20}{250} = 0,92$$

$$f_{cd} = \frac{f_{ck}}{\gamma_c} = \frac{20}{1,4} = 14,29 \text{ MPa}$$

$$T_{Rd2} = 0,27 \cdot \alpha_v \cdot f_{cd} = 0,27 \cdot 0,92 \cdot 14,29$$
$$= 3,55 \text{ MPa} > \tau_{sd}$$

Verificação das tensões nas bielas de compressão (cortante)

Seção II-II:

$$V_K = V_{II,esq} = 431,08 \text{ kN}$$
$$V_{sd} \le V_{Rd2}$$
$$V_{sd} = 431,08 \times 1,4 = 603,51 \text{ kN}$$
$$V_{Rd2} = 0,27\alpha_V \cdot f_{cd} \cdot b_w \cdot d = 0,27 \times 0,92 \frac{20 \times 10^3}{1,4}$$
$$\times 2,0 \times 0,85 = 6.032,57 \text{ kN}$$

Portanto, não se tem possibilidade de ruptura à compressão nas bielas por causa da baixa cortante.

Verificação para dispensar a armadura do esforço cortante

Seção III-III:

$$\frac{d_{II} - h_0}{(B-b)/2} = \frac{d_{III} - h_0}{\frac{B-b}{2} - \frac{d_{II}}{2}} \therefore d_{III} = 0,737 \text{ m} = 73,7 \text{ cm}$$

De acordo com as tensões representadas na sapata indicada na Fig. 7.24 podem-se calcular os esforços na seção III-III.

$$V_{III,esq} = 2,0 \times 131,18(1,5 - 0,425) + 2,0 \times 41,39$$
$$\frac{(1,5 - 0,425)}{2} = 326,53 \text{ kN}$$
$$V_{Sd} = \gamma_f \cdot V_{III} = 1,4 \times 326,53 = 457,14 \text{ kN}$$

Para dispensar o uso de armadura de levantamento de carga devido à cortante:

$$V_{sd} \le V_{Rd1}$$
$$V_{Rd1} = \left(\tau_{Rd} \cdot K(1,2 + 40 \cdot \rho_1) + 0,15\sigma_{cp}\right)B_2 \cdot d_{III}$$

em que:

$$\tau_{Rd} = 0,25 \cdot 0,21 \frac{f_{ck}^{2/3}}{1,4} = 0,0375 f_{ck}^{2/3} = 0,2763 \text{ MPa}$$
$$= 0,02763 \frac{\text{kN}}{\text{cm}^2}$$

(f_{ck} = 20 MPa)

$$\rho_1 = \frac{A_{s1}}{(b_w \cdot d_{III})} < 0,02 \therefore \rho_1 = \frac{17,41}{(200 \times 73,7)} = 0,0012 < 0,02$$

$$\sigma_{cp} = \frac{N_{sd}}{A_c} = 0$$

$$K = |1,6 - d_{III}| = |1,6 - 0,737| = 0,863 < 1; \text{ adotar } 1,0$$

$$V_{Rd1} = (0,02763 \times 1,0(1,2 + 40 \times 0,0012) + 0,15 \times 0)$$
$$200 \times 73,7 = 508,27 \text{ kN}$$

$$V_{SIII,d} < V_{Rd1} \Rightarrow 457,14 \text{ kN} < 508,27 \text{ kN}$$

Detalhamento

Na Fig. 7.25 estão indicadas as armaduras principais, calculadas anteriormente, para a sapata.

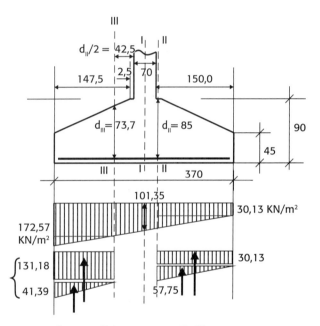

Fig. 7.24 *Esforços solicitantes na seção III*

7.4 Sapatas retangulares submetidas à flexão composta oblíqua

Para dimensionar uma sapata submetida à flexão composta oblíqua é necessário conhecer as tensões máximas em suas bordas (Fig. 7.26).

7.4.1 Verificação da tensão máxima

O cálculo de tensão máxima no solo para o caso de flexão oblíqua (representada nas Figs. 7.27 e 7.28), até para material não resistente à tração, utiliza as tabelas desenvolvidas por Dimitrov (1974) e Klöckner e Schmidt (1974).

São fornecidos valores de μ tais que:

$$\sigma_{máx} = \mu \cdot \frac{N}{A} \frac{1}{2} \qquad 7.37$$

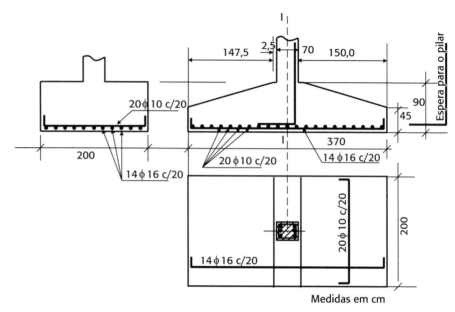

Fig. 7.25 Detalhamento das armaduras

Medidas em cm

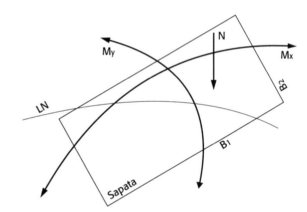

Fig. 7.27 Sapata submetida à flexão composta oblíqua

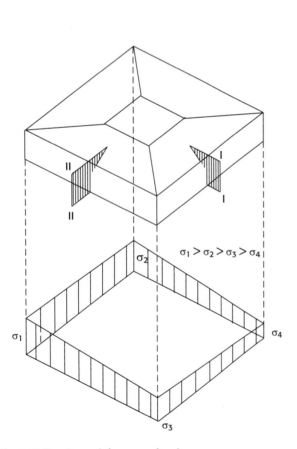

Fig. 7.26 Tensões máximas nas bordas

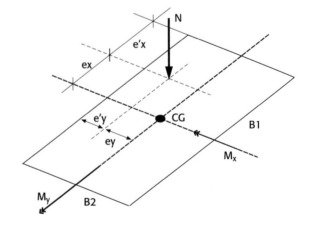

Fig. 7.28 Indicação da carga excêntrica na sapata

em que:
A = $B_1 \cdot B_2$ (área da sapata);
N = carga vertical;
M_x e M_y são, respectivamente, os momentos nas direções de x e y.

Valores de entrada na tabela:

$$\frac{e_x}{B_1} = 0 \text{ a } 0{,}34; \frac{e_y}{B_2} = 0 \text{ a } 0{,}34$$

em que:
e_x e e_y são as excentricidades da carga em relação ao centro de gravidade da sapata (Fig. 7.28).

Valores de μ tabelados

Para obtenção dos valores de μ da Eq. 7.37, Dimitrov (1974) tabelou esses valores baseados nas zonas indicadas na Fig. 7.29 e Tab. 7.4.

Verificação de tensão máxima e posição da LN

Outro processo para determinar as tensões máximas, as tensões nas extremidades da sapata e a posição da linha neutra, no contato sapata-solo (Fig. 7.30), foi desenvolvido por Klöckner e Schmidt (1974), de acordo com a posição da carga excêntrica, situada em

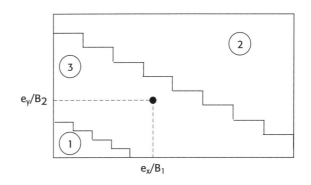

Fig. 7.29 *Excentricidades indicadas na tabela*

Tab. 7.4 Valores de μ para cálculo da tensão máxima

e_y/B_2																		
0,34	4,17	4,42	4,69	4,98	5,28	5,62	5,97											
0,32	3,70	3,93	4,17	4,43	4,70	4,99	5,31	5,66	6,04	6,46								
0,30	3,33	3,54	3,75	3,98	4,23	4,49	4,78	5,09	5,43	5,81	6,23	6,69						
0,28	3,03	3,22	3,41	3,62	3,84	4,08	4,35	4,63	4,94	5,28	5,66	6,08	6,56					
0,26	2,78	2,95	3,13	3,32	3,52	3,74	3,98	4,24	4,53	4,84	5,19	5,57	6,01	6,51				
0,24	2,56	2,72	2,88	3,06	3,25	3,46	3,68	3,92	4,18	4,47	4,79	5,15	5,55	6,01	6,56			
0,22	2,38	2,53	2,68	2,84	3,02	3,20	3,41	3,64	3,88	4,15	4,44	4,77	5,15	5,57	6,08	6,69		
0,20	2,22	2,36	2,50	2,66	2,82	2,99	3,18	3,39	3,62	3,86	4,14	4,44	4,79	5,19	5,66	6,23		
0,18	2,08	2,21	2,34	2,49	2,64	2,80	2,98	3,17	3,38	3,61	3,86	4,15	4,47	4,84	5,28	5,81	6,46	
0,16	1,96	2,08	2,21	2,34	2,48	2,63	2,80	2,97	3,17	3,38	3,62	3,88	4,18	4,53	4,94	5,43	6,04	
0,14	1,84	1,96	2,08	2,21	2,34	2,48	2,63	2,79	2,97	3,17	3,39	3,64	3,92	4,24	4,63	5,09	5,66	
0,12	1,72	1,84	1,96	2,08	2,21	2,34	2,48	2,63	2,80	2,98	3,18	3,41	3,68	3,98	4,35	4,78	5,31	5,97
0,10	1,60	1,72	1,84	1,96	2,08	2,20	2,34	2,48	2,63	2,80	2,99	3,20	3,46	3,74	4,08	4,49	4,99	5,62
0,08	1,48	1,60	1,72	1,84	1,96	2,08	2,21	2,34	2,48	2,64	2,82	3,02	3,25	3,52	3,84	4,23	4,70	5,28
0,06	1,36	1,48	1,60	1,72	1,84	1,96	2,08	2,21	2,34	2,49	2,66	2,84	3,06	3,32	3,62	3,98	4,43	4,98
0,04	1,24	1,36	1,48	1,60	1,72	1,84	1,96	2,08	2,21	2,35	2,50	2,68	2,88	3,13	3,41	3,75	4,17	4,69
0,02	1,12	1,24	1,36	1,48	1,60	1,72	1,84	1,96	2,08	2,21	2,36	2,53	2,72	2,95	3,22	3,54	3,93	4,42
0,00	1,00	1,12	1,24	1,36	1,48	1,60	1,72	1,84	1,96	2,08	2,22	2,38	2,56	2,78	3,03	3,33	3,70	4,17
	0,00	0,02	0,04	0,06	0,08	0,10	0,12	0,14	0,16	0,18	0,20	0,22	0,24	0,26	0,28	0,30	0,32	0,34

Valores de e_x/B_1

Zona 1: toda a seção está comprimida.
Zona 2: zona inadmissível, uma vez que não apresenta a segurança necessária ($v \geq 1{,}5$) ao tombamento, mesmo que a tensão de borda $\sigma_{máx}$ seja inferior à admissível. Portanto, não se pode trabalhar nessa zona, pois há um problema de estabilidade da sapata.
Zona 3: a linha neutra (LN) atinge, no máximo, o centro da sapata (condição de estabilidade), isto é, no mínimo, a metade da área da sapata colabora na resistência (está comprimida).

Fonte: adaptado da tabela de Dimitrov (1974, p. 263).

cada uma das zonas indicadas na Fig. 7.31, supondo variação linear em cada posição do perímetro da sapata.

Zona 1 (núcleo central de inércia): quando N_s estiver aplicado nessa zona, toda a seção (base da sapata) estará comprimida. Calcula-se, então, a tensão pela equação da Resistência dos Materiais.

$$\sigma = \frac{N}{A} \pm \frac{M_x}{W_x} \pm \frac{M_y}{W_y} \qquad 7.38$$

Zona 2: zona inadmissível, uma vez que menos da metade da seção colabora na resistência à compressão (coeficiente de tombamento é insuficiente). Não existe problema de resistência, mas sim de estabilidade.

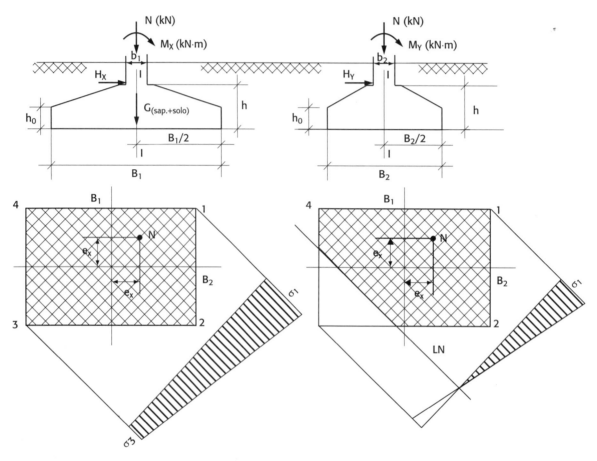

Fig. 7.30 *Distribuição de tensões e posições da LN em função da posição do carregamento excêntrico*

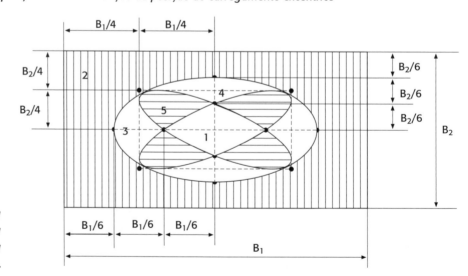

Fig. 7.31 *Divisão de área de atuação da normal excêntrica*
Fonte: Klöckner e Schmidt (1974).

Zona 3: a zona de compressão é um quadrilátero, conforme indica a Fig. 7.32A.

$$s = \frac{B_2}{12}\left[\frac{B_2}{e_y} + \sqrt{\left(\frac{B_2^2}{e_y^2} - 12\right)}\right] \quad 7.39$$

$$\operatorname{tg} \alpha = \frac{3}{2}\frac{(B_2 - 2e_x)}{(s + e_y)} \quad 7.40$$

$$\sigma_{máx} = \frac{12N}{B_2 \operatorname{tg}\alpha} \cdot \frac{B_2 + 2s}{B_2^2 + 12s^2} \quad 7.41$$

Zona 4: a zona de compressão é um quadrilátero do tipo indicado na Fig. 7.32B.

$$t = \frac{B_1}{12}\left[\frac{B_1}{e_x} + \sqrt{\left(\frac{B_1^2}{e_x^2} - 12\right)}\right] \quad 7.42$$

$$\operatorname{tg} \beta = \frac{3}{2} \cdot \frac{B_1 - 2e_y}{t + e_x} \quad 7.43$$

$$\sigma_{máx} = \frac{12N}{B_1 \operatorname{tg} \beta} \cdot \frac{B_1 + 2t}{B_1^2 + 12t^2} \quad 7.44$$

Zona 5: nesse caso, o cálculo correto é complexo, podendo-se aplicar a fórmula aproximada.

$$\sigma_{máx} = \frac{N}{B_1 B_2} k \left[12 - 3,9(6k-1)(1-2k)(2,3-2k)\right] \quad 7.45$$

em que:

$$k = \frac{e_x}{B_1} + \frac{e_y}{B_2} \quad 7.46$$

O erro que se comete com essa fórmula é de $\cong 0,5\%$.

A zona comprimida corresponde ao pentágono da Fig. 7.32C. As curvas que delimitam as várias áreas podem ser adotadas com boa aproximação para parábolas do segundo grau. Os valores das excentricidades (e_x e e_y) devem ser sempre positivos.

7.4.2 Dimensionamento da sapata

Conhecidas as tensões nas extremidades da sapata, o cálculo geralmente é feito a favor da segurança, tomando-se para cada direção um diagrama das tensões envolventes indicadas na Fig. 7.33.

Para o cálculo dos esforços na direção do corte II-II, será tomado o diagrama σ_1-σ_2, indicado na Fig. 7.34 e obtido dos valores indicados na Fig. 7.33.

Procede-se ao cálculo como se a sapata estivesse submetida à flexão composta.

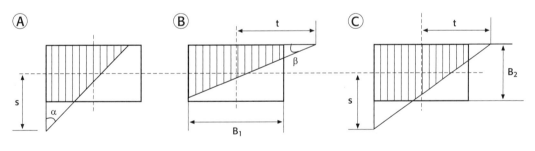

Fig. 7.32 *Indicação da posição da LN: região comprimida da sapata*

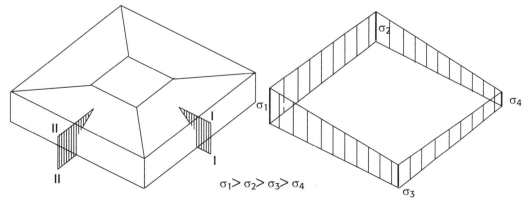

Fig. 7.33 *Tensões na sapata retangular sujeita à flexão composta oblíqua*

A armadura do pilar, caso tracionada, deve ser emendada com a armadura da sapata. Na Fig. 7.35 estão representadas as possíveis armaduras principais de uma sapata submetida à flexão composta oblíqua.

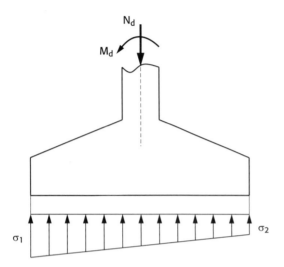

Fig. 7.34 *Corte na sapata retangular submetida à flexão composta oblíqua*

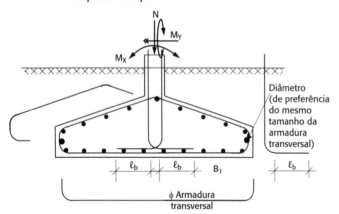

Fig. 7.35 *Detalhamento das armaduras na sapata submetida à flexão composta oblíqua*

Exemplo 7.2 Sapata submetida à flexão composta oblíqua

Dimensionar a sapata a seguir, cujos esforços e seus respectivos sentidos e direções estão indicados nas Figs. 7.36 e 7.37. Considerar os dados:

- b_1 = 70 cm (dimensão maior do pilar);
- b_2 = 20 cm (dimensão menor do pilar);
- N = 700 kN (ação normal concentrada do pilar);
- M_x = 300 kN · m (ação momento do pilar na direção x);
- M_y = 250 kN · m (ação momento do pilar na direção y);
- $\sigma_{adm,solo}$ = 0,15 MPa = 150 kN/m² (tensão normal admissível do solo);
- Inclinação da borda superior da sapata = 1:3;
- Aço CA-50: f_{yk} = 50 kN/cm² = 500 MPa (tensão de escoamento do aço);
- Concreto C20: f_{ck} = 20 MPa = 2 kN/cm² (resistência característica do concreto).

Cálculo das dimensões da base da sapata

Para o cálculo da área da sapata, a carga vertical será majorada em 30% a 40% para levar em conta o peso próprio (5%), o peso da terra sobre a sapata (5%) e o restante para considerar o efeito do aumento de tensão devido ao momento fletor aplicado.

$$A = \frac{\left(N + G_{(sap+solo)}\right)}{\sigma_{adm,solo}} = \frac{(1+0,30)700}{150} = 6,07 \text{ m}^2$$

$$B_1 = \frac{(b_1 - b_2)}{2} + \sqrt{\frac{(b_1 - b_2)^2}{4} + A}$$

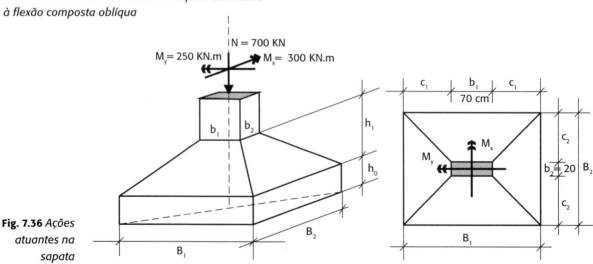

Fig. 7.36 *Ações atuantes na sapata*

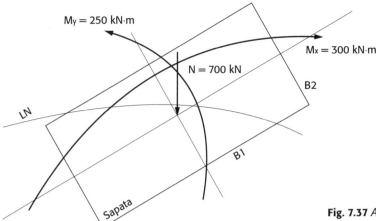

Fig. 7.37 Ações atuantes

$$B_1 = \frac{(0,7-0,2)}{2} + \sqrt{\frac{(0,7-0,2)^2}{4} + 6,07}$$
$$= 2,73 \text{ m} \cong 2,75 \text{ m} = 275 \text{ cm} > 60 \text{ cm}$$

$$B_2 = \frac{A}{B_1} = \frac{6,07}{2,75} = 2,21 \text{ m} \cong 2,25 \text{ m} = 225 \text{ cm} > 60 \text{ cm}$$

Cálculo das dimensões da sapata isolada

$$h = \frac{(B_1 - b_1)}{3} = \frac{(2,75 - 0,7)}{3} = 0,68 \text{ m}$$
(limite para sapata flexível)

Será adotado $h = 65$ cm.

$$d = h - 5 \text{ cm} = 65 - 5 = 60 \text{ cm}$$

$$h_1 = \frac{(B_1 - b_1)/2 - 2,5}{\text{Inclinação da sapata}(1:4)} = \frac{(275 - 70)/2 - 2,5}{4}$$
$$= 25 \text{ cm}$$

$$h_1 = \frac{(B_1 - b_1)/2 - 2,5}{\text{Inclinação da sapata}(1:3)} = \frac{(275 - 70)/2 - 2,5}{3}$$
$$= 33,33 \cong 30 \text{ cm}$$

Será adotado para $h_1 = 30$ cm (valor entre 25 cm e 33 cm).

$$h_0 = h - h_1 = 65 - 30 = 35 \text{ cm}$$

$$c_1 = \frac{(B_1 - b_1)}{2} = \frac{(2,75 - 0,7)}{2} = 1,025 \text{ m}$$
$$= 102,5 \text{ cm (Fig. 7.36)}$$

$$c_2 = \frac{(B_2 - b_2)}{2} = \frac{(2,25 - 0,2)}{2} = 1,025 \text{ m}$$
$$= 102,5 \text{ cm (Fig. 7.36)}$$

Verificação do peso da sapata

$$G_{sapata} = \rho_{conc}\left(B_1 \cdot B_2 \cdot h_0 + \frac{h_1}{3}\left(\frac{B_1 \cdot B_2 +}{\sqrt{B_1 \cdot B_2 \cdot b_1 \cdot b_2}} + b_1 \cdot b_2\right)\right)$$

$$G_{sap} = 25\left(\begin{array}{l}2,75 \times 2,25 \times 0,35 + \dfrac{0,30}{3}\\\left(2,75 \times 2,25 + \sqrt{2,75 \times 2,25 \times 0,75 \times 0,25}\right)\\+0,75 \times 0,25\end{array}\right)$$
$$= 25 \times 2,91 = 72,77 \text{ kN}$$

$$G_{solo} = \rho_{solo}(B_1 \cdot B_2 \cdot h - V_{conc})$$
$$= 18(2,75 \times 2,25 \times 0,65 - 2,91) = 20,01 \text{ kN}$$

$$P_{total} = N + G_{(sap+solo)} = 700 + 72,77 + 20,01$$
$$= 792,78 \text{ kN}$$

Para o cálculo da área foi adotado:

$$P_{adotado} = (1 + 0,3)N = (1 + 0,30)700 = 910 \text{ kN}$$

Verificação da tensão de borda

$$\sigma_{adm,borda} = 1,3 \, \sigma_{adm,solo} = 1,3 \times 150 = 195 \text{ kN/m}^2$$

$$e_x = \frac{M_x}{N} = \frac{300}{(700 + 72,77 + 20,01)} \cong 0,378 \text{ m}$$

$$e_y = \frac{M_y}{N} = \frac{250}{(700 + 72,77 + 20,01)} \cong 0,315 \text{ m}$$

$$K_1 = \frac{B_1}{6} = \frac{2,75}{6} = 0,458 \text{ m}$$
(núcleo central de inércia da sapata)

$$K_2 = \frac{B_2}{6} = \frac{2,25}{6} \cong 0,375 \text{ m}$$
(núcleo central de inércia da sapata)

$$e_x < K_1; e_y < K_2$$

Observa-se que mesmo as excentricidades em cada direção sendo menores que K_1 e K_2 (Fig. 7.38), respectivamente, a excentricidade oblíqua resulta fora do núcleo central de inércia, provocando levantamento da sapata em relação ao solo.

Diante disso, será necessário calcular a tensão máxima utilizando a Tab. 7.4:

$$\frac{e_x}{B_1} = \frac{0,378}{2,75} = 0,137 \cong 0,14$$

$$\frac{e_y}{B_2} = \frac{0,315}{2,25} = 0,14$$

$$\mu = 2,79 \Rightarrow \sigma_{máx} = \mu \frac{\left(N + G_{(sap,solo)}\right)}{A}$$

$$= 2,79 \frac{(700 + 72,77 + 20,01)}{2,75 \times 2,25}$$

$\sigma_{máx} = 357,47$ kN/m² $> \sigma_{adm,borda} = 1,3\sigma_{adm,solo}$
$= 1,3 \times 150 = 195$ kN/m²

Aumento das dimensões da sapata
Para isso, impor:

$\sigma_{máx} \leq \sigma_{adm,borda}$ ⇒ utilizar $\mu < 3,0$ (dentro da região 3 e abaixo da linha intermediária da Tab. 7.4)

Impondo $\mu = 3,0$ e $\sigma_{máx} = 1,3 \times 150 = 195$ kN/m², calcula-se uma determinada área.

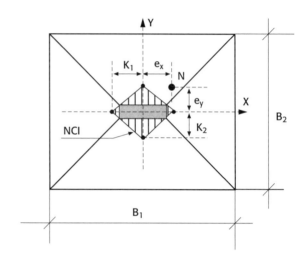

Fig. 7.38 *Carga excêntrica*

Tab. 7.5 Parâmetros da sapata

μ	3,0							
A (m²)	12,16	11,50	10,18	7,50	9,86	9,86	9,86	9,86
B_1 (m)	3,8	3,65	3,45	3,0	3,40	3,40	3,40	3,4
B_2 (m)	3,2	3,15	2,95	2,5	2,90	2,90	2,90	2,90
$h \leq$ (m)	1,03 (0,95)	0,98 (0,95)	0,90	0,75	0,9	0,8	0,7	0,6
h_1 (cm)	0,50	0,50	0,50	0,40	0,45	0,45	0,40	0,40
h_0 (cm)	0,45	0,45	0,40	0,35	0,45	0,35	0,30	0,20
V_{sap} (m³)	7,78	7,37	6,029	3,808	6,148	5,162	4,479	3,493
G_{sap} (kN)	194,54	184,15	150,72	95,20	153,70	129,05	111,97	87,33
G_{solo} (kN)	67,87	64,02	56,36	32,70	49,07	49,07	43,61	43,61
$N + G_{(sap+solo)}$	962,41	948,17	907,08	827,90	902,77	878,12	855,59	830,94
$e_x = M_x/(N+G)$	0,312	0,316	0,331	0,362	0,332	0,342	0,351	0,361
$e_y = M_y/(N+G)$	0,260	0,264	0,276	0,302	0,277	0,285	0,292	0,301
e_x/B_1	0,082	0,0087	0,096	0,121	0,098	0,100	0,103	0,106
e_y/B_2	0,081	0,084	0,093	0,121	0,096	0,0982	0,101	0,104
μ	1,96	1,99	2,42	2,48	2,11	2,2	2,2	2,2
$\sigma_{máx}$	155,13	164,11	215,68	273,61	193,19	195,93	190,90	185,40

$$\sigma_{máx} = \mu \frac{\left(N + G_{(sap,solo)}\right)}{A} = 3{,}0 \frac{(700 + 72{,}77 + 20{,}01)}{A}$$
$$= 195 \text{ kN}/\text{m}^2$$
$$A = 12{,}20 \text{ m}^2$$

Em seguida, refazem-se todas as dimensões da sapata e, novamente, verifica-se a tensão. Como esse processo é iterativo, foram consideradas diversas alternativas, conforme a Tab. 7.5.

Será utilizado, portanto, $B_1 = 3{,}4$ m e $B_2 = 2{,}9$ m, resultando em $\sigma_{máx} = 190{,}9$ kN/m².

Verificação da estabilidade e segurança ao tombamento da sapata

$$\left(M_x + H_x \cdot h\right) \cdot \gamma_f \leq \left(N + G_{(sap+solo)}\right) \frac{B_1}{2}$$
$$(300 + 0 \times 0{,}95) 1{,}5 \leq (700 + 111{,}97 + 43{,}61)$$
$$\frac{3{,}40}{2} \Rightarrow 450 \text{ kN} \cdot \text{m} < 1.454{,}49 \text{ kN} \cdot \text{m}$$

Na outra direção:

$$\left(M_y + H_y \cdot h\right) \cdot \gamma_f \leq \left(N + G_{(sap+solo)}\right) \frac{B_2}{2}$$
$$(250 + 0 \times 0{,}95) 1{,}5 \leq (700 + 111{,}97 + 43{,}61)$$
$$\frac{2{,}90}{2} \Rightarrow 375 \text{kN} \cdot \text{m} < 1.240{,}59 \text{kN} \cdot \text{m}$$

Verificação da tensão máxima

$$e_x = \frac{M_x}{N} = \frac{300}{855{,}59} \cong 0{,}350 \text{ m}$$
$$e_y = \frac{M_y}{N} = \frac{250}{855{,}59} \cong 0{,}292 \text{ m}$$
$$K_1 = B_1/6 = 56{,}67 \text{ cm}$$
$$K_2 = B_2/6 = 48{,}33 \text{ cm}$$

Como a carga excêntrica N está posicionada na zona 5 (Fig. 7.39), para se obter a tensão máxima pode-se aplicar a fórmula:

$$\sigma_{máx} = \frac{N}{A} \alpha \left[12 - 3{,}9(6\alpha - 1)(1 - 2\alpha)(2{,}3 - 2\alpha)\right]$$
$$\alpha = \frac{e_x}{B_1} + \frac{e_y}{B_2} = \frac{0{,}350}{3{,}40} + \frac{0{,}292}{2{,}90} = 0{,}2036$$
$$\sigma_{máx} = \frac{855{,}59}{3{,}40 \times 2{,}90} 0{,}2036$$
$$\left[\begin{matrix} 12 - 3{,}9(6 \times 0{,}2036 - 1)(1 - 2 \times 0{,}2036) \\ (2{,}3 - 2 \times 0{,}2036) \end{matrix} \right]$$
$$\sigma_{máx} = 194{,}87 \frac{\text{kN}}{\text{m}^2} \cong 195 \text{ kN}/\text{m}^2$$

O erro que se comete utilizando essa fórmula é de $\cong 0{,}5\%$.

Cálculo das tensões nos cantos da sapata e posição da linha neutra

Como o peso próprio e a terra sobre a sapata não desenvolvem esforços solicitantes, as tensões poderão

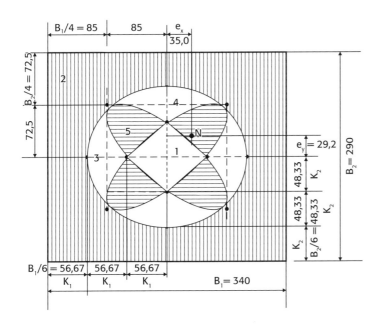

Fig. 7.39 *Posição da carga excêntrica N na zona 5*

ser reduzidas. Dessa forma, recalcula-se a tensão máxima:

$$e_x = \frac{M_x}{N} = \frac{300}{700} \cong 0,428 \text{ m}$$

$$e_y = \frac{M_y}{N} = \frac{250}{700} \cong 0,357 \text{ m}$$

$$\sigma_{máx} = \frac{N}{A}\alpha\left[12 - 3,9(6\alpha - 1)(1 - 2\alpha)(2,3 - 2\alpha)\right]$$

$$\alpha = \frac{e_x}{B_1} + \frac{e_y}{B_2} = \frac{0,428}{3,40} + \frac{0,357}{2,90} = 0,249$$

$$\sigma_{máx} = \frac{700}{3,40 \times 2,90} 0,249$$

$$\begin{bmatrix}12 - 3,9(6 \times 0,249 - 1)\\(1 - 2 \times 0,249)(2,3 - 2 \times 0,249)\end{bmatrix}$$

$$\sigma_1 = 181,32 \text{ kN}/\text{m}^2$$

Posição da LN

Inicialmente, são calculados os parâmetros s e t indicados na Fig. 7.32 e nas Eqs. 7.39 e 7.42.

$$t = \frac{B_1}{12}\left[\frac{B_1}{e_x} + \sqrt{\left(\frac{B_1}{e_x}\right)^2 - 12}\right] = \frac{3,40}{12}$$

$$\left[\frac{3,40}{0,428} + \sqrt{\left(\frac{3,40}{0,428}\right)^2 - 12}\right] = 4,28$$

$$s = \frac{B_2}{12}\left[\frac{B_2}{e_y} + \sqrt{\left(\frac{B_2}{e_y}\right)^2 - 12}\right] = \frac{2,90}{12}$$

$$\left[\frac{2,90}{0,357} + \sqrt{\left(\frac{2,90}{0,357}\right)^2 - 12}\right] = 3,74$$

Após o cálculo dos parâmetros s e t, pode-se representar na Fig. 7.40 a posição da linha neutra (LN) na base da sapata, linha esta que separa a região comprimida da região da sapata descolada do solo.

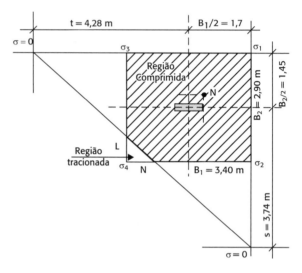

Fig. 7.40 *Posição da LN*

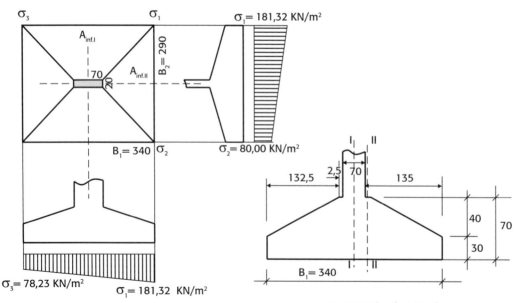

Fig. 7.41 *Distribuição das tensões/seção transversal – dimensões obtidas na Tab. 7.5*

Determinação das tensões σ_1, σ_2, σ_3 e σ_4

Utilizando a semelhança dos triângulos obtidos na Fig. 7.40:

$$\frac{\sigma_1}{(4,28+1,70)} = \frac{\sigma_3}{(4,28-1,7)} \therefore \frac{181,32}{5,98} = \frac{\sigma_3}{2,58}$$

$$\Rightarrow \sigma_3 = 78,23 \text{ kN/m}^2$$

$$\frac{\sigma_1}{(3,74+1,45)} = \frac{\sigma_2}{(3,74-1,45)} \Rightarrow \frac{181,32}{5,19} = \frac{\sigma_2}{2,29}$$

$$\Rightarrow \sigma_2 = 80,00 \text{ kN/m}^2$$

As tensões calculadas estão indicadas na sapata e representadas pela Fig. 7.41.

Esforços solicitantes na sapata

O cálculo dos esforços solicitantes (momentos e cortantes) nas seções I, II e III, nas duas direções, será desenvolvido de forma semelhante ao apresentado no Exemplo 7.1.

Tensões na direção de B_1	**Tensões na direção de B_2**

$$\sigma_{II(B1)} = \frac{(\sigma_1 - \sigma_3)}{B_1}\left(\frac{(B_1 - b_1)}{2} + b_2\right) + \sigma_3$$

$$\sigma_{II(B1)} = \frac{(181,32 - 78,23)}{3,4}\left(\frac{(3,4 - 0,7)}{2} + 0,2\right)$$
$$+78,23 = 125,23 \text{ kN/m}^2$$

$$\sigma_{III(B1)} = \frac{(\sigma_1 - \sigma_3)}{B_1}\left(\frac{(B_1 - b_1)}{2} + b_2 + \frac{d_{II}}{2}\right) + \sigma_3$$

$$\sigma_{III(B1)} = \frac{(181,32 - 78,23)}{3,4}\left(\frac{(3,4 - 0,7)}{2} + 0,2 + \frac{0,65}{2}\right)$$
$$+78,23 = 135,08 \text{ kN/m}^2$$

$$\sigma_{II(B2)} = \frac{(\sigma_1 - \sigma_2)}{B_2}\left(\frac{(B_2 - b_2)}{2} + b_1\right) + \sigma_2$$

$$\sigma_{II(B2)} = \frac{(181,32 - 80)}{2,9}\left(\frac{(2,9 - 0,2)}{2} + 0,7\right)$$
$$+80,0 = 151,62 \text{ kN/m}^2$$

$$\sigma_{III(B2)} = \frac{(\sigma_1 - \sigma_2)}{B_2}\left(\frac{(B_2 - b_2)}{2} + b_1 + \frac{d_{II}}{2}\right) + \sigma_2$$

$$\sigma_{III(B2)} = \frac{(181,32 - 80,0)}{2,9}\left(\frac{(2,9 - 0,2)}{2} + 0,7 + \frac{0,65}{2}\right)$$
$$+80,0 = 195,80 \text{ kN/m}^2$$

Solicitantes na direção de B_1	**Solicitantes na direção de B_2**

$$M_{II(B1)} = B_2\left[\frac{\sigma_{II(B1)}(B_1 - b_1)^2}{8} + \frac{(\sigma_1 - \sigma_{II(B1)})(B_1 - b_1)^2}{12}\right]$$

$$M_{II(B1)} = 2,9\left[\frac{125,23(3,4 - 0,7)^2}{8} + \frac{(181,32 - 125,23)(3,4 - 0,7)^2}{12}\right]$$
$$= 429,75 \text{ kN·m}$$

$$V_{II(B1)} = A_{inf.II} \cdot \sigma_1 = 2,0925 \times 181,32 = 379,41 \text{ kN}$$

$$V_{III(B1)} = A_{inf.III} \cdot \sigma_1 = 1,922 \times 181,32 = 348,47 \text{ kN}$$

$$M_{II(B2)} = B_1\left[\frac{\sigma_{II(B2)}(B_2 - b_2)^2}{8} + \frac{(\sigma_1 - \sigma_{II(B2)})(B_2 - b_2)^2}{12}\right]$$

$$M_{II(B2)} = 2,9\left[\frac{151,62(2,9 - 0,2)^2}{8} + \frac{(181,32 - 151,62)(2,9 - 0,2)^2}{12}\right]$$
$$= 453,00 \text{ kN·m}$$

$$V_{II(B2)} = A_{inf.II} \cdot \sigma_1 = 2,7675 \times 181,32 = 501,80 \text{ kN}$$

$$V_{III(B2)} = A_{inf.III} \cdot \sigma_1 = 2,434 \times 181,32 = 441,40 \text{ kN}$$

7 Fundações em sapatas submetidas a cargas excêntricas (N, M)

Dimensionamento e verificações (flexão seção II)

Na direção de B_1	**Na direção de B_2**
$K_c = \dfrac{b \cdot d_{II}^2}{M_{II(B1),d}} = \dfrac{25 \times 65^2}{1,4 \times 42.975} = 1,76 \rightarrow (\text{Domínio 4})$	$K_c = \dfrac{b \cdot d_{II}^2}{M_{II(B2),d}} = \dfrac{75 \times 65^2}{1,4 \times 45.300} = 5,0 \rightarrow (\text{Domínio 2b})$

<table>
<tr>
<td>

Necessário aumentar a altura da sapata $\rightarrow$ Impor

$$K_{c,(lim)} = 2,19 \ (\text{Tab. 7.6})$$

$$K_{c,(lim)} = \frac{b \cdot d^2}{M_d} \rightarrow d = \sqrt{\frac{K_c \cdot M_d}{b}}$$

$$= \sqrt{\frac{2,19 \times 1,4 \times 42.975}{25}} = 73 \cong 75 \text{ cm}$$

- Cálculo da armadura

$$A_{s(B1)} = K_s \frac{M_d}{d} = 0,0307 \frac{1,4 \times 42.975}{85} = 24,63 \text{ cm}^2$$

$$\left. A_{s(B1)} \middle/ B_2 \right. = \frac{24,63}{2,9} = 8,49 \text{ cm}^2\middle/ \text{m}$$

</td>
<td>

- Cálculo da armadura

$$A_{s(B2)} = K_s \frac{M_d}{d} = 0,0257 \frac{1,4 \times 45.300}{65} = 25,08 \text{ cm}^2$$

$$\left. A_{s(B2)} \middle/ B_1 \right. = \frac{25,08}{3,4} = 7,38 \text{ cm}^2\middle/ \text{m}$$

Recalculando com $d = 75$ cm:

$$K_c = \frac{b \cdot d_{II}^2}{M_{II(B2),d}} = \frac{75 \times 75^2}{1,4 \times 45.300} = 6,65 \rightarrow (\text{Domínio 2a})$$

$$A_{s(B2)} = K_s \frac{M_d}{d} = 0,0246 \frac{1,4 \times 45.300}{75} = 20,80 \text{ cm}^2$$

$$\left. A_{s(B2)} \middle/ B_1 \right. = \frac{20,80}{3,4} = 6,12 \text{ cm}^2\middle/ \text{m}$$

</td>
</tr>
</table>

Com $d_{II} = 75$ cm e $h = 80$ cm e utilizando os valores da Tab. 7.5 ($h_1 = 45$ cm, $h_0 = 35$ cm, B_1 e $B_2 = 3,40$ e 2,90, respectivamente), a tensão máxima no solo resulta em 195,93 kN/m², pouco acima do limite, que é de 195 kN/m².

O valor de K_s é retirado da Tab. 7.6.

Tab. 7.6   Valores de K_c e K_s [1]

Diagrama retangular			$K_c = b \cdot d^2/M_d$ (b e d em cm; M_d em kN · cm)								K_s (aço CA)	
			f_{ck} (MPa)								f_{yk} (MPa)	
Limite	$K_x = x/d$	$K_z = z/d$	15	20	25	30	35	40	45	50	25	50
	0,150	0,9400	9,73	7,30	5,84	4,87	4,17	3,65	3,24	2,92	0,0489	0,0245
2a	**0,167**	0,9332	8,81	6,61	5,28	4,40	3,77	3,30	2,94	2,64	0,0493	0,0246
	0,200	0,9200	7,46	5,59	4,48	3,73	3,20	2,80	2,49	2,24	0,0500	0,0250
	0,2400	0,9040	6,33	4,74	3,80	3,16	2,71	2,37	2,11	1,90	0,0513	0,0257
2b	**0,259**	0,8964	5,91	4,43	3,55	2,96	2,53	2,22	1,97	1,77	0,0513	0,0257
	0,560	0,7760	3,16	2,37	1,90	1,58	1,35	1,18	1,05	0,95	0,0593	0,0296
CA-50	0,600	0,7600	3,01	2,26	1,81	1,50	1,29	1,13	1,00	0,90	0,0605	0,0303
3	**0,628**	0,7487	2,92	2,19	1,75	1,46	1,25	1,09	0,97	0,88	0,0614	0,0307

Tabela completa no Anexo A1.

Verificação à punção:

$$\mu = 2(b_1 + b_2) = 2(0,7 + 0,2) = 1,8 \text{ m} = 180 \text{ cm}$$

$$\tau_{sd} = \frac{F_{sd}}{\mu \cdot d_{II}} = \frac{\gamma_f \cdot N}{\mu \cdot d_{II}} = \frac{1,4 \times 700}{2(70+20)75} = 0,073 \text{ kN/cm}^2 = 0,0,73 \text{ MPa}$$

$$\alpha_v = 1 - \frac{f_{ck}}{250} = 1 - \frac{20}{250} = 0,92$$

$$f_{cd} = \frac{f_{ck}}{\gamma_c} = \frac{20}{1,4} = 14,29 \text{ MPa}$$

$$\tau_{Rd2} = 0,27 \cdot \alpha_v \cdot f_{cd} = 0,27 \times 0,92 \times 14,29 = 3,55 \text{ MPa} > \tau_{sd}$$

Verificação das tensões nas bielas de compressão (cortante):

$V_{sd} \leq V_{Rd2}$
$V_{sd} = 379,41 \times 1,4 = 531,17 \text{ kN}$
$V_{Rd2} = 0,27 \, \alpha_V \cdot f_{cd} \cdot b_{w2,II} \cdot d$
$= 0,27 \times 0,92 \frac{20 \times 10^3}{1,4} 0,25 \times 0,75 = 665,36 \text{ kN}$

b_w é a menor largura, ao longo da altura útil.
Portanto:

$$V_{sd} \leq V_{Rd2}$$

$V_{sd} \leq V_{Rd2}$
$V_{sd} = 501,80 \times 1,4 = 702,52 \text{ kN}$
$V_{Rd2} = 0,27 \, \alpha_V \cdot f_{cd} \cdot b_{w1,II} \cdot d$
$= 0,27 \times 0,92 \frac{20 \times 10^3}{1,4} 0,75 \times 0,75 = 1.996,07$

b_w é a menor largura, ao longo da altura útil.
Portanto:

$$V_{sd} \leq V_{Rd2}$$

Verificação da necessidade de armar a cortante (seção III):

$V_{sd} \leq V_{Rd1}$
$V_{Rd1} = \left(\tau_{Rd} \cdot K(1,2 + 40\rho_1) + 0,15\sigma_{cp}\right) b_{w2,III} \cdot d_{III}$
em que:

$$\tau_{Rd} = 0,25 \cdot 0,21 \frac{f_{ck}^{\frac{2}{3}}}{1,4} = 0,0375 \times 20^{2/3}$$

$$\tau_{Rd} = 0,2763 \text{ MPa} = 0,02763 \frac{\text{kN}}{\text{cm}^2}$$

(f_{ck} = 20 MPa); $d_{III} \cong 68,21$ cm

$V_{sd} \leq V_{Rd1}$
$V_{Rd1} = \left(\tau_{Rd} \cdot K(1,2 + 40\rho_1) + 0,15\sigma_{cp}\right) b_{w1,III} \cdot d_{III}$
em que:

$$\tau_{Rd} = 0,25 \cdot 0,21 \cdot \frac{f_{ck}^{\frac{2}{3}}}{1,4} = 0,0375 \times 20^{2/3}$$

$$\tau_{Rd} = 0,2763 \text{ MPa} = 0,02763 \frac{\text{kN}}{\text{cm}^2}$$

(f_{ck} = 20 MPa); $d_{III} \cong 68,21$ cm

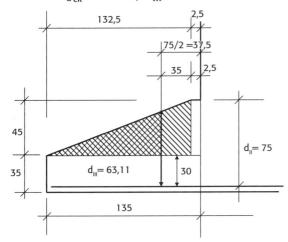

Através da semelhança de triângulos, pode-se obter d_{III} (Fig. 7.42):

$$\frac{45}{132,5} = \frac{d_{III} - 30}{(132,5 - 35)}$$

$$d_{III} = 63,11 \text{ cm}$$

Fig. 7.42 *Valor de d_{III}*

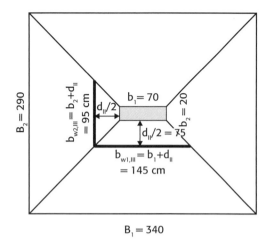

$$b_{w1,III} = b_1 + d_{II} = 70 + 75 = 145 \text{ cm}$$
$$b_{w2,III} = b_2 + d_{II} = 20 + 75 = 95 \text{ cm}$$

em que:

$b_{w,III}$ é a menor largura da seção ao longo da altura útil d_{III} (item 19.4.1 da NBR 6118 – ABNT, 2014).

Fig. 7.43 Valores de $b_{w1,III}$ e $b_{w2,III}$

$$\rho_1 = \frac{A_{sII}}{\left(b_{w2,III} \cdot d_{III}\right)} < 0,02$$

$$\rho_1 = \frac{24,63}{(95 \times 63,11)} = 0,0041 < 0,02$$

$$\sigma_{cp} = \frac{N_{sd}}{A_c} = 0$$

$$K = |1,6 - d_{III}| = |1,6 - 0,6311|$$
$$= 0,969 < 1; \text{ adotar } 1,0$$

$$V_{Rd1} = \left(\tau_{Rd} \cdot K(1,2 + 40\,\rho_1) + 0,15\,\sigma_{cp}\right)B_{w2,III} \cdot d_{III}$$

$$V_{Rd1} = (0,02763 \times 1,0(1,2 +$$
$$40 \times 0,0041) + 0,15 \times 0) \times 95 \times 63,11 =$$
$$225,95 \text{ kN}$$

$$V_{sd,III} = 348,47 \text{ kN} > V_{Rd1}$$

⇒ Necessário armar ou aumentar a seção

$$\rho_1 = \frac{A_{sII}}{\left(b_{w1,III} \cdot d_{III}\right)} < 0,02$$

$$\rho_1 = \frac{20,8}{(145 \times 63,11)} = 0,0023 < 0,02$$

$$\sigma_{cp} = \frac{N_{sd}}{A_c} = 0$$

$$K = |1,6 - d_{III}| = |1,6 - 0,6311|$$
$$= 0,969 < 1; \text{ adotar } 1,0$$

$$V_{Rd1} = \left(\tau_{Rd} \cdot K(1,2 + 40\rho_1) + 0,15\,\sigma_{cp}\right)B_2 \cdot d_{III}$$

$$V_{Rd1} = (0,02763 \times 1,0(1,2 +$$
$$40 \times 0,0023) + 0,15 \times 0)145 \times 63,11 =$$
$$326,67 \text{ kN}$$

$$V_{sd,III} = 441,40 \text{ kN} > V_{Rd1}$$

⇒ Necessário armar ou aumentar a seção

7.5 Sapatas circulares e anelares submetidas à flexão composta oblíqua

As sapatas circulares ou anelares (Figs. 7.44 e 7.45) são geralmente utilizadas para fundação de torres, reservatórios, chaminés etc. e são encontradas em dois tipos: cheias e anelares (vazadas).

De acordo com a Fig. 7.44, $e = M/N$ (excentricidade da carga).

7.5.1 Cálculo das tensões máximas e das posições da linha neutra (LN)

A Tab. 7.7 apresenta expressões para os cálculos dos limites do núcleo central de inércia (NCI) para cada caso específico de sapata.

Em resumo:

$$K_1 = 0,125\,D = 0,25R \rightarrow \text{circular cheia} \quad 7.47$$

$$K_1 = 0,125\,D_e\left(1 + \frac{d_i^2}{D_e^2}\right)$$
$$= 0,25\,R_e\left(1 + \frac{r_i^2}{R_e^2}\right) \rightarrow \text{anelar} \quad 7.48$$

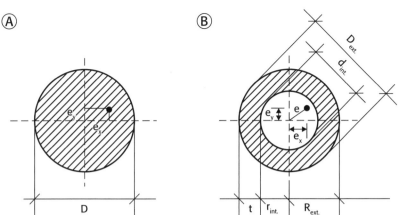

Fig. 7.44 *Sapata circular (A) cheia e (B) anelar*

Tab. 7.7 Núcleo central de inércia (NCI)

Sapata circular cheia	Sapata anelar vazada

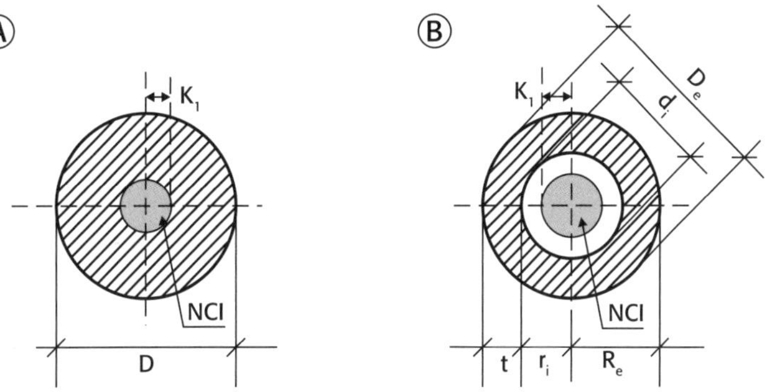

Fig. 7.45 *Núcleo central de inércia (NCI): (A) sapata circular cheia e (B) sapata anelar*

$$K_1 = \frac{W}{A_{sap}}$$

Sapata circular cheia	Sapata anelar vazada
$W = \dfrac{I}{D/2} = \dfrac{\pi \dfrac{D^4}{64}}{D/2} = \dfrac{\pi\, D^4}{32\, D}$	$W = \dfrac{I}{D_e/2} = \dfrac{\pi \dfrac{D_e^4 - d_i^4}{64}}{D_e/2} = \dfrac{\pi\, D_e^4\left(1 - d_i^4/D_e^4\right)}{32\, D_e}$
$W = \dfrac{\pi\, D^3}{32}$	$W = \dfrac{\pi\, D_e^3}{32}\left(1 - \dfrac{d_i^4}{D_e^4}\right)$
$A_{sap} = \dfrac{\pi}{4} D^2$	$A_{sap.} = \dfrac{\pi}{4}\left(D_e^2 - d_i^2\right)$
$K_1 = \dfrac{W}{A_{sap}} = \dfrac{\pi\, D^3}{32} \cdot \dfrac{4}{\pi\, D^2}$	$K_1 = \dfrac{W}{A_{sap.}} = \dfrac{\pi\, D_e^3}{32}\left(1 - \dfrac{d_i^4}{D_e^4}\right) \dfrac{4}{\pi\, D_e^2\left(1 - \dfrac{d_i^2}{D_e^2}\right)}$
$K_1 = \dfrac{D}{8} = 0{,}125\, D$	$K_1 = \dfrac{D_e}{8} \dfrac{\left(1 - \dfrac{d_i^4}{D_e^4}\right)}{\left(1 - \dfrac{d_i^2}{D_e^2}\right)} = \dfrac{D_e}{8} \dfrac{\left(1 - \dfrac{d_i^2}{D_e^2}\right)\left(1 + \dfrac{d_i^2}{D_e^2}\right)}{\left(1 - \dfrac{d_{int}^2}{D_{ext}^2}\right)}$
	$K_1 = 0{,}125\, D_e \left(1 + \dfrac{d_i^2}{D_e^2}\right)$

Fonte: Dimitrov (1974).

Quando $e \leq K_1$, toda seção está comprimida. Nesse caso, para o cálculo das tensões utilizam-se das equações desenvolvidas na resistência dos materiais. A tensão máxima é dada por:

$$\sigma_{máx} = \frac{N_k + G_{(sap+solo)}}{A_{sap}} + \frac{M}{W} \quad 7.49$$

$$\sigma_{máx} = \left(N_k + G_{(sap+solo)}\right)\left(\frac{1}{A_{sap}} + \frac{e}{W}\right)$$

$$= \left(N_k + G_{(sap+solo)}\right)\left(\frac{1}{\frac{\pi D^2}{4}} + \frac{e}{\frac{\pi D^3}{32}}\right)$$

$$\sigma_{máx} = \frac{\left(N_k + G_{(sap+solo)}\right)}{\frac{\pi D^2}{4}}\left(1 + \frac{e}{\frac{\pi D}{8}}\right)$$

$$\sigma_{máx} = \frac{N_k}{A_{sap}}\left(1 + \frac{e}{K_1}\right) \quad 7.50$$

Klöckner e Schmidt (1974) sugerem um segundo núcleo central (K_2) quando a linha neutra passa pelo centro da seção (somente metade da seção está comprimida), conforme a Fig. 7.46.

$K_2 = 0{,}125\,\pi \cdot D = 0{,}25\,\pi \cdot R \rightarrow$ circular cheia **7.51**

$$K_2 = \frac{3\pi \cdot R_e}{16} \cdot \left(1 - \frac{r_i^4}{R_e^4}\right) \Big/ \left(1 - \frac{r_i^3}{R_e^3}\right) \rightarrow \text{anelar} \quad 7.52$$

Quando $e > K_2$, a linha neutra passa além do centro da seção e menos da metade da seção está comprimida. Portanto, como visto anteriormente, existe problema de estabilidade quando $e > K_2$, isto é, no máximo pode-se utilizar $e = K_2$.

Ainda segundo Klöckner e Schmidt (1974), quando $K_1 < e < K_2$ a LN não chega a ultrapassar o centro da seção (no mínimo ½ da seção colabora na resistência). A tensão no solo pode ser dada pela seguinte expressão, com erro de aproximadamente 1%:

$$\sigma_{máx} = \frac{\left(N_K + G_{(sap+solo)}\right)}{A_{sap}} \cdot \frac{2e}{K_1} \cdot$$
$$\left[1 - 0{,}7 \cdot \left(\frac{e}{14} - 1\right)\left(1 - \frac{e}{K_2}\right)\left(1 + \frac{r_i}{R_e}\right)\right] \quad 7.53$$

As Tabs. 7.8 e 7.9, desenvolvidas por Dimitrov (1974), fornecem valores da posição da linha neutra indicada na Fig. 7.47 em relação ao raio interno e os valores das tensões máximas em relação às tensões médias, respectivamente. Quando a seção for cheia se faz $r_i = 0$.

7.6 Considerações complementares

É interessante observar que as seções vazadas com as mesmas dimensões externas das seções cheias possuem os núcleos centrais de inércia mais distantes do centro de gravidade (Fig. 7.48). Ou seja, a excentricidade da força normal, necessária para provocar tração em uma das bordas, é maior na seção vazada do que na seção cheia. No caso das seções circulares ou anelares pode-se observar esse efeito através das Eqs. 7.47 e 7.48. Para as seções retangulares cheias ou vazadas, a Eq. 7.58 expressa essa consideração.

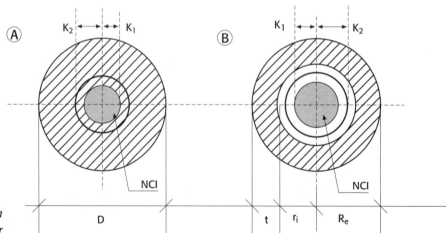

Fig. 7.46 *Núcleo K_2 na sapata (A) circular cheia e (B) anelar*

Tab. 7.8 Valores de x/r_i (posição da LN) em função de e/R_e e r_i/R_e

e/R_e	r_i/R_e (relação entre os raios interno e externo)						
	0,0	0,5	0,6	0,7	0,8	0,9	1,0
0,25	2,0	–	–	–	–	–	–
0,30	1,82	–	–	–	–	–	–
0,35	1,66	1,89	1,98	–	–	–	–
0,40	1,51	1,75	1,84	1,93	–	–	–
0,45	1,37	1,61	1,71	1,81	1,90	–	–
0,50	1,23	1,46	1,56	1,66	1,78	1,89	2,0
0,55	1,10	1,29	1,39	1,50	1,62	1,74	1,87
0,60	0,97	1,12	1,21	1,32	1,45	1,58	1,71
0,65	0,84	0,94	1,02	1,13	1,25	1,40	1,54
0,70	0,72	0,75	0,82	0,98	1,05	1,20	1,35
0,75	0,59	0,60	0,64	0,72	0,85	0,99	1,15
0,80	0,47	0,47	0,48	0,52	0,61	0,77	0,94
0,85	0,35	0,35	0,35	0,36	0,42	0,55	0,72
0,90	0,24	0,24	0,24	0,24	0,24	0,32	0,49
0,95	0,12	0,12	0,12	0,12	0,12	0,12	0,25

Fonte: Dimitrov (1974, p. 264).

Em outras palavras, para efeito de estabilidade, a seção vazada é mais favorável. Entende-se por seção a área de contato da sapata com o solo.

Para a sapata da Fig. 7.49, de seção retangular cheia, os extremos do núcleo central de inércia distam $B/6$ do centro de massa da figura.

Fazendo a tensão no solo, em A, com σ_A igual a zero:

$$\sigma_A = -\frac{N}{A_{sap}} + \frac{N \cdot e}{W} = 0$$

$$0 = -\frac{N}{B_1 \cdot B_2} + \frac{N \cdot e}{B_2 \cdot \dfrac{B_1^2}{6}}$$

$$0 = -1 + \frac{e}{\dfrac{B_1}{6}} \therefore$$

$$e = K_1 = \frac{B_1}{6} \qquad \textbf{7.54}$$

Mesmo procedimento para K_2.

Para a seção vazada da Fig. 7.50, pode-se calcular o valor de K_1 (limite do núcleo central de inércia) pela Eq. 7.58.

$$B_1' = \kappa_1 \cdot B_1$$
$$B_2' = \kappa_2 \cdot B_2$$

$$K_1 = \frac{W_{1,vaz}}{A_{sap,vaz}} \qquad \textbf{7.55}$$

$$\begin{aligned} W_{1,vaz} &= \frac{B_2 \cdot B_1^2}{6} - \frac{\kappa_2 \cdot B_2 \left(\kappa_1 \cdot B_1\right)^2}{6} \\ &= \frac{B_2 \cdot B_1^2}{6}\left(1 - \kappa_2 \cdot \kappa_1^2\right) \end{aligned} \qquad \textbf{7.56}$$

$$A_{sap,vaz} = B_1 \cdot B_2 - B_1' \cdot B_2' = B_2 \cdot B_1 - \kappa_2 \cdot B_2 \cdot \kappa_1 \cdot B_1$$

$$A_{sap,vaz} = B_2 \cdot B_1 \left(1 - \kappa_2 \cdot \kappa_1\right) \qquad \textbf{7.57}$$

Portanto,

$$\begin{aligned} K_{1,vaz} &= \frac{W_{1,vaz}}{A_{sap,vaz}} = \frac{B_2 \cdot B_1^2 \left(1 - \kappa_2 \cdot \kappa_1^2\right)}{6 B_2 \cdot B_1 \left(1 - \kappa_2 \cdot \kappa_1\right)} \\ &= \frac{B_1}{6} \frac{\left(1 - \kappa_2 \cdot \kappa_1^2\right)}{\left(1 - \kappa_2 \cdot \kappa_1\right)} > K_{1,ch} \end{aligned} \qquad \textbf{7.58}$$

Ao vazar a seção, o valor de K_1 será $> B_1/6$ da seção cheia.

É evidente que a tensão máxima de compressão na seção vazada será maior do que na seção cheia, no caso de se manter a excentricidade decorrente da

Tab. 7.9 Valores de $\sigma_{máx}/\sigma_{médio}$ ($\sigma_{máx}$ = máxima tensão na borda)

e/R_e	\multicolumn{7}{c}{r_i/R_e (relação entre os raios: interno e externo)}
	0,0	0,5	0,6	0,7	0,8	0,9	1,0
0,00	1,0	1,0	1,0	1,0	1,0	1,0	1,0
0,05	1,20	1,16	1,15	1,13	1,12	1,11	1,10
0,10	1,4	1,32	1,29	1,27	1,24	1,22	1,20
0,15	1,60	1,48	1,44	1,40	1,37	1,33	1,30
0,20	1,80	1,64	1,59	1,54	1,49	1,44	1,40
0,25	2,0	1,80	1,73	1,67	1,61	1,55	1,50
0,30	2,23	1,96	1,88	1,81	1,73	1,66	1,60
0,35	2,48	2,12	2,04	1,94	1,85	1,77	1,70
0,40	2,76	2,29	2,20	2,07	1,98	1,88	1,80
0,45	3,11	2,51	2,39	2,23	2,10	1,99	1,90
0,50	3,55	2,80	2,61	2,42	2,26	2,10	2,00
0,55	4,15	3,14	2,89	2,67	2,42	2,26	2,17
0,60	4,96	3,58	3,24	2,92	2,64	2,42	2,26
0,65	6,0	4,34	3,80	3,30	2,92	2,64	2,42
0,70	7,48	5,40	4,65	3,86	3,33	2,95	2,64
0,75	9,93	7,26	5,97	4,81	3,93	3,33	2,89
0,80	13,87	10,05	8,80	6,53	4,93	3,96	3,27
0,85	21,08	15,55	13,32	10,43	7,16	4,90	3,77
0,90	38,25	30,80	25,80	19,85	14,60	7,13	4,71
0,95	96,10	72,72	62,20	50,20	34,60	19,80	6,72
1,00	∞	∞	∞	∞	∞	∞	∞

Fonte: Dimitrov (1974, p. 264).

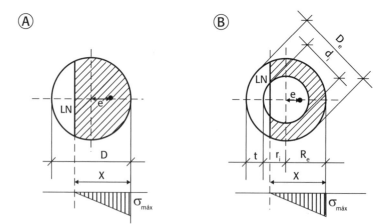

Fig. 7.47 *Zona com tensão de compressão na sapata circular e anelar*

carga excêntrica igual a $B_1/6$. Isso acontece porque, ao se retirar a área central da seção retangular para transformá-la em vazada, a diminuição de A (área) é proporcionalmente maior do que a de W (módulo de resistência), resultando na expressão anterior um acréscimo de σ_N em relação a σ_M, conforme pode ser observado na Fig. 7.51.

O conhecimento dessa propriedade é importante na ocorrência de problemas de estabilidade da sapata retangular. Optando, dessa forma, por sapata

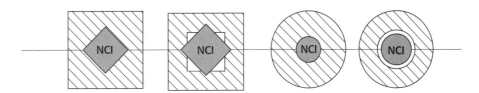

Fig. 7.48 Seções retangulares e circulares, cheias e vazadas

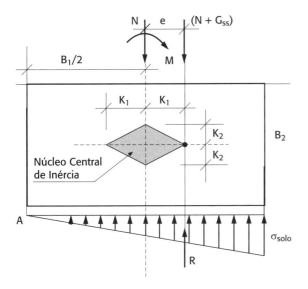

Fig. 7.49 Núcleo central de inércia: seção retangular cheia

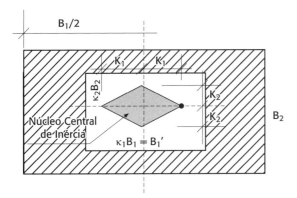

Fig. 7.50 Núcleo central de inércia: seção retangular vazada

com área de contato vazada, pode-se eliminar o problema sem alterar as dimensões externas da sapata. Isso permite que as tensões no solo fiquem folgadas e suportem o acréscimo de tensão de compressão decorrente da solução. A execução da sapata vazada pode ser feita utilizando-se isopor (Fig. 7.52) ou outro material de enchimento.

A espessura do isopor é função da capacidade de carga do terreno da fundação. Assim, se o terreno

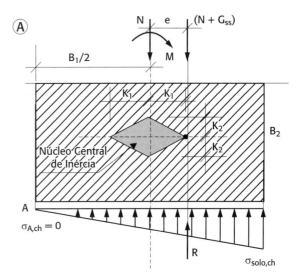

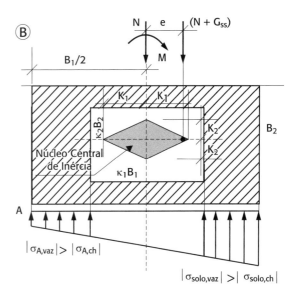

Fig. 7.51 Tensões na seção retangular (A) cheia e (B) vazada

for fraco a solução em isopor pode não satisfazer a demanda por não possuir a deformabilidade necessária. Outra solução seria a utilização de forma pneu-

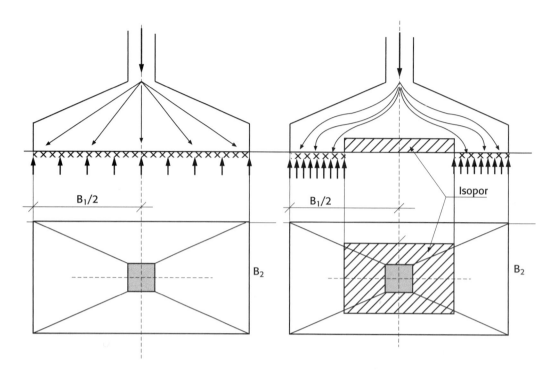

Fig. 7.52 *Sapata vazada utilizando isopor*

mática perdida, que é esvaziada após a concretagem e cura do concreto.

Deve-se observar, entretanto, que a solução com seções vazadas é pouco usual. A aplicação dessa solução é feita para obras de maior porte, como, por exemplo, torres de televisão em concreto.

8.1 Sapatas associadas

As *sapatas associadas* existem quando ocorre interferência entre duas sapatas isoladas e o espaço disponível não permite a solução com sapata isolada, conforme representado nas Figs. 8.1 e 8.2, respectivamente.

A viga que une os pilares (dois ou mais) é conhecida como viga de rigidez e tem a finalidade de distribuir as cargas verticais para a sapata e esta para o solo, de modo a permitir que a sapata trabalhe com tensão constante (Figs. 8.3 e 8.4).

8.1.1 Distância mínima entre sapatas para não associá-las

Utilizando o método empírico de espraiamento para a propagação e distribuição das tensões no solo ao longo da profundidade, pode-se escrever que, para a não existência da superposição das tensões de duas sapatas iguais equidistantes, a tensão máxima será aquela representada pela Eq. 8.1 (Fig. 8.5):

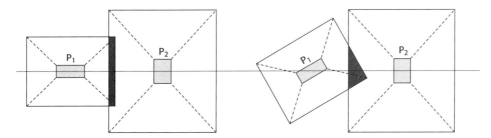

Fig. 8.1 *Superposição de sapatas*

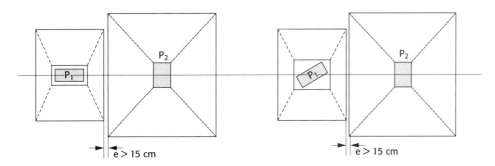

Fig. 8.2 *Solução com sapatas isoladas*

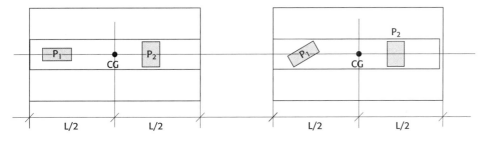

Fig. 8.3 *Solução com sapata associada e viga de rigidez*

$$2\sigma_z \leq \sigma_{adm} \therefore \sigma_z \leq \frac{\sigma_{adm}}{2} \quad \text{8.1}$$

em que:

$$\sigma_z = \sigma_0 \frac{B}{(B+2z \cdot \text{tg}\,\theta)} \quad \text{8.2}$$

$$\frac{\sigma_{adm}}{2} = \sigma_0 \frac{B}{(B+2z \cdot \text{tg}\,\theta)} = \frac{(N+PP)}{B} \frac{B}{(B+2z \cdot \text{tg}\,\theta)}$$
$$= \frac{(N+PP)}{(B+2z \cdot \text{tg}\,\theta)} \quad \text{8.3}$$

$$(B+2z \cdot \text{tg}\,\theta) = \frac{2(N+PP)}{\sigma_{adm}} = 2\,A_{sap} = 2\,B \quad \text{8.4}$$

$$2z \cdot \text{tg}\,\theta = 2B - B = B \therefore z = \frac{B}{2\,\text{tg}\,\theta} \quad \text{8.5}$$

Como:

$$\text{tg}\,\theta = \frac{e/2}{z} \therefore e = 2z \cdot \text{tg}\,\theta \therefore \text{Logo}: e = B \quad \text{8.6}$$

Embora os valores atribuídos ao ângulo para tudo que se refere a solo sejam bastante variáveis, serão sugeridos os seguintes valores:

- $\theta = 30°$ para solos predominantemente argilosos e pouco rígidos;
- $\theta = 45°$ para solos predominantemente granulares e compactos.

Portanto, para que não exista superposição de tensões das sapatas, o espaçamento mínimo entre suas faces deve ser igual a B, sendo esse valor o maior entre as dimensões das duas sapatas na direção do eixo entre seus centros de carga (Fig. 8.5).

Como se pode observar na Fig. 8.6, a distribuição da tensão não é uniforme conforme apresentado na Fig. 8.6, utilizada para o cálculo da distância entre

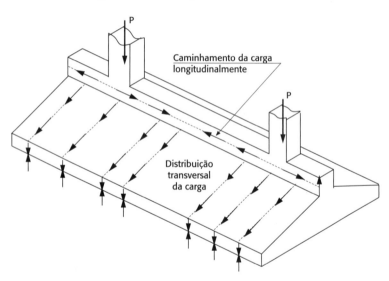

Fig. 8.4 *Sapata associada e viga de rigidez: caminhamento das cargas*

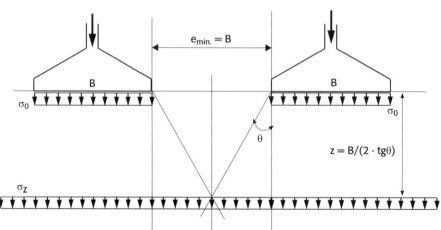

Fig. 8.5 *Distância mínima entre faces das sapatas isoladas*

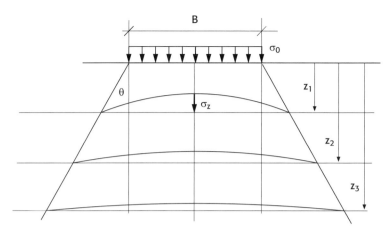

Fig. 8.6 *Distribuição de tensões ao longo da profundidade*

as sapatas, visto que os valores máximos de tensões se concentram nas proximidades do eixo de simetria da sapata.

Utilizando a solução clássica desenvolvida por Carotheres-Terzaghi, citada por diversos autores, como Bastos (2011), Cavalcante e Casagrande (2006) e outros, para carga uniformemente distribuída ao longo de uma base de extensão infinita (Fig. 8.7), tem-se:

Novamente impondo a condição:

$$2\sigma_z \leq \sigma_{adm} \therefore \sigma_z \leq \frac{\sigma_{adm}}{2}$$

Pode-se, então, escrever:

$$\frac{\sigma_{adm}}{2} = \frac{\sigma_0}{\pi}\left(\operatorname{sen} 2\alpha \cdot \cos 2\beta + 2\alpha\right) \quad \text{8.8}$$

$$\therefore \text{fazendo } \sigma_{adm} = \sigma_0$$

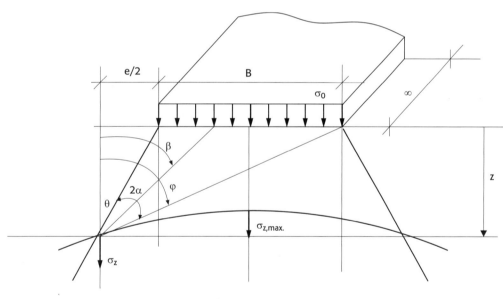

Fig. 8.7 *Distribuição de tensões: modelo Carotheres-Terzaghi*

Com base no modelo dessa figura, podem-se desenvolver as equações a seguir e se desenhar o bulbo de tensões da Fig. 8.8 (Poulos; Davis, 1991).

$$\sigma_z = \frac{\sigma_0}{\pi}\left(\operatorname{sen} 2\alpha \cdot \cos 2\beta + 2\alpha\right) \quad \text{8.7}$$

em que:
β é o ângulo entre a vertical e a bissetriz do ângulo 2α;
$\beta = \theta + \alpha$;
$2\alpha = \varphi - \theta$.

$$\eta_z = \frac{1}{2} = \left(\operatorname{sen} 2\alpha \cdot \cos 2\beta + 2\alpha\right)/\pi \quad \text{8.9}$$

Observa-se que, para qualquer valor da largura B, pode-se trabalhar com sapatas isoladas, pois, para $\eta_z = 0,5$ (tensões $\sigma_z = \sigma_{adm}/2$), a isóbara (mesma pressão) correspondente está praticamente dentro do alinhamento vertical das faces da sapata, conforme o bulbo de tensões apresentado na Fig. 8.8. Diante disso, conclui-se que a superposição de tensões não ultrapassa o valor da tensão admissível. Recomenda-se, para atender às condições construtivas, que a distância mínima entre as sapatas não seja inferior a 15 cm.

8.1.2 Dimensionamento da sapata

Cálculo do centro de gravidade da sapata: sistema estrutural e sistema de equilíbrio

Inicialmente, deve-se ter em mente que o centro de gravidade da sapata precisa coincidir com a resultante das cargas dos pilares, buscando dessa forma a distribuição uniforme de tensões no solo (Figs. 8.9 e 8.10).

Fazendo $\Sigma M = 0$ em relação a um dos eixos dos pilares (por exemplo, ao P_1), tem-se:

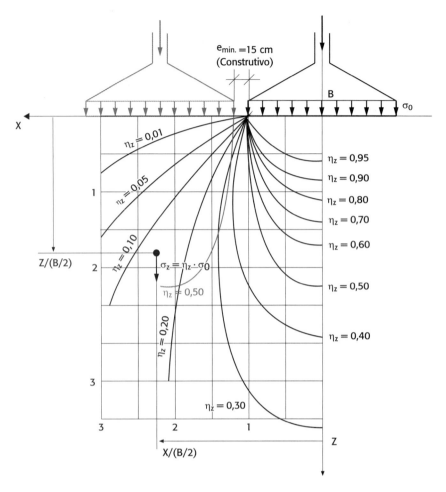

Fig. 8.8 *Bulbo de tensões adaptado de Carotheres-Terzaghi*

$$X_{CG} = a_1 = \frac{P_2 \cdot a}{(P_1 + P_2)}; a_2 = a - a_1 \quad \text{8.10}$$

O comprimento mínimo da sapata ($\ell_{mín}$) é determinado dobrando-se a distância da resultante de cargas até o pilar mais distante (a_2), acrescido da metade da dimensão desse pilar (Fig. 8.11). Assim:

$$\ell_{mín} \geq 2\left(a_2 + \frac{1}{2}b_{2,P2} + 2{,}5 \text{ cm}\right) \quad \text{8.11}$$

O comprimento ℓ, por sua vez, deve, sempre que possível, ser maior que $\ell_{mín}$ para possibilitar uma ancoragem conveniente das barras de flexão da viga de rigidez. Sugere-se de 20 cm a 50 cm a mais de cada lado.

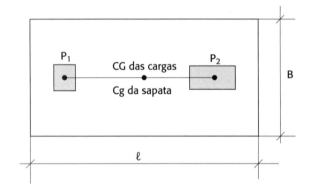

Fig. 8.9 *Centro de carga (resultante) coincidindo com o centro de gravidade da sapata*

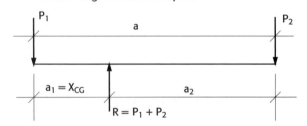

Fig. 8.10 *Sistema de equilíbrio estático*

Cálculo da área da sapata

$$A_{sap} = \frac{(1,05 \text{ a } 1,10)\sum P_i}{\sigma_{adm,solo}} \qquad \text{8.12}$$

Cálculo da largura da sapata B

$$B = \frac{A_{sap}}{\ell} \qquad \text{8.13}$$

Determinação da altura útil da sapata (como sapata rígida)

$h \geq (B - b)/3$ (item 22.6.1 da NBR 6118 – ABNT, 2014)

Caso as larguras (b_1) dos pilares sejam diferentes, adota-se o b_1 maior.

8.1.3 Dimensionamento da sapata: cálculo das armaduras

A sapata será dimensionada e detalhada conforme os exemplos de sapatas corridas desenvolvidas no Cap. 6.

8.1.4 Dimensionamento e detalhamento da viga de rigidez

Carregamento da viga de rigidez (como sapara corrida)

O carregamento na viga de rigidez é obtido com a linearização da carga (Fig. 8.12).

$$p_{viga} = \sigma_{atu,solo} \cdot B \qquad \text{8.14}$$

Cálculo dos esforços solicitantes na viga

O cálculo dos esforços solicitantes (V e M) é obtido pelo método equilíbrio estático (Fig. 8.13).

Como P_1 e P_2 já são conhecidos, não há necessidade de obter as reações. Portanto, podem-se escrever diretamente as respectivas equações de cortante e momento utilizando as funções singulares (ver Cap. 1):

$$V_{(x)} = -p_v \cdot x + P_1 \langle x - X_1 \rangle^0 + P_2 \langle x - X_2 \rangle^0 \qquad \text{8.15}$$

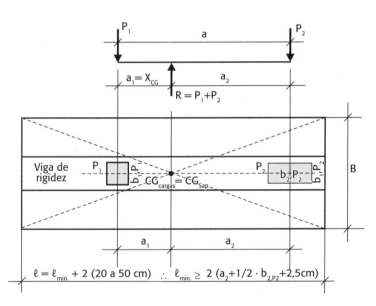

Fig. 8.11 *Dimensões mínimas da sapata associada*

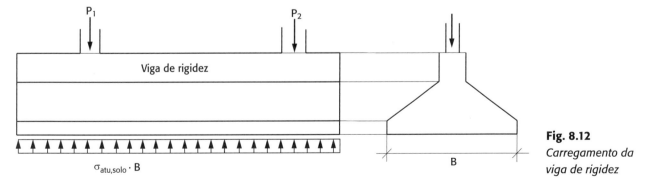

Fig. 8.12 *Carregamento da viga de rigidez*

$$M_{(x)} = -p_v \frac{X^2}{2} + P_1 \langle x - X_1 \rangle^1 + P_2 \langle x - X_2 \rangle^1 \quad \text{8.16}$$

Com as equações anteriores obtêm-se os diagramas de V e M (Fig. 8.14).

Determinação da altura da viga de rigidez

Impor uma altura para que não se tenha problema de cisalhamento. A largura da viga (b_v) será igual à maior largura transversal dentre os pilares (b_1) acrescida de 2,5 cm de cada lado, para apoio das formas dos pilares. Logo:

$$V_{sd,máx} \leq V_{Rd2} \rightarrow \quad \text{8.17}$$

dessa condição se obtêm a altura útil d

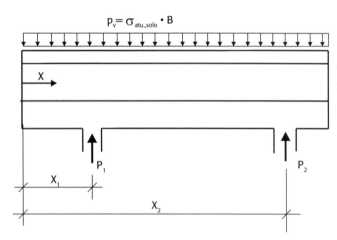

Fig. 8.13 *Modelo para cálculo dos solicitantes*

Impor ainda a condição para que se tenha um dimensionamento à flexão, econômico.

8.1.5 Fretagem na viga de rigidez junto à entrada de cargas dos pilares como bloco parcialmente carregado

Quando $(h_{viga} - h_{sapata}) \geq 0,8\, b_{viga}$, deve-se fretar esse trecho da viga junto à entrada de carga dos pilares, que, por conta da abertura de cargas, provoca o aparecimento de tensões de tração, conforme pode ser observado na Fig. 8.15.

$$R_s = \frac{P}{3}\left(1,0 - \frac{b_{pilar}}{b_{viga}}\right) \quad \text{8.18}$$

Leonhardt e Mönnig (1977) recomendam ainda que, para o cálculo da armadura, a tensão no aço deve ficar entre 180 MPa a 200 MPa, ou seja:

$$\sigma_{sd} = \frac{f_{yk}}{\gamma_s} \leq 180 \text{ MPa a } 200 \text{ MPa}$$

Logo:

$$A_s = 1,25 \frac{R_{sd}}{\sigma_{sd}} \quad \text{8.19}$$

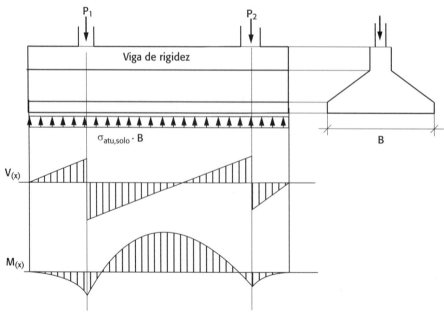

Fig. 8.14 *Diagramas da viga de rigidez*

Deve-se majorar a armadura de fretagem em 25%, ou seja, $1{,}25A_s$, e distribuir a armadura na altura a (Fig. 8.15). O fator 1,25 leva em conta que a armadura deveria ser distribuída, na realidade, na altura 0,8 de a, e não na altura a. Todavia, a distribuição ao longo de a facilita a execução (Fig. 8.16).

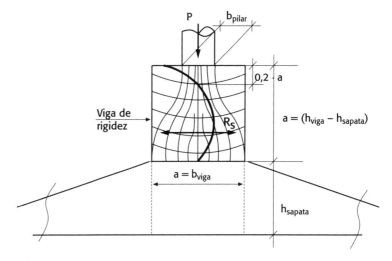

Fig. 8.15 *Tensões pela abertura de carga*

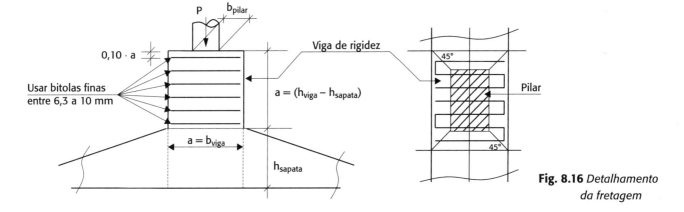

Fig. 8.16 *Detalhamento da fretagem*

Exemplo 8.1 Sapata associada

Para os três pilares da Fig. 8.17, dimensionar e detalhar a sapata e a viga de rigidez. Considerar os dados:

- $\sigma_{adm.solo} = 0{,}15$ MPa ($1{,}5$ kgf/cm² = 15 tf/m² = 150 kN/m² – argila média);
- Concreto: $f_{ck} = 20$ MPa;
- Aço: CA-50;
- Cargas nos pilares: $P_1 = 1.000$ kN; $P_2 = 1.000$ kN; e $P_3 = 2.200$ kN.

Dimensionamento da sapata
Cálculo da posição do centro de gravidade da sapata ($CG_{sap} = CG_{cargas}$)
- Sistema de equilíbrio (Fig. 8.18)

Fazendo o momento do sistema acima em relação ao P_1, obtém-se:

$$\sum M_{P1} = 4.200\, X_{CG} - 1.000 \cdot 3 - 2.200 \cdot 6 = 0$$
$$X_{CG} = 3{,}86 \text{ m}$$

Dimensões da sapata
- Cálculo do $\ell_{mín} = 2(a_1 + b_{p1}/2 + 2{,}5 \text{ cm})$ (a_1 maior)

$$\ell_{mín} = (3{,}86 + 0{,}10) \cdot 2 = 7{,}92 \text{ m}$$
(10 cm φ é a metade da dimensão do P_1)
$$A_{sap} = \frac{1{,}05 P_{tot}}{\sigma_{adm,solo}} = \frac{1{,}05 \times 4.200}{150} = 29{,}4 \text{ m}^2$$

- Cálculo da largura da sapata B

Adota-se para ℓ o valor de $\ell_{mín} + 1{,}0$ m (50 cm de cada lado).

$$\ell = \ell_{mín} + 1{,}0 (50 \text{ cm de cada lado}) = 7{,}92 + 1{,}0 = 8{,}92 \text{ m}$$
$$\ell \cong 9{,}0 \text{ m}$$

8 Sapatas especiais

$$B = \frac{A_{sap}}{\ell} = \frac{29{,}4}{9{,}0} = 3{,}27 \cong 3{,}25 \text{ m}$$

Ajustando ℓ = 9,20 m, pode-se reduzir a largura B para 3,2 m (Fig. 8.19).

⊕ Determinação da altura útil da sapata como sapata rígida (Fig. 8.20A)

Caso os b_1 dos pilares sejam diferentes, deve-se adotar o b_1 maior.

$h \geq (B-b)/3$ ∴ $h \geq (3{,}20 - 0{,}60)/3 = 0{,}867 \cong 0{,}90$ m

⊕ Determinação da altura útil da sapata como sapata flexível (Fig. 8.20B)

Adotar inicialmente d_{II} = 50 cm.

É necessário linearizar a carga:

$$p = \frac{\sum P_i}{\ell} = \frac{4.200}{9{,}20} = 456{,}52 \text{ kN/m}$$

$$V_{III} = \frac{p}{B} \frac{(B-b-d_{II})}{2} = \frac{456{,}52}{3{,}20} \frac{(3{,}20-0{,}60-0{,}50)}{2}$$
$$= 149{,}80 \text{ kN/m}$$

$$V_{Rd1} = \left[\tau_{Rd} \cdot K(1{,}2 + 40\,\rho_1) + 0{,}15\sigma_{cp} \right] b_w \cdot d$$

em que:

$$\tau_{Rd} = 0{,}25\,0{,}21\,\frac{f_{ck}^{2/3}}{1{,}4} = 0{,}0375\,f_{ck}^{2/3} = 0{,}2763 \text{ MPa}$$
$$= 276{,}3 \text{ kN/m}^2$$

$$\rho_1 = \frac{A_{s1}}{(b_w \cdot d)} < 0{,}02 \therefore \text{ adotar } \rho_1 = 0{,}15\%$$
(taxa de armadura mínima) < 0,02

$$\sigma_{cp} = \frac{N_{sd}}{A_c} = 0$$

σ_{cp} = 0 é a força longitudinal na seção pela protensão ou carregamento (compressão positiva).

Em relação aos valores de K, para elementos nos quais 50% da armadura inferior não chegam até o apoio, K = 1,0; já para os demais casos, K = $|1{,}6 - d|$, não menor que 1,0, com d em metros.

$$K = |(1{,}6 - d_{III})| \geq 1{,}0$$

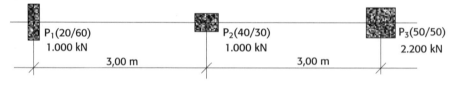

Fig. 8.17 Planta de carga e locação dos pilares

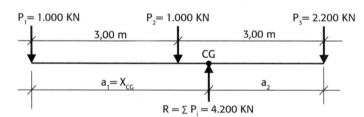

Fig. 8.18 Sistema de equilíbrio

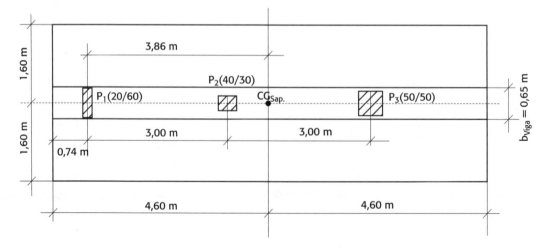

Fig. 8.19 Dimensões da sapata

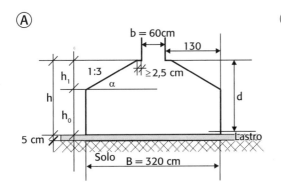
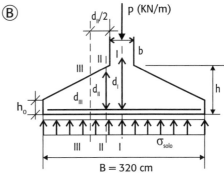

Fig. 8.20 *Altura da sapata*

$$V_{Rd1} = \left[\tau_{Rd} \cdot K(1,2 + 40\rho_1) + 0,15\sigma_{cp}\right]b_w \cdot d_{III}$$

$$V_{Rd1} = \left[276,3(1,6 - d_{III})(1,2 + 40 \cdot 0,0015) + 0,15 \cdot 0\right]1,00\, d_{III}$$

Logo, para não armar necessita-se impor:

$$V_{Rd1} \geq V_{sd} = 149,80 \times 1,4 = 209,72\ \text{kN/m}$$
$$209,72 = \left[276,3(1,6 - d_{III})(1,2 + 40 \cdot 0,0015) + 0,15 \cdot 0\right]1,00\, d_{III}$$
$$209,72 = 557,02\, d_{III} - 348,14\, d_{III}^2$$

$$d_{III}^2 - 1,6 d_{III} + 0,602 = 0 \rightarrow d_{III} \begin{cases} 1,0\ \text{m} \\ 0,60\ \text{m} \end{cases}$$

No caso de d_{III} ser maior do que 60 cm, K = 1. Dessa forma será adotado $d_{III} \geq 0,65$ m, e consequentemente:

$$d_{II} = d_{III} + \frac{d_{II}/2}{3} = d_{III} + \frac{d_{II}}{6} \therefore d_{II} - \frac{d_{II}}{6} = d_{III} \therefore d_{II} = \frac{6}{5} d_{III}$$

$d_{II} = (6/5)65 = 78$ cm $\cong 80$ cm (h = 85 cm, praticamente o mesmo valor calculado como sapata rígida.

Dimensionamento e cálculo das armaduras (sapata corrida)

Linearizando a carga:

$$p = \frac{\sum P_i}{\ell} = \frac{4.200}{9,20} = 456,52\ \text{kN/m}$$

Cálculo como sapata rígida:

$$R_{sk} = \frac{p}{d_{II}} \frac{(B-b)}{8} = \frac{456,52}{0,85} \frac{(3,20 - 0,60)}{8} = 174,55\ \frac{\text{kN}}{\text{m}}$$

$$A_s = \frac{R_{sd}}{f_{yd}} = \frac{1,4 \times 174,55}{50/1,15} = 5,62\ \text{cm}^2/\text{m}$$

$$A_{s,mín} = 0,15\%\ A_c = \frac{0,15}{100} 100 \times 90 = 13,50\ \text{cm}^2/\text{m}$$

Escolhendo ϕ de 12,5 mm (Tab. 8.1), o espaçamento será:

$$s = \frac{A_{s1\varnothing 12,5} \cdot 100}{A_s} = \frac{1,227 \times 100}{13,50} = 9 \rightarrow (\varnothing 12,5\ c/9)$$

$$A_{s,dist} \rightarrow \text{o maior entre} \begin{cases} \frac{1}{5} A_{sprinc} = \frac{5,62}{5} = 1,12\ \text{cm}^2/\text{m} \\ 0,9\ \text{cm}^2/\text{m} \\ 0,5\ A_{s,mín} = 0,5 \times 13,5 = 6,75\ \text{cm}^2/\text{m} \end{cases}$$

$$s = \frac{A_{s1\varnothing 10} \cdot 100}{A_s} = \frac{0,785 \times 100}{6,75} = 11,85 \rightarrow (\varnothing 10\ c/11)$$

Cálculo com sapata flexível:
- Seção II-II

$$M_{II} = \frac{p}{B} \frac{(B-b)^2}{8} = \frac{456,52}{3,20} \frac{(3,20 - 0,60)^2}{8} = 120,55\ \text{kN} \cdot \text{m/m}$$

$$V_{II} = \frac{p}{B} \frac{(B-b)}{2} = \frac{456,52}{3,20} \frac{(3,20 - 0,60)}{2} = 185,46\ \text{kN/m}$$

$$K_c = \frac{100 \times 80^2}{12.055 \times 1,4} = 37,92 \rightarrow$$

Tab. 8.2 → domínio 2a → $K_s = 0,0234$

$$A_{sII} = K_s \frac{M_{II,d}}{d} = 0,0234 \times \frac{12.055 \times 1,4}{80} = 4,94\ \text{cm}^2/\text{m}$$

$$A_{s,mín} = 0,15\%\ A_c = \frac{0,15}{100} \times 100 \times 85 = 12,75\ \text{cm}^2/\text{m}$$

$$s = \frac{A_{s1\varnothing}12,5 \cdot 100}{A_s} = \frac{1,227 \times 100}{12,75} = 9,6 \rightarrow (\varnothing 12,5\ c/9)$$

$$A_{s,dist} \rightarrow \text{o maior entre} \begin{cases} \frac{1}{5} A_{sprinc} = \frac{4,94}{5} = 1,0\ \text{cm}^2/\text{m} \\ 0,9\ \text{cm}^2/\text{m} \\ 0,5\ A_{s,mín} = 0,5 \times 12,75 = 6,38\ \text{cm}^2/\text{m} \end{cases}$$

$$s = \frac{A_{s1\varnothing 10} \cdot 100}{A_s} = \frac{0,785 \times 100}{6,38} = 12,30 \rightarrow (\varnothing 10\ c/12)$$

⊕ Verificação à cortante

$$V_{sd} \leq V_{Rd2}$$

$$V_{II,d} = 1,4 \times 185,46 = 259,64 \text{ kN/m}$$

$$V_{Rd2} = 0,27\, \alpha_V \cdot f_{cd} \cdot b_w \cdot d_{II} = 0,27 \times 0,92 \frac{20 \times 10^3}{1,4}$$
$$\times 1,0 \times 0,80$$

$$V_{Rd2} = 2.838,86 \frac{\text{kN}}{\text{m}} > V_{sd}$$

⊕ Seção I-I

$$M_I = p\frac{(B-b)}{8} = 456,52 \frac{(3,20-0,60)}{8} = 148,37 \text{ kN} \cdot \frac{\text{m}}{\text{m}}$$
$$V_I = 0$$

Para dimensionamento da seção I-I, pode-se admitir um aumento da altura da sapata na relação de 1:3 até o eixo da parede.

$$d_I = d_{II} + \frac{b}{6} = 80 + \frac{60}{6} = 90 \text{ cm}$$

$$K_c = \frac{b \cdot d_I^2}{M_{I,d}} = \frac{100 \times 90^2}{14.837 \times 1,4} = 39,0 \rightarrow$$

$$\text{Tab.8.2} \rightarrow K_s = 0,0234$$

$$A_{s,I} = K_s \frac{M_d}{d} = 0,0234 \frac{14837 \times 1,4}{90} = 5,40 \frac{\text{cm}^2}{\text{m}}$$
$$> A_{s,II} < A_{s,mín}$$

$$A_{s,mín} = 0,15\% \ A_c = \frac{0,15}{100} \times 100 \times 85 = 12,75 \text{cm}^2\!/\!\text{m}$$

⊕ Verificação à cortante na seção III (necessidade de se armar ou não)

$$M_{III} = \frac{p}{B}\frac{(B-b-d_{II})^2}{8} = \frac{456,52}{3,20}\frac{(3,20-0,60-0,80)^2}{8}$$
$$= 57,78 \text{ kN} \cdot \text{m/m}$$

Tab. 8.1   Especificações do aço

Barras (φ – mm)	Massa nominal (kg/m)(*)	Área da seção (mm²)	Perímetro (mm)
5,0	0,154	19,6	15,7
6,3	0,245	31,2	19,8
8,0	0,395	50,3	25,1
10,0	0,617	78,5	31,4
12,5	0,963	122,7	39,3
16,0	1,578	201,1	50,3
20,0	2,466	314,2	62,8

Tabela completa no Cap. 3.

Tab. 8.2   Valores parciais de K_c e K_s

Diagrama retangular			$K_c = b \cdot d^2/M_d$ (b e d em cm; M_d em kN · cm)								K_s (Aço CA)	
			f_{ck} (MPa)								f_{yk} (MPa)	
Limite	$K_x = x/d$	$K_z = z/d$	15	20	25	30	35	40	45	50	25	50
	0,02	0,99	69,1	51,8	41,5	34,5	29,6	25,9	23,0	20,7	0,04	0,02
	0,04	0,98	34,8	26,1	20,9	17,4	14,9	13,0	11,6	10,4	0,04	0,02
	0,06	0,97	23,4	17,5	14,0	11,7	10,0	8,79	7,81	7,03	0,04	0,02
	0,08	0,96	17,7	13,2	10,6	8,8	7,60	6,65	5,91	5,32	0,04	0,02
2a	**0,16**	0,93	8,81	6,61	5,28	4,40	3,77	3,30	2,94	2,64	0,04	0,02
	0,22	0,91	6,84	5,13	4,10	3,42	2,93	2,57	2,28	2,05	0,05	0,02
	0,24	0,90	6,33	4,74	3,80	3,16	2,71	2,37	2,11	1,90	0,05	0,02
2b	**0,25**	0,89	5,91	4,43	3,55	2,96	2,53	2,22	1,97	1,77	0,05	0,02
	0,26	0,89	5,89	4,42	3,54	2,95	2,53	2,21	1,96	1,77	0,05	0,02
	0,60	0,76	3,01	2,26	1,81	1,50	1,29	1,13	1,00	0,90	0,06	0,03
CA-50	0,62	0,75	2,94	2,21	1,77	1,47	1,26	1,10	0,98	0,88	0,06	0,03
3	**0,62**	0,74	2,92	2,19	1,75	1,46	1,25	1,09	0,97	0,88	0,06	0,03

Tabela completa no Anexo A1.

$$V_{III} = \frac{p}{B}\frac{(B-b-d_{II})}{2} = \frac{456,52}{3,20}\frac{(3,20-0,60-0,80)}{2}$$
$$= 128,40 \text{ kN/m}$$

Cortante admissível para não armar, segundo o item 19.4.1 da NBR 6118 (ABNT, 2014):

$V_{sd,III} = 1,4 \times 128,40 = 179,76$ deve ser $\leq V_{Rd1}$

A resistência de projeto ao cisalhamento é dada por:

$$V_{Rd1} = \left[\tau_{Rd} \cdot K(1,2+40\rho_1) + 0,15\sigma_{cp}\right]b_w \cdot d$$

em que:

$$\tau_{Rd} = 0,25 \times 0,21 \frac{f_{ck}^{2/3}}{1,4} = 0,0375\ f_{ck}^{2/3} = 0,2763 \text{ MPa}$$

$$\rho_1 = \frac{A_s}{(b_w \cdot d_{III})} \therefore \rho_1 = \frac{12,75}{(100 \times 65)} = 0,001962 < 0,02$$

$$\sigma_{cp} = \frac{N_{sd}}{A_c} = 0$$

$\sigma_{cp} = 0$ (força longitudinal na seção pela protensão ou carregamento (compressão positiva).

Em relação aos valores de K, para elementos nos quais 50% da armadura inferior não chegam até o apoio, K = 1,0; já para os demais casos, K = |1,6 - d_{III}|, não menor que 1,0, com d em metros.

$$K = |(1,6-0,65)| = 0,95 \rightarrow K = 1,0$$
$$V_{Rd1} = \left[\tau_{Rd} \cdot K(1,2+40\rho_1)+0,15\sigma_{cp}\right]b_w \cdot d_{III}$$
$$V_{Rd1} = \left[276,3 \times 1,0(1,2+40 \times 0,001962)+0,15 \times 0\right]$$
$$1,00 \times 0,65 =$$
$$V_{Rd1} = 229,61 \text{ kN/m} > V_{sd,III} = 174,76 \text{ kN/m}$$

※ Detalhamento da sapata (Figs. 8.21 e 8.22)

O detalhamento será feito como sapata flexível, por se conseguir uma pequena economia de concreto.

Escolhendo ϕ de 12,5 mm, o espaçamento será:

$$s = \frac{A_{s1\emptyset12,5} \cdot 100}{A_s} = \frac{1,227 \times 100}{12,75} = 9,6 \rightarrow (\emptyset12,5\ c/9)$$

$$A_{s,dist} \rightarrow \text{o maior entre} \begin{cases} \frac{1}{5}A_{sprinc} = \frac{5,40}{5} = 1,08 \text{ cm}^2/\text{m} \\ 0,9 \text{ cm}^2/\text{m} \\ 0,5\ A_{s,mín} = 0,5 \times 12,75 = 6,38 \text{ cm}^2/\text{m} \end{cases}$$

$$s = \frac{A_{s1\emptyset10} \cdot 100}{A_s} = \frac{0,785 \times 100}{6,38} = 12,30 \rightarrow (\emptyset10\ c/12)$$

Cálculo da viga de rigidez

Sistema de cálculo

Inicialmente, esquematiza-se o sistema de cálculo da viga de rigidez com suas condições de contorno e carregamentos, conforme a Fig. 8.23.

Equações dos esforços solicitantes (V e M), utilizando as funções singulares

$$V_{(x)} = p \cdot x - P^1\langle x-0,74\rangle^0 - P_2\langle x-3,74\rangle^0 - P_3\langle x-6,74\rangle^0$$
$$V_{(x)} = 456,52\ x - 1.000\langle x-0,74\rangle^0 - 1.000\langle x-3,74\rangle^0$$
$$- 2.200\langle x-6,74\rangle^0$$

$$M_{(x)} = \frac{p \cdot x^2}{2} - P_1\langle x-0,74\rangle^1 - P_2\langle x-3,74\rangle^1 - P_3\langle x-6,74\rangle^1$$
$$M_{(x)} = \frac{456,52\ x^2}{2} - 1.000\langle x-0,74\rangle^1 - 1.000\langle x-3,74\rangle^1$$
$$-2.200\langle x-6,74\rangle^1$$

Nos pontos nos quais há a existência de pilares (pontos 1, 3 e 5 das Figs. 8.24 e 8.25), o momento fletor e a força cortante podem ser diminuídos por meio das forças em sentido contrário proveniente dos respectivos pilares.

Os esforços solicitantes na viga de rigidez estão representados na Tab. 8.3 e desenhados na Fig. 8.26.

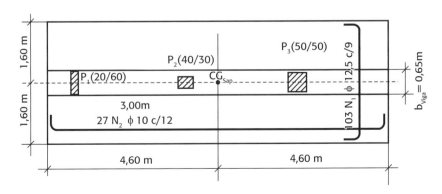

Fig. 8.21 *Detalhamento da sapata: planta*

8 Sapatas especiais

Determinação da altura da viga de rigidez

Impor uma altura para que não se tenha problema de cisalhamento. A largura b já está definida no item anterior (o maior b entre os pilares mais 5 cm).

Para a máxima cortante (seção 5d): $V_{sk} = 1.008,93$ kN.

$$V_{sd} \leq V_{Rd2}$$
$$V_{sd} = 1,4 \times 1.008,93 = 1.412,50 \text{ kN}$$
$$V_{Rd2} = 0,27\alpha_V \cdot f_{cd} \cdot b_w \cdot d = 0,27 \cdot 0,92 \frac{20 \cdot 10^3}{1,4} 0,65d$$
$$1.412,50 \leq V_{Rd2} = 2306,57d \therefore d \geq 0,62 \text{ m}$$

Manter altura da viga de rigidez (VR) maior ou igual à altura da sapata (no caso, sapata: $d = 80$ cm e $h = 85$ cm; VR: $d = 90$ e $h = 95$ cm).

Dimensionamento e detalhamento da viga de rigidez

Dimensionamento à flexão

O cálculo do momento mínimo, conforme o item 17.3.5.2.1 da NBR 6118 (ABNT, 2014), é feito por:

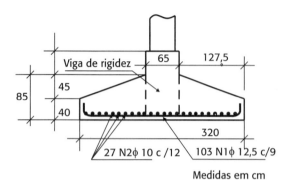

Fig. 8.22 *Detalhamento corte*

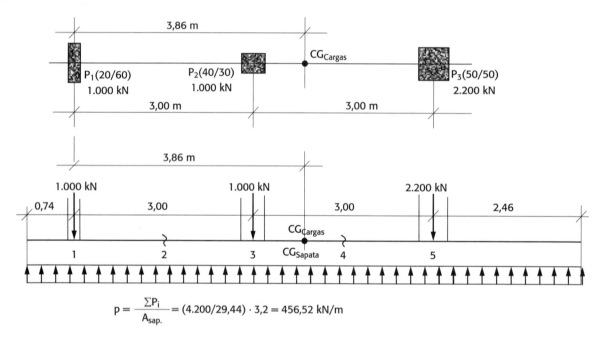

Fig. 8.23 *Sistema de cálculo da viga de rigidez*

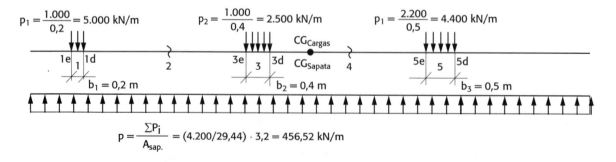

Fig. 8.24 *Distribuição das cargas verticais ao longo da viga de rigidez*

$$M_{d,mín} = 0.8W_0 \cdot f_{ctk,sup} = 0.8\frac{b \cdot h^2}{6}11.3 \cdot 0.3 f_{ck}^{2/3}$$

$$M_{d,mín} = 0.8\frac{650 \times 950^2}{6}1.3 \times 0.3 \times 20^{2/3}$$
$$= 224.76 \times 10^6 \text{ N} \cdot \text{mm} = 224.76 \text{ kN} \cdot \text{m}$$

⊕ Seção 5: $M_{k,máx} = 1.231,80$ kN · m

$$K_c = \frac{b \cdot d^2}{M_d} = \frac{65 \times 90^2}{1,4 \times 123.180} = 3,05 \rightarrow$$
Tab. 8.4 – domínio 3 → $K_s = 0,0276$

$$A_s = K_s \cdot \frac{M_d}{d} = 0,0276\frac{1,4 \times 123.180}{90} = 52,88 \text{ cm}^2$$

$$A_{s,mín} = 0,15\% \, A_c = \frac{0,15}{100}65 \times 95 = 9,26 \text{ cm}^2$$

Número de barras: $\begin{cases} \varphi25 \rightarrow \dfrac{52,88}{4,909} = 11\varphi25 \\ \varphi22 \rightarrow \dfrac{52,88}{3,801} = 14\varphi22 \\ \varphi20 \rightarrow \dfrac{52,88}{3,142} = 17\varphi20 \end{cases}$ (áreas das barras – ver Tab. 8.5)

⊕ Seção 2': $M_k = -355,24$ kN · m (Tab. 8.3) ∴ $M_d = 1,4 \times 355,24 = 497,34$ kN · m

$$K_c = \frac{b \cdot d^2}{M_d} = \frac{65 \times 90^2}{1,4 \times 35.524} = 10,59 \rightarrow$$
Tab. 8.4 – Domínio 2 → $K_s = 0,0242$

$$A_s = K_s \frac{M_d}{d} = 0,0242\frac{1,4 \times 35.524}{90}$$
$$= 13,37 \text{ cm}^2 > A_{s,mín}$$

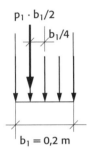
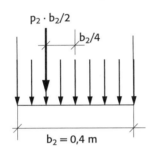
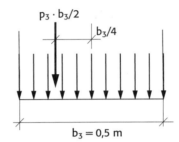

Fig. 8.25 Cargas internas nos pilares

Tab. 8.3 Esforços solicitantes na viga de rigidez

Seção	X	$V_{(x)}$ (kN)	$M_{(x)}$ (kN · m)	$V_{(x)}$	$M_{(x)}$ – reduzido
0	0,0	0,00	0,00		
1e	0,64	292,17	93,50		
1	0,74	337,82/(−662,18)	125,00	−162,18	100,00
1d	0,84	−616,52	61,06		
2'	2,19	0,00	−355,24	Obs.: ponto onde a cortante é nula	
2	2,24	22,60	−354,68	Obs.: ponto do meio do vão	
3e	3,54	616,08	60,46		
3	3,74	707,38/(−292,62)	192,81	207,38	142,81
3d	3,94	−201,31	143,42		
4'	4,381	0,00	99,03	Obs.: ponto onde a cortante é nula	
4	5,24	392,16	267,47	Obs.: ponto do meio do vão	
5e	6,49	962,81	1.114,33		
5	6,74	1.076,94/(−1.123,06)	1.369,30	−23,06	1.231,80
5d	6,99	−1.008,93	1.102,81		
6		0,0	0,0	0,00	0,00

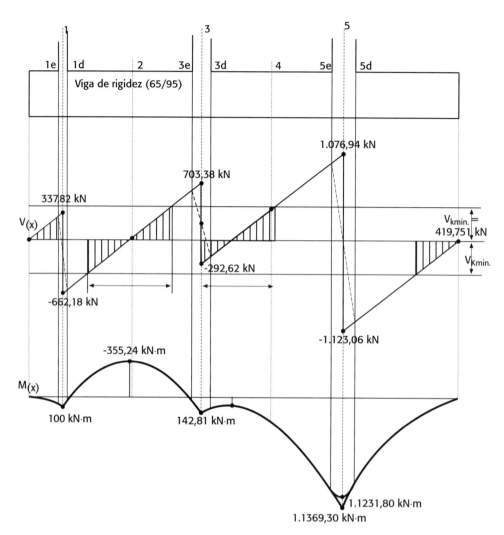

Fig. 8.26 *Diagramas de cortante e momento fletor*

Número de barras: $\begin{cases} \varphi 16 \to \dfrac{13,37}{2,011} = 7\varphi 16 \\ \varphi 12,5 \to \dfrac{13,37}{1,227} = 11\varphi 12,5 \\ \varphi 10 \to \dfrac{13,37}{0,785} = 18\varphi 10 \end{cases}$

Número de barras: $\begin{cases} \varphi 22 \to \dfrac{9,90}{3,801} = 3\varphi 22 \\ \varphi 12,5 \to \dfrac{19,90}{1,227} = 8\varphi 12,5 \\ \varphi 10 \to \dfrac{9,90}{0,785} = 3\varphi 10 \end{cases}$

- Seção 4: $M_k = 267,47$ kN · m (Tab. 8.3) ∴ $M_d = 1,4 \times 267,47 = 374,46$ kN · m

$$K_c = \frac{b \cdot d^2}{M_d} = \frac{65 \times 90^2}{1,4 \times 26.747} = 14,06 \to$$

Tab. 8.4 – domínio 2a → $K_s = 0,0238$

$$A_s = K_s \frac{M_d}{d} = 0,0238 \frac{1,4 \times 26.747}{90}$$
$$= 9,90 \text{ cm}^2 > A_{s,mín}$$

- Seção 3: $M_k = 142,81$ kN · m (Tab. 8.3) ∴ $M_d = 1,4 \times 142,81 = 199,93$ kN · m $< M_{d,mín}$

Portanto, para $M_{d,mín} = 224,76$ kN · m:

$$K_c = \frac{b \cdot d^2}{M_{d,mín}} = \frac{65 \times 90^2}{22.476} = 23,42 \to$$

Tab. 8.4 – domínio 2a → $K_s = 0,0234$

$$A_s = K_s \frac{M_d}{d} = 0,0234 \frac{22476}{90}$$
$$= 5,84 \text{ cm}^2 < A_{s,mín} = 9,26 \text{ cm}^2$$

Tab. 8.4 Valores parciais de K_c e K_s

Diagrama retangular			$K_c = b \cdot d^2/M_c$ (b e d em cm; M_d em kN · cm)								K_s (aço CA)	
			f_{ck} (MPa)								f_{yk} (MPa)	
Limite	$K_x = x/d$	$K_z = z/d$	15	20	25	30	35	40	45	50	25	50
	0,020	0,992	69,18	51,89	41,51	34,59	29,65	25,94	23,06	20,75	0,0464	0,0232
	0,040	0,9840	34,87	26,15	20,92	17,44	14,95	13,08	11,62	10,46	0,0467	0,0234
2a	0,100	0,9600	14,30	10,72	8,58	7,15	6,13	5,36	4,77	4,29	0,0479	0,0240
	0,120	0,9520	12,01	9,01	7,21	6,01	5,15	4,51	4,00	3,60	0,0483	0,0242
	0,167	0,9332	8,81	6,61	5,28	4,40	3,77	3,30	2,94	2,64	0,0493	0,0246
2b	0,200	0,9200	7,46	5,59	4,48	3,73	3,20	2,80	2,49	2,24	0,0500	0,0250
	0,259	0,8964	5,91	4,43	3,55	2,96	2,53	2,22	1,97	1,77	0,0513	0,0257
	0,260	0,8960	5,89	4,42	3,54	2,95	2,53	2,21	1,96	1,77	0,0513	0,0257
	0,380	0,8480	4,26	3,19	2,56	2,13	1,83	1,60	1,42	1,28	0,0542	0,0271
	0,420	0,8320	3,93	2,95	2,36	1,96	1,68	1,47	1,37	1,18	0,0553	0,0276
	0,450	**0,8200**	**3,72**	**2,79**	**2,23**	**1,86**	**1,59**	**1,39**	**1,24**	**1,12**	**0,0561**	**0,0280**
CA-50	0,620	0,7520	2,94	2,21	1,77	1,47	1,26	1,10	0,98	0,88	0,0612	0,0306
3	**0,628**	0,7487	2,92	2,19	1,75	1,46	1,25	1,09	0,97	0,88	0,0614	0,0307

Tabela completa no Anexo A1.

Tab. 8.5 Área de aço (parcial)

Barras (ϕ – mm)	Massa nominal (kg/m)	Área da seção (mm²)	Perímetro (mm)
8,0	0,395	50,3	25,1
10,0	0,617	78,5	31,4
12,5	0,963	122,7	39,3
16,0	1,578	201,1	50,3
20,0	2,466	314,2	62,8
22,0	2,984	380,1	69,1
25,0	3,853	490,9	78,5

Tabela completa no Cap. 3.

Número de barras:
$$\begin{cases} \varphi 22 \to \dfrac{9,26}{3,801} = 3\varphi 22 \\[2mm] \varphi 12,5 \to \dfrac{9,26}{1,227} = 8\varphi 12,5 \\[2mm] \varphi 10 \to \dfrac{9,26}{0,785} = 12\varphi 10 \end{cases}$$

Dimensionamento à cortante

Como foi imposta a tensão limite para se calcular a altura, não será necessária a verificação da tensão.

O cálculo das armaduras na seção mais solicitada foi feito da seguinte forma:

⊕ Seção 5d: $V_{k,máx} = 1.008,93$ KN (Tab. 8.3)

$$V_{sd} \le V_{Rd3} = V_c + V_{sw}$$

$$V_c = 0,6 f_{ctd} \cdot b_w \cdot d$$

$$f_{ctd} = \frac{f_{ctk,inf}}{\gamma_c} = \frac{0,7\, f_{ct,m}}{\gamma_c} = \frac{0,7 \times 0,3\, f_{ck}^{2/3}}{1,4}$$

$$f_{ctd} = 0,15\sqrt[3]{f_{ck}^2} = 0,15\sqrt[3]{20^2} = 1,10\ \text{MPa} = 1,1 \times 10^3\ \text{kN}\big/\text{m}^2$$

$$V_{sw} = \left(\frac{A_{sw}}{s}\right) 0,9\, d \cdot f_{ywd}\, (\text{sen}\,\alpha + \cos\alpha)$$

Para o caso de armadura transversal somente com estribos: $\alpha = 90°$ (ver Cap. 4):

$$V_{sd} \le V_c + \left(\frac{A_{sw}}{s}\right) 0,9 d \cdot f_{ywd}$$

$$V_{sd} - V_c \le \left(\frac{A_{sw}}{s}\right) 0,9\, d \cdot f_{ywd}$$

$$V_c = 0,6 f_{ctd} \cdot b_w \cdot d = 0,6 \times 1,1 \times 10^3 \times 0,65 \times 0,90$$
$$= 386,10\ \text{kN}$$

A resistência dos estribos pode ser considerada com os seguintes valores máximos, sendo permitida interpolação linear (item 19.4.2 da NBR 6118 – ABNT, 2014):

1] 250 MPa, para lajes com espessura até 15 cm;
2] 435 MPa (f_{ywd}), para lajes com espessura maior que 35 cm.

8 Sapatas especiais

Portanto, do Cap. 4 obtêm-se:

$$\left(\frac{A_{sw}}{s}\right) \geq \frac{V_{sd} - V_c}{0,9d \cdot f_{ywd}} = \rho_w \cdot b_w$$

$$= \frac{1,4 \times 1.008,93 - 386,10(kN)}{0,9 \times 0,9(m) \times 43,5\left(\frac{kN}{cm^2}\right)} = 29,13 \, cm^2/m$$

$$\left(\frac{A_{sw}}{s}\right)_{(4R)} = \frac{29,13}{4} = 7,28 \, cm^2/m$$

- Cálculo do espaçamento entre os estribos de quatro ramos (Fig. 8.27):

$$s = \frac{A_{s1\phi} \cdot 100}{A_s} \rightarrow \begin{cases} \phi 12,5 \rightarrow \dfrac{1,227 \times 100}{7,28} \\ \quad\quad = 16,8 \rightarrow E\phi 12,5 \, c/16\,(4R) \\ \phi 10 \rightarrow \dfrac{0,785 \times 100}{7,28} \\ \quad\quad = 10,78 \rightarrow E\phi 10 \, c/10\,(4R) \end{cases}$$

- Cálculo da armadura transversal mínima

Sendo ρ_w a taxa de armadura transversal:

$$\rho_w = \frac{29,13}{65} = 0,448 \, cm/100 \, cm = (0,448\%) \rightarrow 0,00448$$

$$\rho_{w,mín} = 0,2\frac{f_{ct,m}}{f_{ywk}} = \frac{0,2 \cdot 0,3 \cdot f_{ck}^{\frac{2}{3}}}{f_{ywk}} = \frac{0,06\sqrt[3]{f_{ck}^2}}{f_{ywk}}$$

$$\rho_{w,mín} = \frac{0,06\sqrt[3]{20^2}}{500} = 0,000884 \rightarrow 0,088\% < \rho_w$$

$$\left(\frac{A_s}{s}\right)_{mín} \geq \frac{V_{sd} - V_c}{0,9 \, d \cdot f_{ywd}} = \rho_{w,mín} \cdot b_w = 0,088 \times 65 = 5,72 \, cm^2/m$$

$$\left(\frac{A_s}{s}\right)_{mín(4R)} = \frac{5,72}{4} = 1,43 \, cm^2/m \text{ (quatro ramos)}$$

$$s = \frac{A_{s1\phi} \cdot 100}{A_s} \rightarrow \begin{cases} \phi 10 \rightarrow E\phi 10 \, c/27\,(4R) \\ \phi 8 \rightarrow E\phi 8 \, c/27\,(4R) \end{cases}$$

- Cálculo do espaçamento máximo entre os estribos para cortante máxima

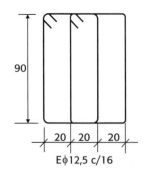

Fig. 8.27 *Estribo 4R* $E\phi 12,5 \, c/16$

$$V_{sd} = 1,4 \times 1.008,93 = 1412,50 \, kN$$

$$V_{Rd2} = 0,27\alpha_V \cdot f_{cd} \cdot b_w \cdot d = 0,27 \times 0,92\frac{20 \times 10^3}{1,4}$$

$$0,65 \times 0,9 = 2.075,91 \, kN$$

$$V_{sd} > 0,6 \times 2.075,91 = 1.245,55 \, kN \rightarrow$$

logo:

$s_{máx}$ o menor entre $\begin{cases} 0,3 \, d = 0,3 \times 90 = 27 \, cm \\ 30 \, cm \end{cases}$

- Cálculo da cortante correspondente à armadura mínima

$$\frac{V_{sd} - V_c}{0,9 \, d \cdot f_{ywd}} = \frac{(1,4 \, V_{skmín} - 386,10) \, kN}{0,9 \cdot 0,9(m) \cdot 43,5\left(\frac{kN}{cm^2}\right)}$$

$$= 5,72 \, cm^2/m \rightarrow V_{skmín} = 419,751 \, kN$$

⊕ Cálculo das armaduras nas demais seções:

- Seção 5e: $V_{k,máx} = 962,81 \, kN$

$$\left(\frac{A_{sw}}{s}\right) \geq \frac{V_{sd} - V_c}{0,9 \, d \cdot f_{ywd}} = \rho_w \cdot b_w$$

$$= \frac{1,4 \times 962,81(kN) - 386,10(kN)}{0,9 \times 0,9(m) \times 43,5\left(\frac{kN}{cm^2}\right)} = 27,30 \, cm^2/m$$

$$\left(\frac{A_{sw}}{s}\right)_{(4R)} = \frac{27,30}{4} = 6,82 \, cm^2/m > \left(\frac{A_{sw}}{s}\right)_{mín(4R)}$$

$$s = \frac{A_{s1\phi} \cdot 100}{A_s} \rightarrow \begin{cases} \phi 12,5 \rightarrow E\phi 12,5 \, c/18\,(4R) \\ \phi 10 \rightarrow E\phi 10 \, c/12\,(4R) \end{cases}$$

- Seção $1_{dir} \cong 3_{esq}$: $V_{k,máx} = 616,52 \, kN$

$$\left(\frac{A_{sw}}{s}\right) \geq \frac{V_{sd} - V_c}{0,9 \, d \cdot f_{ywd}} = \rho_w \cdot b_w$$

$$= \frac{1,4 \times 616,52(kN) - 386,10(kN)}{0,9 \times 0,9(m) \times 43,5\left(\frac{kN}{cm^2}\right)} = 13,54 \, cm^2/m$$

$$\left(\frac{A_{sw}}{s}\right)_{(4R)} = \frac{13,54}{4} = 3,38 \, cm^2/m > \left(\frac{A_{sw}}{s}\right)_{mín(4R)}$$

$$s = \frac{A_{s1\phi} \cdot 100}{A_s} \rightarrow \begin{cases} \phi 12,5 \rightarrow E\phi 12,5 \, c/27\,(4R) \\ \phi 10 \rightarrow E\phi 10 \, c/14\,(4R) \end{cases}$$

Armadura de pele ou armadura lateral (de costela)

$$A_{s,lateral}/face \geq 0,10\% \, A_{c,alma} \rightarrow$$

com espaçamentos inferiores a 20 cm

$$A_{s,lateral}/face \geq 0,10 \times 65 \times \frac{95}{100} = 6,18 \text{ cm}^2 \rightarrow \frac{6,18}{0,9}$$

$$= 6,87 \text{ cm}^2/m \begin{cases} \phi 12,5 \text{ c}/19 \\ \phi 10 \text{ c}/11 \\ \phi 8 \text{ c}/7 \end{cases}$$

⊕ Detalhamento longitudinal da viga de rigidez (Fig. 8.28)
⊕ Detalhamento transversal da sapata e da viga de rigidez (Fig. 8.29)

Distribuir a armadura de flexão da viga de rigidez em uma largura de:

$$b_{w,viga} + 2\,h_{sap} \cdot \text{tg } 30^0 = 65 + 2 \times 85 \times 0,577$$
$$= 163 \cong 165 \text{ cm}$$

8.2 Sapatas associadas para pilares de divisa

Em virtude das sapatas dos pilares de divisa não poderem invadir o terreno vizinho, duas soluções são possíveis para resolver esse problema:

a] Quando a carga do P_1 (pilar de divisa) $< P_2$, pode-se utilizar a sapata retangular, conforme visto anteriormente, pelo fato de que o pilar P_2 desloca o *CGcargas* e, consequentemente o *CGsapata* em sua direção (Fig. 8.30A).

b] Quando a carga P_1 (pilar de divisa) $> P_2$, utiliza-se a sapata trapezoidal (Fig. 8.30B).

8.2.1 Dimensionamento da sapata

Cálculo do centro de gravidade da sapata: sistema estrutural e sistema de equilíbrio

Da mesma forma do método feito para a sapata retangular, inicialmente se deve buscar coincidir o centro de cargas da resultante com o centro de gravidade da sapata.

Faz-se $\Sigma M = 0$ em relação a um dos pilares (por exemplo, ao P_1):

$$X_{CGcargas} = a_1 = \frac{P_2 \cdot a}{(P_1 + P_2)}; a_2 = a - a_1 \qquad \textbf{8.20}$$

Cálculo do CG_{sap} trapezoidal

$$X_{CGsap} = \frac{\ell}{3} \frac{(B_1 + 2\,B_2)}{(B_1 + B_2)} \qquad \textbf{8.21}$$

Determinação do $\ell_{mín}$ e do comprimento ℓ da sapata

$$X_{CGsap} = X_{CGcargas} + \frac{1}{2} b_{2,P1} + 2,5 \text{ cm} \qquad \textbf{8.22}$$

$$\ell_{mín} \geq 2\left(a_1 + \frac{1}{2} b_{2,P1} + 2,5 \text{ cm}\right) \qquad \textbf{8.23}$$

Cálculo da área da sapata trapezoidal

$$A_{sap} = \frac{(1,05 \text{ a } 1,10)\sum P_i}{\sigma_{adm,solo}} \qquad \textbf{8.24}$$

$$A_{sap} = (B_1 + B_2)\frac{\ell}{2} \therefore (B_1 + B_2) = \frac{2\,A_{sap}}{\ell} \qquad \textbf{8.25}$$

Utilizando as Eqs. 8.21 e 8.25, pode-se escrever:

$$(B_1 + B_2) = \frac{\ell}{3}\frac{(B_1 + 2\,B_2)}{X_{CGsap}} = \frac{2\,A_{sap}}{\ell} \qquad \textbf{8.26}$$

$$X_{CGsap} = \frac{\ell^2}{6}\frac{(B_1 + 2\,B_2)}{A_{sap}} \therefore (B_1 + 2\,B_2) = \frac{6\,A_{sap} \cdot X_{CGsap}}{\ell^2} \qquad \textbf{8.27}$$

$$\begin{cases} (B_1 + 2\,B_2) = \dfrac{6\,A_{sap} \cdot X_{CGsap}}{\ell^2} \\ -(B_1 + B_2) = -\dfrac{2\,A_{sap}}{\ell} \end{cases} \qquad \textbf{8.28}$$

Da Eq. 8.28, escreve-se:

$$B_2 = \frac{6\,A_{sap} \cdot X_{CGsap}}{\ell^2} - \frac{2\,A_{sap}}{\ell} = \frac{2\,A_{sap}}{\ell}\left(\frac{3\,X_{CGsap}}{\ell} - 1\right) \qquad \textbf{8.29}$$

$$B_1 = \frac{2\,A_{sap}}{\ell} - B_2 \qquad \textbf{8.30}$$

Adotando-se ℓ convenientemente, determinam-se as dimensões da sapata trapezoidal.

Determinação da altura útil da sapata (como sapata rígida)

Utiliza-se a equação $h \geq (B - b)/3$ (NBR 6118 – ABNT, 2014) para o cálculo da altura junto à largura B_1 e à largura B_2 (Fig. 8.31).

8.2.2 Cálculo dos esforços solicitantes

Para calcular os esforços solicitantes na sapata de altura e largura variáveis, delimitam-se faixas, preferencialmente de um metro cada (Fig. 8.32). Lineariza-se

8 Sapatas especiais **219**

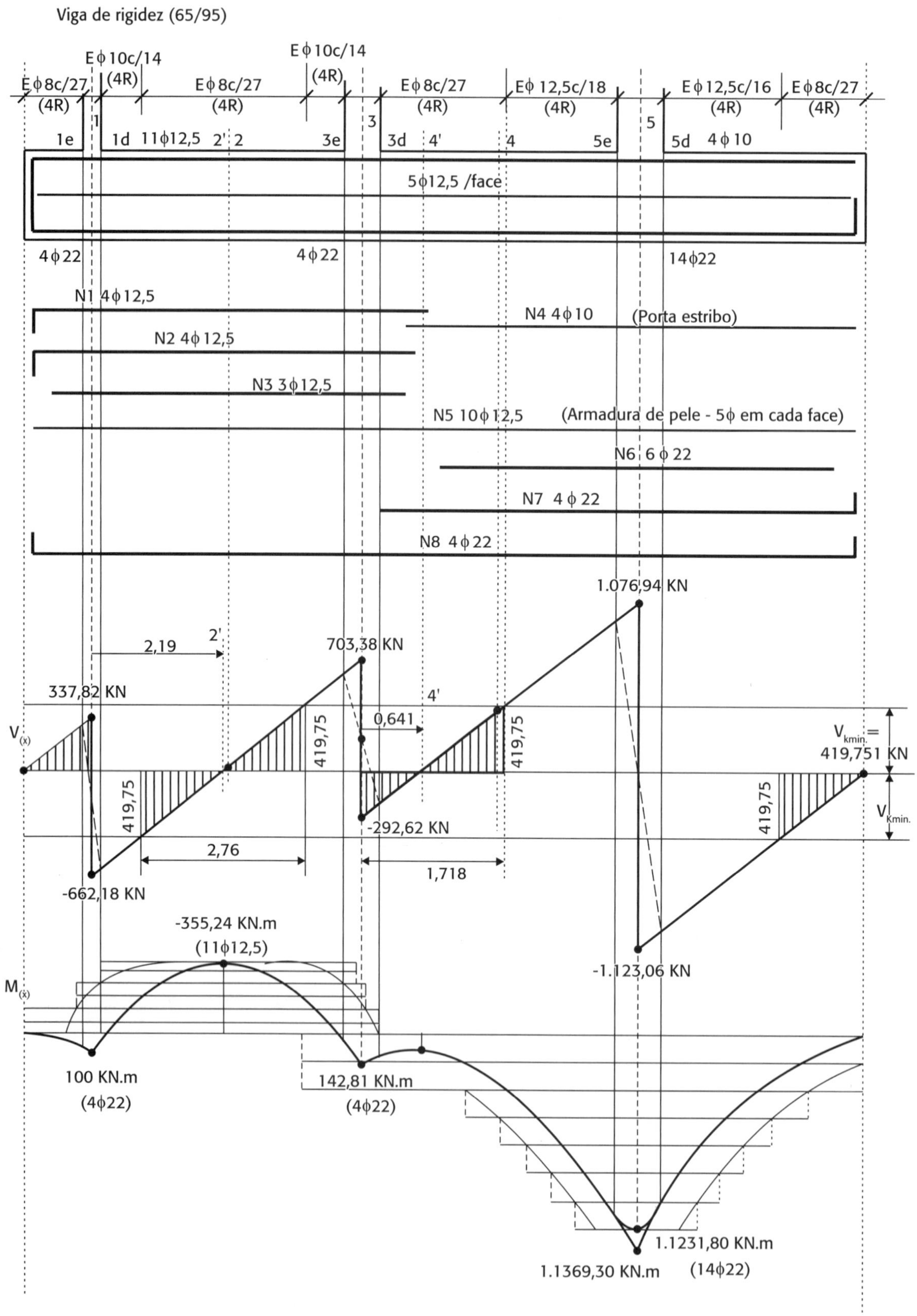

Viga de rigidez (65/95)

Fig. 8.28 *Detalhamento longitudinal da viga de rigidez*

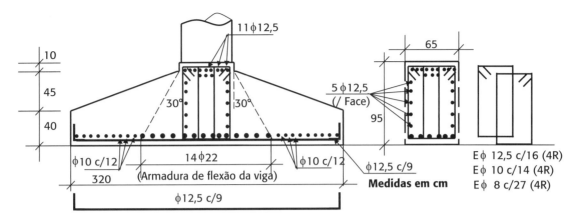

Fig. 8.29 *Detalhamento transversal da sapata e da viga de rigidez*

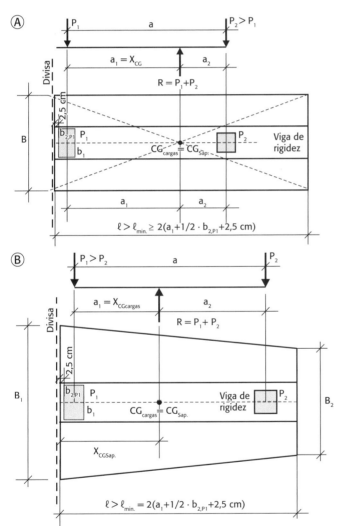

Fig. 8.30 *Sapata associada para pilar de divisa: (A) retangular e (B) trapezoidal*

a carga nessa faixa e, em seguida, calculam-se os solicitantes (V e M). Os procedimentos, tanto para o cálculo dos esforços solicitantes como para o dimensionamento e detalhamento da sapata, seguem os desenvolvidos anteriormente para sapatas isoladas, rígidas ou flexíveis. Com esse procedimento, aumentam-se os solicitantes ($M_{cál} > M_{real}$; $V_{cál} > V_{real}$) a favor da segurança.

8.2.3 Dimensionamento e detalhamento da viga de rigidez

Utiliza-se os mesmos procedimentos desenvolvidos anteriormente para o caso de sapata associada retangular, modificando somente o carregamento da viga, que passa a ser variável linearmente, e não constante.

$$p_{v(x)} = \frac{p_{v1} - p_{v2}}{\ell}(\ell - X) \quad \text{8.31}$$

De acordo com os carregamentos apresentados na Fig. 8.33 pode-se escrever as equações de V(x) e M(x), com uso das funções singulares (Cap. 1):

$$V_{(x)} = -p_{v2} \cdot X - p_{v(x)} \cdot X - \left[(p_{v1} - p_{v2}) - p_{v(x)}\right]\frac{X}{2} \\ + P_1\langle X - X_1\rangle^0 + P_2\langle X - X_2\rangle^0 \quad \text{8.32}$$

$$M_{(x)} = -p_{v2}\frac{X^2}{2} - p_{v(x)}\frac{X^2}{2} - \left[(p_{v1} - p_{v2}) - p_{v(x)}\right]\frac{X^2}{6} \\ + P_1\langle X - X_1\rangle^1 + P_2\langle X - X_2\rangle^1 \quad \text{8.33}$$

8.3 Sapatas vazadas ou aliviadas

A utilização de sapata vazada é feita quando a sapata assume dimensões muito grandes. Embora esses

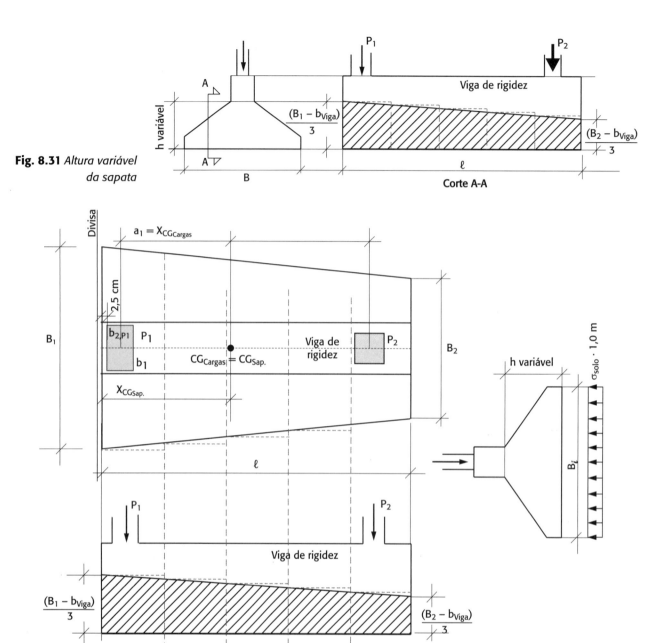

Fig. 8.31 Altura variável da sapata

Fig. 8.32 Faixas para cálculos dos solicitantes

elementos estruturais sejam denominados sapatas, o seu sistema estrutural é completamente diferente, pois os elementos que as compõem são lajes (estruturas laminares) e vigas (estruturas lineares), nervuras ou paredes (Figs. 8.34 e 8.35), objetivando economizar concreto. Todavia, faz-se necessário analisar o custo do maior consumo de forma e aço.

O conceito que se utiliza nesse caso é o mesmo usado no caso de laje nervurada quando ela substitui a laje maciça. O princípio consiste em retirar material de certas áreas e colocá-lo em outras, de maneira a se ter elementos de alturas maiores, porém discretas.

No caso das sapatas vazadas (Fig. 8.35 a 8.37), retira-se material da base da sapata e o utiliza na criação

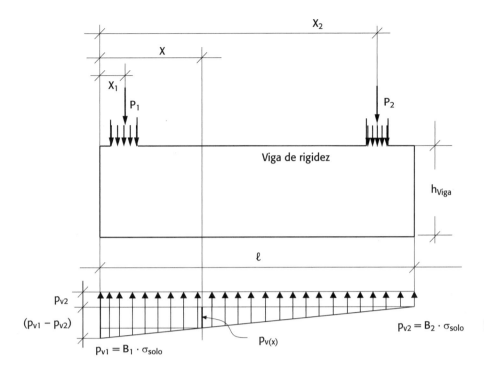

Fig. 8.33 *Carregamento da viga de rigidez*

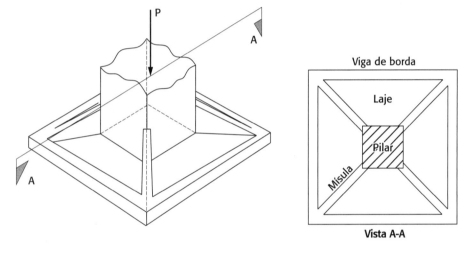

Fig. 8.34 *Sapata isolada vazada ou aliviada*

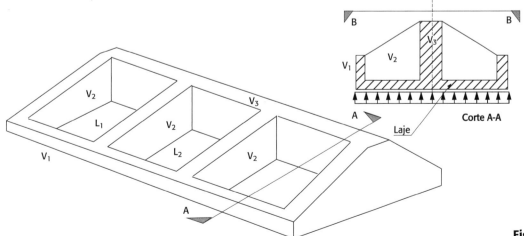

Fig. 8.35 *Sapata vazada*

8 Sapatas especiais

das vigas V_1 (vigas de borda), V_2 (vigas transversais) e V_3 (viga central – de grande altura). Com esse procedimento, nada mais se faz do que mudar a forma da seção. Esse procedimento ajuda a peça à flexão e praticamente em nada altera em relação ao cisalhamento.

Assim:

$$K_c = \frac{b \cdot d^2}{M_d}$$

→ Aumentando-se d, melhora-se a flexão.

$$\tau = \frac{V_d}{b \cdot d}$$

→ Mantendo-se a área, nada é alterado com relação à cortante.

É interessante observar que apesar de existir uma analogia entre sapata maciça e vazada e a laje maciça e nervurada, a utilização de laje nervurada se justifica muito mais do que a sapata vazada. Essa justificativa se baseia no fato de que, na laje, a diminuição do peso próprio diminui os esforços solicitantes por meio do peso retirado, proporcionando, portanto, uma estrutura mais econômica.

Na sapata vazada essa vantagem não existe, uma vez que o peso próprio da sapata é equilibrado pela reação do solo, não havendo praticamente movimentação horizontal dessa carga e, portanto, não existindo momentos fletores decorrentes do peso próprio.

Essas considerações (Quadro 8.1) fazem com que, no caso de superestruturas, a transformação de uma laje maciça de grandes dimensões em grelhas ou sistemas de lajes e vigas seja de grande importância até mesmo para viabilizar a estrutura.

O esquema de cálculo dos elementos que compõem a estrutura da Fig. 8.35 e as respectivas disposições das armaduras estão representados da Fig. 8.38 até a Fig. 8.46.

Vigas

Viga V_1: viga de borda calculada como viga contínua

O carregamento da viga ($p_{s,v1}$) é a reação do solo transportado pelas lajes somadas à carga do solo aplicado diretamente sobre a largura da viga (Fig. 8.39).

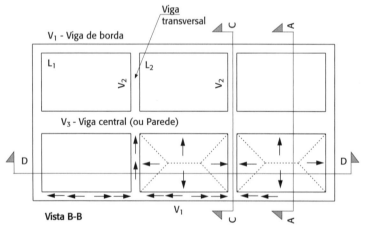

Fig. 8.36 *Vista B-B: caminhamento de carga na sapata vazada*

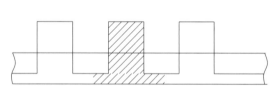

Fig. 8.37 *Nervura da sapata (corte D-D da Fig. 8.36)*

Quadro 8.1 Resumo das considerações

	Vantagens	**Desvantagens**
Laje maciça	Forma simples Armação simples	Grande peso Maior consumo de concreto
Laje nervurada	Economia de concreto Economia de peso Melhor eficiência de forma da seção	Maior consumo de forma Maior consumo e complicação da armadura
Sapata maciça	*Idem* à laje maciça	Maior consumo de concreto
Sapata nervurada	Economia de concreto Melhor eficiência de forma da seção	*Idem* à laje nervurada

Lajes

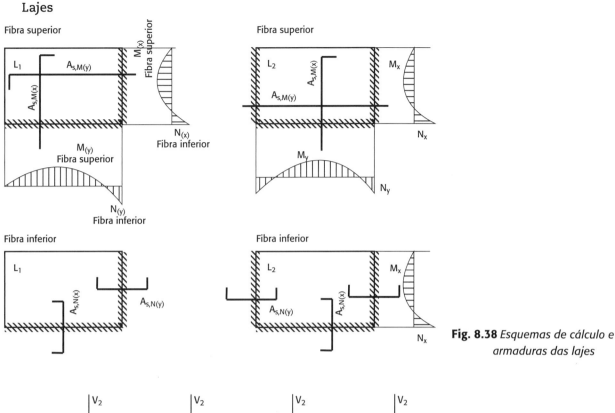

Fig. 8.38 *Esquemas de cálculo e armaduras das lajes*

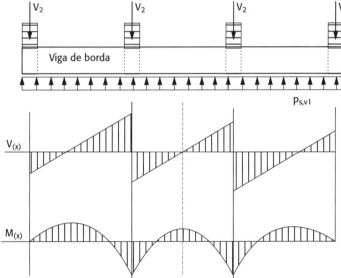

Fig. 8.39 *Viga de borda*

Viga V_2: viga transversal calculada como viga em balanço (mísula)

O carregamento da viga ($p_{s,v2}$) é a reação do solo transportado pela laje somada à reação do solo aplicado sobre a largura da viga (Fig. 8.40).

Viga V_3: viga central calculada como viga contínua, cujas reações são conhecidas

O carregamento ($p_{s,v3}$) é a reação do solo transportado pela laje somada à reação do solo aplicado diretamente sob a viga (Fig. 8.41).

Caso a carga atuante dobre a viga central V_3 seja uma carga linear, o sistema de cálculo será o apresentado na Fig. 8.41.

Esse sistema pode ser decomposto em dois outros, conforme apresentado na Fig. 8.42.

8 Sapatas especiais

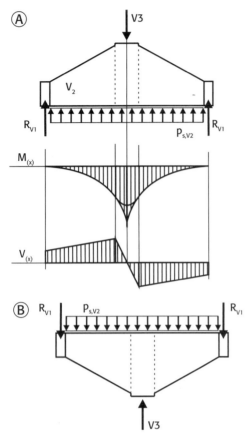

Fig. 8.40 *Viga v2: (A) carregamento e esforços solicitantes e (B) carregamento na viga invertida somente para efeito didático*

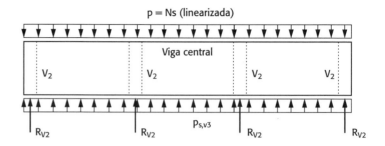

Fig. 8.41 *Sistema estrutural inicial da viga V_3*

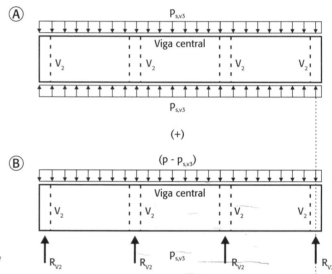

Fig. 8.42 *Sistema estrutural da viga V_3 equivalente*

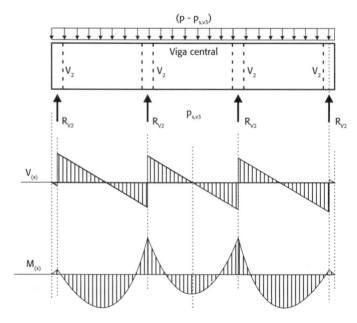

Fig. 8.43 *Esforços solicitantes na V_3*

No primeiro sistema (Fig. 8.42A), as cargas são autoequilibradas e, consequentemente, não provocam solicitantes, pois não existe transporte de carga horizontalmente pela V_3. Por outro lado, no segundo sistema (Fig. 8.42B), como as reações R_{v2} são conhecidas, trata-se de um sistema isostático que se equilibra com a carga $(p - p_{s,v3})$, provocando esforços solicitantes pelo transporte da carga.

Portanto, para cálculo dos esforços solicitantes e seus respectivos diagramas da V_3, basta utilizar o sistema estrutural da Fig. 8.42B.

Detalhamento

No caso de a viga V_3 da Fig. 8.35 ser uma parede, o comportamento será o indicado na Fig. 8.47.

O esquema de cálculo dessa parede será feito através da superposição de efeitos: comportamento como pilar parede (Fig. 8.48A) e como viga parede (Fig. 8.48B).

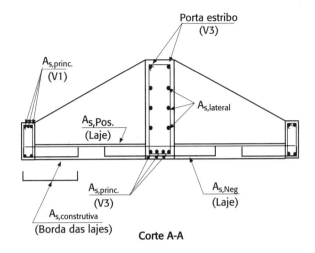

Fig. 8.44 Corte A-A: detalhamento

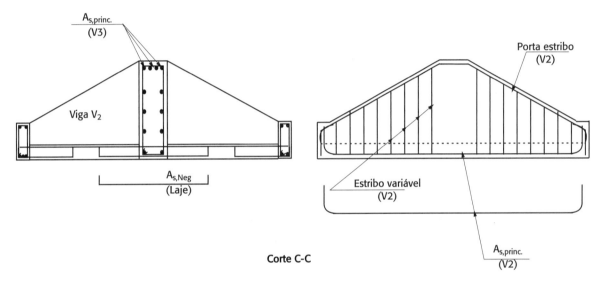

Fig. 8.45 Corte C-C: detalhamento

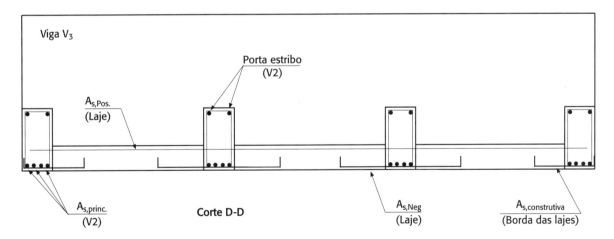

Fig. 8.46 Corte D-D: detalhamento

8 Sapatas especiais 227

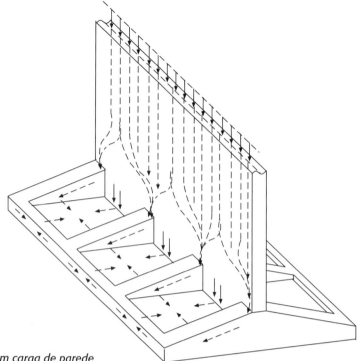

Fig. 8.47 *Sapata vazada com carga de parede*

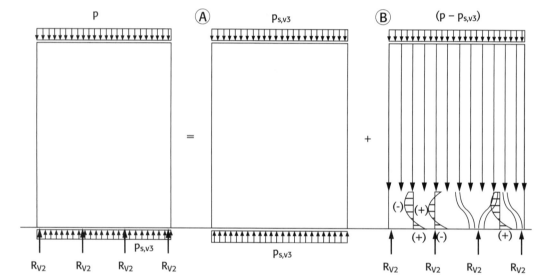

Fig. 8.48
Viga central: funcionamento como (A) pilar parede e (B) viga parede

8.4 Sapatas alavancadas

Em casos de pilares de divisa, as sapatas, por não poderem avançar nos terrenos vizinhos, necessitam de um elemento que transporte a carga vertical, horizontalmente, para o centro de carga da sapata, de forma semelhante ao estudado com as sapatas associadas. Duas soluções são possíveis para resolver esse problema:

a] A sapata ser integrada à viga alavanca, ou viga de equilíbrio, cuja finalidade é alavancar a carga, levantando-a para que desça para a fundação por meio da sapata (Fig. 8.49).

b] A sapata não ser integrada à viga alavanca, que nessa situação pode ser denominada viga de transição, cuja finalidade também é alavancar a carga, transportando-a para que desça à fundação através de uma sapata isolada, com carga centrada (Fig. 8.50).

Por sua vez, a viga será calculada e dimensionada como viga em balanço, necessitando de altura e rigidez

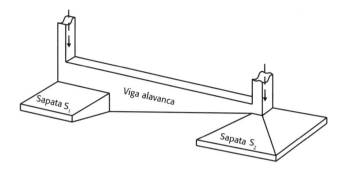

Fig. 8.49 *Sapata alavancada*

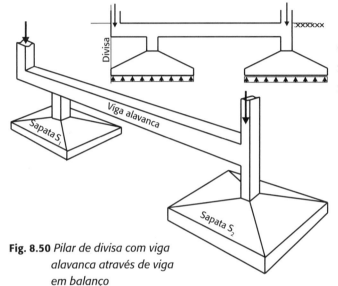

Fig. 8.50 *Pilar de divisa com viga alavanca através de viga em balanço*

suficientes para absorver o momento e tensões tangenciais, bem como reduzir as deformações no balaço.

A solução é bastante simples, todavia se deve observar a necessidade de uma maior escavação para aprofundar a sapata, que deixará de ser uma sapata de divisa.

Em virtude de o segundo caso (b) recair em casos comuns de dimensionamento de viga em balanço e de sapata isolada (visto anteriormente), ele não será tratado nesse tópico, mas somente o primeiro caso (a).

8.4.1 Sapata integrada à viga alavanca

Os esquemas de cálculo, carregamento e caminhamento de carga da viga alavanca estão representados nas Figs. 8.51 e 8.52.

Sistema de cálculo: alavanca e equilíbrio estático

Do equilíbrio externo, determina-se ΔP_2:

$$\sum M_{CG,sap} = 0 \therefore$$

$$P_1 \cdot e - \Delta P_2 \left(\ell_{pilares} - e \right) = 0 \qquad 8.34$$

$$\Delta P_2 = \frac{P_1 \cdot e}{\left(\ell_{pilares} - e \right)} \qquad 8.35$$

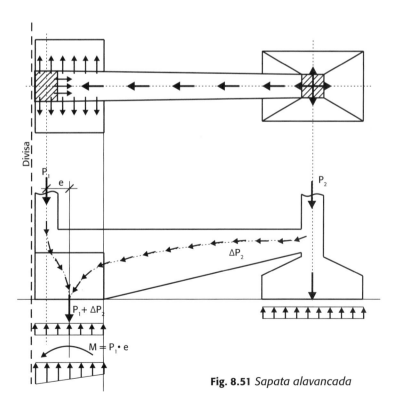

Fig. 8.51 *Sapata alavancada*

8 Sapatas especiais

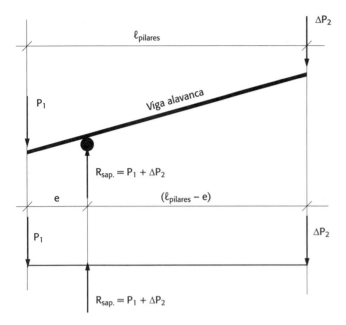

Fig. 8.52 *Sistema de cálculo da viga alavanca*

De uma maneira geral, para o dimensionamento da sapata do P_2 utiliza-se a carga $(P_2 - \Delta P_2/2)$ a favor da segurança. O item 5.7 da NBR 6122 (ABNT, 2019b) recomenda que, quando ocorre uma redução de carga pela utilização de viga alavanca, a fundação aliviada deve ser dimensionada considerando-se apenas 50% dessa redução.

Essa hipótese se justifica no fato de que a distribuição de tensões no solo (na sapata do P_1), dependendo da rigidez da viga alavanca e do solo, podem não ser uniformes. Nesse caso, a carga de P_2, com alívio total $(P_2 - \Delta P_2)$, está contra a segurança, uma vez que ΔP_2 real é menor que ΔP_2 que se admitiu.

Cabe, todavia, observar que, quando

$$\frac{(G_1 + Q_1)}{2} > G_1 \rightarrow \Delta P_2 = \frac{G_1 \cdot e}{(\ell_{pilares} - e)} \quad 8.36$$

o alívio será total de ΔP_2.

No caso de a alavanca não ser ligada a um pilar interno, mas a um contrapeso ou a outro elemento de fundação trabalhando à tração (estacas ou tubulão), o item 5.7 da NBR 6122 (ABNT, 2019b) recomenda que se o alívio, em função da combinação de cargas, resultar em tração no elemento de fundação, ele deverá ser considerado integralmente. Esse elemento ainda deverá ser calculado para a carga de 50% de sua carga à compressão (sem alívio).

Pode-se obrservar que para o cálculo e dimensionamento das sapatas P_1 e P_2 será necessário o cálculo da carga ΔP_2, que, por sua vez, depende da excentricidade. Consequentemente, o problema somente se resolve através de um processo iterativo.

Sequência de procedimentos

a] Calcula-se a área da sapata considerando um acréscimo de 20% a 30% na carga P_1

$$A_{sap} = \frac{(1{,}2 \text{ a } 1{,}3)P_1}{\sigma_{adm,solo}} \cong \frac{\gamma_f (1{,}2 \text{ a } 1{,}3)P_1}{R_{últ,solo}/\gamma_m} \quad 8.37$$

O coeficiente 1,2 a 1,3, multiplicador da carga P_1, é resultante de duas parcelas:

- 1ª parcela: 0,15 a 0,2 (15% a 20%) correspondem ao acréscimo de carga na fundação de P_1 devido à excentricidade de P_1 em relação ao centro de gravidade da sapata S_1 (Fig. 8.49). É a parcela correspondente a ΔP_2. Como o valor de ΔP_2 é função da excentricidade e, e esta, por sua vez, é função da dimensão *área* da sapata, o valor de 0,15 a 0,20 é um valor estimado.
- 2ª parcela: 0,05 a 0,10 (5% a 10%) correspondem ao acréscimo de carga na fundação pelo peso próprio da sapata S_1 mais a parcela da viga alavanca.

Esses valores estimados devem posteriormente ser verificados.

b] Cálculo de B_2 da sapata S_1 (dimensão da sapata perpendicular à viga alavanca – Fig. 8.53)

Será considerada uma forma de sapata em que $B_2 \cong (2 \text{ a } 2{,}5)B_1$. Essa relação se justifica ao se recordar que, quanto maior B_1, maior será a excentricidade e, portanto, mais solicitada será a viga alavanca. Por outro lado, B_1 não pode ser excessivamente grande para não encarecer a sapata.

Na Fig. 8.53, ℓ_{pilar} é a distância entre eixos de pilares.

$$B_2 = (2 \text{ a } 2{,}5)B_1 \therefore A_{sap} = B_1 \cdot B_2 \therefore B_1^2 = \frac{A_{sap}}{2} \quad 8.38$$

c] Cálculo da altura da sapata (como sapata rígida)

$$h = \frac{B_2 - b_2}{3} \quad 8.39$$

d] Cálculo da reação excentricidade da viga (ΔP_2)

$$e = \frac{B_1}{2} - \frac{b_1}{2} = \frac{1}{2}(B_1 - b_1) \quad 8.40$$

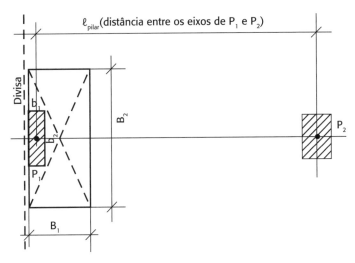

Fig. 8.53 *Dimensões B_1 e B_2 da sapata S_1*

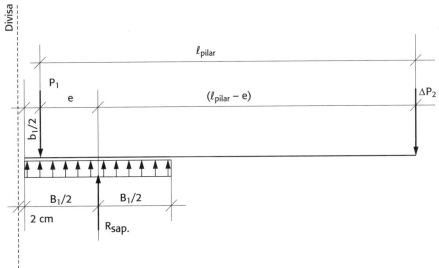

Fig. 8.54 *Sistema de equilíbrio da viga alavanca*

em que:
B_1 é a largura da sapata S_1 na direção da viga alavanca;
b_1 é a largura do pilar na direção de B_1.
e] Cálculo de ΔP_2

Esquema estático de cálculo e esquema de equilíbrio da alavanca (Fig. 8.54):

$$R_{sap} = \frac{P_1 \cdot \ell_{pilar}}{\left(\ell_{pilar} - e\right)} \therefore P_2 = R_{sap} - P_1 \qquad 8.41$$

em que:
R_{sap} é a resultante de carga na sapata S_1.
f] Verificação das dimensões da sapata

$$A_{sap} = \frac{\left(P_1 + G_{sap.} + G_{solo} + \Delta P_2\right)}{\delta_{adm,solo}} \qquad 8.42$$

Em seguida, determinam-se as dimensões definitivas de B_1, B_2 e h.

Caso a relação entre B_2/B_1 estiver próximo de 2, as dimensões são aceitáveis. Em seguida, dimensiona-se a sapata para o pilar 2, com as considerações feitas anteriormente.

Exemplo 8.2 Sapata alavancada

Dimensionar e detalhar a sapata alavancada da Fig. 8.55, bem como a viga de rigidez, considerando os dados:

$P_1 = 1.500$ kN (20 × 70 cm);
$P_2 = 2.00$ kN (40 × 40 cm);

Tensão admissível do solo = 300 kN/m² = 0,3 MPa (30 tf/m²).

Cálculo da área da sapata e valores de B_1 e B_2
A primeira aproximação para cálculo das dimensões B_1 e B_2 é:

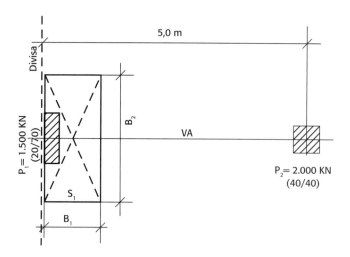

Fig. 8.55 *Sapata alavancada*

$$A_{sap} = \frac{1,2P_1}{\sigma_{adm,solo}} = \frac{1,2 \times 1.500}{300} = 6,0 \text{ m}^2$$

O coeficiente 1,2 (acréscimo de 20%) multiplicador da carga P_1 resulta de duas parcelas:

- 1ª parcela: 0,15 (15%), para se levar em conta a excentricidade de P_1 em relação ao centro de gravidade da sapata S_1;
- 2ª parcela: 0,05 (5%), para considerar preliminarmente o peso próprio da sapata S_1 mais a viga (VA).

O valor de 0,2 (20%) é estimado e deve posteriormente ser verificado.

Mantendo-se a sugestão feita anteriormente de que a sapata S_1 tenha uma relação $B_2 = 2B_1$ a $B_2 = 2,5B_1$, pode-se escrever:

$$B_2 = 2 B_1 \therefore B_1^2 = \frac{6,0}{2} = 3,0 \therefore B_1 = 1,73 \text{ m}$$

$$B_2 = 2,5 B_1 \therefore B_1^2 = \frac{6,0}{2,5} = 2,4 \therefore B_1 = 1,55 \text{ m}$$

Será adotado $B_1 = 1,6$ m.

Cálculo das reações da viga (R_{sap} e ΔP_2)

$$e = \frac{B_1}{2} - \frac{0,2}{2}$$

Do esquema estático de cálculo apresentado na Fig. 8.56 calcula-se a resultante de carga na sapata S_1.

$$R_{sap} = \frac{1.500 \times 4,88}{4,18} = 1.750 \text{ kN} \therefore \Delta P_2$$
$$= 1.750 - 1.500 = 250 \text{ kN}$$

Verificação das dimensões da sapata S_1

$$A_{nec} = \frac{1,05\,P_1 + \Delta P_2}{300} = \frac{1,05 \times 1.500 + 250}{300} = 6,083 \text{ m}^2$$

$$B_1 = \frac{6,083}{1,6} = 3,85 \text{(de 5 em 5 cm)}$$

Dimensões definitivas da sapata S_1:

$$B_1 = 1,6 \text{ m}; B_2 = 3,85 \text{ m}$$

Por causa da presença da viga alavanca (Fig. 8.58), que possui maior rigidez do que a sapata S_1, na fundação do P_1, se tem caracterizadas duas direções de caminhamento de carga, conforme mostra a Fig. 8.57.

Cálculo da altura da sapata S_1

$$h = \frac{(B_{1,S1} - b_{1,P1})}{3} = \frac{(3,85 - 0,7)}{3} = 1,05 \text{ m} = 105 \text{ cm}$$

Cálculo das dimensões da sapata S_2

$$P = P_2 - \frac{\Delta P_2}{2} = P_2 - 125 = 2.000 - 125 = 1.875 \text{ kN}$$

$$A_{nec,S2} = 1,05 \frac{P}{300} = 6,6 \text{ m}^2$$

(1,05 corresponde ao peso próprio)

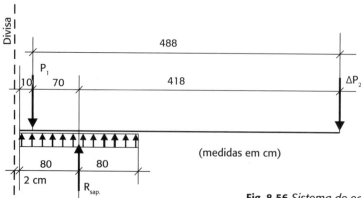

Fig. 8.56 *Sistema de equilíbrio*

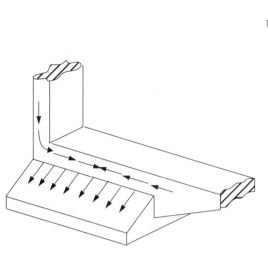

Fig. 8.57 *Fluxo de carga*

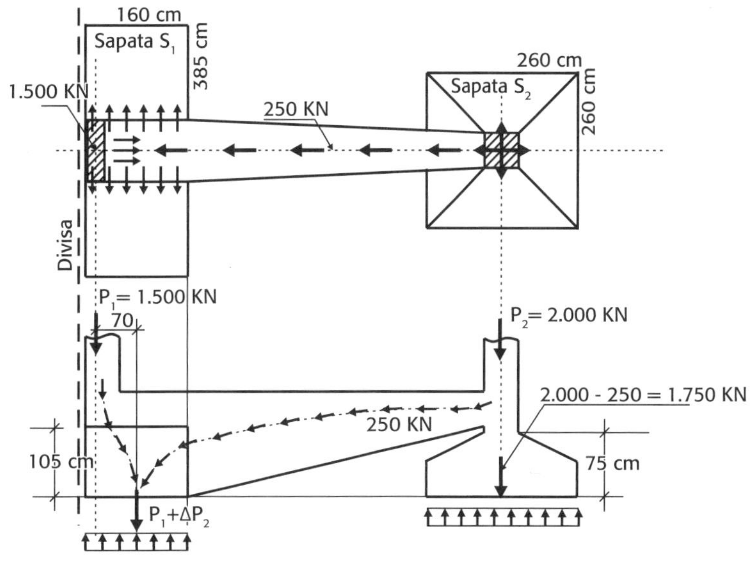

$$B_{1,S2} = \frac{(b_1 - b_2)}{2} + \sqrt{\frac{(b_3 - b_4)^2}{4} + A} \text{ (Eq. 6.23)}$$

$$B_{1,S2} = \frac{(0{,}4 - 0{,}4)}{2} + \sqrt{\frac{(0{,}4 - 0{,}4)^2}{4} + 6{,}58}$$

$$= 2{,}565 \text{ m} \cong 2{,}6 \text{ m} > 60 \text{ cm (mínimo)}$$

$$B_{2,S2} = \frac{A}{B_3} = \frac{6{,}6}{2{,}6} = 2{,}54 \text{ m} \cong 2{,}6 \text{ m} = 260 \text{ cm} > 60 \text{ cm}$$

Adotar sapata S_2 de $2{,}6 \times 2{,}6$ m.

Cálculo da altura da sapata S_2

$$h = \frac{(B_{1,S2} - b_{1,P2})}{3} = \frac{(2{,}6 - 0{,}4)}{3} = 0{,}73 \cong 0{,}75 \text{ m} = 75 \text{ cm}$$

Cálculo das armaduras e detalhamento das sapatas
Procedimentos idênticos a exercícios anteriores para sapatas rígidas isoladas.

Dimensionamento da viga alavanca
Cálculo dos esforços solicitantes
Pressão no solo:

$$p_s = \frac{(P_1 + \Delta P_2)}{B_1 \cdot B_2} B_2 = \frac{(1.500 + 250)}{1{,}60 \times 3{,}85} 3{,}85 = 1.093{,}75 \text{ kN/m}$$

Equações da cortante e do momento fletor ao longo da viga alavanca

$$V_{(x)} = p_s \cdot X - P_1 \langle X - 0{,}1 \rangle^0 - p_s \langle X - 1{,}6 \rangle^1$$

Fig. 8.58 *Fluxo de carga e dimensões das sapatas*

$$M_{(x)} = p_s \frac{X^2}{2} - P_1 \langle X - 0{,}1 \rangle^1 - \frac{p_s}{2} \langle X - 1{,}6 \rangle^2$$

Com as equações anteriores, podem-se calcular os esforços solicitantes da viga alavanca, indicados na Tab. 8.6 e representados na Fig. 8.59.

O dimensionamento e detalhamento da viga alavanca seguem os procedimentos normais de uma viga, com a atenção devida para os esforços solici-

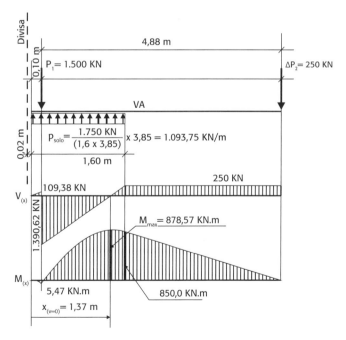

Fig. 8.59 *Solicitantes*

8 Sapatas especiais 233

Tab. 8.6 Esforços solicitantes na viga alavanca

X(m)	V(x) (kN)	M(x) (kN·m)
0,00	0,00	0,00
0,10 (E)	109,38	5,47
0,10 (D)	-1.390,62	
1,3714	0	-878,57
1,60	250	-850,00
4,98	250	0

tantes que são invertidos e, consequentemente, as armaduras devem ser posicionadas onde a viga está tracionada.

No caso de edifícios com limitação de divisa nas duas direções, quando possível evitar a colocação de pilares no canto (Fig. 8.60A), o que geralmente aumenta a dificuldade de detalhamento e execução. A solução recomendada é deixar o canto em balanço utilizando pilares na face da divisa (Fig. 8.60B).

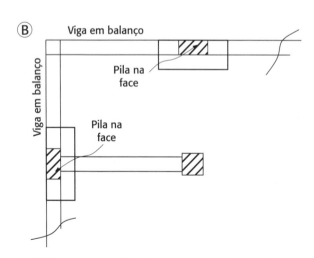

Fig. 8.60 *Pilar de canto: (A) evitar, se possível, e (B) solução recomendada*

8.5 Fundações rasas em blocos de concreto
8.5.1 Blocos de concreto

O item 3.3 da NBR 6122 (ABNT, 2019b) define bloco como um elemento de fundação superficial de concreto, dimensionado de modo que as tensões de tração nele resultantes sejam resistidas somente pelo concreto sem a necessidade de armadura.

Os tipos mais utilizados são os blocos escalonados e/ou cúbicos (Fig. 8.61) por facilitarem a execução, pois dispensam o uso de formas. Os blocos em forma de tronco cônico, semelhante às sapatas, são utilizados nas bases alargadas dos tubulões. Sua altura é calculada pela expressão:

$$h = \frac{B_1 - b_1}{2} \cdot \text{tg } \beta \qquad 8.43$$

Os diagramas de tensões devem ser semelhantes aos de sapatas. Entretanto, os blocos devem ser dimensionados de tal maneira que o ângulo β, mostrado na Fig. 8.61, seja maior que 60° (item 7.8.2 da NBR 6122 – ABNT, 2019b).

Normalmente, os blocos acabam tendo maior altura do que as sapatas e devem, necessariamente, trabalhar somente à compressão.

É importante, como também o foi no dimensionamento das sapatas, a verificação da altura do bloco para ancoragem das armaduras dos pilares.

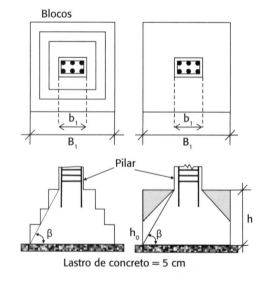

Fig. 8.61 *Blocos apoiados diretamente no solo*

Exemplo 8.3 Dimensionamento de bloco de concreto

Dimensionar o bloco de fundação em concreto não armado, com base quadrada, para suportar a carga de 800 kN de um pilar de 25 × 40 cm. Considerar:

Tensão admissível do solo: σ_{adm}: 0,35 MPa = 350 kN/m²;
Concreto: f_{ck} = 20 MPa.

Cálculo das dimensões da base do bloco
Acrescentar 10% para considerar o peso próprio do bloco mais a terra sobre o bloco:

$$A_{B\ell} = \frac{1,1\, N_{sk}}{\sigma_{adm,solo}} = \frac{1,1 \times 800}{350} = 2,51\text{ m}^2$$

Como a base será quadrada, então:

$$B = \sqrt{A_{B\ell}} = \sqrt{2,51} = 1,6\text{ m}$$

Cálculo da altura do bloco

$$h_{B\ell} = \frac{B-b}{2}\,\text{tg}\,\beta = \frac{1,6-0,25}{2}\,\text{tg}\,60^0 = 1,17\text{ m} \cong 1,20\text{ m}$$

Verificação da altura do bloco para ancoragem das armaduras do pilar

$$h \geq \ell_b = \frac{\phi f_{yd}}{4 f_{bd}} = 44\phi\,(\text{ver tabela no Cap.6})$$

$$1.200\text{ mm} \geq 44\,\phi \therefore \phi \leq \frac{1.200}{44} = 27,27\text{ mm}$$

Concluir que, para $h_{B\ell}$ = 1,20 m, pode-se ancorar bitolas de até 25 mm.

Detalhamento do bloco de concreto (Fig. 8.62)

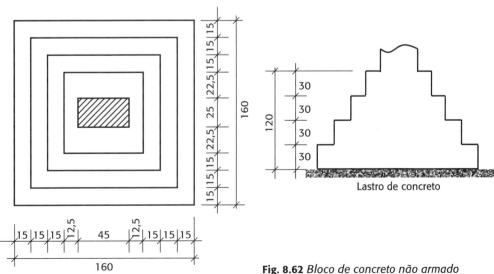

Fig. 8.62 *Bloco de concreto não armado*

8 Sapatas especiais

Parte III
FUNDAÇÕES PROFUNDAS

O elemento de fundação profunda (Quadro III.1) é aquele que transmite carga ao terreno por meio da resistência da base ou de ponta e da superfície lateral, conhecida como resistência de fuste, ou ainda pela combinação das duas. A sua base apoia-se em uma profundidade superior a oito vezes a menor dimensão (fuste) em planta e de no mínimo 3,0 m. Nesse tipo de fundação, estão inclusas as estacas e tubulões, conforme descrito nos itens 3.11 e 3.49, respectivamente, da NBR 6122 (ABNT, 2019b) e representado na Fig. III.1.

Quadro III.1 Elementos de fundação profunda

Elementos de fundações profundas	Tubulão	A céu aberto
		A ar comprimido
	Estaca	Pré-moldada
		Moldada *in loco*

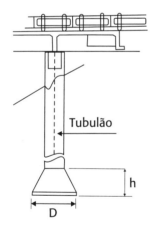 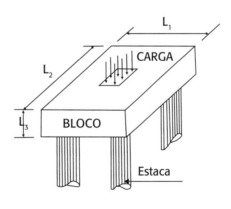

Fig. III.1 *Fundações profundas: tubulão e estaca*

Esse tipo de fundação pode ser utilizado tanto em solos coesivos como em solos granulares (não coesivos). Os solos coesivos (argilosos), ao receberem água, tendem a se tornarem plásticos (surge a *lama*) e apresentam maior grau de estabilidade quando secos. Já os solos não coesivos (granulares) são os compostos de pedras, pedregulhos, cascalhos e areias, ou seja, de partículas grandes (grossas).

III.1 Ações provenientes da superestrutura

Os esforços nas fundações, segundo o item 5.1 da NBR 6122 (ABNT, 2019b), são determinados a partir das ações e de suas combinações mais desfavoráveis, conforme prescrito pela NBR 8681 (ABNT, 2003c).

Os esforços devem ser fornecidos no topo das fundações: no caso de edifícios, no topo dos baldrames e, no caso de pontes, no topo dos blocos ou sapatas ou ao nível da interface entre os projetos, definindo claramente esses níveis.

Ainda segundo o item 5.1 da NBR 6122 (ABNT, 2019b), para o desenvolvimento do projeto de fundações utilizando fator de segurança global, devem ser solicitados ao projetista de estruturas os coeficientes aplicados às solicitações, decorrentes das ações, para que tais ações aplicadas aos elementos de fundações possam ser divididas, reduzindo-as às solicitações características.

As ações devem ser separadas de acordo com suas naturezas, conforme prescreve a NBR 8681 (ABNT, 2003c):

- ações permanentes (peso próprio, sobrecarga permanente, empuxos etc.);
- ações variáveis, também ditas acidentais (sobrecargas variáveis, impactos, vento etc.);
- ações excepcionais;
- outras ações: decorrentes de empuxos de terra, empuxo de sobrecargas no solo, empuxos de água (superficial ou subterrânea), subpressão no alívio de cargas, ações excepcionais (analisadas caso a caso).

Para estruturas especiais, em que a ação principal não é de gravidade, pode ser necessário o cálculo das solicitações não combinadas com as demais solicitações de ações (NBR 6122 – ABNT, 2019b).

O peso próprio dos elementos de fundações deve ser considerado para o seu dimensionamento. No caso de existência de blocos de coroamento, serão considerados no mínimo 5% da carga vertical permanente, proveniente da superestrutura ou mesoestrutura (item 5.6 da NBR 6122 – ABNT, 2019b).

No caso de ações decorrentes do vento serem as principais no elemento de fundação, as tensões admissíveis de sapata, tubulões e cargas admissíveis em estacas podem ser majoradas em até 15% (e 30% para galpões, graneleiros, torres e reservatórios elevados). Quando essa majoração for utilizada, o coeficiente global não pode ser inferior a 1,6. Sendo as verificações feitas por meio de valores de tensão resistentes de cálculo, as ações podem ser majoradas em até 10%, conforme visto nos itens 6.3.2 e 6.3.3 da NBR 6122 (ABNT, 2019b).

De acordo com o item 3.49 da NBR 6122 (ABNT, 2019b), o *tubulão* é um elemento estrutural de fundação profunda e escavada manual ou mecanicamente. Pelo menos na etapa final da escavação do terreno, faz-se necessário o trabalho manual em profundidade para executar o alargamento da base ou para a limpeza do fundo da escavação, uma vez que nesse tipo de fundação as cargas são resistidas preponderantemente pela base, que deve estar assente em profundidade superior a oito vezes a sua menor dimensão em planta, com mínimo de 3,0 m.

Os tubulões constituem-se de um cabeçote e de um poço (fuste) de diâmetro variando de 0,9 m a 2,0 m ou mais e podem ser cheios ou vazados, conforme a Fig. 9.1.

No final do fuste é comum fazer um alargamento de base igual ou até três vezes o diâmetro do fuste, cuja finalidade é diminuir as tensões aplicadas no solo.

9.1 Classificação dos tubulões

Os tubulões são classificados, quanto à forma de execução, em:
- tubulão a céu aberto escavado manualmente;
- tubulão aberto mecanicamente (mecanizado);
- tubulão a ar comprimido.

9.1.1 Tubulão a céu aberto escavado manualmente

São abertos manualmente em solos coesivos para não ocorrer desmoronamento durante a escavação e acima do nível d'água (NA).

Constitui-se da abertura de um poço (fuste) com diâmetro maior ou igual a noventa centímetros ($d_f \geq 90$ cm), para possibilitar o acesso e trabalho do operário (poceiro). Para o diâmetro do fuste, até então se recomendava maior do que 70 cm a 80 cm, para possibilitar a entrada do poceiro para a escavação. Todavia, é importante destacar que, em seu item 18.7.2.15, a NR 18 (Brasil, 2020) proíbe a execução de tubulões escavados manualmente com mais de 15 m de profun-

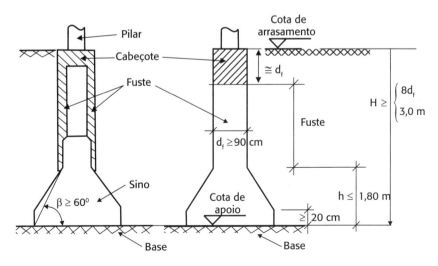

Fig. 9.1 *Tubulão: cabeçote, fuste e base*

didade. Com menor profundidade, o tubulão escavado manualmente deve ser encamisado em toda a sua extensão, possuir diâmetro mínimo de 0,9 m (noventa centímetros) e ser executado, após sondagem ou estudo geotécnico local, para profundidade superior a 3 m (item 18.7.2.16 – Brasil, 2020).

Quando necessário, é escavada na parte inferior uma base (B) com diâmetro maior que o diâmetro do fuste e menor do que três vezes esse diâmetro ($d_f < B \leq 3d_f$). Em seguida, são colocadas as armaduras, quando necessárias, e posteriormente se faz a concretagem.

Os parâmetros para o dimensionamento de um tubulão escavado a céu aberto, sem escoramento, estão apresentados na Tab. 9.1.

De acordo com o item B.9.6 do Anexo B da NBR 6122 (ABNT, 2019b), deve ser verificada a integridade dos tubulões, no mínimo de um por obra, por meio de escavação de um trecho do seu fuste (Fig. 9.2).

Caso o terreno natural não tenha capacidade de permanecer sem fluir (desbarrancar) para o poço, o tubulão pode ser executado com camisa pré-moldada. No caso de ser necessária a abertura de uma base em uma camada de areia pura, existe o perigo de desmoronamento do sino por falta de coesão. Nessa situação, pode-se descer o tubulão com fuste e base pré-moldados (Fig. 9.3). Esse tipo de execução exige bastante cuidado para evitar desaprumo.

Embora o item 8.2.1 da NBR 6118 (ABNT, 2003a) diga que a Classe C15 pode ser utilizada apenas em fundações, a atual NBR 6118 (ABNT, 2014) não faz essa refe-

Fig. 9.2 *Vistoria: fuste de um tubulão*

Fig. 9.3 *Tubulão com camisa pré-moldada*

Tab. 9.1 Parâmetros para dimensionamento do tubulão

	Classe de agressividade ambiental	Classe e resistência característica do concreto	Coeficiente de segurança (minoração do concreto – γ_c)	% de armadura mínima e comprimento útil mínimo (incluindo trecho de ligação com o bloco)		Tensão de compressão simples atuante abaixo da qual não é necessário armar (exceto ligação com o bloco) (MPa)
				Armadura (%)	Comprimento (m)	
Tubulões não encamisados	I, II	C25	2,2	0,4	3,0	5,0
	III, IV	C40	3,6			

Fonte: Tabela 4 da NBR 6122 (ABNT, 2019b).

rência e a NBR 6122 (ABNT, 2019b) afirma a necessidade de se utilizar um concreto de classe C25 (Tab. 9.1).

Ainda de acordo com os itens B.9.1 e B.9.2 do Anexo B da NBR 6122 (ABNT, 2019b), o concreto a ser utilizado em tubulão a céu aberto deve satisfazer às seguintes exigências:

- para C25: consumo mínimo de cimento de 280 kg/m³, fator $a/c \leq 0,6$, abatimento (*slump*) entre 100 mm a 160 mm e diâmetro de agregado de 9,5 mm a 25 mm (B2);
- para C40: consumo mínimo de cimento de 360 kg/m³, fator $a/c \leq 0,45$, abatimento (*slump*) entre 100 mm a 160 mm e diâmetro de agregado de 9,5 mm a 25 mm (B2).

Outra possibilidade é aprofundar o tubulão até atingir a camada que possibilita o alargamento de base (Fig. 9.4). Evidentemente, essa camada deve estar relativamente próxima da camada de areia (Borges, entre 1977 e 1978).

9.1.2 Tubulão escavado mecanicamente

A execução do fuste é feita com broca (mecanizada), podendo ter ou não alargamento de base dependendo do equipamento (Fig. 9.5). Ela pode ser feita abaixo ou acima do nível d'água.

Esse tipo de tubulão torna-se obrigatório quando a coluna d'água atinge 30 m, pois o limite de pressão para a utilização de ar comprimido é de 3 atm, ou seja, 30 m de coluna d'água. Para esse valor de profundidade a fiscalização deve ser intensa e, dentro do possível, ele deve ser evitado.

O tubulão mecanizado é, às vezes, chamado de *estação*. Os diâmetros mais comuns encontrados no mercado são de $d_f \leq 150$ mm.

Em caso de alargamento da base, quando necessário e executado mecanicamente, deve-se atentar para a necessidade de descida do poceiro para a remoção do solo solto, visto que o equipamento não consegue retirá-lo (item B.4 do Anexo B da NBR 6122 – ABNT, 2019b), sem deixar de lado as exigências do item 18.7.2.15 da NR 18 (Brasil, 2020), citadas na seção 9.1.1.

De acordo com Persolo Fundações e Sondagem (s.d.), a execução de base mecanizada de tubulão (BMT – Tab. 9.2) possibilita substituir a execução manual, mantendo as vantagens desse processo de fundação, como baixo custo (quando comparado com outros tipos de fundação), baixo ruído e vibrações. Além disso, aumenta a segurança ao evitar a descida do poceiro ao fundo do tubulão e também aumenta a produtividade. Enquanto de forma manual se executa, em média, uma base por dia, com o dispositivo de abertura mecanizada de base para tubulões (Fig. 9.6) se executa, em média, uma base em 30 minutos.

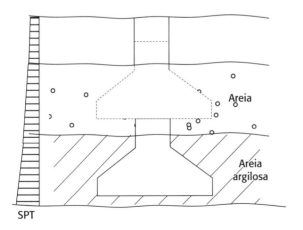

Fig. 9.4 *Mudança de camada da base*

Fig. 9.5 *Tubulão mecanizado (estação)*
Fonte: Solo.Net Engenharia de Solos e Fundações.

Tab. 9.2   Dimensões das bases mecanizadas de tubulões (BMT)

Diâmetro de base D_B (cm)	60				70				80				90				100			
(cm)	h (cm)	V1 (m³)	V2 (m³)	β	h (cm)	V1 (m³)	V2 (m³)	β	h (cm)	V1 (m³)	V2 (m³)	β	h (cm)	V1 (m³)	V2 (m³)	β	h (cm)	V1 (m³)	V2 (m³)	β
100	38	0,13	0,24	62°	33	0,09	0,22	66°	28	0,05	0,19	70°	20	0,02	1,15	76°				
110	44	0,20	0,32	60°	39	0,15	0,30	63°	35	0,11	0,29	67°	30	0,06	0,25	71°				
120	50	0,31	0,45	59°	47	0,23	0,41	62°	42	0,18	0,39	64°	37	0,12	0,36	68°				
125	52	0,33	0,48	58°	48	0,27	0,45	60°	45	0,22	0,45	63°								
130	55	0,39	0,55	58°	51	0,32	0,52	60°	48	0,27	0,51	63°	44	0,20	0,49	66°				
135	58	0,45	0,61	57°	54	0,38	0,59	59°	51	0,32	0,58	62°					43	0,22	0,56	68°
140	61	0,51	0,68	57°	58	0,45	0,67	59°	54	0,38	0,65	61°	51	0,31	0,63	64°	46	0,23	0,59	67°
145	63	0,58	0,76	56°	60	0,51	0,74	58°	57	0,44	0,73	60°					50	0,34	0,73	66°
150					63	0,58	0,82	57°	60	0,51	0,81	60°	57	0,43	0,79	62°	53	0,40	0,82	65°
155					65	0,66	0,91	57°	63	0,58	0,90	59°					56	0,47	0,91	64°
160					69	0,75	1,02	57°	66	0,67	1,00	59°	63	0,58	0,98	61°	59	0,49	0,96	63°
165					71	0,83	1,10	56°	68	0,75	1,09	58°					63	0,62	1,11	63°
170									71	0,85	1,21	58°	69	0,75	1,19	60°	66	0,71	1,23	62°
175									74	0,95	1,28	57°					69	0,81	1,35	61°
180									77	1,05	1,44	57°	74	0,95	1,42	59°	71	0,84	1,40	61°
185									79	1,17	1,57	57°					74	1,02	1,60	60°
190									82	1,29	1,70	56°	80	1,18	1,69	58°	77	1,13	1,73	60°
195									85	1,42	1,85	56°					80	1,26	1,89	59°
200									88	1,53	1,97	56°	85	1,44	1,98	57°	83	1,31	1,96	59°
210													91	1,73	2,30	57°	89	1,67	2,37	58°
215													94	1,88	2,48	56°				
220													96	2,05	2,66	56°	94	1,90	2,64	57°
225													99	2,22	2,85	56°				
230													102	2,40	3,11	55°	100	2,34	3,13	57°
235													104	2,59	3,26	55°				
240													107	2,79	3,47	55°	105	2,63	3,46	56°
250																	110	3,26	4,13	56°
260																				
280																				
300																				

(continuação da tabela — colunas de 100)

(cm)	h (cm)	V1 (m³)	V2 (m³)	β
155	47	0,23	0,76	69°
160	50	0,29	0,86	68°
165	54	0,36	0,97	67°
170	57	0,44	1,09	66°
175	61	0,52	1,21	66°
180	64	0,61	1,33	65°
185	67	0,70	1,45	64°
190	70	0,83	1,63	64°
195	74	0,91	1,74	63°
200	77	1,03	1,90	62°
210	83	1,29	2,22	61°
220	88	1,57	2,57	61°
230	94	2,10	3,17	60°
240	100	2,30	3,43	59°
250	106	2,67	3,87	58°
260	111	3,11	4,37	58°
280	1,22	4,11	5,49	57°
300	1,33	5,29	6,79	56°

Fonte: Persolo Fundações e Sondagem (s.d.).

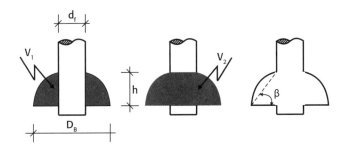

Fig. 9.6 *Ilustração do equipamento BMT para alargamento mecânico de base*

Fonte: Persolo Fundações e Sondagem (s.d.).

9.1.3 Tubulão a ar comprimido

Executado com ar comprimido para eliminar a água do poço, esse tubulão deve ser utilizado quando a base está abaixo do nível d'água (Fig. 9.7).

Ele também é executado com camisas pré-moldadas, em módulos que variam de 3 m a 4 m, com sua cravação feita manualmente em um espaço confinado utilizando-se ar comprimido.

O limite de pressão para esse tipo de tubulão deve ser inferior a 3 kg/cm² (30 metros de coluna d'água, mca). Recomenda-se, entretanto, não ultrapassar 2 kg/cm², ou seja, 20 mca.

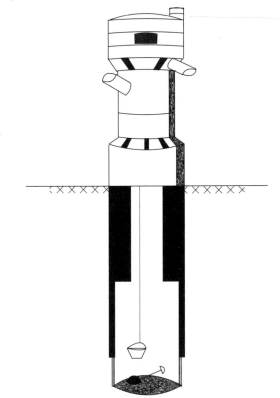

Fig. 9.7 *Tubulão a ar comprimido*

Com pressão superior a 0,15 MPa (1,5 kg/cm², 15 metros de coluna d'água), o item C.3 do Anexo C da NBR 6122 (ABNT, 2019b) recomenda que sejam tomadas as seguintes providências:
- equipe permanente de socorro médico à disposição na obra;
- câmara de descompressão equipada disponível na obra;
- compressores e reservatórios de ar comprimido de reserva;
- renovação de ar garantida, sendo o ar injetado em condições satisfatórias para o trabalho humano.

9.2 Dimensionamento e detalhamento dos vários elementos que compõem o tubulão

Ao se dimensionar uma fundação utilizando-se um tubulão, seja ele curto ou não, procura-se fazer coincidir o centro de aplicação da carga com o centro de gravidade do fuste e do tubulão. Existindo força normal e momento fletor, preferencialmente deve-se fazer coincidir os centros de gravidade, ou seja, o centro de aplicação da carga, que dista do eixo do pilar de $e = M/N$ e do tubulão. Não sendo possível, deve-se levar em conta a aplicação do momento fletor na cabeça do tubulão (seção 9.2.3). É comum a transferência de carga ser direta pilar-tubulão, sem a utilização de blocos quando as tensões são baixas.

9.2.1 Dimensionamento e detalhamento do cabeçote

Cabeçote é a transição entre pilar e fuste que existe tanto no caso de tubulão vazado, entre bloco e fuste, quanto no caso de tubulão cheio.

O objetivo do cabeçote, nesse caso, é o de distribuir, ou melhor, diminuir a tensão na biela de compressão e melhor distribuir a carga de contato entre o tubulão e o bloco (quando existir). Os tipos de transição são:
- 1º caso: pilar retangular chegando diretamente no tubulão maciço (transição direta: pilar-tubulão, Fig. 9.8A);

- 2º caso: pilar chegando ao tubulão por meio de um bloco de transição (transição indireta: pilar-bloco--tubulão, Fig. 9.8B);
- 3º caso: pilar chegando ao tubulão vazado, com cabeçote maciço.

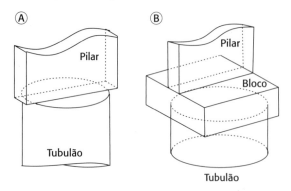

Fig. 9.8 *Ligação pilar-fuste: (A) solução para pilar folgado em termos de tensão no concreto e (B) solução para pilar com tensões altas no concreto*

1º caso: pilar retangular chegando diretamente no tubulão

Pilar tendo uma de suas dimensões maior que o diâmetro do tubulão (Fig. 9.9)

Nesse caso, torna-se necessário fazer uma fretagem tanto no tubulão quanto no pilar por causa da abertura de carga. Além disso, é preciso fazer a verificação da tensão no concreto na seção de contato entre o tubulão e o pilar (seção reduzida), conforme a Fig. 9.10.

- Tensão máxima de compressão na região de contato em áreas reduzidas

Em casos com pilares com dimensões inferiores às dos tubulões (Fig. 9.11) ou aparelhos de apoios sobre os tubulões, existe uma área de contato em que a tensão de compressão solicitante aumenta. Todavia, o item 21.2.1 da NBR 6118 (ABNT, 2014) permite um aumento da capacidade resistente. Dessa forma, a tensão solicitante de cálculo deve ser inferior à tensão resistente de cálculo:

$$\sigma_{sd} \leq \sigma_{Rd} \qquad 9.1$$

Sendo:

$$\sigma_{sd} = \frac{N_{sd}}{A_{co}} \qquad 9.2$$

$$\sigma_{Rd} = f_{cd}\sqrt{\frac{A_{c1}}{A_{co}}} \leq 3{,}3 f_{cd} \qquad 9.3$$

em que:
A_{co} é a área reduzida carregada uniformemente;
A_{c1} é a área máxima total, de mesma forma e mesmo centro de gravidade que A_{co}, inscrita em A_{c2};
A_{c2} é a área total, situada no mesmo plano de A_{co}.

Caso A_{co} seja retangular, a NBR 6118 (ABNT, 2014) recomenda que a proporção entre os lados não ultrapasse 2.

- Tensão máxima de tração (fretagem)

Segundo Langendonck (1944, 1959), a maior tensão de tração ou tensão de fendilhamento será:

$$\sigma_{t,pilar} = 0{,}4\left(1 - \frac{d_f}{a}\right)\frac{N_s}{A_{pilar}} \qquad 9.4$$

$$\sigma_{t,fuste} = 0{,}4\left(1 - \frac{b}{d_f}\right)\frac{N_s}{A_{fuste}} \qquad 9.5$$

em que (ver Fig. 9.10):
a é a maior dimensão do pilar;
b é a menor dimensão do pilar;
d_f é a dimensão do tubulão.

O Comité Euro-Internacional du Béton (CEB, 1974) dispensa a armadura de fretagem quando:

$$\sigma_{ct} \leq \frac{f_{ctk}}{2} \qquad 9.6$$

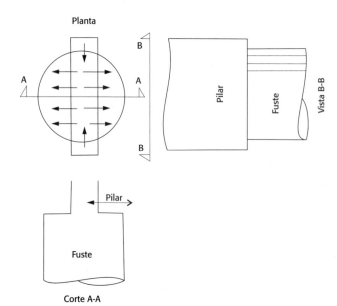

Fig. 9.9 *Pilar chegando diretamente no tubulão*

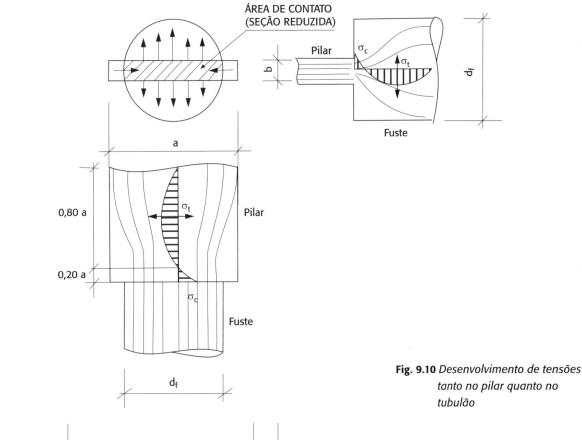

Fig. 9.10 *Desenvolvimento de tensões tanto no pilar quanto no tubulão*

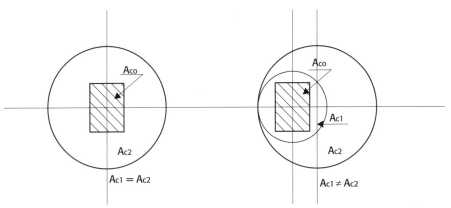

Fig. 9.11 *Seção do pilar inferior à seção do fuste do tubulão*

$f_{ctk} = 0{,}27\, f_{ck}^{\frac{2}{3}}$, segundo o item 8.2.5 da NBR 6118 (ABNT, 2014)

Caso contrário, há a necessidade de se calcular a armadura de fretagem.

- Armadura de fretagem

Segundo Leonhardt e Mönnig (1978a), a distribuição da armadura para combater o fendilhamento é obtida do desenvolvimento das tensões σ_y (Fig. 9.12).

A linha que representa R_s/N_s é quase reta, de modo que se pode adotar, aproximadamente:

$$R_s \cong 0{,}3 N_s \left(1 - \frac{a}{d_f}\right) \qquad 9.7$$

Como $d_f/a > 10$ raramente acontece, pode-se adotar como critério prático:

$$R_s \cong 0{,}25 N_s$$

De acordo com Leonhardt e Mönnig (1978a), as equações desenvolvidas por Mörsch (1924) conduzem a uma solução semelhante à desenvolvida acima. Para isso, supõe-se que as trajetórias das tensões principais de compressão se concentrem em uma resultante de trechos retos (R_c), conforme a Fig. 9.13.

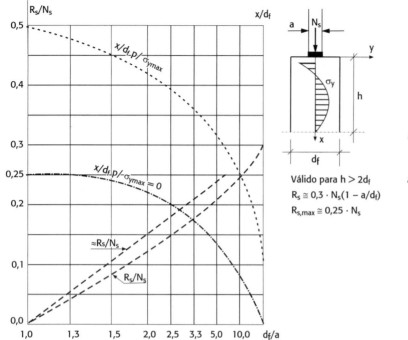

Fig. 9.12 *Valor do esforço de fendilhamento*
Fonte: adaptado de Leonhardt e Mönnig (1978a).

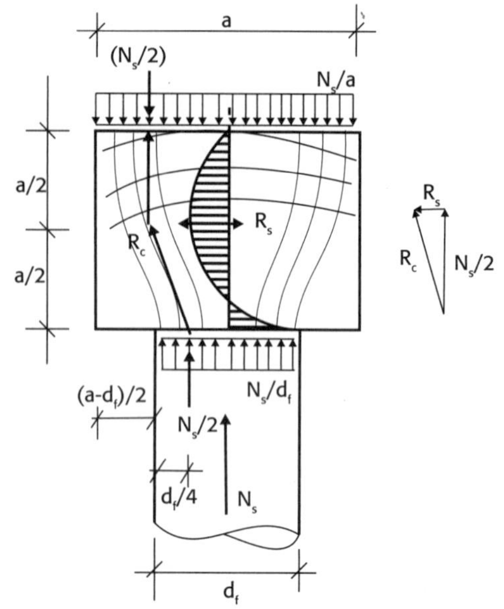

Fig. 9.13 *Esforço de fendilhamento por meio de um polígono*

Fretagem no pilar (Fig. 9.14A)	Fretagem no tubulão (Fig. 9.14B)
Cálculo como bloco parcialmente carregado	

$$R_s = \left[\left(\frac{N_s}{a}\right) \cdot \frac{(a-d_f)}{2}\right]\left(\frac{1}{\text{tg }\theta}\right) \quad 9.10$$

$$\text{tg }\theta = 1,5 \left(\theta \cong 56,3^0\right)$$

$$R_s = \frac{N_s}{3}\left(1 - \frac{d_f}{a}\right) \quad 9.11$$

$$R_s = \frac{N_s}{3}\left(1 - \frac{b}{d_f}\right) \quad 9.12$$

$$A_s = {R_{sd}}/{f_{yd}} \quad 9.13$$

Deve-se majorar a armadura de fretagem em 25%, ou seja, $1,25A_s$, e distribuir a armadura na altura a ou d_f. O fator 1,25 leva em conta que a armadura deveria ser distribuída, na realidade, na altura 0,8 de a (d_f), e não na altura a (d_f), conforme a Fig. 9.15.

Leonhardt e Mönnig (1978a) recomendam ainda que, para o cálculo da armadura, a tensão no aço deve ficar entre 180 MPa e 200 MPa.

⊕ Detalhamento das armaduras de fretagem

$$\frac{R_s}{N_s/2} = \frac{\left(a/4 - d_f/4\right)}{a/2} \quad 9.8$$

246 ELEMENTOS DE FUNDAÇÕES EM CONCRETO

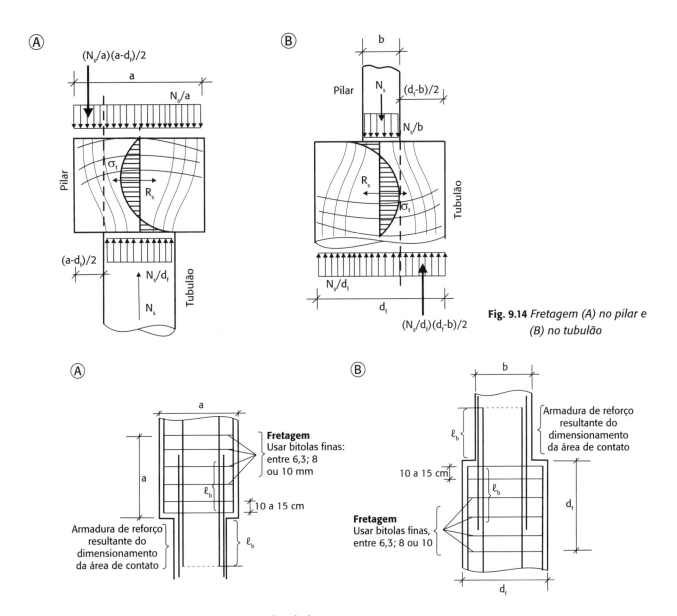

Fig. 9.14 *Fretagem (A) no pilar e (B) no tubulão*

Fig. 9.15 *Armação e fretagem (A) do pilar e (B) do tubulão*

$$R_s \cong 0{,}25 N_s \left(1 - \frac{d_f}{a}\right) \qquad 9.9$$

A Fig. 9.16 mostra diferentes formas de fretagem no tubulão, enquanto a Fig. 9.17 mostra a ligação pilar-tubulão, com fretagem no pilar.

Observar que parte da armadura do tubulão, por causa da forma retangular do pilar, morre sem entrar no pilar, não podendo, portanto, constituir-se em armadura de espera.

Esse fato, associado ao reforço de armadura decorrente do dimensionamento da seção de contato, exige a colocação de uma gaiola de armação de forma retangular na ligação pilar-tubulão (Fig. 9.17), constituindo assim a transição entre as duas armações.

Pilar tendo as duas dimensões inferiores ao diâmetro do tubulão

No caso representado pelas Figs. 9.11 e 9.18, existe uma barra de carga nas duas direções na cabeça do tubulão e devem ser calculadas as armaduras de fretagem de forma semelhante aos cálculos efetuados anteriormente.

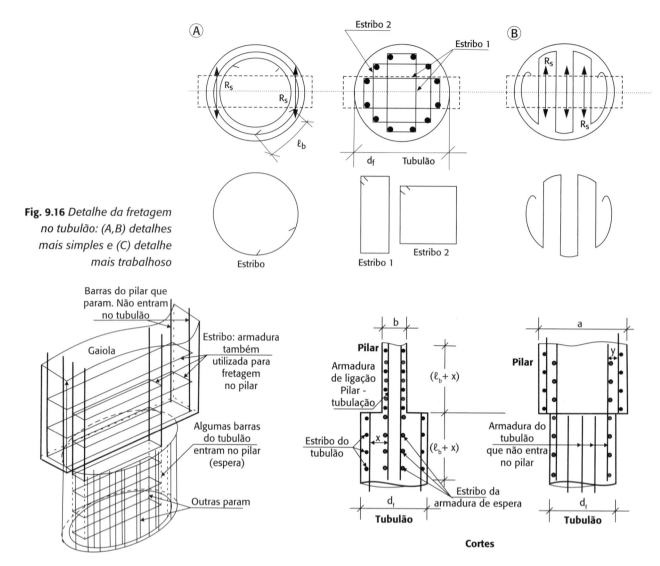

Fig. 9.16 Detalhe da fretagem no tubulão: (A,B) detalhes mais simples e (C) detalhe mais trabalhoso

Fig. 9.17 Ligação pilar-tubulão (fretagem no pilar)

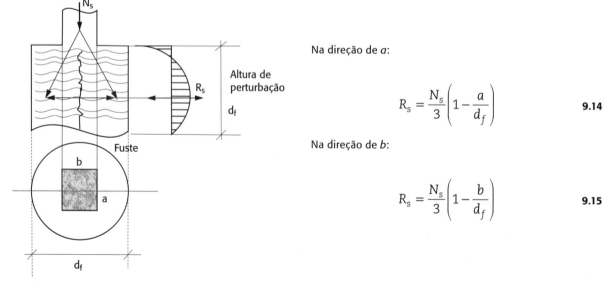

Na direção de a:

$$R_s = \frac{N_s}{3}\left(1 - \frac{a}{d_f}\right) \quad \text{9.14}$$

Na direção de b:

$$R_s = \frac{N_s}{3}\left(1 - \frac{b}{d_f}\right) \quad \text{9.15}$$

Fig. 9.18 Pilar apoiado diretamente no fuste

2º caso: transição por meio de um bloco
(o cabeçote – ou cabeça – pode ser substituído por um bloco sobre o topo do fuste)

Nesse caso, toda transição é feita no bloco, que deverá ser convenientemente fretado e ter altura suficiente de forma a permitir a emenda das barras do pilar com as barras do tubulão.

De modo geral, o bloco de transição circunscreve tanto o pilar quanto o tubulão (Fig. 9.19). A fretagem no bloco se faz, portanto, nas duas direções por causa da abertura de carga (pilar-bloco) ou do fechamento da carga em direção ao tubulão (bloco-tubulão).

O cálculo da armadura de fretagem é análogo ao caso de transição direta pilar-tubulão.

Na Fig. 9.20A, a carga do pilar abre dentro do bloco e caminha diretamente para o tubulão.

$$R_{st} = \frac{N_s}{3}\left(1 - \frac{b}{d_f}\right) \quad 9.16$$

Já na Fig. 9.20B, a carga do pilar fecha dentro do bloco e caminha diretamente para o tubulão.

$$R_{s\ell} = \frac{N_s}{3}\left(1 - \frac{d_f}{a}\right) \quad 9.17$$

3º caso: pilar chegando ao tubulão vazado (Fig. 9.21)

⊕ Detalhamento da cabeça (cabeçote)

$$R_s = \frac{N_s}{2}\frac{1}{\operatorname{tg}\alpha} \quad 9.18$$

$$\alpha > 45_0$$

$$A_s = \frac{R_{sd}}{f_{yd}}$$

Caso o ângulo seja $\alpha > 60°$, é necessário colocar uma armadura de fretagem adicional ($1{,}25 A_s$), como se o tubulão fosse cheio.

⊕ Detalhamento com armadura perimetral (estribo)

Considerando o sistema de treliça da Fig. 9.22, obtêm-se:

p_v é a carga vertical distribuída no perímetro = $N_s / 2\pi \cdot r$.
p_r é a pressão radial atuante na armadura = $p_v / \operatorname{tg}\alpha$.

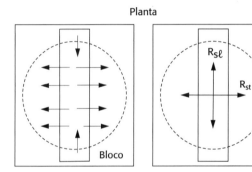

Fig. 9.19 *Bloco de transição de carga*

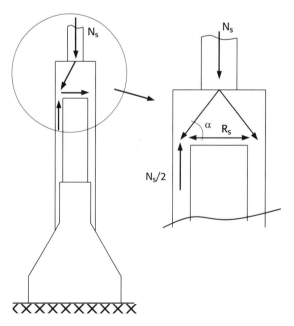

Fig. 9.20 *Transição pilar-bloco: (A) na direção de b e (B) na direção de a*

Fig. 9.21 *Fretagem: tubulão vazado*

Considerando a fórmula de tubos (Fig. 9.22), obtém-se a tração atuante nos estribos.

$$p = \frac{\sum_{\beta_i=0}^{\beta_i=\pi/2} p_{zi}}{r} = \frac{\sum_{\beta_i=0}^{\beta_i=\pi/2} p_r \cdot \operatorname{sen} \beta_i}{r} \quad 9.19$$

$$p \cdot r = p_r \sum_{\beta_i=0}^{\beta_i=\pi/2} \operatorname{sen} \beta_i \quad 9.20$$

$$R_s = p \cdot r = \frac{p_v \cdot r}{\operatorname{tg} \alpha} = \frac{N_s \cdot r / 2\pi r}{\operatorname{tg} \alpha} = \frac{N_s \cdot r}{2\pi \cdot r \cdot \operatorname{tg} \alpha} = \frac{N_s}{2\pi \cdot \operatorname{tg} \alpha} \quad 9.21$$

$$A_s = \frac{R_{sd}}{f_{yd}} = \frac{\gamma_f \cdot R_s}{f_{yd}} \quad 9.22$$

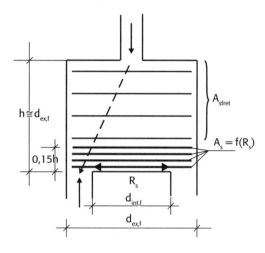

Fig. 9.23 *Fretagem*

A armadura de fretagem (Fig. 9.23) é calculada como se o tubulão fosse cheio, e a altura y deve proporcionar a ligação das armaduras do pilar com as do tubulão. Caso essa altura seja insuficiente pode-se diminuir o comprimento de ancoragem diminuindo a tensão no aço.

⊕ Detalhe da armação da cabeça

Esse procedimento é idêntico ao detalhamento apresentado para o tubulão cheio.

⊕ Detalhamento da região da transição do fuste com a base (caso de tubulão vazado)

Na transição do fuste para a base, no caso de tubulões vazados, é recomendável colocar uma armadura de estribos que consiga absorver os esforços de tração decorrentes da abertura de carga do fuste para a base, conforme indicado na Fig. 9.24. Assim, p_v é a carga vertical distribuída no perímetro $= N_s/2\pi \cdot r$.

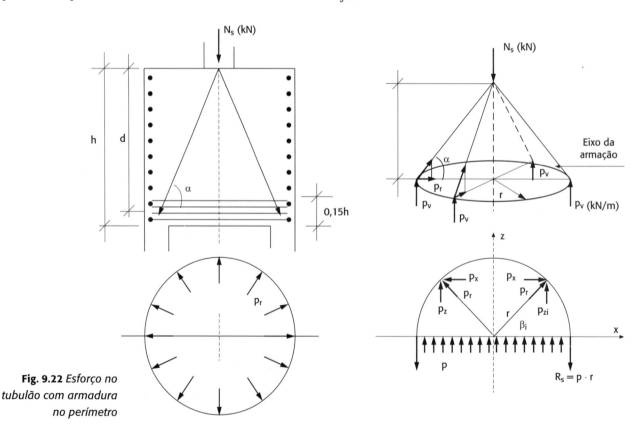

Fig. 9.22 *Esforço no tubulão com armadura no perímetro*

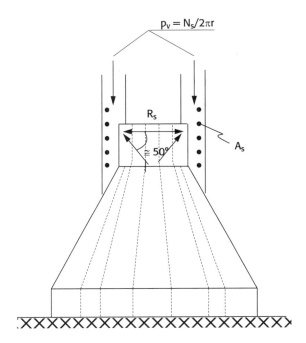

Fig. 9.24 *Transição fuste-base*

Considerando uma abertura de ≅ 50°, obtêm-se:

$$R_s = p \cdot r = \frac{p_v \cdot r}{\text{tg } 50^0} = \frac{N_s \cdot r / 2\pi \cdot r}{\text{tg } 50^0}$$

$$= \frac{N_s \cdot r}{2\pi \cdot r \cdot \text{tg } 50^0} = \frac{N_s}{7,5} \qquad 9.23$$

$$A_s = \frac{R_{sd}}{f_{yd}} = \frac{N_{sd}}{7,5 f_{yd}} \qquad 9.24$$

O detalhamento é, então, análogo ao do cabeçote.

9.2.2 Dimensionamento e detalhamento da base

Área da base

Normalmente, a base do tubulão é dimensionada como um bloco de concreto simples, sem armadura. O diâmetro da base é obtido dividindo-se a carga atuante pela tensão admissível do solo.

Quando o atrito lateral for considerado em tubulões, deve ser desprezado um comprimento de fuste igual ao diâmetro da base imediatamente acima do início dela (item 8.2.1.2 da NBR 6122 – ABNT, 2019b).

$$A_{base} = \frac{N_s}{\sigma_{adm,s}} = \frac{\pi \cdot D^2}{4} \qquad 9.25$$

$$D = \sqrt{\frac{4N_s}{\pi \cdot \sigma_{adm,s}}} \qquad 9.26$$

De acordo com o item 24.6.2 da NBR 6118 (ABNT, 2014), a área da fundação deve ser dimensionada a partir da tensão admissível do solo, não considerando as cargas majoradas. Além disso, o item 8.2.3.6.1 da NBR 6122 (ABNT, 2019b) preconiza que os tubulões, quando necessitarem de base alargada (sino), não devem ter altura superior a 1,80 m, com no máximo 3,0 m para tubulões a ar comprimido. O rodapé da base alargada deve ter altura de no mínimo 20 cm (Fig. 9.25).

A transição do fuste para a base é feita por meio de uma superfície troncocônica chamada *sino*. A altura h é determinada pelo ângulo β. Caso a base necessite ser uma falsa elipse, a área é dada por (Fig. 9.26):

$$A_{base} = \frac{\pi b^2}{4} + b \cdot x = \frac{N_s}{\sigma_{adm,solo}} \qquad 9.27$$

Alonso (1983) recomenda, para esses casos, a relação $a/b \leq 2,5$.

Determinação do ângulo $\beta_{mín}$ para não armar a base do tubulão

Para a determinação do ângulo $\beta_{mín}$ (Fig. 9.27), será imposto que as tensões de tração desenvolvidas na

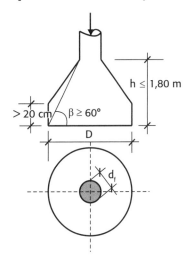

Fig. 9.25 *Base do tubulão*

9 Fundações em tubulão

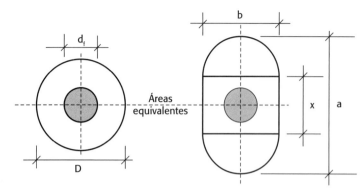

Fig. 9.26 *Áreas da base*

base não devem ultrapassar a resistência do concreto à tração, $f_{ct}/2$.

$f_{ct} = 0{,}9 f_{ct,sp}$ ($f_{ct,sp}$ = resistência à tração indireta)

Na falta de ensaios para obtenção de $f_{ct,sp} = f_{ct,m}$, tem-se:

$$f_{ct,m} = 0{,}3\, f_{ck}^{2/3} \therefore \text{portanto,}$$

$$f_{ct,m} = 0{,}9 \cdot 0{,}3\, f_{ck}^{2/3} = 0{,}27\, f_{ck}^{2/3}$$

Utilizando a expressão desenvolvida na seção 6.4 do Cap. 6:

$$F_t = \frac{2\sigma_{adm,s} \cdot R^3}{d_0}\left(-\frac{\cos^3}{3}\int_{0^0}^{90^0}\right)$$

$$= \frac{2\sigma_{adm,s} \cdot R^3}{3d_0} \qquad 9.28$$

Fazendo $d_0 = R \cdot \operatorname{tg}\beta$, a força de tração será igual a:

$$F_t = \frac{2\sigma_{adm,s} \cdot R^3}{3R \cdot \operatorname{tg}\beta} = \frac{2\sigma_{adm,s} \cdot R^2}{3\operatorname{tg}\beta} \qquad 9.29$$

Sabendo-se que para não armar:

$$\sigma_{ct} \leq \frac{f_{ct}}{2}$$

e que a força de tração (F_t) atua na faixa de $h_0 \geq 0{,}15H$ ou 20 cm (o maior), a tensão no concreto de tração pode ser escrita:

$$\sigma_{ct} = \frac{F_t}{0{,}15H \cdot 2R} \leq \frac{f_{ct}}{2} \qquad 9.30$$

fazendo, então:

$$H = \operatorname{tg}\beta\left(D - d_f\right)/2 \qquad 9.31$$

$$\frac{(2/3)\sigma_{adm,s} \cdot R^2}{0{,}15\,\operatorname{tg}^2\beta\left(D-d_f\right)R} \leq f_{ct}/2 \qquad 9.32$$

$$\operatorname{tg}^2\beta \geq \frac{2R}{0{,}15\left(D-d_f\right)}\frac{\left(\dfrac{2}{3}\right)\sigma_{adm,s}}{f_{ct}}$$

$$= \frac{D}{0{,}15\left(D-d_f\right)}\frac{\left(\dfrac{2}{3}\right)\sigma_{adm,s}}{f_{ct}} \qquad 9.33$$

Portanto, para não se colocar armadura na base do tubulão, utiliza-se:

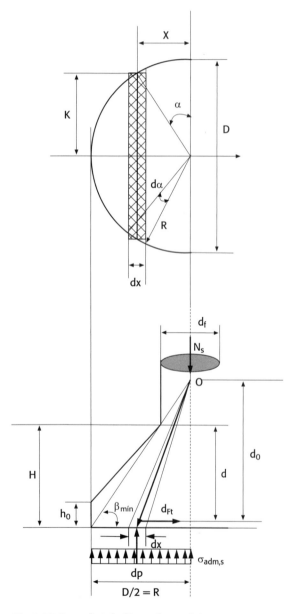

Fig. 9.27 *Base do tubulão: esforços internos*

$$\operatorname{tg}\beta \geq \sqrt{\frac{4,44\,D}{(D-d_f)}\frac{\sigma_{adm,s}}{f_{ct}}} \qquad 9.34$$

sendo f_{ct} igual a $f_{ctk,inf} = 0{,}7 \cdot 0{,}3 f_{ck}^{(2/3)}$.

Langendonck (1944) recomenda, para não armar a base, que o ângulo β seja maior do que o valor encontrado com a seguinte expressão:

$$\frac{\operatorname{tg}\beta}{\beta} \geq \frac{\sigma_{adm,s}}{f_{ct}} + 1 \qquad 9.35$$

sendo:

$$\sigma_{adm,s} \geq \frac{N_{sk}}{A_{base}}$$

N_{sk} é a carga total aplicada na base, incluindo o peso próprio;

A_{base} é a área da base do tubulão.

Havendo a necessidade de armadura, esta será calculada do seguinte modo:

$$R_{sd} = 1{,}4 F_t = \frac{1{,}4 \cdot \left(\frac{2}{3}\right)\sigma_{adm,s} \cdot R^2}{\operatorname{tg}\beta} \qquad 9.36$$

Fazendo:

$$\sigma_{adm,s} = \frac{N_{sk}}{\pi \cdot R^2}$$

$$d_0 = \frac{R \cdot d}{(R - d_f)}$$

$$\operatorname{tg}\beta = \frac{d_0}{R} = \frac{R \cdot d}{R(R - d_f)} = \frac{d}{(R - d_f)}$$

$$R_{sd} = 1{,}4 F_t = \frac{1{,}4 \cdot \left(\frac{2}{3}\right) N_{sk} \cdot R^2}{\pi\, R^2 \operatorname{tg}\beta} = \frac{1{,}05 N_{sk}(R - d_f)}{\pi\, d} \qquad 9.37$$

$$A_s = \frac{R_{sd}}{f_{yd}} \rightarrow \text{armadura radial}$$

⊕ Armadura em malha (igual nas duas direções)

Utilizando armaduras em malha ortogonal, a força na armadura será igual a:

$$R_{s,ort} = \frac{\sqrt{2}}{2} F_t = 0{,}707 \frac{0{,}75\, N_{sk}(R - a)}{\pi \cdot d} \qquad 9.38$$

$$R_{s,ort} \cong 0{,}17 \frac{N_{sk}(R - a)}{d} \text{ (nas duas direções)} \qquad 9.39$$

Logo:

$$A_{s,ort} = \frac{\gamma_f \cdot R_{s,ort}}{f_{yd}}\,(\text{cm}^2) \therefore \left(\frac{A_{s,ort}}{s}\right) = \frac{\gamma_f \cdot R_{s,ort}}{f_{yd} \cdot D}\,(\text{cm}^2/\text{m}) \qquad 9.40$$

O item 3.3 da NBR 6122 (ABNT, 2019b) considera bloco o elemento de fundação rasa de concreto ou outros materiais, como alvenaria ou pedra, e indica que seu dimensionamento seja feito de tal modo que as tensões de tração nele resultantes sejam resistidas pelo material sem necessidade de armadura. Contudo, o item 7.8.2 dessa mesma norma especifica que, considerando a base dos tubulões (sino) como um bloco de concreto, pode-se supor o ângulo beta (β) indicado na Fig. 9.28 como maior ou igual a 60°, para não armar a base. Portanto, partindo desse mesmo princípio e considerando a base do tubulão como um bloco, será possível admitir a dispensa da armadura desde que o ângulo β seja maior ou igual a 60°. Apesar disso, é recomendada a verificação do valor do $\beta_{mín}$ através da Eq. 9.34.

Recomenda-se ainda que a base do tubulão esteja no mínimo 30 cm (Fig. 9.28) dentro do mesmo solo e que a altura do sino não ultrapasse 1,8 m (item 8.2.3.6.1 da NBR 6122 – ABNT, 2019b).

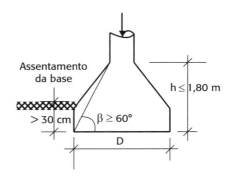

Fig. 9.28 *Assentamento da base*

9.2.3 Dimensionamento e detalhamento do fuste

Cálculo dos esforços solicitantes

Quando o tubulão não é executado com base alargada, admite-se que ele esteja contido em um meio elástico, que é o solo. Assim, a determinação dos esforços solicitantes pode ser feita utilizando-se as fórmulas de vigas sobre apoios elásticos.

Os tubulões ou estacas em meio elástico, no caso, o solo, submetidos a esforços horizontais e momentos têm comportamentos mais complexos do que as estacas ou tubulões submetidos a cargas axiais. Esses elementos submetidos a cargas axiais, segundo alguns autores, possuem propriedades que pouco influenciam no comportamento do conjunto tubulão-solo (estaca-solo), visto que, na maioria dos casos, a ruptura do conjunto se dá pela ruptura do solo na região de contato. Em contrapartida, os tubulões (estacas) submetidos à flexão composta e esforços horizontais têm suas propriedades estruturais influenciando no comportamento do conjunto tanto quanto as propriedades do solo na região de contato, e as rupturas mais frequentes ocorrem no elemento estrutural.

Portanto, dois parâmetros básicos são analisados nesse contexto: a deformação do elemento estrutural (tubulão, estaca) e a reação do solo.

A estaca, assim como o tubulão, sobre trecho elástico pode ser analisada como o caso limite de uma viga contínua sobre apoios elásticos, quando a distância entre os apoios é infinitamente pequena (Hahn, 1972). Winkler propôs em 1867 que a interação solo-estrutura (fundação) fosse constituída por uma série de molas independentes com comportamento elástico e linear. Nesse caso, a rigidez das molas caracteriza uma constante de proporcionalidade entre a pressão aplicada (p) e o deslocamento do solo (δ_s), designada como coeficiente de reação ou coeficiente elástico, entre outros.

Para muitos autores, o modelo de Winkler satisfaz as condições práticas e os resultados obtidos, em termos de recalques e esforços solicitantes para análise de edifícios, são satisfatórios. Diante disso, não há necessidade de se calcular utilizando-se o método dos elementos finitos ou o método dos elementos de contorno.

Modelo desenvolvido por Titze (1970)
Para o cálculo dos esforços solicitantes no fuste do tubulão ou da estaca, Titze (1970) considerou o coeficiente elástico do solo ($K_{s(x)}$) ao longo da profundidade: constante, no caso de argilas; parabólico, para solos

argilosos (ou arenosos); e linear, nos casos de areias. Todos são representados na Fig. 9.29.

Na Fig. 9.29, K_{sL} é o coeficiente de reação do solo (coeficiente elástico do solo) na base do elemento estrutural (estaca ou tubulão).

Todo desenvolvimento teórico é apresentado no Cap. 5. Neste capítulo serão utilizados somente os conceitos, tabelas e gráficos.

Titze (1970) dividiu o elemento estrutural em dez partes (i) ou 100 partes iguais, em alguns casos, e calculou os seguintes parâmetros: deformada (y_i); declividade (tg φ_i); momento (M_i); cortante (V_i); e pressão (p_i), nas seções (i), cuja representação esquemática se encontra na Fig. 9.30:

⊕ Momento na seção (i): $M_i = \alpha_i \cdot M_{fic}$
⊕ Cortante na seção (i): $V_i = \gamma_i \cdot V_{fic}$
⊕ Pressão no solo na seção (i): $p_i = \beta_i \cdot p_{fic}$
⊕ Deformada na seção (i): $y_i = \delta_i (p_{fic}/K_{sL})$
⊕ Deslocamento da cabeça do tubulão na seção (i): $y_0 = \delta_0 (p_{fic}/K_{sL})$ **9.41**
⊕ Rotação na cabeça do tubulão na seção (i): tg $\varphi_0 = \varphi[p_{fic}/(K_{sL} \cdot L)]$
⊕ Ângulo da tangente à curva de pressão, em $x = 0$: tg $\psi_0 = \psi(p_{fic}/L)$

sendo α_i, β_i e γ_i os percentuais de M_{fic}, p_{fic} e V_{fic}, respectivamente (Quadro 9.1), em cada parte do comprimento do elemento estrutural.

Quadro 9.1 Valores fictícios

	Atuando H	Atuando M	Eq.
M_{fic} (momento fictício)	$H \cdot L$	M	
p_{fic} (pressão fictícia)	$H/(d_f \cdot L)$	$M/(d_f \cdot L^2)$	**9.42**
V_{fic} (cortante fictícia)	H	M/L	

em que:

d_f é o diâmetro do elemento estrutural (fuste do tubulão ou da estaca);
L é a profundidade do elemento estrutural;
H é a força horizontal aplicada no elemento estrutural;
M é o momento fletor aplicado no elemento estrutural.

Titze (1970) elaborou ábacos de α_i, β_i, γ_i e δ_i em função de λ e desenvolveu os gráficos apresentados

254 ELEMENTOS DE FUNDAÇÕES EM CONCRETO

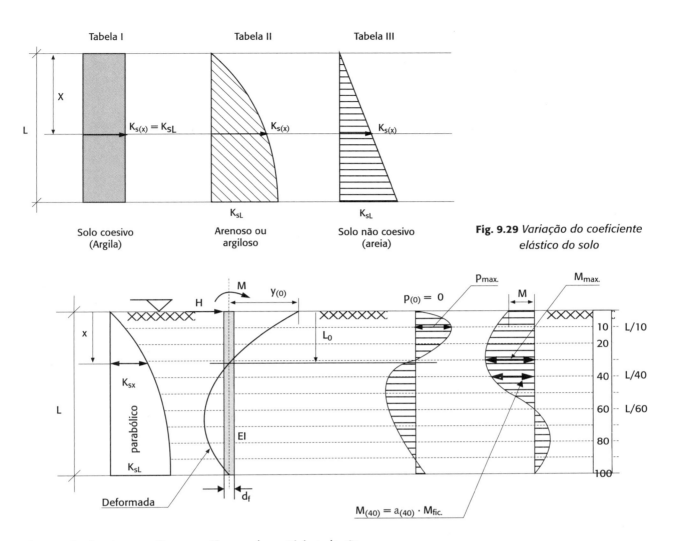

Fig. 9.29 *Variação do coeficiente elástico do solo*

Fig. 9.30 *Parâmetros $y_{(x)}$, $M_{(x)}$, $p_{(x)}$ e $V_{(x)}$ a cada centésimo do vão*

no Cap. 5, tanto para H quanto M (Figs. 5.19 a 5.21 e Anexos A14 a A20), aplicados no topo do elemento estrutural (tubulão ou estaca).

Para utilizar os gráficos na determinação dos esforços solicitantes ao longo da profundidade, inicialmente se determina o coeficiente λ. Em seguida, determinam-se os percentuais de α_i e β_i em cada centésimo ou décimo do vão (da profundidade).

Modelo desenvolvido por Sherif (1974)
Sherif (1974) desenvolveu 234 tabelas por meio das quais se podem calcular, de modo simples, os esforços solicitantes, as rotações e as deformações em uma determinada seção do elemento estrutural (tubulão ou estaca), ao longo de sua profundidade, para diferentes distribuições do coeficiente elástico do solo.

As tabelas foram transformadas em ábacos (Fig. 9.31) semelhantes aos desenvolvidos por Titze (1970) e estão apresentadas nos Anexos A21 a A29.

Outras considerações importantes para dimensionamento do fuste
É importante ressaltar que, no caso de tubulões executados com alargamento de base com tubos pré-moldados, não é recomendável admitir-se o confinamento do solo. O preenchimento dos espaços vazios entre a camisa do tubulão e o solo é feito durante a execução à medida que ocorrem queda e desmoronamento do solo das paredes laterais do poço escavado (Fig. 9.32). Esse material não é, portanto, compactado, e sua eficiência como elemento de consistência é duvidosa (Borges, entre 1977 e 1978).

9 Fundações em tubulão 255

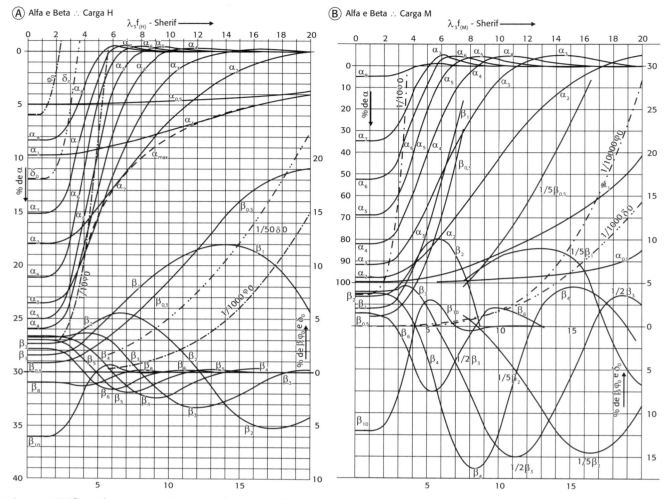

Fig. 9.31 Gráficos de α_i e β_i em função de λ_3, para aplicação de H e M no topo do elemento estrutural: coeficiente do solo variando linearmente com a profundidade

No caso de tubulão executado com camisa pré-moldada é importante verificar se existe folga entre o fuste e o poço. Caso haja esse vazio, deve ser injetada argamassa (Fig. 9.33) de maneira a garantir o confinamento do solo e o fuste deve estar em contato com o solo.

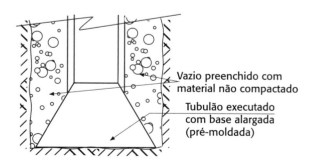

Fig. 9.32 Solo não confinado entre o solo escavado e a camisa do tubulão

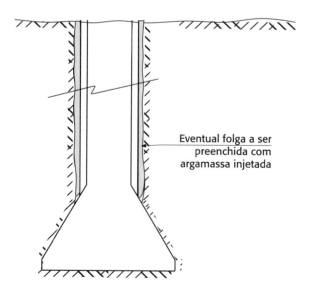

Fig. 9.33 Preenchimento do espaço vazio com argamassa injetada

A existência dessa folga deve ser verificada pelo engenheiro da obra ou pela fiscalização.

Cálculo das armaduras e detalhamento do fuste

⊕ Elemento estrutural solicitado somente à compressão
- Verificação da tensão no concreto para se trabalhar como concreto simples (sem armadura longitudinal).

Os tubulões não encamisados, segundo o item 8.6.3 da NBR 6122 (ABNT, 2019b), podem ser executados em concreto simples, ou seja, não armado (exceto ligação com o bloco), quando solicitados por cargas de compressão e observadas as condições da Tab. 9.1. O item 24.6.3 da NBR 6118 (ABNT, 2014) recomenda que a máxima tensão de compressão no ELU, com as ações majoradas, não ultrapasse o valor de σ_{cRd}.

Assim:

a] Concreto: $f_{ck} \geq 25$ MPa. Classe C25 para meio agressivo I e II e classe C40 para meio agressivo III e IV. A resistência característica deve ser multiplicada por 0,85.

b] Coeficientes: $\gamma_f = 1,4$; $\gamma_c = 2,2$ a $3,6$ e $\gamma_s = 1,15$.

c] Tensão máxima atuante (para não armar): 5,0 MPa.

Portanto, a solicitação de cálculo, de acordo com o item 24.6.1 da NBR 6118 (ABNT, 2014), não deve ultrapassar N_{Rd}. Logo:

$$N_{sd} \leq N_{Rd} = 0,63\, f_{cd} \cdot A_c \left[1 - \left(\frac{\alpha \ell}{32 d_f}\right)^2\right] \leq 5,0 \text{ MPa} \cdot A_c \quad \textbf{9.43}$$

em que:

α é o fator de que define as condições de vínculo nas extremidades;

$\alpha = \begin{cases} 1,0 \text{ quando não existirem restrições à rotação tanto no apoio quanto na base;} \\ 0,8 \text{ quando existir alguma contrarrotação tanto no topo quanto na base;} \end{cases}$

d_f é o diâmetro do fuste;
ℓ é o comprimento do fuste (distância vertical entre apoios).

- Cálculo da armadura para o fuste

$$A_{sc} = \frac{N_{sd} \cdot \gamma_n - 0,85 f_{cd} \cdot A_c}{\sigma_{scd}} \quad \textbf{9.44}$$

Como em qualquer peça quando totalmente comprimida, a deformação máxima do concreto é de 2‰ e o aço a acompanha. Logo, a tensão de escoamento à compressão de cálculo para o aço CA-50 será igual a $\sigma_{scd} = 365$ MPa (Fig. 9.34).

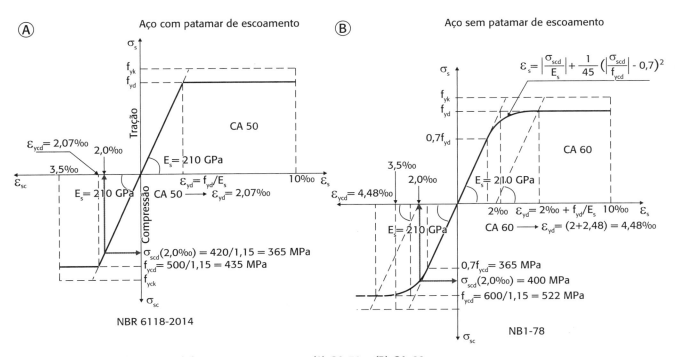

Fig. 9.34 *Diagramas de tensão-deformação para os aços (A) CA-50 e (B) CA-60*

⊕ Elementos estruturais solicitados à flexão composta

A tensão máxima nas fibras de concreto simples, segundo o item 24.5.2.1 da NBR 6118 (ABNT, 2014), não deve exceder os valores das tensões resistentes de cálculo. Nesses casos de concreto simples, o coeficiente de minoração será: $\gamma_c = 1,2 \times 1,4 = 1,68$. Assim:

a] fibra externa comprimida: $\sigma_{cRd} = 0,85 f_{cd} = (0,85/1,68) \cdot f_{ck} \cong 0,5 f_{ck}$;

b] fibra externa tracionada: $\sigma_{ctRd} = 0,85 f_{ctd}$.

O cálculo das armaduras para os elementos solicitados à flexão composta serão tratados de acordo com o apresentado no Cap. 4. Para tanto, serão utilizadas as curvas de interação, semelhantes àquelas apresentadas por Montoya, Meseguer e Cabré (1973).

Essas curvas de interação (ábacos) são práticas e podem ser elaboradas considerando os pares resistentes adimensionais (μ_d, ν_d – Fig. 9.35 e 9.36), normalmente para distribuição de armaduras simétricas – caso típico de elementos estruturais circulares, como estacas e tubulões. Outras curvas podem ser observadas nos anexos.

$$\nu_d = \frac{N_{Rd}}{A_c \cdot f_{cd}}, \quad \mu_d = \frac{M_{Rd}}{A_c \cdot f_{cd} \cdot h} \quad e \quad \omega = \frac{A_{s,tot} \cdot f_{yd}}{A_c \cdot f_{cd}} \qquad 9.45$$

⊕ Dimensionamento e detalhamento à força cortante

Para o dimensionamento do fuste, quando solicitado ao corte, serão utilizados os conhecimentos apresentados no Cap. 4.

Quando o tubulão for encamisado e escavado com ar comprimido, deverá ser calculada uma armadura transversal considerando a pressão igual a uma vez e meia a máxima pressão de trabalho prevista, desprezando empuxos externos de solo e água (item 8.6.4.1 da NBR 6122 – ABNT, 2019b).

• Verificação da compressão diagonal do concreto (modelo de cálculo II do item 17.4.2.3 da NBR 6118 – ABNT, 2014)

$$V_{sd} \leq V_{Rd2} = 0,54 \, \alpha_{v2} \cdot f_{cd} \cdot b_w \cdot d \cdot \text{sen}^2\theta \qquad 9.46$$
$$(\cot g \, \alpha + \cot g \, \theta)$$

em que α é o ângulo de inclinação da armadura transversal em relação ao eixo longitudinal do elemento estrutural, podendo se tomar valores entre 45° e 90°,

e θ é o ângulo que as bielas formam com o eixo horizontal, podendo variar de 30° a 45°.

$\alpha_v = \left(1 - \dfrac{f_{ck}}{250}\right)$ é um fator redutor da resistência à compressão do concreto quando há tração transversal por efeito de armadura e existência de fissuras transversais às tensões de compressão, com f_{ck} em megapascal.

Fazendo $\alpha = 90°$ e $\theta = 45°$ (modelo de cálculo I do item 17.4.2.2 da NBR 6118 – ABNT, 2014), tem-se:

$$V_{sd} \leq V_{Rd2} = 0,27 \, \alpha_{v2} \cdot f_{cd} \cdot b_w \cdot d \qquad 9.47$$

• Cálculo da armadura, quando necessário

$$V_{sd} \leq V_{Rd3} = V_c + V_{sw} \qquad 9.48$$

em que:

$$V_c = V_{co} = 0,6 \, f_{ctd} \cdot b_w \cdot d \qquad 9.49$$

$$f_{ctd} = \frac{f_{ctk,inf}}{\gamma_c} = \frac{0,7 f_{ct,m}}{\gamma_c} = \frac{0,21 \, f_{ck}^{2/3}}{\gamma_c} \qquad 9.50$$

V_{sw} é a parcela resistida pela armadura transversal (item 17.4.2.2 da NBR 6118 – ABNT, 2014):

$$V_{sw} = \left(\frac{A_{sw}}{s}\right) 0,9 \, d \cdot f_{ywd} \left(\text{sen} \, \alpha + \cos \alpha\right) \qquad 9.51$$

Resultando em:

$$\left(\frac{A_{sw}}{s \cdot \text{sen} \, \alpha}\right) \geq \left(\frac{\dfrac{V_{sd}}{(b_w \cdot d)} - 0,6 \, f_{ctd}}{0,9 \, f_{ywd} \cdot \text{sen} \, \alpha \left(\text{sen} \, \alpha + \cos \alpha\right)}\right) \qquad 9.52$$

$$b_w = \rho_w \cdot b_w$$

em que ρ_w é a taxa de armadura transversal:

$$\rho_w = \left(\frac{\dfrac{V_{sd}}{(b_w \cdot d)} - 0,6 f_{ctd}}{0,9 \, f_{ywd} \cdot \text{sen} \, \alpha \left(\text{sen} \, \alpha + \cos \alpha\right)}\right) \rho_{w,min} \qquad 9.53$$

⊕ Detalhamento do fuste

• Armaduras longitudinais de tração e de compressão

Os limites de armaduras longitudinais nos tubulões deverão atender as mesmas prescrições feitas para os pilares, ou seja:

a] Valores mínimos (item 17.3.5.3.1 da NBR 6118 – ABNT, 2014):

258 ELEMENTOS DE FUNDAÇÕES EM CONCRETO

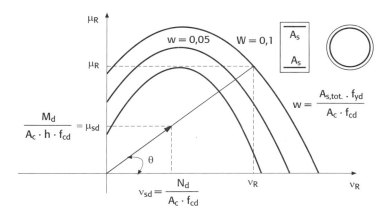

Fig. 9.35 Curvas de interação adimensionais

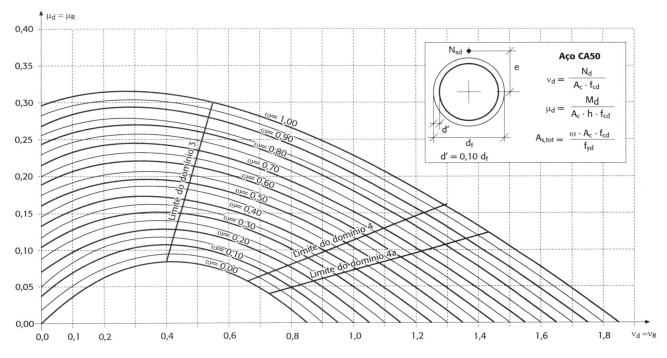

Fig. 9.36 Curva de interação para elementos circulares – seção circular com $d' = 0,10 d_f$
Fonte: Montoya, Meseguer e Cabré (1973).

$$A_{s,mín} = 0,15 \frac{N_{sd}}{f_{yd}} \geq 0,4\% \, A_c \quad \quad 9.54$$

b] Valores máximos (item 17.3.5.3.2 da NBR 6118 – ABNT, 2014):

$$A_{s,máx} = 8\% \, A_c \quad \quad 9.55$$

c] Diâmetro mínimo (item 18.4.2.1 da NBR 6118 – ABNT, 2014):

10 mm $\leq \phi_\ell \leq$ 1/8 da menor dimensão transversal

d] Espaçamento mínimo entre as barras longitudinais (item 18.4.2.2 da NBR 6118 – ABNT, 2014):

$$s \geq \begin{cases} 20 \text{ mm} \\ \text{diâmetro da barra} \\ 1,2 \text{ vez a dimensão máxima do agregado)} \end{cases}$$

e] Emenda entre as barras longitudinais

Em função da flexão composta atuando no tubulão, as armaduras ali encontradas estarão solicitadas à tração e, portanto, a emenda deverá atender ao prescrito no item 9.5.2.2 da NBR 6118 (ABNT, 2014), disposto a seguir:

$$\ell_{0t} = \alpha_{0t} \cdot \ell_{b,nec} \geq \ell_{0t,mín} = \begin{cases} 0{,}3\ \alpha_{0t} \cdot \ell_b \\ 15\varphi \\ 200\ \text{mm} \end{cases} \quad 9.56$$

em que:

ℓ_{0t} é o comprimento de emenda de barras tracionadas;

α_{0t} é o coeficiente em função da percentagem de barras emendadas na mesma seção, conforme a Tab. 9.3;

ℓ_b é o comprimento de ancoragem para barras tracionadas, igual a 44φ para concreto com f_{ck} = 20 MPa e a 38φ para concreto com f_{ck} = 25 MPa (Tab. 6.4 do Cap. 6).

Tab. 9.3 Valores de coeficientes α_{0t}

Barras emendadas na mesma seção (%)	≤ 20	25	33	50	> 50
Valores de α_{0t}	1,2	1,4	1,6	1,8	2,0

Fonte: Tabela 9.4 da NBR 6118 (ABNT, 2014).

- Armadura mínima para cortante (armaduras transversais)

$$\frac{A_{sw}}{s} \geq \rho_{sw} \cdot b_w \geq \rho_{sw,mín} \cdot b_w \quad 9.57$$

$$\rho_{sw} \geq \rho_{sw,mín} = 0{,}2\frac{f_{ct,m}}{f_{ywk}} = \frac{0{,}6\ f_{ck}^{2/3}}{f_{ywk}} \quad 9.58$$
$$f_{ct,m} = 0{,}3\ f_{ck}^{2/3}$$

- Armaduras transversais (estribos)

a] Diâmetro mínimo (item 18.4.3 da NBR 6118 – ABNT, 2014):

$$\phi_t \geq \begin{cases} 5\ \text{mm} \\ 1/4\ \text{do diâmetro da barra longitudinal isolada} \end{cases}$$

b] Espaçamento longitudinal entre os estribos (item 18.4.3 da NBR 6118 – ABNT, 2014):

$$s \leq \begin{cases} 20\ \text{mm} \\ \text{menor dimensão da seção} \\ 24\varphi\ \text{para CA-25, } 12\varphi\ \text{para CA-50)} \end{cases}$$

- Detalhamento do fuste do tubulão (Fig. 9.37)

Recomenda-se utilizar armaduras longitudinais uniformemente distribuídas e simétricas pelas seguintes razões:

a] simplificação construtiva;

b] redução de riscos de inversão no posicionamento das armaduras.

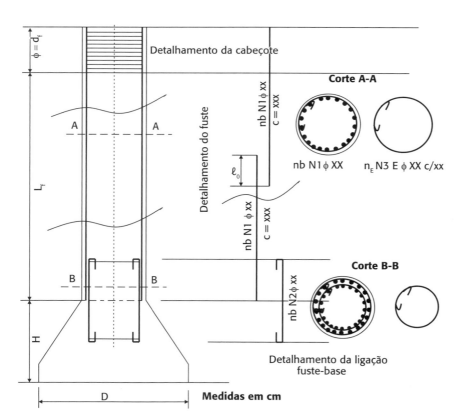

Fig. 9.37 Detalhamento do fuste do tubulão

Exemplo 9.1 Dimensionamento do diâmetro do fuste e da área da base

Projetar e dimensionar um tubulão para o pilar da Fig. 9.38, com taxa admissível no solo de 0,6 MPa (600 kN/m²) e concreto f_{ck} = 25 MPa.

Para os dados, considerar:
Carga permanente: G = 70% × 1.200 = 840 kN;
Carga variável: Q = 30% × 1.200 = 360 kN.

O item 5.6 da NBR 6122 (ABNT, 2019b) recomenda considerar 5% da carga vertical permanente. Como existe a possibilidade de abertura de base, serão considerados 10% da carga permanente, para incluir inicialmente o peso próprio.

$$PP = N_G = 0{,}10 \times 840 = 84 \text{ kN}$$

Cálculo da área da base

Para o cálculo da dimensão da base, deve-se considerar o peso próprio do tubulão (fuste + base):

$$N_{SK} = N_{SG} + N_{SQ} + 0{,}1\,N_{SG} = 840 + 360 + 0{,}10 \times 840$$
$$= 1.284 \text{ kN}$$

Considerando fuste de 0,9 cm para escavação manual (exigência do item 18.7.2.15 da NR 18 – Brasil, 2020) e 12 m de profundidade:

$$PP = N_{Gk} = \frac{\pi d_f^2}{4} 12 \cdot 25 = \frac{\pi \cdot 0{,}9^2}{4} 12 \cdot 25 = 190{,}85 \text{ kN}$$

Mais do que o dobro do considerado com 10%. Portanto:

$$D = \sqrt{\frac{4\,N_s}{\pi \cdot \sigma_{adm,solo}}} = \sqrt{\frac{4\,(1.200 + 190{,}85)}{\pi \cdot 600}} = 1{,}72 \text{ m}$$

$$D = 1{,}72 \text{ m} \rightarrow R = 0{,}86 \text{ m} > 0{,}625$$

Logo, a base circular não cabe na distância disponível entre o pilar e a divisa, sendo necessário adotar uma falsa elipse (Fig. 9.39):

Inicialmente, adota-se b = 2 × 0,625 = 1,25, pois não é necessário deixar folga, visto que a base está a 12 metros de profundidade. Portanto:

$$A_{base} = \frac{\pi \cdot b^2}{4} + b \cdot X = \frac{N_G + N_Q}{\sigma_{adm,solo}}$$

$$\frac{3{,}1416 \times 1{,}25^2}{4} + 1{,}2X = \frac{(840 + 190{,}85) + 360}{600}$$

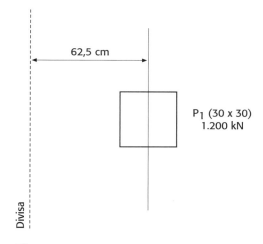

Fig. 9.38 *Pilar e carga*

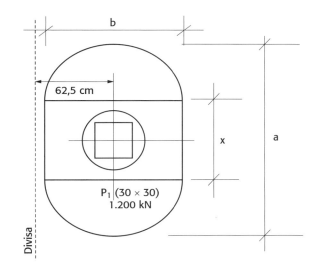

Fig. 9.39 *Base elíptica*

$$X = 0{,}87 \text{ m} \cong 0{,}90 \text{ m}$$
$$a = X + b = 0{,}90 + 1{,}25 = 2{,}15 \text{ m}$$

Verificando a relação de a/b = 2,15/1,25 = 1,72 < 2,5 (recomendado), o resultado está OK.

Cálculo do diâmetro do fuste (carga somente de compressão)

De acordo com o item 24.6 da NBR 6118 (ABNT, 2014):

$$N_{sd} \leq N_{Rd} = 0{,}63\,f_{cd} \cdot A_c \left[1 - \left(\frac{\alpha \ell}{32\,d_f}\right)^2\right] \leq 5{,}0 \text{ MPa} \cdot A_c$$

Como:

$$\left[1-\left(\frac{\alpha\ell}{32\,d_f}\right)^2\right]$$ varia de 0,8 a 1,0 → adotar inicialmente a condição mais desfavorável.

Considerando o diâmetro do fuste igual a 90 cm:

$$\left[1-\left(\frac{\alpha\ell}{32\,d_f}\right)^2\right]=1-\left(\frac{1,0\times1.200}{32\times90}\right)^2=0,83$$

$$\left[1-\left(\frac{\alpha\ell}{32\,d_f}\right)^2\right]=1-\left(\frac{0,8\times1.200}{32\times90}\right)^2=0,88$$

⊕ Concreto: f_{ck} = 25 MPa (a resistência característica deve ser multiplicada por 0,85);
⊕ Coeficientes: γ_f = 1,4, γ_c = 2,2 e γ_s = 1,15;
⊕ Tensão máxima atuante: 5,0 MPa.

$$N_{sd}=\left(N_{sk}+N_{Gk}\right)\cdot\gamma_f=\left(1.200+190,85\right)\times1,4$$
$$=1.947,19\ \text{kN}$$

$$N_{Rd}=0,63\,f_{cd}\cdot A_c\cdot0,83=0,63\frac{0,85\times25}{2,2}0,83A_c\rightarrow$$

$$5,05\ \text{MPa}\cdot A_c>5,0\ \text{MPa}\cdot A_c$$

$$1.947,19\leq0,5\left(\frac{\text{kN}}{\text{cm}^2}\right)A_c\rightarrow A_c\geq3.894,38\ \text{cm}^2\rightarrow$$

$$d_f=\sqrt{\frac{4\,A_c}{\pi}}=70,4\ \text{cm}$$

Logo, utilizar como limite 5,0 MPa · A_c.

Será adotado d_f = 90 cm para escavação manual, para atender a NR 18 (Brasil, 2020).

Cálculo da altura da base

Fazendo $D = a$ = 2,15 m (Fig. 9.39):

$$H=\text{tg}\,\beta\cdot\frac{\left(D-d_f\right)}{2}=\text{tg}\,60^0\cdot\frac{(2,15-0,9)}{2}$$
$$=0,86\ \text{m}\cong90\ \text{cm}<1,80\ \text{m}$$

Na outra direção:

$$\text{tg}\,\beta=\frac{2H}{\left(b-d_f\right)}=\frac{2\times0,9}{(1,25-0,9)}$$
$$=5,14\rightarrow\beta\cong79^0>60^0\rightarrow\text{OK}$$

Exemplo 9.2 Dimensionamento de fuste

Para a estrutura da Fig. 9.40, elaborar os sistemas estruturais dos vários elementos, os esboços dos diagramas dos esforços solicitantes e as respectivas posições das armaduras principais de cada peça. Determinar, também, os esforços solicitantes máximos nos tubulões e suas bases.

Dados:
⊕ Ângulo de atrito interno do solo φ = 30°;
⊕ Ângulo de atrito entre o paramento e o solo δ = 0°;
⊕ Coeficiente elástico do solo (Tab. 5.13 no Cap. 5): constante com a profundidade e K_s = 7.000 kN/m³ (700 tf/m³);
⊕ Admitir que os aparelhos de neoprene transfiram somente carga vertical;
⊕ Tensão admissível na base: 400 kN/m² (40 tf/m² – 0,4 MPa);
⊕ Massa específica do solo: ρ_{solo} = 18 kN/m³ (1,8 tf/m³);
⊕ Concreto f_{ck} = 25 MPa.

Sistemas estruturais dos elementos e esforços solicitantes (Figs. 9.41 a 9.53)

Nível 200 (Fig. 9.41) – corte A-A da Fig. 9.40
⊕ Laje (N200)

Sistema de cálculo e esboço dos esforços solicitantes e das armaduras (Fig. 9.42).

Tomada de carga:
$$L_{201}\ (5\times30)\ h_L=0,25\ \text{m}$$

• Carregamento da laje
$$g=0,25\times25\ \text{kN/m}^2=6,25\ \text{kN/m}^2$$
$$q\ \underline{=20,0\ \text{kN/m}^2}$$
$$p=26,25\ \text{kN/m}^2$$

• Distribuição da carga da laje para a viga (laje alongada)

$$p_y=\frac{p\cdot\ell_x}{4}=\frac{26,25\times5,0}{4}=32,81\ \text{kN/m}$$

$$p_x=\frac{p\cdot\ell_x}{2}=26,25\frac{5,0}{2}=65,62\ \text{kN/m}$$

Vigas (N200)
⊕ Viga 202 (20/200)

Sistema de cálculo e esboço dos esforços solicitantes e das armaduras (Fig. 9.43).

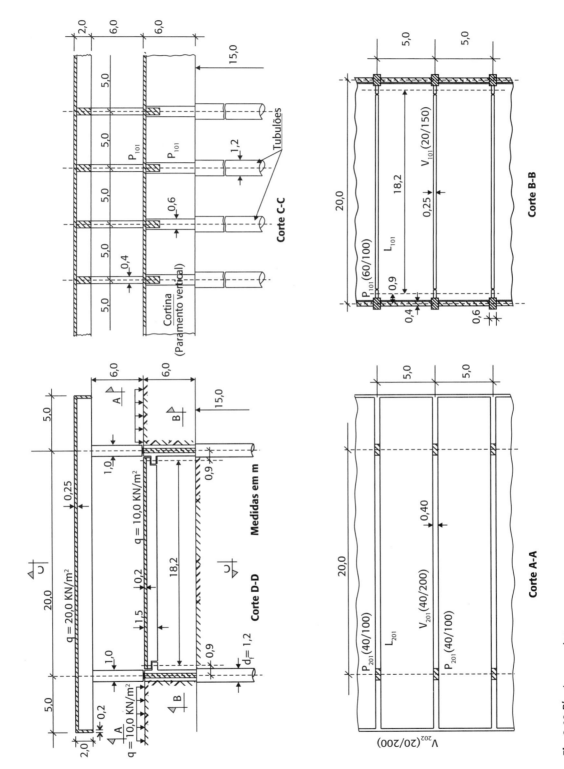

Fig. 9.40 *Plantas e cortes*

9 Fundações em tubulão

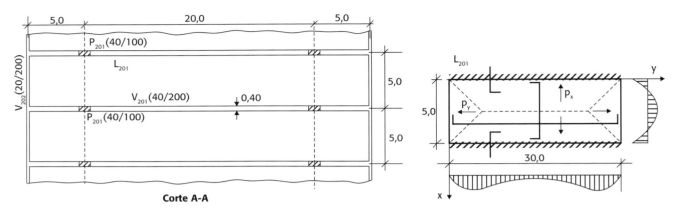

Fig. 9.41 *Nível 200*

Fig. 9.42 *Laje 201*

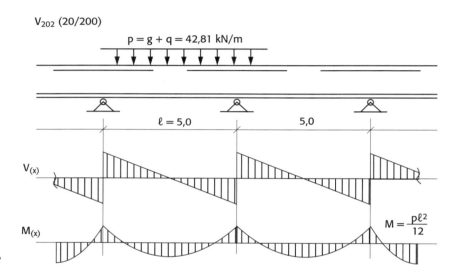

Fig. 9.43 *Viga 202*

- Carregamento da viga 202
  $g = 0,2 \times 2,0 \times 25,0 = 10,00$ kN/m
  $p_{y,L201} = \underline{32,81 \text{ kN/m}}$
  $p_{v202} = 42,81$ kN/m
- Reações
  $R_v = 5,0 \times 42,81 = 214,05$ kN
- Viga 201 (40/200)

Sistema de cálculo e esboço dos esforços solicitantes e das armaduras (Fig. 9.44).

- Carregamento da viga 201
  $g = 0,4 \times 2,0 \times 25,0 = 20,00$ kN/m
  $p_{x,L201} = 2 \times 65,62 = \underline{131,24 \text{ kN/m}}$
  $p_{v201} = 151,24$ kN/m
- Reações de apoio
  $R_{ve} = 214,05 + 5,0 \times 151,24 = 970,25$ kN
  $R_{vd} = 151,24 \times 20/2 = \underline{1.512,40 \text{ kN}}$
  $R_v = 2.482,65$ kN

⊕ Pilar 201 (40/100) (do N100 ao N200)

Esquema de cálculo e esboço do esforço solicitante (Fig. 9.45).

- Carregamento:
  $R_{V201} = 2.482,65$ kN
  $G = 6,0 \times 0,4 \times 1,0 \times 25 = 60$ kN (peso próprio)

Nível 100 (Fig. 9.47) – corte B-B da Fig. 9.40

- Laje (N100)

Esquema de cálculo e esboço dos esforços solicitante e armaduras (Fig. 9.48).

⊕ L101 (5×≈20) $h_L = 0,20$ m

- Carregamento da laje
  $g = 0,20 \times 25$ kN/m³ $= 5,00$ kN/m²
  $q = \underline{10,0 \text{ kN/m}^2}$
  $p = 15,0$ kN/m²

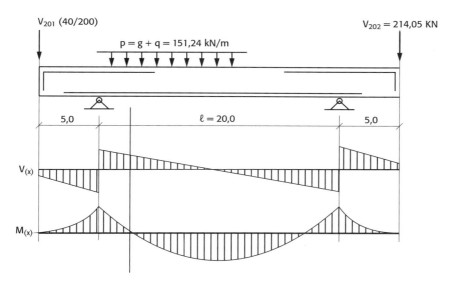

Fig. 9.44 *Viga 201*

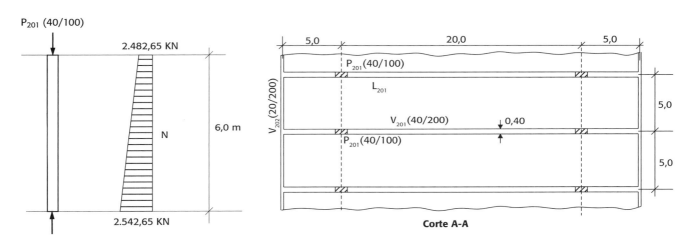

Fig. 9.45 *Pilar 201*   **Fig. 9.46** *Nível 200*

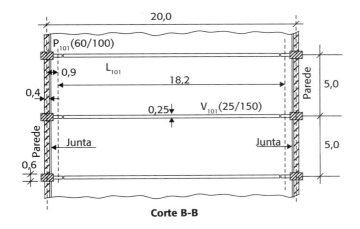

Fig. 9.47 *Nível 100*

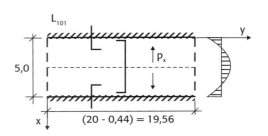

Fig. 9.48 *Laje 101*

9 Fundações em tubulão

- Distribuição da carga da laje para a viga

$$p_x = \frac{p \cdot l_x}{2} = \frac{15,0 \times 5,0}{2} = 37,5 \text{ kN/m}$$

Vigas (N100)

⊕ Viga 101 (25/150)

Esquema de cálculo e esboço dos esforços solicitantes e armaduras (Fig. 9.49).

- Carregamento da viga 101

$g = 0,25 \times 1,5 \times 25,0 = 9,38$ kN/m

$p_{x,L101} = 2 \times 37,50 = \underline{75,00 \text{ kN/m}}$

$p_{V101} = 84,38$ kN/m

Levando-se em conta que a laje é maior do que a viga, para se ter a carga total no pilar, visto que a laje não descarrega na parede, será feita uma pequena majoração na carga distribuída da viga na proporção do seu comprimento em relação ao comprimento da laje. Dessa forma:

ℓ_{L101} = 20,0 – 0,44 = 19,56 m (0,44 cm = espessura da parede mais 2 cm da junta de cada lado)

ℓ_{V101} = 18,2 m

$$\gamma_m = \frac{\ell_{L101}}{\ell_{V101}} = \frac{19,56}{18,2} = 1,075$$

$p_{V101(corr.)} = 1,075 \times 84,38 = 90,71 \text{ kN/m}$

- Reações

$R_{V101} = 90,71 \times 18,2/2 = 825,46$ kN

⊕ Parede (como viga)

No caso de vigas contínuas, com vãos e carregamentos iguais em todos os tramos, utilizam-se para o cálculo dos esforços solicitantes os valores indicados na Fig. 9.50.

Esquema de cálculo e esboço dos esforços solicitantes e armaduras (Fig. 9.51).

- Carregamento da parede (40/600)

$g = 0,4 \times 6,0 \times 25 = 60$ kN/m

- Reações

$R_{par} = 5,0 \times 60 = 300,0$ kN

⊕ Parede (como laje)

Esquema de cálculo e esboço dos esforços solicitantes e armaduras (Fig. 9.52).

- Cálculo do empuxo por causa da terra

$$K_a = \rho_s \cdot \lambda_a = \rho_s \cdot \text{tg}^2\left(45^0 - \frac{\varphi}{2}\right); \quad \lambda_a = \text{tg}^2\left(45^0 - \frac{\varphi}{2}\right)$$

$$\lambda_{a(h)} = \text{tg}^2\left(45^0 - \frac{\varphi}{2}\right) = \text{tg}^2\left(45^0 - \frac{30^0}{2}\right)$$
$$= \text{tg}^2 30^0 = 0,333$$

$$K_{a(h)} = \rho_s \cdot \lambda_{a(h)} = \rho_s \cdot \text{tg}^2\left(45^0 - \frac{\varphi}{2}\right) = 18 \times 0,333$$
$$= 5,994 \cong 6,0 \text{ kN/m}^3$$

$$E_{a(h)} = K_{a(h)} \frac{h^2}{2} = 6,0 \frac{6,0^2}{2} = 108 \text{ kN/m}$$

em que:

h é a altura do muro;

$K_a(h)$ é o coeficiente de empuxo ativo (horizontal);

ρ_s é a massa específica aparente do solo;

φ é o ângulo de atrito do solo.

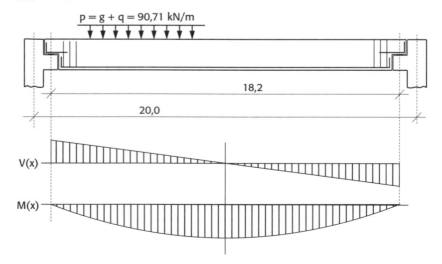

Fig. 9.49 *Viga 101*

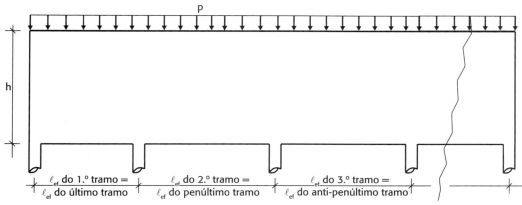
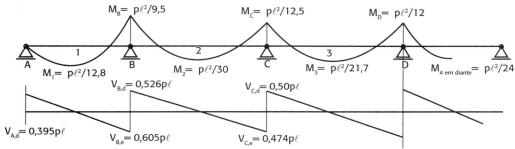

Fig. 9.50 *Distribuição dos esforços solicitantes na viga contínua com vãos e carregamentos iguais*

Fonte: adaptado de Kollar (1974).

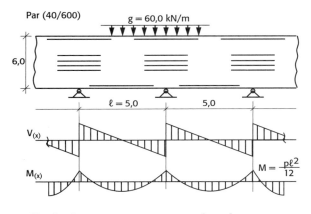

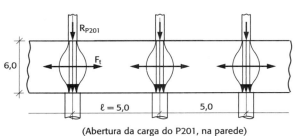

(Abertura da carga do P201, na parede)

Fig. 9.51 *Parede como viga*

- Cálculo do empuxo por causa da sobrecarga

$$q_{(sobr)} = 10 \text{ kN/m}^2$$
$$E_{a(h,sobr)} = \lambda_{a(h)} \cdot q_{(sobr)} \cdot h = 0,333 \times 10 \times 6,0$$
$$= 19,98 \cong 20 \text{ kN/m}$$

- Reações da parede no pilar P

$$E_{(H)} = 5 \times 108 = 540 \text{ kN}$$
$$E_{(H,sobr)} = 5,0 \times 20 = 100 \text{ kN}$$

⊕ Pilar P 101 (60/100) (do N00 ao N100)

Esquema de cálculo e esforços solicitantes (Fig. 9.53).

- Carregamento

$$g = 0,60 \times 1,0 \times 25,0 = 15,0 \text{ kN/m};$$
$$G = g \cdot \ell_p = 15 \times 6,0 = 90 \text{ kN}$$

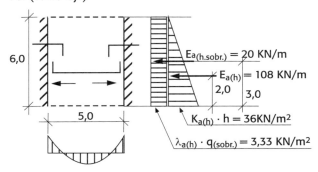

Fig. 9.52 *Parede como laje*

9 Fundações em tubulão

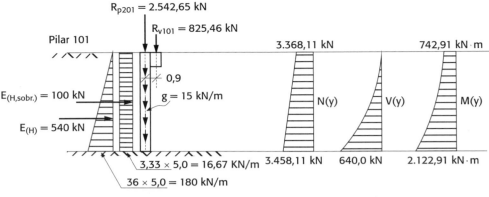

Fig. 9.53 *Pilar P 101*   Carregamento   Esforços solicitantes

◦ Tubulão (T) – corte C-C (Fig. 9.40)
  • Esforços na cabeça do tubulão (Fig. 9.54)
  $M = 2.122,91$ kN · m
  $N = 3.458,11 + 300$ (V_{parede}) $= 3.758,11$ kN
  $H = 640,0$ kN
  • Esforços solicitantes no tubulão
  Determinação dos parâmetros para utilização dos gráficos que se encontram nos Anexos A14 e A15.

a] Módulo de elasticidade
Concreto: $f_{ck} = 25$ MPa (Tab. 9.1)

$$E_s = 0,85 E_{ci} = 0,85 \cdot 5.600 f_{ck}^{1/2} = 0,85 \times 5.600 \times 25^{1/2}$$
$$\cong 23.800 \text{ MPa}$$
$$E_s = 23,8 \times 10^6 \text{ kN/m}^2$$

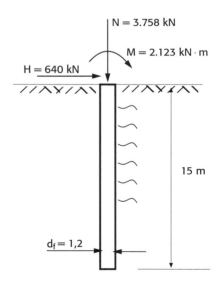

Fig. 9.54 *Esforços na cabeça do tubulão*

b] Momento de inércia da seção transversal
$$I = \frac{\pi d_f^4}{64} = \frac{\pi \cdot 1,2^4}{64} = 0,1018 \text{ m}^4$$

c] Comprimento elástico do solo obtido do Quadro 5.2
$$L_{E1} = \sqrt[4]{\frac{4 E \cdot I}{d_f \cdot K_{sL}}}$$

Logo:
$$L_{E1} = \sqrt[4]{\frac{4 \times 23,8 \times 10^6 \times 0,1018}{1,2 \times 7.000}} = 5,83 \text{ m};$$

$$\lambda_1 = \frac{L}{L_{E1}} = \frac{15}{5,83} = 2,57$$

d] Momentos fictícios obtidos com as expressões do Quadro 9.1
$$M_{fic(H)} = H \cdot L = 640 \times 15 = 9.600 \text{ kN} \cdot \text{m}$$
$$M_{fic(M)} = M = 2.123 \text{ kN} \cdot \text{m}$$

Os valores dos momentos indicados na Tab. 9.4 são obtidos pela Fig. 9.55 e estão representados nos diagramas da Fig. 9.56.

Exemplo 9.3 Esforços solicitantes no tubulão

Determinar os esforços nos tubulões da Fig. 9.57, dimensionar e detalhar as partes principais (cabeça, fuste e base). Considerar o solo areia média ($K_{s(x)}$ linear), bem como os seguintes dados:
◦ Diâmetro do tubulão: $d_f = 1,40$ m;
◦ Tensão admissível na cota de assentamento da base: 0,35 MPa (350 kN/m²);
◦ Esforço horizontal: $H = 200$ kN aplicados na altura do neoprene;

Tab. 9.4 Valores de α_i e de momento ao longo do fuste devido a H e M aplicados no topo

Seção (em décimos do vão)	Devido a H		Devido a M		Total
	α_i (%)	$\alpha_i \cdot M_{fic}$	α_i (%)	$\alpha_i \cdot M_{fic}$	
0	0,00	0,00	100,00	2.123,00	2.123,00
1	7,49	719,24	94,08	1.997,42	2.716,67
2	11,09	1.064,50	80,68	1.712,90	2.777,40
3	12,33	1.183,52	64,33	1.365,69	2.549,21
4	10,32	990,94	46,96	996,98	1.987,92
5	8,34	800,61	30,86	655,21	1.455,82
6	5,98	573,86	19,28	409,29	983,15
7	3,89	373,66	9,63	204,48	578,14
8	1,65	158,66			158,66
9					
10					

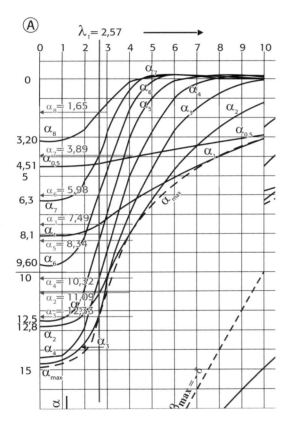
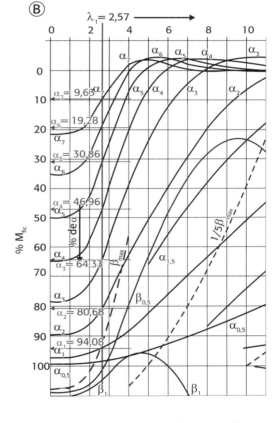

Fig. 9.55 Valores de α_i (%) devido a (A) H e (B) M. Recortes dos gráficos dos Anexos A14 e A15, respectivamente

- Concreto: f_{ck} = 25 MPa;
- Aço: CA-50.

Esforços no nível do aparelho de apoio e no nível terreno (Fig. 9.58)

- Carga vertical: N_{sk} = 200 × 13 + G_{pp} = 2.600 + 15 · π · 1,4²/4 = 2.623,09 kN;
- G_{pp} = 23,09 kN;

- Esforço horizontal: H = 100 kN;
- Momento fletor: M = 100 × 15 = 1.500 kN · m.

Dimensionamento da cabeça

Nesse caso, não há necessidade de armar a cabeça do tubulão, visto que ele é uma continuidade do pilar, com a mesma seção transversal. A fretagem será necessária somente na cabeça do pilar junto ao aparelho de apoio.

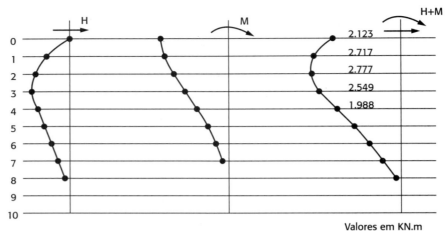

Fig. 9.56 *Diagramas de momento ao longo do fuste do tubulão*

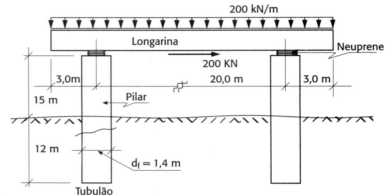

Fig. 9.57 *Corte esquemático de uma ponte*

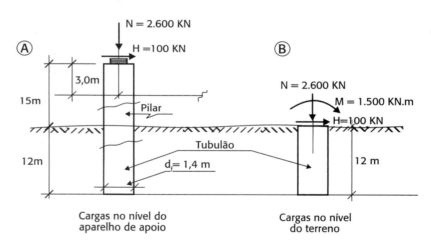

Fig. 9.58 *Cargas na cabeça do tubulão no nível do (A) aparelho de apoio e do (B) terreno*

Dimensionamento e detalhamento do fuste

Pela tabela de Titze (Tab. 9.5), para areia média $K_{s(x)} = m \cdot x$ (variação linear de acordo com a Fig. 9.59).

Será considerada areia com compacidade média, com coeficiente de proporcionalidade $m \cong 5.000 \text{ kN/m}_4$ (Tab. 9.5) e $x = L = 12$ m, sendo L a profundidade do tubulão.

$$K_{sL} = m \cdot L = 5.000 \times 12 = 60.000 \text{ kN/m}^3$$

Cálculo dos demais parâmetros

⊕ Momentos fictícios

- Atuando força horizontal: H = 100 kN
  $$M_{fic} = H \cdot L = 100 \times 12 = 1.200 \text{ kN} \cdot \text{m}$$

- Atuando o momento: M = 1.500 kN · m
  $$M_{fic} = M_{atuante} = 1.500 \text{ kN} \cdot \text{m}$$

270 ELEMENTOS DE FUNDAÇÕES EM CONCRETO

Tab. 9.5 Solos arenosos (tabela apresentada no Cap. 5)

Solos	Amostrador Compacidade	SPT Numero de golpes	Mohr Número de golpes	Coeficiente de proporcionalidade (m) (kN/m4)	Areia (granulação)
Areias Siltes Areias argilosas	Fofa	0-4	0-2	1.000-2.000	Muito fina
	Pouco compacta	5-10	3-5	2.000-4.000	Fina
	Compacidade média	10-30	6-12	4.000-6.000	Média
	Compacta	30-50	12-24	6.000-10.000	Grossa
	Muito compacta	> 50	> 24	10.000-20.000	Com pedregulho

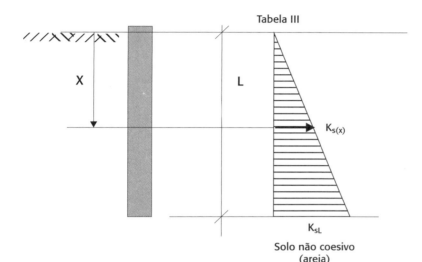

Fig. 9.59 *Característica do elemento estrutural em meio elástico*

⊕ Comprimento elástico (solo arenoso)

$$I_{fuste} = \frac{\pi \cdot d^4}{64} = \frac{3,1416 \times 1,4^4}{64} = 0,1886 \text{ m}^4$$

$$E_{c28} = 5.600 f_{ck}^{1/2} = 5.600 \times \sqrt[2]{25} = 28.000 \text{ MPa}$$

$$E_{cs} = 0,85 E_{c28} = 0,85 \times 28.000 = 23.800 \text{ MPa}$$
$$= 23,8 \times 10^6 \text{ kN/m}^2$$

$$L_{E3} = \sqrt[5]{\frac{E \cdot I \cdot L}{d_f \cdot K_{sL}}} = \sqrt[5]{\frac{23,8 \times 10^6 \times 0,1886 \times 12}{1,4 \times 60.000}} = 3,64 \text{ m}$$

Para $K_{s(x)}$ variando linearmente (gráficos da Fig. 5.15):

$$\lambda = \frac{L}{L_{E3}} = \frac{12}{3,64} = 3,30$$

Utilizando-se os gráficos dos Anexos A19 e A20, obtêm-se os parâmetros α_i (Fig. 9.60), utilizados para o cálculo dos momentos ao longo do fuste e do $M_{máx}$. Esses valores estão indicados na Tab. 9.6 e têm seus respectivos diagramas representados na Fig. 9.61.

⊕ Momento máximo na seção 2

$$M_{máx} = 1.613 \text{ kN} \cdot \text{m}$$

⊕ Cálculo da armadura para o fuste: flexocompressão

Para o cálculo do peso próprio do pilar (15 m) mais o fuste até o ponto em que se tem o momento máximo (seção 2, que corresponde a dois décimos da altura do tubulão, que é de 12 m: 2 × 12/10 = 2,4 m), serão considerados 17,4 m.

$$G_{pp} = A_{fuste} \cdot L \cdot \gamma_{conc} = \left(\frac{3,1416 \times 1,4^2}{4} 17,4\right) 25$$

$$= 669,63 \cong 670 \text{ kN}$$

$$N_{sk} = 2.600 + 670 = 3.270 \text{ kN}$$

$$M_k = 1.613 \text{ kN} \cdot \text{m}$$

$$f_{ck} = 25 \text{ MPa} = 25.000 \text{ kN/m}^2$$

9 Fundações em tubulão 271

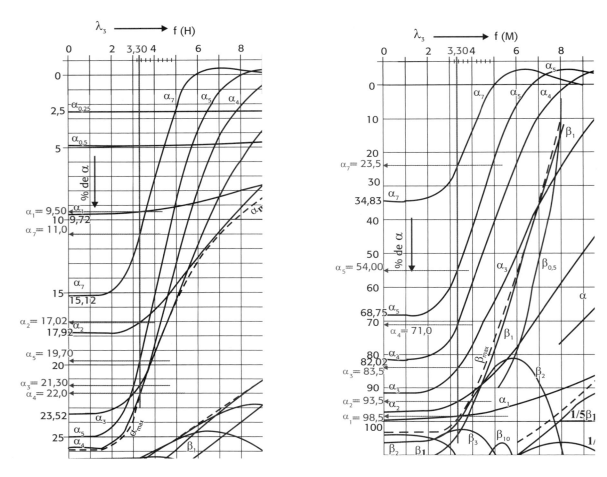

Fig. 9.60 Valores de α_i devidos a (A) H e (B) M. Recortes dos gráficos dos Anexos A19 e A20, respectivamente

Tab. 9.6 Valores do momento ao longo do fuste devido a H e M obtidos da Fig. 9.60

Seção (décimos do vão)	Devido a H α_i (%)	Devido a H $\alpha_i \cdot M_{fic}$ [1]	Devido a M α_i (%)	Devido a M $\alpha_i \cdot M_{fic}$ [1]	Total[1]
0	0,0	0,00	100	1.500,00	1.500,00
1	9,95	119,40 (119)	98,37	1.475,55 (1.476)	1.594,95
2	17,02	204,24 (204)	93,93	1.408,95 (1.409)	1.613,19
3	21,34	256,08 (256)	83,86	1.257,90 (1.258)	1.513,98
4	21,74	260,88 (261)	70,02	1.050,30 (1.050)	1.311,18
5	19,02	228,24 (228)	54,08	811,20 (811)	1039,44
6					
7	10,63	127,56 (128)	23,62	354,30 (354)	481,86
8					
9					
10					

[1] Valores arredondados.

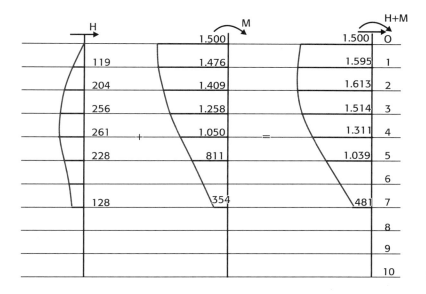

Fig. 9.61 Momento fletor ao longo do fuste

$$v = \frac{N_d}{A_c \cdot f_{cd}} = \frac{3.270 \times 1,4}{0,785 \times 1,4^2 \times 25.000/2,2} = 0,262$$

$$\mu = \frac{M_d}{0,785\, h^3 \cdot f_{cd}} = \frac{1.613 \times 1,4}{0,785 \times 1,4^3 \times 25.000/2,2} = 0,092$$

Utilizando-se do gráfico da Fig. 9.62, obtém-se: $\omega = 0,07$.

Aço CA-50: 500 MPa = 50 kN/cm².
Concreto: f_{ck} = 25 MPa = 2,5 kN/cm²; γ_c = 2,2.

$$A_{s,tot} = \omega\, \frac{A_c \cdot f_{cd}}{f_{yd}} = 0,07\, \frac{\frac{\pi \cdot 140^2}{4} \cdot \frac{2,5}{2,2}}{50/1,15} = 28,16 \text{ cm}^2$$

$$A_{s,mín} \geq \begin{cases} 0,15\, \dfrac{N_d}{f_{yd}} \\ 0,004\, A_c \text{ (item 17.3.5.3.1 da NBR 6118 - ABNT, 2014)} \end{cases}$$

$$A_{s,mín} = 0,15\, \frac{N_{sd}}{f_{yd}} = 0,15\, \frac{3.270 \times 1,4}{50/1,15} = 15,791 \text{ cm}^2$$

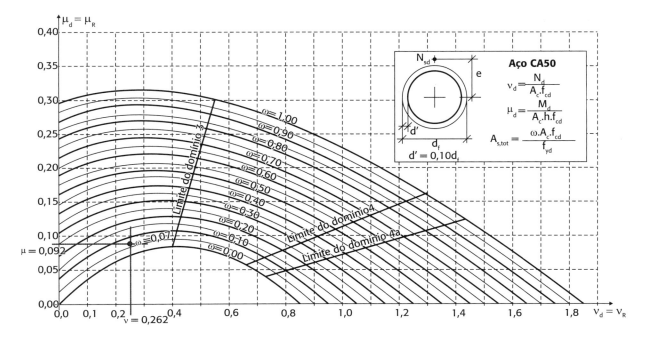

Fig. 9.62 Gráfico adimensional para dimensionamento de peças submetidas à flexão composta – seção circular: $d' = 0,10 d_f$
Fonte: Montoya, Meseguer e Cabré (1973).

$$A_{s,mín} = 0,004 \frac{3,1416 \times 140^2}{4} = 61,6 \text{ cm}^2$$

Considerando um cobrimento de 3 cm (Tab. 3.4 – Cap. 3), o raio para calcular o perímetro em que será distribuída a armadura será de 67 cm.

Utilizando $\phi20$ ∴ $A_{s1\phi}$ = 3,142 cm² → 20 barras espaçadas a cada 18 cm.

Espaçamento: $e = 2\pi r/n°$ barras = $[2\pi \times (140 - 6)/2]/20$ = 21 cm (Tab. 9.7).

Observa-se que, fazendo uma redução do diâmetro do fuste de 1,40 m para 1,30 m, pode-se chegar a uma armadura menor que a armadura mínima obtida com fuste de 1,40 m e, com isso, ter uma redução de consumo de aço e de concreto, como se observa na Tab. 9.8. Para o cálculo da carga de peso próprio, será utilizada a mesma consideração feita anteriormente, ou seja, um comprimento de 17,4 m (até a seção 2, que corresponde a dois décimos da altura de 12 m do tubulão, acrescidos dos 15 metros do pilar).

Com o diâmetro do fuste igual a 130 cm, a armadura encontrada (Tab. 9.8) foi de 53,09 cm² e o número de barras de $\phi20$ mm, então, será de:

$$n_{b(\phi20)} = \frac{53,09}{3,142} = 17 \text{ barras}$$

Espaçamento: $e = 2\pi \cdot r/n° b = [2\pi \times (130 - 6)/2]/17$
$$\cong 23 \text{ cm}.$$

Junto à seção que antecede a base do tubulão praticamente não haverá momento, somente normal, e, portanto, para o cálculo do peso próprio do pilar (15 m) mais o fuste até a seção que antecede a base do tubulão (adotado H_{base} = 1,8 m), serão considerados 25,2 m.

$$G_{pp} = A_{fuste} \cdot L \cdot \gamma_{conc} = \left(\frac{3,1416 \times 1,3^2}{4} 25,2\right) 25$$
$$= 836,21 \text{ kN}$$

Tab. 9.8 Valores comparativos para d_f diferentes (considerado f_{ck} = 25 MPa)

d_f (m)	1,40	1,30	1,20	1,10
I_{fuste} (m₄)	0,1886	0,1402	0,1018	0,0719
E_{concr} (kN/m₄)	$23,8 \times 10^6$	$23,8 \times 10^6$	$23,8 \times 10^6$	$23,8 \times 10^6$
L_{E3} (m)	3,64	3,48	3,32	3,15
λ_s	$3,29 \cong 3,30$	3,44	3,61	3,81
$M_{máx}$ (kN · m)	1.613,19	1.596,60	1.610,40	1.581,60
G_{pp} (25 m)	962,12	829,58	706,86	593,93
N_{sk} (kN)	3.562,12	3.429,58	3.306,86	3.193,96
ν	0,285	0,318	0,36	0,414
μ	0,092	0,114	0,146	0,186
Ábaco − ω	0,070	0,110	0,251	0,451
A_s (cm²)	28,16	44,26	100,99	181,45
$A_{s,mín}$ (cm²)	61,58	53,09	45,24	38,01
V_{conc} (m³)	38,48	33,18	28,27	23,76

Utilizando-se a Eq. 9.43:

$$N_{sd} \leq N_{Rd} = 0,63 f_{cd} \cdot A_c \left[1 - \left(\frac{\alpha\ell}{32 d_f}\right)^2\right] \leq 5,0 \text{ MPa} \cdot A_c$$

$$\text{Como}: 0,63 \frac{0,85 \cdot 25}{2,2}\left[1 - \left(\frac{1 \cdot 10,2}{3 \cdot 21,3}\right)^2\right] A_c > 5,0 \text{ MPa} \cdot A_c$$

$$N_{sd} \leq N_{Rd} = 5,0 A_c \text{ MPa}$$
$$(2.600 + 836,21)1,4 = 4.810,70 \text{ kN}$$
$$< 0,5 \frac{\text{kN}}{\text{cm}^2} \frac{\pi \cdot 130^2}{4} \text{ cm}^2 = 6.636,61 \text{ kN}$$

Assim, não haverá necessidade de armadura nessa seção. Será colocada a armadura mínima de 17ϕ20, espaçada a cada 23 cm.

⊕ Cálculo da emenda das barras

Como até a seção 6 (seis décimos da altura do tubulão) a excentricidade $e = M/N$ será maior do que $d_f/6$ (núcleo central de inércia) = 130/6 = 21,67 cm, a seção terá tração; logo, a emenda e a ancoragem das

Tab. 9.7 Espaçamento para $A_{s,mín}$ = 61,6 cm² e d_f = 140 cm

Bitola (ϕ – mm)	$A_{s1\phi}$ (cm²)	Número de barras	Número de barras inteiro	Espaçamento entre as barras ao longo do perímetro do estribo
12,5	1,227	50,18	50	8
16	2,011	30,62	31	13,5
20	3,142	19,60	20	21
25	4,909	12,54	13	32

barras deverão atender aos quesitos para barras tracionadas.

$$\ell_{0t} = \alpha_{0t} \cdot \ell_{b,nec} \geq \ell_{0t,min} = \begin{cases} 0{,}3\,\alpha_{0t}\ell_b \\ 15\,\phi \\ 200\text{ mm} \end{cases}$$

Da Tab. 9.3 se obtém o valor de $\alpha_{0t} = 2{,}0$, e o concreto é de $f_{ck} = 25$ MPa.

$\ell_{0t} = 2{,}0 \cdot 38\,\phi = 76 \times 2{,}0 = 152$ cm $\cong 160$ cm

Dimensionamento e detalhamento da base (com o diâmetro do fuste de 1,30 m)

Normalmente, a base do tubulão (Fig. 9.63) é dimensionada como um bloco de concreto simples, sem armadura. Para isso, recomenda-se $\beta \geq 60°$. O diâmetro da base é obtido dividindo-se a carga atuante, mais o peso próprio, pela tensão admissível do solo. Assim:

$$A_{base} = \frac{N_{sK} + G_{pp}}{\sigma_{adm,solo}} = \frac{\pi \cdot D^2}{4}$$

$$D = \sqrt{\frac{4(N_{sk} + G_{pp})}{\pi \cdot \sigma_{adm,solo}}} = \sqrt{\frac{4(2.600 + G_{pp})}{3{,}1416 \cdot \sigma_{adm,solo}}} =$$

Para o cálculo do peso próprio do pilar + tubulão serão considerados 25 m, sendo 15 m do pilar (acima do solo) e 12 m enterrados (fuste), com fuste de 1,30 m de diâmetro.

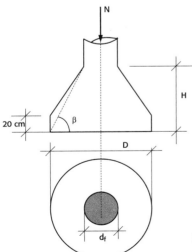

Fig. 9.63 Base do tubulão

$$G_{pp} = A_{fuste} \cdot L \cdot \gamma_{conc} = \left(\frac{3{,}1416 \times 1{,}3^2}{4} 27\right) 25$$
$$= 895{,}94 \text{ kN}$$

$\sigma_{adm,solo} = 0{,}35$ MPa $= 350$ kN/m²

$$D = \sqrt{\frac{4(2.600 + 895{,}94)}{3{,}1416 \times 350}} = 3{,}57 \cong 3{,}6 \text{ m}$$

Cálculo da altura (H) da base (do sino)

O item 8.2.3.6.1 da NBR 6122 (ABNT, 2019b) recomenda que os tubulões devem ser dimensionados de maneira que as bases não tenham alturas superiores a 1,8 m.

$$\text{tg } 60^0 = \frac{H}{(D_{base} - d_{fuste})/2} \therefore H = \text{tg } 60^0 (D_{base} - d_{fuste})/2$$

$$H = \text{tg } 60^0 \frac{D_{base} - d_{fuste}}{2} = 1{,}732\frac{(3{,}6 - 1{,}3)}{2}$$

$= 1{,}99 \cong 2{,}0$ m $> 1{,}8$ m $\therefore$ Não OK

Diminuindo a altura do sino para 1,8 m, é preciso verificar se haverá ou não a necessidade de armar a base, visto que o ângulo β será menor do que 60°.

$$1{,}80 = \text{tg } \beta \frac{D_{base} - d_{fuste}}{2} = \text{tg } \beta \frac{(3{,}6 - 1{,}3)}{2}$$

$$\frac{1{,}80 \times 2}{(3{,}6 - 1{,}3)} = \text{tg } \beta = 1{,}565 \rightarrow \beta = 57{,}42^0$$

Verificação da necessidade de armar a base

Para não colocar armadura na base do tubulão (Eq. 9.34):

$$\text{tg } \beta \geq \sqrt{\frac{4{,}44\,D}{(D-d_f)} \frac{\sigma_{adm,s}}{f_{ct}}}$$

$$f_{ct} = f_{ctk,inf} = 0{,}7 \cdot 0{,}3\,f_{ck}^{\frac{2}{3}} = 1{,}8 \text{ MPa}$$

$$\text{tg}\beta \geq \sqrt{\frac{4{,}44\,D}{(D-d_f)}\frac{\sigma_{adm,s}}{f_{ct}}} = \sqrt{\frac{4{,}44 \times 3{,}6}{(3{,}6-1{,}3)} \times \frac{0{,}35}{1{,}8}}$$

$$= 1{,}162 \rightarrow \beta = 49{,}29$$

Langendonck (1944) recomenda, para não armar a base, que o ângulo β seja maior do que o valor encontrado com a Eq. 9.35:

$$\frac{\text{tg } \beta}{\beta} \geq \frac{\sigma_{adm,s}}{f_{ct}} + 1 = \frac{0{,}35}{1{,}8} + 1 = 1{,}194 \text{ (Tab. 9.9)}$$

Tab. 9.9 Valores de β, tg β e tg β/b

β (graus)	β (rad)	tg β	tg β/β
57,42	1,0022	1,565	1,561
49,29	0,8603	1,1622	1,351
39,38	0,6873	0,8208	1,194
39	0,6807	0,8098	1,190

Logo, como β é igual a 57,42°, maior do que 39,38°, não haverá necessidade armar a base.

Detalhamento

O detalhamento completo do tubulão é apresentado na Fig. 9.64.

Exemplo 9.4 Dimensionamento de um tubulão (adaptado de Seelig e Souza, 2002)

Projetar um tubulão para o pilar 30 × 70. A base do tubulão, de acordo com a sondagem apresentada na Fig. 9.65, terá sua cota de arrasamento em −6,50 m. O solo permite escavação a céu aberto e a tensão admissível do solo a ser adotada será de 0,2 MPa (10/50 = 0,2 MPa = 200 kN/m²). Considerar ainda os seguintes dados (Fig. 9.66):

- Carga aplicada: 1.000 kN (100 tf);
- Classe de agressividade ambiental: classe II (Tab. 9.1);
- Concreto: f_{ck} = 25 MPa;
- Aço: CA-50.

Pré-dimensionamento do fuste

$$\sigma_{atu} \leq \sigma_{cRd}$$

$$\frac{\gamma_f \left(N_k + G_{pp}\right)}{A_{c,calc}} \leq \sigma_{c,Rd}$$

Coeficientes: γ_f = 1,4, γ_c = 2,2 e γ_s = 1,15; (ver Tab. 9.1, conforme item 8.6.3 da NBR 6122 – ABNT, 2019b).

Considerar para o peso próprio (estimativa):

$$G_{pp} = N_{G,tub} = A_c \cdot H \cdot \rho_c = \frac{\pi \cdot 1^2 \cdot 6,5 \cdot 25}{4} \cong 127,63 \cong 13\% \, N_k$$

$$A_f \geq \frac{1,13 \, \gamma_f \cdot N_k}{\sigma_{cRd}} = \frac{1,13 \times 1,4 \times 1.000}{0,85 \times 25.000/2,2} = 0,164 \, m^2$$

$$d_f \geq \sqrt{\frac{4 \times 0,164}{3,1416}} = 0,46 \, m$$

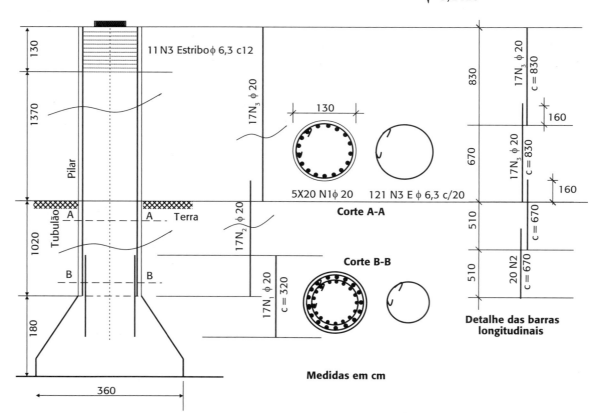

Fig. 9.64 *Detalhamento do tubulão*

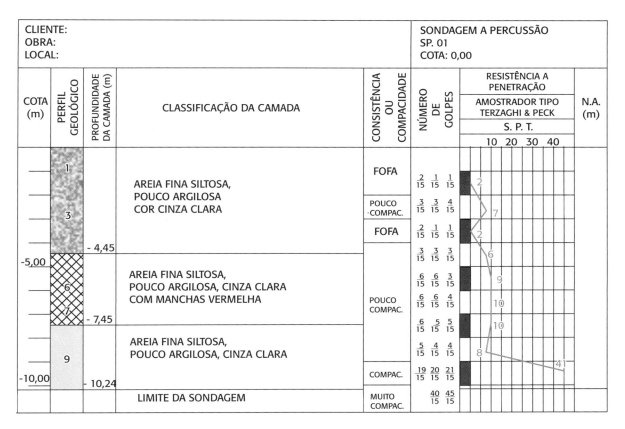

Fig. 9.65 Sondagem

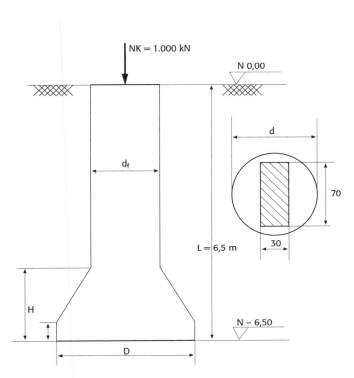

Fig. 9.66 Dados do exemplo

Em função da maior dimensão do pilar ser de 70 cm em uma direção, adota-se para o tubulão um diâmetro de 90 cm (mínimo, de acordo com o item 18.7.2.15 da NR 18 – Brasil, 2020).

Dimensionamento e detalhamento da cabeça (cabeçote) do tubulão

Verificação da tensão máxima de compressão na região de contato (Fig. 9.67)

$$\sigma_{sd} = \frac{N_{sd}}{A_{co}} = \frac{1,4 \times 1.000}{0,3 \times 0,7} = 6.666,67 \frac{kN}{m^2} = 6,7 \text{ MPa}$$

$$A_{co} = 0,3 \times 0,7 = 0,21 \text{ m}^2$$

$$A_{c1} = A_{c2} = 3,1416 \frac{0,9^2}{4} = 0,636 \text{ m}^2$$

$$\sigma_{Rd} = f_{cd}\sqrt{\frac{A_{c1}}{A_{co}}} \leq 3,3 f_{cd}$$

$$\sigma_{Rd} = \frac{25}{2,2}\sqrt{\frac{0,636}{0,21}} = 19,78 \text{ MPa} < 3,3 \frac{25,0}{2,2} = 37,5 \text{ MPa}$$

Portanto,

$$\sigma_{sd} = 6,7 \text{ MPa} < \sigma_{Rd} = 19,78 \text{ MPa}$$

9 Fundações em tubulão

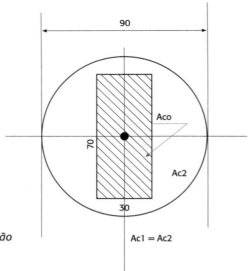

Fig. 9.67 Tensão na região de contato

Verificação da tensão de tração e fretagem (se necessário)

Transição direta do pilar para o tubulão

A transição da carga do pilar para o tubulão, nesse caso, é direta.

Cálculo da tensão de tração no fuste (cabeçote) decorrente da abertura de carga (Fig. 9.68)

Segundo Langendonck (1944, 1959):

$$\sigma_{t,fuste} = 0,4\left(1 - \frac{a}{d_f}\right)\frac{N_s}{A_{fuste}}$$

$$\sigma_{t,fuste} = 0,4\left(1 - \frac{300}{900}\right)\frac{1.000 \cdot 10^3}{\left(\pi \cdot 900^2/4\right)} = 0,42 \text{ MPa}$$

O CEB (1974) sugere a dispensa da armadura de fretagem quando:

$$\sigma_{ct} \leq \frac{f_{ctk}}{2}$$

Nesse caso, para f_{ctk}, será utilizado o $f_{ctk,inf} = 0,7 f_{ctk,m}$:

$f_{ctk,m} = 0,3\, f_{ck}^{\frac{2}{3}}$ segundo o item 8.2.5 da NBR 6118 (ABNT, 2014)

$$f_{ctk,inf} = 0,7 \times 0,3 \times 25^{2/3} = 1,8 \text{ MPa}$$

$$\sigma_{ct} \leq \frac{f_{ctk,inf}}{2} = \frac{1,8}{2} = 0,9 \text{ MPa} > 0,42 \text{ MPa}$$

Não haveria necessidade de fretar, todavia, costuma-se calcular e colocar essa armadura.

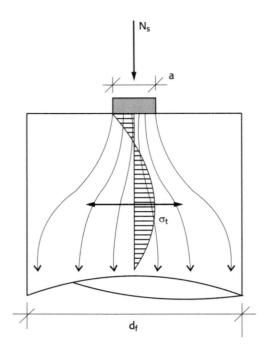

Fig. 9.68 Tensão de tração no cabeçote

Fretagem do tubulão

⊕ Cálculo da armadura de fretagem

$$F_{st} = \frac{N_{sk}}{3}\left(1 - \frac{b}{\phi}\right) = \frac{1.000}{3}\left(1 - \frac{30}{90}\right) = 222,22 \text{ kN}$$

$$R_{sd} = F_{std} = 1,4 \times 222,22 = 311,11 \text{ kN}$$

Leonhardt e Mönnig (1978a) recomendam que, para o cálculo da armadura, a tensão no aço deve ficar entre 180 MPa a 200 MPa.

Como $f_{yd} = 500/1,15 = 434,78$ MPa > 200 MPa, utilizar 200 MPa:

$$A_s = \frac{R_{sd}}{f_{yd}} = \frac{311,11}{200} = 1,56 \text{ cm}^2$$

Essa armadura deve ser distribuída na altura correspondente ao diâmetro do tubulão, ou seja, em 0,9 m. Também é necessário majorar a armadura de fretagem em 25%, ou seja, $1,25 A_s$, para distribuir a armadura na altura d_f.

$$A_{s,dist} = \frac{1,56 \times 1,25}{0,9} = 2,16\, \frac{\text{cm}^2}{\text{m}}$$

Utilizando o detalhe com estribos circulares (Fig. 9.69), o espaçamento entre eles é dado por:

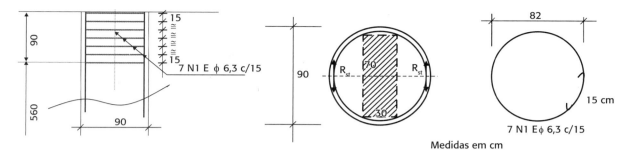

Fig. 9.69 Detalhamento de fretagem no cabeçote

$$A_{s,dist} = \frac{2,16}{2} = 1,08 \text{ cm}^2/\text{m} \quad \therefore s_t = \frac{(A_{s,1\varphi})100}{A_{s,dist}/2R} =$$

$$s_t = \frac{0,32 \times 100}{1,08} = 29,6 \cong 30 \text{ cm}$$

O espaçamento longitudinal máximo entre os estribos, de acordo com o item 18.4.3 da NBR 6118 (ABNT, 2014), é:

$$s_t \leq \begin{cases} 200 \text{ mm} \\ \text{menor dimensão da seção} \\ 24\varphi \text{ para CA - 25 e 12 para CA - 50} \end{cases}$$

Portanto, para ϕ_ℓ = 12,5 mm, recomenda-se um espaçamento máximo do estribo de 15 cm (12 × 1,25).

⊕ Cálculo do número de barras

$$n_b = \frac{\text{espaço}}{s_t} + 1 = \frac{90}{15} + 1 = 7 \text{ barras}$$

em que:

n_b é o número de barras a serem colocadas no espaço disponível para a armadura.

Logo, será utilizado 7 ϕ6,3 c/ 15, conforme apresenta a Tab. 9.10.

Tab. 9.10 Tabela de aço: área, espaçamento e número de barras ($s_t \cong 30$ cm > 15 cm)

Bitola (ϕ) (mm)	$A_{s1\phi}$ (cm²)	Espaçamento – s (cm)	Número de barras
6,3	0,32	30 (> 15)	7

Detalhe da armadura de fretagem somente com estribo (Fig. 9.69)

Dimensionamento da base

$$N_{s,tot} = N_{sk} + G_{pp}$$

$$N_{sk} = 1.000 \text{ kN}$$

G_{pp} = peso próprio do tubulão

$$G_{pp} = A_c \cdot L \cdot \rho_c = \frac{3,1416 \times 0,9^2}{4} 6,5 \times 25 = 103,38 \text{ kN}$$

$N_{sk,tot}$ = 1.000 + 103,38 = 1.103,38 kN (10,4% N_s)

Normalmente, a base do tubulão (Fig. 9.70) é dimensionada como um bloco de concreto simples, sem armadura. Para isso, recomenda-se $\beta \geq 60°$. O diâmetro da base é obtido dividindo-se a carga atuante pela tensão admissível do solo. Assim:

$$A_{base} = \frac{N_{sk}}{\sigma_{adm,solo}} = \frac{\pi D^2}{4}$$

$$D = \sqrt{4N_s / (\pi \cdot \sigma_{adm,solo})}$$

$$D = \sqrt{\frac{4(1.000 + 103,38)}{3,1416 \times 200}} = 2,65 \text{ m}$$

$\sigma_{adm,solo}$ = 0,20 MPa = 200 kN/m²

Cálculo da altura da base do sino

O item 8.2.3.6.1 da NBR 6122 (ABNT, 2019b) recomenda que os tubulões devem ser dimensionados de maneira que as bases não tenham alturas superiores

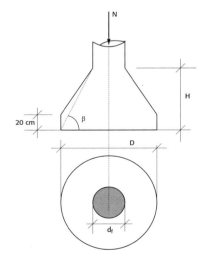

Fig. 9.70 Base do tubulão

a 1,8 m, e o item 7.8.2 recomenda o ângulo $\beta \geq 60°$ para não armar a base. Diante dessas considerações, a altura da base deverá ser:

$$\text{tg }60^0 = \frac{H}{\left(D_{base} - d_{fuste}\right)/2} \therefore H = \text{tg }60^0\left(D_{base} - d_{fuste}\right)/2$$

$$H = \text{tg }60^0\,\frac{D_{base} - d_{fuste}}{2} = 1,732\,\frac{(2,65-0,9)}{2}$$

$$= 1,52 \cong 1,55 \text{ m} < 1,80 \text{ m}$$

Verificação da necessidade de armar a base

$$\text{tg }\beta \geq \sqrt{\frac{4,44D}{\left(D-d_f\right)}\,\frac{\sigma_{adm,s}}{f_{ct}}}\ (\text{Eq. 9.34})$$

$$f_{ct} = f_{ctk,inf} = \text{resistência à tração média} = 0,7\cdot 0,3\,f_{ck}^{2/3}$$

$$f_{ctk,inf} = 0,7\cdot 0,3\,f_{ck}^{2/3} = 0,21\times\sqrt[3]{25^2} = 1,80 \text{ MPa}$$

$$\text{tg }\beta \geq \sqrt{\frac{4,44\times 2,65}{(2,65-0,9)}\,\frac{0,2}{1,80}} = 0,864$$

$\beta \geq 40,83°$ para não ser necessário armar a base do tubulão.

Fazendo a verificação pelo critério apresentado por Langendonck (1944), não será necessário armar o bloco (no caso o sino – base), desde que o ângulo β seja maior do que o valor encontrado com a expressão:

$$\frac{\text{tg }\beta}{\beta} \geq \frac{\sigma_{adm,s}}{f_{ct}} + 1\ (\text{Eq. 9.35})$$

$$\frac{\text{tg }\beta}{\beta} \geq \frac{0,2}{1,8} + 1 = 1,25\ (\text{Tab. 9.11})$$

Tab. 9.11   Valores de β, tg β e tg β/β

β (graus)	β (rad)	tg β	tg β/β
44	0,767947	0,965692	1,257
43,51	0,759395	0,949300	1,250
40,83	0,7126	0,8641	1,213

Logo, $\beta \geq 43,51°$.

Como será adotado $\beta = 60°$, que atende às duas condições, a base não será armada.

Dimensionamento do fuste

Verificação para trabalhar como concreto simples (sem armadura longitudinal)

De acordo com o item 24.6.1 da NBR 6118 (ABNT, 2014):

$$N_{sd} \leq N_{Rd} = 0,63\,f_{cd}\cdot A_c\left[1-\left(\frac{\alpha\ell}{32d_f}\right)^2\right]$$

em que:

α é o fator que define as condições de vínculo nas extremidades;

$$\alpha = \begin{cases} 1,0,\ \text{quando não existirem restrições à rotação tanto no apoio quanto na base;} \\ 0,8,\ \text{quando existir alguma contrarrotação tanto no topo quanto na base;} \end{cases}$$

d_f é o diâmetro do fuste;

ℓ é o comprimento do fuste (distância vertical entre apoios).

Assim:

$$N_{sd} = \gamma_f\cdot N_{s,tot} = 1,4\times 1.103,38 = 1.544,73 \text{ kN}$$

Como:

$$0,63\frac{f_{ck}}{2,2}A_{c,f}\left[1-\left(\frac{\alpha\ell}{32\,d_f}\right)^2\right]A_c$$

$$= 0,63\frac{0,85\cdot 25}{2,2}\left[1-\left(\frac{1,0\cdot 6.500}{32\cdot 900}\right)^2\right]A_c = 5,775\,A_c > 5A_c$$

$$N_{Rd} = 5,0 \text{ MPa}\cdot A_{c,f}$$

sendo $A_{c,f}$ a área de concreto do fuste.

$$N_{Rd} = 5\frac{\pi\cdot d_f^2}{4} = 5\,\frac{\pi\cdot 900^2}{4}\left(\text{mm}^2\right) = 3.180.862,56 \text{ kN}$$

$$N_{Rd} = 3.180,87 \text{ kN} > N_{sd} = 1.544,73 \text{ kN}$$

Portanto, não será necessário armar o fuste.

As *fundações em estacas* são consideradas elementos estruturais esbeltos, cravadas ou perfuradas por equipamentos ou ferramentas (item 3.11 da NBR 6120 – ABNT, 2019a), cuja finalidade é transmitir as cargas a pontos resistentes do solo por meio de sua extremidade inferior (resistência de ponta) ou do atrito lateral estaca × solo (resistência de fuste).

As estacas podem ser agrupadas em dois grandes grupos: as pré-moldadas e as moldadas *in loco*, e, de acordo de acordo com Velloso e Lopes (2010), também podem classificadas de acordo com seu processo executivo (Quadro 10.1):

⊕ aquelas que, ao serem executadas, deslocam horizontalmente o solo, dando lugar à estaca que vai ocupar o espaço, são chamadas *estacas cravadas de deslocamentos*;

⊕ aquelas que, ao serem executas, substituem o solo, removendo-o e dando lugar à estaca que vai ocupar o espaço do solo removido, são chamadas de *estacas escavadas de substituição*. Tais estacas reduzem, de algum modo, as tensões horizontais geostáticas.

Alguns processos de estacas escavadas não propiciam a remoção do solo ou, ainda, na sua concretagem tomam-se medidas tendo em vista restabelecer as tensões geostáticas. Essas estacas podem ser classificadas em categoria intermediária às apresentadas anteriormente e são denominadas *estacas sem deslocamentos*.

Quadro 10.1   Tipo de estacas

Estacas	Pré-moldada	Madeira	de deslocamento
		Concreto	
		Metálica	
	Moldada *in loco*	Broca	de substituição
		Strauss	
		Franki	de deslocamento
		Raiz	sem deslocamento
		Hélice	de substituição
		Escavada com lama	

10.1 Tipos de estacas

Embora o objetivo deste trabalho seja discutir elementos de concreto, serão abordadas, de forma sucinta, informações sobre os demais tipos de estacas, apresentados no Quadro 10.1.

10.1.1 Estacas de madeira

As estacas de madeira devem ser de madeira dura, resistente, em peças retas, roliças e descascadas. O diâmetro da seção pode variar de 18 cm a 40 cm e o comprimento, de 5 m a 8 m, geralmente limitado a 12 metros com emendas.

No Brasil, as madeiras mais utilizadas são eucalipto, para obras provisórias, e peroba, ipê e aroeira – as chamadas *madeiras de lei* – para as obras definitivas.

Recomenda-se o seu uso abaixo do nível d'água e, existindo variação desse nível d'água, as estacas correm o risco de se decomporem pela ação de fungos que se desenvolvem em ambiente água-ar.

Durante a cravação, as cabeças das estacas devem ser protegidas por um anel cilíndrico de aço, destinado a evitar seu rompimento sob os golpes do pilão, assim como é recomendável o emprego de uma ponteira metálica a fim de facilitar a penetração e proteger a madeira. A capacidade de cargas das estacas é apresentada na Tab. 10.1.

Tab. 10.1 Capacidade de cargas das estacas

Diâmetro (cm)	Carga admissível (kN)
25	250
30	300
35	350
40	400

10.1.2 Estacas metálicas

Visando o desgaste natural proveniente de corrosões, o item 8.6.2 da NBR 6122 (ABNT, 2019b) exige que estacas metálicas executadas em solos sujeitos à erosão, quando estiverem total e permanentemente enterradas, independente da situação do lençol freático, ou, ainda, que vierem a ficar expostas ou que tenham sua cota de arrasamento acima do nível do terreno devem ser protegidas ou ter a sua espessura de sacrifício (Tab. 10.2) definida em projeto, passando-se a considerar a área reduzida, para o cálculo da tensão admissível ou tensão de cálculo.

De acordo com o item 3.20 da NBR 6122 (ABNT, 2019b), a estaca metálica é uma estaca cravada constituída de elemento metálico produzido industrialmente, podendo ser de perfis laminados ou soldados, simples ou múltiplos, tubos de chapas dobradas ou calandradas, tubos com ou sem costura, e trilhos.

Na Tab. 10.3 estão representados alguns tipos de perfis entre os mais utilizados como estacas metálicas. Podem ser de aço ASTM A36 (tensão de escoamento: f_{yk} = 250 MPa) e A572 (tensão de escoamento: f_{yk} = 345 MPa). As cargas admissíveis para essas estacas variam de 130 kN a 3.700 kN.

10.1.3 Estacas pré-moldadas ou pré-fabricadas em concreto armado ou protendido

Tais estacas são segmentos de concreto armado ou protendido, pré-moldadas ou pré-fabricadas, com seção quadrada, ortogonal, circular vazada ou não, cravada com auxílio de bate-estacas (martelo de gravidade, de explosão, hidráulico ou vibratório). O item 3.22 da NBR 6122 (ABNT, 2019b) especifica que, do ponto de vista exclusivamente geotécnico, não há distinção entre estacas pré-moldadas e pré-fabricadas e, para efeito dessa norma, elas são denominadas somente de pré-moldadas.

De acordo com o manual da Associação Brasileira de Empresas de Engenharia de Fundações e Geotecnia (ABEF, s.d.), as estacas pré-moldadas podem ser de concreto armado ou protendido, vibrado ou centrifugado, e concretadas em formas horizontais ou ver-

Tab. 10.2 Espessura de compensação de corrosão

Classe	Espessura mínima de sacrifício (mm)
Solos em estado natural e aterros controlados	1,0
Argila orgânica, solos porosos não saturados	1,5
Turfa	3,0
Aterros não controlados	2,0
Solos saturados[1]	3,2

[1] Caso de solos agressivos devem ser estudados especificamente.

Fonte: Tabela 5 da NBR 6122 (ABNT, 2019b).

ticais. Devem ser executadas com concreto adequado e submetidas à cura necessária para que possuam resistências compatíveis com os esforços decorrentes do transporte, manuseio e instalação, bem como resistência a eventuais solos agressivos, atendendo às especificações da NBR 6118 (ABNT, 2014) e NBR 9062 (ABNT, 2017).

Nas extremidades das estacas, recomenda-se um reforço da armação transversal para levar em conta as tensões que surgem durante a cravação.

Normalmente, essas estacas são moldadas em usinas ou canteiro de empresas específicas de produção de tais estacas, que podem ser armadas e protendidas. Quanto à maneira de confeccioná-las, podem ser:

- concreto vibrado;
- concreto centrifugado;
- extrusão.

No mercado, as formas mais comuns são: quadrada, circular e octogonal, maciças e ocas para ambas as formas (Fig. 10.1). Na Tab. 10.4 estão especificadas as capacidades de cargas para algumas dessas estacas.

O item 8.6.5 da NBR 6122 (ABNT, 2019b) especifica que o concreto a ser utilizado na fabricação de estacas pré-moldadas não deve ultrapassar 40 MPa.

Tab. 10.3 Características de estacas metálicas

Tipo de perfil	Denominação (mm)	Área reduzida (cm²)	Peso (N/m)	Carga máxima (kN)
Perfis laminados I – H (A36) $\sigma_{máx.} = f_{yk}/2 \cong 120$ MPa	I (203 × 102)	34,8	274	300
	I (254 × 117)	48,1	374	400
	I (305 × 133)	77,3	607	700
	H (152 × 152)	47,3	371	550
Perfis laminados I – H (A572) $\sigma_{máx.} = f_{yk}/2 \cong 175$ MPa	I (150)	6,5	130	130
	H (150)	15,7	225	320
	H (360)	129,8	122	2.700
	I (610)	185,6	174	3.700
Trilhos (A36) $\sigma_{máx.} = f_{yk}/2 \cong 120$ MPa ($\sigma_{máx.} = 0,6 \cdot f_{yk}/2 \cong 80$ MPa)	TR 25	$\cong 22,9$	250	250 (200)
	TR 32	$\cong 30,25$	320	350 (250)
	TR 37	$\cong 35,42$	370	400 (300)
	TR 45	$\cong 40,62$	450	450 (350)
	TR 68	$\cong 61,46$	680	700 (500)

Para trilhos usados (valores entre parênteses), recomenda-se considerar uma redução máxima de peso da ordem de 20% e de capacidade de carga da ordem de 40%. Em nenhuma circunstância utilizar perfis com redução de área maior do que 40%.

Fonte: adaptado de Gerdau (2006) e Velloso e Lopes (2010).

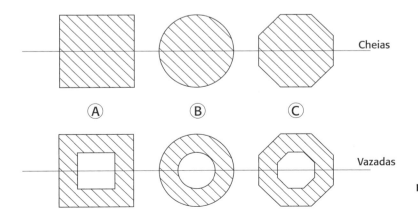

Fig. 10.1 *Estaca (A) quadrada, (B) circular e (C) octogonal*

Tab. 10.4 Capacidade de carga de estacas pré-fabricadas

Quadrada vibrada (cm)	Carga usual (kN)	Carga máxima (kN)	Observações
20 × 20	300	400	Disponíveis até 8 m. Podem ser emendadas. Tensão de trabalho na estaca: 6 MPa a 10 MPa.
25 × 25	450	600	
30 × 30	600	900	
35 × 35	900	1.200	
Circular vibrada φ (cm)	**Carga usual (kN)**	**Carga máxima (kN)**	**Observações**
22	300	400	Disponíveis até 10 m. Podem ser emendadas. Tensão de trabalho na estaca: 6 MPa a 10 MPa.
29	500	600	
33	700	800	

σ = Tensão de trabalho na estaca depende da armadura e da qualidade do concreto.

Fonte: Velloso e Lopes (2010).

Detalhe de emendas

Uma das grandes preocupações com as estacas pré-moldadas diz respeito às emendas. O anexo E da NBR 6122 (ABNT, 2019), em seu item E.6, diz que as emendas, quando necessárias, devem ser executadas por meio de anéis soldados ou outros dispositivos que permitam a perfeita transferência dos esforços de compressão, tração (mesmo durante a cravação) e flexão e, ainda, a axialidade (manutenção do eixo) dos elementos emendados.

Emenda com luva metálica de justaposição

Esse tipo de emenda é mais adequado para estacas nas quais predominam esforços atuantes de compressão, com a restrição de uma emenda por estaca. É um sistema simples e feito por meio do encaixe da luva na estaca já cravada e que possui espera para a estaca a ser emendada, conforme ilustra a Fig. 10.2.

O anexo E.6 da NBR 6122 (ABNT, 2019b) recomenda que a altura da luva deve ser de $2\phi_{est}$ e mínimo de 50 cm, com ϕ_{est} sendo o diâmetro do círculo circunscrito à seção transversal da estaca.

Emenda com luva metálica soldada

Utiliza-se esse tipo de emenda em estacas solicitadas, além da compressão, também à tração e/ou flexão. As luvas são previamente fixadas nas extremidades das estacas e, posteriormente, no momento da emenda *in loco* aplica-se solda em todo o perímetro das luvas (Fig. 10.3).

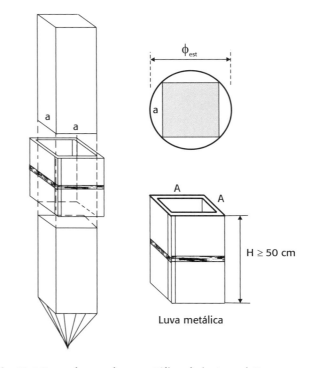

Fig. 10.2 *Emenda com luva metálica de justaposição*

As emendas com luvas metálicas dispensam tratamento especial desde que suas espessuras tenham descontadas as espessuras de compensação de corrosão indicadas na Tab. 10.2.

Características estruturais mínimas quando a estaca está em camadas espessas de argila mole

O item 8.6.5.1 da NBR 6122 (ABNT, 2019b) recomenda que as estacas devem ter as seguintes características

mínimas quando imersas em camadas espessas de argila mole:
- Módulo de resistência: $W_{mín} \geq 930$ cm³;
- Comprimentos entre 20 m e 30 m, resultando em raio de giração: $i \geq 5,4$ cm;
- Comprimentos acima de 30 m: raio de giração: $i \geq 6,4$ cm.

Controle da penetração

Um critério ainda bastante utilizado para controlar a capacidade de carga de estacas cravadas (ponto de parada da cravação) é a *nega*, que corresponde à penetração da estaca causada por uma série de dez golpes de um pilão (distando de 1 m de altura da cabeça da estaca).

10.1.4 Estacas de reação (mega ou prensada)

São estacas de deslocamento nas quais o molde (moldadas *in loco*) ou a própria estaca (pré-moldadas) são segmentadas em aproximadamente 50 cm e cravadas (prensadas) no terreno por meio de macacos hidráulicos. Tais estacas são práticas pelo pequeno porte do equipamento de cravação e são muito utilizadas em reforço de fundações.

Existem três tipos clássicos:
- Estaca de concreto pré-moldado (Fig. 10.4).
- Estaca de tubo metálico (aço-carbono).
- Estaca de perfil metálico (viga I).

O processo de cravação é idêntico para os três tipos, pois utiliza segmentos justapostos, prensados no solo por prensas hidráulicas, conforme indicado na Fig. 10.4.

O item 8.6.6 da NBR 6122 (ABNT, 2019b) preconiza para essas estacas que:
- o concreto com resistência característica à compressão (f_{ck}) seja inferior a 25 MPa;
- a armadura seja comprimida com uma tensão à compressão (f_{yk}) superior a 200 MPa;
- o coeficiente de segurança (γ_f) seja igual a 1,2 para o dimensionamento.

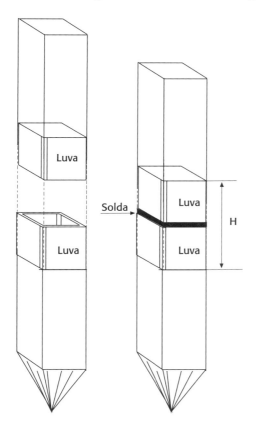

Fig. 10.3 *Emendas de estacas de concreto com luva soldada*

Fig. 10.4 *Estacas segmentadas pré-fabricadas de concreto. (A) Estaca para 250 kN e (B) estaca para 230 kN*
Fotos: (A) e (B) Forte Estacas (http://www.estacaforte.com.br/empresa.html) e (C) Solo.Net Engenharia de Solos e Fundações.

10.1.5 Estacas de concreto moldadas in loco

Brocas

O item 3.5 da NBR 6122 (ABNT, 2019b) define estaca tipo *broca* como uma fundação profunda executada por perfuração com trado (manual, na maioria das vezes) e posteriormente concretada pelo lançamento do concreto a partir da superfície. Normalmente é utilizada em pequenas construções, com cargas limitadas a 100 kN e comprimento mínimo de 3,0 m.

As brocas, como são mais conhecidas, são executadas *in loco* com um trado de concha ou helicoidais (tipo saca-rolha), cuja profundidade média recomendada é da ordem 5 m a 6 m. As etapas de execução de uma broca estão representadas na Fig. 10.5.

As brocas são recomendadas para terrenos secos, acima do nível d'água (lençol freático), para evitar estrangulamento da estaca.

Para sua cravação, são necessárias duas pessoas (*serventes*) por causa do grande desgaste físico (trabalho manual). Sua capacidade admissível de carga é da ordem de 50 kN (5 tf) a 150 kN (15 tf), com diâmetros variando entre 15 cm a 25 cm, respectivamente (Tab. 10.5).

As tensões de trabalho nas estacas são baixas, variando de 3 MPa a 10 MPa – valores bem inferiores às tensões que permitem a dosagem, que variam entre 15 MPa e 20 MPa.

Strauss

São estacas executadas *in loco* pelo equipamento de perfuração. Segundo definição do item 3.24 da NBR 6122 (ABNT, 2019b), a estaca *Strauss* é executada por perfuração do solo com uma sonda ou piteira (Fig. 10.6) e revestimento total com camisa metálica, realizando-se o lançamento do concreto. A retirada gradativa do revestimento é feita simultaneamente com o apiloamento do concreto.

As estacas Strauss, cujas etapas de execução estão indicadas na Fig. 10.7, podem ser armadas ao longo de todo seu comprimento. Antes de se iniciar a 3ª etapa, coloca-se a ferragem, tendo o cuidado de deixar espaço suficiente para a passagem do soquete, bem como providências para que o cobrimento especificado seja obedecido. Na Tab. 10.6 estão indicadas, a título de sugestão, as capacidades de cargas de algumas bitolas de estacas.

Estaca Franki

Estaca moldada *in loco* e executada pela cravação, por meio de sucessivos golpes de um pilão, de um tubo de ponta fechada sobre uma bucha seca de pedra e areia previamente firmada na extremidade inferior do

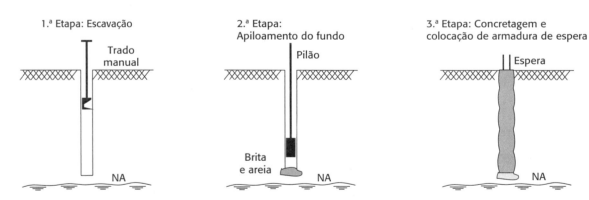

Fig. 10.5 *Etapas de execução de broca*

Tab. 10.5 Capacidade das brocas

Broca ϕ (cm)	Carga usual (kN)	Carga máxima (kN)	Observação
15	50	100	
20	100	150	Executadas acima do nível d'água
25	150	200	

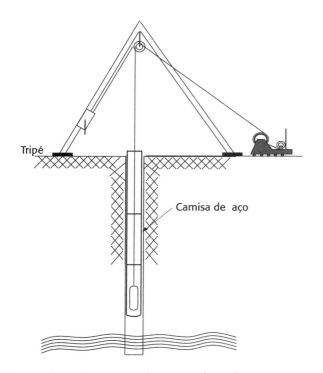

Fig. 10.6 *Estaca Strauss: equipamento de perfuração*

Tab. 10.6 Estaca Strauss: capacidade de carga

Strauss ϕ (cm)	Carga usual (kN)	Carga máxima (kN)	Observação
25	150	200	Não indicadas para argilas moles e abaixo do NA
32	250	350	
38	350	450	
45	500	650	

Tensões na estaca da ordem de 3 MPa a 4 MPa.

Fonte: Velloso e Lopes (2010).

tubo por atrito. Essa estaca possui um bulbo alargado em sua ponta e é integralmente armada (item 3.16, NBR 6122 – ABNT, 2019b). A concretagem do fuste da estaca Franki é executada sem que a água ou o solo possa se misturar ao concreto.

As etapas de execução da estaca Franki estão representadas na Fig. 10.8, e na Tab. 10.7 estão indicadas, a título de sugestão, capacidades de cargas para algumas bitolas (diâmetros).

Em relação à resistência do concreto, adota-se uma variação de 300 kg a 450 kg de cimento por metro

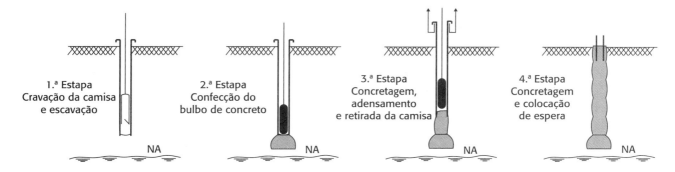

Fig. 10.7 *Etapas de execução da estaca Strauss*

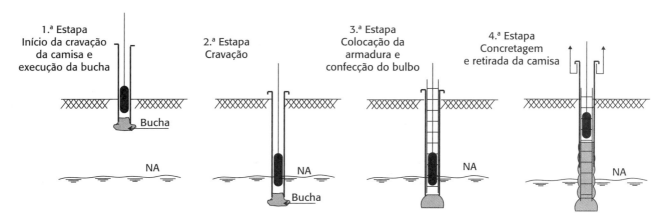

Fig. 10.8 *Etapas de execução da estaca Franki*

10 Fundações em estacas

Tab. 10.7 Capacidade das estacas Franki

Franki φ (cm)	Profundidade máxima (m)	Carga usual de compressão (kN)	Carga máxima de compressão (kN)	Carga máxima de tração (kN)	Carga máxima horizontal (kN)
30	15	450	800	100	20
35	18	650	1.200	150	30
40	22	850	1.600	200	40
45	25	1.100	2.000	250	60
52	30	1.500	2.600	300	80
60	35	1.950	3.100	400	100
70	35	2.600	4.500	500	150

Fonte: adaptado de Velloso e Lopes (2010).

cúbico de concreto para sua dosagem. O adensamento desse concreto, por apiloamento enérgico, resulta em um concreto muito compacto e homogêneo e de elevada resistência à compressão.

Segundo Velloso e Lopes (2010), as tensões de compressão nas estacas Franki variam em torno de 7 MPa.

Estaca raiz

É uma estaca concretada *in loco*, injetada e considerada de pequeno diâmetro, variando entre 100 mm e 410 mm. Possui elevada capacidade de carga, baseada essencialmente na resistência por atrito lateral do terreno. De acordo com o item 3.23 da NBR 6122 (ABNT, 2019b), a *estaca raiz* é armada e preenchida com argamassa de cimento e areia, moldada *in loco*, executada pela perfuração rotativa ou rotopercussiva e revestida integralmente por um conjunto de tubos metálicos recuperáveis (Figs. 10.9 e 10.10).

A circulação da água é feita pelo interior do tubo de revestimento e sai por fora do mesmo, transportando o material. Esse processo é chamado, também, de circulação direta de água.

O material proveniente da perfuração é eliminado continuamente pelo refluxo do fluido de perfuração por meio do interstício criado entre o tubo de revestimento e o solo. Isso acontece por causa da diferença existente entre diâmetros (Ø coroa > Ø tubo), que lubrifica a coluna e facilita a descida do tubo.

Aplicam-se injeções de ar comprimido após a perfuração do fuste e, simultaneamente, retira-se o tubo de revestimento.

Essas estacas têm sido utilizadas para consolidar maciços, pois, por serem de pequenos diâmetros, são cravadas inclinadas e em todas as direções, conforme apresentado na Fig. 10.10.

Na Tab. 10.8 estão indicadas, a título de sugestão, capacidades de cargas para algumas bitolas (diâmetros).

Fig. 10.9 *Cravação de estaca raiz*
Fonte: Solo.Net Engenharia de Solos e Fundações.

Estaca hélice

De acordo com os itens 3.17, 18 e 19 da NBR 6122 (ABNT, 2019b), a *estaca hélice* é uma estaca de concreto moldada *in loco* e executada mediante a perfuração do terreno com a introdução (por rotação) de um trado helicoidal contínuo (Fig. 10.11) e a injeção de concreto pela própria haste central do trado, simultaneamente com a retirada dele. No caso, a armadura é colocada após a concretagem da estaca.

Na Tab. 10.9 estão indicadas, a título de sugestão, capacidades de cargas para algumas bitolas (diâmetros).

Estacas escavadas com fluido estabilizante

O item 3.14 da NBR 6122 (ABNT, 2019b) define como *estaca escavada com fluido estabilizante* (Fig. 10.12) a estaca moldada *in loco* cuja estabilidade da parede perfurada é assegurada pelo uso de lama bentonítica, ou água, quando existir revestimento metálico.

Ela recebe a denominação de estaca escavada quando a perfuração for circular e feita por uma caçamba acoplada a uma perfuratriz (denominadas estacões e com diâmetros variando de 60 cm a 200 cm – Fig. 10.13), e de estaca barrete ou diafragma quando a seção transversal for retangular e escavada com utilização de *Clam-Shell* (Fig. 10.14). No caso, a lama tem a finalidade de dar estabilidade ao furo escavado.

Na Tab. 10.10 estão indicadas, a título de sugestão, capacidades de cargas para alguns diâmetros (bitolas) e de estacas escavadas.

As capacidades de carga nas estacas moldadas *in loco* ou pré-moldadas em concreto são bastante variáveis de empresa para empresa. Os valores indi-

Tab. 10.8 Capacidade de carga das estacas raiz

Raiz ϕ (cm)	Carga usual de compressão (kN)	Carga máxima de compressão (kN)	Diâmetro acabado (cm)
17	300	400	20
22	500	600	25
27	700	900	30
32	1.000	1.100	35
37	1.200	1.400	40

Tensões na estaca da ordem de 11 MPa a 12,5 MPa.

Fonte: Velloso e Lopes (2010).

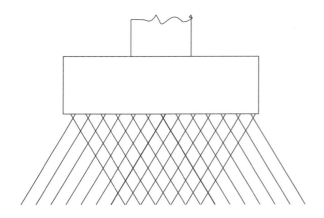

Fig. 10.10 *Estaca raiz*

Fig. 10.11 *Estaca hélice contínua*
Foto: Solo.Net Engenharia de Solos e Fundações.

Tab. 10.9 Capacidade de carga das estacas hélice

Estaca hélice ϕ (cm)	Carga usual (kN)	Carga máxima (kN)	Observações
25		300	
30		450	
35		600	Velloso e Lopes (2010) recomendam tensões no concreto entre 5 MPa a 6 MPa
40	750	800	
50	1.200	1.300	
60	1.700	1.800	
70		2.400	
80		3.200	
90		4.000	
100		5.000	

Fonte: Velloso e Lopes (2010).

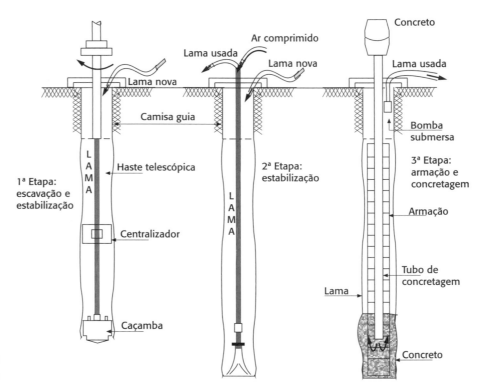

Fig. 10.12 *Estaca escavada com fluido estabilizante*

Fig. 10.13 *Estacão*
Foto: ESTE Geotecnia e Fundações.

Fig. 10.14 Clam-Shell
Foto: Solo.Net Engenharia de Solos e Fundações.

Tab. 10.10 Capacidade de carga de estacas escavadas

Escavada circular ϕ (cm)	Carga usual (kN)	Carga máxima (kN)	Observações
60	900	1.400	Escavação estabilizada com lama ou água (quando se usa camisa de aço)
80	1.500	2.500	
100	2.400	3.900	
120	3.400	5.600	

As tensões de trabalho nas estacas variam da ordem de 3 MPa a 5 MPa.

Fonte: Velloso e Lopes (2010).

cados nas Tabs. 10.1 a 10.10 são valores sugeridos, necessitando sempre de uma avaliação mais precisa por meio de ensaios de prova de carga.

10.2 Escolha do tipo de estaca

Os fatores fundamentais que devem ser considerados na determinação do tipo de estaca são:

a] Ações nas fundações, distinguindo:

⊕ nível de carga nos pilares (planta de carga);

⊕ ocorrência de outros esforços (ações), além dos de compressão, tração e flexão;

⊕ característica do solo, em particular quanto à ocorrência de:

- argilas muito moles, dificultando a execução de estacas de concreto moldadas *in loco*;
- solos muito resistentes (compactos ou com pedregulhos) que devem ser atravessados, dificultando ou até mesmo impedindo a cravação de estacas pré-moldadas de concreto;
- solos com matacões, que dificultam ou impedem o emprego de estacas cravadas de qualquer tipo;
- nível do lençol freático elevado, dificultando a execução de estacas de concreto moldadas *in loco* sem revestimento ou uso de lama;
- aterros recentes (em processo de adensamento) sobre camadas moles, indicando a possibilidade de atrito negativo. Nesse caso, a utilização de estacas mais lisas ou com tratamento betuminoso são mais indicadas.

b] Durabilidade a médio e longo prazo:

⊕ estacas de madeira ficam sujeitas à decomposição (especialmente acima do lençol freático) e ao ataque dos micro-organismos marinhos;

⊕ o concreto é suscetível ao ataque químico na presença de sais e ácidos do solo, e as estacas de aço podem sofrer corrosão se a resistividade específica da argila for baixa e o grau de despolarização for alto.

c] Características do local da obra, em particular:

⊕ terrenos acidentados, dificultando o acesso de equipamentos pesados (bate-estacas etc.);

⊕ local com obstrução na altura, como telhado e lajes, dificultando o acesso de equipamentos altos;

⊕ obra muito distante de um grande centro, encarecendo o transporte de equipamento pesado;

⊕ ocorrência de lâmina d'água.

d] Características das construções vizinhas, em particular quanto a:

⊕ tipo e profundidade das fundações;

⊕ existência de subsolos;

⊕ sensibilidade a vibrações;

⊕ danos já existentes.

e] Custos totais para o cliente:

⊕ a forma mais barata de estaqueamento não é necessariamente a estaca mais barata por metro de construção;

⊕ atrasos no contrato pela falta de experiência ou falta de apreciação de um problema particular por parte do empreiteiro que executa as estacas podem aumentar consideravelmente o custo total de um projeto;

⊕ o custo de ensaios deve ser considerado se o empreiteiro que executará as estacas tiver pouca experiência para estabelecer o comprimento ou o diâmetro exigido para as estacas. Em particular, a ruptura de uma estaca durante a prova de carga pode implicar despesas adicionais muito grandes ao contrato. É conveniente recorrer a uma firma conhecida, com boa experiência local;

⊕ deve-se enfatizar que a maioria dos atrasos e problemas em contrato de estaqueamento pode ser evitada por meio de uma pesquisa completa do local tão cedo quanto possível.

10.3 Capacidade de carga da estaca e solo submetidos à compressão

Uma fundação em estacas deve atender à segurança em relação ao colapso do solo (estado-limite último – ELU), bem como aos limites de deformações em serviço (estados-limites de utilização ou de serviço – ELS). Diante disso, é necessário avaliar a capacidade de carga do solo para atender a essas condições (Velloso; Lopes, 2010).

Existem inúmeros processos e métodos para se calcular a capacidade de carga no solo decorrente de elementos cravados ou moldados *in loco* que transmitem cargas por meio da resistência lateral e/ou da resistência de ponta. Esses métodos estáticos utilizam formulários empíricos que simulam o comportamento real do solo e são conhecidos como:

- *Teóricos* ou *racionais*, que utilizam parâmetros do solo e equações matemáticas que simulam a capacidade de carga;
- *Semiempíricos*, que se baseiam em resultados de ensaios *in loco*, destacando o de penetração *Standard Penetration Test* (SPT);
- *Empíricos*, nos quais a capacidade de carga é estimada com base na classificação das camadas que a sondagem atravessa e apresenta uma estimativa grosseira.

A capacidade de carga do solo nos métodos estáticos pode ser obtida pelo equilíbrio dos esforços que atuam no elemento estrutural (Fig. 10.15). Esse equilíbrio pode ser escrito fazendo-se a somatória de forças, na vertical, igual a zero:

$$\sum F_y = 0 \qquad \text{10.1}$$

$$P_k + G - R_{\ell p,k} - R_{p,k} = 0 \qquad \text{10.2}$$

De acordo com o item 5.8.1 da NBR 6122 (ABNT, 2019b), a verificação da segurança em valores característicos se dá pelas expressões:

$$P_{adm} = \left(R_{p,k} + R_{\ell p,k}\right)/FS_g \qquad \text{10.3}$$

$$P_{útil} \leq P_{adm} - P_{an,k} \qquad \text{10.4}$$

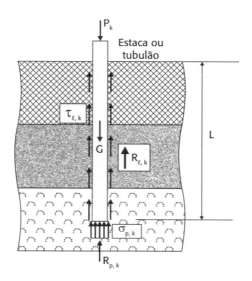

Fig. 10.15 *Sistema de equilíbrio da estaca no solo*

em que:
P_{adm} é a carga admissível;
$P_{útil}$ é a carga útil admissível sobre o elemento de fundação, excluídas, para verificação, as cargas variáveis e de curta duração e a carga proveniente do atrito negativo;
$R_{\ell p,k}$ é a parcela correspondente à resistência característica por atrito lateral positivo na ruptura;
$R_{p,k}$ é a parcela correspondente à resistência característica de ponta na ruptura;
FS_g é o coeficiente de segurança global;
$P_{an,k}$ é a carga característica correspondente ao atrito lateral negativo na ruptura. O ponto em que ocorre a mudança de atrito positivo para negativo é chamado de ponto neutro.

A verificação da segurança em valores de cálculo, de acordo com o item 5.8.2 da NBR 6122 (ABNT, 2019b), se dá pelas expressões:

$$P_d = P_{an,k} \cdot \gamma_f \leq R_d \qquad \text{10.5}$$

$$P_d = (P_k + G)\gamma_f \qquad \text{10.6}$$

$$R_d = \left(R_p + R_{\ell p}\right)/\gamma_m \qquad \text{10.7}$$

em que:
G é o peso da estaca ou do tubulão;
R_d é a força (carga) resistente de cálculo;
P_d é a carga de cálculo do elemento de fundação, excluídas as cargas de curta duração e a carga do atrito negativo;
γ_m é o coeficiente de minoração (ponderação) de resistência do solo (Tab. 10.11);
γ_f é o coeficiente de majoração (ponderação) das ações (solicitações).

O atrito lateral é considerado negativo quando o recalque do solo é maior que o recalque da estaca ou tubulão.

Segundo o item 8.2.1.2 da NBR 6122 (ABNT, 2019b), a carga admissível para as estacas escavadas ($P_{adm,E}$) deve ser de:

$$P_{adm,E} = \left(R_{\ell,k} + R_{p,k}\right)\big/2 \qquad \textbf{10.8}$$

em que:

$P_{adm,E}$ é a carga admissível da estaca;

$R_{\ell,k}$ é a resistência de atrito lateral característico;

$R_{p,k}$ é a resistência de ponta característica.

Na verificação do ELU, a resistência de ponta não poderá ultrapassar o valor da resistência de atrito lateral.

10.3.1 Métodos teóricos

Nos Quadros 10.2 e 10.3, destacam-se de forma resumida, para conhecimento, alguns métodos teóricos apresentados por Velloso e Lopes (2010).

Cálculo da resistência de ruptura última (característica) de ponta

Tab. 10.11 Coeficiente de minoração γ_m (ponderação) para solicitações de compressão

Métodos para determinação da resistência última	Coeficientes de minoração da resistência última (característica)	Coeficiente de segurança global (FS_g)
Semiempíricos[1]	Valores propostos no próprio processo e no mínimo igual a 2,15	Valores propostos no próprio processo e no mínimo igual a 3,0
Analíticos[2]	2,15	3,0
Semiempíricos ou analíticos[2] Acrescidos de duas ou mais provas de carga, necessariamente executadas na fase de projeto	1,4	2,0

[1] Atendendo ao domínio de validade para o terreno local.

[2] Sem aplicação de coeficiente de minoração aos parâmetros de resistência do terreno

Fonte: Tabela 1 da NBR 6122 (ABNT, 2019b).

Quadro 10.2 Resumo de métodos teóricos para cálculo da resistência de ruptura de ponta

	Terzaghi	Meyerhof	Berezantzev e outros	Vesic
Resistência de ponta $(\sigma_{p,k}) =$	Base circular ($\phi = B$) $$1,2c \cdot N_c + \rho \cdot L \cdot N_q + 0,6\rho\left(\tfrac{B}{2}\right)N_\rho$$ Base quadrada (B × B) $$1,2c \cdot N_c + \rho \cdot L \cdot N_q + 0,8\rho\left(\tfrac{B}{2}\right)N_\rho$$	$$\dfrac{c \cdot N_c + K_s \cdot L \cdot N_q + \rho\left(\tfrac{B}{2}\right)N_\rho}{\text{L/B elevado despreza-se a última parcela}}$$ $$c \cdot N_c + K_s \cdot L \cdot N_q$$ Solos argilosos ($\varphi = 0$) $$\dfrac{9,5\,S_u + K_s \cdot L \cdot N_q}{\text{Solos granulares } (c = 0)}$$ $$K_s \cdot L \cdot N_q$$	$A_k \cdot \rho \cdot B +$ $B_k \cdot \alpha_T \cdot \rho \cdot L$	$c \cdot N_c + \sigma_0 \cdot N_\sigma$ Sendo: $$N_c = \left(N_\sigma - 1\right)\cotg\varphi$$ $$\sigma_0 = \dfrac{1 + 2K_0}{3}\sigma_v'$$
Parâmetros	N_c, N_q, N_ρ são fatores de capacidade de carga (Tab. 10.12); c é o coeficiente de coesão do solo; ρ é a massa específica do solo; B é a menor dimensão do elemento estrutural; α é a aderência entre a estaca e o solo; σ_h é a tensão horizontal contra a superfície lateral da estaca; δ é o ângulo de atrito entre a estaca e o solo.	K_s é o coeficiente de empuxo do solo contra o fuste próximo à ponta (Tab. 10.3); S_u é a resistência não drenada da argila saturada (Fig. 10.16 e Eq. 10.9); φ é o coeficiente de atrito interno do solo; L é o comprimento do elemento estrutural; P é a massa específica do solo.	A_k e B_k são funções do ângulo de atrito ϕ (Fig. 10.17).	N_c e N_σ são fatores de capacidade de cargas; K_0 é o coeficiente de empuxo no repouso; σ_v' é a tensão efetiva na ponta da estaca.

Fonte: Velloso e Lopes (2010).

Quadro 10.3 Resumo dos métodos teóricos para o cálculo da resistência de ruptura lateral

	Terzaghi	Meyerhof	Berezantzev e outros	Vesic
Resistência Lateral ($\tau_{\ell,k}$)	$\tau_{\ell,k} = a + \sigma_h \cdot \text{tg} \cdot \delta$ Método complexo e não utilizado na prática.	Para solos granulares, $\alpha = 0$. $\tau_{\ell,k} = \dfrac{K_s \cdot \rho \cdot L}{2} \text{tg } \delta$	Não desenvolveu.	Não desenvolveu.
	Método alfa (α)		$\tau_{\ell,k} = \alpha \cdot S_u$	
	Método beta (β)		$\tau_{\ell,k} = \beta \cdot \sigma'_{v0}$	
	Método gama (γ)		$\tau_{\ell,k} = \gamma(2S_u + \sigma'_{v0})$	
Parâmetros	α é a aderência entre a estaca e o solo; σ_h é a tensão horizontal contra a superfície lateral da estaca; δ é o ângulo de atrito entre a estaca e o solo.	K_s é o coeficiente de empuxo do solo contra o fuste próximo à ponta (Tab. 10.13); S_u é a resistência não drenada da argila saturada (Fig. 10.16 e Eq. 10.9); L é o comprimento do elemento estrutural; ρ é a massa específica do solo.		K_o é o coeficiente de empuxo no repouso; σ'_v é a tensão efetiva na ponta da estaca.

Fonte: Velloso e Lopes (2010).

Pode-se utilizar soluções propostas por Terzaghi, Meyerhof, Berezantzev e Vesic citadas por Velloso e Lopes (2010) para esse cálculo.

Os fatores de capacidade de carga estão apresentados na Tab. 10.12 e foram desenvolvidos por Bowles (1997). Já os valores de S_u em função de N_{SPT} são apresentados na Fig. 10.16.

Embora os valores de Terzaghi sejam considerados conservadores, pode-se escrever que a resistência da argila não drenada corresponde ao valor:

$$S_u = \dfrac{N_{SPT}}{150} \text{ (MPa)} \qquad 10.9$$

O coeficiente α_T desenvolvido por Berezantzev et al. (1961 apud Velloso; Lopes, 2010) encontra-se na Tab. 10.14.

Tab. 10.12 Fatores de capacidade de carga N_c, N_q e N_ρ

$\varphi°$	N_c	N_q	N_ρ	N'_c	N'_q	N'_ρ
0	5,7	1,0	0,0	5,7	1,0	0,0
5	7,3	1,6	0,5	6,7	1,4	0,2
10	9,6	2,7	1,2	8,0	1,9	0,5
15	12,9	4,4	2,5	9,7	2,7	0,9
20	17,7	7,4	5,0	11,8	3,9	1,7
25	25,1	12,7	9,7	14,8	5,6	3,2
30	37,2	22,5	19,7	19,0	8,3	5,7
35	57,8	41,4	42,4	25,2	12,6	10,1
40	95,7	81,3	100,4	34,9	20,5	18,8
45	172,3	173,3	297,5	51,2	35,1	37,7

Fonte: Velloso e Lopes (2010).

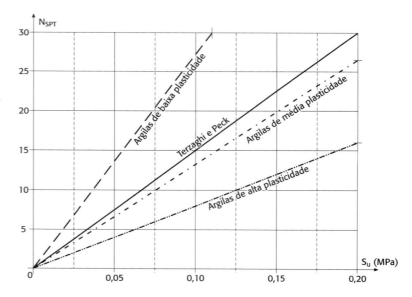

Fig. 10.16 Valores de S_u em função do N_{SPT}
Fonte: Velloso e Lopes (2010).

Tab. 10.13 Valores de K_s

Tipo de estaca	Solo fofo	Solo compacto
Aço	0,5	1
Concreto	1	2
Madeira	1,5	3

Fonte: Broms (1966 apud Velloso; Lopes, 2010).

Cálculo da resistência de ruptura última (característica) lateral

Para solos granulares, o cálculo é em função da tensão efetiva horizontal ou empuxo e do ângulo de atrito. Para solos coesivos, o cálculo se faz por meio dos métodos α (enfoque em tensões totais), β (enfoque em tensões efetivas) e γ (enfoque misto) (ver Quadro 10.3).

Tab. 10.14 Coeficiente α_T

L/B	Valores de φ					
	26°	30°	34°	37°	40°
5	0,75	0,77	0,81	0,83	0,85
10	0,62	0,67	0,73	0,76	0,79
15	0,55	0,61	0,68	0,73	0,77
20	0,49	0,57	0,65	0,71	0,75
25	0,44	0,53	0,63	0,70	0,74

Fonte: Berezantzev et al. (1961 apud Velloso; Lopes, 2010).

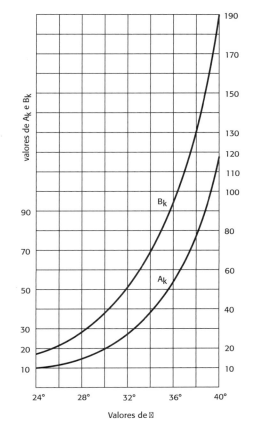

Fig. 10.17 Valores de A_k e B_k em função de φ

10.3.2 Métodos semiempíricos

No Quadro 10.4 são apresentados somente os métodos que utilizam o SPT.

Quadro 10.4 Resumo de métodos semiempíricos para cálculo da resistência de ruptura

	Meyerhof	Aoki e Velloso	Decourt-Quaresma
Resistência de ponta $(\sigma_{p,k})$	Para estacas cravadas em solo arenoso: $\dfrac{0,4 N_{SPT} \cdot L}{B} \leq 4 N_{SPT} \; (\text{kg}/\text{cm}^2)$ Para siltes não plásticos: $3 N_{SPT} \; (\text{kg}/\text{cm}^2)$	$\dfrac{K \cdot N_{SPT}}{F_1} \left(\dfrac{\text{kgf}}{\text{cm}^2}\right)$	$C \cdot N_{SPT} \; (\text{tf}/\text{m}^2)$
Resistência lateral $(\tau_{\ell,k})$	Para estacas cravadas em solo arenoso: $\dfrac{\overline{N}}{50} \; (\text{kg}/\text{cm}^2)$	$\sum \dfrac{\alpha \cdot K \cdot N_{SPT}}{F_2} \; (\text{kgf}/\text{cm}^2)$ Por camada $R_{\ell,k} = U \sum \tau_{\ell,k} \cdot \Delta \ell \; (\text{kgf})$	$\dfrac{\overline{N}}{3} + 1 \; (\text{tf}/\text{m}^2)$

Quadro 10.4   (continuação)

	Meyerhof	Aoki e Velloso	Decourt-Quaresma
Parâmetros	N_{SPT} é o número de golpes nos últimos 30 cm → $N_{SPT} \leq 50$; $\overline{N}$ é a média dos N_{SPT} ao longo do fuste; φ é o coeficiente de atrito interno do solo; L é o comprimento do elemento estrutural; ρ a massa específica do solo;	A é a área da seção transversal da estaca; U é o perímetro da estaca; F_1 e F_2 são obtidos de análises de resultados de provas de carga (Tab. 10.15); K e α são parâmetros adotados (ver Tab. 10.16); $D\ell$ é o comprimento da estaca em cada camada que ela atravessa.	$C = (B/2) \cdot c/\cos \varphi$ (aderência do solo); Tipo do solo — C (tf/m²): Argilas 12; Siltes argilosos 20; Siltes arenosos 25; Areias 40 B é a menor dimensão do elemento estrutural; c é o coeficiente de coesão do solo. $3 \leq N_{SPT} \leq 50$

Fonte: Velloso e Lopes (2010).

Tab. 10.15   Fatores F_1 e F_2

Tipo de estaca	Aoki e Velloso (1975 apud Velloso; Lopes, 2010)		Laproviterra (1988) e Benegas (1993) apud Velloso e Lopes (2010)	
	F_1	$F_2 = 2F_1$	F_1	F_2
Franki	2,5	5,0	2,5	3,0
Metálica	1,75	3,5	2,4	3,4
Pré-moldada de concreto	1,75	3,5	2,0	3,5
Escavada	3,0	6,0	4,5	4,5

Fonte: Velloso e Lopes (2010).

Tab. 10.16   Valores de K e α

Tipo de solo	Aoki e Velloso (1975 apud Velloso; Lopes, 2010)		Laproviterra (1988 apud Velloso; Lopes, 2010)	
	K (kgf/cm²)	α (%)	K (kgf/cm²)	α (%)
Areia	10	1,4	6	1,4
Areia siltosa	8	2	5,3	1,9
Areia siltoargilosa	7	2,4	5,3	2,4
Areia argilossiltosa	5	2,8	5,3	2,8
Areia argilosa	6	3	5,3	3
Silte arenoso	5,5	2,2	4,8	3
Silte arenoargiloso	4,5	2,8	3,8	3
Silte	4	3	4,8	3
Silte argiloarenoso	2,5	3	3,8	3
Silte argiloso	2,3	3,4	3	3,4
Argila arenosa	3,5	2,4	4,8	4
Argila arenossiltosa	3	2,8	3	4,5
Argila siltoarenosa	3,3	3	3	5
Argila siltosa	2,2	4	2,5	5,5
Argila	2	6	2,5	6

Fonte: Velloso e Lopes (2010).

Exemplo 10.11 Capacidade de carga da estaca e solo

Calcular a capacidade de carga de uma estaca tipo Franki cujo diâmetro do fuste seja igual a 40 cm e o diâmetro da base alargada igual a 70 cm utilizando métodos semiempíricos. O comprimento da estaca e as características do solo estão indicados na Fig. 10.18.

Pode-se observar que o método desenvolvido por Meyerhof (1956) apresenta valores mais altos, que o método Decourt-Quaresma apresenta valores mais baixos e que o método desenvolvido por Aoki e Velloso apresenta valores mais próximos da média entre os três métodos (Quadro 10.5). É importante destacar que devem ser tomados diferentes coeficientes de segurança para a capacidade resistente de ponta e a lateral.

10.4 Capacidade de carga da estaca e solo submetidos a esforços de tração

Atualmente, tem sido mais frequente a necessidade de se avaliar a capacidade de carga das estacas submetidas a esforços de tração, principalmente para atender a uma demanda de projetos nos quais o efeito lateral de vento tenha uma incidência significativa na estrutura, como nos edifícios altos, e em projetos de base para torre de linhas de transmissão.

Até alguns anos atrás se adotava, como valor aceitável, que a capacidade de carga dessas estacas à tração era da ordem de 10% de sua capacidade de carga à compressão. Hoje em dia, com base em pesquisas recentes, tem-se observado que os métodos teóricos para o cálculo da capacidade de carga das estacas à tração resultam em valores bastante diversos dos obtidos por meio de ensaio de provas de carga.

Os métodos empíricos e semiempíricos são os mais utilizados para se calcular a capacidade resistente da estaca tracionada. Entre esses métodos semiempíricos, tem-se adotado que a capacidade da estaca tracionada corresponde a um percentual da resistência lateral quando a estaca estiver solicitada à compressão.

Existem inúmeros métodos para avaliar a capacidade resistente das estacas submetidas à tração, embora as divergências de resultados sejam acentuadas. Destacam-se os estudos desenvolvidos por Campelo (1985) e outros, como Danziger (1983), Carvalho (1991) e Orlando (1999) apud Albuquerque et al.

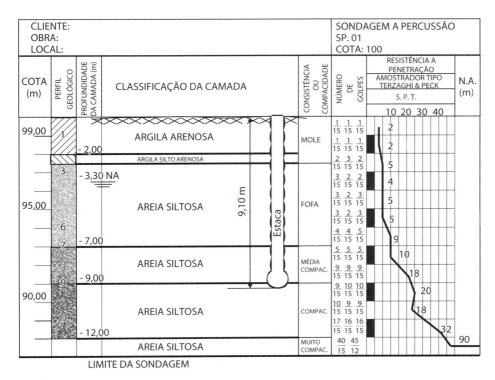

Fig. 10.18 *Relatório de sondagem*

Quadro 10.5   Resultados da capacidade de carga para os métodos de Meyerhof, Aoki e Velloso e Decourt-Quaresma

Meyerhof	Aoki e Velloso	Decourt-Quaresma

Resistência de ponta $(s_{p,k})$ =

Meyerhof:
$$\frac{0,4N_{SPT}\cdot L}{B}=\frac{0,4\times18\times9,10}{0,7}=93,6$$
$$\le 4\times18 = 72 \ \text{(kgf/cm}^2\text{)}$$
$$B_{base}=70 \text{ cm; usar } 72 \text{ kgf/cm}^2$$

Aoki e Velloso:
$$\frac{K\cdot N_{SPT}}{F_1}=\frac{8\times18}{2,5}=57,6 \ kgf/cm^2$$

Tipo de estaca	Aoki e Velloso	
	F_1	$F_2=2F_1$
Franki	2,5	5,0

Decourt-Quaresma:
$$C\cdot N_{SPT}=25\times18=450 \ \text{(tf/m}^2\text{)}$$

Resistência lateral $(t_{l,k})$

Meyerhof:
$$\frac{\overline{N}}{50}=\frac{6,67}{50}=0,133\left(kg/cm^2\right)$$

Aoki e Velloso:
$$\sum\frac{\alpha\cdot K\cdot N_{SPT}}{F_2}$$

Decourt-Quaresma:
$$\frac{\overline{N}}{3}+1=\frac{6,67}{3}+1=3,22\left(tf/m^2\right)$$

Total

Meyerhof:
$$R_k = A_{base}\cdot\sigma_{p,k}+U\cdot L\cdot\tau_{\ell,k}$$
$$R_k = 3,1416\frac{70^2}{4}72+3,14\times40\times910\times0,133$$
$$= 292.298 \text{ kg} = 2.923 \text{ kN}$$

Aoki e Velloso:
$$R_k = A_{base}\cdot\sigma_{p,k}+P_{l,k}$$
$$R_{\ell,k}=U\sum\tau_{\ell,k}\cdot\Delta\ell$$
$$F2 = 5,0$$
$$U = 3,1416\times40 = 125,664 \text{ cm}$$

ℓ (cm)	N_{SPT}	K (kgf/cm²)	α (%)	$P_{\ell,k}$
200	2	3,5	2,4	844,46
50	2	3,3	3,0	248,81
450	5	8	2,0	9.047,81
200	10	8	2,0	8.042,50
10	18	8	2,0	723,82
			Total	18.907,41

$$R_{\ell,k}= 18.907,41 \text{ kgf} = 189,07 \text{ kN}$$
$$R_k = 3,1416\frac{70^2}{4}57,6+18.907,41$$
$$= 240.576 \text{ kgf} = 2.400 \text{ kN}$$

Decourt-Quaresma:
$$R_k = A_{base}\cdot\sigma_{p,k}+U\cdot L\cdot\tau_{\ell,k}$$
$$R_k = 3,1416\frac{0,7^2}{4}450+3,14\times0,4\times9,10\times3,22 =$$
$$= 210,0 \text{ tf} = 2.100 \text{ kN}$$

Parâmetros

Meyerhof:
N_{SPT} é o número de golpes nos últimos 30 cm – NSPT $\le$ 50;
$\overline{N}$ é a média dos N_{SPT} ao longo do fuste;
φ é o coeficiente de atrito interno do solo;
L é o comprimento do elemento estrutural;
ρ é a massa específica do solo.

Aoki e Velloso:
A é a área da seção transversal da estaca;
U é o perímetro da estaca;
K e α são parâmetros adotados (ver Tab. 10.16);
F_1 e F_2 são obtidos de análises de resultados de provas de carga (ver Tab. 10.15);
$\Delta\ell$ é o comprimento da estaca em cada camada que ela atravessa.

Decourt-Quaresma:
$C = (B/2) \ c/\cos \varphi$ (aderência do solo);

Tipo do solo	C (tf/m²)
Argilas	12
Siltes argilosos	20
Siltes arenosos	25
Areias	40

B é a menor dimensão do elemento estrutural;
c é o coeficiente de coesão do solo.
$3 \le N_{SPT} \le 50$

(2008) e Martin (1966), Barata, Pacheco e Danzinger (1978) e Santos (1985, 1999) apud Velloso e Lopes (2010).

Segundo Velloso e Lopes (2010), a capacidade de uma estaca vertical solicitada à tração pode ser obtida considerando o menor valor entre a:

- capacidade de carga de uma estaca, considerando a ruptura na interface solo-estaca (Fig. 10.19A). Utilizam-se os mesmos processos para estaca comprimida (Quadros 10.2, 10.3 e 10.4);
- capacidade de carga segundo uma superfície cônica (Fig. 10.19B). Pode ser calculada de acordo com Plagemann e Langner (1973 apud Velloso; Lopes, 2010):

$$R_k = \pi \cdot \mu^2 \cdot L^2 \left(p + \frac{\gamma \cdot L}{3} + \frac{c}{\mu} \right) \qquad 10.10$$

em que:

$\mu = tg\, \varphi$ é o coeficiente de atrito do solo (valores de φ na Tab. 10.17);

c é a coesão do solo (valores na Tab. 10.17);
p é a sobrecarga aplicada na superfície do terreno;
g é o peso específico do solo.

Recomenda-se, a favor da segurança, desprezar o peso próprio da estaca. Ainda segundo Velloso e Lopes (2010), a ruptura se dá, na maioria das vezes, na interface solo-fundação. Portanto, a capacidade de carga das estacas submetidas à tração pode ser calculada pelos métodos utilizados para estacas submetidas à compressão, considerando uma redução dessa carga da ordem de 30%.

Para estacas inclinadas de um ângulo α, a capacidade de carga de estacas submetidas à tração pode ser calculada pela expressão:

$$R_k = \pi \cdot \mu^2 \cdot L^2 \left(\frac{p + \dfrac{\gamma \cdot L}{3}}{\sqrt{1 + tg^2 \alpha}} + \frac{c\sqrt{1 + tg^2 \alpha}}{\mu} \right) \qquad 10.11$$

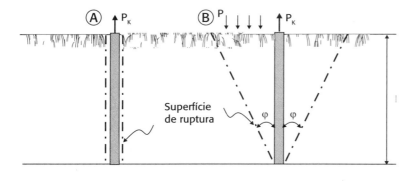

Fig. 10.19 *Capacidade de carga da estaca tracionada: (A) interface solo-estaca e (B) superfície cônica*

Tab. 10.17 Coeficiente de atrito (φ) e de coesão (c) do solo

Solo	SPT	φ	c (MPa)
Areia muito fofa	< 4	< 30°	
Areia fofa	4–10	30°–35°	
Areia medianamente compacta	10–30	35°–40°	
Areia compacta	30–50	40°–45°	
Areia muito compacta	> 50	> 45°	
Argila muito mole	2		0,025
Argila mole	2–4		0,025–0,05
Argila média	4–8		0,05–0,10
Argila rígida	8–15		0,10–0,20
Argila muito rígida	15–30		0,20–0,40
Argila dura	> 30		0,40–0,80

Fonte: Terzaghi e Peck (1972 apud Moraes, 1976).

10.5 Efeito de grupo de estacas

De um modo geral, as estacas trabalham em grupos, coroadas por um elemento estrutural denominado *bloco*. Esse agrupamento pode influenciar na capacidade de carga do conjunto em função da distância entre as estacas e de sua configuração (disposição).

De acordo com Constâncio e Constâncio (2011), o comportamento da estaca isolada difere, portanto, do comportamento da mesma estaca quando em grupo, visto que o recalque de uma estaca isolada é menor do que o recalque quando essas estacas trabalham em grupo pelo efeito do bulbo de pressões das várias estacas, resultando em um bloco de pressões de dimensões maiores. Consequentemente, a capacidade de suporte do um grupo de estacas é menor do que a soma das capacidades de cargas das estacas consideradas isoladamente.

Segundo Velloso e Lopes (2010), a capacidade de cargas e os recalques do grupo de estacas são diferentes da estaca isolada. Essa diferença se deve à interação entre estacas próximas por meio do solo que as circundam.

Para grandes espaçamentos entre estacas, estudos desenvolvidos por Whitaker (1957 apud Velloso; Lopes, 2010) mostram que o modo de transferência da carga ao solo não é afetado e o recalque do grupo pode ser estimado pela superposição das estacas analisadas isoladamente. Todavia, quando o espaçamento é pequeno, as estacas têm seu modo de transferência afetado e as estacas periféricas absorvem mais cargas que as estacas internas.

A primeira abordagem para o cálculo de recalques de grupos de estacas, considerando um radier fictício (sapata fictícia, de acordo com a NBR 6122 – ABNT, 2019b), foi desenvolvido por Terzaghi e Peck (1948 apud Velloso; Lopes, 2010).

Terzaghi e Peck (1967 apud Zhemchuzhnikov, 2011) avaliaram o recalque de grupos de estacas em solos coesivos utilizando uma fundação equivalente localizada na profundidade de 1/3L acima da base das estacas, conforme indicado na Fig. 10.20. Essa fundação transfere diretamente a carga ao solo, distribuindo-a dentro do tronco de pirâmide cujas faces

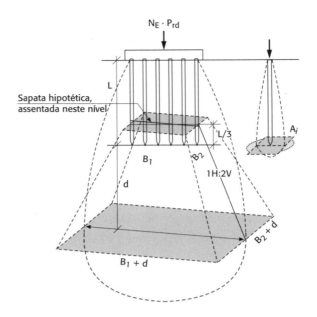

Fig. 10.20 *Massa do solo mobilizada pelo carregamento das estacas*

têm inclinação de 1:2 e provocando uma pressão adicional uniforme no solo subjacente.

O item 8.3 da NBR 6122 (ABNT, 2019b) entende que o efeito de grupo de estacas ou tubulões e a interação dos diversos elementos que compõem o conjunto (bloco-estaca ou tubulão-solo) acarretam uma superposição de tensões de tal forma que o recalque do grupo é, em geral, diferente daquele do elemento isolado.

Ainda de acordo com NBR 6122 (ABNT, 2019b), a carga resistente admissível ou de cálculo não pode ser superior à da sapata hipotética de contorno do estaqueamento (grupo de estacas). Essa sapata hipotética é definida como assentada a uma profundidade acima da ponta da estaca de 1/3 do comprimento de penetração na camada de suporte da estaca (f) do apoio (Fig. 10.21).

Essas considerações não são válidas para estacas inclinadas, então a mesma norma sugere que se faça a verificação de recalques e prova de carga nas estacas.

No caso de se executar prova de carga estática nas estacas, o item 9.2.2.1 da NBR 6122 (ABNT, 2019b) recomenda um número mínimo (Tab. 10.18), considerando a necessidade de se executar pelo menos 1% do número de estacas quando este for superior ao valor indicado na tabela.

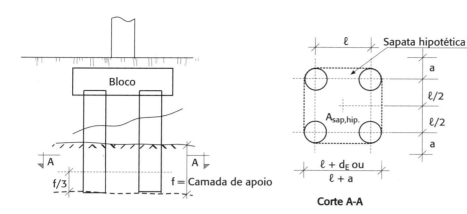

Fig. 10.21 *Sapata hipotética*

Tab. 10.18 Quantidade de provas de cargas em estacas

Tipo de estaca	Tensão de trabalho[1] abaixo da qual não será obrigatória prova de cargas, desde que o número de estacas seja inferior aos da coluna ao lado (MPa)	Número de estacas da obra, a partir do qual as provas de cargas serão obrigatórias
Pré-moldada[2]	7,0	100
Hélice	5,0	100
Escavadas com ou sem fluidos ($d_E \geq 70$)	5,0	75
Escavadas sem fluidos ($d_E < 70$)	4,0	100
Franki	7,0	100
Strauss	4,0	100
Raiz	$d_E \leq 310$ mm → 15,0 $\quad$ $d_E \geq 400$ mm → 13,0	75
Madeira	–	100
Aço	$0,5 f_{yk}$	100

[1] Tensão de trabalho correspondente à carga de trabalho (carga efetivamente atuante na estaca em valores característicos) dividida pela área da seção transversal (item 3.8 da NBR 6122 – ABNT, 2019b).
[2] Para o cálculo da tensão de trabalho em estacas vazadas, considere-as maciças, desde que a seção vazada não exceda 40% da seção total.

Fonte: Tabela 6 da NBR 6122 (ABNT, 2019b).

Ainda segundo Velloso e Lopes (2010), os elementos de fundação profunda, quando executados muito próximos, aprisionam o solo que os circunda, impedindo que este participe da composição da força decorrente do atrito lateral, principalmente nas estacas internas. Em função disso é que se recomenda uma distância mínima entre esses elementos.

Segundo Collin (2002), o cálculo da capacidade de carga de um grupo de estacas será feito em função da capacidade de carga axial, da estaca trabalhando individualmente, bem como da configuração do grupo de estacas (Fig. 10.22). A capacidade última de carga do grupo será determinada em função da eficiência do grupo de estacas. A eficiência do grupo de estacas (ε_g), por sua vez, será representada pela relação entre a capacidade última do grupo e a soma da capacidade última de cada estaca.

$$\varepsilon_g = \frac{R_{d,g}}{N_E \cdot R_d} \qquad 10.12$$

em que:
$R_{d,g}$ é a carga resistente de cálculo do grupo de estacas;
R_d é a carga resistente de cálculo de cada estaca, individualmente;
N_E é o número de estacas no grupo de estacas.

Recomenda-se que o espaçamento máximo de estacas, de eixo a eixo, seja de $3d_E$ para todo o grupo.

Como a eficiência do grupo depende do espaçamento entre as estacas, bem como do tipo de solo em que estão imersas, algumas considerações são apresentadas:

Quando em solos coesivos (argila)

Para Collin (2002), quando o grupo de estacas está submetido a cargas que provoquem tensões transversais inferiores a 0,10 MPa e estando o bloco de coroamento das estacas não apoiado no solo, a eficiência do grupo é de 0,7. À medida que o espaçamento entre as estacas cresce, a eficiência cresce, podendo ser considerada igual a 1,0 quando o espaçamento atingir $6d_E$. No caso do bloco de coroamento estar apoiado no solo, a eficiência do grupo também pode ser considerada igual a 1,0. Da mesma forma, quando a tensão transversal for maior do que 0,10 MPa, a eficiência do grupo será igual a 1,0.

Whithaker (1957) e Sowers et al. (1961), ambos citados por Velloso e Lopes (2010), indicam que, para espaçamentos entre estacas menores que $2d_E$ e solos coesivos (argila), o grupo de estacas trabalha em bloco, apresentando baixa eficiência, que aumenta, aproximando-se de 1,0, à medida que o espaçamento entre as estacas cresce (Fig. 10.23).

A capacidade última de um grupo de estacas em solo coesivo pode ser calculada pelo bloco definido pelo grupo de estacas, conforme apresenta Collin (2002), e expresso pela equação:

$$R_{d,g} = 2L(B_1 + B_2) \cdot c_{u1} + B_1 \cdot B_2 \cdot c_{u2} \cdot N_c \qquad \textbf{10.13}$$

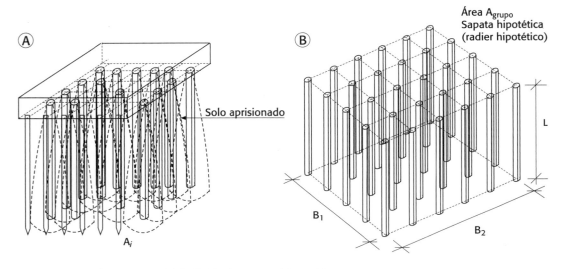

Fig. 10.22 *Comportamento das estacas: (A) individualmente e (B) em bloco*

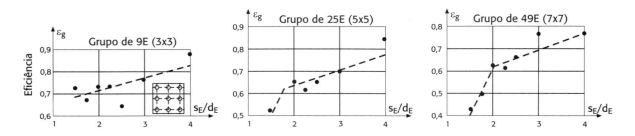

Fig. 10.23 *Eficiência de grupo de estacas em solo coesivo, sendo S_E o espaçamento entre as estacas e d_E o diâmetro das estacas*

Fonte: Whitaker (1957 apud Velloso; Lopes, 2010).

em que:

L é o comprimento das estacas;

B_1 e B_2 são as dimensões da sapata hipotética, definida pelo grupo de estacas;

N_c é um fator de capacidade de carga (para grupo de estacas com formato retangular);

c_{u_1} é a pressão lateral média, aderente ao longo do perímetro do grupo de estacas, acima da profundidade da estaca embutida no solo coesivo;

c_{u_2} é a pressão lateral média por causa do solo aderente ao grupo de estacas, para uma profundade de $2B_1$ abaixo da ponta da estaca.

O fator de capacidade de carga, N_c, para um grupo de estacas com formato retangular geralmente é igual a 9. Porém, para grupos de estacas embutidas em camadas de pequenas profundidades, o valor de N_c pode ser calculado pela expressão:

$$N_c = 5\left(1 + \frac{f}{5\,B_1}\right)\left(1 + \frac{B_1}{5\,B_2}\right) \leq 9{,}0 \qquad 10.14$$

em que f é o comprimento da camada em que se apoia a sapata fictícia (Fig. 10.21).

Quando em solos não coesivos ou pouco coesivos (areia)

Embora o trabalho de Collin (2002) se destina a estacas de madeira, conceitualmente pode ser extrapolado para estacas de concreto. No caso de estacas em solos pouco coesivos com estacas espaçadas, de eixo a eixo, a uma distância menor do que $3d_E$, a capacidade última do grupo é maior que a soma da capacidade última individual das estacas ($\varepsilon_g > 1$). Isso se deve ao efeito de compactação do solo. Quando as estacas estão muito próximas, esse efeito de compactação se soma, aumentando a eficiência do grupo. À medida que as distâncias entre as estacas ultrapassam $3d_E$, perde-se esse confinamento e as estacas passam a trabalhar individualmente, reduzindo a eficiência do grupo. Em areias compactas, esse confinamento pode causar danos às estacas contíguas já cravadas.

Kezdi (1957 apud Velloso; Lopes, 2010) e Stuart et al. (1960 apud Velloso; Lopes, 2010) também indicam que, quando as estacas estão com espaçamentos no grupo, em torno de $2d_E$ e cravadas em areias fofas, o efeito provocado pela compactação do solo junto às estacas que lhe são contíguas aumenta a eficiência acima de 1,0, conforme apresenta a Fig. 10.24. À medida que o espaçamento cresce, a eficiência reduz para 1,0 (estacas rugosas).

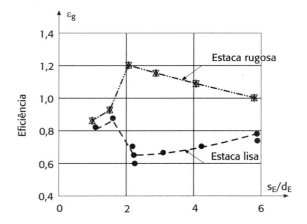

Fig. 10.24 *Eficiência de grupo de estacas em areia de acordo com Stuart et al. (1960 apud Velloso; Lopes, 2010)*

Para estacas escavadas, Velloso e Lopes (2010) argumentam que a transferência de carga ao solo se dá por meio do fuste, que o efeito da compactação (confinamento do solo junto às estacas adjacentes) não existe e que a proximidade entre as estacas somente gera o efeito de bloco, o que não é benéfico. Diante disso, sugerem um espaçamento mínimo entre as estacas do grupo da ordem de $3d_E$, permitindo com esse procedimento que as estacas trabalhem individualmente.

Feld (1948 apud Constâncio; Constâncio, 2011) define uma regra simplista para considerar a eficiência de cada estaca em um grupo de estacas, descontando 1/16 da eficiência de cada estaca isolada para cada estaca adjacente à estaca em análise. Esse método não leva em conta a distância entre as estacas.

De acordo com esse modelo, a eficiência do conjunto (ε) é representada pela Eq. 10.15 e utilizada na Tab. 10.19 em diferentes grupos de estacas.

$$\varepsilon = 1 - \frac{n_1 \cdot \varepsilon_1 + n_2 \cdot \varepsilon_2 + \ldots n_m \cdot \varepsilon_m}{n_1 + n_2 + \ldots n_m} = \frac{\sum_1^m n_i \cdot \varepsilon_i}{\sum_1^m n_i} \qquad 10.15$$

Pode-se observar que a proposta de Feld (1943 apud Constâncio; Constâncio, 2011) se aproxima dos valores apresentados por Whithaker (1957) e Sowers et al. (1961), ambos os trabalhos citados por Velloso e Lopes (2010). Para grupos de nove estacas (3 × 3) com espaçamentos em torno de 2,2d_E, a eficiência (ε_g) fica próxima de 72,0%. No caso de grupos de 25 estacas (5 × 5), também para espaçamentos em torno de 2,2d_E, a eficiência (ε_g) fica em 64%. Para o caso de 49 estacas (7 × 7) com o mesmo espaçamento, em torno de 2,2d_E, a eficiência (ε_g) fica em torno de 60%. Portanto, pode-se trabalhar com os parâmetros de Feld para espaçamentos acima de 2,5d_E.

Diante das análises e das considerações feitas acima, recomenda-se adotar os espaçamentos mínimos entre estacas apresentados na Tab. 10.20.

Para todos os casos, o espaçamento mínimo entre eixos de estacas será de 60 cm.

Tab. 10.19 Eficiência de carga para grupo de estacas

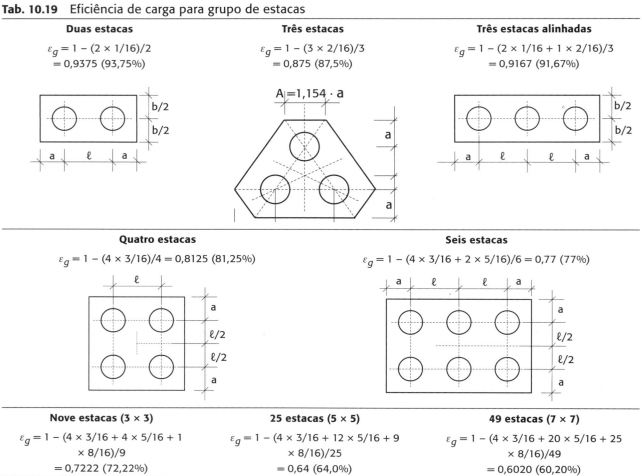

Tab. 10.20 Espaçamentos entre eixos de estacas recomendados

	Estacas	Solo coesivo (argila)	Solo não coesivo-granular (areia)
Cravadas	Moldada *in loco* (rugosas)	$s_E \geq 2,5d_E$ (Eficiência: $\varepsilon_g^{(1)}$)	$s_E \geq 2d_E$ (Eficiência: $\varepsilon_g = 1,0$)
	Pré-moldadas (lisas)		$s_E \geq 3d_E$ (Eficiência: $\varepsilon_g^{(1)}$)
Escavadas	$s_E \geq 3d_E$ (Eficiência: $\varepsilon_g = 1,0$)		

(1) As eficiências dos grupos podem ser estimadas, para $s_E \geq 2,5d_E$, de acordo com os valores apresentados na Tab. 10.19.

11.1 Carga nas estacas: estaqueamento

Quando se define a utilização de estacas ou grupos de estacas para distribuir as cargas provenientes de ações reativas da superestrutura ou mesoestrutura ao solo, o primeiro procedimento é a distribuição dessas estacas, devidamente coroadas por um elemento estrutural volumétrico denominado bloco (objeto de estudo dos Caps. 12 e 13). Essas cargas não devem ultrapassar a capacidade última da estaca, bem como a capacidade resistente do conjunto estaca-solo. Portanto, esse agrupamento de estacas deve estar disposto de tal forma que as estacas possam absorver ações verticais, horizontais, momentos fletores e transferi-las ao solo, ao longo de seu comprimento ou pelo efeito de ponta.

O processo inicia-se determinando, em função das cargas aplicadas, o número de estacas e sua disposição – se inclinadas ou somente verticais.

11.1.1 Roteiro para lançamento do estaqueamento

Tipo de solicitação

Existem três tipos de solicitação:

⊕ Carga vertical: somente estacas verticais;

⊕ Carga vertical e momento fletor: somente estacas verticais;

⊕ Carga vertical, momento fletor e carga horizontal: usar estacas inclinadas ou inclinadas e verticais.

Havendo esforço horizontal, será necessário verificar a relação entre a carga horizontal e a carga vertical atuante (Quadro 11.1).

Quadro 11.1   Relação entre a carga horizontal e a carga vertical

Caso 1: $H/N \leq 1/4$	Caso 2: $H/N > 1/4$
Será possível fazer um estaqueamento com estacas inclinadas de no máximo 1:4 sem que haja estacas tracionadas. (Recomenda-se que as estacas inclinadas tenham inclinação de 1:5, quando $H/N \leq 1/5$).	Nesses casos, o esforço horizontal é grande em relação à carga vertical e, normalmente, com estacas inclinadas de 1:4 se desenvolvem esforços de tração nas estacas.

Existindo estacas tracionadas (caso 2), recomenda-se:

⊕ aumentar a carga vertical por meio de contrapeso até se atingir a relação $H/N = ¼$; ou

⊕ utilizar a estaca tracionada. Nesses casos, aconselha-se consulta a especialista em solos para atestar a capacidade do solo em resistir ao arrancamento. Com relação à peça de concreto em si, o dimensionamento é mais simples.

Os procedimentos para a determinação do número de estacas são:

⊕ Escolher o tipo e a capacidade da estaca em função da carga e do tipo de solo:

  • o conhecimento do tipo de solo se faz por meio de sondagem e/ou outros tipos de ensaios;

  • a avaliação da capacidade do solo para um determinado tipo de carga se faz em conjunto com um especialista em solos.

⊕ Relativamente à carga:
- quando a carga é grande, utilizam-se estacas de grande capacidade;
- quando a carga é pequena, utilizam-se estacas de capacidade menor. A utilização dessas estacas para grandes cargas requer blocos de coroamento de grandes dimensões, tornando o elemento estrutural antieconômico. Essas estacas de pequeno porte são estacas com capacidade de carga entre 200 kN a 400 kN, atingindo no máximo 600 kN.

Uma vez escolhido o tipo de estaca, parte-se para a determinação do número de estacas necessárias. Para tanto, será necessário ter conhecimento prévio das cargas, suas direções e sentidos:

Somente carga vertical

Para a determinação do número de estacas, utiliza-se a carga vertical atuante acrescida do peso próprio do bloco (de coroamento), que, inicialmente, será estimado em 5% a 10% da carga vertical, embora o item 5.6 da NBR 6122 (ABNT, 2019b) sugira, para peso próprio, uma carga mínima de 5% da carga vertical permanente.

$$n_E = \frac{(1,05 \text{ a } 1,1) \text{ Carga vertical do pilar}}{\text{Carga admissível da estaca}}$$
$$= \frac{(1,05 \text{ a } 1,1) N_s}{P_{adm,E}}$$
11.1

É importante destacar que esse tipo de cálculo somente é válido para o caso de cargas centradas coincidindo com o centro de carga do estaqueamento e se as estacas forem todas do mesmo tipo e diâmetro. No caso da existência de momentos aplicados ou excentricidade da carga, o cálculo será feito considerando esses efeitos.

Carga vertical e momento fletor

Para a determinação do número de estacas nesse caso, majora-se a ação vertical em 30% para se levar em conta o peso próprio do bloco (5% a 10%) e o efeito do momento fletor (15% a 20%). Sabe-se, de antemão, que os momentos aplicados são absorvidos por binários (par de forças opostas equidistantes).

Quanto maior a distância entre as forças do binário, menor a carga nas estacas, tanto a de tração quanto a de compressão.

$$n_E = \frac{1,3 \text{ Carga do pilar}}{\text{Carga admissível da estaca}} = \frac{1,3 N_{sk}}{P_{adm,E}}$$
11.2

Para fazer o arranjo ou a disposição das estacas, em que se tem carga vertical e momento fletor, deve ser observado que:
⊕ quanto mais distante a estaca estiver do eixo da carga, melhores serão a absorção de momento, a distribuição da massa e ainda a inércia do estaqueamento;
⊕ a distância inicial entre estacas é de $3d_E$;
⊕ a estaca menos comprimida tenha carga nula ou próxima de zero.

Nesses casos, recomenda-se alinhar o centro de gravidade (CG) do estaqueamento com o centro de gravidade das cargas de tal maneira que as cargas nas estacas fiquem aproximadamente iguais (Fig. 11.1). O pilar, por conseguinte, estará submetido à flexão-composta e o bloco submetido à flexão.

Todavia, duas possibilidades podem ser discutidas:

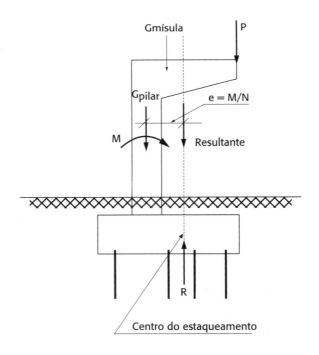

Fig. 11.1 *Carga excêntrica*

a] Quando a carga vertical aplicada é grande e o momento, pequeno (excentricidade próxima do centro de gravidade do estaqueamento), o número de estacas pode ser calculado pela relação apresentada na Eq. 11.1, mantendo os espaçamentos entre estacas de $3d_E$:

$$n_E = \frac{(1{,}05 \text{ a } 1{,}1)\,\text{Carga do pilar}}{\text{Carga admissível da estaca}} = \frac{(1{,}05 \text{ a } 1{,}1)\,N_{sk}}{P_{adm,E}}$$

É importante trabalhar com a resultante de cargas e não com força vertical e momento fletor, a fim de permitir uma melhor visualização do posicionamento da carga.

b] A carga vertical é grande e o momento aplicado também. Nesses casos, pode aparecer tração nas estacas, necessitando aumentar a distância entre elas, melhorando dessa forma a inércia do estaqueamento.

No caso da resultante N_s (G + Q) fora do estaqueamento, como indicado na Fig. 11.2A, existe a possibilidade da estaca menos comprimida estar tracionada e a estaca mais comprimida ultrapassar a carga admissível da estaca. Pode-se optar pela solução da Fig. 11.2B, ou seja, aumentar a distância entre as estacas.

Se a carga vertical resultante não passar pelo centro de gravidade do estaqueamento, esse estará submetido a momento fletor e as reações nas estacas serão calculadas pela Eq. 11.3:

$$R_E = -\frac{N_{sk}}{n_E} \pm \frac{N_{sk}\cdot e}{\sum \eta_i^2}\eta_1 \qquad 11.3$$

em que η_i representa a distância do eixo de cada estaca ou alinhamento de estacas em relação aos eixos (x e y) que passam pelo centro de gravidade do estaqueamento (Fig. 11.3), e n_E é o número de estacas.

Caso o estaqueamento esteja solicitado por cargas excêntricas nas duas direções (x e y), as reações nas estacas podem ser calculadas pela expressão:

$$R_E = -\frac{N_{sk}}{n_E} \pm \frac{N_{sk}\cdot e_x}{\sum \eta_{i,x}^2}\cdot \eta_{i,x} \pm \frac{N_{sk}\cdot e_y}{\sum \eta_{i,y}^2}\cdot \eta_{i,y} \qquad 11.4$$

Carga horizontal (associada ou não a momento e/ou carga vertical)

Por conta da baixa resistência ao corte resultante de suas dimensões pequenas, as estacas, quando submetidas a esses esforços, devem ter verificado seu estado-limite último quanto ao cisalhamento (Cap. 4). De forma estimada, pode-se considerar que a estaca-solo, individualmente, tem uma capacidade para absorver carga horizontal da ordem de 10% de sua capacidade nominal vertical. Recomenda-se o uso de estacas inclinadas, que ficarão submetidas somente a

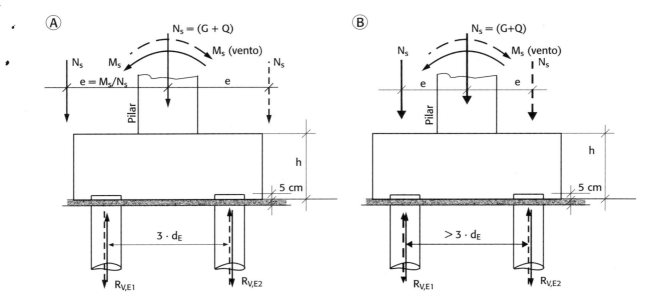

Fig. 11.2 *Carga vertical e momento aplicado: (A) resultante fora do estaqueamento e (B) aumento da distância entre as estacas*

esforços axiais quando os esforços horizontais ultrapassam os 10%. Na seção 11.2 serão analisados os estaqueamentos submetidos a cargas verticais, horizontais e momentos fletores.

Recomendam-se, para cravação de estacas inclinadas, inclinações da ordem de 11,5° (tg 11,5° ≅ 0,20 = 1/5) a 14° (tg 14° ≅ 0,249 = 1/4), embora atualmente existam bate-estacas com capacidade de cravar estacas até horizontalmente (caso de tirantes).

O número de estacas será determinado como no caso anterior ou por tentativas, calculando:

$$n_E = \frac{N_{sk}}{P_{adm,E}} + \frac{m \cdot H}{P_{adm,E}} \qquad 11.5$$

em que m é igual a 4 no caso das estacas inclinadas de 1:4 e igual a 5 no caso das estacas inclinadas de 1:5.

Definido o número de estacas é feito o *layout* de distribuição delas, mantendo-se, inicialmente, a distância entre as estacas de $3d_E$.

O número de estacas verticais corresponde ao valor encontrado na primeira parcela da Eq. 11.5 e o número de estacas inclinadasé é o valor correspondente à segunda parcela da mesma expressão.

Em seguida, calcula-se o centro elástico (CE) do estaqueamento (Fig. 11.4), determinando os pontos de intersecção do prolongamento das estacas com a horizontal que passa pelo CE. A partir de então, é possível determinar o valor da carga resultante em cada estaca (comprimidas e tracionadas).

A utilização de cavaletes simples (isolado) somente poderá ser utilizada quando o ponto de aplicação de carga é bem definido, como, por exemplo: carga através de uma articulação (Fig. 11.5A).

Essa limitação se deve ao fato de que, se por qualquer motivo a resultante da carga não passar pelo ponto do centro elástico (CE), o estaqueamento fica sem capacidade para absorver o momento fletor decorrente, podendo ocasionar o colapso da estrutura (Fig. 11.5B). Trata-se, portanto, de um problema de estabilidade e não de resistência. A estabilidade será garantida por duas estacas paralelas, que formam um binário (Fig. 11.6).

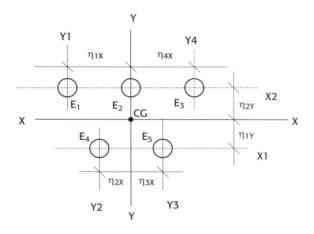

Fig. 11.3 *Distância até o centro de gravidade do estaqueamento*

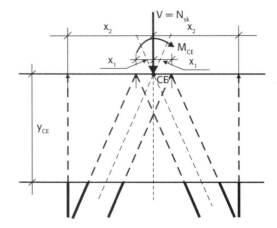

Fig. 11.4 *Centro elástico do estaqueamento*

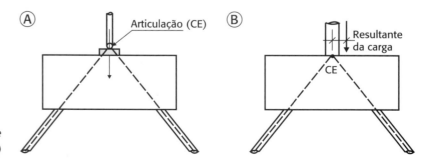

Fig. 11.5 *Carga centrada: (A) recomendada e (B) não recomendada (evitar)*

O muro de arrimo estaqueado é um exemplo desse conceito (Fig. 11.7). No caso da Fig. 11.7A, o sistema é instável, visto que a posição da resultante (R) pode variar, e o momento resultante dessa nova posição é absorvido pelo binário das estacas; todavia, a componente inclinada F_t não terá como ser absorvida. No sistema apresentado na Fig. 11.7B, a estaca inclinada, colocada na outra direção, é fundamental para a estabilidade do estaqueamento, mesmo que a carga nessa estaca resulte nula ou próxima de zero. Ainda que a resultante do estaqueamento não coincida com a resultante real da carga, pois ela pode variar, o sistema se mantém estável.

Carga horizontal com estacas em balanço

As escavações em obras subterrâneas (normalmente executadas em subsolos, edifícios – Fig. 11.8 –, escavação para túneis e metrôs, rebaixamento de lençóis etc.) podem provocar a movimentação da massa a ser contida. Os parâmetros de resistência do solo, fundamentais para a segurança da estrutura, podem ser auferidos pelos especialistas em solos.

Um dos parâmetros que os profissionais de solos determinam para o equilíbrio da estaca é seu *comprimento de cravação (profundidade de cravação)*, também conhecido como *ficha da estaca* ou ainda *valor de embu-*

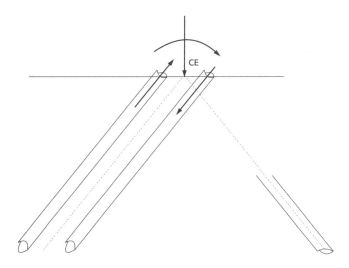

Fig. 11.6 *Estacas paralelas*

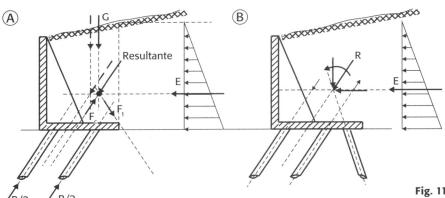

Fig. 11.7 *Muro estaqueado: (A) sistema instável e (B) sistema estabilizado*

Fig. 11.8 *Cortina estaqueada*

11 Fundações em estacas: cargas e dimensionamento

timento abaixo do nível de escavação (Fig. 11.9). A finalidade de calcular o comprimento de cravação é determinar a resistência aos esforços atuantes sem a ocorrência da ruptura do solo.

De acordo com o item 3.4 da NBR 9061 (ABNT, 1985), denomina-se *ficha* o trecho da cortina que fica enterrada no solo abaixo da cota máxima da escavação em contato com a cortina.

Para o cálculo do comprimento de cravação (*ficha mínima*), deve-se levar em conta o equilíbrio entre os esforços atuantes no solo, tais como o empuxo ativo, o empuxo passivo e o empuxo de compensação, ou contraempuxo, conforme ilustra a Fig. 11.9. O dimensionamento do comprimento enterrado ou cravado faz-se por meio do equilíbrio das forças atuantes horizontais, fazendo momento em relação ao ponto O e igualando-o a zero. Adota-se para o coeficiente de segurança global (FSg) um valor maior que 1,5 para obras provisórias e 2,0 para obras definitivas.

$$\sum M_o = 0 \rightarrow \text{obtém-se } L_{ent} = f \rightarrow L_{ent} = 1,2f \quad \textbf{11.6}$$

O *empuxo ativo* é resultante da pressão que a terra exerce sobre o muro, sendo um caso típico dos muros de arrimo. Por outro lado, o *empuxo passivo* é resultante da pressão que o muro ou um determinado anteparo exerce contra a terra.

$$E = \rho_{solo}\frac{h}{2} = K \cdot h^2/2 = \rho_{solo} \cdot \lambda \cdot \frac{h^2}{2}$$
$$= \rho_{solo} \cdot \text{tg}^2\left(45^\circ - \frac{\varphi}{2}\right)\frac{h^2}{2} \quad \textbf{11.7}$$

em que:
$p_s = \rho_{solo} \cdot h \cdot \lambda_a$ (pressão do solo na base);
$\lambda_a = \text{tg}^2\left(45^\circ - \frac{\varphi}{2}\right)$;
$K_a = \gamma_s \cdot \lambda_a = \gamma_s \cdot \text{tg}^2\left(45^\circ - \frac{\varphi}{2}\right)$;
h é a altura do muro;
φ_1 é a direção do empuxo (ângulo de atrito entre a terra e o muro, conforme a Tab. 11.1);
φ é o ângulo de atrito do solo (Tab. 11.2);
ρ_{solo} é a massa específica do solo (Tab. 11.2);
K_a é o coeficiente de empuxo ativo horizontal.

Disposição das estacas

Deve-se procurar dispor as estacas de modo a conduzir à menor dimensão de bloco possível (condição econômica).

$$\ell \geq \begin{cases} 2,5d_E \rightarrow \text{para estacas pré-moldadas} \\ 3,0d_E \rightarrow \text{para estacas moldadas in loco} \\ 60 \text{ cm} \end{cases}$$

Sendo ℓ a distância entre eixos de estacas. A distância a entre o eixo da estaca e a borda mais próxima do bloco deve ser de $(1,0$ a $1,5)d_E$ ou ainda $d_E + 15$ cm, o

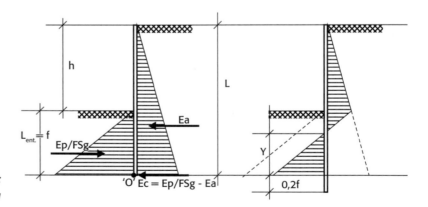

Fig. 11.9 *Comprimento de cravação: ficha da estaca*

Tab. 11.1 Ângulo de rugosidade (atrito) entre o paramento e o solo

$\varphi_1 =$ ângulo de rugosidade do muro	$\varphi_1 = 0$ (paramento liso)
	$\varphi_1 = 0,5\varphi$ (paramento parcialmente rugoso)
	$\varphi_1 = \varphi$ (paramento rugoso)

maior. Por outro lado, a largura b do bloco com estacas alinhadas deve ser no mínimo igual a $2a$ (Fig. 11.10).

Quando as estacas estão alinhadas, é recomendado sempre que possível alinhá-las também com a maior dimensão do bloco, bem como com a maior dimensão do pilar.

Outras disposições de estacas se encontram no Cap. 12.

11.2 Determinação das cargas nas estacas para um estaqueamento genérico em decorrência das ações verticais, horizontais e momentos

A determinação das cargas nas estacas para um agrupamento de estacas verticais e/ou inclinadas visando atender às suas capacidades de cargas, bem como às ações aplicadas, será feita de acordo com a proposta apresentada por Nökkentved (1928 apud Klöchner; Schmidt, 1974).

Algumas hipóteses simplificadoras (Fig. 11.11) são adotadas, possibilitando o cálculo dos esforços nas estacas:

- o bloco é rígido;
- as estacas são articuladas nas duas extremidades, no bloco e no solo;
- todas as estacas possuem o mesmo diâmetro (d_E);
- todas as estacas terminam no mesmo nível.

11.2.1 Procedimento para o cálculo do CE

Denomina-se centro elástico (CE) o ponto em que ao se aplicar uma carga ela provocará apenas deslocamento horizontal e vertical do bloco (o bloco não gira).

O procedimento consiste em dar um deslocamento vertical unitário ao bloco e determinar a resultante

Tab. 11.2 Massa específica do solo e coeficiente de atrito interno

Tipo de solo	Massa específica (ρ_s) Peso específico aparente (γ_{ap}) (kN/m³)	Ângulo de atrito interno do solo (φ)
Terra de jardim, naturalmente úmido	17	25°
Areia com umidade natural	17 a 19 (18)	30°
Areia e saibro seco	15 a 16 (15,5)	35°
Argila e barro	19	25°
Argila arenosa	18	25°
Argila expandida	5 a 7 (6)	35° a 40°
Cascalho solto	18 a 22 (20)	–
Pedra britada	15 a 20 (17,5)	40°

Fonte: NBR 6120 (ABNT, 2019a).

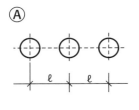
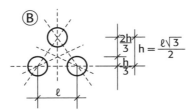
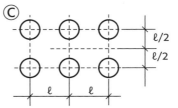
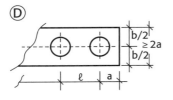
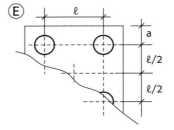

Fig. 11.10 *Disposição de estacas: (A) alinhadas, (B) três estacas não alinhadas, (C) duas linhas de estacas alinhadas, (D) bloco de coroamento para estacas alinhadas e (E) bloco de coroamento para grupo de estacas*

dos esforços desenvolvidos nas estacas decorrentes desse deslocamento.

Procede-se da mesma maneira provocando um deslocamento unitário na horizontal e calculando a resultante dos esforços nas estacas decorrente desse deslocamento. O encontro das resultantes fornece o centro elástico.

A Fig. 11.12 apresenta ambos os deslocamentos unitários do bloco.

Denominam-se $R_{\Delta V}$ e $R_{\Delta H}$ as resultantes dos esforços nas estacas ao se deslocar o bloco na vertical e horizontal, respectivamente. O encontro das resultantes $R_{\Delta V}$ e $R_{\Delta H}$ corresponde ao centro elástico (CE). F é o carregamento que provoca deslocamento horizontal e vertical.

Os deslocamentos do bloco podem ser calculados por:

$$\Delta_H = 1 \cdot F_{RH}/R_{\Delta H} \quad \text{11.8}$$

$$\Delta_V = 1 \cdot F_{RV}/R_{\Delta V} \quad \text{11.9}$$

em que:
F_{RH} é a projeção de F na direção de $R_{\Delta H}$;
F_{RV} é a projeção de F na direção de $R_{\Delta V}$.

Caso a resultante do carregamento externo não passe pelo centro elástico, o bloco sofrerá rotação, além de deslocamento horizontal e vertical.

Determinação dos esforços nas estacas decorrentes aos deslocamentos unitários, vertical e horizontal

Deslocamento vertical

O deslocamento vertical ($\Delta_V = 1$) é apresentado na Fig. 11.13, em que:
$\Delta \ell = \Delta_V \cdot \cos \alpha$ é o valor do encurtamento da estaca;
ℓ é o comprimento da estaca;
$\varepsilon = \Delta \ell / \ell$ é a deformação relativa da estaca;
A é a área da seção transversal da estaca;
E é o módulo de elasticidade;

R_E é a carga (reação) na estaca;
$R_{VE(\Delta V)} = R_E \cdot \cos \alpha$ é a carga (reação) vertical na estaca devida ao deslocamento ΔV;
$R_{HE(\Delta V)} = R_E \cdot \text{sen} \alpha$ é a carga (reação) horizontal na estaca devida ao deslocamento ΔV.

Como a estaca é admitida articulada, os esforços serão transmitidos sempre pelo eixo da estaca (barra). Assim:

$$R_E = \sigma \cdot A = \varepsilon \cdot E \cdot A \quad \text{11.10}$$

$$R_E = \frac{\Delta_V \cdot \cos \alpha}{\ell} E \cdot A = \frac{E \cdot A}{\ell} \cos \alpha \cdot \Delta_V (=1) \quad \text{11.11}$$

$$R_{VE(\Delta V)} = R_E \cdot \cos \alpha = \frac{E \cdot A}{\ell} \cos \alpha^2 \quad \text{11.12}$$

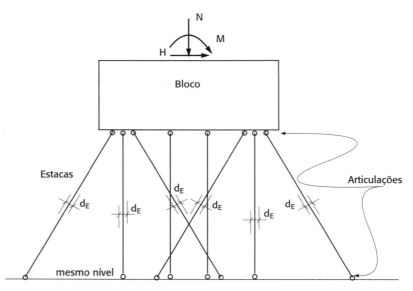

Fig. 11.11 *Hipóteses simplificadoras*

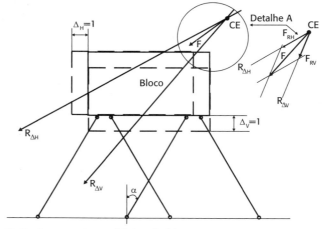

Fig. 11.12 *Deslocamentos unitários do bloco*

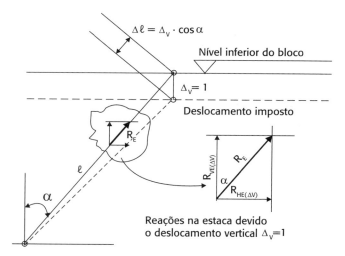

Fig. 11.13 *Deslocamento vertical*

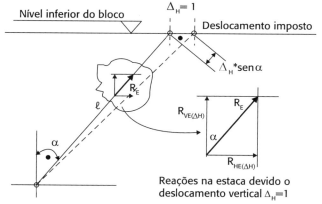

Fig. 11.14 *Deslocamento horizontal*

$$R_{HE(\Delta V)} = R_E \cdot \text{sen } \alpha = \frac{E \cdot A}{\ell} \cos \alpha \cdot \text{sen } \alpha \quad \text{11.13}$$

Ao adotar v (letra grega *ni*) como valor de referência e igual a:

$$v = \frac{E \cdot A}{\ell} \cos \alpha^2 \quad \text{11.14}$$

pode-se escrever:

$$R_{VE(\Delta V)} = v \quad \text{11.15}$$

$$R_{HE(\Delta V)} = \frac{E \cdot A}{\ell} \cos \alpha \cdot \text{sen } \alpha = \frac{E \cdot A}{\ell} \cos \alpha$$
$$\cdot \text{sen } \alpha \frac{\cos \alpha}{\cos \alpha} = \frac{E \cdot A}{\ell} \cos \alpha^2 \cdot \frac{\text{sen } \alpha}{\cos \alpha} \quad \text{11.16}$$

$$R_{HE(\Delta V)} = v \cdot \text{tg } \alpha \quad \text{11.17}$$

Portanto, $R_{VE(\Delta V)} = v \quad R_{HE(\Delta V)} = v \cdot \text{tg } \alpha$

Deslocamento horizontal

O deslocamento horizontal ($\Delta_H = 1$) é apresentado na Fig. 11.14, em que:

$\Delta \ell = \Delta H \cdot \text{sen } \alpha$ é o valor do alongamento da estaca;
ℓ é o comprimento da estaca;
$\varepsilon = \Delta \ell / \ell$ é a deformação relativa da estaca;
A é a área da seção transversal da estaca;
E é o módulo de elasticidade;
R_E é a carga (reação) na estaca;
$R_{VE(\Delta H)}$ é a carga (reação) vertical na estaca $= R_E \cdot \cos \alpha$;
$R_{HE(\Delta H)}$ é a carga (reação) horizontal na estaca $= R_E \cdot \text{sen } \alpha$.

Partindo da Eq. 11.10, tem-se:

$$R_E = \sigma \cdot A = \varepsilon \cdot E \cdot A$$

$$R_E = \frac{\Delta_H \cdot \text{sen } \alpha}{\ell} E \cdot A = \frac{E \cdot A}{\ell} \text{sen } \alpha \cdot \Delta_H (=1) \quad \text{11.18}$$

$$R_{VE(\Delta H)} = R_E \cdot \cos \alpha = \frac{E \cdot A}{\ell} \text{sen } \alpha \cdot \cos \alpha \frac{\cos \alpha}{\cos \alpha}$$
$$= \frac{E \cdot A}{\ell} \cos^2 \alpha \cdot \text{tg } \alpha \quad \text{11.19}$$

Utilizando a Eq. 11.15:

$$v = \frac{E \cdot A}{\ell} \cos \alpha^2$$

pode-se escrever:

$$R_{VE(\Delta H)} = v \cdot \text{tg } \alpha \quad \text{11.20}$$

$$R_{HE(\Delta H)} = R_E \cdot \text{sen } \alpha$$
$$= \frac{E \cdot A}{\ell} \cdot \text{sen}^2 \alpha \cdot \frac{\cos^2 \alpha}{\cos^2 \alpha} = v \cdot \text{tg}^2 \alpha \quad \text{11.21}$$

Determinação das coordenadas do CE (X_{CE}, Y_{CE})

A Fig. 11.15 apresenta o centro elástico e os equilíbrios de força, e dela obtêm-se:

$$R_V \cdot \cos \alpha_{RV} = \sum_1^n R_{VEi(\Delta V)} \quad \text{11.22}$$

$$R_V \cdot \text{sen } \alpha_{RV} = \sum_1^n R_{HEi(\Delta V)} \quad \text{11.23}$$

em que $R_{\Delta V}$ e $R_{\Delta H}$ são as resultantes das reações nas estacas por causa dos deslocamentos verticais e horizontais, respectivamente.

Dividindo-se $R_{\Delta V} \cdot \text{sen } \alpha_{\Delta V}$ por $R_{\Delta V} \cdot \cos \alpha_{\Delta V}$, obtém-se tg α_{RV}:

$$\text{tg }\alpha_{RV} = \frac{\sum_1^n R_{HEi(\Delta V)}}{\sum_1^n R_{VEi(\Delta V)}} = \frac{\sum_1^n (v_{Ei} \cdot \text{tg }\alpha_{Ei})}{\sum_1^n v_{Ei}} \quad \text{11.24}$$

(deslocamento vertical)

De forma análoga, obtém-se tg α_{RH}:

$$R_H \cdot \cos \alpha_{RH} = \sum_1^n R_{VEi(\Delta H)} \quad \text{11.25}$$

$$R_H \cdot \text{sen }\alpha_{RH} = \sum_1^n R_{HEi(\Delta H)} \quad \text{11.26}$$

$$\text{tg }\alpha_{RH} = \frac{\sum_1^n R_{HEi(\Delta H)}}{\sum_1^n R_{VEi(\Delta H)}} = \frac{\sum_1^n (v_{Ei} \cdot \text{tg }\alpha_{Ei}^2)}{\sum_1^n (v_{Ei} \cdot \text{tg }\alpha_{Ei})} \quad \text{11.27}$$

(deslocamento horizontal)

Fazendo equilíbrio de momento em torno do ponto O (Fig. 11.15), somente para o deslocamento vertical $\Delta V = 1$, pode-se obter o ponto onde $R_{\Delta V}$ corta o eixo X:

$$R_{\Delta V} \cdot \cos \alpha_{RV} \cdot X_{RV} = \sum_1^n (R_{VEi(\Delta V)} \cdot X_i) \quad \text{11.28}$$

$$X_{RV} = \frac{\sum_1^n (R_{VEi} \cdot X_i)}{R_{\Delta V} \cdot \cos \alpha_{RV}} \quad \text{11.29}$$

Substituindo as Eqs. 11.22 e 11.15 na Eq. 11.29, escreve-se:

$$X_{RV} = \frac{\sum_1^n (R_{VEi(\Delta V)} \cdot X_i)}{\sum_1^n R_{VEi(\Delta V)}} = \frac{\sum_1^n v_i \cdot X_i}{\sum_1^n v_i} \quad \text{11.30}$$

Com o mesmo procedimento anterior, ou seja, fazendo equilíbrio de momento em torno do ponto O (Fig. 11.15), somente para o deslocamento horizontal $\Delta H = 1$, obtém-se:

$$R_{\Delta H} \cdot \cos \alpha_{RH} \cdot X_{RH} = \sum_1^n (R_{VEi(\Delta H)} \cdot X_i) \quad \text{11.31}$$

$$X_{RH} = \frac{\sum_1^n (R_{VEi(\Delta H)} \cdot X_i)}{R_{\Delta H} \cdot \cos \alpha_{RH}} \quad \text{11.32}$$

Substituindo as Eqs. 11.25 e 11.20 na Eq. 11.32, escreve-se:

$$X_{RH} = \frac{\sum_1^n (R_{VEi(\Delta H)} \cdot Xi)}{\sum_1^n R_{VEi(\Delta H)}} = \frac{\sum_1^n (v_i \cdot \text{tg }\alpha_{Ei} \cdot X_i)}{\sum_1^n (v_i \cdot \text{tg }\alpha_{Ei})} \quad \text{11.33}$$

A determinação das coordenadas do ponto CE (centro elástico) é apresentada na Fig. 11.16 e nas equações seguintes:

$$Y_{CE} \cdot \text{tg }\alpha_{RH} - Y_{CE} \cdot \text{tg }\alpha_{RV} = C = X_{RV} - X_{RH} \quad \text{11.34}$$

$$Y_{CE} = \frac{X_{RV} - X_{RH}}{\text{tg }\alpha_{RH} - \text{tg }\alpha_{RV}} = \frac{X_{Resultante}}{\text{tg }\alpha_{Resultante}} \quad \text{11.35}$$

$$X_{CE} = X_{RV} + Y_{CE} \cdot \text{tg }\alpha_{RV} = X_{RH} + Y_{CE} \cdot \text{tg }\alpha_{RH} \quad \text{11.36}$$

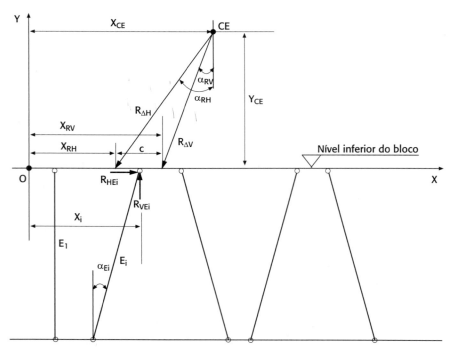

Fig. 11.15 *Centro elástico*

11.2.2 Procedimento para o cálculo das cargas nas estacas

Pelos deslocamentos unitários horizontal e vertical do bloco

A relação entre a carga externa (F) aplicada no centro elástico (CE) e a carga nas estacas, resultante das ações externas N e H, é mostrada na Fig. 11.17.

Denomina-se F_{RV} a componente de F na direção de $R_{\Delta V}$ e, da mesma forma, F_{RH} a componente de F na direção de $R_{\Delta H}$.

Diante disso, pode-se dizer que a carga vertical na estaca Ei é diretamente proporcional à carga vertical de todas as estacas. Assim:

$$R_{VEi} = R_{Ei} \cdot \cos \alpha_i = F_{RV} \cdot \cos \alpha_{RV} \cdot \frac{v_i}{\sum v_i} \quad \text{11.37}$$

O que corresponde, para a componente F_{RV}, que a carga vertical na estaca Ei é:

$$R_{VEi} = \frac{F_{RV}}{R_{\Delta V}} \cdot v_i = \frac{F_{RV} \cdot \cos \alpha_{RV}}{R_{\Delta V} \cdot \cos \alpha_{RV}} \cdot v_i$$
$$= F_{RV} \cdot \cos \alpha_{RV} \frac{v_i}{\sum v_i} \quad \text{11.38}$$

Com idêntico raciocínio, a carga vertical na estaca Ei decorrente da componente F_{RH} será:

$$R_{VEi} = R_{Ei} \cdot \cos \alpha_i = F_{RH} \cdot \cos \alpha_{RH} \frac{v_i \cdot \text{tg} \, \alpha_i}{\sum v_i \cdot \text{tg} \, \alpha_i} \quad \text{11.39}$$

O mesmo procedimento para a carga horizontal na estaca Ei é desenvolvido:

$$R_{HEi} = R_{Ei} \cdot \text{sen} \, \alpha_i = F_{RV} \cdot \text{sen} \, \alpha_{RV} \frac{v_i \cdot \text{tg} \, \alpha_i}{\sum v_i \cdot \text{tg} \, \alpha_i} \quad \text{11.40}$$

$$R_{HEi} = R_{Ei} \cdot \text{sen} \, \alpha_i = F_{RH} \cdot \text{sen} \, \alpha_{RH} \frac{v_i \cdot \text{tg} \, \alpha_i^2}{\sum v_i \cdot \text{tg} \, \alpha_i^2} \quad \text{11.41}$$

Sabendo que $R_{Ei} \cdot \text{sen} \, \alpha_i = R_{Ei} \cdot \cos \alpha_i \cdot \text{tg} \, \alpha_i$, pode-se reescrever a Eq. 11.41 como:

$$R_{HEi} = R_{Ei} \cdot \text{sen} \, \alpha_i = R_{Ei} \cdot \cos \alpha_i \cdot \text{tg} \, \alpha_i$$
$$= F_{RH} \cdot \text{sen} \, \alpha_{RH} \frac{v_i \cdot \text{tg} \, \alpha_i^2}{\sum v_i \cdot \text{tg} \, \alpha_i^2} \quad \text{11.42}$$

$$R_{VEi} = R_{Ei} \cdot \cos \alpha_i = F_{RH} \cdot \text{sen} \, \alpha_{RH} \frac{v_i \cdot \text{tg} \, \alpha_i}{\sum v_i \cdot \text{tg} \, \alpha_i^2} \quad \text{11.43}$$

Portanto, a carga (reação) vertical na estaca Ei pode ser escrita superpondo os efeitos dos deslocamentos verticais e horizontais unitários (Eqs. 11.42 e 11.43):

$$R_{VEi} = F_{RV} \cdot \cos \alpha_{RV} \underbrace{\frac{v_i \cdot \text{tg} \, \alpha_i}{\sum v_i \cdot \text{tg} \, \alpha_i}}_{\text{Parcela devida ao deslocamento vertical do bloco}} + F_{RH} \cdot \text{sen} \, \alpha_{RH} \underbrace{\frac{v_i \cdot \text{tg} \, \alpha_i}{\sum v_i \cdot \text{tg} \, \alpha_i^2}}_{\text{Parcela devida ao deslocamento horizontal do bloco}} \quad \text{11.44}$$

Fazendo o equilíbrio das forças externas da Fig. 11.17, têm-se:

$$V = N = F_{RV} \cdot \cos \alpha_{RV} + F_{RH} \cdot \cos \alpha_{RH} \quad \text{11.45}$$

$$H = F_{RV} \cdot \text{sen} \, \alpha_{RV} + F_{RH} \cdot \text{sen} \, \alpha_{RH} \quad \text{11.46}$$

Fazendo a devida substituição das Eqs. 11.45 e 11.46 na Eq. 11.44, tem-se:

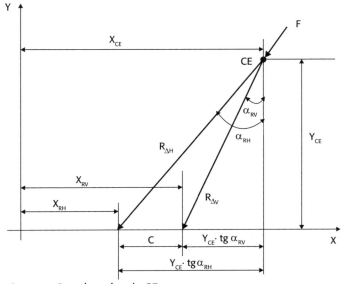

Fig. 11.16 *Coordenadas do CE*

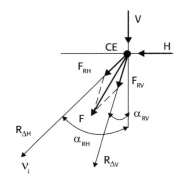

Fig. 11.17 *Esforços nas estacas decorrentes de F_{RV}*

$$R_{VEI} = R_{EI} \cdot \cos \alpha_i = V \cdot \frac{v_i}{\sum v_i} \cdot \frac{\text{tg } \alpha_{RH} - \text{tg } \alpha_i}{\text{tg } \alpha_{RH} - \text{tg } \alpha_{RV}}$$
$$+ H \cdot \frac{v_i}{\sum v_i \text{ tg } \alpha_i} \cdot \frac{\text{tg } \alpha_i - \text{tg } \alpha_{RV}}{\text{tg } \alpha_{RH} - \text{tg } \alpha_{RV}} \quad \text{11.47}$$

Cálculo dos esforços por causa de rotação no bloco

Caso o carregamento externo não passe pelo ponto centro elástico (CE), será necessário transportá-lo para o ponto CE, fazendo-o acompanhar o momento de transporte correspondente. Esse momento tenderá a rodar o bloco em torno do ponto do centro elástico (Fig. 11.18), carregando algumas estacas e aliviando outras.

Procura-se determinar a relação entre a rotação em torno do ponto CE e a carga em uma estaca genérica (R_{Ei}) decorrente dessa rotação. Provocando uma rotação $\Delta\varphi$ em torno do ponto CE, a estaca AB sofre um alongamento ΔL (ΔL é a projeção de AA' em AB).

O trecho AA' pode ser considerado reto (hipótese usual para pequenas deformações), ou seja, AA' é igual ao arco. Assim, o esforço na estaca por causa de $\Delta\varphi$ será:

$$R_{Ei} = \sigma \cdot A = \varepsilon \cdot E \cdot A = \frac{\Delta L}{L} \cdot E \cdot A = \Delta L \cdot \frac{E \cdot A}{L} \quad \text{11.48}$$

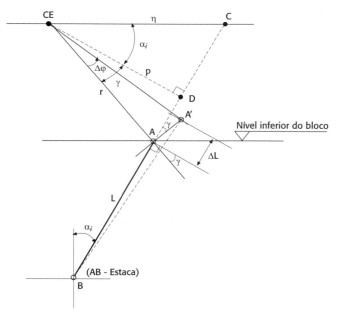

Fig. 11.18 *Rotação em torno do ponto do centro elástico (CE)*

Observando a Fig. 11.18, conclui-se que os ângulos formados pelos pontos A'AD e pelos pontos A(CE)D são iguais e denominados ângulo γ, logo:

$$\cos \gamma = \frac{\Delta L}{AA'} = \frac{p}{r} \quad \text{11.49}$$

$$\Delta\varphi = \frac{AA'}{r} \quad \text{11.50}$$

Logo:
$$\Delta L = AA' \cdot \cos\gamma = \Delta\varphi \cdot r \cdot \cos\gamma \quad \text{11.51}$$

e, portanto,

$$\Delta\varphi = \frac{\Delta L}{p} \text{(que e a rotação procurada)} \quad \text{11.52}$$

A fim de obter fórmulas mais simples, coloca-se a distância p em função de η. Dessa maneira, todas as medidas passam a ser feitas utilizando a reta horizontal que passa pelo ponto CE, em que η é a distância do ponto CE à intersecção do eixo da estaca com a horizontal que passa por CE (Fig. 11.18).

Portanto, a distância $p = \eta \cdot \cos\alpha$. Logo:

$$\Delta L = \Delta\varphi \cdot \eta \cdot \cos\alpha \quad \text{11.53}$$

A carga na estaca em função da rotação $\Delta\varphi$ pode ser expressa por:

$$R_{Ei} = \frac{E \cdot A}{L} \cdot \Delta L = \frac{E \cdot A}{L} \cdot \eta \cdot \cos\alpha \cdot \Delta\varphi \quad \text{11.54}$$

Em seguida, determina-se a expressão do momento devido às cargas nas estacas em torno do ponto CE (Fig. 11.19).

$$M = \sum_1^n R_{VEI} \cdot \eta_i = \sum_1^n R_{Ei} \cdot \cos \alpha_i \cdot \eta_i \quad \text{11.55}$$

$$M = \sum_1^n \frac{E \cdot A}{L} \eta_i \cdot \cos \alpha_i \cdot \Delta\varphi \cdot \cos \alpha_i \cdot \eta_i \quad \text{11.56}$$

$$M = \Delta\varphi \cdot \sum_1^n \frac{A \cdot E}{L} \eta_i^2 \cdot \cos^2 \alpha_i = \Delta\varphi \cdot \sum_1^n v_i \cdot \eta_i^2 \quad \text{11.57}$$

$$M = \Delta\varphi \cdot \sum_1^n v_i \cdot \eta_i^2, \quad \text{logo: } \Delta\varphi = \frac{M}{\sum_1^n v_i \cdot \eta_i^2} \quad \text{11.58}$$

Como o momento interno dado pela Eq. 11.55 deve equilibrar o momento externo, pode-se dizer que o valor de M calculado anteriormente é igual ao momento externo aplicado. Portanto, para determinar a carga na estaca, basta substituir na expressão da carga da estaca o valor de $\Delta\varphi$ em função de M. Assim, utilizando as Eqs. 11.54 e 11.14:

$$R_{Ei} = \frac{E \cdot A}{L} \cdot \Delta L = \frac{E \cdot A}{L} \cdot \cos \alpha_i \cdot \eta \cdot \Delta\varphi$$

$$v = \frac{E \cdot A}{l} \cos \alpha^2$$

Da Fig. 11.19 obtém-se:

$$R_{VEi} = R_{Ei} \cdot \cos \alpha_i$$

Escreve-se, portanto,

$$R_{VEi} = \frac{E \cdot A}{L} \cdot \cos \alpha_i^2 \cdot \eta_i \cdot \Delta\varphi$$

$$= v_i \cdot \eta_i \cdot \Delta\varphi = M \frac{v_i \cdot \eta_i}{\sum v_i \cdot \eta_i^2} \qquad 11.59$$

É interessante observar a analogia da Eq. 11.59 com a equação do cálculo de tensões normais decorrentes do momento fletor:

$$\sigma = \frac{M}{I} y$$

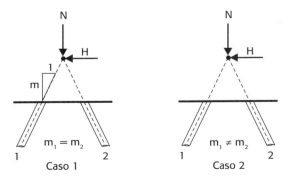

Fig. 11.19 *Momento em torno do centro elástico (CE)*

Dessa analogia, pode-se tirar:

$$\sum\left(v_i \cdot \eta_i^2\right) = I \text{ (inércia do estaqueamento);} \qquad 11.60$$
$$v_i \cdot \eta_i = y$$

Após o cálculo dos esforços nas estacas separadamente para cada ação, ou seja, deslocamento vertical do bloco, deslocamento horizontal e rotação, escreve-se a equação completa (Eq. 11.61), com a superposição dos efeitos:

$$R_{VEi} = V \frac{v_i}{\sum v_i} \frac{\text{tg }\alpha_{RH} - \text{tg }\alpha_i}{\text{tg }\alpha_{RH} - \text{tg }\alpha_{RV}}$$
$$+ H \frac{v_i}{\sum v_i \text{ tg }\alpha_i} \frac{\text{tg }\alpha_i - \text{tg }\alpha_{RV}}{\text{tg }\alpha_{RH} - \text{tg }\alpha_{RV}} + M \frac{v_i \cdot \eta_i}{\sum v_i \cdot \eta_i^2} \qquad 11.61$$

Klöchner e Schmidt (1974, p. 175, Tabela 15) elaboraram equações para diversas configurações de estaqueamento e carregamento, alguns deles representados na Fig. 11.20.

No caso 1, tem-se:

$$R_{V,1} = R_{V,2} = \frac{V}{2} \pm H \frac{m}{2} \qquad 11.62$$

em que:

$R_E = R_{vE}\sqrt{1 + 1/m^2}$ é a carga na estaca.

A inclinação de uma estaca é dada pela sua tangente que é de 1:m, sendo 1 medido na horizontal e m medido na vertical (Fig. 11.20 – caso 1) (exemplo: 1:4 – nesse caso, m = 4).

Os outros casos estão apresentados no Anexo A30.

Exemplo 11.1 Esforços nas estacas

Determinar os esforços nas estacas, para o estaqueamento da Fig. 11.21. Estimar inicialmente o peso do bloco em 500 kN.

A inclinação de 1:4 para as estacas inclinadas é a inclinação máxima utilizada na prática. O espa-

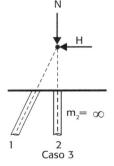

Fig. 11.20 *Diversos casos de configurações de estaqueamento*

çamento mínimo entre estacas é de $3d_E$. Klöchner e Schmidt (1974) propõem inclinação de até 1:3,5 (16°).

Determinação do centro elástico

Para determinar a posição de $R_{\Delta H}$, provoca-se um deslocamento horizontal do bloco de $\Delta H = 1$ (Fig. 11.22). O deslocamento ΔH irá encurtar ou alongar as estacas de $\Delta H \cdot \text{sen } \alpha$ (valor igual para todas as estacas), o que equivale a dizer que as forças desenvolvidas nas estacas são todas iguais e valem:

$$R = \frac{\Delta H \cdot \text{sen } \alpha}{L} E \cdot A$$

O estaqueamento sendo simétrico indica que, quando se aplica um deslocamento horizontal unitário ($\Delta H = 1$), a resultante $R_{\Delta H}$ é horizontal (Fig. 11.22)

e, quando se aplica um deslocamento vertical unitário ($\Delta V = 1$), a resultante $R_{\Delta V}$ dos esforços que ocorrem nas estacas estará no eixo de simetria (Fig. 11.23). O ponto em que essas resultantes se encontram é o centro elástico (CE).

Fazendo uso das Eqs. 11.30 e 11.33, desenvolvidas anteriormente e em que $\alpha_{RV} = 0°$ e $\alpha_{RH} = 90°$, obtém-se o Y_{CE} (Eq. 11.35):

$$\left. \begin{array}{l} X_{RV} = \dfrac{\sum_1^n v_i \cdot X_i}{\sum_1^n v_i} \\[2mm] X_{RH} = \dfrac{\sum_1^n (v_i \cdot \text{tg } \alpha_{Ei} \cdot X_i)}{\sum_1^n (v_i \cdot \text{tg } \alpha_{Ei})} = 0 \end{array} \right\} Y_{CE} = \dfrac{X_{RV} - X_{RH}}{\text{tg } \alpha_{RH} - \text{tg } \alpha_{RV}}$$

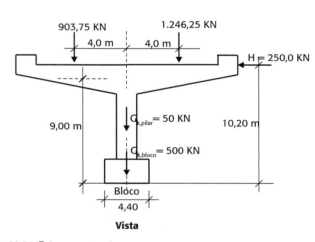

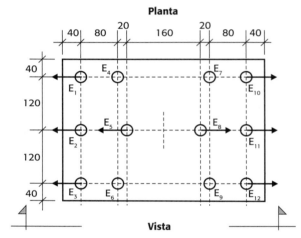

Fig. 11.21 *Estaqueamento*

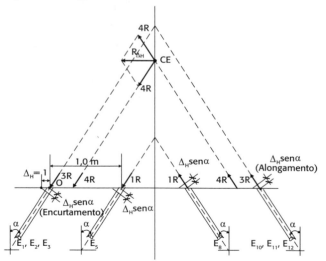

Fig. 11.22 *Deslocamento horizontal unitário do bloco*

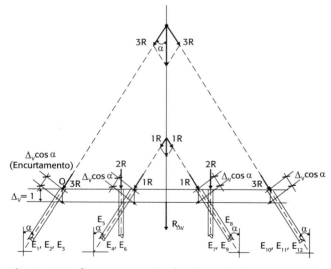

Fig. 11.23 *Deslocamento vertical unitário do bloco*

Calculando as resultantes das forças nas estacas comprimidas (estacas à esquerda), pode-se determinar a posição da resultante ($X_{RES} = X_{RV}$), fazendo a somatória de momento em relação ao ponto O no eixo Y, conforme apresenta a Fig. 11.24. Assim:

Com $\sum M_o = 0 \therefore$

$$4R \cdot X_{Res} - 1R \cdot 0,8 - 3R \cdot 1,8 = 0$$

$$X_{Res} = \frac{(0,8 + 5,4)R}{4R} = 1,55 \text{ m}$$

Outra opção é utilizar a Eq. 11.30:

$$X_{RV} = \frac{\sum_1^n i \cdot X_i}{\sum_1^n i} = \frac{3R \cdot 1,8 + 1R \cdot 0,8}{4R} = 1,55 \text{ m}$$

$$Y_{CE} = \frac{X_{RV} - X_{RH}}{\text{tg } \alpha_{RH} - \text{tg } \alpha_{RV}} = \frac{X_{Res}}{\text{tg } \alpha_{Res}} = \frac{1,55}{1/4} = 6,20 \text{ m}$$

Dessa forma, X_{CE} será igual a zero e Y_{CE}, a 6,20 m, parâmetros indicados na Fig. 11.25.

Transporte das cargas para o centro elástico (CE)
Fazendo a somatória de momentos em torno de CE (Figs. 11.25 e 11.26), obtêm-se:

$$M_{CE} = (1.246,25 - 903,75) \times 4,0 - 250 (10,20 - 6,20)$$
$$= 370 \text{ kN} \cdot \text{m}$$

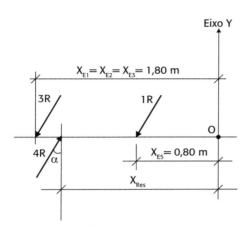

Fig. 11.24 *Sistema de equilíbrio das estacas inclinadas*

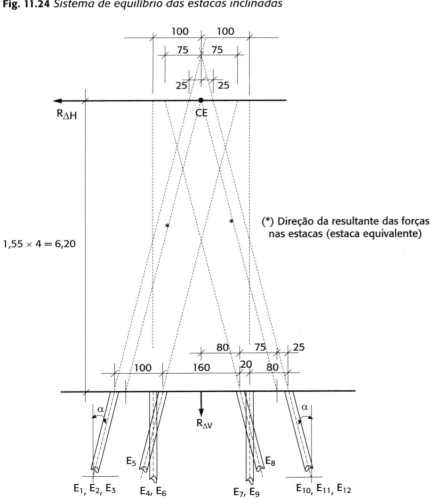

Fig. 11.25 *Determinação do centro elástico (CE)*

11 Fundações em estacas: cargas e dimensionamento

$$V = N = 1.246,25 + 903,75 + G_{k,pilar} + G_{k,bloco}$$
$$= 2.150 + 50 + 500 = 2.700 \text{ kN}$$
$$H = 250 \text{ kN}$$

Cálculo das reações nas estacas
Utilizando-se a Eq. 11.61, pode-se calcular as reações:

Decorrentes da carga vertical (N = 2.700 kN)
Inicialmente, a favor da simplicidade, serão calculadas as componentes verticais de todas as estacas, fazendo uso da primeira parcela da fórmula desenvolvida anteriormente, em que $\alpha_{RV} = 0°$ e $\alpha_{RH} = 90°$. Assim:

$$R_{VEi} = V \frac{v_i}{\sum v_i} \frac{(\text{tg } \alpha_{RH} - \text{tg } \alpha_i)}{(\text{tg } \alpha_{RH} - \text{tg } \alpha_{RV})} = V \frac{v_i}{\sum v_i} \frac{\infty}{\infty}$$

Uma vez que as estacas inclinadas apresentam inclinações iguais e mesmos valores, tem-se:

$$R_{VEi} = V \frac{v_i}{n_E \cdot v_i} = \frac{V}{n_E}$$

Para as estacas verticais E_4, E_6, E_7 e E_9, a carga em cada uma será de:

$$R_{VE} = \frac{V}{n_E} = \frac{2.700 \text{ kN}}{12 \text{ estacas}}$$
$$= 225 \text{ kN (comprimindo as estacas)}$$

Se todas as estacas fossem admitidas previamente verticais, o erro seria de $\cong 3\%$ (cos 14,03° = 0,97). Como a maioria das estacas é inclinada, o valor da carga nelas deverá ser dividido por $\cos \alpha$ (0,97). Logo, a carga nas demais estacas será de:

$$R_E = \frac{V}{n_E \cdot \cos \alpha} = \frac{2.700}{12 \times 0,97} = 231,96 \text{ kN}$$

Decorrentes da carga horizontal (H = 250 kN)
Decompondo o esforço horizontal H nas direções das estacas inclinadas (direção da estaca equivalente ou resultante) obtêm-se as resultantes de tração e de compressão (Fig. 11.27).

$$R_t = R_c = \frac{H}{2} \frac{1}{\text{sen } \alpha} = \frac{250}{2} \times \frac{1}{0,2425}$$
$$= \pm 515,46 \text{ kN} = 4R$$

Os esforços de tração e compressão por estaca em razão de H são:

$$R_{E1} = R_{E2} = R_{E3} = R_{E5} = -515,46/4 = -128,87 \text{ kN}$$
$$R_{E8} = R_{E10} = R_{E11} = R_{E12} = +515,46/4 = +128,87 \text{ kN}$$

Decorrentes do momento fletor
As reações nas estacas decorrentes do momento fletor são calculadas na linha horizontal que passa pelo centro elástico. As distâncias horizontais η_i que vão do eixo vertical que passa pelo CE (estaqueamento simétrico) até os pontos onde os prolongamentos de cada estaca cortam o eixo horizontal (que também passa pelo CE) estão indicadas na Fig. 11.28.

Utilizando a componente decorrente do momento (Eq. 11.61), tem-se:

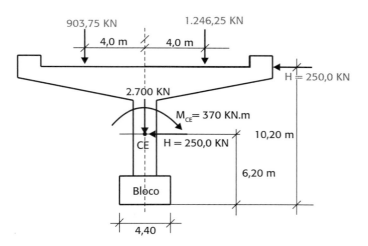

Fig. 11.26 *Cargas aplicadas no centro elástico (CE)*

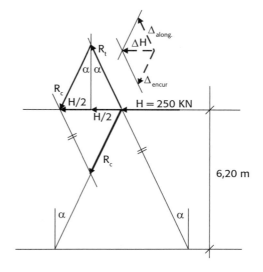

Fig. 11.27 *Decomposição dos esforços aplicados*

$$R_{Ei} = M \frac{v_i \cdot \eta_i}{\sum v_i \cdot \eta_i^2}$$

em que η_i são as distâncias indicadas na horizontal que passa pelo ponto CE.

Pode-se calcular a inércia do estaqueamento e posteriormente as reações nas estacas decorrentes ao momento fletor.

Para as estacas:

$E_1, E_2, E_3 \therefore \eta_1 = \eta_2 = \eta_3 = 0{,}25$ m

$E_{10}, E_{11}, E_{12} \therefore \eta_{10} = \eta_{11} = \eta_{12} = 0{,}25$ m

$E_4, E_6, E_7, E_9 \therefore \eta_4 = \eta_6 = \eta_7 = \eta_9 = 1{,}00$ m

$E_5, E_8 \therefore \eta_5 = \eta_8 = 0{,}75$ m

$\sum \eta_i^2 = 6{,}0 \times 0{,}25^2 + 4{,}0 \times 1{,}0^2 + 2 \times 0{,}75^2 = 5{,}5$

As reações verticais nas estacas decorrentes do momento aplicado no centro elástico são:

$$R_{Ei} = \frac{370 \text{ kN} \cdot \text{m}}{5{,}5 \text{ m}^2} \eta_i (\text{m}) =$$

$R_{E1} = R_{E2} = R_{E3} = 370 \times 0{,}25/5{,}5 = 16{,}82$ kN (tração)

$R_{E10} = R_{E11} = R_{E12} = 16{,}82$ kN (compressão)

$R_{E4} = R_{E6} = 370 \times 1{,}0/5{,}5 = 67{,}27$ kN (tração)

$R_{E7} = R_{E9} = 370 \times 1{,}0/5{,}5 = 67{,}27$ kN (compressão)

$R_{E5} = 370 \times 0{,}75/5{,}5 = 50{,}45$ kN (compressão)

$R_{E8} = 370 \times 0{,}75/5{,}5 = 50{,}45$ kN (tração)

Como as estacas são inclinadas, à exceção de E_4, E_6, E_7 e E_9, deve-se levar em conta o $\cos\alpha$:

$R_{E1} = R_{E2} = R_{E3} = 16{,}82/0{,}97 = 17{,}34$ kN (tração)

$R_{E10} = R_{E11} = P_{E12} = 16{,}82/0{,}97 = 17{,}34$ KN (compressão)

$R_{E5} = 50{,}45/0{,}97 = 52{,}01$ KN (compressão)

$R_{E8} = 50{,}45/0{,}97 = 52{,}01$ KN (tração)

Esforços globais nas estacas (superpondo os efeitos) correspondem à somatória das reações que o conjunto de ações aplica na estrutura. Tais esforços são apresentados estão apresentados na Tab. 11.3 e na Fig. 11.29.

Observa-se que a somatória dos esforços horizontais por causa do momento é zero, pois os esforços se equilibram.

Admitindo-se, para ampliar a discussão no exemplo, uma força horizontal de 100 kN na direção longitudinal do tabuleiro aplicada a 9 m de altura em relação ao fundo do bloco, conforme indicado nas Figs. 11.30 e 11.32, determinam-se os esforços nas estacas com os mesmos procedimentos desenvolvidos anteriormente, iniciando-se pelo cálculo do centro elástico (CE) na direção da nova força hori-

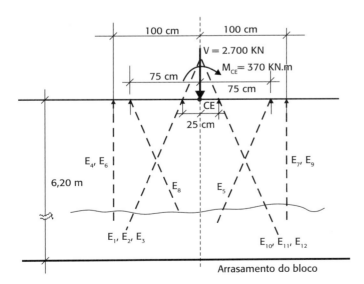

Fig. 11.28 *Esforços nas estacas decorrentes do momento fletor*

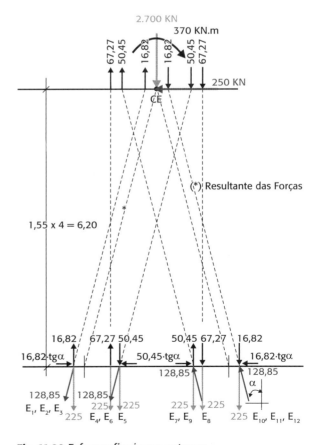

Fig. 11.29 *Esforços finais nas estacas*

Tab. 11.3 Esforços nas estacas

Estaca	Reações: esforços normais nas estacas pelas ações:			
	Vertical (V)	Horizontal (H)	Momento (M)	Total (kN)
	2.700 kN	250 kN	370 kN · m	
$R_{E1} = P_{E1}$	−231,96	−128,87	17,34	−343,49
$R_{E2} = P_{E2}$	−231,96	−128,87	17,34	−343,49
$R_{E3} = P_{E3}$	−231,96	−128,87	17,34	−343,49
$R_{E4} = P_{E4}$	−225,00		67,27	−157,73
$R_{E5} = P_{E5}$	−231,96	−128,87	−52,01	−412,84
$R_{E6} = P_{E6}$	−225,00		67,27	−157,73
$R_{E7} = P_{E7}$	−225,00		−67,27	−292,27
$R_{E8} = P_{E8}$	−231,96	+128,87	52,01	−51,08
$R_{E9} = P_{E9}$	−225,00		−67,27	−292,27
$R_{E10} = P_{E10}$	−231,96	+128,87	−17,34	−120,43
$R_{E11} = P_{E11}$	−231,96	+128,87	−17,34	−120,43
$R_{E12} = P_{E12}$	−231,96	+128,87	−17,34	−120,43

zontal. Para tanto, será necessário inclinar também as estacas E_4, E_6, E_7 e E_9 (Fig. 11.31).

Uma vez determinados os esforços finais no estaqueamento, deve-se verificar se a estaca mais carregada não ultrapassa a sua capacidade máxima especificada. É necessário evitar estacas tracionadas sempre que possível, pois elas podem alterar o estaqueamento.

Exemplo 11.2 Cálculo dos esforços nas estacas

Determinar os esforços nas estacas da fundação da Fig. 11.33. Caso as estacas não estejam igualmente carregadas, determinar uma solução para que isso aconteça, mantendo a mesma configuração do estaqueamento.

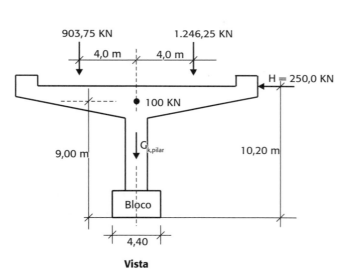

Fig. 11.30 Força na direção do tabuleiro

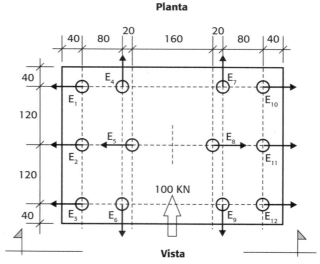

Fig. 11.31 Estacas inclinadas E_4, E_6, E_7 e E_9

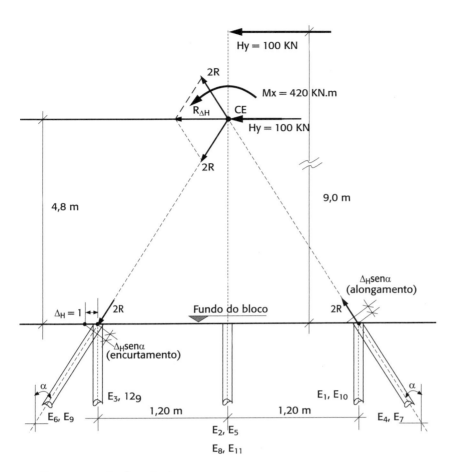

Fig. 11.32 Centro elástico considerando esforço horizontal na direção do tabuleiro

Carregamento da estrutura

⊕ Laje:

Carga permanente (peso próprio)	Carga variável (acidental)	Carga total: $p = g + q$
$g_L = 0{,}3 \times 25 = 7{,}5$ kN/m²	$q = 10$ kN/m²	$p = 17{,}5$ kN/m²

⊕ Viga:

	Carga permanente (kN/m²)	Carga variável (kN/m²)	Total (kN/m²)
Peso próprio	$g_v = 1{,}2 \times 0{,}4 \times 25 = 12$		
Parcela da laje	$g_{v,laje} = 7{,}5 \times 10 = 75$	$q_{v,laje} = 10 \times 10 = 100$	
	$g_v = 87$	$q_v = 100$	$p_v = 187$

Reação da viga nos apoios

$$R_g = \frac{10{,}8}{2} 87 = 469{,}8 \text{ kN (permanente)}$$

$$R_g = \frac{10{,}8}{2} 100 = 540 \text{ kN (variável)}$$

Cálculo do centro de gravidade do estaqueamento
Efetuando momento em relação ao eixo auxiliar X-X (Fig. 11.34):

$$M = 2{,}0 \cdot 2E = 4E$$

$$X_{CG} = \frac{M}{N_E} = \frac{4E}{5E} = 0{,}8 \ m$$

A inércia do estaqueamento na direção vetorial X-X é dada por:

$$I_E = \sum I_{Ei} \cdot X_i^2$$

Como as estacas são todas iguais, ou seja, possuem o mesmo diâmetro, a inércia do estaqueamento será

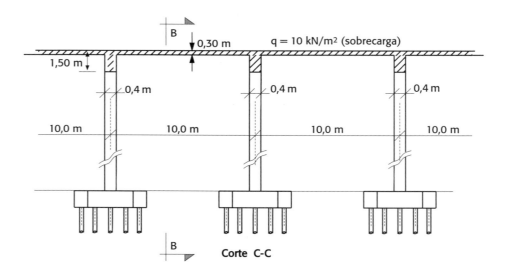

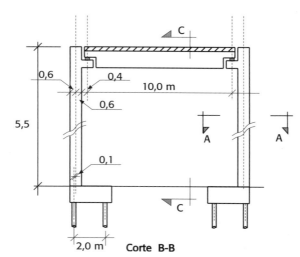

Fig. 11.33 *Estrutura de fundação estaqueada*

calculada considerando somente o número de estacas em cada alinhamento. Assim:

$I_E = 3{,}0 \times 0{,}8^2 + 2 \times 1{,}2^2 = 1{,}92 + 2{,}88 = 4{,}8 \text{ m}^2$

Excentricidade das reações da viga (R_g e R_q) em relação ao centro de gravidade do estaqueamento

$e = 0{,}4 + 0{,}6 + 0{,}6 - 1{,}3 = 0{,}30$ m (indicado na Fig. 11.35)

Cargas e momentos aplicados no estaqueamento (na base do bloco)

As cargas e os momentos aplicados no estaqueamento estão calculados e resumidos na Tab. 11.4:

$G_{pilar} = 0{,}4 \times 1{,}2 \times 5{,}5 \times 25 = 66$ kN

$G_{bloco} \cong [(5{,}0 + 3{,}0) \times 3/2] \times 1{,}5 \times 25 = 450$ kN

$N_g = R_g + G_{pilar} + G_{bloco} = 469{,}8 + 66 + 450 = 985{,}80$ kN

$N_q = 540$ kN

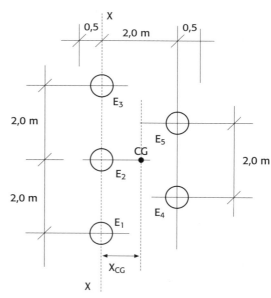

Fig. 11.34 *Centro de gravidade (CG) do estaqueamento*

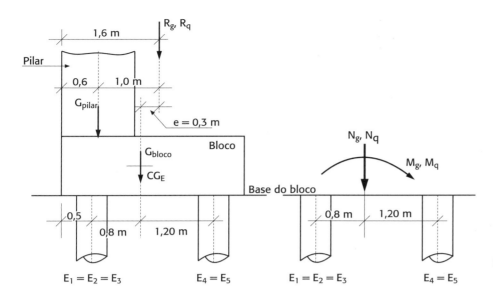

Fig. 11.35 Cargas no estaqueamento

Tab. 11.4 Cargas nas estacas

Estacas	Carga permanente (kN)	Carga variável (kN)	Carga total (kN)
$E_1 = E_2 = E_3$	$-\dfrac{985{,}80}{5} + \dfrac{88{,}14 \times 0{,}8}{4{,}8} = -182{,}47$	$-\dfrac{540}{5} + \dfrac{162 \times 0{,}8}{4{,}8} = -81$	$-263{,}47$
$E_4 = E_5$	$-\dfrac{985{,}80}{5} - \dfrac{88{,}14 \times 1{,}2}{4{,}8} = -219{,}20$	$-\dfrac{540}{5} - \dfrac{162 \times 1{,}2}{4{,}8} = -148{,}5$	$-367{,}70$

$M_g = 0{,}3 \times 469{,}8 - 0{,}8 \times 66 = 88{,}14$ kN · m

$M_q = 0{,}3 \times 540 = 162$ kN · m

Para que todas as estacas estejam solicitadas igualmente, basta deslocar o bloco em 16 cm para a direita, fazendo coincidir o centro de gravidade do estaqueamento com o ponto de aplicação das cargas.

$$e = \frac{M_{(g+q)}}{N_{(g+q)}} = \frac{(88{,}14 + 162)}{(985{,}80 + 540)} = 0{,}16 \text{ m}$$

11.3 Dimensionamento e detalhamento das estacas

Como em todo elemento estrutural, o dimensionamento e o detalhamento das estacas também dependem dos esforços internos que nelas atuam e estes, das ações a elas aplicadas.

Para dimensionar e detalhar as estacas, sejam elas moldadas *in loco* ou pré-moldadas, faz-se necessário conhecer:
* dados e elementos do projeto (lançamento, dimensões etc.);
* a capacidade resistente do solo (já visto nos Caps. 5 e 10);
* a resistência dos materiais – concreto e aço;
* a forma e as dimensões dos elementos estruturais dentro das tolerâncias especificadas por norma;
* os critérios de segurança;
* os critérios para aceitação ou rejeição;
* a elaboração das curvas de interação (Cap. 4) para o elemento estrutural.

Os esforços resistentes devem ser calculados conforme especifica a NBR 6118 (ABNT, 2014) e o item 7.8 da NBR 6122 (ABNT, 2019b). As ações e, consequentemente, os esforços internos decorrem:
* do manuseio (levantamento, içamento, estocagem) e transporte;
* da cravação e/ou execução;
* do uso efetivo da estaca (esforços a elas aplicados);
* da eficiência de grupo das estacas.

11.3.1 Estacas moldadas *in loco*
Submetidas à compressão

A carga de cálculo à compressão das estacas não armadas pode ser calculada de forma semelhante à de um pilar, com seção de aço inexistente. Dessa forma:

$$R_{Ed} = P_d \leq P_{Rd} \qquad \textbf{11.63}$$

$$P_{R,d} = 0,85 \cdot f_{cd} \cdot A_c \geq P_{R,d(solo)} \qquad \textbf{11.64}$$

$$P_{R,d(solo)} = R_d = \frac{R_p + R_{\ell p}}{\gamma_m} \text{ (seção 10.3)} \qquad \textbf{11.65}$$

O fator de redução 0,85 leva em conta a diferença entre os resultados de ensaios rápidos de laboratório e a resistência do concreto sob ação da carga de longa duração.

De acordo com o item 8.6.3 da NBR 6122 (ABNT, 2019b), as tensões e os coeficientes de majoração e minoração devem ser limitados conforme a Tab. 11.5.

No caso de tensões superiores às indicadas na Tab. 11.5, as estacas deverão ser dimensionadas de acordo com a NBR 6118 (ABNT, 2014).

Submetida à tração

A capacidade de carga da estaca será calculada pela capacidade resistente das armaduras tracionadas devidamente posicionadas dentro da estaca, de forma que:

$$R_{E,d} = P_d \leq P_{R,d}$$

$$P_{R,d} = 0,95 f_{yd} \cdot A_s \qquad \textbf{11.66}$$

O fator de redução tem a finalidade de garantir que, durante a realização de uma prova de carga até o dobro da carga admissível, não ocorra ruptura estrutural (aço). Diante disso, recomenda-se $\gamma_s = 2,0$.

O item 8.6.2 da NBR 6122 (ABNT, 2019b) permite, como forma alternativa, não verificar a fissuração dos elementos de fundação desde que se deduza 2 mm do diâmetro das barras longitudinais.

Submetidas à flexão composta

De forma semelhante ao desenvolvido para os tubulões, as estacas terão seus esforços internos ao longo de sua profundidade calculados levando-se em conta o coeficiente de elasticidade do solo ($K_{s(x)}$ – constante; linear e parabólico). Após a obtenção dos esforços internos e

Tab. 11.5 Parâmetros para dimensionamento das estacas moldadas *in loco*

Tipo de estaca	Classe de agressividade ambiental	Classe de concreto (resistência característica)	γ_c	Percentagem de armadura mínima (incluindo o trecho de ligação com o bloco) e comprimento útil mínimo		Tensão média atuante abaixo da qual não é necessário armar (MPa)
				Armadura (%)	Comprimento (m)	
Hélice/hélice de deslocamento/hélice com trado segmentado[a]	I, II	C-30	2,7	0,4	4,0	6,0
	III, IV	C-40	3,6			
Escavada sem fluido	I, II	C-25	3,1	0,4	2,0	5,0
	III, IV	C-40	5,0			
Escavada com fluido	I, II	C-30	2,7	0,4	4,0	6,0
	III, IV	C-40	3,6			
Strauss[b]	I, II	20 MPa	2,5	0,4	2,0	5,0
Franki[b]	I, II, III, IV	20 MPa	1,8	0,4	Integral	–
Raiz[b,c,d]	I, II, III, IV	20 MPa	1,6	0,4	Integral	–
Microestaca[b,c,e]	I, II, III, IV	20 MPa	1,8	0,4	Integral	–
Trado vazado segmentado[a,d]	I, II, III, IV	20 MPa	1,8	0,4	Integral	–

[a] Comprimento máximo da armadura é limitado ao processo executivo.

[b] O diâmetro a ser considerado no dimensionamento é o diâmetro externo do revestimento.

[c] Ver nota mais detalhada na NBR 6122 (ABNT, 2019b).

[d] Argamassa (ver Anexo K, "Estaca Raiz", e Anexo L, "Microestacas").

[e] Calda de cimento (ver Anexo L).

Fonte: Tabela 4 da NBR 6122 (ABNT, 2019b).

ELEMENTOS DE FUNDAÇÕES EM CONCRETO

sendo a peça submetida à flexão composta, utiliza-se do processo desenvolvido no Cap. 4.

São obtidas curvas de interação construídas com base em uma determinada configuração de armadura para uma certa seção transversal específica e características dos materiais (concreto e aço), variando-se a posição da linha neutra (LN) ao longo da seção. Assim, obtêm-se pares resistentes de cálculo M_{Rd} e N_{Rd} no estado-limite último.

A segurança da peça ocorre desde que o par solicitante N_{sd} e M_{sd} proporcione um ponto dentro da curva resistente, conforme ilustrado na Fig. 11.36.

$$\text{Verifica} - \text{se o } FS_G = \frac{M_R}{M_{sd}} = \frac{N_R}{N_{sd}} \qquad 11.67$$

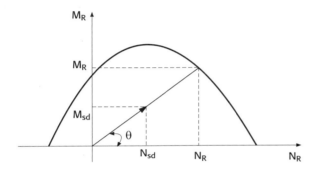

Fig. 11.36 *Curva de interação de pares resistentes: M_{Rd} e N_{Rd}*

Submetidas às ações horizontais

Reforça-se a ideia de que quando as estacas estão submetidas a esses esforços é necessária a verificação de seu estado-limite último quanto ao cisalhamento (Cap. 4). Na seção 11.2 foram analisados os estaqueamentos submetidos a cargas verticais, horizontais e momentos fletores.

Exemplo 11.3 Curva de interação para estaca

Elaborar a curva de interação para a estaca com seção quadrada e configuração de armadura conforme apresentado na Fig. 11.37. Considerar os seguintes dados:

- Concreto: f_{ck} = 20 MPa;
- Aço CA-50: f_{yk} = 500 MPa;
- Número de barras: 4 (armaduras simétricas);
- Diâmetro das barras: ϕ = 12,5 mm;
- Área da armadura: $A_{s1\phi12,5}$ = 1,227 cm²;

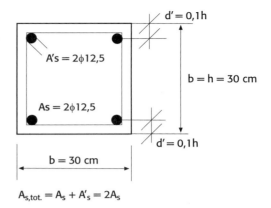

Fig. 11.37 *Configuração da armadura*

- Área total de armadura: $A_{s,tot}$ = 4,908 cm²;
- Dimensões da estaca: $b = h$ = 30 cm.

Utilizando-se das equações desenvolvidas no Cap. 5 e apresentadas no Anexo A3, pode-se montar a curva de interação, cujos pares N_{Rd} e M_{Rd} encontram-se na Tab. 11.6 e estão representados no gráfico da Fig. 11.38, com K_x (posição da linha neutra) variando de $-\infty$ a $+\infty$.

De forma semelhante ao desenvolvido no Cap. 4, pode-se utilizar diversas curvas de interação (gráficos ou ábacos, conforme a Fig. 11.39) elaboradas considerando os pares resistentes adimensionais (μ_d, ν_d, de acordo com a seção 4.1.3 do Cap. 4), normalmente para a distribuição de armaduras simétricas, conforme Montoya, Meseguer e Cabré (1973).

Assim, em vez de se determinar a segurança da peça submetida ao par M_{sd} e N_{sd}, define-se uma das curvas ω que atenda ao critério de segurança, determinando em seguida a área de armadura necessária conforme a configuração adotada.

11.3.2 Estacas pré-moldadas em concreto armado

As estacas pré-moldadas ou pré-fabricadas são dimensionadas utilizando-se as normas NBR 6118 (ABNT, 2014) e da NBR 9062 (ABNT, 2017). O item 8.6.5 da NBR 6122 (ABNT, 2019b) limita o f_{ck} máximo em 40 MPa.

Para a fixação da carga estrutural admissível, deve-se adotar um coeficiente de minoração da resistência característica do concreto γ_c = 1,3 quando se utiliza controle sistemático, caso contrário, utilizar γ_c = 1,4.

Tab. 11.6 Pares N_{Rd} e M_{Rd}

	Reta a	Limite 1					Limite 2a				Limite 2b
K_x	−999999	0	0	0,08	0,111	0,1667	0,1667	0,200	0,250	0,259	0,259
ε'_{sd} (‰)	10,0000	1,1100	1,1100	0,3370	0,0000	0,6684	0,6684	1,1125	1,8533	1,9973	1,9973
ε_{sd} (‰)											
N_{Rd} (kN)	−213,42	−163,93	−163,93	−61,13	−19,37	58,92	58,92	108,01	185,54	200,05	200,05
M_{Rd} (kN · m)	0,00	5,94	5,94	19,62	24,86	34,25	34,25	39,89	48,47	50,03	50,03

				Limite 3		Limite 4			Limite 4a
K_x	0,259	0,300	0,450	0,600	0,628	0,628	0,800	1,0	1,0	1,050	1,111
ε'_{sd} (‰)	2,0000	2,2050	2,6367	2,8525	2,8814						
ε_{sd} (‰)						2,0732	0,8750	0,0000	0,0000	0,1667	0,3497
N_{Rd} (kN)	200,19	236,06	354,09	472,11	494,15	493,98	691,09	893,57	893,57	941,50	1.217,60
M_{Rd} (kN · m)	50,05	53,37	61,52	65,84	66,22	66,24	58,25	45,85	45,85	42,01	10,64

				Reta b
K_x	1,111	9	999	999999
ε'_{sd} (‰)	3,1477	2,0855	2,0007	2,0000
ε_{sd} (‰)	0,3496	1,8771	1,9990	2,0000
N_{Rd} (kN)	1.217,59	1.296,33	1.299,05	1.299,06
M_{Rd} (kN · m)	10,64	1,19	0,02	0,00

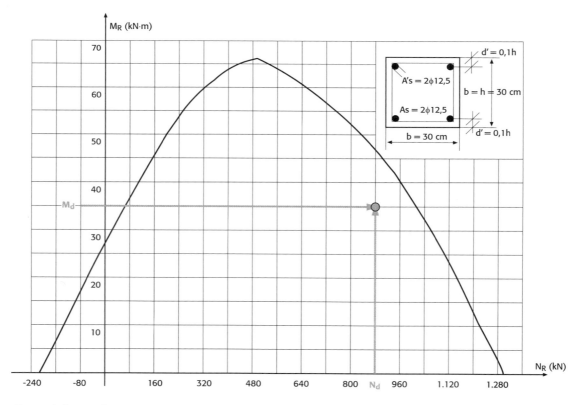

Fig. 11.38 *Curva de interação*

Manuseio e transporte

É importante ter conhecimento da resistência do concreto da estaca durante o manuseio, ou seja, pouco antes da retirada da forma. Os casos de carregamentos a serem considerados são dois: *içamento* e *estocagem*.

Içamento e estocagem

Na Fig. 11.40 estão indicadas as distâncias recomendadas de pega para içamento (Fig. 11.40A) e apoio para estocagem (Fig. 11.40B).

Cálculo dos esforços solicitantes na estaca

Fazendo uso das funções singulares (Cap. 1), podem-se escrever as equações da cortante e momento fletor para a estaca, cujo sistema estrutural está indicado na Fig. 11.41:

$$V_{(x)} = g \cdot x - R_{VA} \langle x - a \rangle^0 - R_{VB} \langle x - b \rangle^0 \quad \text{11.68}$$

Sabendo que $R_{VA} = R_{VB} = g \cdot L/2$ e substituindo na equação anterior, tem-se:

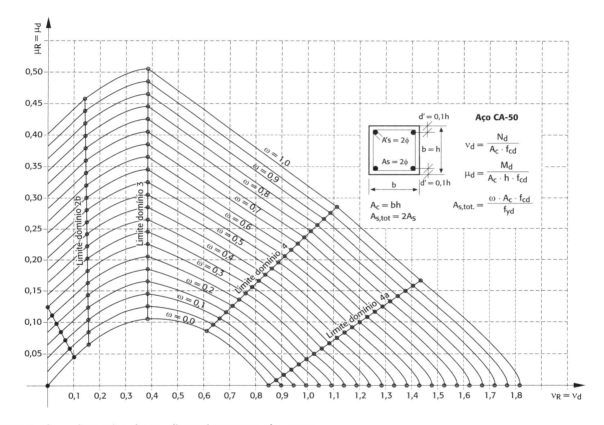

Fig. 11.39 *Gráfico adimensional para dimensionamento da estaca*

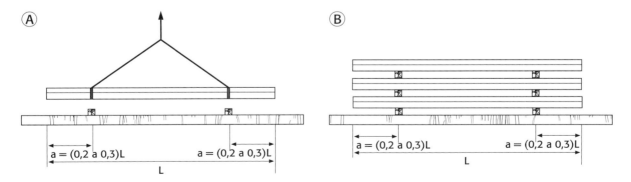

Fig. 11.40 *Içamento e estocagem de estacas*

$$V_{(x)} = g \cdot x - \frac{g \cdot L}{2}\langle x-a \rangle^0 - \frac{g \cdot L}{2}\langle x-b \rangle^0 \quad \text{11.69}$$

Integrando $V_{(x)}$, obtém-se a equação do momento:

$$M_{(x)} = \frac{g \cdot x^2}{2} - \frac{g \cdot L}{2}\langle x-a \rangle^1 - \frac{g \cdot L}{2}\langle x-b \rangle^1 \quad \text{11.70}$$

Considerar $a = 0{,}2L$.

$$V_{(x=0,2L)} = g(0{,}2L) = 0{,}2g \cdot L \quad \text{11.71}$$

$$M_{(x=0,2L)} = \frac{g(0{,}2L)^2}{2} = 0{,}02g \cdot L^2 \quad \text{11.72}$$

$$M_{(x=0,5L)} = \frac{g(0{,}5L)^2}{2} - \frac{g \cdot L}{2}(0{,}5L - 0{,}2L)^1 \\ = 0{,}025g \cdot L^2 \quad \text{11.73}$$

Observa-se que a melhor situação é de que a estaca seja armazenada e içada com ponto de pega a uma distância de $a = 0{,}2L$ de suas extremidades (Fig. 11.40), visto que dessa forma os momentos no vão (0,025L^2) são próximos aos momentos nos apoios (0,02L^2), conforme apresentado na Tab. 11.7 e na Fig. 11.42.

Levantamento para cravação

O item 8.6.5 da NBR 6122 (ABNT, 2019b) recomenda que nas duas extremidades da estaca deve ser feito reforço da armadura transversal para levar em conta as tensões de cravação. Nesse caso, é necessário apresentar as curvas de interação flexocompressão e flexotração do elemento estrutural (estaca).

No caso de içamento para cravação, observa-se que o ângulo α, indicado na Fig. 11.43, vai variar de 0° a 90° e, portanto, as equações para obtenção dos esforços solicitantes (Fig. 11.44) serão as apresentadas a seguir.

Esforços solicitantes (externos e internos) (Fig. 11.44)

Carregamentos

$$g_v = \rho \cdot A_v = \rho \frac{A_t}{\cos \alpha} = g_i / \cos \alpha \quad \text{11.74}$$

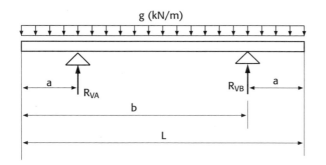

Fig. 11.41 *Sistema estático da estaca: peso próprio*

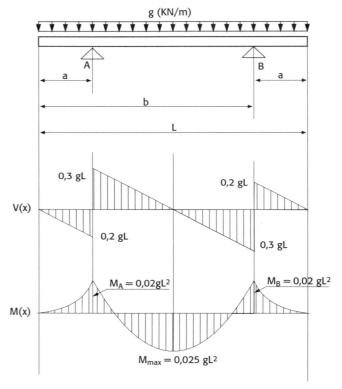

Fig. 11.42 *Esforços solicitantes na estaca: manuseio*

Tab. 11.7 Esforços nas estacas durante o manuseio

	$V_{Aesq} = V_{Bdir}$	$V_{Adir} = V_{Besq}$	$M_A = M_B$	$M_{Vão}$
$a = 0{,}20L$	0,2gL	0,3gL	0,02gL^2	0,025gL^2
$a = 0{,}25L$	0,25gL	0,25gL	0,03125gL^2	0,0
$a = 0{,}30L$	0,3gL	0,2gL	0,045gL^2	−0,025gL^2

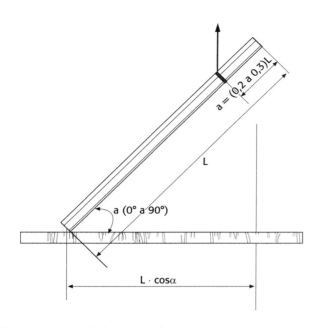

$$g_i = g_v \cdot \cos \alpha \quad \therefore \quad g_N = g_v \cdot \text{sen}\, \alpha \qquad \textbf{11.75}$$

Reações

$$V_A = \frac{g_i \cdot b}{2} - \frac{g_i \cdot a^2}{2 \cdot b} = \frac{g_i \cdot b}{2}\left(1 - \frac{a^2}{b^2}\right) \qquad \textbf{11.76}$$
$$= R_{VA} \cdot \cos \alpha$$

$$V_{B,e} = \frac{g_i \cdot b}{2} + \frac{g_i \cdot a^2}{2 \cdot b} = \frac{g_i \cdot b}{2}\left(1 + \frac{a^2}{b^2}\right) \qquad \textbf{11.77}$$

$$V_{B,d} = g_i \cdot a \qquad \textbf{11.78}$$

$$H_A = R_{VA} \cdot \text{sen}\, \alpha \quad \therefore \quad H_B = R_{VB} \cdot \text{sen}\, \alpha \qquad \textbf{11.79}$$

Fig. 11.43 *Manuseio: içamento da estaca*

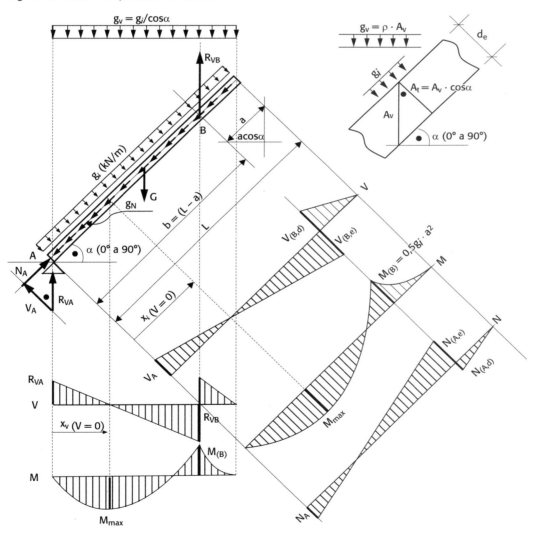

Fig. 11.44 *Esforços solicitantes na estaca: içamento*

11 Fundações em estacas: cargas e dimensionamento

$$R_{VA} = \frac{g_v \cdot b \cdot \cos \alpha}{2} - \frac{g_v \cdot (a \cdot \cos \alpha)^2}{2 \cdot b \cdot \cos \alpha} \qquad \textbf{11.80}$$

Esforços internos

$$V_{(xi)} = V_A - g_i \cdot x_i \qquad \textbf{11.81}$$

$$M_{(xi)} = V_A \cdot x_i - \frac{g_i \cdot x_i^2}{2} \qquad \textbf{11.82}$$

$$H_{(xi)} = H_A - g_N \cdot x_i + H_B \langle x_i - b \rangle^0 \qquad \textbf{11.83}$$
→ função singular

Ponto onde a cortante é nula:

$$x_{i(V = 0)} = \frac{V_A}{g_i} = \frac{g_i}{2 \cdot g_i}\left(b - \frac{a^2}{b}\right) = \frac{b}{2}\left(1 - \frac{a^2}{b^2}\right) \qquad \textbf{11.84}$$

⊕ Momento máximo

$$M_{máx} = V_A \cdot x_{i(V=0)} - \frac{g_i \cdot x_{i(V=0)}^2}{2} \qquad \textbf{11.85}$$

Cravação e/ou execução

O Anexo E da NBR 6122 (ABNT, 2019b) preconiza que a cravação é normalmente executada com martelo de queda livre, devendo o peso do martelo ser, no mínimo, igual a 75% do peso total da estaca, e não menor do que 20 kN. Para estacas com carga de trabalho entre 700 kN e 1.300 kN, o peso do martelo será igual ou superior a 40 kN. No uso de martelos automáticos ou vibratórios, devem-se seguir as recomendações dos fabricantes (Anexo E da NBR 6122 – ABNT, 2019b).

O sistema de cravação deve ser dimensionado de modo que as tensões de compressão durante a cravação não ultrapassem 85% da resistência nominal do concreto (exceto em estacas protendidas). A tensão de tração deve ser limitada a 70% da tensão de escoamento do aço utilizado na armadura (item E.4 da NBR 6122 – ABNT, 2019b).

Exemplo 11.4 Dimensionamento de estacas

Dimensionar estacas moldadas *in loco* considerando os seguintes dados:

⊕ Características da estaca:
- Diâmetro da estaca: d_E = 50 cm;
- Comprimento da estaca: L = 26 m;
- Carga de trabalho: N_k = 1.300 kN;
- Armadura adotada: $4\phi16$ (CA-50);
- Concreto: f_{ck} = 20 MPa.

⊕ Características do solo (argila)

Conforme sondagem do local onde as estacas serão utilizadas, foram adotados os seguintes parâmetros para o solo:
- coeficiente elástico do solo constante (argila): K_{sL} = 5.000 kN/m³ (Tab. 5.13 do Cap. 5);
- pressão lateral máxima admissível no solo: 0,05 MPa (50 kN/m²).

Cálculo dos esforços solicitantes
Considerações sobre a hipótese de atuação de esforços horizontais na cabeça da estaca.

Dimensionamento

Para as verificações que seguem serão utilizados os gráficos dos Anexos A14 e A15.

$$L_{E1} = \sqrt[4]{\frac{4E \cdot I}{d_f \cdot K_{sL}}}; \quad \lambda_1 = \frac{L}{L_{E1}}$$

Módulo de elasticidade da estaca

$$E_{c28} = 5.600 \cdot f_{ck}^{1/2} = 5.600 \times \sqrt[2]{20} = 25.043,96 \text{ MPa}$$
$$E_{cs} = 0,85 E_{c28} = 0,85 \times 25.043,96$$
$$= 21.287 \text{ MPa} \cong 21,3 \times 10^6 \text{ kN/m}^2$$

Inércia da estaca

$$I_E = \frac{\pi d_E^4}{64} = \frac{3,1416 \times 0,5^4}{64} = 3,07 \times 10^{-3} \text{ m}^4$$

Momento máximo na estaca

O momento máximo na estaca será calculado por:

$$M_{máx} = \alpha_{máx} \cdot M_{fic} = \alpha_{máx} \cdot H \cdot L$$

em que:
$\alpha_{máx}$ é obtido do gráfico do Anexo A14;
H é o esforço horizontal aplicado na cabeça da estaca.

Pressão máxima do solo

$$p_{máx} = \beta_{máx} \cdot p_{fic} = \beta_{máx} \frac{H}{d_E \cdot L}$$

em que $\beta_{máx}$ é obtido do gráfico do Anexo A14.

Como $p_{máx} = 50$ kN/m², pode-se escrever:

$$50 \frac{kN}{m^2} \geq \beta_{máx} \frac{H}{d_E \cdot L} \therefore H \leq \frac{50 \cdot d_E \cdot L}{\beta_{máx}}$$

Substituindo H na expressão que fornece o momento máximo, obtém-se:

$$M_{máx} = \alpha_{máx} \cdot H \cdot L = \alpha_{máx} \frac{50 \cdot d_E \cdot L^2}{\beta_{máx}}$$

Para a estaca em análise:

$$L_{E1} = \sqrt[4]{\frac{4E \cdot I}{d_f \cdot K_{sL}}} = \sqrt[4]{\frac{4 \times 21,3 \times 10^6 \times 3,07 \times 10^{-3}}{0,5 \times 5.000}} = 3,08 \text{ m}$$

$$\lambda_1 = \frac{L}{L_{E1}} = \frac{26}{3,08} = 8,44$$

Utilizando-se o gráfico do Anexo A14, resumido na Fig. 11.45, obtém-se:

$$\alpha_{máx} = 3,8\% \text{ e } \beta_{máx} = 16,9$$

Esforço horizontal máximo absorvido pela estaca

$$H_{máx} \leq \frac{50 \cdot d_E \cdot L}{\beta_{máx}} = \frac{50 \times 0,50 \times 26}{16,9} = 38,46 \text{ kN}$$

Máximo momento resistido pelo fuste em decorrência da aplicação de H na cabeça da estaca

$$M_{máx} = \alpha_{máx} \cdot H \cdot L = 3,8\% \times 38,46 \times 26 = 38,0 \text{ kN} \cdot \text{m}$$

Verificação do valor da carga vertical máxima (N) na estaca

$$\sigma_E = -\frac{N}{A_E} \pm \frac{M}{W}$$

$$A_E = \frac{\pi \cdot d_E^2}{4} = \frac{3,1416 \times 0,5^2}{4} = 0,196 \text{ m}^2$$

$$W_E = \frac{\pi \cdot d_E^3}{32} = \frac{3,1416 \times 0,5^3}{32} = 12,27 \times 10^{-3} \text{ m}^3$$

em que:

A_E é a área da seção transversal da estaca;
W_E é o módulo de resistência à flexão da estaca.

Para que não se tenha ruptura da estaca à compressão, a solicitação de cálculo não deve ultrapassar $N_{sd} \leq N_{Rd} \leq 5,0 \text{ MP} \cdot A_c$, com N_{Rd} apresentado na Eq. 9.43 do Cap. 9, como segue:

$$N_{sd} \leq N_{Rd} = 0,63 \; f_{cd} \cdot A_c \left[1 - \left(\frac{\alpha l}{32 d_f}\right)^2 \right] \leq 5,0 \text{ MPa} \cdot A_c$$

Segundo o item 8.6.3 da NBR 6122 (ABNT, 2019b), as estacas podem ser executadas em concreto simples, ou seja, não armado (exceto ligação com o bloco), quando solicitados por cargas de compressão e seguindo as condições para dimensionamento prescritas na Tab. 11.5 (Tabela 4 da NBR 6122 – ABNT, 2019b):

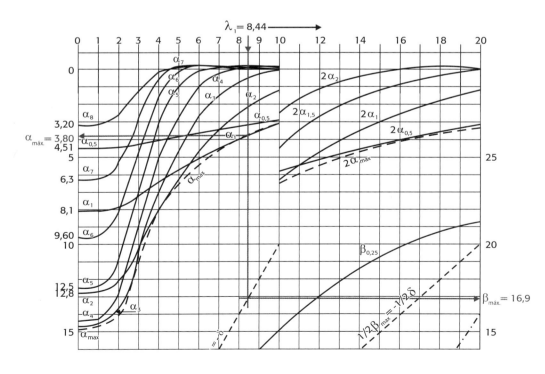

Fig. 11.45 *Gráfico para aplicação de H (gráfico completo no Anexo A14)*

- Concreto: $f_{ck,mínimo} = 20$ MPa (a resistência característica deve ser multiplicada por 0,85).
- Tensão máxima atuante: 5,0 MPa.

A tensão máxima nas fibras de concreto simples, segundo o item 24.5.2.1 da NBR 6118 (ABNT, 2014), não deve exceder os valores das tensões resistentes de cálculo. Nos casos de concreto simples, o coeficiente de majoração será: $\gamma_c = 1,2 \times 1,4 = 1,68$. Portanto:

- fibra externa comprimida: $\sigma_{cRd} = 0,85 f_{cd} = (0,85/1,68) f_{ck} = 0,5 f_{ck}$;
- fibra externa tracionada: $\sigma_{ctRd} = 0,85 f_{ctd}$.

Logo:

$$\sigma_{C,E} = -\frac{N_d}{A_E} - \frac{M_d}{W_E} \leq -0,5 f_{ck} \therefore \text{ como} -0,5 \times 20$$
$$= -10 \text{ MPa} \leq -5,0 \text{ MPa}$$

$$\sigma_{t,E} = -\frac{N_d}{A_E} + \frac{M_d}{W_E}$$
$$= 0,85 f_{ctd} \text{ (fibra tracionada da estaca)}$$

$$f_{ctd} = \frac{f_{ctk,inf}}{\gamma_c} = 0,7 \cdot 0,3 \frac{f_{ck}^{2/3}}{\gamma_c}$$
$$= 0,21 \frac{20^{2/3}}{1,4} = 1,10 \text{ MPa}$$

$$\sigma_{t,E} = -\frac{N_d}{A_E} + \frac{M_d}{W_E} = 0,85 \times 1,10$$
$$= 0,94 \text{ MPa} = 940 \text{ kN/m}^2$$

Substituindo o $M_{máx}$ encontrado acima na equação cuja tensão limite é de tração, tem-se:

$$-\frac{N_d}{A_E} = 940 - \frac{M_d}{W_E}$$

$$\therefore N_d = A_E \left(\frac{\alpha_{máx} \cdot H_d \cdot L}{W_E} - 940 \right)$$

No caso da fibra comprimida:

$$\sigma_{C,E} = -\frac{N_d}{A_E} - \frac{M_d}{W_E} \leq -0,85 f_{cd}$$
$$= -\frac{0,85 \times 20}{1,68}$$
$$= -10,12 \frac{N}{mm^2} > -5,0 \text{ MPa}$$

Impor: $\frac{N_d}{A_E} + \frac{M_d}{W_E} \leq 5,0 \text{ N/mm}^2$

$$\frac{N_d}{A_E} + \frac{\alpha_{máx} \cdot H_d \cdot L}{W_E} \leq 5,0 \text{ N/mm}^2$$

$$\frac{N_d}{A_E} + \frac{\alpha_{máx} \cdot H_d \cdot L}{W_E} \leq 5,0 \frac{N}{mm^2} = 5.000 \text{ kN/m}^2$$

$$N_d = A_E \left(5.000 - \frac{\alpha_{máx} \cdot H_d \cdot L}{W_E} \right)$$

Com as duas expressões de N_d:

$$N_d \leq A_E \left(5.000 - \frac{\alpha_{máx} \cdot H_d \cdot L}{W_E} \right)$$

$$N_d \leq A_E \left(\frac{\alpha_{máx} \cdot H_d \cdot L}{W_E} - 940 \right)$$

$$N_d \leq A_E \left(\frac{\alpha_{máx} \cdot H_d \cdot L}{W_E} \right)$$

→ Considerando tensão de tração igual a zero

Pode-se montar o gráfico de $N_d = f(H)$ conforme a Fig. 11.46.

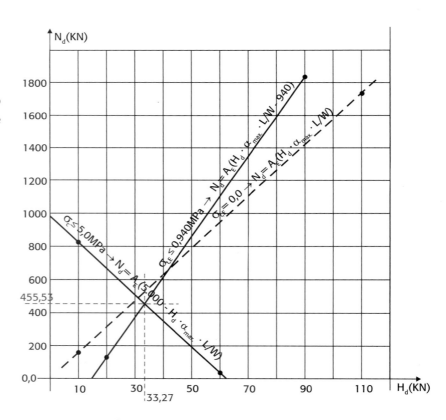

Fig. 11.46 Gráfico de $N_d \times H_d$

Observa-se que, quanto maior a carga vertical aplicada, maior pode ser o esforço horizontal para não se ter a estaca tracionada ou com tensão de tração inferior a 0,94 MPa. Entretanto, à medida que se aumenta a carga vertical, a força horizontal deverá ser cada vez menor, pois poderá romper à compressão. O ponto onde cruzam as curvas para esse tipo de estaca e características do solo especificado levam a se permitir uma carga vertical máxima de 455,53 kN e uma horizontal de 33,27 kN, pois com esses valores não haverá ruptura à compressão e nem à tração.

Parte IV
ELEMENTOS DE TRANSIÇÃO

São considerados elementos de transição (Quadro IV.1) entre a superestrutura e as estacas ou tubulões. Os elementos volumétricos são denominados blocos, e os laminares, lajes (Fig. IV.1).

Quadro IV.1 Elementos de transição

Elementos de fundação	Elementos de transição de carga da superestrutura para estruturas de fundação profunda		
		Bloco	Bloco apoiado sobre estacas ou tubulões
		Radier	Placa ou laje apoiada diretamente no solo
		Laje	Laje apoiada sobre estacas ou tubulões

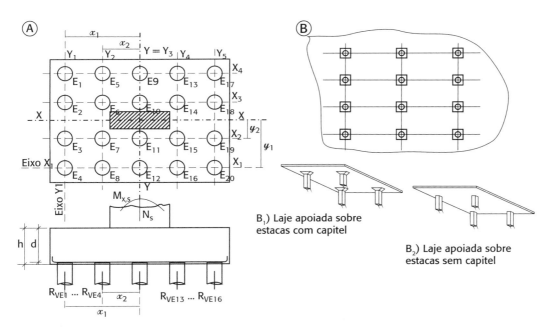

Fig. IV.1 *Elementos de transição sobre estacas: (A) bloco e (B) laje*

O item 22.7 da NBR 6118 (ABNT, 2014) considera *blocos sobre estacas* elementos estruturais especiais que se caracterizam por um comportamento que não respeita a hipótese das seções planas – por não serem suficientemente longos para que se dissipem as perturbações localizadas – e que devem ser calculados e dimensionados por modelos teóricos apropriados. A regra recomenda ainda que, tendo em vista a responsabilidade desses elementos estruturais, devem-se majorar as solicitações de cálculo por um coeficiente de ajustamento γ_n, conforme instruções do item 5.3.3 da NBR 8681 (ABNT, 2003c).

$$\gamma_n = \gamma_{n1} \cdot \gamma_{n2}$$

em que:

$\gamma_{n1} \leq 1{,}2$ em função da ductilidade de uma eventual ruína;

$\gamma_{n2} \leq 1{,}2$ em função da gravidade das consequências de uma eventual ruína.

Os pisos sem vigas (lajes cogumelos) substituem os sistemas convencionais de lajes e vigas. Com o desaparecimento das vigas, a laje deverá absorver, resistir e transferir as cargas aos elementos verticais, que, nesses casos, são as estacas.

O radier, por sua vez, é definido pelo item 3.35 da NBR 6122 (ABNT, 2019b) como sendo um elemento de fundação rasa dotado de rigidez para receber e distribuir mais do que 70% das cargas da estrutura (Fig. IV.2). Ele transfere cargas de pilares e paredes da edificação, distribuindo-as uniformemente ao solo, e é executado em concreto armado ou protendido.

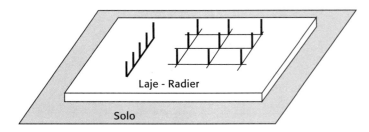

Fig. IV.2 *Radier: laje apoiada diretamente no solo*

Os blocos são considerados elementos de transição entre a superestrutura e as estacas ou tubulões. Em quase todos os trabalhos conhecidos, tem-se adotado dois modelos básicos para análise desse elemento estrutural (Ramos; Giongo, 2009):
+ a análise teórica elástica linear compreendendo a analogia das bielas e tirantes e a teoria das vigas;
+ a análise de ensaios experimentais de modelos.

O *método das bielas-tirantes* é um dos processos aproximados empregados com frequência no dimensionamento de blocos. Esse processo foi inspirado no trabalho de Lebelle (1936 apud Blévot; Frémy, 1967) proposto para o cálculo de sapatas diretas. Blévot e Frémy (1967) realizaram uma série de ensaios de blocos cujos resultados são até hoje utilizados, como modelos de cálculos e detalhes construtivos.

Segundo o item 22.7.1 da NBR 6118 (ABNT, 2014), os blocos são estruturas de volume usadas para transmitir às estacas ou tubulões as cargas de fundação e podem ser considerados rígidos (Fig. 12.1) ou flexíveis (Fig. 12.2) por critério análogo ao definido para as sapatas.

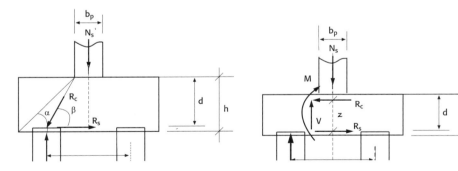

Fig. 12.1 *Bloco rígido*   **Fig. 12.2** *Bloco flexível*

12.1 Modelo estrutural: hipóteses básicas
As diferenças entre os dois tipos de blocos são abordadas no Quadro 12.1.

Quadro 12.1 Diferenças entre bloco rígido e bloco flexível

Bloco rígido		Bloco Flexível	
$h \geq \dfrac{B - b_p}{3}$	12.1	$h < \dfrac{B - b_p}{3}$	12.2

em que:

h é a altura do bloco;

B é a dimensão do bloco em determinada direção;

b_p é a dimensão do pilar na mesma direção considerada para o bloco.

Considerando, ainda, que as cargas aplicadas nos blocos sejam distribuídas diretamente às estacas, pode-se considerar que são rígidos os blocos quando, para cada tipo de bloco, a inclinação das bielas for maior do que 45°.

No caso de blocos e estacas rígidas, com estacas espaçadas entre (2,5 a 3,0)d_E, pode-se admitir plena a distribuição de cargas nas estacas.

Admite-se, portanto, para cálculo dos esforços internos, que o bloco seja rígido (comportamento de treliça) e considera-se a hipótese de as estacas serem elementos resistentes apenas à força axial, desprezando-se os esforços de flexão.

De acordo com o item 22.5.2.1 da NBR 6118 (ABNT, 2014), o comportamento estrutural dos blocos considerados rígidos se caracteriza por:

- trabalhar à flexão nas duas direções, mas com trações essencialmente concentradas nas linhas sobre as estacas (reticulado definido pelo eixo das estacas com faixas de largura igual a 1,2 vezes seu diâmetro);
- transmitir as cargas dos pilares para as estacas essencialmente por bielas de compressão;
- trabalhar ao cisalhamento também em duas direções, não apresentando ruptura por tração diagonal e sim por compressão das bielas, analogamente às sapatas.

Para blocos flexíveis ou casos extremos de estacas curtas apoiadas em substrato muito rígido, a hipótese de que a distribuição de carga se dá plenamente às estacas deve ser revista.

Já no caso de considerar os blocos como flexíveis, a análise realizada é mais completa, desde a distribuição das ações nas estacas, dos tirantes internos de tração nos blocos, até a necessidade de verificação à punção, conforme o item 22.5.2.2 da NBR 6118 (ABNT, 2014).

Nesse caso, os esforços solicitantes internos são calculados como se o bloco fosse uma barra em cada direção, obtendo-se os momentos e as cortantes (Fig. 12.3). Em seguida, faz-se o equilíbrio interno, calculando-se, então, as forças nas armaduras e verificando-se as tensões de compressão.

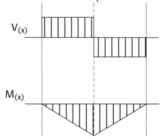

Fig. 12.3 *Esforços solicitantes*

12.2 Dimensionamento: método das bielas

Em geral, os blocos sobre estacas têm dimensões tais que não se aplicam de forma satisfatória às hipóteses admitidas na resistência dos materiais para o cálculo de esforços solicitantes em barras.

O método das bielas consiste em admitir, no interior do bloco, uma treliça espacial (Fig. 12.4) na qual as barras tracionadas, situadas no plano médio das armaduras e barras comprimidas inclinadas (bielas), interceptam-se nos eixos das estacas e em um ponto do pilar.

As bielas têm suas extremidades na intersecção do eixo das estacas com o plano das armaduras de um lado e em ponto conveniente do pilar (que é suposto sempre de secção quadrada) do outro. As forças de compressão das bielas são resistidas pelo concreto e as de tração, que atuam nas barras horizontais, são resistidas por armaduras colocadas na posição do eixo dessas barras.

Sempre que o pilar for retangular, pode-se, a favor da segurança, admiti-lo quadrado, de lado igual ao menor deles. Há teorias mais elaboradas que a das bielas nas quais se permite levar em conta as dimensões dos pilares retangulares.

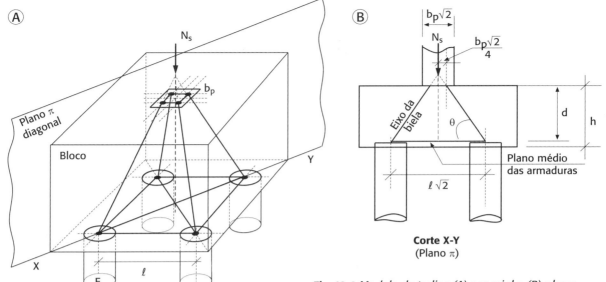

Fig. 12.4 *Modelo de treliça (A) espacial e (B) plana*

As forças de compressão nas bielas (montantes inclinados) são resistidas pelo concreto e as forças de tração que atuam nos banzos (barras horizontais) são resistidas por armaduras ali posicionadas.

Para o dimensionamento, é necessário conhecer os esforços atuantes em cada estaca do bloco. Comumente, para o caso de cargas centradas, os estaqueamentos são simétricos com estacas atingindo a mesma profundidade.

Quadro 12.2 Esforços internos nos blocos com duas, três e quatro estacas: método das bielas

Blocos com duas estacas	Blocos com três estacas	Bloco com quatro estacas	Eqs.
Inclinação das bielas: $\text{tg}\,\theta = d/(\ell/2 - b/4)$	Inclinação das bielas: $\text{tg}\,\theta = d/(\ell\sqrt{3}/3 - 0{,}3b)$	Inclinação das bielas: $\text{tg}\,\theta = d\left/\left(\dfrac{\ell\sqrt{2}}{2} - \dfrac{b\sqrt{2}}{4}\right)\right.$	12.3
Equilíbrio de forças (esforços): $R_s = \dfrac{N_s}{2}\dfrac{1}{\text{tg}\,\theta} = \dfrac{N_s}{4d}\left(l - \dfrac{b}{2}\right)$	Equilíbrio de forças (esforços): $R_{s(diag)} = \dfrac{N_s}{3}\dfrac{1}{\text{tg}\,\theta}$ $= \dfrac{N_s}{9d}(l\sqrt{3} - 0{,}9\,b)$	Equilíbrio de forças (esforços): $R_{s(diag)} = \dfrac{N_s}{4}\dfrac{1}{\text{tg}\,\theta}$ $= \dfrac{N_s\sqrt{2}}{8d}\left(l - \dfrac{b}{2}\right)$	12.4
$R_c = \dfrac{N_s}{2\operatorname{sen}\theta} = \dfrac{N_s}{n_E\cdot\operatorname{sen}\theta}$ $n_E =$ número de estacas	$R_c = \dfrac{N_s}{3\operatorname{sen}\theta} = \dfrac{N_s}{n_E\cdot\operatorname{sen}\theta}$ $n_E =$ número de estacas	$R_c = \dfrac{N_s}{4\operatorname{sen}\theta} = \dfrac{N_s}{n_E\cdot\operatorname{sen}\theta}$ $n_E =$ número de estacas	12.5

Para cálculo e dimensionamento dos blocos são aceitos modelos tridimensionais lineares ou não, e modelos biela-tirante tridimensionais, sendo estes últimos os preferidos por definir melhor a distribuição de esforços pelos tirantes. Sempre que houver esforços horizontais significativos ou forte assimetria, o modelo deve abranger a interação solo-estrutura (item 22.5.3 da NBR 6118 – ABNT, 2014).

De acordo com o critério do modelo de treliça, pode-se:
- determinar a secção necessária das armaduras;
- verificar a tensão de compressão nas bielas, nos pontos críticos, que são as seções situadas junto ao pilar e à cabeça da estaca.

Para blocos regulares com cargas centradas e com duas, três e quatro estacas (Fig. 12.6) são apresentados os esforços internos de compressão (nas bielas) e de tração (nas armaduras), calculados conforme o Quadro 12.2.

Os ensaios desenvolvidos por Blévot e Frémy (1967) e Mautoni (1971), que serão tratados adiante, justificam com mais detalhes as recomendações com relação às inclinações das bielas.

12.2.1 Bloco com quatro estacas

Se as barras tracionadas forem os lados do quadrado que tem por vértices as intersecções dos eixos das estacas com o plano médio das armaduras, basta decompor o valor de R_s (diagonais) nas direções dos lados, conforme indicado na Fig. 12.5:

$$R_{s(lados)} = \frac{R_{s(diag)}}{\sqrt{2}} \quad \quad 12.6$$

ou

$$R_{s(long)} = \frac{R_{s(diag)}}{\sqrt{2}} \quad \quad 12.7$$

Quando existir a possibilidade de dispor as armaduras (barras tracionadas) de maneiras diversas (normalmente em todos os blocos com mais de duas estacas), pode-se imaginar que a carga seja resistida por duas treliças, cada uma delas com barras tracionadas e colocadas segundo uma das disposições possíveis. Por exemplo: no bloco de quatro estacas,

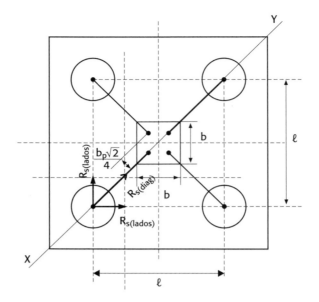

Fig. 12.5 *Decomposição da força de tração nas laterais*

o quinhão $\alpha \cdot N_s$ ($\alpha \leq 1$) será resistido pela treliça com barras tracionadas, segundo os lados da base (Fig. 12.7A). O quinhão complementar $(1 - \alpha)N_s$ caberá à treliça, cujas barras tracionadas estão nas diagonais da base (Fig. 12.7B).

12.2.2 Bloco com três estacas

Se as armaduras forem dispostas segundo os lados do triângulo, basta decompor o valor $R_{s(diag)}$ nas direções dos lados (Fig. 12.8):

$$R_{s(lados)} = \frac{R_{s(diag)}}{2\cos 30°} = \frac{R_{s(diag)}}{\sqrt{3}} \quad \quad 12.8$$

$$R_{s(diag)} = \frac{N_s}{9d}\left(\ell\sqrt{3} - 0{,}9b_p\right) = \frac{N_s\sqrt{3}}{9d}\left(\ell - \frac{b_p}{2}\right) \quad 12.9$$

Nessas treliças, as bielas se superpõem e o esforço final será sempre o mesmo, quaisquer que sejam os quinhões atribuídos às treliças. Nas barras tracionadas que ocupam a posição dos lados da base, o esforço será $\alpha \cdot R_s$ (Fig. 12.9A), e nas barras tracionadas que ocupam as diagonais será igual a $(1 - \alpha)R_s$ (Fig. 12.9B).

12.3 Ensaios realizados por Blévot e Frémy (1976)

Blévot e Frémy (1967) ensaiaram blocos de duas, três e quatro estacas submetidas à força centrada

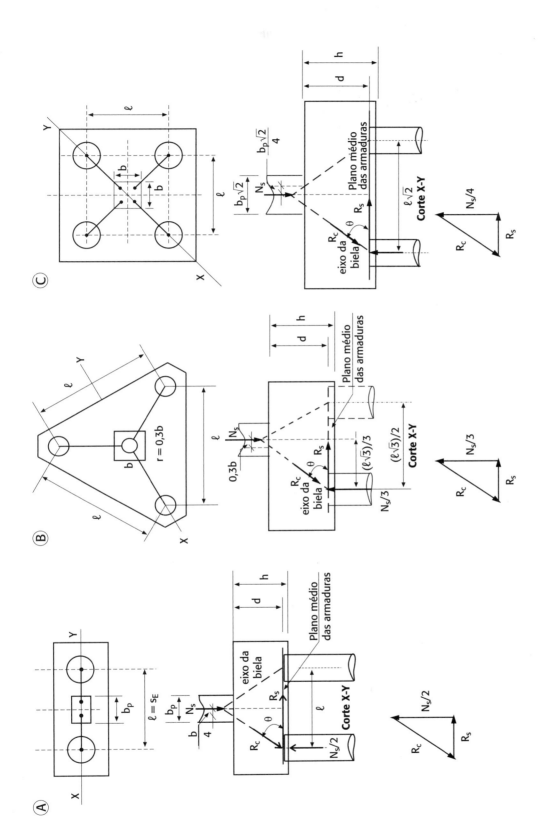

Fig. 12.6 Blocos com (A) duas, (B) três e (C) quatro estacas

12 Blocos sobre estacas ou tubulões com carga centrada

Fig. 12.7 *Disposição de armaduras em blocos sobre quatro estacas segundo (A) os lados e (B) as diagonais*

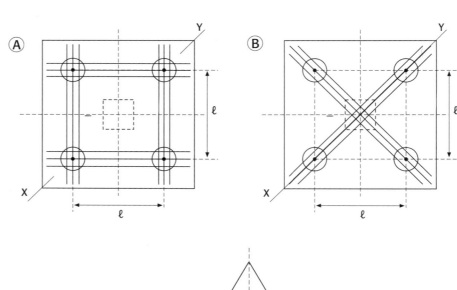

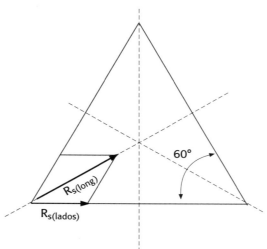

Fig. 12.8 *Decomposição da força da armadura nas laterais*

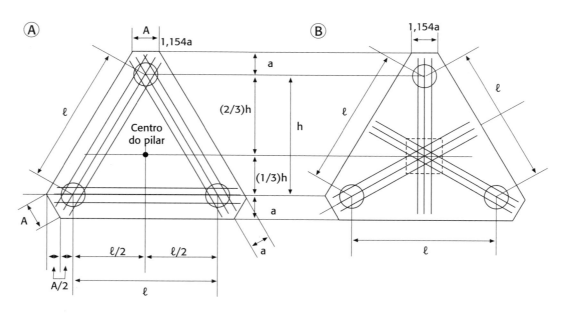

Fig. 12.9 *Disposição de armaduras em blocos sobre três estacas segundo (A) os lados e (B) as diagonais*

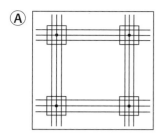
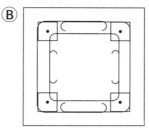
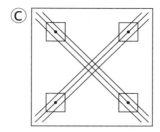
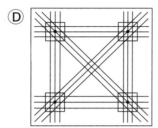
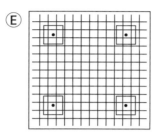

Fig. 12.13 *Modelos de blocos sobre quatro estacas ensaiados por Blévot e Frémy (1967): (A) armadura segundo os lados, (B) armadura em cinta, (C) armadura segundo as diagonais, (D) armadura segundo os lados e as diagonais e (E) armadura em malha*

malha para distribuição de fissuras (Fig. 12.13E), e a Fig. 12.13D;

b] as mesmas disposições de armaduras citadas anteriormente, mas com a inclinação da biela de aproximadamente 55°.

Observações:

- também para os blocos sobre quatro estacas foi observado que a ruptura se dava a partir de fissuras iniciadas junto das estacas, ocasionando destacamento de uma parte do bloco;
- as configurações de armaduras apresentadas nas Figs. 12.13A, 12.13B, 12.13C e 12.13D apresentaram a mesma segurança. Por outro lado, a configuração mostrada na Fig. 12.13E, com taxa de armadura (em peso) aproximadamente igual à da configuração da Fig. 12.13A, apresentou uma carga de ruptura 20% menor que as demais;
- o ensaio do bloco com disposição de armadura da Fig. 12.13C apresentou fissuras laterais muito grandes para cargas baixas. Já para os detalhes de armaduras indicados nas Figs. 12.13A e 12.13B, as fissuras apareceram na face inferior e mostraram a importância de se acrescentar, nessa face, uma malha de armadura fina para distribuição dessas fissuras;
- o bloco com configuração de armadura do tipo da Fig. 12.13D apresentou o melhor comportamento à fissuração por causa da presença de armaduras na periferia e nas diagonais da base do bloco.

Sobre a influência da inclinação das bielas, notou-se que:

- em relação à inclinação das bielas, valem as mesmas observações feitas para os blocos sobre três estacas;
- quanto ao puncionamento, valem os mesmos comentários feitos para blocos sobre três estacas.

12.3.4 Adaptação dos resultados obtidos por Blévot e Frémy

Gertsenchtein (1972), adaptando os resultados encontrados por Blévot e Frémy (1967), considera os valores máximos das tensões de compressão superiores aos desses autores, visto que Blévot e Frémy (1967) consideraram a relação entre a tensão última obtida nos ensaios e a tensão cúbica um certo valor que, aplicando a este um coeficiente de segurança da ordem de 1,65, cobre a diferença em se considerar a resistência através de corpos de provas cilíndricos. Limitou, também, a máxima tensão de cisalhamento a $1,6f_{ck}$, tendo em vista que as tensões de ruptura obtidas nos ensaios variaram de 2,6 a 4 vezes f_{ck}. O valor de 1,6 corresponde à divisão de 2,6/1,65.

Feitas as considerações anteriores, foi montado o Quadro 12.3 com um resumo dos valores a serem considerados para blocos de duas, três e quatro estacas, respectivamente.

O item 24.5.7.3 da NBR 6118 (ABNT, 2014) considera que, quando em uma determinada seção atua uma força inclinada de compressão, com sua componente de cálculo N_{sd} aplicada em uma seção eficaz A_e (A_{cp} – área comprimida junto ao pilar ou A_{cE} – área comprimida da biela junto à estaca, conforme a Fig. 12.14), as condições de segurança devem ser calculadas por:

$$\sigma_{c,sd} \leq \sigma_{c,Rd} = 0{,}85 f_{cd} \qquad \textbf{12.10}$$

Para todos os casos, tanto junto ao pilar quanto junto às estacas, recomenda-se:

※ Junto ao pilar:

$$\sigma_{cp,d} = \frac{\gamma_n \cdot N_{sd}}{A_{cp} \cdot \text{sen}^2 \theta} \leq 0{,}85 f_{cd}$$

$$\rightarrow \frac{\gamma_n \cdot \gamma_{maj} \cdot N_{sk}}{A_{cp} \cdot \text{sen}^2 \theta} \leq \frac{0{,}85 f_{ck}}{\gamma_{mín}}$$

$$\frac{N_{sk}}{A_{cp} \cdot \text{sen}^2 \theta} \leq \frac{0{,}85 f_{ck}}{1{,}4 \cdot 1{,}4 \gamma_n} = \frac{0{,}43}{\gamma_n} f_{ck} \qquad \textbf{12.11}$$

A NBR 6118 (ABNT, 2014, item 22.2) entende que, tendo em vista a responsabilidade de elementos especiais, dentre eles os elementos de fundações, deve-se majorar as solicitações de cálculo por um coeficiente adicional γ_n, denominado coeficiente de ajustamento e recomendado pelo item 5.3.3 da NBR 8681 (ABNT, 2003c), que varia de 1,0 a 1,44:

$$\gamma_n = \gamma_{n1} \cdot \gamma_{n2}$$

em que:

$\gamma_{n1} \leq 1{,}2$ em função da ductilidade de uma eventual ruína;

$\gamma_{n2} \leq 1{,}2$ em função da gravidade das consequências de uma eventual ruína.

※ Junto às estacas:

$$\sigma_{ce,d} = \frac{\gamma_n \cdot N_{sd}}{A_{cE} \cdot n_E \cdot \text{sen}^2 \theta} \leq 0{,}85 f_{cd}$$

$$\rightarrow \frac{\gamma_n \cdot \gamma_{f,maj} \cdot N_{sk}}{A_{cE} \cdot n_E \cdot \text{sen}^2 \theta} \leq 0{,}85 \frac{f_{ck}}{\gamma_{mín}}$$

em que n_E é o número de estacas.

$$\frac{N_{sk}}{A_{cE} \cdot n_E \cdot \text{sen}^2 \theta} \leq \frac{0{,}85}{1{,}4 \cdot 1{,}4} \frac{f_{ck}}{\gamma_n} = \frac{0{,}43}{\gamma_n} f_{ck} \qquad \textbf{12.12}$$

Comparando os limites de tensões apresentados por Blévot e Frémy (1967) e adaptados em Gertsenchtein (1972), pela NBR 6118 (ABNT, 2014) e por Montoya, Meseguer e Cabré (1973) no Quadro 12.4, pode-se observar que os valores limites de tensões encontrados por Blévot e Frémy (1967 apud Gertsenchtein, 1972) são maiores, possibilitando, com isso, dimensões menores para as seções transversais dos pilares junto aos blocos.

Levando-se em consideração os resultados favoráveis apresentados por Blévot e Frémy (1967 apud Gertsenchtein, 1972), os limites de tensões da NBR 6118 (ABNT, 2014) do Quadro 12.4 podem ser adaptados para os apresentados no Quadro 12.5.

É importante destacar que, na verificação junto ao pilar, considera-se somente a carga que chega à fundação, mas, na verificação junto às estacas, a carga N_{sk} a ser considerada deve abranger o peso do bloco mais a carga de terra sobre o bloco (se existir), diferentemente da sapata, em que a carga de peso próprio desce diretamente para o solo.

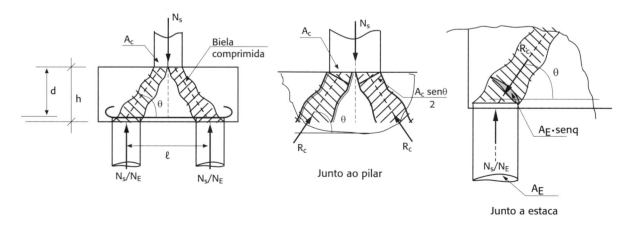

Fig. 12.14 *Tensões junto ao pilar e junto à estaca*

Quadro 12.3 Tensões no concreto e na ruptura nos blocos ensaiados por Blévot e Frémy (1967)

Bloco sobre duas estacas	Bloco sobre três estacas	Bloco sobre quatro estacas	Eqs.
No caso de bloco sobre duas estacas, a tensão foi 40% superior, resultando em $\kappa = 1{,}4$. Dessa forma se escrevem as tensões: Junto ao pilar $\sigma_{C(pilar)}$: $$\dfrac{N_{sk}}{\dfrac{A_{cp}}{N_E}\,n_E \cdot \operatorname{sen}^2 \theta} \leq \dfrac{\kappa \cdot f_{ck}}{1{,}65}$$ $$\dfrac{N_{sk}}{A_{cp} \cdot \operatorname{sen}^2 \theta} \leq 0{,}85 f_{ck}$$	No caso de bloco sobre três estacas, a tensão foi 75% superior, resultando em $\kappa = 1{,}75$. Dessa forma se escrevem as tensões: Junto ao pilar $\sigma_{C(pilar)}$: $$\dfrac{N_{sk}}{\dfrac{A_{cp}}{N_E}\,n_E \cdot \operatorname{sen}^2 \theta} \leq \dfrac{\kappa \cdot f_{ck}}{1{,}65}$$ $$\dfrac{N_{sk}}{A_{cp} \cdot \operatorname{sen}^2 \theta} \leq 1{,}06 f_{ck}$$	No caso de bloco sobre três estacas, a tensão foi em torno de 111% superior, resultando em $\kappa = 2{,}11$. Dessa forma se escrevem as tensões: Junto ao pilar $\sigma_{C(pilar)}$: $$\dfrac{N_{sk}}{\dfrac{A_{cp}}{N_E}\,n_E \cdot \operatorname{sen}^2 \theta} \leq \dfrac{\kappa \cdot f_{ck}}{1{,}65}$$ $$\dfrac{N_{sk}}{A_{cp} \cdot \operatorname{sen}^2 \theta} \leq 1{,}28 f_{ck}$$	**12.13**
Junto à estaca $\sigma_{C(estaca)}$: $$\dfrac{N_{sk}}{A_{cE} \cdot n_E \cdot \operatorname{sen}^2 \theta} \leq \dfrac{\kappa \cdot f_{ck}}{1{,}65}$$ $$\dfrac{N_{sk}}{2 A_{cE} \cdot \operatorname{sen}^2 \theta} \leq 0{,}85 f_{ck}$$	Junto à estaca $\sigma_{C(estaca)}$: $$\dfrac{N_{sk}}{A_{cE} \cdot n_E \cdot \operatorname{sen}^2 \theta} \leq \dfrac{\kappa \cdot f_{ck}}{1{,}65}$$ $$\dfrac{N_{sk}}{3 A_{cE} \cdot \operatorname{sen}^2 \theta} \leq 1{,}06 f_{ck}$$	Junto à estaca $\sigma_{C(estaca)}$: $$\dfrac{N_{sk}}{A_{cE} \cdot n_E \cdot \operatorname{sen}^2 \theta} \leq \dfrac{\kappa \cdot f_{ck}}{1{,}65}$$ $$\dfrac{N_{sk}}{4 A_{cE} \cdot \operatorname{sen}^2 \theta} \leq 1{,}28 f_{ck}$$	**12.14**

Quadro 12.4 Comparação de limites de tensões por Blévot e Frémy (1967 apud Gertsenchtein, 1972), pela NBR 6118 (ABNT, 2014) e por Montoya, Meseguer e Cabré (1973)

Blévot e Frémy (1967 apud Gertsenchtein, 1972)	NBR 6118 (ABNT, 2014)	Montoya, Meseguer e Cabré (1973)
Junto ao pilar $\sigma_{C(pilar)}$: $$\dfrac{N_{sk}}{A_{cp} \cdot \operatorname{sen}^2 \theta} \leq \dfrac{\kappa \cdot f_{ck}}{1{,}65}$$ $\kappa = 1{,}4,\ 1{,}75$ e $2{,}11$ para os blocos de duas, três e quatro estacas, respectivamente.	Junto ao pilar: $$\dfrac{\gamma_n \cdot N_{sd}}{A_{cp} \cdot \operatorname{sen}^2 \theta} \leq 0{,}85 f_{cd}$$ $$\dfrac{N_{sk}}{A_{cp} \cdot \operatorname{sen}^2 \theta} \leq \dfrac{0{,}43 f_{ck}}{\gamma_n = (1{,}0\ a\ 1{,}44)}$$	Junto ao pilar: $$\dfrac{1{,}5 N_{sd}}{A_{cp} \cdot \operatorname{sen}^2 \theta} \leq 0{,}6 f_{cd}$$ $$\dfrac{N_{sk}}{A_{cp} \cdot \operatorname{sen}^2 \theta} \leq \dfrac{0{,}31 f_{ck}}{\gamma_n = 1{,}5}$$
Junto à estaca $\sigma_{C(estaca)}$: $$\dfrac{N_{sk}}{A_{cE} \cdot n_E \cdot \operatorname{sen}^2 \theta} \leq \dfrac{\kappa \cdot f_{ck}}{1{,}65}$$	Junto à estaca: $$\dfrac{\gamma_n \cdot N_{sd}}{A_{cE} \cdot n_E \cdot \operatorname{sen}^2 \theta} \leq 0{,}85 f_{cd}$$ $$\dfrac{N_{sk}}{A_{cE} \cdot n_E \cdot \operatorname{sen}^2 \theta} \leq \dfrac{0{,}43 f_{ck}}{\gamma_n}$$	Junto à estaca: $$\dfrac{1{,}5 N_{sd}}{A_{cE} \cdot n_E \cdot \operatorname{sen}^2 \theta} \leq 0{,}6 f_{cd}$$ $$\dfrac{N_{sk}}{A_{cE} \cdot n_E \cdot \operatorname{sen}^2 \theta} \leq \dfrac{0{,}31 f_{ck}}{\gamma_n = 1{,}5}$$

Quadro 12.5 Limites de tensões da NBR 6118 (ABNT, 2014) com as considerações de Blévot e Frémy (1967)

Blocos sobre duas estacas	Blocos sobre três estacas	Blocos sobre quatro estacas
Junto ao pilar: $\kappa = 1{,}4$ $$\dfrac{\gamma_n \cdot N_{sd}}{A_{cp} \cdot \operatorname{sen}^2 \theta} \leq 0{,}85 \cdot \kappa \cdot f_{cd}$$ $$\dfrac{\gamma_n \cdot N_{sd}}{A_{cp} \cdot \operatorname{sen}^2 \theta} \leq 1{,}20 f_{cd}$$	Junto ao pilar: $\kappa = 1{,}75$ $$\dfrac{\gamma_n \cdot N_{sd}}{A_{cp} \cdot \operatorname{sen}^2 \theta} \leq 0{,}85 \cdot \kappa \cdot f_{cd}$$ $$\dfrac{\gamma_n \cdot N_{sd}}{A_{cp} \cdot \operatorname{sen}^2 \theta} \leq 1{,}5\ f_{cd}$$	Junto ao pilar: $\kappa = 2{,}11$ $$\dfrac{\gamma_n \cdot N_{sd}}{A_{cp} \cdot \operatorname{sen}^2 \theta} \leq 0{,}85 \cdot \kappa \cdot f_{cd}$$ $$\dfrac{\gamma_n \cdot N_{sd}}{A_{cp} \cdot \operatorname{sen}^2 \theta} \leq 1{,}8 f_{cd}$$

Quadro 12.5 (continuação)

Blocos sobre duas estacas	Blocos sobre três estacas	Blocos sobre quatro estacas
Junto à estaca:	Junto à estaca:	Junto à estaca:
$\dfrac{\gamma_n \cdot N_{sd}}{A_{cE} \cdot n_E \cdot \text{sen}^2 \theta} \leq 0{,}85 \cdot \kappa \cdot f_{cd}$	$\dfrac{\gamma_n \cdot N_{sd}}{A_{cp} \cdot \text{sen}^2 \theta} \leq 0{,}85 \cdot \kappa \cdot f_{cd}$	$\dfrac{\gamma_n \cdot N_{sd}}{A_{cr} \cdot n_r \cdot \text{sen}^2 \theta} \leq 1{,}8 f_{cd}$
$\dfrac{\gamma_n \cdot N_{sd}}{A_{cE} \cdot n_E \cdot \text{sen}^2 \theta} \leq 1{,}2 f_{cd}$	$\dfrac{\gamma_n \cdot N_{sd}}{A_{cp} \cdot \text{sen}^2 \theta} \leq 1{,}5 f_{cd}$	$\dfrac{\gamma_n \cdot N_{sd}}{A_{cE} \cdot n_E \cdot \text{sen}^2 \theta} \leq 1{,}8 f_{cd}$

12.3.5 Recomendações e considerações sobre a limitação de 40° < θ < 60°

É importante observar a influência que as inclinações das bielas representam no método (Fig. 12.15).

Quando o ângulo é menor do que 45°, as forças tanto na biela quanto no banzo inferior aumentam, passando o bloco a ter comportamento de vigas, cujos esforços são calculados por flexão e, portanto, sendo necessárias armaduras de levantamento de cargas (estribos ou barras dobradas).

Por outro lado, quando o ângulo é superior a 60°, embora os esforços diminuam, podem surgir esforços de tração perpendiculares à biela e decorrentes do funcionamento de bloco parcialmente carregado (Fig. 12.16). O bulbo das tensões por causa da biela aumenta provocado pela abertura da carga ao caminhar do pilar à estaca. Nesses casos, será neces-

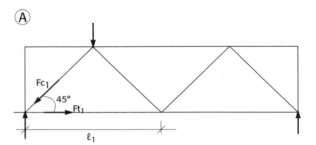
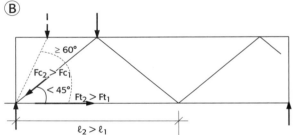

Fig. 12.15 *Inclinação da biela: (A) maior que 45° e (B) menor que 45°*

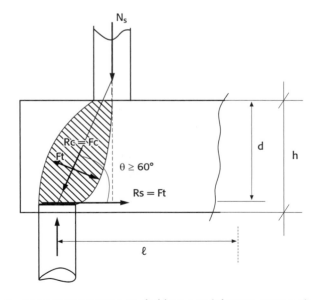

Fig. 12.16 *Comportamento de bloco parcialmente carregado*

sária armadura transversal para absorver essa tração (Fig. 12.16).

No caso de o bloco ser muito alto, o comportamento de biela descendo diretamente aos apoios se descaracteriza, como se pode observar na Fig. 12.17.

A Fig. 12.17 indica o caso de um bloco muito alto $\theta \ggg 60°$. Nesses casos, pode-se perceber claramente o desenvolvimento de dois níveis de tração F_t e F'_t, isto é, o andamento da carga do pilar para atingir as estacas se faz por meio de duas treliças.

De acordo com Borges (1980), o aparecimento dessas duas treliças indicadas na Fig. 12.17B decorre da compatibilização de deformação da peça. Seria, portanto, falso imaginar apenas uma única treliça unindo o pilar às estacas (Fig. 12.17C).

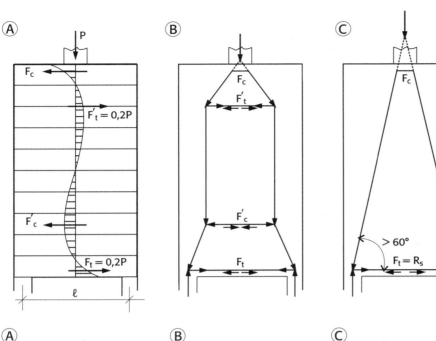

Fig. 12.17 *Blocos muito altos: (A) tensões pela teoria da elasticidade, (B) sistema equivalente de bielas e (C) sistema inadequado de bielas*

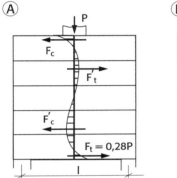
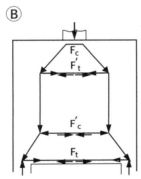

Fig. 12.18 *Blocos de menor altura: (A) tensões pela teoria da elasticidade, (B) sistema equivalente de bielas e (C) sistema inadequado de bielas*

À medida que a altura do bloco diminui em relação ao seu comprimento, aumenta o valor da força F_t e diminui o valor da força F'_t. Nas Figs. 12.18B e 12.18C, os sistemas aparecem simultaneamente e constituem um sistema hiperestático.

Nos casos das Figs. 12.17 e 12.18 existe a necessidade de se colocar armadura no nível de F_t e no nível de F'_t, conforme se observa no fluxo de tensões.

Para o caso de blocos com alturas inferiores ao comprimento, ângulo da biela inferior a 60° (Fig. 12.19), o sistema de bielas se ajusta bem ao comportamento das tensões obtidas pela teoria da elasticidade (Fig. 12.19B).

É importante, ao se imaginar um esquema de treliça, que ele tenha ângulos que sejam compatíveis com aqueles esforços que se desenvolvem na peça (Figs. 12.17A, 12.18A, 12.19A).

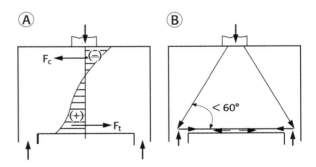

Fig. 12.19 *Biela com inclinação < 60°: (A) tensões pela teoria da elasticidade e (B) sistema equivalente de bielas*

No caso de alturas inferiores ao comprimento da peça ($\theta < 30°$), observa-se o caminhamento indireto da carga para o apoio e, consequentemente, a necessidade de armadura de levantamento da carga – sistema de treliça (Fig. 12.20C) e os sistemas das Figs. 12.20B e 12.20C coexistem.

12 Blocos sobre estacas ou tubulões com carga centrada

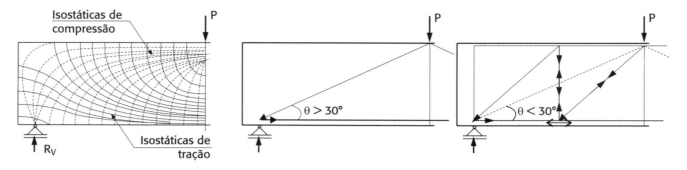

Fig. 12.20 *Biela para $\theta > 30°$ e $\theta < 30°$: (A) isóstaticas (peça não fissurada), (B) sistema equivalente de bielas para $45° > \theta > 30°$*

Quadro 12.6 Resumo das recomendações para o dimensionamento – cálculo das armaduras

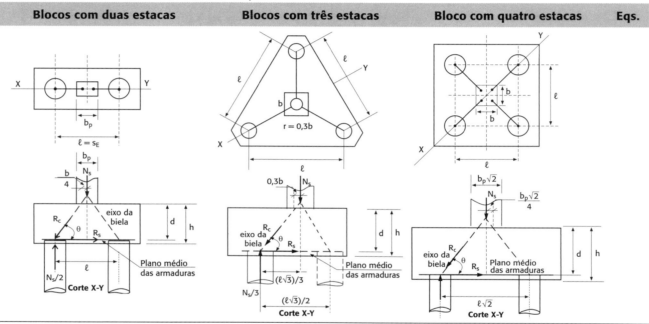

Blocos com duas estacas	Blocos com três estacas	Bloco com quatro estacas	Eqs.
Altura útil do bloco Deve-se ter: $40° < \theta < 60°$ Preferencialmente: $45° \leq \theta \leq 55°$ Resultando em: $0{,}5\left(\ell - \dfrac{b_p}{2}\right) \leq d \leq 0{,}71\left(\ell - \dfrac{b_p}{2}\right)$	Altura útil do bloco Deve-se ter: $45° \leq \theta \leq 55°$ Resultando em: $0{,}58\left(\ell - \dfrac{b_p}{2}\right) \leq d \leq 0{,}825\left(\ell - \dfrac{b_p}{2}\right)$	Altura do bloco Deve-se ter: $45° \leq \theta \leq 55°$ Resultando em: $0{,}71\left(1 - \dfrac{b_p}{2}\right) \leq d \leq \left(\ell - \dfrac{b_p}{2}\right)$	12.15
Armadura necessária $R_s = 1{,}15\dfrac{N_s}{2}\dfrac{1}{\operatorname{tg}\theta} = 1{,}15\dfrac{N_s}{4d}\left(\ell - \dfrac{b}{2}\right)$ [1]	Armaduras necessárias $R_{s,diag} = \dfrac{N_s\sqrt{3}}{9d}\left(\ell - \dfrac{b_p}{2}\right)$	Armaduras necessárias $R_{s,diag} = \dfrac{N_s}{4}\dfrac{1}{\operatorname{tg}\theta} = \dfrac{N_s\sqrt{2}}{8d}\left(\ell - \dfrac{b}{2}\right)$	12.16
	Segundo somente os lados: $R_{sd(lados)} = \dfrac{N_{sd}}{9d}\left(1 - \dfrac{b_p}{2}\right)$	Segundo somente os lados: $R_{sd(lados)} = \dfrac{N_{sd}}{8d}\left(\ell - \dfrac{b_p}{2}\right)$	12.17

variando disposições das armaduras. Numa primeira série, empregaram modelos de concreto de tamanho reduzido, com os quais diminuíram o campo das opções a examinar (inclinação máxima e mínima de bielas, tipos de armação etc.). Os resultados foram confirmados pelos ensaios de blocos em tamanho natural, realizados em menor número. Gertsenchtein (1972) apresenta de forma detalhada os resultados de Blévot e Frémy (1967) adaptando nomenclaturas e valores aos parâmetros usuais. Neste livro, foi feito um resumo dessas análises com a finalidade de justificar os coeficientes utilizados.

12.3.1 Blocos sobre duas estacas

Bloco sobre duas estacas são corpos da 2ª série (tamanho natural). Eles possuíam armaduras de barras lisas retas que terminavam em gancho, enquanto as de barras com mossas e saliências também eram retas, mas não tinham ganchos nas extremidades. Esses detalhes podem ser conferidos na Fig. 12.10.

Tipos de ruptura

Sempre que a inclinação da biela se manteve superior a 40° ($\theta > 40°$), notou-se que:
- apareceram fissuras ligando a face do pilar à estaca (Fig. 12.11);
- com o aumento progressivo da carga, houve esmagamento da biela junto ao pilar, junto à estaca ou nos dois lugares, simultaneamente;
- fez-se exceção aos corpos de prova nos quais o escorregamento das armaduras mal ancoradas se deu prematuramente, e isso só ocorreu para as barras que tinham mossas e saliências.

Outras considerações

Na influência da inclinação das bielas, notou-se que:
- com $\theta < 40°$, as tensões no concreto e no aço, calculadas pelos procedimentos de bielas (treliças), resultam em valores inferiores aos encontrados experimentalmente;
- as cargas de ruptura calculadas com as tensões obtidas pelo método das treliças (bielas), quando $\theta > 40°$, também resultam menores que as encontradas experimentalmente;
- quando $\theta > 60°$, admite-se, por extensão do que ocorre com blocos de três e quatro estacas (para cargas inferiores às calculadas com as tensões médias dos ensaios em que $\theta > 40°$), um escorregamento da biela, próxima da vertical, junto à face do pilar.

12.3.2 Blocos sobre três estacas

Na 1ª série, com modelos reduzidos, as disposições das armaduras utilizadas são as indicadas na Fig. 12.12.

Na 2ª série, com modelos em tamanho natural, foram ensaiados dois grupos de blocos:

a] com inclinações de bielas $\theta \cong 40°$ e duas disposições de armadura, de acordo a Fig. 12.12A ou a Fig. 12.12B, com armadura acrescida de malha para distribuição de fissuras (Fig. 12.12E), e a Fig. 12.12D;

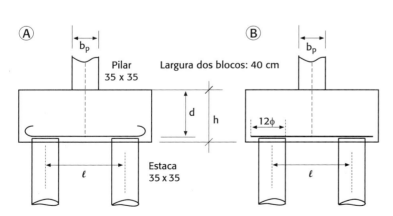

Fig. 12.10 *Bloco sobre duas estacas ensaiado por Blévot e Frémy (1967): (A) barras lisas e (B) barras com mossas e saliências*

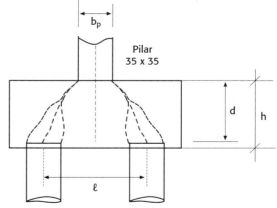

Fig. 12.11 *Fissuras junto ao pilar e esmagamento da biela*

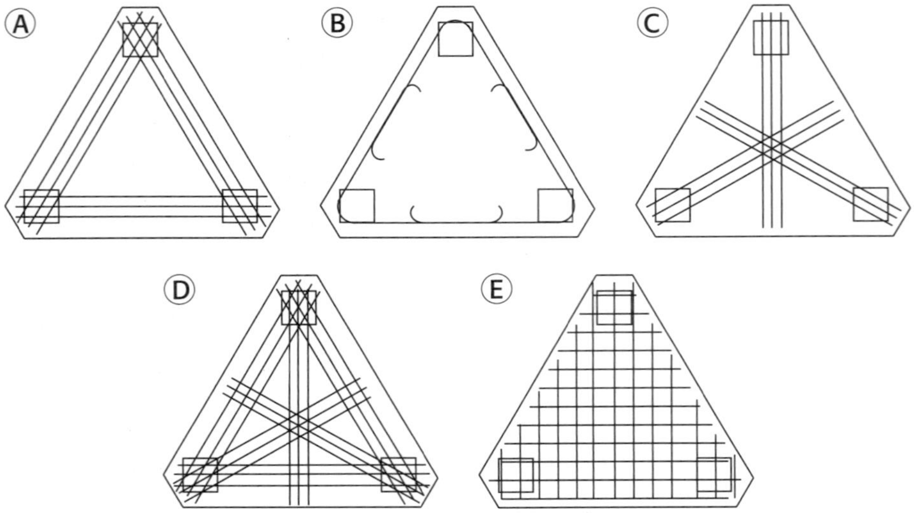

Fig. 12.12 *Série de modelos de blocos sobre três estacas ensaiados por Blévot e Frémy (1967): (A) armadura segundo os lados, (B) armadura em cinta, (C) armadura segundo as diagonais, (D) armadura segundo os lados e as diagonais e (E) armadura em malha*

b] as mesmas disposições de armaduras citadas anteriormente, mas com inclinação da biela de $\theta \cong 55°$.

Observações:

- na maioria dos casos, verificou-se a ruptura a partir de uma fissura que se iniciava nas estacas, ocasionando o destacamento de parte do bloco;
- na disposição de armaduras apresentada na Fig. 12.12D, verificou-se ruptura por tração no concreto do tipo escorregamento por baixo, indicando a necessidade de armadura de levantamento de carga (cisalhamento);
- as disposições de armaduras apresentadas nas Figs. 12.12A, 12.12B e 12.12D mostraram-se igualmente eficientes, desde que as armaduras segundo os lados sejam preponderantes;
- quando se arma com cintas (Fig. 12.12B), a fissuração lateral é menor do que quando a armação tem a disposição de armaduras segundo os lados (Fig. 12.12A);
- qualquer uma das armaduras com malha mostrou-se mais eficiente com relação à fissuração de baixo do bloco;
- as disposições de armaduras das Figs. 12.12C e 12.12E apresentaram carga de ruptura muito baixa.

Sobre a influência das inclinações das bielas, notou-se que:

- quando as inclinações das bielas se mantêm em $40° < \theta < 55°$, os valores das cargas de ruptura calculadas pelo método das bielas são, em média, infe-

riores do que aquelas obtidas nos ensaios, mesmo com o crescimento da percentagem de armadura;

- se $\theta < 40°$ ou $\theta > 55°$, as cargas de ruptura obtidas nos ensaios são menores do que as cargas de rupturas calculadas pelo método das bielas;
- segundo Gertsenchtein (1972), Blévot e Frémy (1967) verificaram que, para $\theta < 55°$, houve escorregamento das bielas próximo às faces do pilar. Esse escorregamento pode ser entendido como fissuras decorrentes do efeito de bloco parcialmente carregado.

Outras considerações

De modo geral, as rupturas são bastante complexas. Todavia, em nenhum dos casos houve rupturas nitidamente provocadas por punção do pilar. Pode-se, portanto, dizer que, mantidas as restrições de inclinação e de tensão máxima de compressão nas bielas, a ruptura não se dá por punção, mas após escorregamento da armadura.

Assim, os resultados da 2ª série confirmaram os da 1ª série.

12.3.3 Blocos sobre quatro estacas

Na 1ª série, com modelos reduzidos, as disposições das armaduras foram as indicadas na Fig. 12.13.

Na 2ª série, com modelos em tamanho natural, foram ensaiados dois grupos de blocos:

a] com bielas inclinadas a 45° e com duas disposições de armadura, de acordo com a Fig. 12.13A ou a Fig. 12.13B, com armadura acrescida de

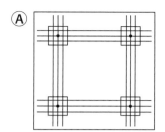
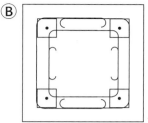
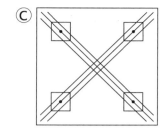
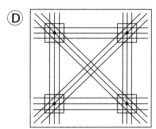
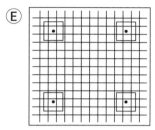

Fig. 12.13 *Modelos de blocos sobre quatro estacas ensaiados por Blévot e Frémy (1967): (A) armadura segundo os lados, (B) armadura em cinta, (C) armadura segundo as diagonais, (D) armadura segundo os lados e as diagonais e (E) armadura em malha*

malha para distribuição de fissuras (Fig. 12.13E), e a Fig. 12.13D;

b] as mesmas disposições de armaduras citadas anteriormente, mas com a inclinação da biela de aproximadamente 55°.

Observações:

- também para os blocos sobre quatro estacas foi observado que a ruptura se dava a partir de fissuras iniciadas junto das estacas, ocasionando destacamento de uma parte do bloco;
- as configurações de armaduras apresentadas nas Figs. 12.13A, 12.13B, 12.13C e 12.13D apresentaram a mesma segurança. Por outro lado, a configuração mostrada na Fig. 12.13E, com taxa de armadura (em peso) aproximadamente igual à da configuração da Fig. 12.13A, apresentou uma carga de ruptura 20% menor que as demais;
- o ensaio do bloco com disposição de armadura da Fig. 12.13C apresentou fissuras laterais muito grandes para cargas baixas. Já para os detalhes de armaduras indicados nas Figs. 12.13A e 12.13B, as fissuras apareceram na face inferior e mostraram a importância de se acrescentar, nessa face, uma malha de armadura fina para distribuição dessas fissuras;
- o bloco com configuração de armadura do tipo da Fig. 12.13D apresentou o melhor comportamento à fissuração por causa da presença de armaduras na periferia e nas diagonais da base do bloco.

Sobre a influência da inclinação das bielas, notou-se que:

- em relação à inclinação das bielas, valem as mesmas observações feitas para os blocos sobre três estacas;
- quanto ao puncionamento, valem os mesmos comentários feitos para blocos sobre três estacas.

12.3.4 Adaptação dos resultados obtidos por Blévot e Frémy

Gertsenchtein (1972), adaptando os resultados encontrados por Blévot e Frémy (1967), considera os valores máximos das tensões de compressão superiores aos desses autores, visto que Blévot e Frémy (1967) consideraram a relação entre a tensão última obtida nos ensaios e a tensão cúbica um certo valor que, aplicando a este um coeficiente de segurança da ordem de 1,65, cobre a diferença em se considerar a resistência através de corpos de provas cilíndricos. Limitou, também, a máxima tensão de cisalhamento a $1,6f_{ck}$, tendo em vista que as tensões de ruptura obtidas nos ensaios variaram de 2,6 a 4 vezes f_{ck}. O valor de 1,6 corresponde à divisão de 2,6/1,65.

Feitas as considerações anteriores, foi montado o Quadro 12.3 com um resumo dos valores a serem considerados para blocos de duas, três e quatro estacas, respectivamente.

O item 24.5.7.3 da NBR 6118 (ABNT, 2014) considera que, quando em uma determinada seção atua uma força inclinada de compressão, com sua componente de cálculo N_{sd} aplicada em uma seção eficaz A_e (A_{cp} – área comprimida junto ao pilar ou A_{cE} – área comprimida da biela junto à estaca, conforme a Fig. 12.14), as condições de segurança devem ser calculadas por:

$$\sigma_{c,sd} \leq \sigma_{c,Rd} = 0{,}85 f_{cd} \qquad \text{12.10}$$

Para todos os casos, tanto junto ao pilar quanto junto às estacas, recomenda-se:

⊕ Junto ao pilar:

$$\sigma_{cp,d} = \frac{\gamma_n \cdot N_{sd}}{A_{cp} \cdot \text{sen}^2 \theta} \leq 0{,}85 f_{cd}$$

$$\rightarrow \frac{\gamma_n \cdot \gamma_{maj} \cdot N_{sk}}{A_{cp} \cdot \text{sen}^2 \theta} \leq \frac{0{,}85 f_{ck}}{\gamma_{mín}}$$

$$\frac{N_{sk}}{A_{cp} \cdot \text{sen}^2 \theta} \leq \frac{0{,}85 f_{ck}}{1{,}4 \cdot 1{,}4 \gamma_n} = \frac{0{,}43}{\gamma_n} f_{ck} \qquad \text{12.11}$$

A NBR 6118 (ABNT, 2014, item 22.2) entende que, tendo em vista a responsabilidade de elementos especiais, dentre eles os elementos de fundações, deve-se majorar as solicitações de cálculo por um coeficiente adicional γ_n, denominado coeficiente de ajustamento e recomendado pelo item 5.3.3 da NBR 8681 (ABNT, 2003c), que varia de 1,0 a 1,44:

$$\gamma_n = \gamma_{n1} \cdot \gamma_{n2}$$

em que:

$\gamma_{n1} \leq 1{,}2$ em função da ductilidade de uma eventual ruína;

$\gamma_{n2} \leq 1{,}2$ em função da gravidade das consequências de uma eventual ruína.

⊕ Junto às estacas:

$$\sigma_{ce,d} = \frac{\gamma_n \cdot N_{sd}}{A_{cE} \cdot n_E \cdot \text{sen}^2 \theta} \leq 0{,}85 f_{cd}$$

$$\rightarrow \frac{\gamma_n \cdot \gamma_{f,maj} \cdot N_{sk}}{A_{cE} \cdot n_E \cdot \text{sen}^2 \theta} \leq 0{,}85 \frac{f_{ck}}{\gamma_{mín}}$$

em que n_E é o número de estacas.

$$\frac{N_{sk}}{A_{cE} \cdot n_E \cdot \text{sen}^2 \theta} \leq \frac{0{,}85}{1{,}4 \cdot 1{,}4 \gamma_n} f_{ck} = \frac{0{,}43}{\gamma_n} f_{ck} \qquad \text{12.12}$$

Comparando os limites de tensões apresentados por Blévot e Frémy (1967) e adaptados em Gertsenchtein (1972), pela NBR 6118 (ABNT, 2014) e por Montoya, Meseguer e Cabré (1973) no Quadro 12.4, pode-se observar que os valores limites de tensões encontrados por Blévot e Frémy (1967 apud Gertsenchtein, 1972) são maiores, possibilitando, com isso, dimensões menores para as seções transversais dos pilares junto aos blocos.

Levando-se em consideração os resultados favoráveis apresentados por Blévot e Frémy (1967 apud Gertsenchtein, 1972), os limites de tensões da NBR 6118 (ABNT, 2014) do Quadro 12.4 podem ser adaptados para os apresentados no Quadro 12.5.

É importante destacar que, na verificação junto ao pilar, considera-se somente a carga que chega à fundação, mas, na verificação junto às estacas, a carga N_{sk} a ser considerada deve abranger o peso do bloco mais a carga de terra sobre o bloco (se existir), diferentemente da sapata, em que a carga de peso próprio desce diretamente para o solo.

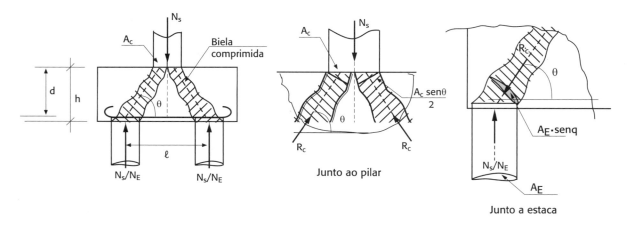

Fig. 12.14 *Tensões junto ao pilar e junto à estaca*

Quadro 12.3 Tensões no concreto e na ruptura nos blocos ensaiados por Blévot e Frémy (1967)

Bloco sobre duas estacas	Bloco sobre três estacas	Bloco sobre quatro estacas	Eqs.
No caso de bloco sobre duas estacas, a tensão foi 40% superior, resultando em $\kappa = 1,4$. Dessa forma se escrevem as tensões: Junto ao pilar $\sigma_{C(pilar)}$: $$\frac{N_{sk}}{\dfrac{A_{cp}}{N_E} n_E \cdot \text{sen}^2\,\theta} \leq \frac{\kappa \cdot f_{ck}}{1,65}$$ $$\frac{N_{sk}}{A_{cp} \cdot \text{sen}^2\,\theta} \leq 0,85 f_{ck}$$	No caso de bloco sobre três estacas, a tensão foi 75% superior, resultando em $\kappa = 1,75$. Dessa forma se escrevem as tensões: Junto ao pilar $\sigma_{C(pilar)}$: $$\frac{N_{sk}}{\dfrac{A_{cp}}{N_E} n_E \cdot \text{sen}^2\,\theta} \leq \frac{\kappa \cdot f_{ck}}{1,65}$$ $$\frac{N_{sk}}{A_{cp} \cdot \text{sen}^2\,\theta} \leq 1,06 f_{ck}$$	No caso de bloco sobre três estacas, a tensão foi em torno de 111% superior, resultando em $\kappa = 2,11$. Dessa forma se escrevem as tensões: Junto ao pilar $\sigma_{C(pilar)}$: $$\frac{N_{sk}}{\dfrac{A_{cp}}{N_E} n_E \cdot \text{sen}^2\,\theta} \leq \frac{\kappa \cdot f_{ck}}{1,65}$$ $$\frac{N_{sk}}{A_{cp} \cdot \text{sen}^2\,\theta} \leq 1,28 f_{ck}$$	12.13
Junto à estaca $\sigma_{C(estaca)}$: $$\frac{N_{sk}}{A_{cE} \cdot n_E \cdot \text{sen}^2\,\theta} \leq \frac{\kappa \cdot f_{ck}}{1,65}$$ $$\frac{N_{sk}}{2A_{cE} \cdot \text{sen}^2\,\theta} \leq 0,85 f_{ck}$$	Junto à estaca $\sigma_{C(estaca)}$: $$\frac{N_{sk}}{A_{cE} \cdot n_E \cdot \text{sen}^2\,\theta} \leq \frac{\kappa \cdot f_{ck}}{1,65}$$ $$\frac{N_{sk}}{3A_{cE} \cdot \text{sen}^2\,\theta} \leq 1,06 f_{ck}$$	Junto à estaca $\sigma_{C(estaca)}$: $$\frac{N_{sk}}{A_{cE} \cdot n_E \cdot \text{sen}^2\,\theta} \leq \frac{\kappa \cdot f_{ck}}{1,65}$$ $$\frac{N_{sk}}{4A_{cE} \cdot \text{sen}^2\,\theta} \leq 1,28 f_{ck}$$	12.14

Quadro 12.4 Comparação de limites de tensões por Blévot e Frémy (1967 apud Gertsenchtein, 1972), pela NBR 6118 (ABNT, 2014) e por Montoya, Meseguer e Cabré (1973)

Blévot e Frémy (1967 apud Gertsenchtein, 1972)	NBR 6118 (ABNT, 2014)	Montoya, Meseguer e Cabré (1973)
Junto ao pilar $\sigma_{C(pilar)}$: $$\frac{N_{sk}}{A_{cp} \cdot \text{sen}^2\,\theta} \leq \frac{\kappa \cdot f_{ck}}{1,65}$$ $\kappa = 1,4$, $1,75$ e $2,11$ para os blocos de duas, três e quatro estacas, respectivamente.	Junto ao pilar: $$\frac{\gamma_n \cdot N_{sd}}{A_{cp} \cdot \text{sen}^2\,\theta} \leq 0,85 f_{cd}$$ $$\frac{N_{sk}}{A_{cp} \cdot \text{sen}^2\,\theta} \leq \frac{0,43 f_{ck}}{\gamma_n = (1,0\ a\ 1,44)}$$	Junto ao pilar: $$\frac{1,5 N_{sd}}{A_{cp} \cdot \text{sen}^2\,\theta} \leq 0,6 f_{cd}$$ $$\frac{N_{sk}}{A_{cp} \cdot \text{sen}^2\,\theta} \leq \frac{0,31 f_{ck}}{\gamma_n = 1,5}$$
Junto à estaca $\sigma_{C(estaca)}$: $$\frac{N_{sk}}{A_{cE} \cdot n_E \cdot \text{sen}^2\,\theta} \leq \frac{\kappa \cdot f_{ck}}{1,65}$$	Junto à estaca: $$\frac{\gamma_n \cdot N_{sd}}{A_{cE} \cdot n_E \cdot \text{sen}^2\,\theta} \leq 0,85 f_{cd}$$ $$\frac{N_{sk}}{A_{cE} \cdot n_E \cdot \text{sen}^2\,\theta} \leq \frac{0,43 f_{ck}}{\gamma_n}$$	Junto à estaca: $$\frac{1,5 N_{sd}}{A_{cE} \cdot n_E \cdot \text{sen}^2\,\theta} \leq 0,6 f_{cd}$$ $$\frac{N_{sk}}{A_{cE} \cdot n_E \cdot \text{sen}^2\,\theta} \leq \frac{0,31 f_{ck}}{\gamma_n = 1,5}$$

Quadro 12.5 Limites de tensões da NBR 6118 (ABNT, 2014) com as considerações de Blévot e Frémy (1967)

Blocos sobre duas estacas	Blocos sobre três estacas	Blocos sobre quatro estacas
Junto ao pilar: $\kappa = 1,4$ $$\frac{\gamma_n \cdot N_{sd}}{A_{cp} \cdot \text{sen}^2\,\theta} \leq 0,85 \cdot \kappa \cdot f_{cd}$$ $$\frac{\gamma_n \cdot N_{sd}}{A_{cp} \cdot \text{sen}^2\,\theta} \leq 1,20 f_{cd}$$	Junto ao pilar: $\kappa = 1,75$ $$\frac{\gamma_n \cdot N_{sd}}{A_{cp} \cdot \text{sen}^2\,\theta} \leq 0,85 \cdot \kappa \cdot f_{cd}$$ $$\frac{\gamma_n \cdot N_{sd}}{A_{cp} \cdot \text{sen}^2\,\theta} \leq 1,5\ f_{cd}$$	Junto ao pilar: $\kappa = 2,11$ $$\frac{\gamma_n \cdot N_{sd}}{A_{cp} \cdot \text{sen}^2\,\theta} \leq 0,85 \cdot \kappa \cdot f_{cd}$$ $$\frac{\gamma_n \cdot N_{sd}}{A_{cp} \cdot \text{sen}^2\,\theta} \leq 1,8 f_{cd}$$

Quadro 12.5 (continuação)

Blocos sobre duas estacas	Blocos sobre três estacas	Blocos sobre quatro estacas
Junto à estaca:	Junto à estaca:	Junto à estaca:
$\dfrac{\gamma_n \cdot N_{sd}}{A_{cE} \cdot n_E \cdot \operatorname{sen}^2 \theta} \leq 0{,}85 \cdot \kappa \cdot f_{cd}$	$\dfrac{\gamma_n \cdot N_{sd}}{A_{cp} \cdot \operatorname{sen}^2 \theta} \leq 0{,}85 \cdot \kappa \cdot f_{cd}$	$\dfrac{\gamma_n \cdot N_{sd}}{A_{cr} \cdot n_r \cdot \operatorname{sen}^2 \theta} \leq 1{,}8 f_{cd}$
$\dfrac{\gamma_n \cdot N_{sd}}{A_{cE} \cdot n_E \cdot \operatorname{sen}^2 \theta} \leq 1{,}2 f_{cd}$	$\dfrac{\gamma_n \cdot N_{sd}}{A_{cp} \cdot \operatorname{sen}^2 \theta} \leq 1{,}5 f_{cd}$	$\dfrac{\gamma_n \cdot N_{sd}}{A_{cE} \cdot n_E \cdot \operatorname{sen}^2 \theta} \leq 1{,}8 f_{cd}$

12.3.5 Recomendações e considerações sobre a limitação de 40° < θ < 60°

É importante observar a influência que as inclinações das bielas representam no método (Fig. 12.15).

Quando o ângulo é menor do que 45°, as forças tanto na biela quanto no banzo inferior aumentam, passando o bloco a ter comportamento de vigas, cujos esforços são calculados por flexão e, portanto, sendo necessárias armaduras de levantamento de cargas (estribos ou barras dobradas).

Por outro lado, quando o ângulo é superior a 60°, embora os esforços diminuam, podem surgir esforços de tração perpendiculares à biela e decorrentes do funcionamento de bloco parcialmente carregado (Fig. 12.16). O bulbo das tensões por causa da biela aumenta provocado pela abertura da carga ao caminhar do pilar à estaca. Nesses casos, será neces-

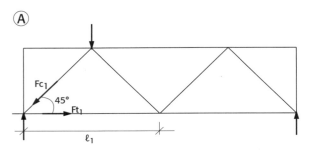
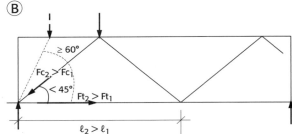

Fig. 12.15 *Inclinação da biela: (A) maior que 45° e (B) menor que 45°*

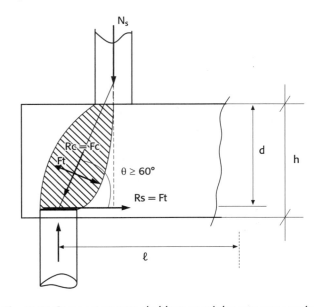

Fig. 12.16 *Comportamento de bloco parcialmente carregado*

sária armadura transversal para absorver essa tração (Fig. 12.16).

No caso de o bloco ser muito alto, o comportamento de biela descendo diretamente aos apoios se descaracteriza, como se pode observar na Fig. 12.17.

A Fig. 12.17 indica o caso de um bloco muito alto $\theta \ggg 60°$. Nesses casos, pode-se perceber claramente o desenvolvimento de dois níveis de tração F_t e F'_t, isto é, o andamento da carga do pilar para atingir as estacas se faz por meio de duas treliças.

De acordo com Borges (1980), o aparecimento dessas duas treliças indicadas na Fig. 12.17B decorre da compatibilização de deformação da peça. Seria, portanto, falso imaginar apenas uma única treliça unindo o pilar às estacas (Fig. 12.17C).

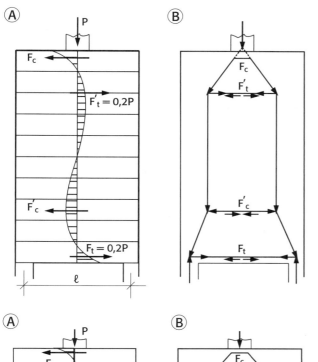
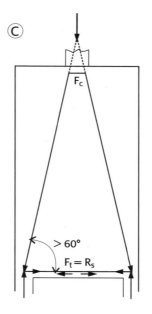

Fig. 12.17 Blocos muito altos: (A) tensões pela teoria da elasticidade, (B) sistema equivalente de bielas e (C) sistema inadequado de bielas

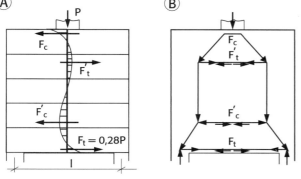
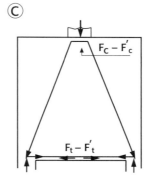

Fig. 12.18 Blocos de menor altura: (A) tensões pela teoria da elasticidade, (B) sistema equivalente de bielas e (C) sistema inadequado de bielas

À medida que a altura do bloco diminui em relação ao seu comprimento, aumenta o valor da força F_t e diminui o valor da força F'_t. Nas Figs. 12.18B e 12.18C, os sistemas aparecem simultaneamente e constituem um sistema hiperestático.

Nos casos das Figs. 12.17 e 12.18 existe a necessidade de se colocar armadura no nível de F_t e no nível de F'_t, conforme se observa no fluxo de tensões.

Para o caso de blocos com alturas inferiores ao comprimento, ângulo da biela inferior a 60° (Fig. 12.19), o sistema de bielas se ajusta bem ao comportamento das tensões obtidas pela teoria da elasticidade (Fig. 12.19B).

É importante, ao se imaginar um esquema de treliça, que ele tenha ângulos que sejam compatíveis com aqueles esforços que se desenvolvem na peça (Figs. 12.17A, 12.18A, 12.19A).

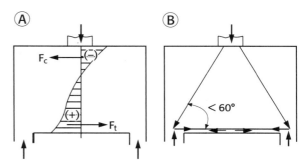

Fig. 12.19 Biela com inclinação < 60°: (A) tensões pela teoria da elasticidade e (B) sistema equivalente de bielas

No caso de alturas inferiores ao comprimento da peça ($\theta < 30°$), observa-se o caminhamento indireto da carga para o apoio e, consequentemente, a necessidade de armadura de levantamento da carga – sistema de treliça (Fig. 12.20C) e os sistemas das Figs. 12.20B e 12.20C coexistem.

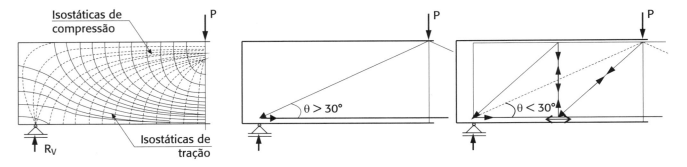

Fig. 12.20 *Biela para $\theta > 30°$ e $\theta < 30°$: (A) isóstaticas (peça não fissurada), (B) sistema equivalente de bielas para $45° > \theta > 30°$*

Quadro 12.6 Resumo das recomendações para o dimensionamento – cálculo das armaduras

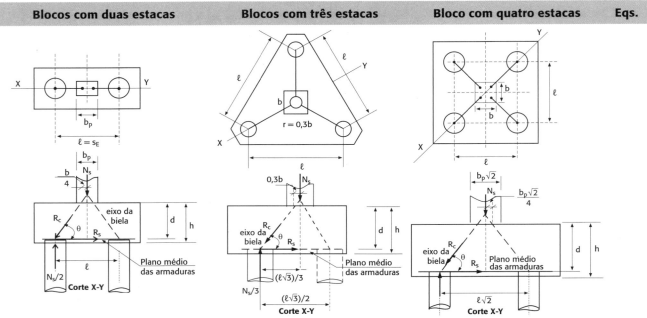

Blocos com duas estacas	Blocos com três estacas	Bloco com quatro estacas	Eqs.
Altura útil do bloco Deve-se ter: $40° < \theta < 60°$ Preferencialmente: $45° \leq \theta \leq 55°$ Resultando em: $$0{,}5\left(\ell - \frac{b_p}{2}\right) \leq d \leq 0{,}71\left(\ell - \frac{b_p}{2}\right)$$	Altura útil do bloco Deve-se ter: $45° \leq \theta \leq 55°$ Resultando em: $$0{,}58\left(\ell - \frac{b_p}{2}\right) \leq d \leq 0{,}825\left(\ell - \frac{b_p}{2}\right)$$	Altura do bloco Deve-se ter: $45° \leq \theta \leq 55°$ Resultando em: $$0{,}71\left(1 - \frac{b_p}{2}\right) \leq d \leq \left(\ell - \frac{b_p}{2}\right)$$	12.15
Armadura necessária $$R_s = 1{,}15\frac{N_s}{2}\frac{1}{\operatorname{tg}\theta} = 1{,}15\frac{N_s}{4d}\left(\ell - \frac{b}{2}\right)^{(1)}$$	Armaduras necessárias $$R_{s,diag} = \frac{N_s\sqrt{3}}{9d}\left(\ell - \frac{b_p}{2}\right)$$	Armaduras necessárias $$R_{s,diag} = \frac{N_s}{4}\frac{1}{\operatorname{tg}\theta} = \frac{N_s\sqrt{2}}{8d}\left(\ell - \frac{b}{2}\right)$$	12.16
	Segundo somente os lados: $$R_{sd(lados)} = \frac{N_{sd}}{9d}\left(1 - \frac{b_p}{2}\right)$$	Segundo somente os lados: $$R_{sd(lados)} = \frac{N_{sd}}{8d}\left(\ell - \frac{b_p}{2}\right)$$	12.17

Quadro 12.6 (continuação)

Blocos com duas estacas	Blocos com três estacas	Bloco com quatro estacas	Eqs.
	Segundo os lados e as diagonais: $$R_{sd(lados)} = \frac{\alpha \cdot N_{sd}}{9d}\left(\ell - \frac{b_p}{2}\right)$$ $$R_{sd(diag)} = \frac{(1-\alpha)N_{sd}\sqrt{3}}{9d}\left(\ell - \frac{b_p}{2}\right)$$ $2/3 \leq \alpha \leq 4/5$	Segundo os lados e as diagonais[2]: $$R_{sd(lados)} = \frac{\alpha \cdot N_{sd}}{8d}\left(\ell - \frac{b_p}{2}\right)$$ $$R_{sd(diag)} = \frac{(1-\alpha)N_{sd}\sqrt{2}}{8d}\left(\ell - \frac{b_p}{2}\right)$$ $1/2 \leq \alpha \leq 2/3$	12.18

em que:

$$A_s = \frac{R_{sd}}{f_{yd}}$$ 12.19

(1) A tensão de tração no aço, calculada pelo processo das bielas, foi, em média, 15% inferior à tensão de escoamento, real ou convencional, do aço.
(2) Quando se refere segundo os lados, pode ser barras ou cintas.

12.3.6 Recomendações para o dimensionamento das armaduras

As recomendações do Quadro 12.6 foram desenvolvidas por Gertsenchtein (1972) baseado nos ensaios realizados por Blévot e Frémy (1967).

12.4 Recomendações para o detalhamento
12.4.1 Disposições construtivas

Deve-se procurar dispor as estacas de modo a conduzir à menor dimensão de bloco possível. Nessa seção, encontram-se algumas recomendações e disposições para os casos mais usuais: blocos com uma até seis estacas.

⊕ Embora a NBR 6122 (ABNT, 2019) não especifique a distância mínima entre estacas, recomenda-se:

$$\ell \geq \begin{cases} 2,5d_E \rightarrow \text{para estacas pré - moldadas} \\ 3,0d_E \rightarrow \text{para estacas moldadas } in\ loco \\ 60\ cm \end{cases} \text{(Fig. 12.21)}$$

Ver outras especificações na seção 10.5 no Cap. 10.

⊕ A distância a entre as estacas e a borda do bloco mais próxima deve ser de (1,0 a 1,5)d_E ou ainda d_E +

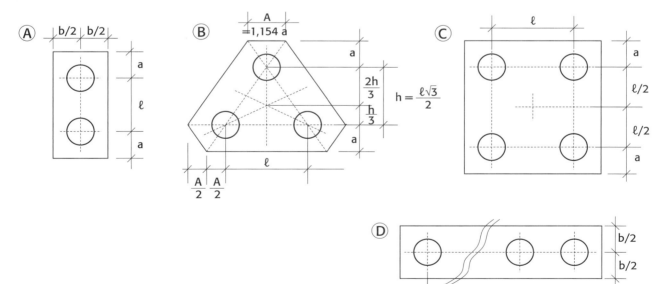

Fig. 12.21 *Disposições construtivas: (A) duas estacas, (B) três estacas, (C) quatro estacas e (D) três ou mais estacas alinhadas*

15 cm, o maior. A largura *b* do bloco com estacas alinhadas deve ser, no mínimo, igual a 2*a* (Fig. 12.21).

⊕ O espaçamento ℓ entre as estacas do mesmo bloco também é o mesmo entre estacas de blocos contíguos (ao lado), conforme visto na Fig. 12.22.

⊕ Quando as estacas estão alinhadas (Fig. 12.23), sempre que possível alinhá-las também com a maior dimensão do bloco, bem como com a maior dimensão do pilar.

⊕ Para estacas Strauss e Frank, a NBR 6122 (ABNT, 2019b) recomenda que, na sequência da execução da próxima estaca a ser escavada, caso o tempo entre elas seja menor do que 12 horas, o espaçamento não seja inferior a cinco vezes o diâmetro da maior estaca, e, para sequência de escavação em um intervalo menor do que 12 horas, obedeça-se um espaçamento mínimo de três diâmetros entre elas. Recomenda ainda, no item G.6, que pelo menos 1% das estacas, no mínimo uma por obra, devem ser expostas abaixo da cota de arrasamento e, se possível, até o nível d'água, para a verificação de sua integridade e da qualidade do fuste.

12.4.2 Bloco sobre duas estacas

As recomendações para detalhamento de blocos sobre duas estacas estão na Fig. 12.24.

Armaduras complementares

A princípio, somente as armaduras principais seriam suficientes para absorver as imperfeições de obra. No caso de o eixo do pilar não coincidir com o eixo das estacas, as armaduras complementares tornam-se necessárias. Todavia, recomenda-se que tais armaduras sejam colocadas principalmente para o caso de blocos sobre duas estacas.

Armadura de pele (lateral ou "costela")

Recomenda-se, além da armadura inferior principal, uma armadura complementar lateral (de pele) igual a:

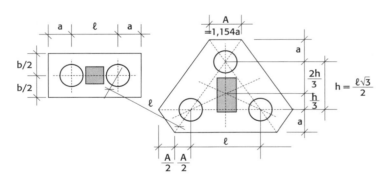

Fig. 12.22 *Distância entre estacas de blocos contíguos*

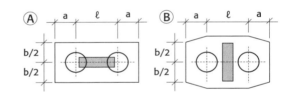

Fig. 12.23 *Blocos com estacas alinhadas na direção do pilar: (A) recomendado e (B) não recomendado*

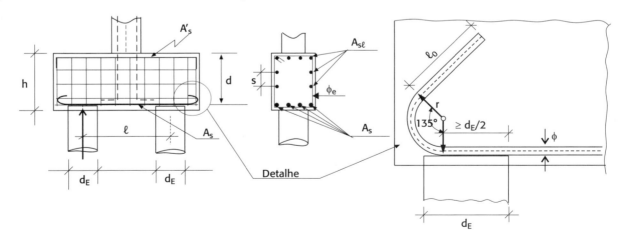

Fig. 12.24 *Detalhamento de bloco sobre duas estacas*

$$A_{s,lat} \geq \begin{cases} (0{,}2 \text{ a } 0{,}3) A_{s,long} \\ 0{,}10\% \ A_{c,alma} \text{ (em cada face)} \end{cases}$$

A largura fictícia (Fig. 12.25) para o cálculo da armadura lateral é:

$$b_{fic} = d_E + 2t \quad \text{12.20}$$

A área da seção transversal de alma $A_{c,alma}$ é:

$$A_{c,alma} = b_{fic} \cdot h \quad \text{12.21}$$

A armadura de pele é obrigatória quando $h \geq 60$ cm (aumento da vida útil da peça). No caso de blocos sobre duas estacas, sempre utilizar a armadura lateral. Essa armadura tem dupla finalidade, ou seja, auxiliar na absorção de possíveis momentos de torção decorrentes da falta de alinhamento do bloco com as estacas (Fig. 12.26) e dar ao bloco uma ruptura mais dúctil.

Diâmetro da armadura lateral: $\phi_{lat} \geq 12{,}5$ mm.

Espaçamento (recomendação da NBR 6118 – ABNT, 2014, item 18.3.5):

$$s \leq \begin{cases} d/3 \\ 20 \text{ cm} \end{cases}$$

Armadura de arranque dos pilares

O bloco deve ter altura suficiente para permitir a ancoragem da armadura de arranque (já visto em sapatas). Nessa ancoragem, pode-se considerar o efeito favorável da compressão transversal às barras decorrente da flexão (ou biela).

Mautoni (1971) recomenda alguns detalhes para blocos sobre duas estacas, que são a base de seus estudos (Fig. 12.27):

⊕ Blocos com inclinação de bielas superior a 45° devem usar armadura de pele (armadura lateral) para absorver esforços da ordem de 20% a 25% da reação da estaca.

⊕ A armadura construtiva na face superior do bloco é calculada por:

$$A'_s \cong \frac{1}{5} A_s$$ (podendo chegar até 1/8 da armadura (A_s) nos casos de blocos com estacas moldadas in loco de grande diâmetro).

⊕ Armaduras dos estribos:

- Diâmetro: $\phi_e \geq \begin{cases} \phi \ 10 \text{ mm para aços comuns} \\ \phi \ 8 \text{ mm para aços especiais} \end{cases}$

- Espaçamentos: S_t ou $S_\ell \leq \begin{cases} 12 \text{ cm quando} \\ N_s \leq 800 \text{ kN} \\ 10 \text{ cm quando} \\ N_s > 800 \text{ kN} \end{cases}$

⊕ Para blocos com inclinação de bielas inferior a 40°, calcular os estribos pelo critério de viga.
⊕ O início do dobramento do gancho deve ser fora da cabeça da estaca.
⊕ Dobrar em gancho horizontal as extremidades da armadura de pele.

O detalhamento completo pode ser conferido no Anexo A31.

12.4.3 Bloco sobre três estacas

Recomendações para detalhamento de blocos sobre três estacas (Fig. 12.28):

⊕ a ancoragem das armaduras deve obedecer aos mesmos detalhes apresentados para as barras tracionadas e na Fig. 12.24, referente ao bloco sobre duas estacas;
⊕ no caso de cintas, as emendas devem ser feitas por superposição mínima igual ao comprimento de ancoragem de barras tracionadas;

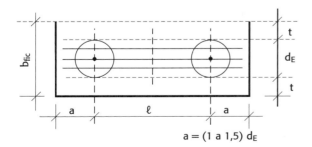

Fig. 12.25 *Largura fictícia*

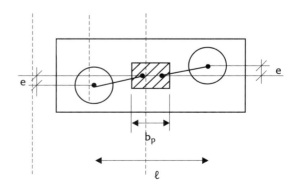

Fig. 12.26 *Excentricidade por falha de locação ou cravação*

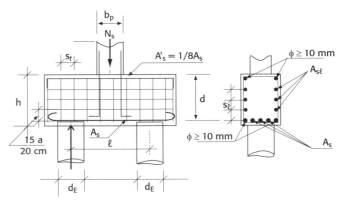

Fig. 12.27 *Detalhe das armaduras de bloco sobre duas estacas*
Fonte: Mautoni (1971).

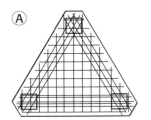 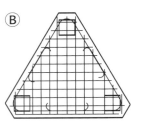

Fig. 12.28 *Bloco sobre três estacas com armaduras (A) segundo os lados mais malha e (B) em cinta mais malha. Ver detalhamento completo no Anexo A32*

- quando se utilizarem armaduras somente segundo os lados ou cintas, recomenda-se a colocação de uma malha para reduzir a fissuração do fundo do bloco. A armadura da malha deve ter área de $1/5 A_{s(lados)}$ em cada direção.

12.4.4 Bloco sobre quatro estacas

Recomendações para detalhamento de blocos sobre quatro estacas (Figs. 12.29 e 12.30):

- no caso da existência de armaduras somente segundo os lados, recomenda-se a colocação de malha inferior (na base do bloco) com seção total, em cada direção, pelo menos igual a 1/5 da armadura principal ($A_{s(lados)}$);
- tendo em vista a observação feita para os blocos sobre três estacas, Blévot e Frémy (1967) recomendam que as armaduras segundo os lados sejam calculadas por:

$$R_{sd(lados)} = \frac{\alpha \cdot N_{sd}}{8d}\left(\ell - \frac{b_p}{2}\right) \quad \text{12.22}$$

e que armadura distribuída da malha seja igual a:

$$R_{sd(malha)} = \frac{2,4(1-\alpha) \cdot N_{sd}}{8d}\left(\ell - \frac{b_p}{2}\right) \quad \text{12.23}$$

(em cada direção)

mantendo $3/4 \leq \alpha \leq 6/7$ (recomenda-se $\alpha = 0,8$).

Ver detalhamento completo no Anexo A33.

12.4.5 Recomendações gerais

De acordo com o item 22.7.4.1.1 da NBR 6118 (ABNT, 2014), a armadura de flexão deve ser disposta essencialmente (mais de 85%) nas faixas definidas pelas estacas em proporções de equilíbrio das respectivas bielas.

Ancoragem junto à estaca

O comprimento de ancoragem necessário pode ser calculado, segundo o item 9.4.2.5 da NBR 6118 (ABNT, 2014), por:

$$\ell_{b,nec} = \alpha \cdot \ell_b \frac{A_{s,cal}}{A_{s,ef}} \geq \ell_{b,mín}\left(0,3\ell_b, 10\varphi \text{ e } 100 \text{ mm}\right) \quad \text{12.24}$$

(ver Tab. 12.1)

O parâmetro α se encontra prescrito no item 9.4.2.2 da NBR 6118 (ABNT, 2014) como:

$\alpha = 1,0$ para barras sem gancho;

$\alpha = 0,7$ para barras tracionadas com gancho, com cobrimento no plano normal ao do gancho $\geq 3\varphi$;

$\alpha = 0,7$ quando houver barras transversais soldadas, conforme item 9.4.2.2 da NBR 6118 (ABNT, 2014);

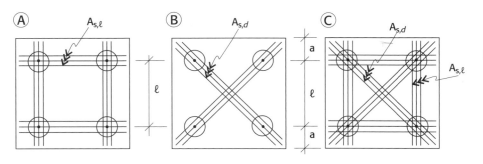

Fig. 12.29 *Detalhamento de blocos sobre quatro estacas: (A) armadura segundo os lados, (B) armadura segundo as diagonais e (C) armadura segundo os lados e as diagonais*

α = 0,5 quando houver barras transversais soldadas, conforme item 9.4.2.2 da NBR 6118 (ABNT, 2014), e gancho, com cobrimento no plano normal ao do gancho ≥ 3φ;

$$\ell_b = \frac{\phi}{4} \frac{f_{yd}}{f_{bd}} \qquad 12.25$$

$$f_{bd} = \eta_1 \, \eta_2 \, \eta_3 \, f_{ctd} \qquad 12.26$$

em que η_1 = 2,25; η_2 = 1,0; η_3 = 1,0 (item 9.3.2.1 da NBR 6118 – ABNT, 2014).

$$f_{ctd} = \frac{0,7 f_{ct,m}}{\gamma_c} = \frac{0,21 f_{ck}^{2/3}}{1,4} = 0,15 f_{ck}^{2/3} \qquad 12.27$$

- O valor do comprimento necessário pode ser reduzido em 20% pelo fato de a compressão da biela ser um efeito favorável.
- As barras devem se estender de face a face do bloco e terminar em gancho nas duas extremidades (Fig. 12.31). Para barras com $\phi \geq 20$ mm devem ser utilizados ganchos de 135° ou 180°.

Tab. 12.1 Valores de $\alpha \cdot \ell_b$

	20	25	30	35
Reto sem gancho	44φ	38φ	34φ	30φ
Com gancho	31φ	27φ	24φ	21φ

Os ganchos das armaduras de tração seguem as determinações do item 9.4.2.3 da mesma norma (Fig. 12.32 e Tab. 12.2).

Para barras com $\phi \geq 25$ mm deve ser verificado o fendilhamento em plano horizontal, uma vez que pode ocorrer o destacamento de toda a malha da armadura.

Deve ser garantida a ancoragem das armaduras de cada uma dessas faixas sobre as estacas, medida a partir da face das estacas. Pode ser considerado o efeito favorável da compressão transversal às barras, decorrente da compressão das bielas.

Armadura complementar em malha

Para controlar a fissuração, deve ser prevista uma armadura adicional em malha uniformemente distri-

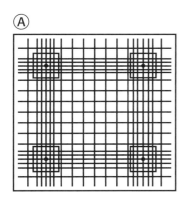

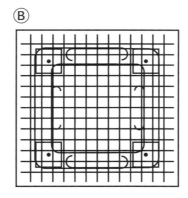

Fig. 12.30 *Armadura (A) segundo os lados e malha e (B) em cintas e malha*

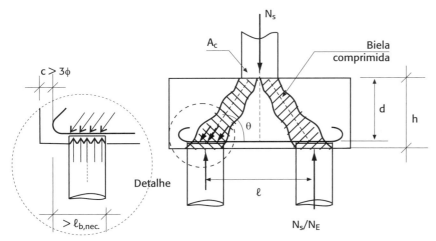

Fig. 12.31 *Ancoragem da armadura principal junto à estaca*

buída em duas direções para, no máximo, 20% (1/5) dos esforços totais, completando a armadura principal, conforme o item 22.7.4.1.2 da NBR 6118 (ABNT, 2014).

Armadura de suspensão

Quando a armadura é uniformemente distribuída (malha, por exemplo), há uma tendência de a biela de compressão se apoiar fora da estaca, exigindo uma armadura de levantamento. A inexistência dessa armadura pode permitir uma ruptura por tração do concreto, conforme indica a Fig. 12.33. Essa ruptura é típica de carregamento por baixo.

Esse tipo de ruptura foi observado por Blévot e Frémy (1967), com o detalhamento da Fig. 12.34A, e por Leonhardt e Mönnig (1978b).

Embora o modelo de bielas parta do pressuposto de que toda a carga vertical é transmitida às estacas por meio de bielas principais comprimidas, o comportamento real revela que, à medida que as estacas se distanciam entre si (acima de $3d_E$), a carga tende a descer a 45° e, diante disso, surgem bielas secundárias entre as estacas. Ou seja, parte da carga vertical se propaga para o intervalo entre as estacas (região onde não existe apoio – Fig. 12.33C). Logo, deve-se levantar essa parcela da carga por meio de armaduras de suspensão, calculadas da seguinte maneira:

$$A_{susp} = \frac{N_{sd}}{1,5\, n_E \cdot f_{yd}} \qquad 12.28$$

em que N_{sd} é a carga vertical oriunda da superestrutura acrescida do peso próprio do bloco.

Leonhardt e Mönnig (1978b) sugerem a colocação de estribos segundo os lados, como apresentado na Fig. 12.35.

Como não tem sido usual a utilização de estribos em blocos pela dificuldade de detalhamento, sugere-

Tab. 12.2 Diâmetro de dobramento dos pinos (ϕ_{pino})

Bitola (mm)	CA-25	CA-50	CA-60
< 20	4φ	5φ	6φ
≥ 20	5φ	8φ	–

Fonte: item 9.4.2.3 da NBR 6118 (ABNT, 2014).

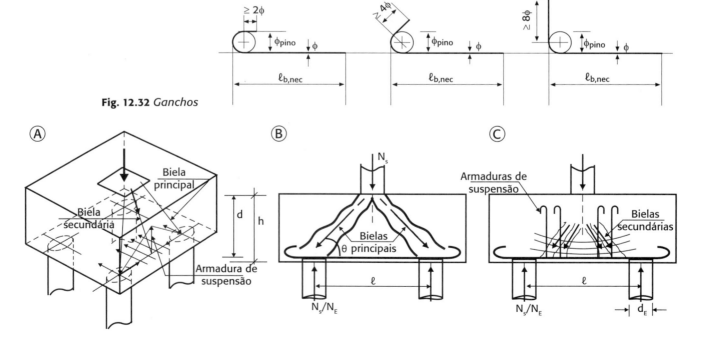

Fig. 12.32 Ganchos

Fig. 12.33 Bielas: (A) situação idealizada; (B) bielas principais e (C) bielas secundárias

-se evitar a utilização de blocos somente com malhas em blocos sobre quatro estacas, bem como somente armadura segundo as diagonais no caso de blocos sobre três estacas.

Para equilibrar uma parcela da carga (para blocos com, no mínimo, três estacas), o item 22.7.4.1.3 da NBR 6118 (ABNT, 2014) preconiza que tal armadura deverá ser utilizada nos casos em que a armadura de distribuição for superior a 25% dos esforços totais ou se o espaçamento entre estacas for maior que $3d_E$.

Armaduras de pele (armadura lateral)

Em peças de grande altura ou com grandes cobrimentos para a armadura principal, recomenda-se a armadura lateral com a finalidade de reduzir fissuras. Essas armaduras devem ser localizadas nas faces do bloco com área mínima de:

$$A_{s,lat} \leq \begin{cases} (0,2 \text{ a } 0,3) A_{s,long} \\ 0,10\% \ b_{fic} \cdot h \text{(em cada face)} \end{cases}$$

Em blocos de três ou mais estacas, o valor de b_{fic} pode ser tomado igual a $2a$ (Fig. 12.36). O espaçamento dessa armadura lateral não deve ser superior a 20 cm.

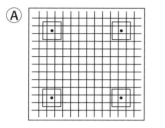
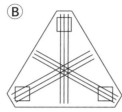

Fig. 12.34 *Blocos sobre quatro e três estacas: (A) armadura em malha e (B) armadura segundo as diagonais*

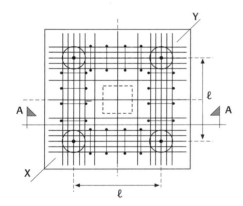
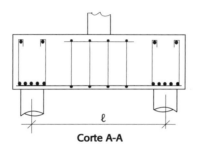

Fig. 12.35 *Armadura de levantamento segundo Leonhardt e Mönnig (1978b)*

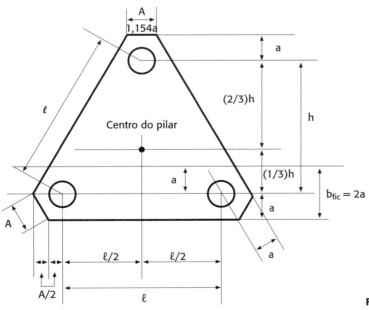

Fig. 12.36 *Largura fictícia: $b_{fic} = 2a$*

12 Blocos sobre estacas ou tubulões com carga centrada

No caso de várias camadas de armaduras, não se pode ancorar com gancho e utiliza-se o seguinte detalhe:
- Cria-se um dente para conseguir o comprimento de ancoragem reta necessário. É recomendável fazer uma fretagem das barras nessa região (fazer uma gaiola). Utilizam-se, para tanto, armaduras com área igual a 0,2 a 0,3 da área da armadura principal.

A armadura desse consolo (Fig. 12.37) para a carga de terra não deve ser esquecida.

O Quadro 12.7 apresenta um resumo do dimensionamento e detalhamento para blocos de dois a seis estacas. Para mais detalhes, ver detalhamentos de blocos sobre uma a seis estacas nos Anexos A31 a A35.

Outras recomendações

É importante destacar que, na verificação de tensões junto ao pilar, considera-se somente a carga que chega na fundação, mas, na verificação das tensões junto às estacas e no cálculo da força na armadura (R_{sk}), a carga N_{sk} deverá considerar o peso do bloco mais a carga de terra sobre o bloco, se esta existir.

Quando o bloco for sobre uma ou duas estacas, será necessário seu travamento por meio de viga (*baldrame*). O objetivo desse travamento é absorver possíveis momentos fletores decorrentes de excentricidades de cargas, como mostrado na Fig. 12.38.

Ver detalhamento dos blocos sobre uma a seis estacas nos Anexos A31 a A35.

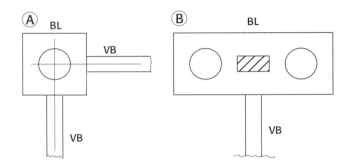

Fig. 12.38 *Blocos travados com vigas: (A) bloco sobre uma estaca e (B) bloco sobre duas estacas*

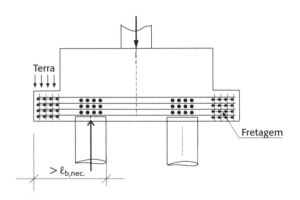

Fig. 12.37 *Consolo no bloco para ancoragem reta*

Exemplo 12.1 Dimensionamento de bloco sobre estacas com carga vertical centrada

Dada a planta de carga e a locação dos pilares (Fig. 12.39), dimensionar e detalhar o bloco sobre estaca para o pilar P_3. Considerar:
- estaca pré-moldada, vazada, com 26 cm de diâmetro externo e 6 cm de espessura da parede. Sua

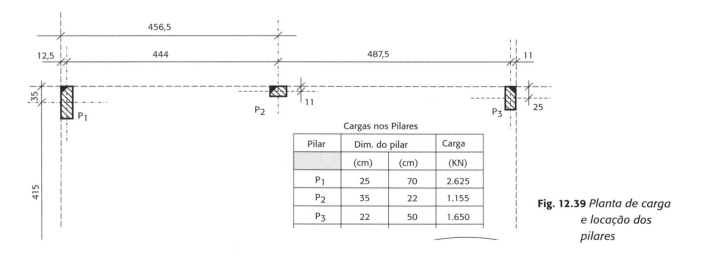

Fig. 12.39 *Planta de carga e locação dos pilares*

Quadro 12.7 Resumo das condições de dimensionamento e detalhamento dos blocos

Número de estacas	Esquema do bloco	Altura útil mínima	Condição de não esmagamento das bielas junto ao pilar e à estaca	Força de tração na armadura principal e esquema de disposição	
Duas estacas		$0,58\left(\ell - \dfrac{b_p}{2}\right)$	$\dfrac{N_{sk}}{A_{c,p} \cdot \mathrm{sen}^2\,\theta} \le 0,85 f_{ck}$ $\dfrac{N_{sk}}{2\,A_{c,E} \cdot \mathrm{sen}^2\,\theta} \le 0,85 f_{ck}$	 $R_{sd} = 1,15\dfrac{N_{sd}}{4d}\left(\ell - \dfrac{b_p}{2}\right)$	
Três estacas		$0,58\left(\ell - \dfrac{b}{2}\right)$	$\dfrac{N_{sk}}{A_{c,p} \cdot \mathrm{sen}^2\,\theta} \le 1,06 f_{ck}$ $\dfrac{N_{sk}}{3\,A_{c,E} \cdot \mathrm{sen}^2\,\theta} \le 1,06 f_{ck}$	 $R_{sd} = \dfrac{N_{sd}}{9d}\left(\ell - \dfrac{b}{2}\right)$ (cintas ou segundo cada lado mais malha de seção com 1/5 das cintas em cada direção)	 $R_{s1,d} = \dfrac{N_{sd}}{9d}\left(\ell - \dfrac{b}{2}\right)$ (cintas ou segundo os lados) $R_{s2,d} = \dfrac{(1-\alpha) \cdot N_{sd} \cdot \sqrt{3}}{9d}\left(\ell - \dfrac{b}{2}\right)$ (medianas) $2/3 \le \alpha \le 4/5$

Quadro 12.7 (continuação)

Número de estacas	Esquema do bloco	Altura útil mínima	Condição de não esmagamento das bielas junto ao pilar e à estaca	Força de tração na armadura principal e esquema de disposição	
Quatro estacas		$0,71\left(\ell - \dfrac{b}{2}\right)$	$\dfrac{N_{sk}}{A_{c,p} \cdot \mathrm{sen}^2\,\theta} \leq 1,28 f_{ck}$ $\dfrac{N_{sk}}{4 A_{c,E} \cdot \mathrm{sen}^2\,\theta} \leq 1,28 f_{ck}$	$R_{s1,d} = \dfrac{\alpha \cdot N_{sd}}{8d}\left(\ell - \dfrac{b}{2}\right)$ (cintas ou segundo cada lado) $R_{s2,d} =$ $\dfrac{2,4(1-\alpha)\cdot N_{sd}}{8d}\left(\ell - \dfrac{b}{2}\right)$ (em cada direção da malha) $\tfrac{3}{4} \leq \alpha \leq 6/7$	$R_{s1,d} = \dfrac{\alpha \cdot N_{sd}}{8d}\left(\ell - \dfrac{b}{2}\right)$ (cintas ou segundo os lados) $R_{s2,d} =$ $\dfrac{(1-\alpha)\cdot N_{sd} \cdot \sqrt{2}}{8d}\left(\ell - \dfrac{b}{2}\right)$ (medianas ou diagonais) $\tfrac{1}{2} \leq \alpha \leq 2/3$
Cinco estacas (4 + 1)	Igual ao bloco de quatro estacas, com uma estaca central	$0,71\left(\ell - \dfrac{a}{2}\right)$	$\dfrac{\tfrac{4}{5} N_{sk}}{A_{c,p} \cdot \mathrm{sen}^2\,\theta} \leq 1,59 f_{ck}$ $\dfrac{N_{sk}}{5 A_{c,E} \cdot \mathrm{sen}^2\,\theta} \leq 1,28 f_{ck}$	Mesmas disposições do bloco com quatro estacas	

Quadro 12.7 (continuação)

Número de estacas	Esquema do bloco	Altura útil mínima	Condição de não esmagamento das bielas junto ao pilar e à estaca	Força de tração na armadura principal e esquema de disposição
Cinco estacas		$0,85\left(\ell - \dfrac{a}{3,4}\right)$	Não há necessidade de verificação da tensão máxima de compressão nas bielas	$R_{s,d} = \dfrac{0,725 N_{sd}}{5d}\left(\ell - \dfrac{a}{3,4}\right)$ (cintas ou segundo os lados) Malha: armaduras distribuídas com seção mínima igual a ¼ da armadura da seção das cintas em cada direção
Seis estacas (5 + 1)	Igual ao bloco de cinco estacas, com uma estaca central	$0,85\left(\ell - \dfrac{a}{3,4}\right)$	Idem	Mesmas disposições que no caso anterior. Substituir nos cálculos: N_s por $5/6 N_s$
Seis estacas		$\left(\ell - \dfrac{a}{4}\right)$	Idem	$R_{s1,d} = \dfrac{\alpha \cdot N_{sd}}{6d}\left(\ell - \dfrac{a}{4}\right)$ (cintas ou segundo os lados) $R_{s2,d} = \dfrac{(1-\alpha) \cdot N_{sd}}{6d}\left(\ell - \dfrac{a}{4}\right)$ (segundo as diagonais) $2/5 \leq \alpha \leq 3/5$ $R_{s1,d} = \dfrac{N_{sd}}{6d}\left(\ell - \dfrac{a}{4}\right)$ (segundo as diagonais) $\alpha = 1$ Malha: armaduras distribuídas com seção mínima igual a ¼ da armadura da seção das cintas em cada direção

Quadro 12.7 (continuação)

Número de estacas	Esquema do bloco	Altura útil mínima	Condição de não esmagamento das bielas junto ao pilar e à estaca	Força de tração na armadura principal e esquema de disposição
Sete estacas (6 + 1)	Igual ao bloco de seis estacas, com uma estaca central	$\left(\ell - \dfrac{a}{4}\right)$	Idem	Mesmas disposições que no caso anterior. Substituir nos cálculos: N_S por $6/7N_S$
Seis estacas		ℓ_{diag}	Calcular igual ao bloco sobre quatro estacas	$R_{s1,d}$ o maior $\begin{cases} \dfrac{N_{sd}}{6d}\left(\dfrac{\ell}{4} - \dfrac{b_1}{4}\right) \\ \dfrac{\alpha \cdot N_{sd}}{6}\ell_{diag} \end{cases}$ (segundo o lado menor) $\dfrac{(1-\alpha)\cdot N_{sd}}{6}\ell_{diag}$ (segundo o lado maior)

No caso dos blocos com seis estacas alinhadas de três em três.

$$\ell_{diag} = \sqrt{\left(\ell - \dfrac{b_2}{3}\right)^2 + \left(\dfrac{\ell_1}{2} - \dfrac{b_1}{4}\right)^2}$$

Caso $\theta_1 > 55°$, reduzir θ para 40° e recalcular a altura útil ajustando ℓ_1 para que todas as bielas fiquem com inclinação entre 40° e 55°, de preferência. Em que θ_1 é o ângulo que a biela situada no plano vertical paralelo ao lado ℓ_1 faz com o plano médio da armadura R_{s1} e θ é o ângulo que a biela situada no plano vertical da diagonal faz com o plano médio das armaduras.

carga admissível à compressão é de 500 kN e a distância mínima entre eixos de estaca é de 70 cm;

⊕ concreto do bloco $f_{ck} = 20$ MPa;

⊕ aço CA-50, para armação do bloco.

Determinação do número de estacas

Uma vez escolhido o tipo de estaca, determina-se o número de estacas necessárias para P_3 (22 × 50).

Segundo o item 5.6 da NBR 6122 (ABNT, 2019b), será considerado para peso próprio dos elementos de fundação (bloco de coroamento e sapatas) um valor mínimo de 5% da carga vertical permanente.

Quando não se conhece separadamente a parcela permanente, pode-se considerar, para edifícios residenciais e comerciais, que a carga permanente corresponda a 70% da carga total ou, ainda, que o peso próprio do elemento de fundação corresponda a 5% da carga total (utilizar o maior valor).

⊕ Carga permanente:

$$G_k = 1.650 \times 0,7 = 1.155 \text{ kN}$$

$$\left(\text{carga permanente da estrutura}\right)$$

⊕ Carga variável:

$$Q_k = 1.650 \times 0,3 = 495 \text{ kN}$$

⊕ Estimativa do peso do bloco mais a terra sobre o bloco:

$$G_{sap+terra} = 0,1 \times 1.155 = 115,5 \text{ kN ou } 0,05 \times 1.650 = 82,5 \text{ kN}$$

Serão considerados, para o peso próprio do bloco, 10% da carga permanente do pilar.

$$N_E = \frac{\left(G_{k,P} + G_{k,sap+terra} + Q_{k,P}\right)}{\text{carga admissível da estaca}}$$

$$= \frac{\left(1.155 + 115,5 + 495\right)}{500} = 3,53$$

Número de estacas $\cong$ 4 estacas

Dimensionamento do bloco

Embora a NBR 6122 (ABNT, 2019b) não especifique a distância mínima entre estacas, recomenda-se:

$$\ell \geq \begin{cases} 2,5 \; d_E \rightarrow \text{para estacas pré-moldadas} \\ 3,0 \; d_E \rightarrow \text{para estacas moldadas } in \; loco \\ 60 \text{ cm} \end{cases}$$

O valor de ℓ será maior ou igual a 2,5 × 26 = 65 cm (serão adotados 70 cm).

A altura do bloco (*h*) será igual a $d + c$, conforme visto na Fig. 12.40.

Para que o ângulo de inclinação das bielas fique entre 45° e 55° (45° $\leq \theta \leq$ 55°) (ver Quadro 12.7):

$$0,71\left(\ell - \frac{b}{2}\right) \leq d \leq \left(\ell - \frac{b}{2}\right) \therefore 0,71\left(70 - \frac{22}{2}\right)$$

$$\leq d \leq \left(70 - \frac{22}{2}\right)$$

Logo: $41,89 \leq d \leq 52,5$, adotando-se $d = 50$ cm, $c = 5$ cm e $h = 55$ cm (Fig. 12.40).

Observação: nas equações que se seguem, o valor de *b* é sempre a menor dimensão do pilar.

Verificação das tensões de compressão nas bielas junto ao pilar e junto às estacas

$$\text{tg } \theta = \frac{d}{\dfrac{\ell\sqrt{2}}{2} - \dfrac{b\sqrt{2}}{4}} = \frac{50}{(0,707 \times 70 - 0,354 \times 22)}$$

$$= 1,198 \therefore \theta = 50,15°$$

⊕ Junto ao pilar (Quadro 12.7)

$$\sigma_{cp,k} = \frac{N_{sk}}{A_c \cdot \text{sen}^2\theta} \leq 1,28 f_{ck}$$

$$\therefore \text{ critério de Blevote Fremy}$$

$$\sigma_{cp,k} = \frac{1.650 \times 10^3}{(220 \times 500) \times 0,768^2} = 25,43 \text{ MPa}$$

$$\sigma_{cp,k} = 25,43 \text{ MPa} \leq 1,28 \times 20 = 25,6 \text{ MPa} \rightarrow \text{OK}$$

⊕ Junto à estaca

A cabeça da estaca deve ser maciça junto ao bloco.

Para a verificação das tensões junto às estacas, será considerado o peso próprio do bloco e 20 cm de terra sobre o bloco (ver Fig. 12.41).

Peso próprio do bloco:

$$G_{k,bl} = 1,3 \times 1,3 \times 0,55 \times 25 = 23,24 \text{ kN}$$

Peso do solo sobre o bloco:

$$G_{k,solo} = 1,3 \times 1,3 \times 0,2 \times 18 = 6,08 \text{ kN}$$

$$G_{k,bl} + G_{k,solo} = 23,24 + 6,08 = 29,32 \text{ kN}$$

Bem inferior ao valor adotado inicialmente:

$$G_{bloco+terra} = 0,1 \times 1.155 = 115,5 \text{ kN}$$

Portanto,

$$N_{sk} = P_k + G_{k,bl} + G_{k,solo} = 1.650 + 29,32 = 1.679,32 \text{ kN}$$

12 Blocos sobre estacas ou tubulões com carga centrada

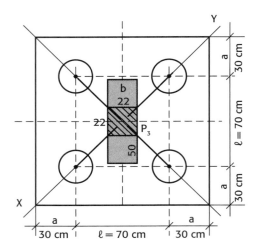
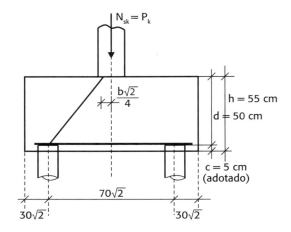

Fig. 12.40 *Bloco sobre quatro estacas*

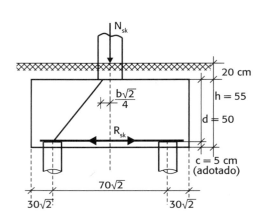

Fig. 12.41 *Terra sobre o bloco: 20 cm*

$$\sigma_{cE,k} = \frac{N_{sk}}{4\,A_e \cdot \mathrm{sen}^2\,\theta} \le 1{,}28\,f_{ck} \text{ (Quadro 12.7)}$$

$$\sigma_{cE,k} = \frac{1.679{,}32 \times 10^3}{4\left(\dfrac{\pi}{4}\cdot 260^2\right)0{,}768^2}$$

$$= 13{,}41\text{ MPa} \le 1{,}28 f_{ck} = 25{,}6\text{ MPa} \to OK$$

Verificam-se as tensões utilizando o critério de tensões da NBR 6118 (ABNT, 2014), com as considerações de Blévot e Frémy (1967), em que as tensões de compressão não devem ultrapassar $0{,}85 f_{cd}$.

⊕ Verificação junto ao pilar

$$\sigma_{cp,d} = \frac{\gamma_n \cdot N_{sd}}{A_c \cdot \mathrm{sen}^2\,\theta} \le 1{,}8 f_{cd}$$

∴ critério NBR 6118 (ABNT, 2014) (Quadro 12.5)

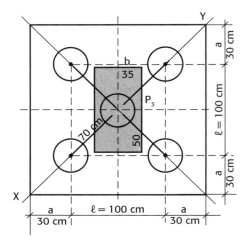

Fig. 12.42 *Bloco com cinco estacas*

$$\sigma_{cp,d} = \frac{\gamma_n \cdot 1{,}4 \cdot 1.650 \cdot 10^3}{(220 \cdot 500)0{,}768^2} = \gamma_n \cdot 35{,}60\text{ MPa}$$

$$> 1{,}8 \times \frac{20}{1{,}4} = 25{,}71\text{ MPa não passa}$$

Para esse caso, existem as seguintes alternativas:
⊕ 1ª alternativa: cravar cinco estacas (Fig. 12.42) e aumentar a largura do pilar para 35 cm:

$$0{,}71\left(\ell - \frac{b}{2}\right) \le d \le \left(\ell - \frac{b}{2}\right) \therefore 0{,}71\left(100 - \frac{35}{2}\right)$$
$$\le d \le \left(100 - \frac{35}{2}\right)$$

Calcula-se a nova altura:
58,58 < d < 82,5 – será dotado d = 75

366 ELEMENTOS DE FUNDAÇÕES EM CONCRETO

$$\operatorname{tg}\theta = \frac{d}{\frac{\ell\sqrt{2}}{2} - \frac{b\sqrt{2}}{4}} = \frac{75}{(0,707 \times 100 - 0,354 \times 35)}$$

$$\operatorname{tg}\theta = 1,286 \therefore \theta = 52,13°$$

$$\sigma_{cp,d} = \frac{\gamma_n \cdot 1,4 \cdot 1.650 \cdot \left(\frac{4}{5}\right) \cdot 10^3}{(350 \cdot 500)0,789^2} = \gamma_n \cdot 16,96 \text{ MPa}$$

Considerando $\gamma_n = 1,2 \rightarrow \sigma_{cp,d} = 16,96$ MPa

$$< 1,80 \frac{20}{1,4} = 25,71 \text{ MPa} \rightarrow \text{OK}$$

2ª alternativa: aumentar a resistência do concreto do bloco de f_{ck} = 20 MPa para f_{ck} = 25 MPa, mantendo a seção do pilar 22 × 50 e cinco estacas.

$$0,71 \cdot \left(\ell - \frac{b}{2}\right) \le d \le \left(\ell - \frac{b}{2}\right) \therefore 0,71\left(100 - \frac{22}{2}\right)$$
$$\le d \le \left(100 - \frac{22}{2}\right)$$

$63,19 < d < 89$ – será dotado $d = 75$

$$\operatorname{tg}\theta = \frac{d}{\frac{\ell\sqrt{2}}{2} - \frac{b\sqrt{2}}{4}} = \frac{75}{(0,707 \times 100 - 0,354 \times 22)}$$
$$= 1,192 \therefore \theta = 50,0°$$

$$\sigma_{cp,d} = \frac{\gamma_n \cdot 1,4 \cdot 1.650 \cdot \left(\frac{4}{5}\right) \cdot 10^3}{(220 \cdot 500)0,766^2} = \gamma_n \cdot 28,63 \text{ MPa}$$

$$< 1,80 \times \frac{25}{1,4} = 32,14 \text{ MPa}$$

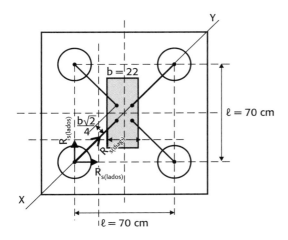

Fig. 12.43 *Armadura segundo os lados e as diagonais*

Cálculo das armaduras

A armadura será calculada segundo os lados e as diagonais, conforme apresentado na Fig. 12.43. Será considerado que as tensões junto ao pilar são satisfatórias com base no critério de Blévot e Frémy (1967).

Armaduras segundo os lados

Recomenda-se manter $1/2 \le \alpha \le 2/3$, adotando:

- $\alpha = 0,6$;
- $G_{k,bl + terra} = 23,24 + 6,08 = 29,32$ kN;
- $N_{sk} = 1.650 + 29,32 = 1679,32$ kN;
- $\ell = 70$ cm;
- $a = b_p$ (menor dimensão do pilar) = 22 cm;
- $f_{yk} = 500$ MPa = 50 kN/cm² (tensão de escoamento do aço).

Como γ_n é um parâmetro difícil de mensurar, será utilizado o valor de 1,2.

$$R_{sd(\ell)} = \frac{\alpha \cdot \gamma_n \cdot N_{sd}}{8d}\left(\ell - \frac{a}{2}\right) = \frac{0,6 \times 1,2 \times 1,4 \times 1.679,32}{8 \times 50}$$
$$\left(70 - \frac{22}{2}\right) = 249,68 \text{ kN}$$

$A_{s(\ell)} = 249,68/(50/1,15) = 5,74$ cm², adotado $3\phi 16$ (Tab. 12.3)

Tab. 12.3 Número de barras para $A_s = 5,74$ cm²

Bitola (ϕ) (mm)	$A_{s1\phi}$ (cm²)	Número de barras	Número de barras Inteiro
12,5	1,227	4,67	5
16	2,011	2,85	3
20	3,142	1,83	2
25	4,909	1,170	2

Armadura segundo a diagonal

$$R_{sd(d)} = \frac{(1-\alpha)\gamma_n \cdot N_{sd}\sqrt{2}}{8d}\left(\ell - \frac{a}{2}\right)$$
$$= \frac{0,4 \times 1,2 \times 1,4 \times 1.679,32 \times \sqrt{2}}{8 \times 50}\left(70 - \frac{22}{2}\right)$$
$$R_{sd(d)} = 235,40 \text{ kN}$$

$$A_{s(d)} = \frac{R_{sd(d)}}{f_{yd}} = \frac{235,40}{50/1,15} = 5,41 \text{ cm}^2$$

$A_{s(d)} = 5,41$ cm², adotado $3\phi 16$ (Tab. 12.4)

Tab. 12.4 Número de barras para $A_s = 5{,}41$ cm²

Bitola (ϕ) (mm)	$A_{s1\phi}$ (cm²)	Número de barras	Número de barras inteiro
12,5	1,227	4,409	5
16	2,011	2,69	3
20	3,142	1,72	2

Detalhamento do bloco (Fig. 12.44)

O Quadro 12.7 apresenta um resumo das condições de dimensionamento, inclusive o cálculo das armaduras. Um detalhamento mais completo para blocos de quatro estacas se encontra no Anexo A33.

Além das armaduras detalhadas na Fig. 12.44, deve-se dar atenção ao detalhamento das armaduras complementares (seção 12.4.5).

12.5 Bloco sob pilar alongado e estreito

O cálculo da armadura longitudinal se faz pelo equilíbrio de forças, conforme apresentado na Fig. 12.45.

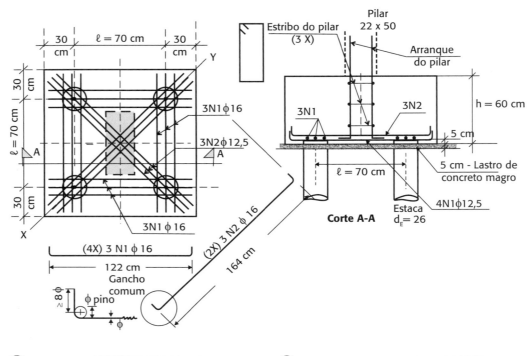

Fig. 12.44 *Detalhamento do bloco*

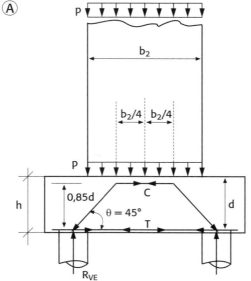
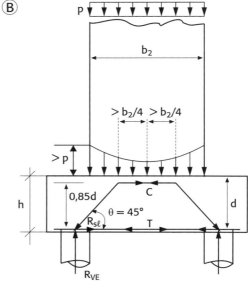

Fig. 12.45 *Bloco sob pilar alongado: (A) hipótese de cálculo e (B) situação real*

ELEMENTOS DE FUNDAÇÕES EM CONCRETO

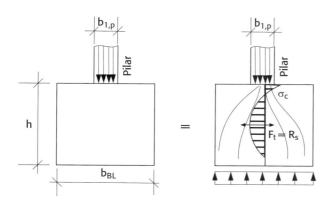

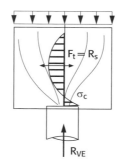

Fig. 12.46 *Bloco parcialmente carregado*

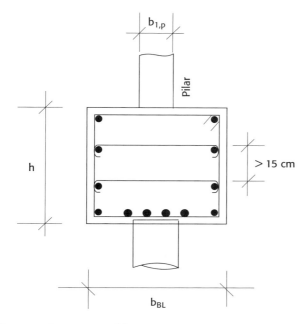

Fig. 12.47 *Fretagem no bloco*

Mantendo a inclinação da biela em torno de 45°, a força na armadura longitudinal será de:

$$R_{s,long} = \text{tg}\,\theta \cdot R_{VE} \qquad 12.29$$

Na direção transversal, o bloco trabalha como bloco parcialmente carregado (Fig. 12.46). Diante disso, faz-se necessária uma armadura de fretagem, de forma semelhante ao apresentado sobre a fretagem das cabeças dos tubulões.

Pela análise da Fig. 12.46, observa-se que a carga abre ao entrar no bloco, provocando tensão de tração e resultando na força de tração R_s a ser fretada (Fig. 12.47). Essa carga deve ser levantada para descer para as estacas.

A armadura de fretagem será, então, calculada pela expressão:

$$R_{sd} = 2\,\frac{p_d}{3}\left(1 - \frac{b_{1,p}}{b_{BL}}\right)\left(\text{kN}/\text{m}\right) \qquad 12.30$$

Leonhardt e Mönnig (1977) recomendam que, para o cálculo da armadura, a tensão no aço deve ficar entre 180 MPa e 200 MPa (σ_{sd} = 18 a 20 kN/cm²).

$$A_s = \frac{R_{sd}}{\sigma_{sd}}\left(\frac{\text{cm}^2}{\text{m}}\right)$$

O valor da força de tração R_s pode também ser calculado por meio dos gráficos desenvolvidos por Förster e Stegbauer (1975), quando $b_{1,p}/\ell_k = 0{,}2$ (Fig. 12.48).

Armadura de levantamento ou de suspensão (carga entrando por baixo no bloco)

De acordo com o item 22.5.1.4.4 da NBR 6118 (ABNT, 2014), quando existir carga indireta (Fig. 12.48), deve-se prever armadura de suspensão para a totalidade da carga aplicada. A armadura de suspensão deve, então, ser calculada para a carga total a ser levantada, conforme o item 22.5.2.2 da mesma norma:

$$A_{s,susp} = \frac{p \cdot \gamma_f}{\sigma_{sd}} \qquad 12.31$$

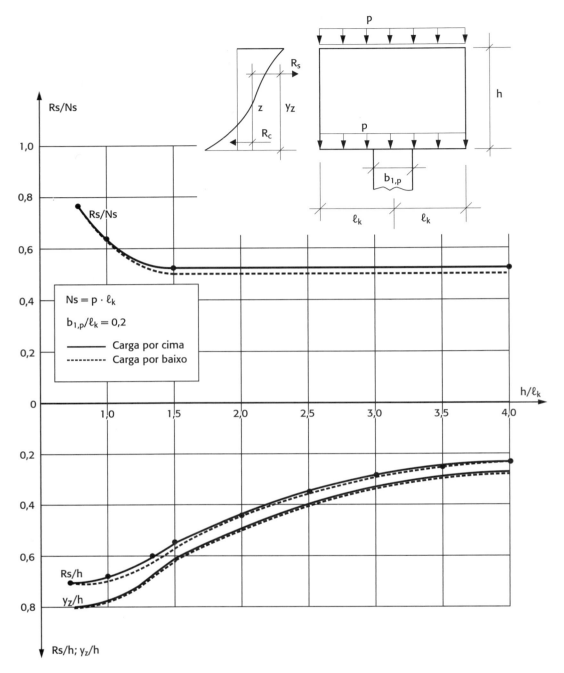

Fig. 12.48 *Valor e posição da armadura de tração junto ao apoio, para cargas distribuídas, nas bordas superior e inferior de uma viga parede*

Fonte: adaptado de Förster e Stegbauer (1975).

13.1 Dimensionamento de bloco com pilar solicitado à flexão

13.1.1 Método de bielas

Quando houver tração em uma das estacas, o esquema resistente a ser adotado é o da Fig. 13.1.

Verifica-se a tensão na biela comprimida e calcula-se a armadura principal (A_{s_1}) considerando o bloco com uma carga centrada hipotética igual a duas vezes a reação máxima na estaca comprimida ($R_{VC,E}$), sem considerar a atuação do momento fletor, que já foi considerada na reação da estaca. A armadura tracionada do pilar ($A_{s,pilar}$) deve ser emendada com armadura principal.

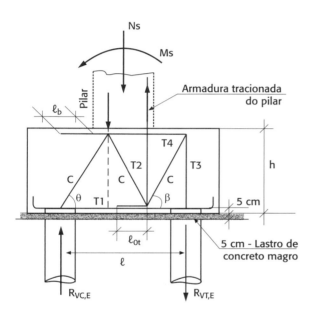

Fig. 13.1 *Sistema resistente (observação: as armaduras construtivas não estão indicadas)*

O esquema de treliça apresentado na Fig. 13.1 permite visualizar o andamento da carga no bloco, possibilitando a visualização do posicionamento das armaduras. O mesmo esquema apresentado para um bloco sobre duas estacas (ou tubulões) também poderá ser utilizado para um bloco sobre quatro estacas. Lembrando sempre que a armadura de tração do pilar A_{s_2} (decorrente de T2) deve ser emendada com a armadura principal.

Comprimento de transpasse (ℓ_{0t})

De acordo com o item 9.5.2.2.1 da NBR 6118 (ABNT, 2014), o comprimento de transpasse deverá ser obtido pela Eq. 13.1, desde que a distância livre entre as barras seja maior do que 4ϕ:

$$\ell_{0t} = \alpha_{ot} \cdot \ell_{b,nec} \geq \ell_{0t,mín}, \text{ o maior entre } \begin{cases} 0{,}3\, \alpha_{0t} \cdot \ell_b \\ 15\, \phi \\ 200 \text{ mm} \end{cases} \quad \textbf{13.1}$$

O valor de α_{ot} pode ser retirado da Tab. 13.1, a seguir.

Tab. 13.1 Coeficiente função da percentagem de barras emendadas na seção (α_{ot})

% de barras emendadas na seção	≤ 20	25	33	50	> 50
Valores de α_{ot}	1,2	1,4	1,6	1,8	2,0

As armaduras dos tirantes T3 e T4 serão calculadas para a carga correspondente à reação na estaca tracionada ($R_{VT,E}$) seguindo as equações:

$$A_{s3} = \frac{R_{VT,E}}{f_{yd}} \qquad 13.2$$

$$A_{s4} = \frac{R_{VT,E}}{\text{tg } \beta \cdot f_{yd}} \qquad 13.3$$

A armadura decorrente de A_{s4} deve ser ancorada depois do final do pilar, conforme indicado nas Figs. 13.1 e 13.2B.

Quando não existirem estacas tracionadas, permanece o detalhe apresentado na Fig. 13.2A, suprimindo a armadura A_{s3} (função de T3). Já quando o momento fletor atuante no pilar for pequeno e resultar somente em compressão no pilar, não haverá exigência de emendar a armadura de arranque do pilar com a armadura principal (A_{s1} – função de T1).

13.2 Estacas (ou tubulões) solicitadas à flexão em decorrência de transferência dos esforços do pilar aos elementos de fundação

Caso os esforços nos elementos de fundações sejam estacas ou tubulões resultantes das ações nos pilares, eles podem ser obtidos considerando o bloco um elemento de transição, simulando internamente um comportamento de pórtico (Fig. 13.3).

Os elementos estruturais de menor diâmetro, como as estacas, têm o esquema com o vínculo articulado (Quadro 13.1 – caso A), já tubulões de maiores diâmetros consideram o vínculo de engastamento perfeito (Quadro 13.1 – caso B).

13.2.1 Sistema de bielas

O esquema de treliça permite visualizar o desenvolvimento dos esforços internos no bloco no qual os elementos pilar e estacas (tubulões) estão submetidos à flexão (Fig. 13.4).

Existem três possibilidades de carregamento para os tubulões (estacas) (Fig. 13.5):

a] Carregamento 1: todos os tubulões (estacas) estão comprimidos, não havendo, portanto, esforços de tração. O momento no tubulão é pequeno, resultando em toda a seção transversal do tubulão (estaca) comprimida.

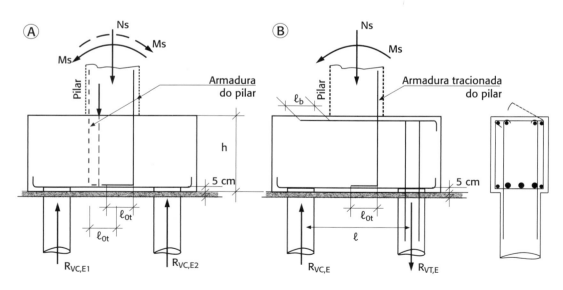

Fig. 13.2 Detalhamento das armaduras principais dos blocos com pilares com momentos fletores: (A) as estacas estão todas comprimidas e (B) existência de estacas tracionadas (observação: as armaduras construtivas não estão indicadas)

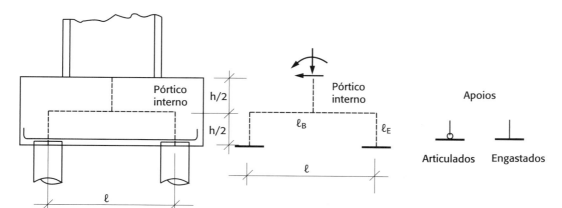

Fig. 13.3 *Esquema de cálculo como pórtico*

Quadro 13.1 Esforços solicitantes em pórticos

Esforços atuantes	Por *N*	Por *H* e *M*	Eq.
Caso A: vínculo articulado 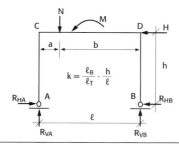	$R_{HA} = R_{HB} = \dfrac{3}{2} \cdot \dfrac{N \cdot a \cdot b}{h \cdot \ell (2k+3)}$ $R_{VA} = \dfrac{N \cdot b}{\ell}$ $R_{VB} = \dfrac{N \cdot a}{\ell}$	$R_{HA} = -R_{HB} = \dfrac{H}{2}$ $R_{VA} = -R_{VB} = \dfrac{(H \cdot \ell + M)}{\ell}$	13.4
Caso B: vínculo de engaste perfeito 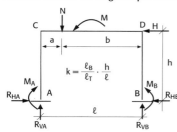	$R_{HA} = R_{HB} = \dfrac{3N \cdot a \cdot b}{2h \cdot \ell (k+2)}$ $R_{VA} = \dfrac{N \cdot b}{\ell}\left(1 + \dfrac{a(b-a)}{\ell^2 (6k+1)}\right)$ $R_{VB} = N - R_{VA}$ $M_A = \dfrac{N \cdot a \cdot b}{2 \cdot \ell^2} \cdot \dfrac{5k \cdot \ell - \ell + 2a(k+2)}{(k+2)(6k+1)}$ $M_B = \dfrac{N \cdot a \cdot b}{2 \cdot \ell^2} \cdot \dfrac{7k \cdot \ell + 3\ell - 2a(k+2)}{(k+2)(6k+1)}$	$R_{HA} = -R_{HB} = \dfrac{H}{2}$ $R_{VA} = -R_{VB} = \dfrac{(H \cdot \ell + M)}{\ell} \cdot \dfrac{3k}{(6k+1)}$ $M_A = -M_B = \dfrac{(H \cdot \ell + M)}{2} \cdot \dfrac{(3k+1)}{(6K+1)}$	13.5

em que:
I_B é a inércia do bloco (barra CD);
I_T é a inércia do tubulão (barras AC e BD) → $h = h_B$).
Observação: inicialmente, transferir os esforços no pilar atuantes na face superior do bloco para o eixo do bloco e, dessa forma, considerar o h das equações igual a hB/2.
Fonte: Ahrens e Duddeck (1975).

Nesses casos o dimensionamento é semelhante ao desenvolvido na seção 13.1:
- Verifica-se a tensão na biela comprimida junto ao pilar, bem como junto ao tubulão.
- Tanto os cálculos da armadura principal quanto à verificação ao cisalhamento junto ao pilar e junto ao tubulão serão feitos como se o bloco estivesse carregado somente com uma carga centrada, hipotética, igual a duas vezes a reação da estaca (tubulão) mais carregada. Caso existam mais estacas, a carga da estaca mais solicitada deverá ser multiplicada pelo número de estacas.

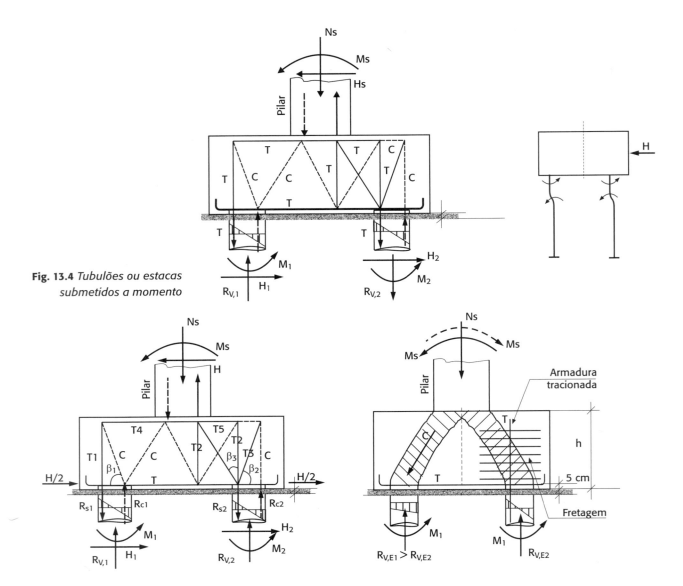

Fig. 13.4 *Tubulões ou estacas submetidos a momento*

Fig. 13.5 *Possibilidades de esforços nos tubulões*

- Detalhamento idêntico ao apresentado na Fig. 13.2A.
b] Carregamento 2: as reações nos tubulões (estacas) são de compressão (R_{VC_1}, R_{VC_2}), porém, aparecem tensões de tração em decorrência dos momentos, produzindo reações de trações (R_{s_1} e R_{s_2}) e de compressão (R_{c_1} e R_{c_2}), como mostrado na Fig. 13.6.
- Cálculo das armaduras:

Tanto para a verificação na biela comprimida quanto para o cálculo da armadura principal (A_s), serão calculados considerando uma carga vertical atuante no bloco igual a n (número de tubulões ou estacas) vezes a reação vertical de compressão da estaca mais carregada, sem o momento fletor.

A armadura necessária para absorver o esforço de tração T1 será calculada pela expressão:

$$A_{s1} = \frac{R_{s1,d}}{f_{yd}} = \frac{R_{sd}}{\text{tg } \beta_1 \cdot f_{yd}} \qquad 13.6$$

Essa armadura vertical deve ser emendada com a armadura da face superior, correspondente à força de tração T4.

A armadura correspondente à força de tração T3 deverá ser decomposta de uma armadura vertical (estribo) e de uma armadura horizontal (fretagem). O cálculo será:

$$R_{s3,d} = \frac{R_{s2,d}}{\text{sen } \beta_2} \quad \text{13.7}$$

$$R_{(s3,d)h} = \frac{R_{s2,d}}{\text{sen } \beta_2} \cos \beta_2 = \frac{R_{s2,d}}{\text{tg } \beta_2} \rightarrow A_{s3,h}$$
$$= \frac{R_{s2,d}}{\text{tg } \beta_2 \cdot f_{yd}} \text{ (fretagem)} \quad \text{13.8}$$

$$R_{(s3,d)v} = R_{s2,d} \rightarrow A_{s3,v} = A_{s2} = \frac{R_{s2,d}}{f_{yd}} \quad \text{13.9}$$

As armaduras $A_{s3,v}$ e A_{s2} não devem ser somadas.

⊕ Detalhamento:

No detalhamento, seguem-se os passos da Fig. 13.7. São eles:
- emendar as armaduras do pilar com armadura principal A_s;
- ancorar a armadura A_{s2} no bloco e de preferência levá-la até a borda superior, mesmo que o comprimento de ancoragem não exija essa ação.

Observação: os estribos e armaduras de pele não estão indicados na Fig. 13.7.

c] Carregamento 3: as reações nos tubulões (estacas) são de compressão e tração respectivamente: R_{VC1} e R_{VT2}.

Nesse caso, utilizam-se os mesmos procedimentos adotados no carregamento 2, substituindo apenas $R_{s2,d}$ por $R_{c2,d}$ no cálculo da armadura para absorver T3.

⊕ Cálculo das armaduras:

$$R_{(s3,d)h} = \frac{R_{c2,d}}{\text{sen } \beta_2} \cos \beta_2 = \frac{R_{c2,d}}{\text{tg } \beta_2} \rightarrow A_{s3,h}$$
$$= \frac{R_{c2,d}}{\text{tg } \beta_2 \cdot f_{yd}} \text{ (fretagem)} \quad \text{13.10}$$

$$R_{(s3,d)v} = R_{c2,d} \rightarrow A_{s3,v} = A_{s2} = \frac{R_{c2,d}}{f_{yd}} \quad \text{13.11}$$

$$R_{s5,d} = \frac{(R_{s2,d} - R_{c2,d})}{\text{tg } \beta_3} \rightarrow A_{s5} = \frac{R_{s5,d}}{f_{yd}} \quad \text{13.12}$$

⊕ Detalhamento:

Emendar a armadura A_{s2} (função de T2) com A_{s5} (função de T5). No caso de T3 ser diferente de T5, fazer armaduras separadas, conforme indicado na Fig. 13.8.

As indicações de fretagem feitas para blocos com dois tubulões (estacas) são válidas para blocos com quatro tubulões (estacas) ou mais. Nesses casos, analisa-se o bloco em cada direção, determinando a fretagem necessária para cada uma.

13.3 Blocos alongados submetidos à torção pela aplicação de momentos nas duas direções do pilar

No caso de blocos alongados submetidos à torção pela aplicação de momentos nas duas direções do pilar,

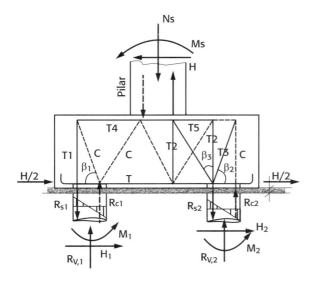

Fig. 13.6 *Reações de compressão: tensões de tração por causa dos momentos nos tubulões (estacas)*

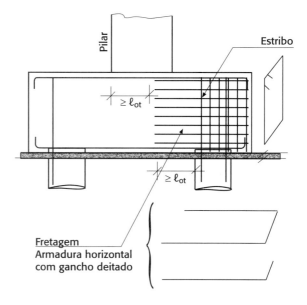

Fig. 13.7 *Detalhamento do bloco: carregamento 2*

as armaduras longitudinais e os estribos devem ser acrescidos das armaduras necessárias para absorverem o momento de torção no bloco (Fig. 13.9).

De acordo com o item 17.5.1.2 da NBR 6118 (ABNT, 2014) existindo a demanda da torção para equilíbrio do elemento estrutural, será obrigatório colocar a armadura destinada para absorver os esforços de tração provenientes da torção. Essa armadura deve ser constituída por estribos verticais e armaduras longitudinais ao longo do seu perímetro.

Será admitido que a seção cheia funcione como uma seção vazada fictícia, cuja parede terá espessura definida por Borges (1973) como igual a:

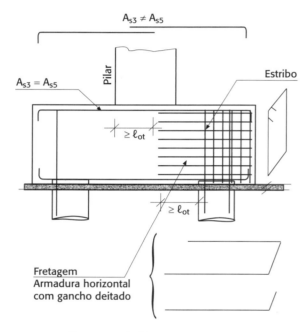

Fig. 13.8 *Detalhamento do bloco: carregamento 3*

$$h_e = \text{o menor valor entre} \begin{cases} b/6 \\ b_m/5 \end{cases}$$

em que b_m é a menor dimensão (entre b_m e h_m) que une as barras longitudinais posicionadas nos cantos da seção transversal (Fig. 13.10) e b é a menor dimensão entre b e h.

A seção geométrica vazada equivalente é definida, de acordo com o item 17.5.1.4.1 da NBR 6118 (ABNT, 2014), com base na seção cheia, cuja espessura da parede equivalente vale:

$$\frac{A_c}{u} \geq h_e \geq 2c_1 \qquad \textbf{13.13}$$

em que:
A_c é a área da seção cheia;
h_e é a espessura equivalente da parede da seção vazada, real ou equivalente, no ponto considerado;
u é o perímetro da seção cheia $= 2(b + h)$;
c_1 é a distância entre o eixo da barra longitudinal do canto e a face lateral do elemento estrutural.

Recomenda ainda a NBR 6118 (ABNT, 2014) que, caso A_c/u resulte em valor menor que $2 \cdot c_1$, pode-se adotar $h_e = A_c/u \leq b - 2c_1$ e a superfície média da seção celular equivalente (A_e) definida pelos eixos das armaduras do canto, respeitando o cobrimento exigido nos estribos.

13.3.1 Verificação de tensões no concreto

A tensão de cisalhamento de uma seção retangular não fissurada, ou seja, no estádio I, pode ser calculada por meio dos parâmetros apresentados na Tab. 13.2.

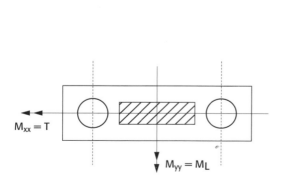

Fig. 13.9 *Bloco submetido à torção*

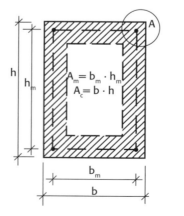
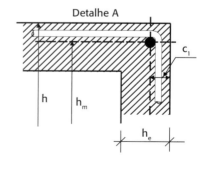

Fig. 13.10 *Área média: espessura fictícia resistente à torção*

Tab. 13.2 Parâmetros para o cálculo da tensão máxima de torção para peças não fissuradas

Seção		$\tau_{máx}$				J_t				
		$\beta \cdot T/(h \cdot b^2)$				$\alpha \cdot h \cdot b^3$				
	h/b	1,0	1,5	2,0	3,0	4,0	6,0	8,0	10,0	∞
	α	0,141	0,196	0,229	0,263	0,281	0,299	0,307	0,313	0,333
	β	4,81	4,33	4,07	3,74	3,55	3,55	3,30	3,25	3,00

b é a menor dimensão

Fonte: Borges (1973).

A tensão de cisalhamento para uma peça fissurada (estádio II) pode ser calculada pela fórmula de Bredt (1896 apud Borges, 1973):

$$\tau = \frac{T}{\left(2h_e \cdot A_m\right)} \tag{13.14}$$

em que: $A_m = b_m \cdot h_m$.

De acordo com os itens 17.5.1.3, 17.5.1.5 e 17.5.1.6 da NBR 6118 (ABNT, 2014), a resistência do elemento estrutural solicitado à torção pura será satisfeita quando a torção de cálculo simultaneamente atender às condições:

$$T_{sd} \le T_{Rd2} = 0,5\ \alpha_{v2} \cdot f_{cd} \cdot A_e \cdot h_e \cdot \text{sen}\ 2\ \theta \tag{13.15}$$

$$T_{sd} \le T_{Rd3} = \left(\frac{A_{90}}{s}\right) f_{ywd} \cdot 2A_e \cdot \text{cotg}\ \theta \tag{13.16}$$

$$T_{sd} \le T_{Rd4} = \left(\frac{A_{sl}}{u}\right) f_{ywd} \cdot 2A_e \cdot \text{tg}\ \theta \tag{13.17}$$

em que:

T_{Rd2} representa o limite dado pela resistência das diagonais comprimidas de concreto;

T_{Rd3} representa o limite definido pela parcela resistida pelos estribos normais ao eixo do elemento estrutural;

T_{Rd4} representa o limite definido pela parcela resistida pelas barras longitudinais, paralelas ao eixo do elemento estrutural;

$$\alpha_{v2} = 1 - \frac{f_{ck}}{250} \quad \rightarrow \quad f_{ck}\ \text{em MPa}$$

θ é o ângulo de inclinação das diagonais de concreto, arbitrado no intervalo $30° \le \theta \le 45°$;

A_e é a área limitada pela linha média da parede da seção vazada, real ou equivalente, incluindo a parte vazada:

$$A_e = \left(b - \frac{h_e}{2}\right)\left(h - \frac{h_e}{2}\right) \tag{13.18}$$

Para solicitações combinadas de torção e cortante, o item 17.7.2.2 da NBR 6118 (ABNT, 2014) recomenda que se deve satisfazer a condição:

$$\frac{V_{sd}}{V_{Rd2}} + \frac{T_{sd}}{T_{Rd2}} \le 1 \tag{13.19}$$

Nesse caso, a norma recomenda ainda que o projeto deve prever ângulos das bielas iguais, tanto no dimensionamento à cortante quanto à torção, além, obviamente, das verificações separadas para cortante e torção.

13.3.2 Cálculo das armaduras

Borges (1973) propõe, para o cálculo longitudinal e transversal das armaduras, a seguinte expressão:

$$A_{s,long} = A_{s,estr} = \frac{T_d}{2A_m \cdot f_{yw}d} \ge A_{s,mín} \tag{13.20}$$

$$A_{s,mín} = A_{sw} = A_{s,\ell} \ge \rho_{mín} \cdot b_w \cdot s \tag{13.21}$$

em que:

$$\rho_{mín} = 0,2\ \frac{f_{ctm}}{f_{ywd}}$$

→ Taxa mínima de armadura segundo o item 17.5.1.2 da NBR 6118 (ABNT,2014).

De acordo com a NBR 6118 (ABNT, 2014):

$$\left(\frac{A_{s,estr}}{s}\right) = \frac{T_{sd}}{f_{ywd} \cdot 2A_e \cdot \text{cotg}\ \theta} \tag{13.22}$$

$$\left(\frac{A_{s,\ell}}{u}\right) = \frac{T_{sd}}{f_{ywd} \cdot 2A_e \cdot \text{tg}\,\theta} \qquad 13.23$$

em que:

$A_{s,long}$ é a área de armadura longitudinal, por metro, distribuída no perímetro da seção transversal;

$A_{s,estr}$ é a área da armadura transversal, vertical (estribo), por metro;

T_{sd} é o momento solicitante de torção de cálculo;

A_m é a área da seção transversal limitada pelas barras longitudinais situadas nos cantos da seção;

f_{ywd} é a tensão de cálculo das armaduras, limitada a 435 MPa.

Normalmente, não se exige a verificação de fissuração da diagonal da alma. Todavia, procura-se limitar o espaçamento da armadura transversal a 15 cm.

13.3.3 Detalhamento

Leonhardt e Mönnig (1978b) recomendam que os ganchos dos estribos sejam alternados, conforme indicado na Fig. 13.11.

13.4 Bloco com carga centrada e/ou momento aplicado: método da flexão

Nesse método, determinam-se os esforços solicitantes (M_s e V_s) em cada direção e, em seguida, calculam-se as posições da linha neutra da peça fletida (no caso, o bloco), calculando os pares R_{cd} e R_{sd} para cada direção, determinando-se as armaduras necessárias em cada uma.

O método da flexão consiste em determinar os esforços solicitantes como se o bloco fosse vigas (Fig. 13.13), em cada uma das direções, e as armaduras pelo sistema de equilíbrio interno dos esforços resistentes, de forma semelhante ao procedimento adotado em vigas.

Esse processo normalmente se aplica aos casos nos quais a disposição das estacas é complexa para imaginar um sistema de bielas (Fig. 13.12).

Sobre a determinação dos momentos (Fig. 13.12), pode-se determinar que:

- M_{xx} é o vetor momento na direção de x igual ao momento M_y na direção de y;
- M_{yy} é o vetor momento na direção de y igual ao momento M_x na direção de x.

As reações nas estacas são determinadas conforme apresentado na seção 11.2 do Cap. 11:

$$R_{v,i} = \frac{N_{sk}}{nE} \pm M_x \frac{v_i \cdot \eta_{ix}}{\sum v_i \cdot \eta_{ix}^2} \pm M_y \frac{v_i \cdot \eta_{iy}}{\sum v_i \cdot \eta_{iy}^2}$$

13.4.1 Cálculo dos momentos máximos nas duas direções

- Momento no eixo Y-Y (considerar o lado das estacas mais carregadas):

$$M_{YY} = M_X = x_1 \sum_{i=1}^{4} R_{VEi} + x_2 \sum_{i=5}^{8} R_{VEi} \qquad 13.24$$

- Momento no eixo X-X (considerar o lado das estacas mais carregadas):

$$\begin{aligned}M_{XX} = M_Y &= y_1 (R_{VE4} + R_{VE8} + R_{VE12} + R_{VE16} + R_{VE20}) \\ &+ y_2 (R_{VE3} + R_{VE7} + R_{VE11} + R_{VE15} + R_{VE19})\end{aligned} \qquad 13.25$$

No caso de o pilar estar submetido à flexão oblíqua, ou seja, com um momento nas duas direções simultaneamente, utiliza-se a reação na estaca mais carregada, tanto na linha que passa pelo centro de gravidade do estaqueamento (seção I-I da Fig. 13.13) quanto na face da coluna (seção II-II da Fig. 13.13), para calcular o momento máximo.

De forma semelhante ao apresentando na seção 6.1.5 do Cap. 6, os solicitantes nas seções dentro do pilar podem ser reduzidos por causa da parcela de carga distribuída (N_s/b_p).

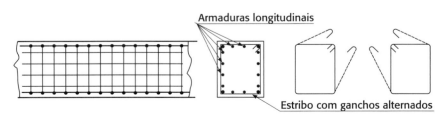

Fig. 13.11 *Detalhe dos estribos*

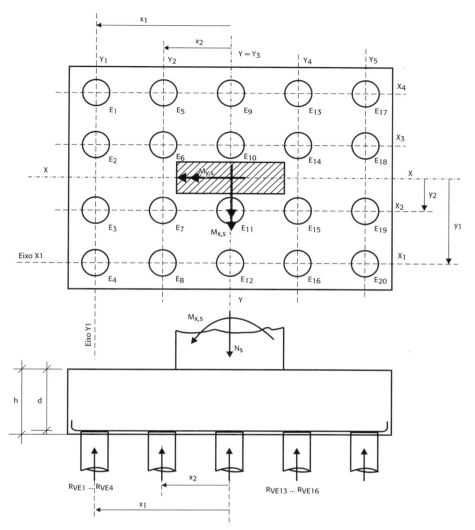

Fig. 13.12 *Bloco à flexão: determinação dos momentos*

Na Fig. 13.13, κ é um coeficiente de proporcionalidade do número de estacas consideradas para os cálculos dos esforços nas direções X e Y. Para o cálculo dos momentos, considerar $\kappa = 1,0$.

Assim, o cálculo dos momentos máximos será:

$$M_{X,I} = M_X - \frac{N_s}{b_{2,p}}\left(\frac{b_{2,p}}{2}\right)^2 \frac{1}{2} = M_X - \frac{N_s \cdot b_{2,p}}{8} \quad 13.26$$

$$M_{X,II} = \left(x_1 - \frac{b_{2,p}}{2}\right)\sum_{i=1}^{4} R_{VEi} + \left(x_2 - \frac{b_{2,p}}{2}\right)\sum_{i=5}^{8} R_{VEi} \quad 13.27$$

Normalmente, no dimensionamento à flexão pode-se considerar somente os valores da seção S_{II-II}, sendo essa seção situada a $0,15b_p$ da face interna do pilar, conforme a Fig. 13.14. Dessa forma:

$$M_{X,II} = \left(x_1 - 0,35b_{2,p}\right)\sum_{i=1}^{4} R_{VEi} + \left(x_2 - 0,35b_{2,p}\right)\sum_{i=5}^{8} R_{VEi} \quad 13.28$$

Considerar o mesmo procedimento para o cálculo dos momentos $M_{Y,I}$ e $M_{Y,II}$.

13.4.2 Cálculo das cortantes máximas junto ao pilar e à distância d/2 do pilar

A determinação da cortante se faz considerando apenas as estacas que estão contidas nas áreas hachuradas, nas direções X-X e Y-Y, respectivamente. Essas áreas são delimitadas por paralelas às faces

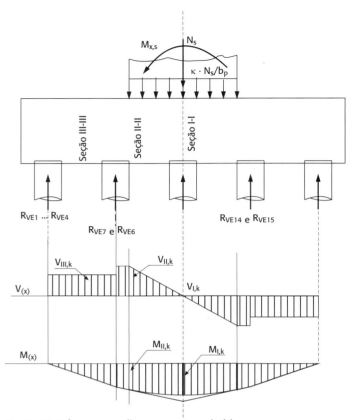

Fig. 13.13 *Esforços nas diversas seções do bloco (calculados como viga)*

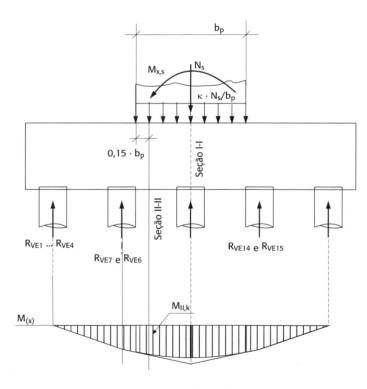

Fig. 13.14 *Seção S_{II}, situada a $0,15b_p$ da face do pilar*

do pilar, distante $d/2$, e por retas que saem dos cantos dos pilares, formando 45° (Fig. 13.15).

Admite-se que as estacas situadas a uma distância menor do que $d/2$ do pilar transmitem suas cargas diretamente a ele sem a possibilidade de desenvolverem bielas de tração consideráveis.

13.4.3 Cálculo da altura (d)

Para o cálculo da altura serão tomados dois parâmetros:

a) Limitar a posição da linha neutra entre os limites dos domínios 2 e 3. Dessa forma, impõe-se para o dimensionamento com CA-50: $0,259 < K_x < 0,628$. A NBR 6118 (ABNT, 2014), para melhor ductilidade da peça, indica que o K_x fique entre 0,259 e 0,45.

$$d \geq \sqrt{\frac{K_{c,adot} \cdot M_{II,d}}{b_{bloco}}} \qquad 13.29$$

Utilizar, para $K_{c,adot}$, os valores de K_c da Tab. 13.3.

b) Limitar a cortante na seção III-III (Fig. 13.15) para que não se necessite de armadura no levantamento de carga, ou seja:

$$V_{III,d} \leq V_{Rd1} \qquad 13.30$$

em que $V_{III,d}$ é a força cortante solicitante de cálculo na seção III-III ($V_{III,k} \cdot \gamma_f$). O motivo dessa verificação da cortante na seção III-III é pelo fato de que, a partir dessa seção, a carga já está entrando diretamente no pilar (ver Fig. 13.13).

A resistência de projeto ao cisalhamento é dada por:

$$V_{Rd1} = \left[\tau_{Rd} \cdot K(1,2 + 40\rho_1) + 0,15\sigma_{cp}\right]b_w \cdot d \qquad 13.31$$

em que:

$$\tau_{Rd} = 0,25f_{ctd} \; (\tau_{Rd} - \text{tensão resistente de cálculo do concreto ao cisalhamento}) \qquad 13.32$$

$$f_{ctd} = {f_{ctk,inf}}/{\gamma_c} = 0,21\frac{f_{ck}^{2/3}}{\gamma_c} \qquad 13.33$$

$$\rho_1 = {A_{s1}}/{(b_w \cdot d)}, \text{não maior do 0,02 (2\%)} \qquad 13.34$$

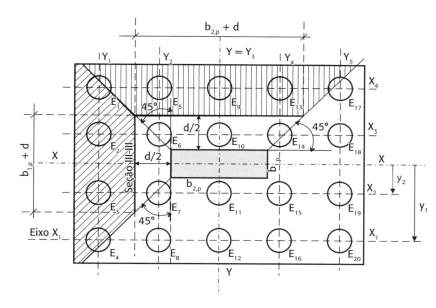

Fig. 13.15 *Bloco à flexão: determinação das cortantes*

Tab. 13.3 Valores de $K_c^{(1)}$

Diagrama retangular			$K_c = b \cdot d^2/M_d$ (b e d em cm; M_d em kN · cm)							
			f_{ck} (MPa)							
Limite	$K_x = x/d$	$K_z = z/d$	15	20	25	30	35	40	45	50
2	0,259	0,8964	5,91	4,43	3,55	2,96	2,53	2,22	1,97	1,77
	0,260	0,8960	5,89	4,42	3,54	2,95	2,53	2,21	1,96	1,77
	0,300	0,8800	5,20	3,90	3,12	2,60	2,23	1,95	1,73	1,56
	0,340	0,8640	4,67	3,5	2,80	2,34	2,0	1,75	1,56	1,40
	0,380	0,8480	4,26	3,19	2,56	2,13	1,83	1,60	1,42	1,28
	0,440	0,8240	3,79	2,84	2,27	1,89	1,62	1,42	1,26	1,14
	0,450	0,8200	3,72	2,79	2,23	1,86	1,59	1,39	1,24	1,12
	0,480	0,8080	3,54	2,65	2,12	1,77	1,52	1,33	1,18	1,06
	0,520	0,7920	3,33	2,50	2,00	1,67	1,43	1,25	1,11	1,00
	0,560	0,7760	3,16	2,37	1,90	1,58	1,35	1,18	1,05	0,95
CA-50	0,600	0,7600	3,01	2,26	1,81	1,50	1,29	1,13	1,00	0,90
3	**0,628**	0,7487	2,92	2,19	1,75	1,46	1,25	1,09	0,97	0,88

(1) Tabela completa no Anexo A1.

Adotar $\rho_1 = \dfrac{A_{s,mín}}{(b_w \cdot d)} \cong 0,15\%$ (quando não se tem a taxa da armadura à flexão calculada).

K é um coeficiente que tem os seguintes valores:

- Para elementos nos quais 50% da armadura inferior não chegam até o apoio: K = 1,0.
- Para os demais casos: K = |1,6 – d|, não menor que 1,0, com d em metros.
- Para pré-dimensionamento da altura útil, considerar K = 1,0.

Após o cálculo da altura útil pelas duas considerações, utilizar o maior deles, ou considerar o valor calculado em função do momento e armar o bloco à cortante.

13.4.4 Dimensionamento à flexão

Utilizando a tabela de K_c, K_x e K_s (Anexo A1), calcula-se o valor de K_c com o valor da altura útil adotada e, de acordo com o concreto e o aço considerados, obtém-se na tabela o valor para K_s.

Logo: $A_s = K_s \dfrac{M_d}{d}$ **13.35**

A armadura mínima, então, será calculada como:

$A_{s,mín} = 0{,}15\%\, b \cdot h \therefore 0{,}85\, d_E \le b \le 1{,}2\, d_E$ **13.36**

Será considerada para b a largura de alojamento da armadura sobre a estaca.

13.4.5 Verificação à cortante

A verificação ao cisalhamento deve ser feita nas duas direções, tanto junto à seção do pilar quanto junto à estaca mais solicitada. Ela deve ser verificada como laje caso a largura do bloco seja $\ge 5d$.

A resistência ao esforço cortante também deve ser verificada junto às estacas de canto mais solicitadas (Fig. 13.16). Assim:

$V_{sd} \le V_{Rd2} = 0{,}27\, \alpha_v \cdot f_{cd} \cdot b_w \cdot d$ **13.37**

13.4.6 Especificação para o detalhamento

As barras que compõem as armaduras principais de flexão devem cobrir toda a extensão da base e ter ganchos de extremidade. Pode-se adotar $\phi \ge 10$ mm e espaçamento menor ou igual a 20 cm. Normalmente, essas armaduras podem ser distribuídas de maneira uniforme por toda a base.

Exemplo 13.1 Bloco solicitado à flexão

Dimensionar e detalhar o bloco sobre estacas a ser utilizado para transferir as ações decorrentes do pilar para a fundação. Considerar os seguintes dados (Fig. 3.17):

- Pilar: 30 × 45;
- Ações do pilar:
  - $N = 950$ kN;
  - $M_x = 50$ kN·m;
  - $M_y = 40$ kN·m (os momentos não atuam simultaneamente);
- Armadura no pé do pilar: 12ϕ16;
- Concreto: $f_{ck} = 20$ MPa;
- Aço: CA-50;
- Estaca: $d_E = 35$ cm;
- Carga admissível = 300 kN.

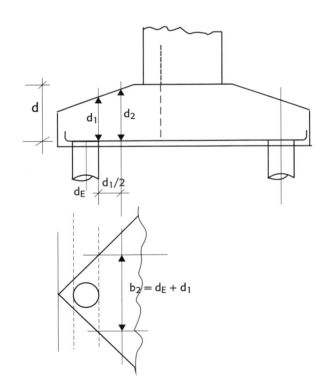
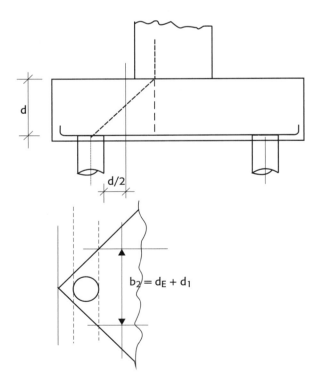

Fig. 13.16 *Dimensões para a verificação da cortante junto à estaca de canto mais solicitada*

Determinação do número de estacas (Fig. 13.18)

$$n°_E = \frac{1{,}15\,N_k}{N_{adm,E}} = \frac{1{,}15 \times 950}{300} = 3{,}64 \cong 4 \text{ estacas}$$

O coeficiente 1,15 corresponde ao acréscimo de carga para considerar o peso próprio do bloco (5%) mais o acréscimo de carga na estaca mais carregada pelo momento (10%).

Cálculo das reações verticais nas estacas

Carga vertical e momento atuando na direção x (M_x):

$$R_{V2} = R_{V4} = \frac{1{,}05\,N_k}{4} + \frac{M_x}{\ell}$$
$$= \frac{1{,}05 \times 950}{4} + \frac{50}{2 \times 0{,}9} = 277{,}15 \text{ kN}$$

$$R_{V1} = R_{V3} = \frac{1{,}05\,N_k}{4} - \frac{M_x}{\ell}$$
$$= \frac{1{,}05 \times 950}{4} - \frac{50}{2 \times 0{,}9} = 221{,}60 \text{ kN}$$

Carga vertical e momento atuando na direção y (M_y):

$$R_{V1} = R_{V2} = \frac{1{,}05\,N_k}{4} + \frac{M_y}{\ell}$$
$$= \frac{1{,}05 \times 950}{4} + \frac{40}{2 \times 0{,}9} = 271{,}60 \text{ kN}$$

$$R_{V3} = R_{V4} = \frac{1{,}05\,N_k}{4} - \frac{M_y}{\ell}$$
$$= \frac{1{,}05 \times 950}{4} - \frac{40}{2 \times 0{,}9} = 227{,}15 \text{ kN}$$

Cálculo dos esforços solicitantes no bloco (M_x; M_y; V_x e V_y)

Utilizando as estacas mais carregadas (277,15 kN), obtêm-se M_x e M_y nas seções I-I (Fig. 13.19), sem descontar a carga do pilar (para pré-dimensionamento):

$$M_x = M_y = 2\,R_{V2}\,\frac{\ell}{2} = 2 \times 277{,}15 \times \frac{0{,}9}{2}$$
$$= 249{,}44 \text{ kN} \cdot \text{m}$$

Determinação da altura do bloco

Como bloco rígido sobre quatro estacas, mantém-se $45° \leq \theta \leq 55°$ e se tem:

$$0{,}71\left(\ell - \frac{b_p}{2}\right) \leq d \leq \left(\ell - \frac{b_p}{2}\right)$$
$$\rightarrow 0{,}71\left(0{,}90 - \frac{0{,}30}{2}\right) \leq d \leq \left(0{,}90 - \frac{0{,}30}{2}\right)$$

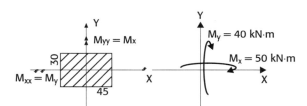

Fig. 13.17 *Características da seção e ações do pilar*

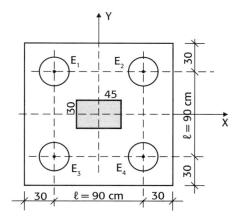

Fig. 13.18 *Detalhe do bloco*

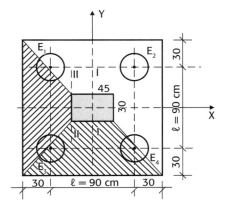

Fig. 13.19 *Quinhões de carga*

Como se pode observar na Fig. 13.19, cada quinhão de carga, para V_x e V_y, pega duas meias estacas, logo:

$$V_{II(x)} = V_{II(y)} = 2\,\frac{R_{V2}}{2} = 2 \times \frac{277{,}15}{2} = 277{,}15 \text{ kN}$$

Se as cortantes forem calculadas proporcionalmente às áreas dos quinhões (hachuras na Fig. 13.19), elas passam aos seguintes valores:

$$V_{II(x)} = 2R_{V2} \cdot 46{,}7\% = 2 \times 277{,}15 \cdot 0{,}467 = 258{,}86 \text{ kN}$$

$$V_{II(y)} = 2R_{V2} \cdot 53{,}3\% = 2 \times 277{,}15 \cdot 0{,}533 = 295{,}44 \text{ kN}$$

Tab. 13.4 Valores de K_c e $K_s^{(1)}$

Diagrama retangular			$K_c = b \cdot d^2/M_d$ (b e d em cm; M_d em kN · cm)								K_s (aço CA)	
			f_{ck} (MPa)								f_{yk} (MPa)	
Limite	$K_x = x/d$	$K_z = z/d$	15	20	25	30	35	40	45	50	25	50
	0,020	0,992	69,18	51,89	41,51	34,59	29,65	25,94	23,06	20,75	0,046	0,023
	0,150	0,940	9,73	7,30	5,84	4,87	4,17	3,65	3,24	2,92	0,048	0,024
2a	**0,167**	0,933	8,81	6,61	5,28	4,40	3,77	3,30	2,94	2,64	0,049	0,024
	0,200	0,920	7,46	5,59	4,48	3,73	3,20	2,80	2,49	2,24	0,050	0,025
2b	**0,259**	0,896	5,91	4,43	3,55	2,96	2,53	2,22	1,97	1,77	0,051	0,025
	0,360	0,856	4,45	3,34	2,67	2,23	1,91	1,67	1,48	1,34	0,053	0,026
	0,450	**0,820**	**3,72**	**2,79**	**2,23**	**1,86**	**1,59**	**1,39**	**1,24**	**1,12**	**0,056**	**0,028**
	0,540	0,784	3,24	2,43	1,95	1,62	1,39	1,22	1,08	0,97	0,058	0,029
CA-50	0,620	0,752	2,94	2,21	1,77	1,47	1,26	1,10	0,98	0,88	0,061	0,030
3	**0,628**	0,748	2,92	2,19	1,75	1,46	1,25	1,09	0,97	0,88	0,061	0,030

[1] Tabela completa no Anexo A1.

em que b_p é a menor dimensão do pilar.

$$0,55 \leq d \leq 0,75$$

Com d menor do que 55 cm, o bloco será calculado como bloco flexível.

Se bloco flexível calculado como viga, impõe-se a posição da linha neutra com $K_x = 0,45$, segundo o item 14.6.4.3 da NBR 6118 (ABNT, 2014), para proporcionar uma melhor ductilidade da peça.

Para concreto f_{ck}: 20 MPa e aço CA-50: $K_c = 2,79$ (conforme Tab. 13.4).

Assim:

$$K_{c,(Kx=0,45)} = 2,79 = \frac{b \cdot d^2}{\gamma_f \cdot M_k} = \frac{150\, d^2}{1,4 \times 24.944} \quad \rightarrow \quad d^2$$
$$= 649,54 \quad \rightarrow \quad d \geq 26 \text{ cm}$$

É necessário limitar a cortante na seção a $d/2$ da face do pilar para que não seja necessária armadura para levantamento de carga (cortante), ou seja:

$$V_{sd} \leq V_{Rd1}$$

A resistência de projeto ao cisalhamento é dada por:

$$V_{Rd1} = \left[\tau_{Rd} \cdot K(1,2 + 40\rho_1) + 0,15\sigma_{cp} \right] b_{III} \cdot d$$

em que:

$$\tau_{Rd} = 0,25 f_{ctd} = 0,25 \cdot 0,21 \cdot \frac{f_{ck}^{2/3}}{\gamma_c}$$
$$= 0,276 \text{ MPa} = 0,0276\, \text{kN}\big/\text{cm}^2$$

$$\rho_1 = \frac{A_{s1}}{(b_w \cdot d)}, \text{ não maior do que } 0,02 (2\%)$$

Adotar $\rho_1 = \frac{A_{s,mín}}{(b_w \cdot d)} \cong 0,15\%$.

K é um coeficiente que tem os seguintes valores:

⊕ Para elementos nos quais 50% da armadura inferior não chegam até o apoio: K = 1,0.

⊕ Para os demais casos: $K = |1,6 - d|$, não menor que 1,0, com d em metros.

Portanto, para verificação da cortante, considerar $d = 26 \cong 30$ cm, logo $K = 1,6 - 0,3 = 1,3$.

$V_{III(y)} = 295,44$ kN (calculado proporcionalmente aos quinhões de áreas – Fig.13.19)

$$b_{III(x)} = b_p + 2 \cdot \frac{d}{2} = 45 + 2 \times \frac{30}{2} = 75 \text{ cm}$$

Então:

$$V_{Rd1} = \left[0,0276 \times 1,30 (1,2 + 40 \times 0,15/100) \right]$$
$$75 \times 30 = 101,72 \text{ kN} < V_{III(y),d}$$

Pode-se observar, pela Fig. 13.20A, que se considerarmos $d = 45$ cm a seção III-III na direção x está no eixo das estacas, logo, nessa direção as cargas das estacas caminham diretamente para o pilar, sem necessidade de armadura de levantamento.

Na direção y o mesmo não acontece (Fig. 13.20A), mas, passando a altura útil do bloco para 60 cm, a seção III-III (y) também estará no alinhamento dos

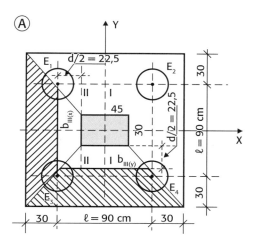 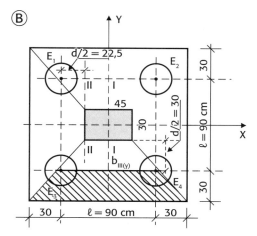

Fig. 13.20 *Quinhos de áreas (cargas) para as seções III: (A) com altura útil igual a 45 cm; (B) com altura útil igual a 60 cm*

blocos (Fig. 13.20A), e, consequentemente, suas cargas caminharão diretamente ao pilar, sem a necessidade de armadura de levantamento. Ocorre, porém, que a partir de uma altura útil de 55 cm o bloco pode ser calculado como bloco rígido.

Verificação do peso próprio mais solo sobre o bloco
$$\rho_{conc} = 25 \text{ kN/m}^3$$
$$\rho_{solo} = 18 \text{ kN/m}^3$$
$$G_{pp+solo} = 1,5 \times 1,5 \times 0,65 \times 25 + 1,5 \times 1,5 \times 0,2 \times 18$$
$$= 44,66 \text{ kN} < 0,05 \times 950 = 47,5 \text{ kN}$$

Verificação à cortante, para não ocorrer ruptura à compressão do concreto
$$V_{sd} \leq V_{Rd2} = 0,27\, \alpha_{v2} \cdot f_{cd} \cdot b_w \cdot d$$
$$\alpha_{v2} = \left(1 - \frac{f_{ck}}{250}\right) = \left(1 - \frac{20}{250}\right) = 0,92 \rightarrow f_{ck} \text{ em MPa}$$
$$V_{Rd2(x)} = 0,27\, \alpha_{v2} \cdot f_{cd} \cdot b_w \cdot d = 0,27 \times 0,92$$
$$\times \frac{2,0\, \frac{\text{kN}}{\text{cm}^2}}{1,4} \times 30 \times 60 = 638,74 \text{ kN} > V_{III(x),d}$$
$$V_{III(x),d} = 1,4 \times 258,86 \text{ kN}$$

(cortante considerando as cargas proporcionais aos quinhões de áreas)

$$V_{Rd2(y)} = 0,27\, \alpha_{v2} \cdot f_{cd} \cdot b_w \cdot d = 0,27 \times 0,92 \times \frac{2,0\, \frac{\text{kN}}{\text{cm}^2}}{1,4}$$
$$\times 45 \times 60 = 958,11 \text{ kN} > V_{III(y),d} = 1,4 \times 295,44 \text{ kN}$$

(cortante considerando as cargas proporcionais aos quinhões de áreas)

Logo, não haverá ruptura à compressão.

Verificação à punção
$$\tau_{sd} \leq \tau_{Rd2} = 0,27\, \alpha_v \cdot f_{cd} = 0,27 \times 0,92 \times \frac{2,0\, \frac{\text{kN}}{\text{cm}^2}}{1,4}$$
$$= 0,355 \, \frac{\text{kN}}{\text{cm}^2}$$
$$\tau_{sd} = \frac{N_{sd}}{(\mu \cdot d)} = \frac{1,4 \times 950}{2(30+45) \times 60} = 0,148 \, \frac{\text{kN}}{\text{cm}^2} < \tau_{Rd2}$$

em que μ é igual ao perímetro do pilar.

Logo, também não haverá punção.

A altura útil do bloco para ancoragem das armaduras do pilar (12ϕ16) é:
$$d \geq \ell_{b,nec} = 44\phi = 44 \times 1,6 = 70 \text{ cm}$$

Apresentam-se a seguir alternativas para manter a altura útil igual a 60 cm:

a] Aumentar a área de armadura no pilar:
$$\ell_b = 44\phi \frac{A_{s,cal}}{A_{s,nec}} \leq 60 \text{ cm}$$
$$A_{s,cal} = 12 \cdot A_{s1\phi 16} = 12 \times 2,011 = 24,132 \text{ cm}^2$$

Logo:
$$44\phi \frac{A_{s,cal}}{A_{s,nec}} = 44 \cdot 1,6 \cdot \frac{24,132}{A_{s,nec}} \leq 60 \text{ cm}$$
$$\rightarrow A_{s,nec} \geq 28,31 \text{ cm}^2$$

Correspondendo a:

$$n_b = \frac{A_{s,cal}}{A_{s1\phi16}} = \frac{28,31}{2,011} = 14,07 \cong 14\phi16$$

b] Diminuir a bitola das barras de $\phi16$ para $\phi12,5$, mantendo-se o $A_{s,cal}$:

$$\ell_b = 44\phi\frac{A_{s,cal}}{A_{s,nec}} \leq 60 \text{ cm}$$

$$44\phi\frac{A_{s,cal}}{A_{s,nec}} = 44 \cdot 1,25 \cdot \frac{24,132}{A_{s,nec}} \leq 60 \text{ cm}$$

$$\rightarrow A_{s,nec} \geq 22,12 \text{ cm}^2$$

Correspondendo a:

$$n_b = \frac{A_{s,cal}}{A_{s1\phi16}} = \frac{22,12}{1,227} \cong 18\phi12,5$$

Dimensionamento e detalhamento como bloco rígido

O cálculo da inclinação das bielas é feito por:

$$\text{tg } \theta = \frac{d}{\dfrac{\ell\sqrt{2}}{2} - \dfrac{b\sqrt{2}}{4}} = \frac{60}{\left(\dfrac{90\sqrt{2}}{2} - \dfrac{30\sqrt{2}}{4}\right)} = 1,131 \rightarrow \theta = 48,52°$$

$$\text{tg } \theta = \frac{d}{\dfrac{\ell\sqrt{2}}{2} - \dfrac{b\sqrt{2}}{4}} = \frac{60}{\left(\dfrac{90\sqrt{2}}{2} - \dfrac{45\sqrt{2}}{4}\right)} = 1,257 \rightarrow \theta = 51,50°$$

Verificação de tensões junto ao pilar e junto à estaca

Utiliza-se o menor: $\theta = 48,52°$.

Junto ao pilar $\sigma_{C(pilar)}$:

$$\frac{N_{sk}}{A_{cp} \cdot \text{sen}^2\theta} = \frac{4 \times 277,15}{30 \times 45 \times 0,749^2}$$

$$= 1,46\frac{\text{kN}}{\text{cm}^2} \leq 1,28 f_{ck} = 1,28 \times 2,0 = 2,56\frac{\text{kN}}{\text{cm}^2}$$

Junto à estaca $\sigma_{C(estaca)}$:

$$\frac{N_{sk}}{4\,A_{cE} \cdot \text{sen}^2\theta} = \frac{4 \times 277,15}{4\left(3,1416 \times \dfrac{30^2}{4}\right)0,749^2}$$

$$= 0,70\frac{\text{kN}}{\text{cm}^2} \leq 1,28 f_{ck} = 2,56\frac{\text{kN}}{\text{cm}^2}$$

Cálculo das armaduras principais

Como bloco rígido

⊕ Segundo os lados e a malha:

¾ $\leq \alpha \leq$ 6/7 → será considerado $\alpha = 0,85$

(item 22.7.4.1.1 da NBR 6118 – ABNT, 2014)

⊕ Segundo os lados:

$$R_{s1,d} = \frac{\alpha\,N_{sd}}{8d}\left(\ell - \frac{b}{2}\right)$$

$$= \frac{0,85 \times 1,4 \times 4 \times 277,15}{8 \times 60}\left(90 - \frac{30}{2}\right) = 206,13 \text{ kN}$$

$$A_{s1} = \frac{R_{s1,d}}{f_{yd}} = \frac{206,13}{50/1,15} = 4,74 \text{ cm}^2$$

$$\rightarrow \left\{ \begin{array}{l} 6\phi10 \\ 4\phi12,5 \text{ (áreas das barras de acordo com a Tab. 13.5)} \\ 3\phi16) \end{array} \right.$$

Tab. 13.5 Especificações de barras

Barras (ϕ, mm)	Massa nominal (kg/m)[1]	Área da seção (mm²)
6,3	0,245	31,2
8,0	0,395	50,3
10,0	0,617	78,5
12,5	0,963	122,7
16,0	1,578	201,1
20,0	2,466	314,2
22,0	2,984	380,1
25,0	3,853	490,9
32,0	6,313	804,2
40,0	9,865	1.256,6

[1] Massa específica do aço adotada igual a 7.850 kg/m³.

Fonte: NBR 7480 (ABNT, 2007).

⊕ Armadura mínima:

Será considerada para b a largura de alojamento da armadura sobre a estaca.

$$0,85\,d_E \leq b \leq 1,2\,d_E \rightarrow 25,5 \leq b \leq 36 \text{ cm}$$

Portanto, adotando $b = 30$ cm, tem-se:

$$A_{s,mín} = 0,15\% \cdot b \cdot h$$

$$A_{s,mín} = \frac{0,15 \times 30 \times 65}{100} = 2,925 \text{ cm}^2$$

⊕ Armadura de distribuição em malha

De acordo com o item 22.7.4.1.2 da NBR 6118 (ABNT, 2014), para controlar a fissuração, deve ser prevista armadura positiva adicional, independente da armadura principal de flexão, em malha uniformemente distribuída em duas direções para 20% dos esforços totais.

$$R_{s2,d} = \frac{2,4(1-\alpha) \cdot N_{sd}}{8d}\left(\ell - \frac{b}{2}\right)$$

$$= \frac{2,4 \times 0,2 \times 1,4 \times 4 \times 277,15}{8 \times 60}\left(90 - \frac{30}{2}\right) = 116,40 \text{ kN}$$

$$A_{s2} = \frac{R_{s2,d}}{B_{BL} \cdot f_{yd}} = \frac{116,40}{1,50 \times 50/1,15} = 1,78 \text{ cm}^2\!\Big/\!\text{m}$$

Logo, o espaçamento da armadura da malha é:

$$s = \frac{31,2}{1,78} = 17,5 \to \phi 6,3 \text{ c}/17 \,(\text{Tab. 13.5})$$

Como bloco à flexão

Serão calculadas as armaduras para os momentos nas seções I-I e II-II e nas direções x e y.

Momento mínimo

$$M_{d,mín} = 0,8 W_{0(x)} \cdot f_{ctk,sup} = 0,8\frac{150 \times 60^2}{6} \times 0,287$$

$$= 20.664 \text{ kN} \cdot \text{cm} = 206,64 \text{ kN} \cdot \text{m}$$

em que:

$f_{ctk,sup}$ é a resistência característica superior do concreto à tração:

$$f_{ctk,sup} = 1,3 \cdot 0,3 f_{ck}^{2/3} = 1,3 \times 0,3 \times 20^{2/3}$$

$$= 2,87 \text{ MPa} = 0,287\frac{\text{kN}}{\text{cm}^2}$$

Na direção x:

$$M_{I(x),d} = 1,4 \times 196,00$$

$$= 274,4 \text{ kN} \cdot \text{m} > M_{d,mín} = 206,64 \text{ kN} \cdot \text{m}$$

$$K_{c(x)} = \frac{b \cdot d^2}{M_{I(x),d}} = \frac{150 \times 60^2}{27.440}$$

$$= 19,68 \to \text{Tab. 13.6} \to K_s = 0,024$$

$$A_{sI(x)} = K_s \frac{M_{I(x),d}}{d_{I(x)}} = 0,024\frac{27.440}{60} = 10,98 \text{ cm}^2$$

Na direção y:

$$M_{I(y)} = 1,4 \times 213,81 = 299,33 \text{ kN} \cdot \text{m} > M_{d,mín}$$

$$= 206,64 \text{ kN} \cdot \text{m}$$

$$K_{c(I,y)} = \frac{b \cdot d^2}{M_{I(y),d}} = \frac{150 \times 60^2}{29.933}$$

$$= 18,04 \to \text{Tab. 13.6} \to K_s = 0,0252$$

$$A_{sI(y)} = K_s \frac{M_{I(y),d}}{d_{I(y)}} = 0,024\frac{29.933}{60} = 11,97 \text{ cm}^2$$

$$\frac{A_{s(x)}}{2} = \frac{10,98}{2} = 5,49 \text{ cm}^2 \text{ sobre cada}$$

alinhamento de estacas $\begin{cases}5\phi12,5 \\ 3\phi16\end{cases}$

$$\frac{A_{s(y)}}{2} = \frac{11,97}{2} = 5,98 \text{ cm}^2 \text{ sobre cada}$$

alinhamento de estacas $\begin{cases}5\phi12,5 \\ 3\phi16\end{cases}$

No caso da existência de armaduras somente segundo os lados (sobre as estacas), recomenda-se a colocação de malha inferior (na base do bloco) com

Tab. 13.6 Valores de K_c e K_s [1]

Diagrama retangular			$K_c = b \cdot d^2/M_d$ (b e d em cm; M_d em kN · cm)								K_s (aço CA)	
			f_{ck} (MPa)								f_{yk} (MPa)	
Limite	$K_x = x/d$	$K_z = z/d$	15	20	25	30	35	40	45	50	25	50
	0,020	0,992	69,18	51,89	41,51	34,59	29,65	25,94	23,06	20,75	0,0464	0,0232
	0,050	0,9800	28,01	21,01	16,82	14,01	12,00	10,50	9,34	8,40	0,0469	0,0235
	0,080	0,9680	17,72	13,29	10,63	8,86	7,60	6,65	5,91	5,32	0,0475	0,0240
2a	**0,167**	0,9332	8,81	6,61	5,28	4,40	3,77	3,30	2,94	2,64	0,0493	0,0246
	0,200	0,9200	7,46	5,59	4,48	3,73	3,20	2,80	2,49	2,24	0,0500	0,0250
2b	**0,259**	0,8964	5,91	4,43	3,55	2,96	2,53	2,22	1,97	1,77	0,0513	0,0257
	0,360	0,8560	4,45	3,34	2,67	2,23	1,91	1,67	1,48	1,34	0,0537	0,0269
	0,450	0,8200	3,72	2,79	2,23	1,86	1,59	1,39	1,24	1,12	0,0561	0,0280
CA-50	0,620	0,7520	2,94	2,21	1,77	1,47	1,26	1,10	0,98	0,88	0,0612	0,0306
3	**0,628**	0,7487	2,92	2,19	1,75	1,46	1,25	1,09	0,97	0,88	0,0614	0,0307

[1] Tabela completa no Anexo A1.

seção total em cada direção pelo menos igual a 1/5 da armadura principal ($A_{s(lados)}$), como em:

$$A_{s,malha} = \frac{5{,}98}{5}$$

$$= 1{,}196 \text{ cm}^2/\text{m} \to \phi 6{,}3c/20 \text{ (Tab.13.5)}$$

Logo, armaduras bastante próximas daquelas calculadas como bloco rígido.

Armaduras complementares

Armadura de pele ou de costela (ou ainda armadura lateral)

Recomenda-se, além da armadura inferior principal, uma armadura complementar lateral (de pele) igual a:

$$A_{s,lat} \geq \begin{cases} (0{,}2 \text{ a } 0{,}3)A_{s,long} \\ 0{,}10\% \ A_{c,alma} \text{ (em cada face)} \end{cases}$$

em que o diâmetro da armadura lateral é de $\phi_{lat} \geq 12{,}5$ mm e o espaçamento – recomendação da NBR 6118 (ABNT, 2014) – é $s \leq \begin{cases} d/3 \\ 20 \text{ cm} \end{cases}$.

A seção da alma será calculada em função da largura fictícia (Fig. 13.21) pela altura útil do bloco, conforme desenvolvido na seção 12.4.1 do Cap. 12.

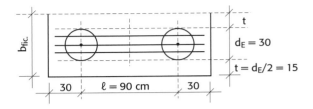

Fig. 13.21 *Armadura lateral*

Utilizando os dados para os cálculos, tem-se:

$$A_{s,lat} \geq \begin{cases} (0{,}2 \text{ a } 0{,}3)A_{s,long} = 0{,}25 \times 3 \times 2{,}01 = 1{,}51 \text{ cm}^2 \\ 0{,}10\% \ A_{c,alma} \text{ (em cada face)} \\ = \frac{0{,}1}{100} \times 30 \times 65 = 1{,}95 \text{ cm}^2 \end{cases}$$

Assim, $A_{s,lat} = 1{,}95$ cm² → $2\phi 12{,}5$ em cada face (em função do espaçamento mínimo serão colocadas $3\phi 12{,}5$).

Detalhamento (Fig. 13.22)

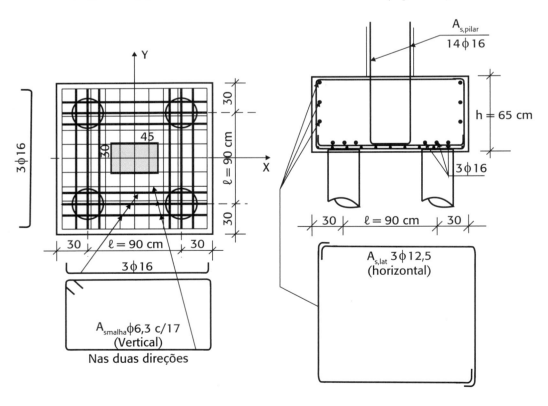

Fig. 13.22 *Detalhamento das armaduras*

13.5 Blocos sob pilar vazado ou pilar de parede dupla (Fig. 13.23)

13.5.1 Comprimentos das paredes do pilar são menores que as distâncias entre as estacas ou tubulões

Cálculo dos esforços no tubulão (estaca)

Para o cálculo dos esforços solicitantes no tubulão, pode-se considerar no interior do bloco um pórtico plano (Fig. 13.24), em cada direção, determinando a reação no tubulão mais carregado. Aplica-se no pilar uma carga igual a n vezes essa carga máxima, sendo n o número de tubulões (ou estacas).

Em seguida, determina-se uma área equivalente do pilar que forneça uma carga igual ao do tubulão mais carregado. Com essa área equivalente do pilar determina-se o centro de gravidade da área (CG), definindo dessa forma o ponto O (Fig. 13.23), que, por sua vez, definirá a projeção da biela AO.

Cálculo da altura útil do bloco

$$d = \overline{AO} \cdot \mathrm{tg}\,\theta \quad \rightarrow \quad 45° \leq \theta \leq 55° \qquad \textbf{13.38}$$

Verificação de tensões junto ao pilar e junto ao tubulão (ou estaca)

As verificações são feitas de forma semelhante ao bloco sobre quatro estacas (modelo de bielas, conforme apresentado no Quadro 12.7 do Cap. 12). Portanto:

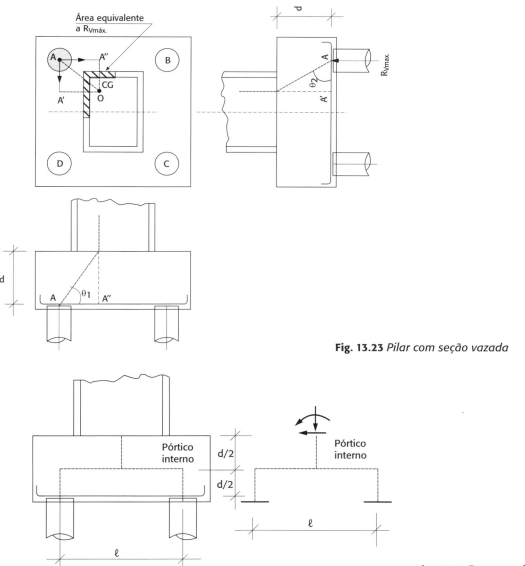

Fig. 13.23 *Pilar com seção vazada*

Fig. 13.24 *Esquema de pórtico*

13 Blocos sobre estacas ou tubulões: carga excêntrica (N,M)

◈ Junto ao pilar:

$$\frac{N_{sk}}{A_{c,p} \cdot \text{sen}^2 \theta} \leq 1,28 f_{ck} \qquad \text{13.39}$$

◈ Junto ao tubulão (estaca):

$$\frac{N_{sk}}{4 A_{c,E} \cdot \text{sen}^2 \theta} \leq 1,28 f_{ck} \qquad \text{13.40}$$

Cálculo da armadura

As armaduras também serão calculadas de forma semelhante ao bloco sobre quatro estacas, conforme Quadros 12.6 ou 12.7 do Cap. 12.

Segundo os lados AD e BC, tem-se:

$$R_{s1,d} = \frac{N_{sd}}{4 \text{tg } \theta_1} \rightarrow A_{s1} = \frac{R_{s1,d}}{f_{yd}} \qquad \text{13.41}$$

Por outro lado, de acordo com os lados AB e CD, tem-se:

$$R_{s2,d} = \frac{N_{sd}}{4 \text{tg } \theta_2} \rightarrow A_{s2} = \frac{R_{s2,d}}{f_{yd}} \qquad \text{13.42}$$

Recomenda-se que as armaduras sejam colocadas segundo os lados e, em malha, nas duas direções. Para isso, a distribuição se faz da seguinte forma:

◈ Armadura segundo os lados:

$$A_{s1,\ell} = 0,8 A_{s1} = 0,8 \frac{R_{s1,d}}{f_{yd}} \qquad \text{13.43}$$

$$A_{s2,\ell} = 0,8 A_{s2} = 0,8 \frac{R_{s2,d}}{f_{yd}} \qquad \text{13.44}$$

◈ Armadura em malha:

Nesses casos, a tensão na armadura da malha será considerada metade e as armaduras terão acréscimo de 20%. Portanto:

$$A_{s1,m} = 1,2(0,2 A_{s1}) = 0,24 \frac{R_{s1,d}}{\dfrac{f_{yd}}{2}} = 0,48 \frac{R_{s1,d}}{f_{yd}} \qquad \text{13.45}$$

$$A_{s2,m} = 1,2(0,2 A_{s2}) = 0,48 \frac{R_{s2,d}}{f_{yd}} \qquad \text{13.46}$$

Detalhamento

A Fig. 13.25 traz o detalhamento do bloco.

13.5.2 Paredes do pilar são da mesma ordem de grandeza das distâncias entre as estacas ou tubulões

Nesses casos, uma ou duas paredes caem próximo do plano que contém os tubulões (sobre o alinhamento dos tubulões) e desenvolvem, no bloco, tensões de bloco parcialmente carregado, de tal modo que se faz necessária uma armadura de fretagem nessa região, conforme visto na seção 12.5. Manter a inclinação θ (inclinação da biela na direção AO – Fig. 13.23) entre 45° e 55°.

Os demais procedimentos de cálculo de armadura e verificações de tensões nas bielas são os mesmos desenvolvidos anteriormente, acrescentando somente as armaduras de fretagem (Fig. 13.26).

Para o cálculo da armadura de fretagem, pode-se utilizar a mesma equação apresentada para a fretagem da cabeça de tubulão:

$$R_{sd} = \frac{N_{sd}}{3}\left(1 - \frac{a}{b}\right)\left(\frac{kN}{m}\right) \qquad \text{13.47}$$

Exemplo 13.2 Bloco solicitado à flexão

Dimensionar e detalhar o bloco para o pilar da Fig. 13.27. Utilizar os seguintes dados:

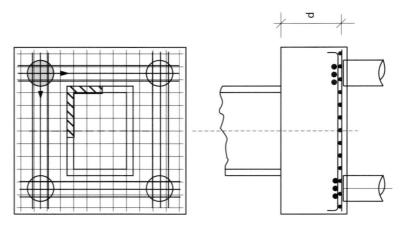

Fig. 13.25 *Detalhamento do bloco*

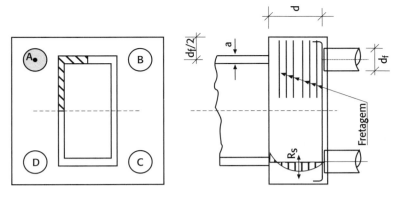

Fig. 13.26 *Fretagem*

- Pilar: 60 × 100 cm;
- Concreto: f_{ck} = 20 MPa (200 kgf/cm²);
- Estaca Frank: ϕ30 (capacidade de carga admissível da estaca: $R_{adm,E}$ = 450 kN);
- Aço CA-50;
- N = 6.000 kN;
- M_x = 1.200 kN · m;
- M_y = 600 kN · m.

Cálculo do número de estacas

$$n_E > 1,3 \frac{N_k}{R_{adm,E}} = 1,3 \frac{6.000}{450} = 17,3 \cong 20 \text{ estacas}$$

No caso, o valor de 1,3 corresponde ao acréscimo de carga pelo peso próprio do bloco (10%). Os outros 20% correspondem ao acréscimo de carga para a estaca mais carregada por contados momentos nas duas direções.

Distribuição das estacas e dimensões do bloco
A Fig. 13.27 apresenta o estaqueamento com a distribuição das estacas e dimensões do bloco de encabeçamento.

Características geométricas do estaqueamento
A inércia do estaqueamento está apresentada na Eq. 11.60 da seção 11.2.2 (Cap. 11).

- Inércia em relação ao eixo XX:

$$I_{XX} = 5y_1^2 + 5y_2^2 = \left(5 \times 1,35^2 + 5 \times 0,45^2\right)2 = 20,25 \text{ m}^4$$

- Inércia em relação ao eixo YY:

$$I_{YY} = 4x_1^2 + 4x_2^2 = \left(4 \times 1,8^2 + 4 \times 0,9^2\right)2 = 32,4 \text{ m}^4$$

Cálculo das cargas nas estacas

$R_{V,E1} = -1,1 \times 6.000/20 - 1.200 \times 1,8/32,4 - 600 \times 1,35/20,25 = -330 - 66,67 - 40 = -436,67$ kN

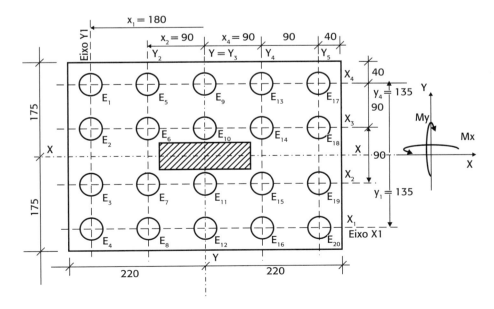

Fig. 13.27 *Estaqueamento*

$$R_{V,E2} = -330 - 66,67 - 600 \times 0,45/20,25 = -410,00 \text{ kN}$$
$$R_{V,E3} = -330 - 66,67 + 13,33 = -383,34 \text{ kN}$$
$$R_{V,E4} = -330 - 66,67 + 40 = -356,67 \text{ kN}$$

$$R_{V,E5} = -330 - 1.200 \times 0,9/32,4 - 40 = -403,33 \text{ kN}$$
$$R_{V,E6} = -330 - 33,33 - 13,33 = -376,66 \text{ kN}$$
$$R_{V,E7} = -330 - 33,33 + 13,33 = -350 \text{ kN}$$
$$R_{V,E8} = -330 - 33,33 + 40 = -323,33 \text{ kN}$$

Na Tab. 13.7 é possível observar que a estaca mais carregada E_1 ficou com 436,67 kN, aproximadamente igual aos 450 kN da carga admissível da estaca.

Cálculo dos esforços solicitantes no bloco (momentos fletores e cortantes)

Será admitido, como exemplo, que a variação entre as cargas nas estacas é grande (ou seja, que na verdade não está ocorrendo) e que, consequentemente, há cargas variáveis na mesma linha de estacas.

Assim, de acordo com a Fig. 13.28, têm-se os valores para os esforços solicitantes no bloco:

⊕ Momento em torno do eixo XX:

$$M_{IY} = \left[2\left(R_{VE1} + R_{VE5}\right) + R_{VE9}\right]1,35$$
$$+ \left[2\left(R_{VE2} + R_{VE6}\right) + R_{VE10}\right]0,45 - \frac{N_{sk} \cdot b_{1,p}}{8}$$

$$M_{IY} = \left[2\left(436,67 + 403,33\right) + 370,00\right] \times 1,35$$
$$+ \left[2\left(410,00 + 376,66\right) + 343,33\right]$$
$$\times 0,45 - \frac{6.000 \times 0,6}{8} = 3.180,00 \text{ kN} \cdot \text{m}$$

⊕ Momento em torno do eixo YY:

$$M_{IX} = 2\left(R_{VE1} + R_{VE2}\right)1,8 + 2\left(R_{VE5} + R_{VE6}\right)0,9 - \frac{N_s \cdot b_{2,p}}{8}$$

$$M_{IX} = 2\left(436,67 + 410,00\right) \times 1,8$$
$$+ 2\left(403,33 + 376,67\right) \times 0,9 - \frac{6.000 \times 1,1}{8}$$
$$M_{IX} = 3.627,01 \text{ kN} \cdot \text{m}$$
$$M_{IIX} = 2(R_{VE1} + R_{VE2})\,(1,8 - 0,15_{b2,p})$$
$$+ 2(R_{VE5} + R_{VE6})\,(0,9 - 0,15_{b2,p})$$
$$M_{IIX} = 2(436,667 + 410)\,(1,8 - 0,15 \times 1,1)$$
$$+ 2(403,33 + 376,67)\,(0,9 - 0,165)$$
$$M_{IIX} = 3.915,21 \text{ kN} \cdot \text{m}$$

Tab. 13.7 Reações verticais nas estacas

Estaca	Carga vertical $1,1 \times 6.000$ kN	Momento na direção de X $M_x = 1.200$ kN · m	Momento na direção de Y $M_y = 600$ kN · m	Reação total na estaca R_{VEi} (kN)
E_1	−330,00	−66,67	−40,00	−436,67
E_2	−330,00	−66,67	−13,33	−410,00
E_3	−330,00	−66,67	+13,33	−383,34
E_4	−330,00	−66,67	+40,00	−356,67
E_5	−330,00	−33,33	−40,00	−403,33
E_6	−330,00	−33,33	−13,33	−376,66
E_7	−330,00	−33,33	+13,33	−350,00
E_8	−330,00	−33,33	40,00	−323,33
E_9	−330,00		−40,00	−370,00
E_{10}	−330,00		−13,33	−343,33
E_{11}	−330,00		13,33	−316,67
E_{12}	−330,00		40,00	−290,00
E_{13}	−330,00	33,33	−40,00	−336,67
E_{14}	−330,00	33,33	−13,33	−310,00
E_{15}	−330,00	33,33	13,33	−283,34
E_{16}	−330,00	33,33	40,00	−256,67
E_{17}	−330,00	66,67	−40,00	−303,33
E_{18}	−330,00	66,67	−13,33	−276,66
E_{19}	−330,00	66,67	13,33	−250,00
E_{20}	−330,00	66,67	40,00	−223,33

ELEMENTOS DE FUNDAÇÕES EM CONCRETO

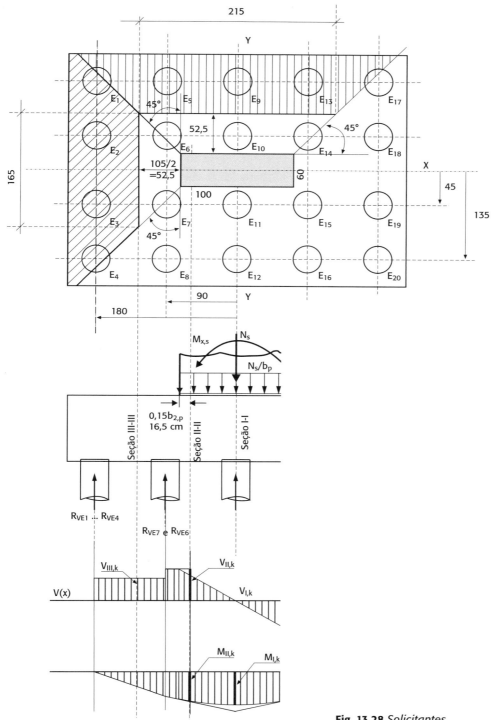

Fig. 13.28 *Solicitantes*

- Cortante na direção de X:

$V_{IIX} = 2(R_{VE1} + R_{V2} + R_{V6}) = 2(436,67 + 410,00 + 376,67)$
$= 2.446,68$ kN

$V_{IIIX} = 2(R_{VE1} + R_{V2}) = 2(436,67 + 410,00) = 1.693,34$ kN

- Cortante na direção de Y:

$V_{IIY} = 2(R_{VE1} + R_{V5} + R_{V6}) + R_{V9} + R_{V10}$

$V_{IIY} = 2(436,67 + 403,33 + 376,67) + 370,00 + 343,33$
$= 3.146,67$ kN

13 Blocos sobre estacas ou tubulões: carga excêntrica (N,M)

$$V_{IIIY} = 2\left(R_{VE1} + R_{V5}\right) + R_{V9} = 2\left(436,67 + 403,33\right) + 370,00$$
$$= 2.050,00 \text{ kN}$$

Cálculo da altura do bloco h (em que d é a altura útil)
Como primeira alternativa do cálculo da altura do bloco h, recomenda-se que a inclinação da biela menos inclinada seja da ordem de $\cong 30°$. Portanto:

$$\text{tg } 30° = \frac{d}{180} \rightarrow d \cong 105 \text{ cm} \rightarrow h = 115 \text{ cm}$$

A segunda alternativa é impor uma posição de linha neutra, com $K_x = 0,45$, dentro do domínio 3 (tabela do Anexo A1), ou seja, para o aço CA-50 e concreto de $f_{ck} = 20$ MPa. Assim:

$$K_{c,(K_x=0,45)} = 2,79 = \frac{b_{BL} \cdot d^2}{M_{x,d}} = \frac{175 \times 2 \times d^2}{1,4 \times 391521}$$
$$= 66 \therefore d \cong 70 \text{ cm}$$

Por fim, a terceira alternativa é limitar a tensão de cisalhamento na seção $d/2$ para não armar o bloco à cortante:

⊕ Na direção de X

$$V_{(d/2),d} = V_{IIIX,d} = \left(1.693,34 \times 1,4\right) \text{ kN} = 2.370,68 \text{ kN} \leq V_{Rd1}$$

A resistência de projeto ao cisalhamento é dada por:

$$\tau_{Rd} = 0,25 f_{ctd} = 0,25 \cdot 0,21 \frac{f_{ck}^{2/3}}{\gamma_c} = 0,276 \text{ MPa} = 0,0276 \text{ kN}\big/\text{cm}^2$$

Adotar $\rho_1 = A_{s,mín}\big/\left(b_w \cdot d\right) \cong 0,15\%$.

Para pré-dimensionamento da altura útil, considerar K = 1,0.

$$V_{Rd1} = \left[\tau_{Rd} \cdot K\left(1,2 + 40\rho_1\right) + 0,15\sigma_{cp}\right]b_w \cdot d$$

O valor de b_w (largura do bloco) é obtido pela Fig. 13.26:

$$V_{Rd1} = \left[0,0276 \cdot 1,0\left(1,2 + 40 \cdot 0,15/100\right)\right]350d = 12,13d$$

$$V_{IIIX,d} = 2.370,68 \text{ kN} \leq V_{Rd1} = 12,13d \therefore d \geq 195 \text{ cm}$$

⊕ Na direção de Y (considerar a largura b_w = 440 cm)

$$V_{(d/2),d} = V_{IIIY,d} = \left(2.050,00 \times 1,4\right) \text{ kN} = 2.870,00 \text{ kN} \leq V_{Rd1}$$

$$V_{Rd1} = \left[0,0276 \cdot 1,0\left(1,2 + 40 \cdot 0,15/100\right)\right]440d = 15,30d$$

$$V_{IIIY,d} = 2.870,00 \text{ kN} \leq V_{Rd1} = 15,30d \therefore d \geq 188 \cong 190 \text{ cm}$$

⊕ Altura para ancoragem das armaduras do pilar (adotar bitola de 16 mm)

$$d \geq \ell_{b,nec} = 44\phi = 44 \times 1,6 = 70 \text{ cm}$$

Adotando-se d = 195 cm e h = 205 cm (para valores de d menores que 195 cm, será necessário armar o bloco para cortante, na seção III-III, nas duas direções).

⊕ Verificação do peso próprio do bloco com 20 cm de terra sobre ele:

$$G_{pp+solo} = 3,50 \times 4,20 \times 2,05 \times 25 + 3,5 \times 4,2 \times 0,2 \times 18$$
$$= 806,30 \text{ kN}$$

⊕ Inclinação das bielas:

$$\text{tg } \theta = \frac{d}{180} = \frac{195}{180}$$
$$= 1,083 \rightarrow \theta = 47,29° - \text{estacas mais distantes}$$

$$\text{tg } \theta = \frac{d}{180} = \frac{195}{90}$$
$$= 2,17 \rightarrow \theta = 65,22° - \text{estacas mais próximas}$$

Verificação da tensão de cisalhamento

⊕ Junto ao pilar $\sigma_{C(pilar)}$

$$V_{IIX,k} = 2.446,68 \text{ kN}$$
$$V_{IIY,k} = 3.146,67 \text{ kN}$$
$$V_{IIX,d} \leq V_{Rd2} = 0,27\alpha_v \cdot f_{cd} \cdot b_{1,p} \cdot d$$
$$\alpha_V = \left(1 - \frac{f_{ck}}{250}\right) = \left(1 - \frac{20}{250}\right) = 0,92$$
$$V_{Rd2} = 0,27 \times 0,92 \frac{2}{1,4} 60 \times 195 :$$
$$= 4.151,83 \text{ kN} < 2.446,68 \times 1,4 = 3.425,35 \text{ kN}$$
$$V_{Rd2,Y} = 0,27 \times 0,92 \frac{2}{1,4} 100 \times 195 = $$
$$= 6.919,71 \text{ kN} > 3.146,67 \times 1,4 = 4.405,34 \text{ kN}$$

⊕ Junto à estaca mais carregada

$$R_{VE1} = 436,67 \text{ kN}$$
$$V_{Rd2,x} = 0,27 \times 0,92 \frac{2}{1,4}(30)195 = 2.075,91 \text{ kN} > 436,67 \times 1,4$$
$$= 611,34 \text{ kN}$$

Dimensionamento e detalhamento
O dimensionamento e o detalhamento possuem procedimentos semelhantes a exercícios anteriores.

ABEF – ASSOCIAÇÃO BRASILEIRA DE ENGENHARIA DE FUNDAÇÕES E GEOTECNIA. *Manual de especificações de produtos e procedimentos*. 3. ed. ABEF, [s.d.]. Disponível em: <www.abef.org.br/docs/manual/estacas_pre_concreto.pdf>. Acesso em: 9 jan. 2011.

ABNT – ASSOCIAÇÃO BRASILEIRA DE NORMAS TÉCNICAS. *NB-1*: projeto e execução de obras de concreto. Rio de Janeiro, 1978.

ABNT – ASSOCIAÇÃO BRASILEIRA DE NORMAS TÉCNICAS. *NBR 6118*: projeto de estruturas de concreto – procedimento. Rio de Janeiro, 1980.

ABNT – ASSOCIAÇÃO BRASILEIRA DE NORMAS TÉCNICAS. *NBR 6118*: projeto de estruturas de concreto – procedimento. Rio de Janeiro, 2003a.

ABNT – ASSOCIAÇÃO BRASILEIRA DE NORMAS TÉCNICAS. *NBR 6118*: projeto de estruturas de concreto – procedimento. Rio de Janeiro, 2014.

ABNT – ASSOCIAÇÃO BRASILEIRA DE NORMAS TÉCNICAS. *NBR 6120*: ações para cálculo de estruturas de edificações. Rio de Janeiro, 2019a.

ABNT – ASSOCIAÇÃO BRASILEIRA DE NORMAS TÉCNICAS. *NBR 6122*: projeto e execução de fundações. Rio de Janeiro, 1996.

ABNT – ASSOCIAÇÃO BRASILEIRA DE NORMAS TÉCNICAS. *NBR 6122*: projeto e execução de fundações. Rio de Janeiro, 2019b.

ABNT – ASSOCIAÇÃO BRASILEIRA DE NORMAS TÉCNICAS. *NBR 6123*: forças devido ao vento em edificações. Rio de Janeiro, 1988.

ABNT – ASSOCIAÇÃO BRASILEIRA DE NORMAS TÉCNICAS. *NBR 6484*: solo – sondagem de simples reconhecimento com SPT – método de ensaio. Rio de Janeiro, 2020.

ABNT – ASSOCIAÇÃO BRASILEIRA DE NORMAS TÉCNICAS. *NBR 6502*: rochas e solos. Rio de Janeiro, 1995.

ABNT – ASSOCIAÇÃO BRASILEIRA DE NORMAS TÉCNICAS. NBR 7187: projeto de pontes de concreto armado e de concreto protendido – procedimento. Rio de Janeiro, 2003b.

ABNT – ASSOCIAÇÃO BRASILEIRA DE NORMAS TÉCNICAS. *NBR 7188*: carga móvel rodoviária e de pedestres em pontes, viadutos, passarelas e outras estruturas. Rio de Janeiro, 2013a.

ABNT – ASSOCIAÇÃO BRASILEIRA DE NORMAS TÉCNICAS. *NBR 7211*: agregados para concreto. Rio de Janeiro, 2009.

ABNT – ASSOCIAÇÃO BRASILEIRA DE NORMAS TÉCNICAS. *NBR 7480*: aço destinado a armadura para estruturas de concreto armado – especificações. Rio de Janeiro, 2007.

ABNT – ASSOCIAÇÃO BRASILEIRA DE NORMAS TÉCNICAS. *NBR 8036*: programação de sondagem de simples reconhecimento dos solos para fundações de edifícios. Rio de Janeiro, 1983.

ABNT – ASSOCIAÇÃO BRASILEIRA DE NORMAS TÉCNICAS. *NBR 8681*: ações e segurança nas estruturas. Rio de Janeiro, 2003c.

ABNT – ASSOCIAÇÃO BRASILEIRA DE NORMAS TÉCNICAS. *NBR 8953*: concreto para fins estruturais – classificação por grupos de resistências. Rio de Janeiro, 2015a.

ABNT – ASSOCIAÇÃO BRASILEIRA DE NORMAS TÉCNICAS. *NBR 9603*: sondagem a trado – procedimento. Rio de Janeiro, 2015b.

ABNT – ASSOCIAÇÃO BRASILEIRA DE NORMAS TÉCNICAS. *NBR 9061*: segurança de escavação a céu aberto. Rio de Janeiro, 1985.

REFERÊNCIAS BIBLIOGRÁFICAS

ABNT – ASSOCIAÇÃO BRASILEIRA DE NORMAS TÉCNICAS. *NBR 9062*: projeto e execução de estruturas de concreto pré-moldado. Rio de Janeiro, 2017.

ABNT – ASSOCIAÇÃO BRASILEIRA DE NORMAS TÉCNICAS. *NBR 12655*: concreto de cimento Portland – Preparo, controle, recebimento e aceitação - Procedimento. Rio de Janeiro, 2015c.

ABNT – ASSOCIAÇÃO BRASILEIRA DE NORMAS TÉCNICAS. *NBR 15575*: edificações habitacionais – desempenho. Rio de Janeiro, 2013b.

AHRENS, H.; DUDDECK, H. Statik der Strabtragwerke. In: *Beton-Kalender*. Tomo I. Berlin: Wilhelm Ernst & Sohn, 1975. p. 581.

ALBUQUERQUE, P. J. R. et al. Comportamento à tração de estacas tipo hélice contínua executadas em solo diabásico. *Exacta*, São Paulo, v. 6, n. 1, p. 75-82, 2008. Disponível em: <www.morettiengenhara.com.br/txt/pub/Comp100622160840.pdf>. Acesso em: 10 set. 2014.

ALONSO, U. R. *Exercícios de Fundações*. São Paulo: Editora Edgard Blücher, 1983.

ALVES, S. D. K. *Apostila de Concreto Armado I*. [S. l.]: Departamento de Engenharia Civil do Centro de Ciências Tecnológicas da Universidade do Estado de Santa Catarina, 2011. Disponível em: <http://www.joinville.udesc.br/portal/professores/sandra/materiais/APOSTILA_CAR_I_022011.pdf>. Acesso em: 6 fev. 2012.

BASTOS, C. A. B. *Tensões nos solos*: mecânica dos solos. [S.l.]: Departamento de Materiais e Construções da Fundação Universidade Federal do Rio Grande, 2011.

BARATA, F. E.; PACHECO, M. P.; DANZIGER, F. A. B. Uplift testes on drilled piers and footings built in residual soils. In: CBMSEF, 6., 1978, Rio de Janeiro. *Anais...* v. 3. Rio de Janeiro, 1978.

BEER, F. P.; JOHNSTON Jr., E. R. *Resistência dos materiais*. 2. ed. São Paulo, SP: McGraw-Hill Ltda., 1982.

BLÉVOT, J.; FRÉMY, R. Semelles sur piex. *Analles d'Institut Technique du Batiment et des Travaux Publics*, Paris, v. 20, n. 230, 1967.

BORGES, L. A. *Dimensionamento de peças de concreto armado com solicitação de torção*. Lins: Escola de Engenharia de Lins, 1973. Apostila.

BORGES, L. A. *Estruturas de concreto*: blocos de concreto. Lins: Escola de Engenharia de Lins, 1980.

BORGES, L. A. *Fundações*: sapatas; tubulões, blocos e estaqueamento. Notas de aulas. Lins: Escola de Engenharia de Lins, entre 1977 e 1978. Apostila.

BOWLES, J. E. *Foundation Analysis and design*. 5. ed. [S.l.]: McGraw-Hill, 1997. Disponível em: <http://www.segemar.gov.ar/bibliotecaintemin/LIBOSDIGITALES/IBSN0071188444BowlesFoudationAnalysisanndDesign.pdf>. Acesso em: 13 set. 2014.

BRASIL. Ministério do Trabalho e Previdência. *Norma Regulamentadora NR 18*: condições de segurança e saúde no trabalho na indústria da construção. Editado pelo Ministério do Trabalho e Previdência. *Diário Oficial da União*, Brasília, 11 fev. 2020. Disponível em: <https://www.gov.br/trabalho-e-previdencia/pt-br/composicao/orgaos-especificos/secretaria-de-trabalho/inspecao/seguranca-e-saude-no-trabalho/normas-regulamentadoras/nr-18-atualizada-2020.pdf>. Acesso em: 12 ago. 2020.

CAMACHO, J. S. *Concreto armado*: estados-limites de utilização. Ilha Solteira: Faculdade de Engenharia de Ilha Solteira da Universidade Estadual Paulista, 2005. Disponível em: <http://www.nepae.feis.unesp.br/Apostilas/Estados%20limites%20de%20servico.pdf>. Acesso em: 24 set. 2011

CAMPELO, N. S. Capacidade de carga de fundações tracionadas. *Monografia Geotécnica*, Escola de Engenharia de São Carlos, Universidade de São Paulo, São Carlos, n. 6, 1985.

CAMPOS, J. C. *Análise de edifícios pelo método das estruturas equivalentes*. 1982. 256 p. Dissertação (Mestrado em Ciências da Engenharia) – COPPE, Universidade Federal do Rio de Janeiro, Rio de Janeiro, 1982.

CAMPOS FILHO, A. *Estados-limites de serviço em estruturas de concreto armado*. Porto Alegre: Departamento de Engenharia Civil da Escola de Engenharia da Universidade Federal do Rio Grande do Sul, 2011.

CARVALHO, D. *Análise de cargas últimas à tração em estacas escavadas instrumentadas em campo experimental*. 1991. Tese (Doutorado em Geotecnia) – Escola de Engenharia de São Carlos, Universidade de São Paulo, São Carlos, 1991.

CAVALCANTE, E. H.; CASAGRANDE, M. D. T. *Mecânica dos solos II*. Aracaju: Departamento de Engenharia Civil, Centro de Ciências Exatas e Tecnologia, Universidade Federal de Sergipe, 2006. Notas de aula.

CEB – COMITÉ EUROINTERNATIONAL DU BÉTON. Recomendações de 1972: Estrutura. *Revista Técnica das Construções*, Rio de Janeiro, ano 17, n. 70-71, 1974.

CEB-FIP. Model code 1990: final draft. *Bulletin d'Information*, Lausanne, n. 204, July 1991.

COLLIN, J. G. *Timber pile design and construction manual.* [S. l.]: American Wood Preservers Institute, 2002. Disponível em: <http://www.piledrivers.org/files/9971afc0–2754-41db-a9bc-849f87c51217-c38abc5c-4dca-402f-b252-e78f85df9f8/timberpilemanual.pdf>. Acesso em: 13 set. 2014.

CONSTÂNCIO, D.; CONSTÂNCIO, L. *Fundações profundas.* Americana: [s. n.], 2004. Disponível em: <www.helix.eng.br/downloads/estacas_(6).pdf>. Acesso em: 6 mai. 2011.

DANZIGER, F. A. B. *Capacidade de carga de fundações submetidas a esforços verticais de tração.* 1983. 331 f. Dissertação (Mestrado em Ciências) – Universidade Federal do Rio de Janeiro, Rio de Janeiro, 1983.

DIAS, C. R. R. *Capacidade de carga e tensão admissível.* Cascavel, PR: Fundação Assis Gurgaz: 2012. Cap. 4. Notas de aula. Disponível em: <www.fag.edu.br/professores/deboraf/Funda%E7%F5es/2%20>. Acesso em: 8 nov. 2012.

DIMITROV, N. *Festigkeitslehre* – Tragfestigkeit – Biegung mit Normalkraft – Zugspannungen Können nicht aufgenommen werden. Beton-Kalender 74. Vol. I. Berlin: Verlag Wilhelm Ernst & Sohn, 1974. p. 257-265.

FÖRSTER, W; STEGBAUER, A. *Vigas-pared:* gráficos para su cálculos. Barcelona: Gustavo Gili, 1975. 90 p.

FORTE ESTACAS COMÉRCIO E SERVIÇOS LTDA. *Fotos.* Campinas, [s.d.]. Endereço eletrônico: <http://www.estacasforte.com.br/empresa.html>.

FRANKI. *A estaca Franki em tópicos:* o processo Franki. [s.n.t]. Disponível em: <www.franki.com.br/estacafranki.html>. Acesso em: 10 jan. 2013. Manual.

FUSCO, P. B. *Estruturas de concreto:* fundamentos da técnica de armar. v. 3. São Paulo: Grêmio Politécnico da USP, 1975. 283 p.

FUSCO, P. B. *Estruturas de concreto:* fundamentos do projeto estrutural. São Paulo: Grêmio Politécnico da USP, 1976. 99 p.

GEOFIX FUNDAÇÕES. *Hélice contínua monitorada.* [S.l.], 2012. Disponível em: <www.estacas.com.br/catalogo helice continua.pdf>. Acesso em: 5 out. 2013.

GERDAU. *Catálogo Aço para Construção Civil.* [S. l.]: Gerdau, [s. d.]. Disponível em: <www.gerdau.com.br/produtos-e-servicos>. Acesso em: set. 2012.

GERDAU. *Perfis Gerdau Açominas aplicados como estacas metálicas em fundações profundas.* 1. ed. [S.l.], 2006.

GERTSENCHTEIN, M. *Cálculo de blocos de estacas com cargas centradas.* Lins: Escola de Engenharia de Lins, 1972.

HAHN, J. *Vigas contínuas, pórticos, placas y vigas flotantes sobre lecho elástico.* Barcelona: Gustavo Gilli, 1972.

HAYASHI, K. *Theorie des Trägers auf elasticher...* Berlin: Springer, 1925.

HETENYI, M. *Beams on elastic foundations:* theory with applications in the fields of civil and mechanical engineering. Ann Harbor: University of Michigan Studies, 1946. (Scientific series, v. 25).

KOLLAR, L. Statik und Stabilität der schalen-bogen und schalenbalken – Tafeln für den Durchlaufträger mit gleichen Stützweiten. In: *Beton-Kalender.* Baufachbücher aus dem verlag. Berlin: W. Ernst & Sohn, 1974. p. 422.

KLÖCKNER, W.; SCHMIDT, G. Gründungen – Pfahlroste mit am Kopf und am Fuß gelenkig gelagerten Pfählen. In: *Beton-Kalender.* v. 2. n. 74. Berlin: Wilhelm Ernst & Sohn, 1974. p. 85-325.

LANGENDONCK, T. V. *Cálculo de concreto armado.* v. 1. São Paulo, SP: Associação Brasileira de Cimento Portland, 1944.

LANGENDONCK, T. V. *Cálculo de concreto armado.* v. 2. Rio de Janeiro: Científica, 1959.

LANGENDONCK, T. V. *Teoria elementar das charneiras plásticas.* São Paulo: Associação Brasileira de Cimento Portland, 1970.

LEONHARDT, F.; MÖNNIG, E. *Construções de concreto:* casos especiais de dimensionamento de estruturas de concreto armado. v. 2. Rio de Janeiro: Interciência, 1978a.

LEONHARDT, F.; MÖNNIG, E. *Construções de concreto:* princípios básicos do dimensionamento de estruturas de concreto armado. v. 1. Rio de Janeiro: Interciência, 1977.

LEONHARDT, F.; MÖNNIG, E. *Construções de concreto:* princípios básicos sobre a armação de estruturas de concreto armado. v. 3. Rio de Janeiro: Interciência, 1978b.

MARTHA, L. F. *Análise de estruturas:* conceitos e métodos básicos. Rio de Janeiro: Campus/Elsevier, 2010.

MARTIN, D. *Étude à La rupture de diffèrents ancragens solicitées verticalment*. Thèse de Docteur (Ingénieur) – Faculté dês Siences de Grenoble, Grenoble, France, 1966.

MAUBERTEC ENGENHARIA E PROJETOS. *Encartes para detalhamento de peças estruturais*. São Paulo, 1974.

MAUTONI, M. *Blocos sobre dois apoios:* concreto armado. São Paulo: Escola Politécnica da Universidade de São Paulo, 1971.

MENEGOTTO, M. L.; PILZ, S. E. *Apostila de Fundações II*. Curso de Engenharia Civil da Universidade Comunitária da Região de Chapecó, 2010. Disponível em: <pt.scribd.com/doc/88406501/Apostila-Fundaes-II-2010> Acesso em: 31 ago. 2012.

MEYERHOF, G. G. Penetration tests and bearing capacity of cohesionless soils. *Journal of the Soil Mechanics and Foundation Division*, Asce, New York, v. 82, n. SM1, p. 1-19, 1956.

MONTOYA, P. J.; MESEGUER, A. G.; CABRÉ, F. M. *Hórmigón armado*. Tomo I e II. 7. ed. Barcelona: Gustavo Gili, 1973. 705 p.

MORAES, M. C. *Estruturas de fundações*. São Paulo: McGraw-Hill do Brasil, 1976. 169 p.

MÖRSCH, E. *Der Eisenbetonbau (Concrete-Steel Construction)*. New York: McGraw-Hill, 1909.

MÖRSCH, E. *Der Eisenbetonbau, Seine Theorie und Anwendung*. 5. ed., v. 1, part 1. Sttugart: Wittwer, 1920.

MÖRSCH, E. *Der Eisenbetonbau, Seine Theorie und Anwendung*. 5. ed., v. 1, part 2. Sttugart: Wittwer, 1922.

MÖRSCH, E. Über die Berechnung der Gelenkquader. *Beton u. Eisen,* 23, n. 12, p. 156-161, 1924.

NÖKKENTVED, C. Berechnung von Pfahirosten. In: *Beton-Kalender*. n. 74. Berlin: Wilhelm Ernst & Sohn, 1928.

ORLANDO, C. *Contribuição ao estudo da resistência de estacas tracionadas em solos arenosos:* análise comparativa da resistência lateral na tração e compressão. 1999. 332 f. Tese (Doutorado) – Escola Politécnica da Universidade de São Paulo, São Paulo, 1999.

PERSOLO FUNDAÇÕES E SONDAGEM. *Tubulões mecanizados (fuste e base)*. Tabela. [S. l.]: Persolo, [s.d.]. Disponível em: <https://www.persolo.com.br/wp-content/uploads/2019/08/TABELA-BMT-60.70.80.90.100.120.150.pdf >. Acesso em: 10 dez. 2020.

POULOS, H. G.; DAVIS, E. H. *Elastic for soil and rock mechanics*. New York: Jonh Wiley & Sons, 1974. Reeditado pelo Geotechnical Research Centre, University of Sidney, Austrália, 1991.

RAMOS, F. A. C.; GIONGO, J. S. Análise das reações nas estacas em blocos com pilares submetidos ação de força centrada e excêntrica considerando a interação solo-estrutura. *Cadernos de Engenharia de Estruturas*, São Carlos, v. 11, n. 50, p. 155-170, 2009. Disponível em: <www.set.eesc.usp.br/cadernos/nova_versao/pdf/cee50_155.pdf>. Acesso em: 25 mai. 2012.

RANDOLPH, M. F. Design methods for pile groups and piled rafts. In: 13TH INTERNATIONAL CONFERENCE ON SOIL MECHANICS AND FOUNDATION ENGINEERING – ICSMFE, New Delhi, p. 61-82, 1994.

RITTER, W. Die Bauweise Hennebique (The Hennebique Design Method). *Schweizerische Bauzeitung*, Zurich, v. XXXIII, n. 5, 6 und 7, 1899.

SANTOS, A. P. R. *Análise de fundações submetidas a esforços de arrancamento pelo Método dos Elementos Finitos*. 1985. Dissertação (Mestrado) – COPPE, Universidade Federal do Rio de Janeiro, Rio de Janeiro, 1985.

SANTOS, A. P. R. *Capacidade de carga de fundações submetidas a esforços de tração em taludes*. 1999. Tese (Doutorado) – COPPE, Universidade Federal do Rio de Janeiro, Rio de Janeiro, 1999.

SANTOS, J. A. *Fundações de estruturas:* estacas sob acções de cargas horizontais estáticas. Dissertação (Mestrado em Engenharia de Estruturas) – Instituto Superior Técnico, Universidade de Lisboa, 1993. Disponível em: <http://www.civil.ist.utl.pt/~jaime/8_ME.pdf>. Acesso em: 27 mai. 2012.

SANTOS, J. A. *Obras geotécnicas:* fundações por estacas – acções horizontais – elementos teóricos. [S. l.]: Instituto Superior Técnico da Universidade de Lisboa, 2008. Disponível em: <http://www.civil.ist.utl.pt/~jaime/EstacasH.pdf>. Acesso em: 25 mai. 2012.

SEELIG, A.; SOUZA, L. G. *Tubulão a céu aberto ou sob ar comprimido:* definição, aplicação e dimensionamento – exemplo. Porto Alegre: Faculdade de Engenharia da Pontifícia Universidade Católica do Rio Grande do Sul, jul. 2002. Disponível em: <http://www.ebah.com.br/content/ABAAAAh6MAF/Tubulão>. Acesso em: 2 ago. 2011.

SHERIF, G. *Elastisch eingespannte Bauwerke:* Tafeln zur Berechung nach dem Bettungsmodulverfahren mit variablen Bettungsmoduli. Berlin: Wilhelm Ernest, 1974. 290 p.

SOLO.NET ENGENHARIA DE SOLOS E FUNDAÇÕES. *Foto*. São Paulo, [s. d.]. Endereço eletrônico: <www.solonet.eng.br; solonet@solonet.eng.br>.

SOUZA, R. A.; REIS, J. H. C. *Interação solo-estrutura para edifícios sobre fundações rasas.* Paraná: Departamento de Engenharia Civil do Centro de Tecnologia da Universidade Estadual de Maringá, 2008.

STUCCHI, F. R. *Pontes e grandes estruturas.* Notas de aula. São Paulo: Universidade de São Paulo, 2006. Disponível em: <www.lem.ep.usp.br/PEF2404/Apostila%2520Super.pdf>. Acesso em: 5 fev. 2012.

TIETZ, W. Fundações profundas sobre tubulões. *Revista Técnica das Construções,* Rio de Janeiro, ano 17, n. 76, p. 43-81, 1976.

TITZE, E. Über den seitlichen Bodenwiderstand bei Pfahlgründungen. Berlin: Wilhelm Ernst & Sohn, 1970.

TQS INFORMÁTICA LTDA. *Dominando os Sistemas CAD/TQS:* visão geral. v. 2. São Paulo, 2011. 455 p. (Série Manuais.)

VELLOSO, D. A.; LOPES, F. R. *Fundações:* critérios de projeto, investigação do subsolo, fundações superficiais e fundações profundas. São Paulo: Oficina de Textos, 2010. 568 p.

ZHEMCHUZHNIKOV, A. *Análise comparativa dos diversos métodos de previsão do recalque de grupo de estacas em meios homogêneos.* Dissertação (Mestrado) – Programa de Pós-graduação em Engenharia Civil, Departamento de Engenharia Civil, PUC, Rio de Janeiro, 2011.